U0376721

工程量清单计价造价员培训教程

建 筑 工 程

（第二版）

工程造价员网　张国栋　主编

中国建筑工业出版社

图书在版编目（CIP）数据

建筑工程/张国栋主编．—2版．—北京：中国建筑工业出版社，2016.5

工程量清单计价造价员培训教程

ISBN 978-7-112-19307-3

Ⅰ．①建…　Ⅱ．①张…　Ⅲ．①建筑工程-技术培训-教材　Ⅳ．①TU

中国版本图书馆CIP数据核字（2016）第063934号

本书将住房和城乡建设部新颁《建设工程工程量清单计价规范》（GB 50500—2013）、《房屋建筑与装饰工程工程量清单计算规范》（GB 50854—2013）与《全国统一建筑工程基础定额》（GJD-101-95）有效地结合起来，以便帮助读者更好地掌握新规范，巩固旧知识。编写时力求深入浅出、通俗易懂，加强其实用性，在阐述基础知识、基本原理的基础上，以应用为重点，做到理论联系实际，深入浅出地列举了大量实例，突出了定额的应用、概（预）算编制及清单的使用等重点。本书可供工程造价、工程管理及高等专科学校、高等职业技术学校和中等专业技术学校建筑工程专业、工业与应用建筑专业与土建类其他专业做教学用书，也可供建筑工程技术人员及从事有关经济管理的工作人员参考。

责任编辑：周世明

责任校对：陈晶晶　关　健

工程量清单计价造价员培训教程

建筑工程

（第二版）

工程造价员网　张国栋　主编

*

中国建筑工业出版社出版、发行（北京西郊百万庄）

各地新华书店、建筑书店经销

北京科地亚盟排版公司制版

北京云浩印刷有限责任公司印刷

*

开本：787×1092毫米　1/16　印张：26　字数：630千字

2016年7月第二版　2016年7月第三次印刷

定价：**59.00**元

ISBN 978-7-112-19307-3

（28535）

版权所有　翻印必究

如有印装质量问题，可寄本社退换

（邮政编码　100037）

编 委 会

主　编　工程造价员网　张国栋

参　编　刘　雪　后亚男　李　瑶　高晓纳

张　雪　张少华　高朋朋　韩圆圆

张燕风　王刘霞　刘海永　刘金玲

刘伟莎　费英豪　游海燕　胡亚楠

孔银红　邓　磊　李东阳　孔　君

李晓静　周晓倩　刘建伟　王秀丽

张俊萌　赵亚杰　卞　垒　王琳琳

冯丽华　刘宗玉　李金广　王升帆

马　妍　蒋　珮　李新杰　赵迎超

易艳林　李双海

第二版前言

工程量清单计价造价员培训教程系列共有6本书，分别为工程量清单计价基本知识、建筑工程、装饰装修工程、安装工程、市政工程、园林绿化工程。第一版书于2004年出版面世，书中采用的规范为《建设工程工程量清单计价规范》(GB 50500—2003)和各专业对应的全国定额。在2004～2014年期间，住房和城乡建设部分别对清单规范进行了两次修订，即2008年和2013年各一次，目前最新的为2013版本，2013清单计算规范相对之前的规范做了很大的改动，将不同的专业采用不同的分册单独列出来，而且新的规范增加了原来规范上没有的诸如城市轨道等等内容。

作者在第一版书籍面世之后始终没有停止对该系列书的修订，第二版是在第一版的基础上修订，第二版保留了第一版的优点，并对书中有缺陷的地方进行了补充，特别是在2013版清单计价规范颁布实施之后，作者更是投入了大量的时间和精力，从基本知识到实例解析，逐步深入，结合规范和定额逐一进行了修订。与第一版相比，第二版书中主要做的修订情况包括如下：

1. 首先将原书中的内容进行了系统的划分，使本书结构更清晰，层次更明了。

2. 更改了第一版书中原先遗留的问题，将多年来读者来信或邮件或电话反馈的问题进行汇总，并集中进行了处理。

3. 将书中比较老旧过时的一些专业名词、术语介绍、计算规则做了相应的改动。并增添了一些新规范上新增添的术语之类的介绍。

4. 将书中的清单计价规范涉及的内容更换为最新的2013版清单计价规范。

5. 将书中的实例计算过程对应的添加了注释解说，方便读者查阅和探究对计算过程中的数据来源分析。

6. 将实例中涉及的投标报价相关的表格填写更换为最新模式下的表格，以迎合当前造价行业的发展趋势。

完稿之后作者希望做第二版，为众多学者提供学习方便，同时也让刚入行的人员能通过这条捷径尽快掌握预算的要领并运用到实际当中。

本书在编写过程中，得到了许多同行的支持与帮助，在此表示感谢。由于编者水平有限和时间紧迫，书中难免有错误和不妥之处，望广大读者批评指正。如有疑问，请登录www.gczjy.com（工程造价员网）或www.ysypx.com（预算员网）或www.debzw.com（企业定额编制网）或www.gclqd.com（工程量清单计价网），或发邮件至zz6219@163.com或dlwhgs@tom.com与编者联系。

目　　录

第一章　建设工程制图及识图

在建造每一个建筑物之前，首先必须知道它的形状大小、内部布局、结构构造、设备布置及装饰材料做法的详细要求，而这些想用文字叙述清楚是比较困难的，只有用图样才能把它们表示得清晰、全面、精确。在任何一项建筑工程中，都必须事先画出建筑工程施工图，它是以文字、数字和线条来表示建筑工程中各项目之间的关系及其实际形状的图样，而图纸底色一般都晒成蓝色，故建筑工程施工图又被称为工程蓝图。建筑工程造价人员要想提高编制造价的质量和速度，必须提高自身识图的能力，这就要求造价人员不但要能看懂图纸，记住图纸的内容和要求，而且还要通过不断的识读来提高识图能力。

为了比较容易地学会识读工程图，必须掌握投影原理，培养对空间立体的概念。工程图纸一般都是按照投影原理正投影绘制的，它是将一个物体投影画在图纸上，当看到图纸上的投影图就能想像出物体的形状。

第一节　建设工程制图

一、投影原理

建筑工程中的施工图大部分都是通过对投影原理的应用把建筑形体表达出来的，因此投影原理是基础也是主观重要的理论依据。

正投影的基本概念及点、线、面的投影规律

1. 投影的概念

人们在日常生活中常常见到物体的影子会随着光线照射角度或距离的改变而改变。例如把灯放在物体的正中上方时，灯和物体之间的距离愈远，影子的大小就愈接近桌子的实际大小，当灯与物体之间的距离趋近于无穷大时，影子的大小就和物体实际大小一样了。如图 1-1 所示。

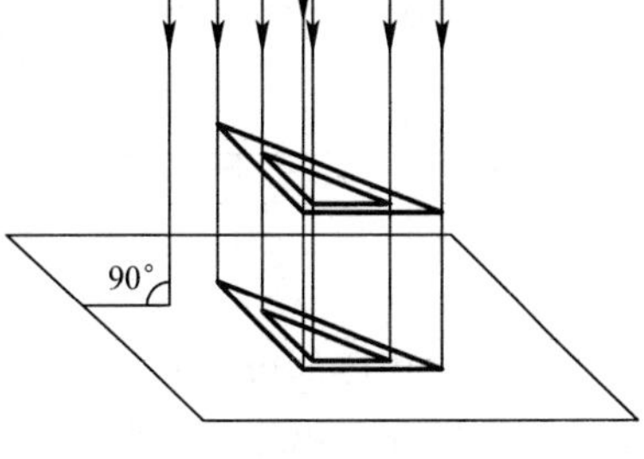

在制图中，把产生的影子称为投影图，把落影平面称为投影面，把表示光线的线称为投影线。

由此可知，要产生投影必须具备三个条件：投影线、物体、投影面。

90°

图 1-1　投影示意图

2. 投影法的分类

投影法分为中心投影法和平行投影法两类而平行投影法又可分为正投影法和斜投影法两类。如图 1-2 所示。

当对物体作投影图时，如果光线是由点光源发生的就称为中心投影法；如果光线是由线光源或面光源发出的，则被称为平行投影法；如果把投影中心移到无穷远外，则投影线可视为是平行的，这种形成投影的方法也称为平行投影法。根据互相平行的投影线与投影面是否垂直可将平行投影法分为正投影法和斜投影法。如果投射光线相互平行是垂直于投影面，则被称为正投影法；如果投影光线相互平行但与投影面斜交时，称之为斜投影法。

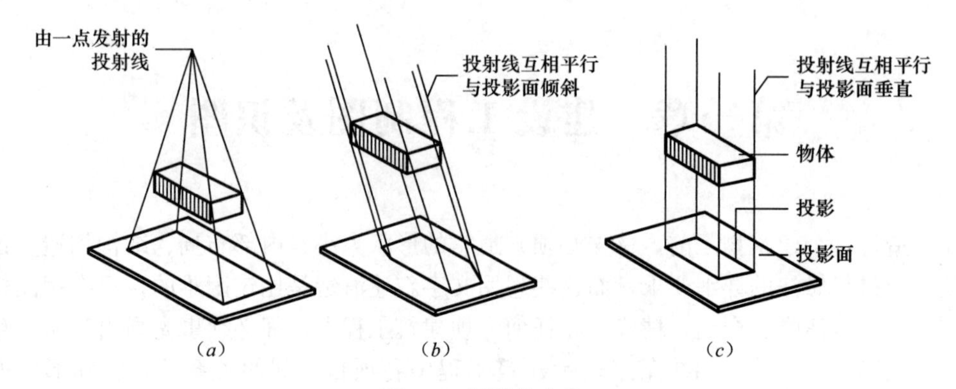

图 1-2　投影的种类

(a) 中心投影；(b) 斜投影；(c) 正投影

正投影图能反映物体的实际形状和大小，在工程制图中应用比较广泛，故本节主要讨论正投影图。

3. 正投影的基本特性

(1) 类似性即直线、平面倾斜于投影面时，其投影仍是直线、平面，只是长度，面积变小。

(2) 积聚性即直线、平面垂直于投影面时，投影积聚为一点、直线。

(3) 显实性即直线、平面平行于投影面时，其投影能够反映实际长度，形状和大小。

4. 点、线、面的正投影规律，如图 1-3 所示。

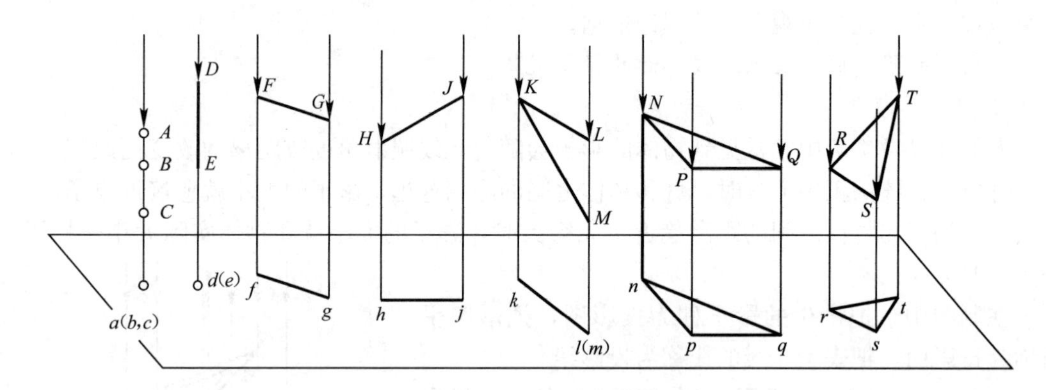

图 1-3　点、线、面的正投影特性

每一个物体都可以看作是由点、线、面组成的，所以我们先分析点、线、面的正投影基本规律以便于更好地说明物体的正投影。

(1) 点的正投影规律，如图 1-4 所示。

点的正投影仍是点，两个或两个以上的点的连线如果垂直于投影面，则它们的正投影是一个点。

(2) 直线的正投影规律，如图 1-5 所示。

1) 直线上任一点的投影必在该直线上。

2) 一点分直线为两段，这两段投影之比等于两线段实际长度之比，称为定比关系。

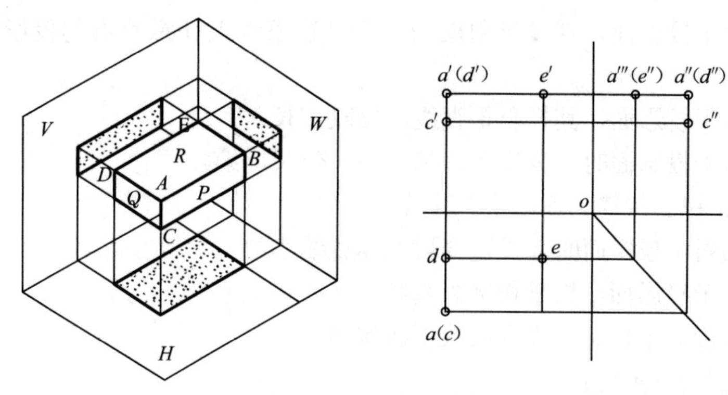

图 1-4　点的投影分析

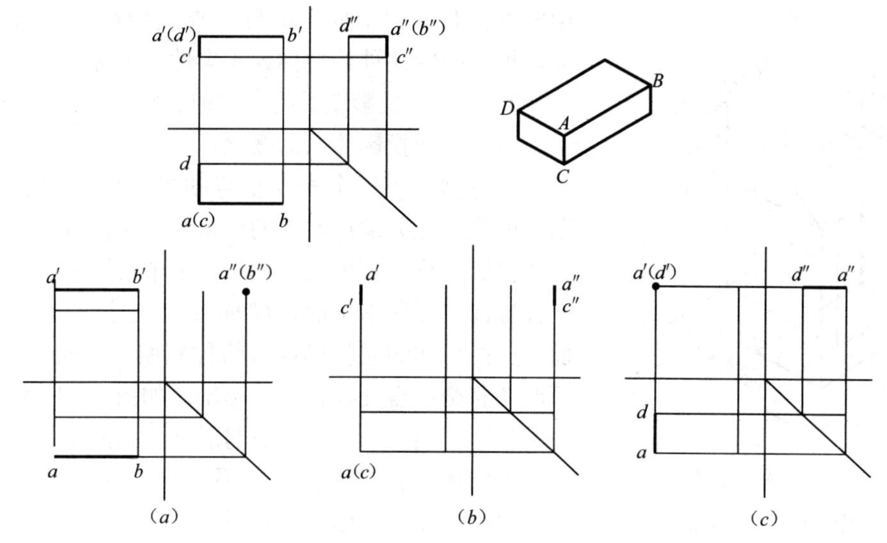

图 1-5　线的投影分析

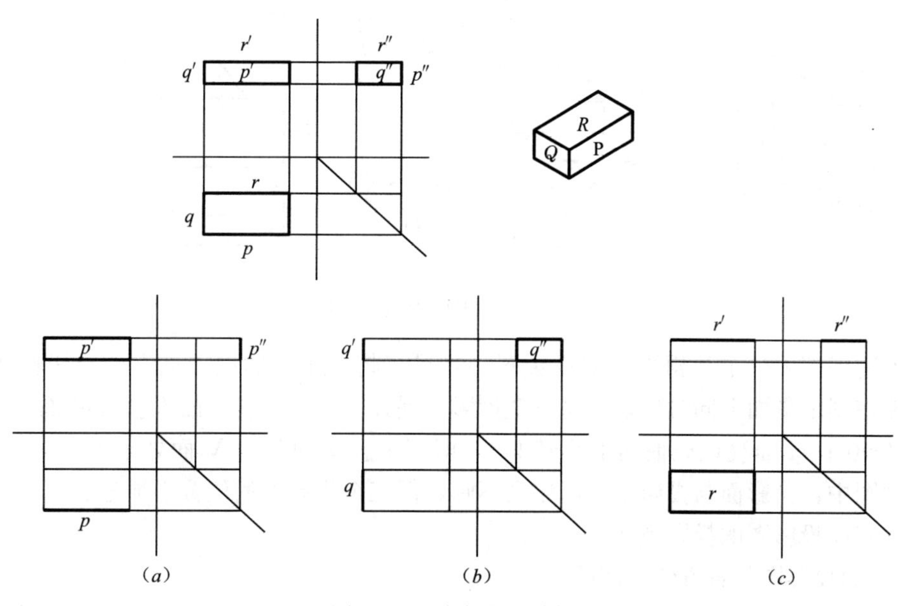

图 1-6　面点的投影分析

3）直线垂直于投影面，其投影积聚为一点，这条线上任意一点的投影也都落在这一点上。

4）直线平行于投影面，其投影是直线，反映实长。

5）直线倾斜于投影面时，其投影仍是直线，但长度缩短。

(3) 平面的正投影规律，如图 1-6 所示。

1）当平面倾斜于投影面时，投影变形，面积缩小。

2）平面垂直于投影面，投影积聚为直线。

3）平面与投影面平行时，投影反映平面实形。

(4) 投影的积聚与重合：

当一条直线与投影面垂直时，该直线上任一点的投影都落在这一点上；当一个面与投影面垂直时，这个面上的任一点或线都落在这一条线上，投影中的这种特性称为积聚性，也称为重合。

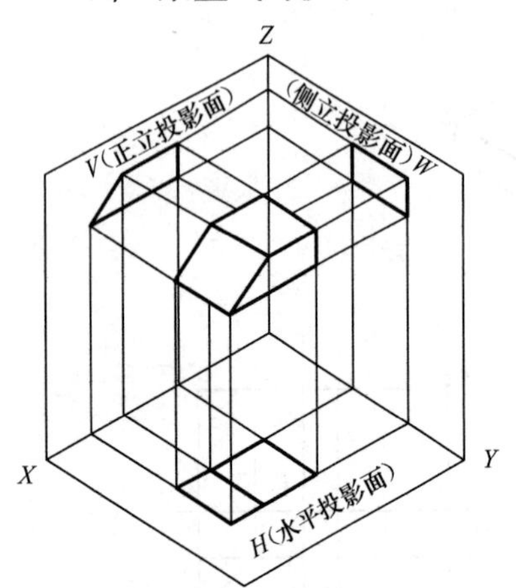

图 1-7 三投影面体系

5. 三面正投影图及投影规律、特性

(1) 三面投影体系的概念：

一般物体用三个相互垂直的投影面上的三个投影图，就能较充分地反映它的形状和大小。这三个相互垂直的投影面称为三面投影体系，三个投影面分别称为水平投影面（简称水平面，H 面）；正立投影面（简称立面、V 面）和侧立投影面（简称侧面，W 面）。各投影面两两相交所得交线称为投影轴。如图 1-7 所示。

(2) 三面投影图的形成与展开，如图 1-8 所示。

把物体放在三面投影体系之中，分别作垂直于 H 面、V 面、W 面的三组平行投射线，即得该物体的三面正投影图。

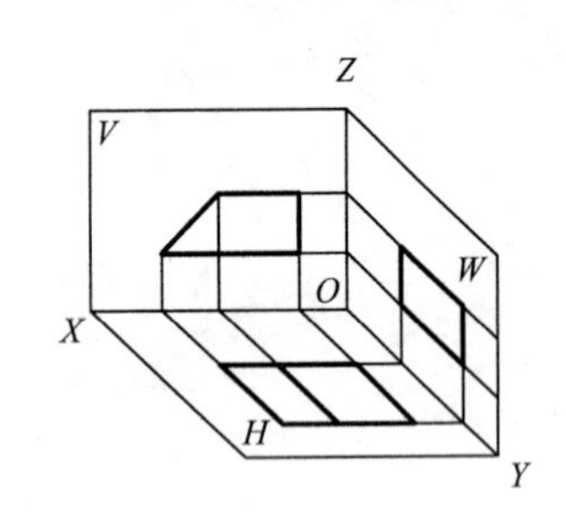

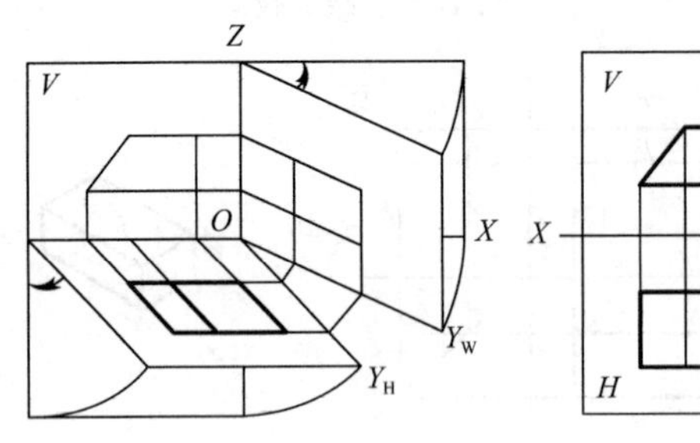

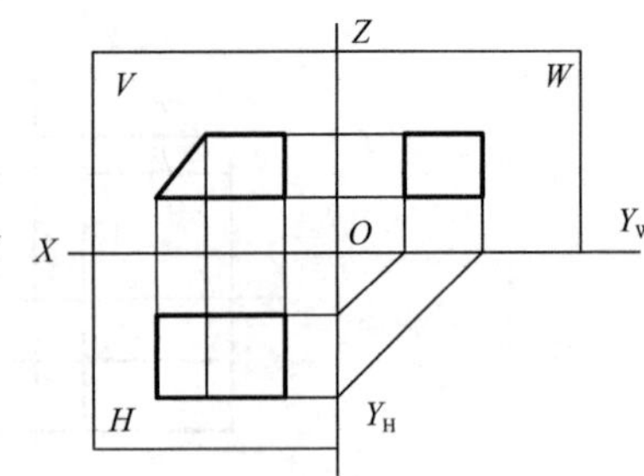

图 1-8 三面正投影图的展开

由上述得到了三个互相垂直的投影图，要只有将三个投影面及面上的投影图进行展开，才能在图纸平面上同时反映出这三个投影。展开的方法是：V 面不动，W 面绕 OZ 轴向右旋转 90°；H 面绕 OX 轴向下旋转 90°，即三个投影面就与 V 面处于同一个平面上，在实际制图中，投影面与投影轴可以略去不画，但三个投影图的位置必须正确。

(3) 三面投影图的投影规律：

1）三面投影图与各方位之间的关系

任一物体都具有上、下、左、右、前、后六个方向，在三面投影图中，它们的对应关系如下：

① H 面图反映物体的左、右和前、后的关系。

② V 面图反映物体的上、下和左、右的关系。

③ W 面图反映物体的前、后和上、下的关系。

2）三面投影图的“三等关系”

① 宽相等即 H 面投影图中的宽与 W 投影图的宽相等。

② 高平齐即 V 面投影图的高与 W 面投影图的高相等。

③ 长对齐即 H 面投影图的长与 V 面投影图的长相等。

3）三个投影图中的每一个投影图表示物体的一个面和两个向度的形状，即：

① W 面投影反映物体的高度和宽度。

② H 面投影反映物体的长度和宽度。

③ V 面投影反映物体的长度和高度。

6. 平面的三面正投影特性

（1）一般位置平面

与三个投影面都倾斜的平面称为一般位置平面，其三面投影都是封闭图形，小于实形且没有积聚性，但有类似性的特点。

（2）投影面垂直面

此类平面与两个投影面都是倾斜相交，与剩下的那个平面垂直相交。其投影图的特征为：

1）垂直面在两个斜交面上的投影不反映实形。

2）垂直面在垂直相交那个面上的投影积聚为一条与投影轴倾斜的直线。

（3）投影面平行面

与其中两个面垂直，与另外一个面平行的平面被称为投影面平行面。其投影特征为：

1）平面在垂直相交的两个面上的投影积聚为直线，并且与相应的投影轴分别平行。

2）平面在与其平行的面上的投影与实际尺寸、大小一样，反映其实形。

7. 形体投影

任何复杂的物体都可以看作是由若干个简单的几何形体（也称为基本形体）组成。如果掌握了基本形体的投影图阅读，则阅读建筑物等复杂形体的投影图就很简单了。

基本形体按其表面的几何性质分为曲面体和平面体两类。曲面体是由若干个曲面或曲面与平面围成的几何体，工程中常见的几何体有：圆锥、球、圆柱等。平面体是由若干个平面围成的几何体，工程中常见的平面体有：棱台、棱锥、棱柱等。

（1）曲面体的投影

图 1-9 是正圆锥体的直观图和投影图，如图所示，正圆锥体底面与 H 面平行，故其在 H 面上的投影是圆，反映实形，而 V 面、W 面上的投影积聚为直线。锥面在水平面上的投影与底面在水平面上的投影重合，圆心即为锥顶的水平投影。锥面在 V 面及 W 面上的投影即为圆锥轮廓素线的投影。

（2）平面体的投影

图 1-10（a）为正四棱台的立体图，它是四棱锥被平行底面的平面截开之后的形体。图 1-10（b）是该四棱台的三面投影图，为便于作图和识图，令四棱台的底面平行于 H 面，侧面垂直于 V 面与 W 面。

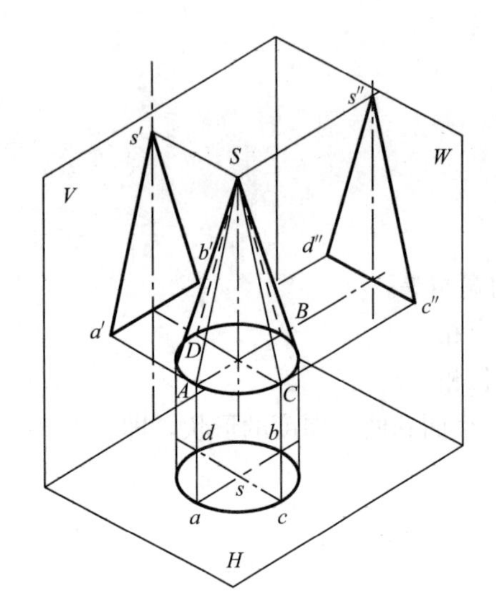

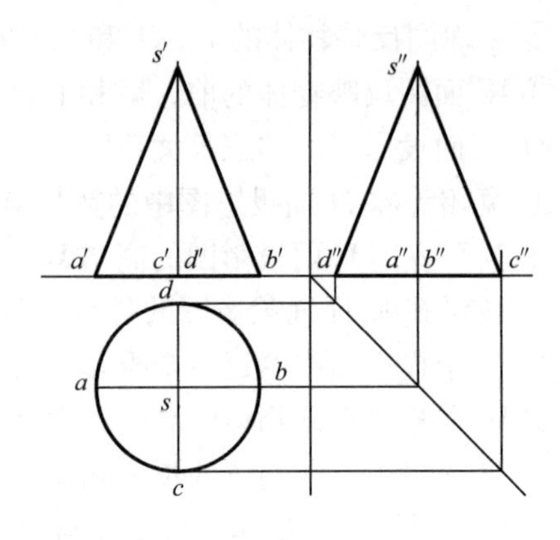

图 1-9 圆锥体的投影

对 V 面的投影方向如图 1-10（a）所示，四棱台前面的棱面上有一直线 AB（图 1-10（a）所示），其三面投影图如图 1-10（b）所示。

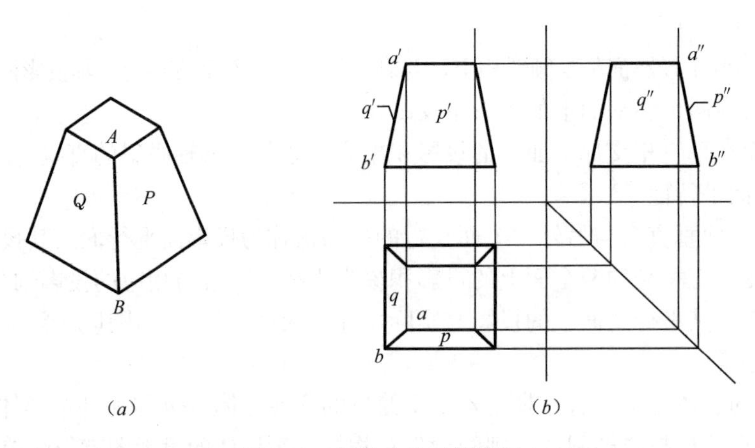

（a）　　（b）

图 1-10 四棱台的正投影图

平面上直线的投影同样符合三面正投影的投影规律，只要先按三面投影规律把直线两个端点的投影作出来，然后连接两端点的投影即得该直线在三个投影面上的投影。具体的作图方法如下：

1）假设直线 AB 在 V 面上的投影为 $a'b'$。

2）作 a' 点在 W 面的投影 a''，通过 a' 和 a'' 求出 H 面的投影 a。

3）同样也可求出 b 和 b'' 点两个投影。

4）连接 ab、$a'b'$、$a''b''$ 即得 AB 在三个投影面上的投影。

（3）组合体的投影

组合体即是由若干个基本形体组成的形体，在工程中也是比较常见的一种形体。

1）平面组合体的投影

图 1-11 是一台阶及其三面投影图。在作图时，把台阶分解为 4 个踏步和两个边墙

（多棱柱体），这种将复杂的组合体分解成若干个基本形体来作物体投影图的方法，称为形体分析法。作组合体投影图时一般都是先用形体分析法将组合体分解为若干个基本形体，然后再画出这些基本形体的投影图，最后把它们很好地结合起来就得到组合体的投影图。根据上述方法画出台阶的三面投影图如图 1-11（*b*）所示。

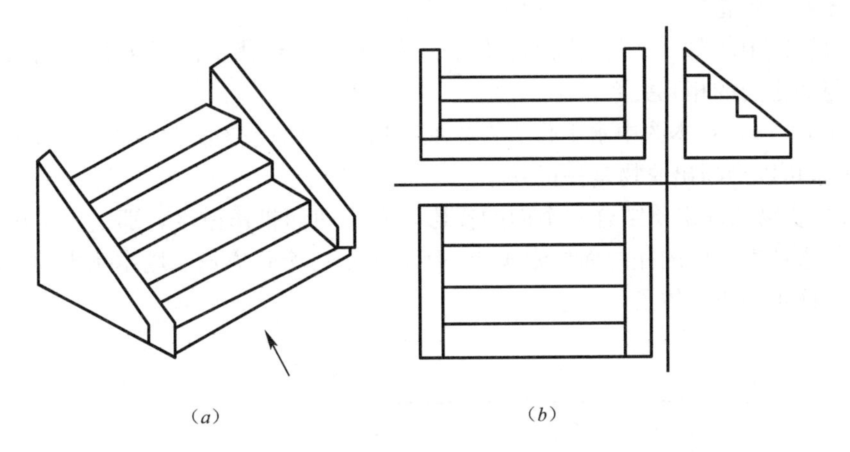

（*a*）　　（*b*）

图 1-11　平面组合体投影图

（*a*）台阶立体图；（*b*）投影图

2）平面体与曲面体的组合体投影

平面体与曲面体的组合体投影如图 1-12 所示。图 1-12（*b*）是组合体的三面投影图，它是通过先用细实线画出柱与梁的各自的三视图底稿，再根据梁与柱之间的位置关系把细实线加深即得该组合体的三面投影图。

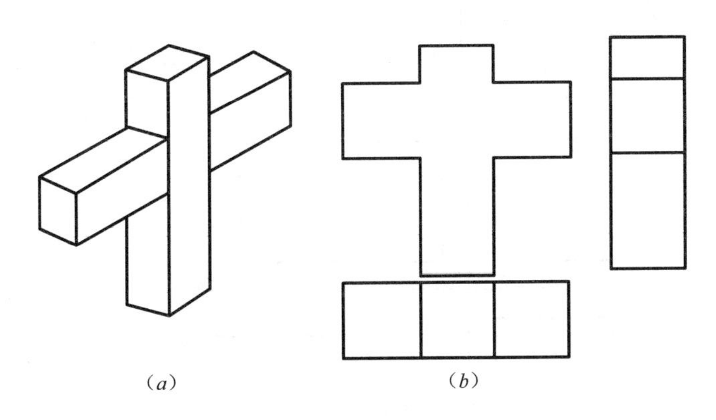

（*a*）　　（*b*）

图 1-12　组合体投影图

（*a*）梁、柱组合体立体图；（*b*）投影图

综合以上可得作图步骤如下：

① 先通过正立投影，物体正面与 *V* 面平行，投影反映实形。朝上的面和朝左的面在 *V* 面上的投影都积聚成一条直线。

② 由水平投影与正立投影长相等的规律可以得到水平投影。

③ 根据“三等”关系作出侧投影图。

8. 由三面正投影图想像物体的形状

在学习制图的过程中不但要学会用三面正投影图把实物表示出来，而且还要学会由三面正投影图看出实物的立体形状。

（1）看投影图时一定要把三个图形综合起来考虑，用“三等”关系分析它们的关系。

（2）先看大致轮廓线，然后再看内部细节。

（3）投影图中的每一个封闭图形就代表一个面，对照投影图找出投影面与每个面的关系以及面与面之间的相互关系。

如图 1-13（*a*）在本图中水平投影，立面投影和侧面投影都是一样的正方形，同样由“三等”关系可以推断出原物是一正方体。

图（*c*）实物的确定要结合三个面的投影，其中两面投影改变，那么，实物就必然随着改变，如果把本例中的任两面投影改变一下，改成一个长方形、则本例中的实物就是一个长方体，而不是正方体了。

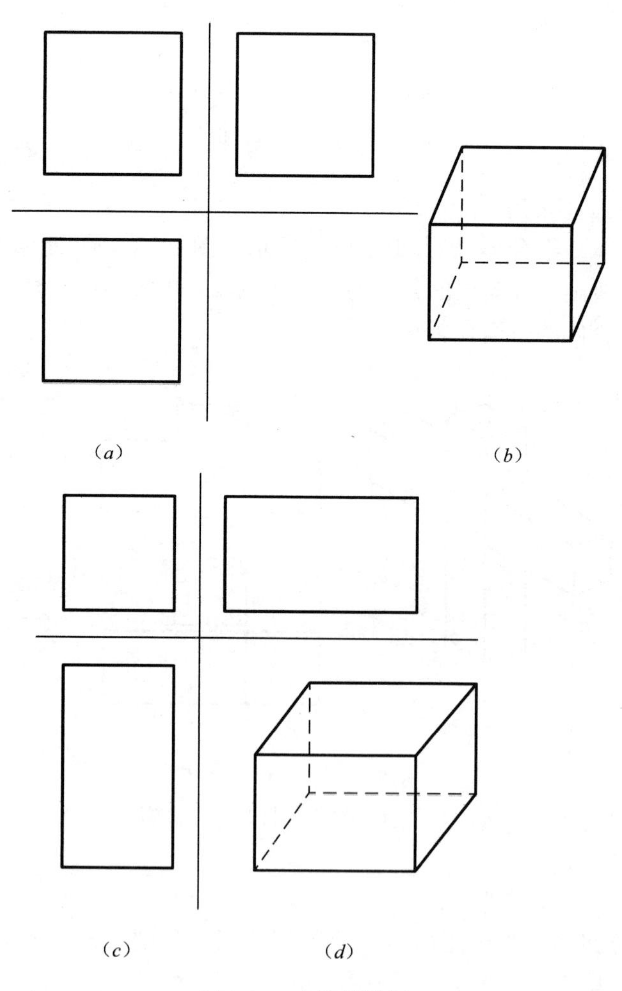

图 1-13　实物投影图

（*a*）、（*c*）投影图；（*b*）、（*d*）实物图

二、断面图、剖面图

（一）断面图

1. 断面图的形成

当形体被剖切平面剖开后，剖切平面与形体相截部分的投影图就是断面图，也称截面图。

2. 断面图的画法及其标注方法

断面图只画剖切断面的轮廓线，不画看不到或未被剖切的部分，用粗实线画出。断面内按材料图例画；断面狭长时，涂黑表示；或不画图例线，只用文字说明就可以了。

3. 断面图的三种表示方法

（1）如果断面图处于剖视图的断开处，称之为中断断面图。适合于形体较长且截面单一的情况。如图 1-14 所示。

（2）如果断面图在剖视图之内的称为折倒断面图或重合断面图，如图 1-15 所示。当形体截面形状变化较少时，比较适用。剖切面画材料符号；断面图的轮廓线用粗实线；不标注编号及符号。图 1-15 是结构平面图中表示梁板及标高所用的断面图。

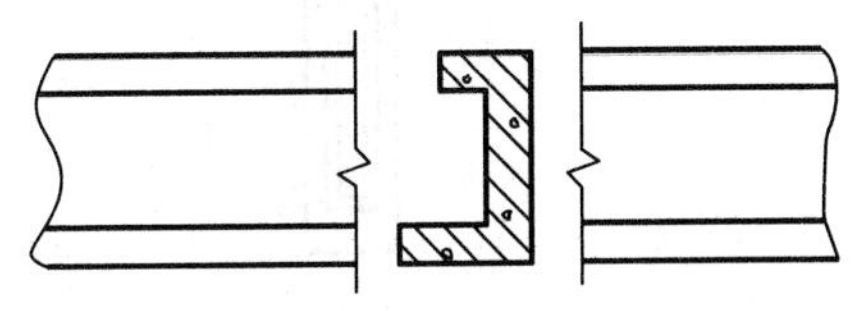

图 1-14　中断断面图

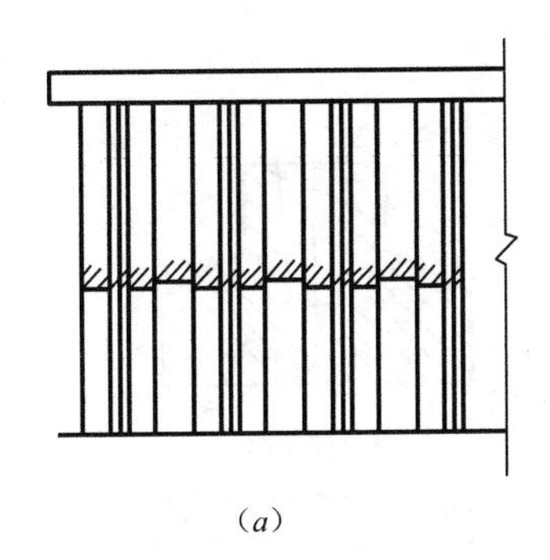

(*a*)

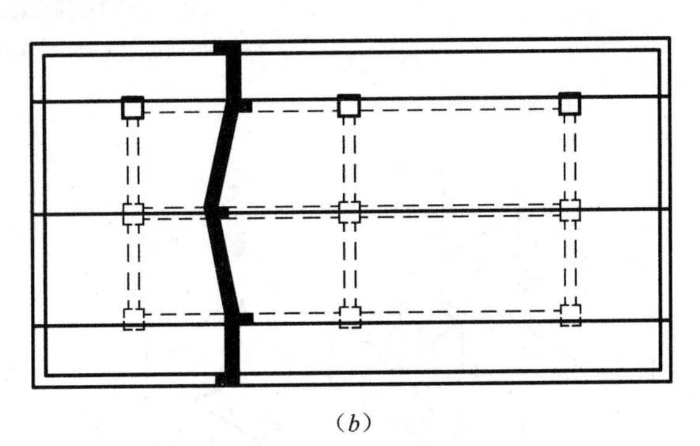

(*b*)

图 1-15　折倒断面图

(*a*) 墙壁上装饰的断面图；(*b*) 断面图画在布置图上

（3）当断面图在剖视图之外时称移出断面图。当形体截面形状变化较多时较适用。如图 1-16 所示。

（二）剖面图

1. 剖面图的形成

用假想的剖切平面将形体剖开，移去剖切平面与观察者之间的部分，画出余下部分的正投影图，就是该物体的剖面图，如图 1-17 所示。

2. 剖面图的画法（图 1-18）。

剖面图是以假想的剖切得到图形为基础而得到的，目的是为了更好地表达事物的内部形状。因此，进行施工图的绘制必须以物体作为一个整体来考虑，同时也应考虑实际的需要进行剖面图的绘制。绘图要点是：

（1）被剖切面的符号表示：

剖面图中的切口部分（剖切面上）一般都画上表示材料种类的图例符号；但不需要画出材料种类时，用 45°平行细线表示出来；当切口截面比较狭小时，可以涂黑表示。

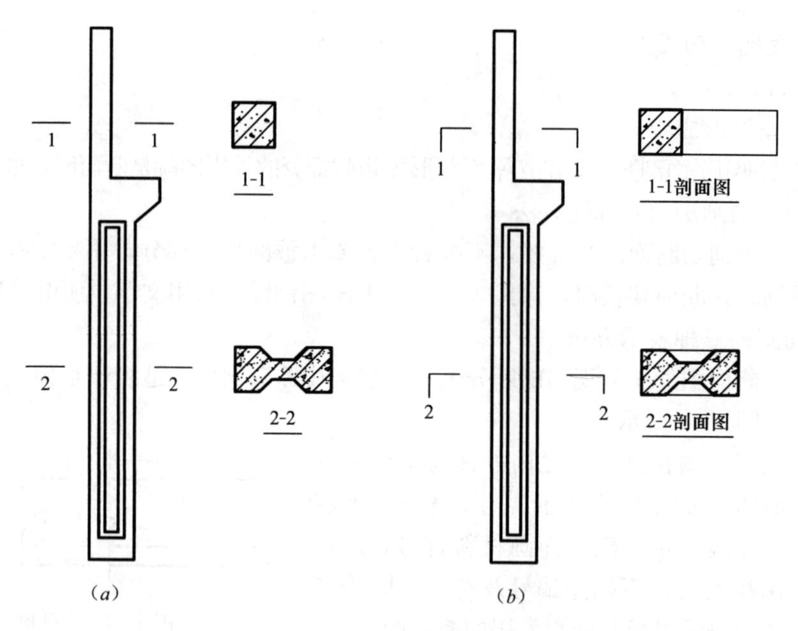

图 1-16　断面图与剖面图的区别

（a）断面图；（b）剖面图

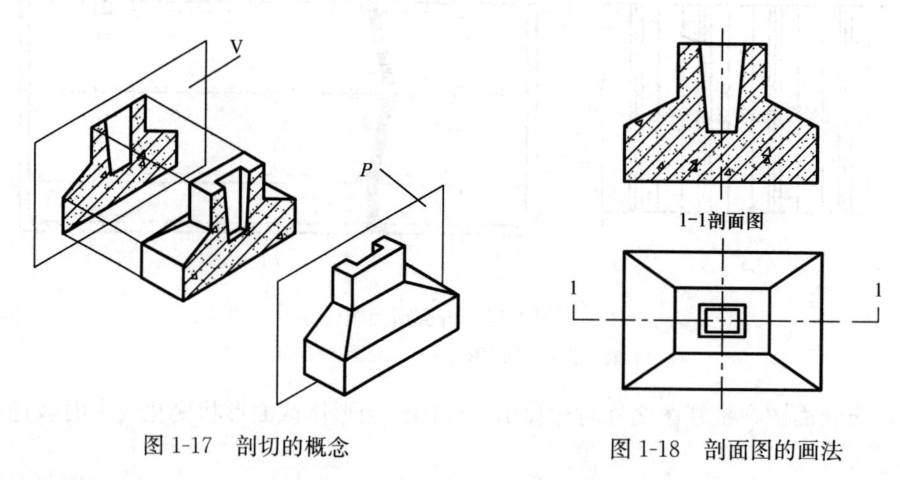

图 1-17　剖切的概念　　　　图 1-18　剖面图的画法

（2）不可见线：

在剖面图中，看不见的轮廓线一般不画出来，但特殊情况可用虚线表示出来。

（3）图线：

在剖面图中未剖切的可见轮廓线用中或细实线画出，而被剖切到的轮廓线用粗实线画。

3. 剖面图的标注方法

（1）编号

用阿拉伯数字编号，写在剖视方向线的编部，编号顺序应按由左至右、由下至上连续编排。

（2）剖切符号

它是由剖切位置线和剖视方向线组成的，也被称为剖切线。两个粗短线表示剖切位置，在其两端画与其垂直的短粗线表示剖视方向，短线在哪一侧即表示哪一方向投影。

由于剖切的位置不同，以及剖视方向的不同，所得到的剖面图的形状也不同，其中剖切位置线长约 6～10mm，剖视方向线与剖切位置线垂直，长约 4～6mm。

（3）剖切位置

通常情况下剖切平面都是与某一投影面平行或是在图形的对称轴线位置以及需要剖切的洞口中心。剖切平面的设置，以便剖面图能充分显示形体内剖的状况，一般应使剖切平面通过形体上的孔、洞、槽的对称轴线等，因此，选择剖切平面的位置应根所剖物体实际形体来确定，使剖切后所得的图形完整，并能较全面地反映实形。

4. 剖面图的分类

（1）根据剖面图中剖切范围划分为：全剖面图、半剖面图和局部剖面图。如图 1-19，图 1-20 所示。

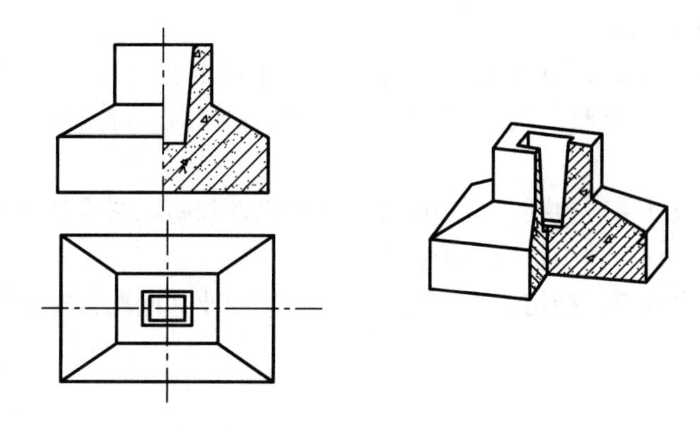

图 1-19　半剖面图画法

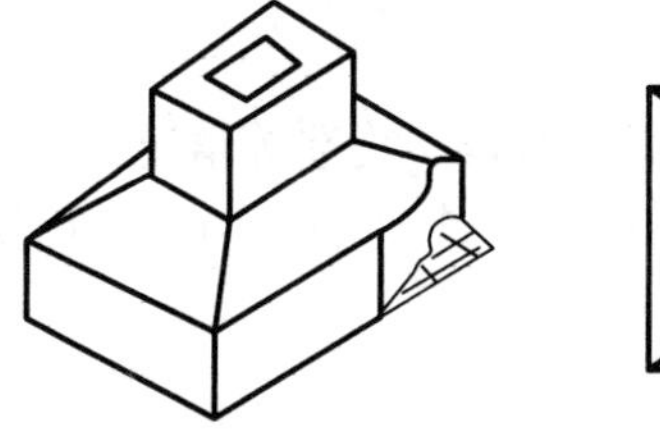

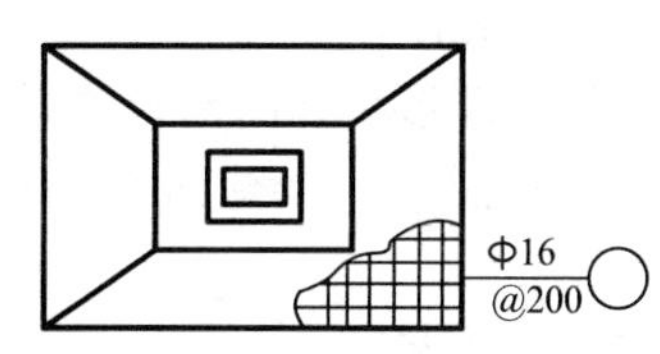

图 1-20　局部剖面图

全剖面图就是用剖切面完全地剖物体所得到的剖面图。

半剖面图就是以对称中心线为界，一半绘制成剖面图，另一半绘制成视图。画半剖面图时应注意视图与剖面图的分界线应是中心线，而且不能画成粗实线。如图 1-19 所示。

局部剖面图是用剖切面局部地剖开物体所得的剖面图称为局部剖面图。作局部剖面图时，剖切平面的位置与范围应根据物体的结构形状而定，剖面图与原视图用波浪线分开，波浪线表示物体断裂处边界线的投影，因而波浪线应画在物体的实体部分，不应与任何图线重合，如图 1-20 所示。

（2）按刮切位置分为：水平剖面图和垂直剖面图。

水平剖面图是当剖切平面平行于水平投影面时，所得的剖面图。建筑施工图中的水平剖面图称为平面图。

垂直平面图是当剖切平面垂直于水平投影面时所得到的图。

(3) 剖面图与断面图的区别在于：

1) 断面图只画出形体被剖开后断面的投影，而剖面图要画出形体被剖开后整个余下部分的投影。

2) 剖面图是被剖开的物体的投影，是体的投影，而断面图只是一个截口的投影，是面的投影，被剖开的形体必有一个截口，所以剖面图必然包含断面图在内，而断面图虽属于剖面图中的一部分，但一般单独画出。

3) 剖切符号的标注不同。断面图的剖切符号只画出剖切位置线，不画剖视方向线。而只用编号的注写位置来表示剖视方向。编号写在剖切位置线下侧，表示向下投影。注写在左侧，表示向左投影。

三、建筑工程图识图基本知识

(一) 建筑施工图的产生

建筑施工图是由设计人员提供的，为了满足建筑工程施工各项具体技术要求的图样。其内容必须详细、完整、尺寸必须正确无误，画法必须符合国家建筑制图的有关规定。

一项建筑工程设计一般包括：初步设计、技术设计和施工图设计三个阶段。有些工程将初步设计和技术设计合并为扩大初步设计。

一套施工图是由建筑、结构、水、暖、电预算等专业共同配合完成的，是进行建筑工程施工的依据。

(二) 施工图的分类

施工图纸由建筑施工图，结构施工图和设备施工图三大部分组成，其中设备施工图主要包括给排水、采暖通风和电气等几个方面。

(1) 建筑施工图（建施图）

主要表示建筑物的外部形状和内部布置以及装修、构造等情况。

基本图纸包括：设计总说明及建筑总平面图、建筑平面图、立面图、剖面图以及楼梯、门窗等建筑详图。

(2) 结构施工图（结施图）

主要表明建筑物承重结构的布置情况以及构造作法等。

基本图纸包括：基础图、柱网布置图、楼盖结构布置图、屋顶结构布置图和结构构件节点详图等。

(3) 设备施工图

1) 给排水施工图：表示管道的布置和走向，构件做法和加工安装要求。图纸包括平面图、系统图和详图等。

2) 采暖通风施工图：主要表示管道布置和构件安装要求。图纸包括平面图、系统图和安装详图等。

3) 电气施工图：表示电气线路走向和安装要求。图纸包括平面图、系统图、接线原理以及详图等。

整套图纸的编排次序通常为：

图纸目录、设计总说明、建筑施工图、结构施工图、设备施工图。

（三）图纸索引

整套工程图包括许多不同内容的图纸，所以要通过图纸目录和图纸索引标志才能快速地查阅其内容。

1. 图纸目录

称为“首页图”或“标题页”，图纸目录包括：设计单位、工程名称、图纸名称、图号、图别以及编号、设计号。

2. 详图索引

设置索引号是为了看图时查找相互有关的图纸比较方便，通过索引我们可以看出基本图纸与详图之间以及与有关工种图纸之间的关系。

（1）当图样中某一局部或构、配件需另外绘制局部放大或剖切放大详图时，应在原图样中绘制索引符号，指明详图所表示的部位，详图编号和详图所在图纸的编号。索引符号是由直径为 10mm 的圆和其水平直径组成的，圆及水平直径均以细实线绘制。如图 1-21（*a*）所示，具体规定如下：

1）索引出的详图，如与被索引的详图同在一张图纸内，应在索引符号的上半圆中用阿拉伯数字注明该详图的编号，并在下半圆中间画一段水平细实线，如图 1-21（*b*）所示。

2）索引出的详图，如与被索引的详图不在同一张图纸内，应在索引符号的上半圆中用阿拉伯数字注明该详图的编号，在索引符号的下半圆中用阿拉伯数字注明该详图所在图纸的编号，如图 1-21（*c*）所示。数字较多时，可加文字标注。

3）索引出的详图，如采用标准图，应在索引符号水平直径的延长线上加注该标准图册的编号如图 1-21（*d*）所示。

（2）索引符号如用于索引剖视详图，应在被剖切的部位绘制剖切位置线，并以引出线引出索引符号，引出线所在的一侧应为投射方向。索引符号的编写同（1）条的规定（图 1-22（*a*）、（*b*）、（*c*）、（*d*））。

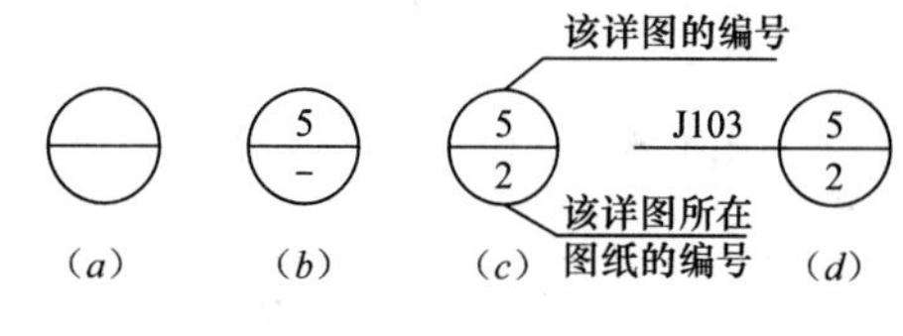

图 1-21　索引符号

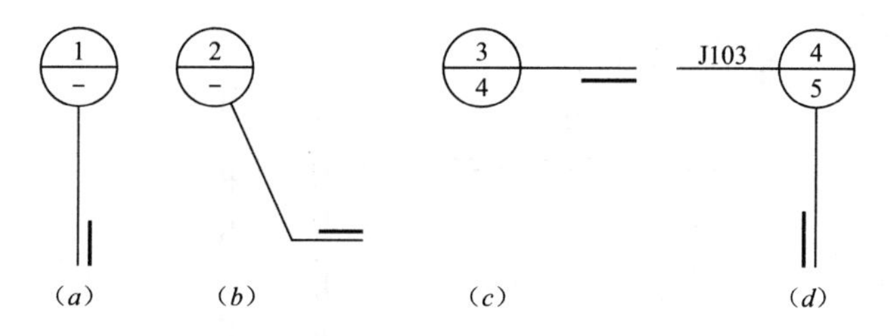

图 1-22　用于索引剖面详图的索引符号

（3）零件、钢筋、杆件、设备等的编号，以直径为 4～6mm（同一图样应保持一致）的细实线圆表示，其编号应用阿拉伯数字按顺序编写，如图 1-23 所示。

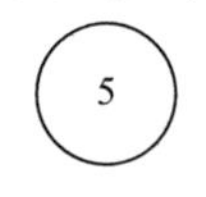

图 1-23　零件、钢筋等的编号

（4）详图的位置和编号，应以详图符号表示。详图符号的圆应以直径为 14mm 粗实线绘制。详图应按下列规定编号：

1）详图与被索引的图样同在一张图纸内时，应在详图符号内用阿拉伯数字注明详图的编号，如图 1-24 所示。

2）详图与被索引的图样不在同一张图纸内，应用细实线在详图符号内画一水平直径，在上半圆中注明详图编号，在下半圆中注明被索引的图纸的编号，如图 1-25 所示。

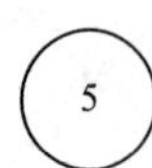

图 1-24　与被索引图样同在一张图纸内的详图符号

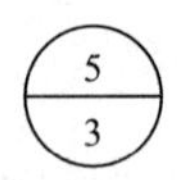

图 1-25　与被索引图样不在同一张图纸内的详图符号

（四）图中常用的符号和记号

建筑工程图中常用一些统一规定的符号和记号来表明，熟悉和掌握对识图很重要。

1. 定位轴线

（1）定位轴线应用细点画线绘制。

（2）定位轴线一般应编号，编号应注写在轴线端部的圆内。圆应用细实线绘制，直径为 8～10mm。定位轴线圆的圆心，应在定位轴线的延长线上或延长线的折线上。

（3）平面图上定位轴线的编号，宜标注在图样的下方与左侧。横向编号应用阿拉伯数字，从左至右顺序编写，竖向编号应用大写拉丁字母，从下至上顺序编写，如图 1-26 所示。

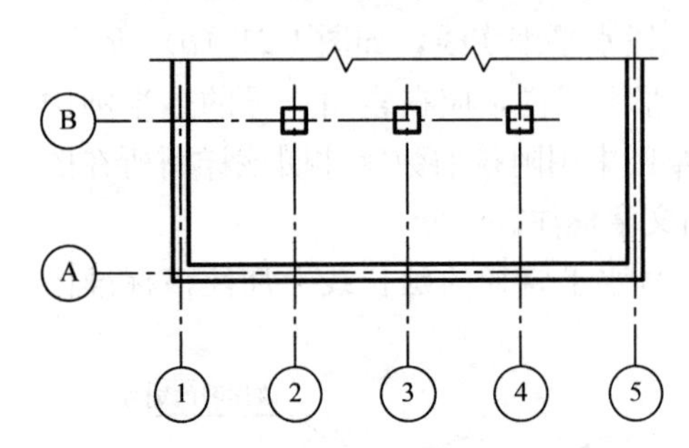

图 1-26　定位轴线的编号顺序

（4）拉丁字母的 I、O、Z 不得用做轴线编号。如字母数量不够使用，可增用双字母或单字母加数字注脚，如 A_A、$B_A \cdots Y_A$ 或 A_1、$B_1 \cdots Y_1$。

（5）组合较复杂的平面图中定位轴线也可采用分区编号（如图 1-27 所示），编号的注写形式应为“分区号——该分区编号”。分区号采用阿拉伯数字或大写拉丁字母表示。

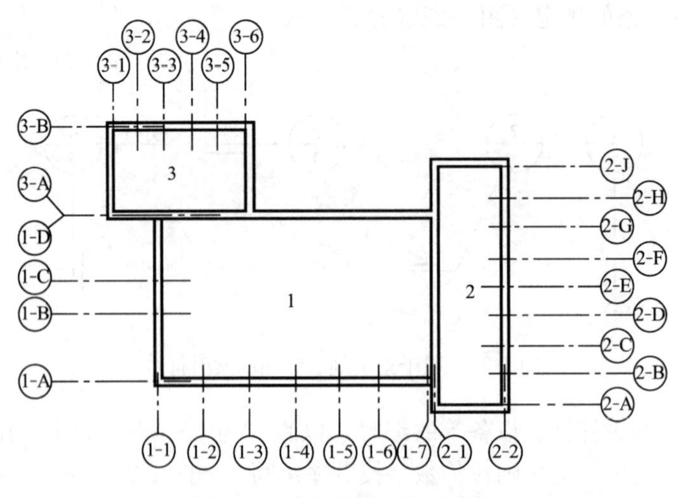

图 1-27　定位轴线的分区编号

（6）附加定位轴线的编号，应以分数形式表示，并应按下列规定编写：

1）两根轴线间的附加轴线，应以分母表示前一轴线的编号，分子表示附加轴线的编号，编号宜用阿拉伯数字顺序编写，如：

1/2 表示 2 号轴线之后附加的第一根轴线。

3/C 表示 C 号轴线之后附加的第三根轴线。

2）1 号轴线或 A 号轴线之前的附加轴线的分母应以 01 或 OA 表示，如：

1/01 表示 1 号轴线之前附加的第一根轴线。

3/0A 表示 A 号轴线之前附加的第三根轴线。

（7）一个详图适用于几根轴线时，应同时注明各有关轴线的编号，如图 1-28 所示。

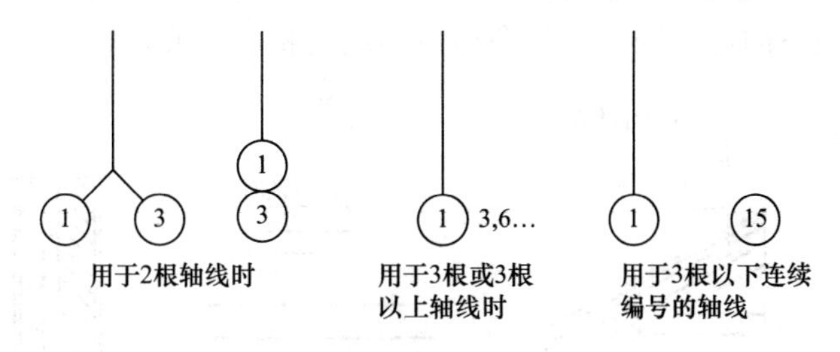

图 1-28　详图的轴线编号

（8）通用详图中的定位轴线，应只画圆，不注写轴线编号。

（9）圆形平面图中定位轴线的编号，其径向轴线宜用阿拉伯数字表示，从左下角开始，按逆时针顺序编写；其圆周轴线宜用大写拉丁字母表示，从外向内顺序编写，如图 1-29 所示。

（10）折线形平面图中定位轴线的编号可按图 1-30 的形式编写。

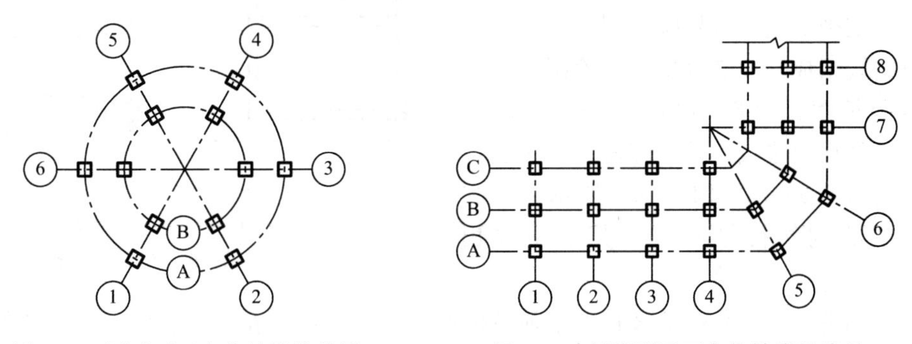

图 1-29　圆形平面定位轴线的编号　　图 1-30　折线形平面定位轴线的编号

2. 引出线

（1）引出线应以细实线绘制，宜采用水平方向的直线、与水平方向成 30°、45°、60°、90°的直线，或经上述角度再折为水平线。文字说明宜注写在水平线的上方，如图 1-31（*a*）所示，也可注写在水平线的端部，如图 1-31（*b*）所示。索引详图的引出线，应与水平直径线相连接，如图 1-31（*c*）所示。

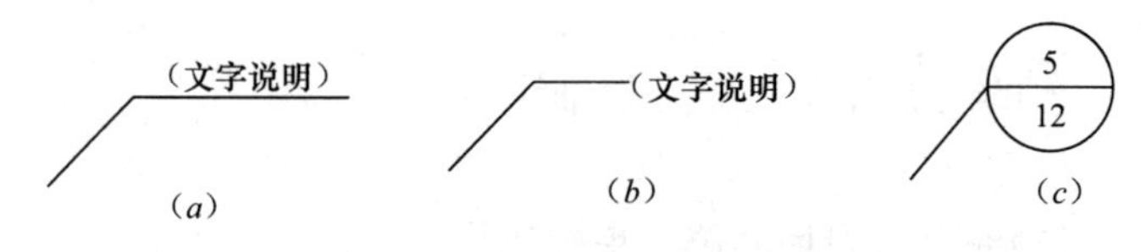

图 1-31　引出线

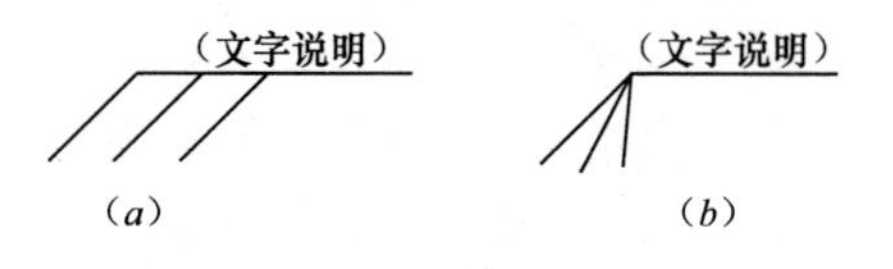

图 1-32　共用引出线

（2）同时引出几个相同部分的引出线，宜互相平行，如图 1-32（*a*）所示，也可画成集中于一点的放射线，如图 1-32（*b*）所示。

（3）多层构造或多层管道共用引出线，应通过被引出的各层文字说明宜注写在水平线的上方，或注写在水平线的端部，说明的顺序应由上至下，并应与被说明的层次相互一致；如层次为横向排序，则由上至下的说明顺序应与左至右的层次相互一致，如图 1-33 所示。

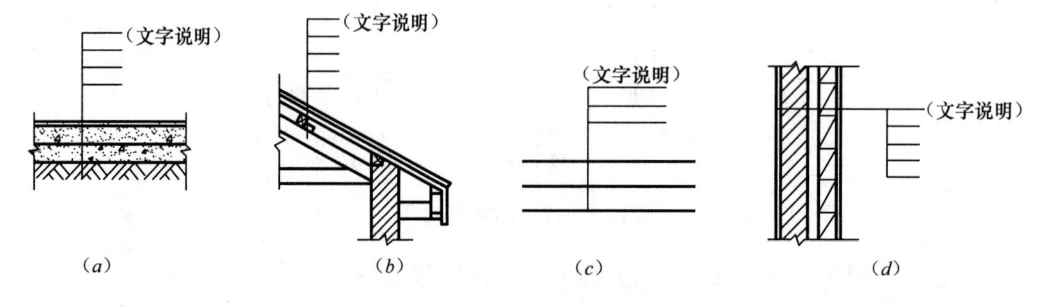

图 1-33　多层构造引出线

3. 图形折断记号

为了将不需要表明的部分删去，可采用折断记号画出，如图 1-34 所示。

4. 剖切符号

（1）剖视的剖切符号应由剖切位置线及投射方向线组成，均应以粗实线绘制。剖切位置线的长度宜为 6～10mm；投射方向线应垂直于剖切位置线，长度应短于剖切位置线，宜为 4～6mm，如图 1-35 所示。绘制时，剖视的剖切符号不应与其他图线相接触。

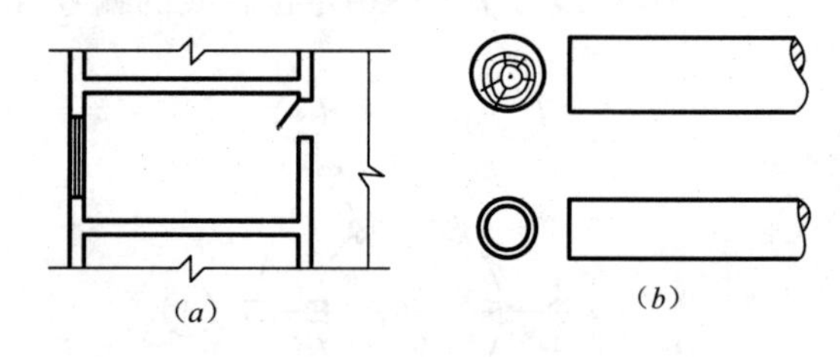

图 1-34　图形的折断
（*a*）直线折断；（*b*）曲线折断

（2）剖视剖切符号的编号宜采用阿拉伯数字，按顺序由左至右、由下至上连续编排，并应注写在剖视方向线的端部。

（3）需要转折的剖切位置线，应在转角的外侧加注与该符号相同的编号。

（4）建（构）筑物剖面图的剖切符号宜注在±0.00 标高的平面图上。

断面的剖切符号应符合下列规定：

（1）断面的剖切符号应只用剖切位置线表示，并应以粗实线绘制，长度宜为 6～10mm。

（2）断面剖切符号的编号宜采用阿拉伯数字，按顺序连续编排，并应注写在剖切位置线的一侧；编号所在的一侧应为该断面的剖视方向（图 1-36）。

剖面图或断面图，如与被剖切图样不在同一张图内，可在剖切位置线的另一侧注明其所在图纸的编号，也可以在图上集中说明。

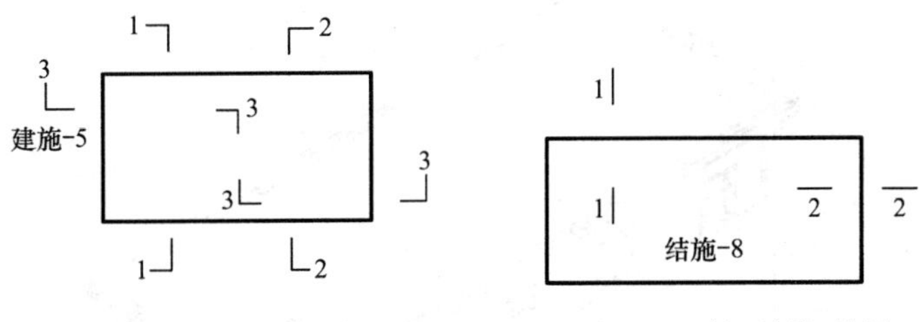

图 1-35　剖视的剖切符号　　图 1-36　断面剖切符号

5. 其他符号

（1）对称符号由对称线和两端的两对平行线组成。对称线用细点画线绘制；平行线用细实线绘制，其长度宜为 6～10mm，每对的间距宜为 2～3mm；对称线垂直平分于两对平行线，两端超出平行线宜为 2～3mm，如图 1-37 所示。

（2）连接符号应以折断线表示需连接的部位。两部位相距过远时，折断线两端靠图样一侧应标注大写拉丁字母表示连接编号。两个被连接的图样必须用相同的字母编号，如图 1-38 所示。

图 1-37　对称符号

（3）指北针的形状宜如图 1-39 所示，其圆的直径宜为 24mm，用细实线绘制；指针尾部的宽度宜为 3mm，指针头部应注“北”或“N”字。需用较大直径绘制指北针时，指针尾部宽度宜为直径的 1/8。

（4）标高标志形成有一般标高、室外整平标高，如图 1-40 所示。

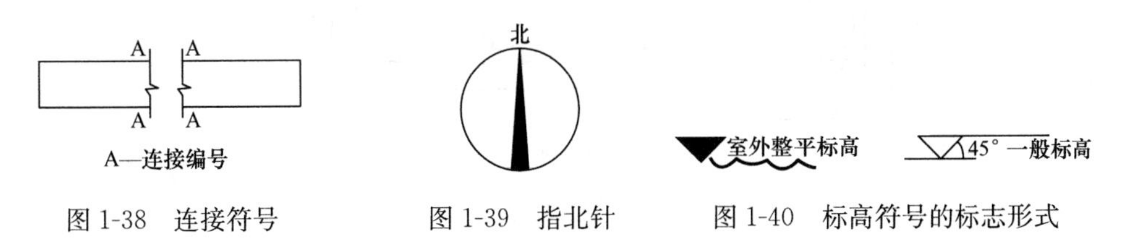

图 1-38　连接符号　　图 1-39　指北针　　图 1-40　标高符号的标志形式

标高符号中其尖端表示标高的位置，在横线处注明标高值，标高的基准面处应注写成 ±0.000，凡比 ±0.000 低的称为负标高，应在标高值前加注“－”号，正标高可不注“＋”号。

四、建筑工程图的基本表示方法

房屋建筑图包括平面图、立面图、剖面图等，这些图都是运用正投影原理绘制的，是用来表示房屋内部和外部形状的图纸。

（一）平面图

平面图是房屋的水平剖视图，即假设有一个水平面把房屋的窗台以上部分切掉，则切面以下的水平投影图即为建筑平面图，图 1-41 是一栋单层房屋的平面。

平面图包括总平面图、基础平面图、屋顶平面图、吊顶或顶棚仰视平面图、楼板平面图等一系列图纸。平面图主要表示房屋的平面形状，内部布置及朝向。在施工过程中，它是放线、砌墙、安装门窗、室内装修及编制预算的重要依据，是施工图中的重要图纸。

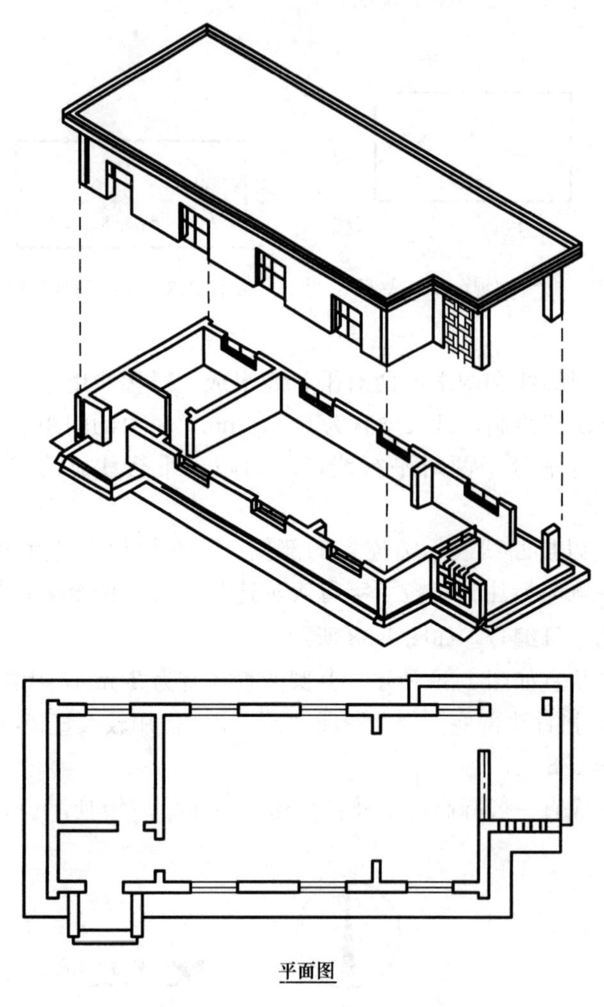

图 1-41　单层房屋平面示意图

（二）立面图

房屋建筑的立面图是指房屋在立面和侧面绘制的正投影图、根据立面的朝向可将立面图分为东立面图、西立面图、南立面图和北立面图、图 1-42 是一栋建筑的两个立面图。立面图主要用于表示建筑物的体形和外貌，表示立面各部分配件的形状及相互关系；表示立面装饰要求及构造做法等。

（三）剖面图

房屋建筑的剖面图是指用一平面把建筑物垂直分开后，平面后的那一部分的正立投影图。根据剖切方位可以分为横剖面图和纵剖面图。如图 1-43 所示。剖面图主要表示房屋的内部结构、分层情况、各层高度、楼面和地面的构造以及各配件在垂直方向上的相互关系等内容。在施工中，是进行分层、砌筑内墙、铺设楼板、屋面板和内装修等工作的依据。

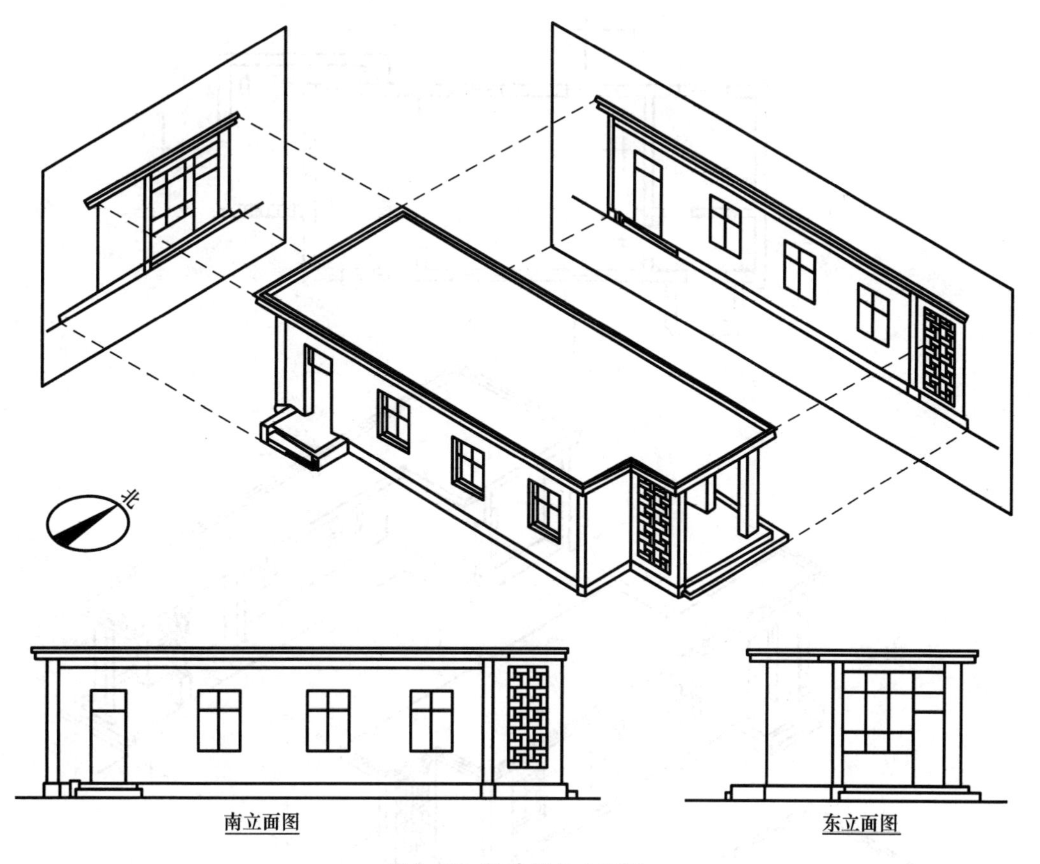

图 1-42 某建筑的立面图

平、立、剖面图相互之间紧密联系，只有把平、立、剖三种图综合起来分析，才能看出建筑物从内到外、从水平到垂直的全貌。从平面图可以看出建筑物各部分在水平面方向的尺寸和位置，但不能看出其高度；从立面图可以看出建筑物的长、宽、高的尺寸，但无法看到其内部结构及其关系；从剖面图能看出建筑物内部高度方向的结构及其布置情况。

五、建筑施工图

（一）总平面图

总平面图是用来表明工程的总体布局的。主要表明原有和新建房屋的位置、标高、地形、地貌、构筑物等，根据总平面图才能对新建房屋定位、施工放线、土方施工及施工总平面的布置等。

1. 当总平面图所要表达的范围比较大时，图形比例采用较小的，例如某化肥厂的总平面图（图 1-44），采用比例较小，这种情况下采用的比例有 1∶2000、1∶1000、1∶500 等。从总平面图中了解地形概貌、从等高线可知化肥厂东北部较高，西南部略低，西部有四个台地，东部有一个山头。厂房主要建在中部缓坡上，锅炉房等建在较低地段。也可了解新建工程的性质和总体布局，如周围建筑物及构筑物的位置道路和绿化的布置等。

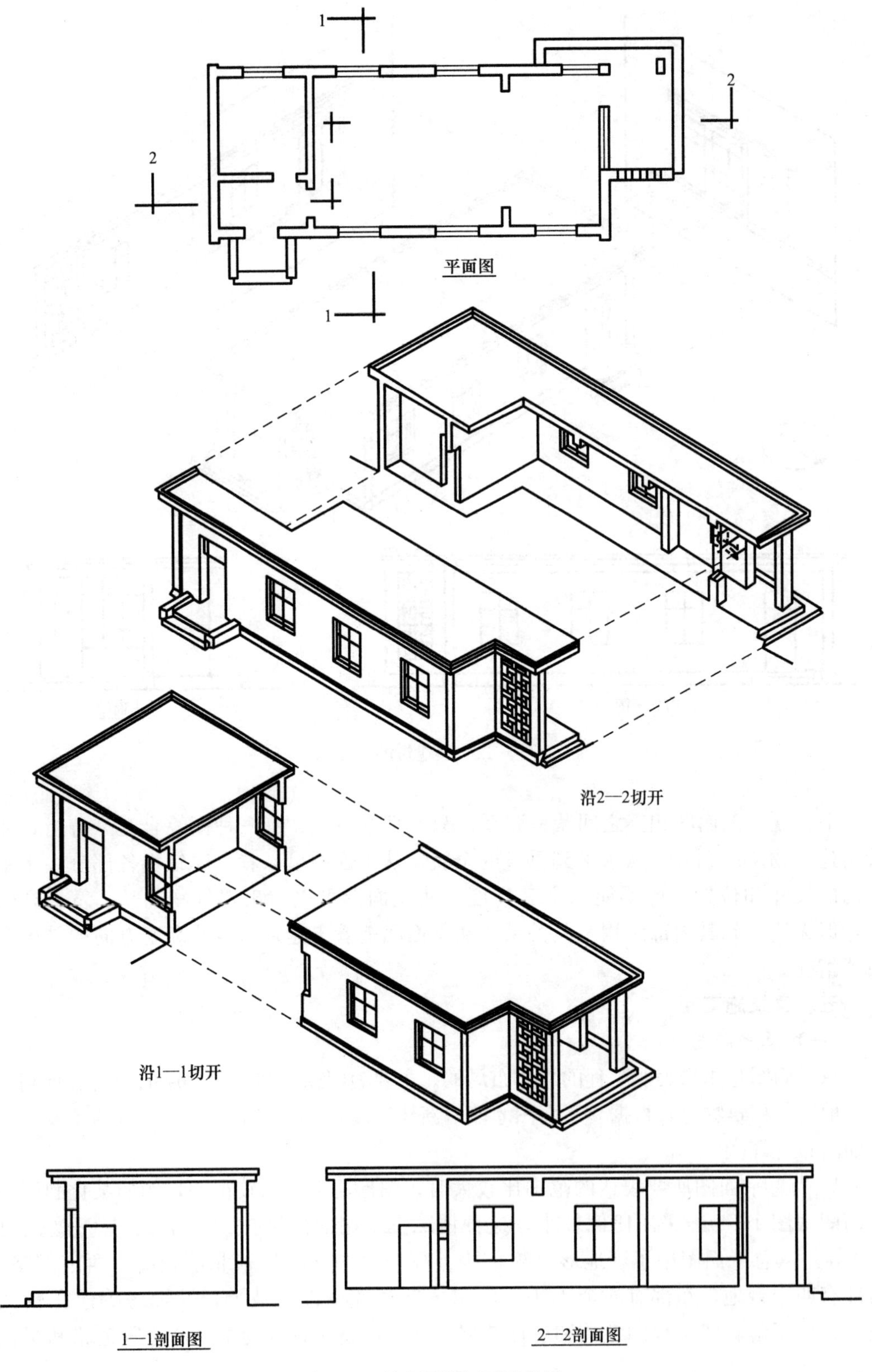

图 1-43　某房屋的剖面示意图

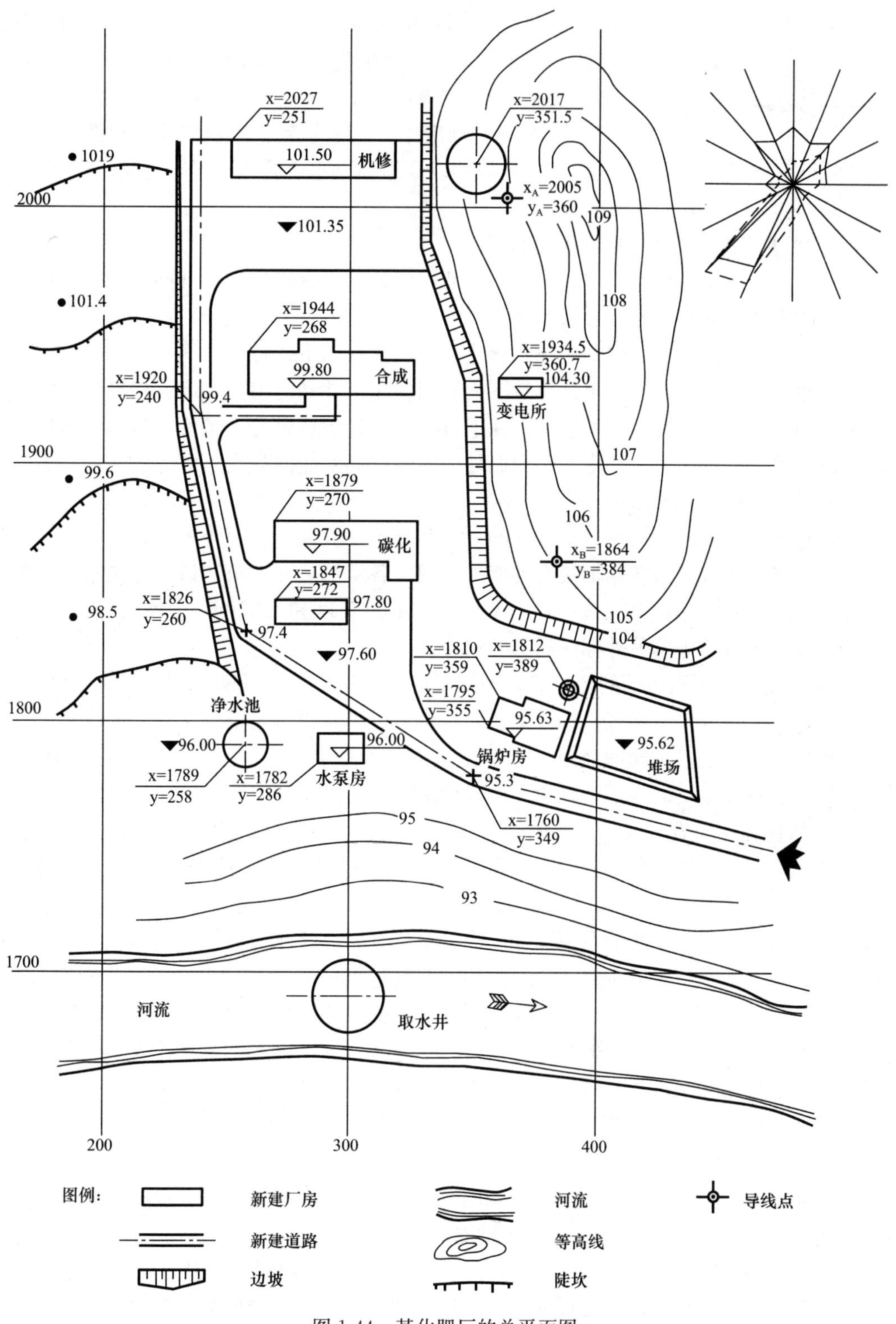

图 1-44　某化肥厂的总平面图

2. 有风向频率玫瑰图表明当地风向频率（图 1-45）。

3. 新建建筑物的定位可以利用坐标定位，在地形图上绘制的方格网称之为测量坐标

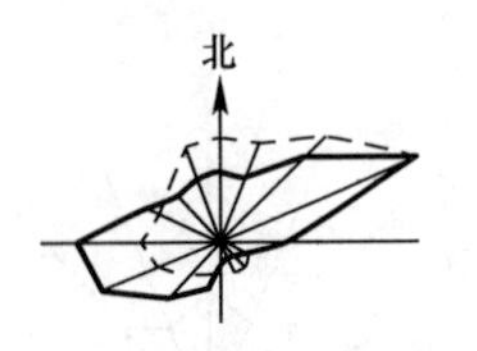

图 1-45　风向频率玫瑰图

网。如图 1-44 所示中的净水池，其方位是正南北方向，只注明圆心的坐标即可，竖轴为 x，横轴为 y，图中净水池的定位竖轴 $x=1789$，横轴 $y=286$。

4. 从总平面图中可以了解到各所建房屋的道路标高、坡度、室内外高差以及地面排水、管线布置等情况。

（二）建筑平面图

1. 了解建筑物平面图上的各部分尺寸

在建筑平面图中的尺寸标准注有外部尺寸，由此可以得知房间的开间、进深、门窗及室内设备的大小尺寸和所处位置情况。

建筑平面图上的尺寸（详图例外）标注形成一般有以下几种：

（1）建筑物内部尺寸标注包括建筑室内房间的净尺寸和门窗口、墙、柱垛的尺寸以及墙、柱与轴线的平面位置尺寸关系等。并了解建筑中各组成部分、楼面、地面、夹层、楼梯平台面、室外台阶顶面、外廊和阳台面处，因为它们的竖向高度不同，故一般都分别注明标高，底层室内地坪面的标高为±0.000。

（2）建筑物外部尺寸标注。平面图的下方及侧向一般标注三道外尺寸。靠墙的第一道尺寸是门窗口及其中间墙和端轴线与外墙外缘间的各细部尺寸；第二道尺寸是轴线间的尺寸，一般都是每间标注；第三道尺寸表示建筑物的总长度和总宽度，被称为外包总尺寸。室外的台阶、散水坡等可另外标注局部外尺寸。

2. 了解建筑、剖面图的剖切位置，用剖视记号表达出来，反映剖切位置和剖视方向。楼梯的位置、起步方向、梯宽、平台宽、栏杆位置、踏步级数及上、下行方向都可以从平面图中得知，而且通过平面图还可以了解建筑内的各种设备、配电箱、消火栓、池、坑、槽及电梯、起重吊车、通风道、烟道、垃圾管道和卫生设备的位置、尺寸、规格、型号。

3. 了解门窗的位置和编号，图中采用专门的代号标注，其中门用代号 M 表示，窗用代号 C 表示，并加注编号以便区分，通常每个工程都有门窗规格、型号、数量的汇总表。

4. 了解屋顶部位的设施和结构情况，了解屋面处的天窗、水箱、电梯机房、屋面出入口、铁爬梯、烟囱、女儿墙及屋面变形缝等设施和屋面排水分区、排水方向、坡度、檐沟、泛水、雨水下水口等的位置、尺寸、用料及构造等情况。

5. 了解建筑物的平面布置和轴向，如图 1-46 所示是某宿舍建筑平面图，可反映建筑物的平面形状和室内各个房间的布置，入口、走道、门窗、楼梯的平面位置、数量、尺寸以及墙柱等承重结构组成和材料等情况，除此之外，在底层建筑平面图中能看到指北针和室外台阶、明沟、散水坡、踏步、雨水管等的布置情况。

（三）建筑立面图（图 1-47）。

建筑立面图的命名，一种是根据其朝向分类的，例如东立面图等，另一种是根据建筑两端的定位轴线编号来分类的，如Ⓐ-Ⓔ轴立面图等。

1. 了解建筑物立面各部分的竖向尺寸和标高情况，竖向尺寸标注在靠近墙边第一道尺寸是注门窗等各细部门的高度尺寸，第二道尺寸是注每个楼层间的高度尺寸，第三道尺寸注的是建筑物总高尺寸，另外还标注局部小尺寸。

2. 标高的标注部位主要有室外地面及各层楼面，建筑物顶部、窗顶、窗台、雨篷、烟囱顶、阳台面、遮阳板底、花饰处标高，因此看图时应注意。

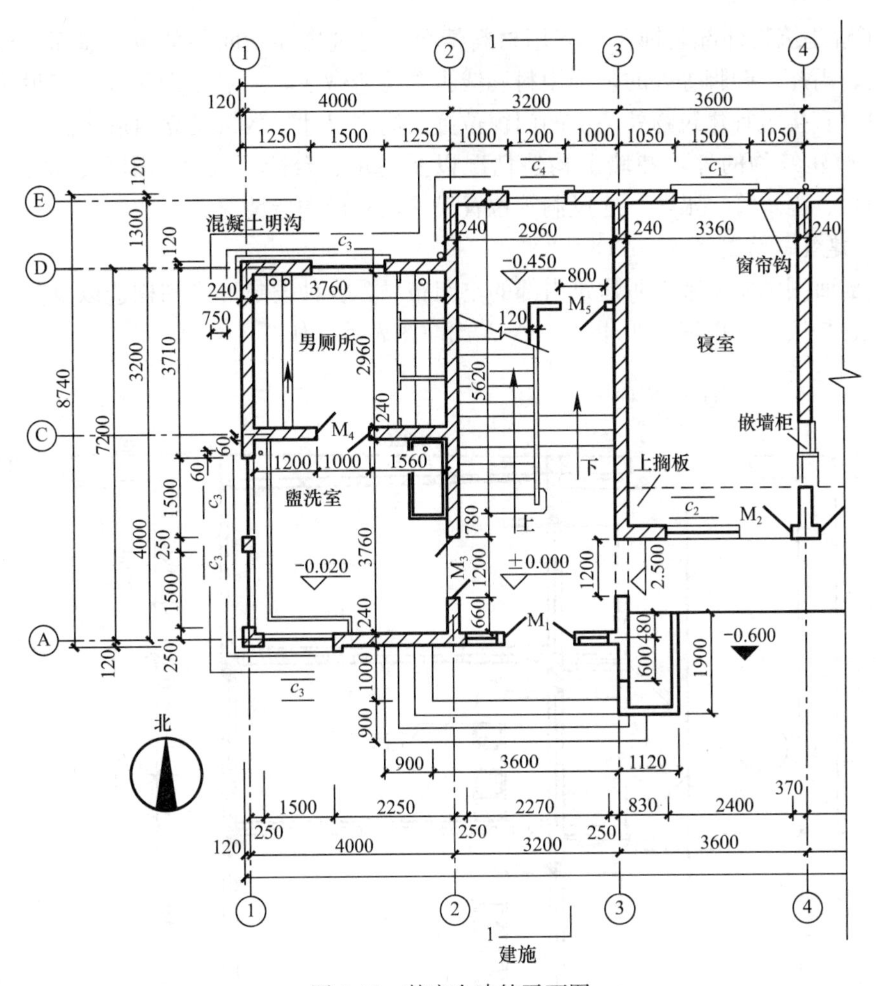

图 1-46 某宿舍建筑平面图

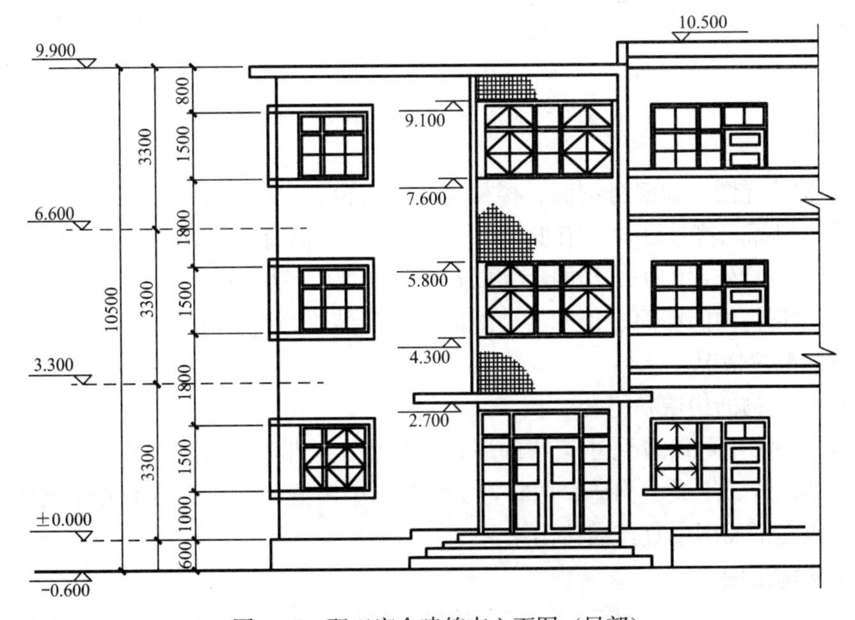
图 1-47 职工宿舍建筑南立面图（局部）

3. 了解建筑物外部装饰及所有用材料情况，建筑物外立面各部位、屋面、檐口、腰线、窗台、雨篷、勒脚等处的装饰用料和线脚等构造做法，一般用图例和文字说明。在立面图中可以直接了解建筑物外墙上的门窗位置、高度尺寸、数量及立面形式。

4. 了解建筑物的外形和墙上构造情况以及屋顶、台阶、雨篷、阳台、烟囱、挑檐、腰线、窗台、雨水管、水斗、通风洞等位置尺寸及外形构造情况。

（四）建筑剖面图（图 1-48）

建筑剖面图主要用来表明建筑内部的空间布局，各种设施形成和构造以及建筑结构特征的图，它是按照剖视编号如Ⅱ-Ⅱ、A-A 剖面图表示，如图 1-48 所示。

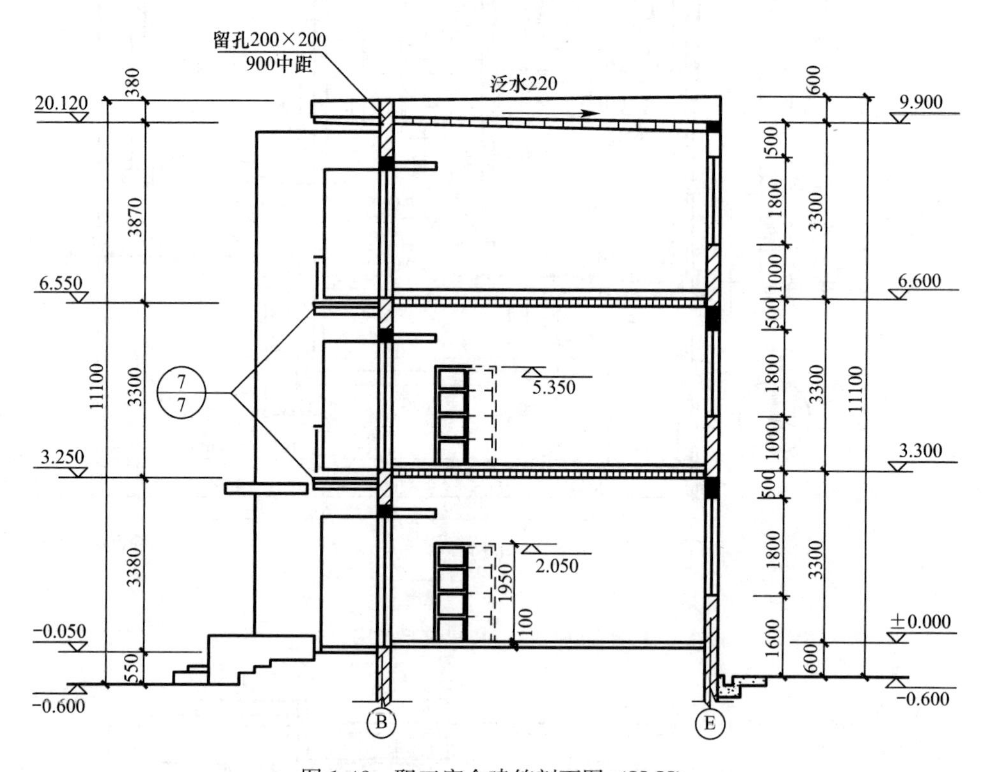

图 1-48　职工宿舍建筑剖面图（H-H）

1. 局部构造详图：如墙身剖面、楼梯剖面、门窗、台阶、消防梯、黑板讲台等详图，通常从图中索引标志符号可知，踏步、扶手、栏板等另画有局部详图，也是局部剖面图。

2. 了解建筑物外部围护结构的尺寸以及室外地坪、各层地面、屋架或顶棚标高。

3. 了解建筑物内的墙面、顶棚、楼地面的面层装饰情况，吊车、卫生、通风、水暖、电气等设备的配置情况。

4. 了解建筑物的构造和组合

在建筑剖面图中可以看到建筑物的屋顶、顶棚、楼地面、墙柱、隔断、池坑、楼梯、门窗各部分的位置、组成、构造、用料，了解基础结构情况，对于简单的建筑物的基础结构构造，可以在剖面图中直接表达出来。

六、结构施工图

结构施工图的作用是表明了建筑承重结构与基础，柱、梁板、墙等构件的材料，形状、大小、结构位置及结构造型的情况，结构施工图是放灰线、土方、模板、钢筋的施工和编制施工组织设计及预算书的重要依据。

（一）常用结构构件代号

常用构件代号是用各构件名称的汉语拼音第一个字母表示（表1-1）。

常用结构构件代号表 **表1-1**

序号	名称	代号	序号	名称	代号
1	非框架梁	L	19	檐口板	YB
2	吊车梁	DL	20	新板	ZB
3	过梁	GL	21	柱	Z
4	基础梁	JL	22	桩	ZH
5	连系梁	LL	23	天窗架	CJ
6	圈梁	QL	24	刚架	GJ
7	楼梯梁	TL	25	框架	KJ
8	屋面梁	WL	26	托架	TJ
9	板	B	27	屋架	WJ
10	吊车安全走道板	DB	28	支架	ZJ
11	槽垂板	EB	29	基础	J
12	盖板或盖沟板	GB	30	设备基础	SJ
13	空心板	KB	31	檀条	LT
14	密肋板	MB	32	雨篷	YP
15	墙板	QB	33	阳台	YT
16	楼梯板	TB	34	梁垫	LD
17	天沟板	TGB	35	预埋件	M
18	屋面板	WB	36	柱间支撑	ZC

（二）常用钢筋符号（表1-2）

常用钢筋符号表 **表1-2**

钢　　号	符　　号
HPB300（Ⅰ级）	ϕ
HRB335（Ⅱ级）	$\underline{\Phi}$
HRB400（Ⅲ级）、（RRB400）	$\underline{\Phi\!\!\!|}$（$\underline{\Phi\!\!\!|}^{R}$）
HRB500（Ⅳ级）	$\overline{\underline{\Phi}}$

（三）常用钢筋图例（表1-3）

常用钢筋图例 **表1-3**

名　　称	图　　例
带半圆形弯钩的钢筋端部	
带半圆形弯钩的钢筋搭接	
无弯钩的钢筋端部	
无弯钩的钢筋搭接	

钢筋中心间距用@表示，如 Φ6@200，即圆 6（直径 6mm）间距为 200mm。

（四）混合结构施工图

通常情况下，混合结构用于民用建筑，采用条形基础，砖墙承重，钢筋混凝土楼盖，钢筋混凝土屋盖，如图 1-49 所示，其施工图主要包括以下图纸：

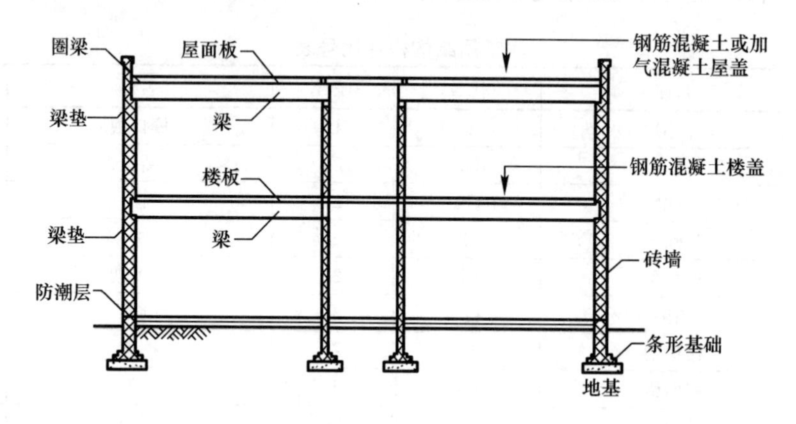

图 1-49　混合结构示意图

1. 结构图

结构图包括基础结构图、楼盖结构图、屋盖结构图、局部结构和构件详图（如楼梯、柱、梁等）。首先看结构设计总说明，主要内容为设计依据，地质勘察报告，自然条件，如风雪荷载等，材料强度要求，施工要求，标准图使用，统一的构造做法等，但小工程一般都不编结构设计总说明。

2. 基础结构图

它包括基础结构平面图和基础剖（截）面详图两个部分。主要是表示房屋地面以下基础部分的平面布置和详细构造的图样。它是进行施工放线，基槽开挖和砌筑的主要依据。也是施工组织和预算的主要依据。它一般包括：基础结构平面图和基础剖（截）面详图两部分。

（1）基础结构平面图

例如图 1-50 所示，中识读基础与定位轴线的平面布置轴线间的尺寸；了解基础剖面详图的剖切位置；了解基础底面标高起落变化情况；了解基础中的基础墙、地下沟管穿墙孔洞、垫层、基础梁的平面布置、形状、尺寸等情况，在基础平面图中凡基础的宽度、墙厚、大放脚形式、基底标高等做法不同时，常用不同剖面详图剖面编号加以说明。

（2）基础剖（截）面详图

主要用来说明基础各组成部分的具体结构的构造情况。如图 1-51 所示。

一般都是用垂直剖面（或截面）图表示条形基础，而独立基础除了用垂直剖面图表示外，还可用较大的比例平面详图来表示。由基础平面图中的详图剖视编号或基础代号可以查阅基础详图，了解基础结构的构造，如钢筋混凝土部分内的配筋以及其他构件与基础相连的节点、配置、插筋、钢箍或预埋铁件等情况；了解砖墙基础防潮层的设置位置及材料要求；了解基础剖面图各部分尺寸、标高、例如基础墙的厚度，大放脚的细部与垫层等尺寸，基础垫层底到设计室外地面的基础埋置深度和室内、外地面与基础底的标高，基础与轴线的位置关系等情况。

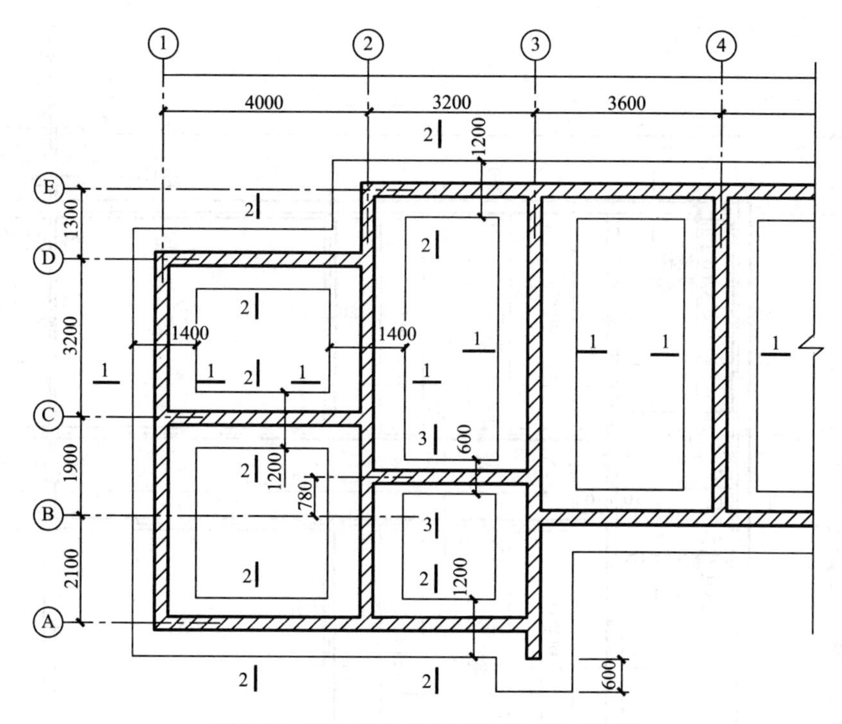

图 1-50　职工宿舍基础结构平面图（局部）

说明：1. 基础埋置深度 H_1＝1m。

2. 混凝土强度等级：基础为 C15、垫层为 C10、JQL 防潮圈梁用 C20 防水混凝土，水泥用量不得少于 310kg/m³；

3. 钢筋：Φ为 Q235（Ⅰ级）钢，Φ为 HRB335（Ⅱ级）钢。

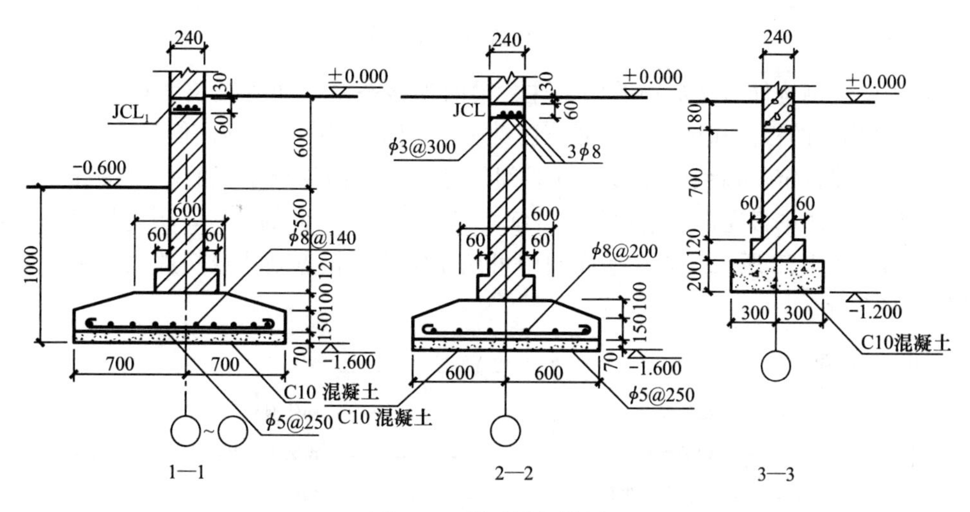

图 1-51　基础结构详图

3. 楼（屋）盖结构图

楼（屋）盖结构图以平面为主并辅以局部剖（截）面图和详图所组成。它表示建筑物楼层（或屋顶层）结构的梁板等结构件的组合和布置以及构造等情况。现对预制装配式钢筋混凝土楼（屋）盖结构图的平面图进行识读，如图 1-52 所示。

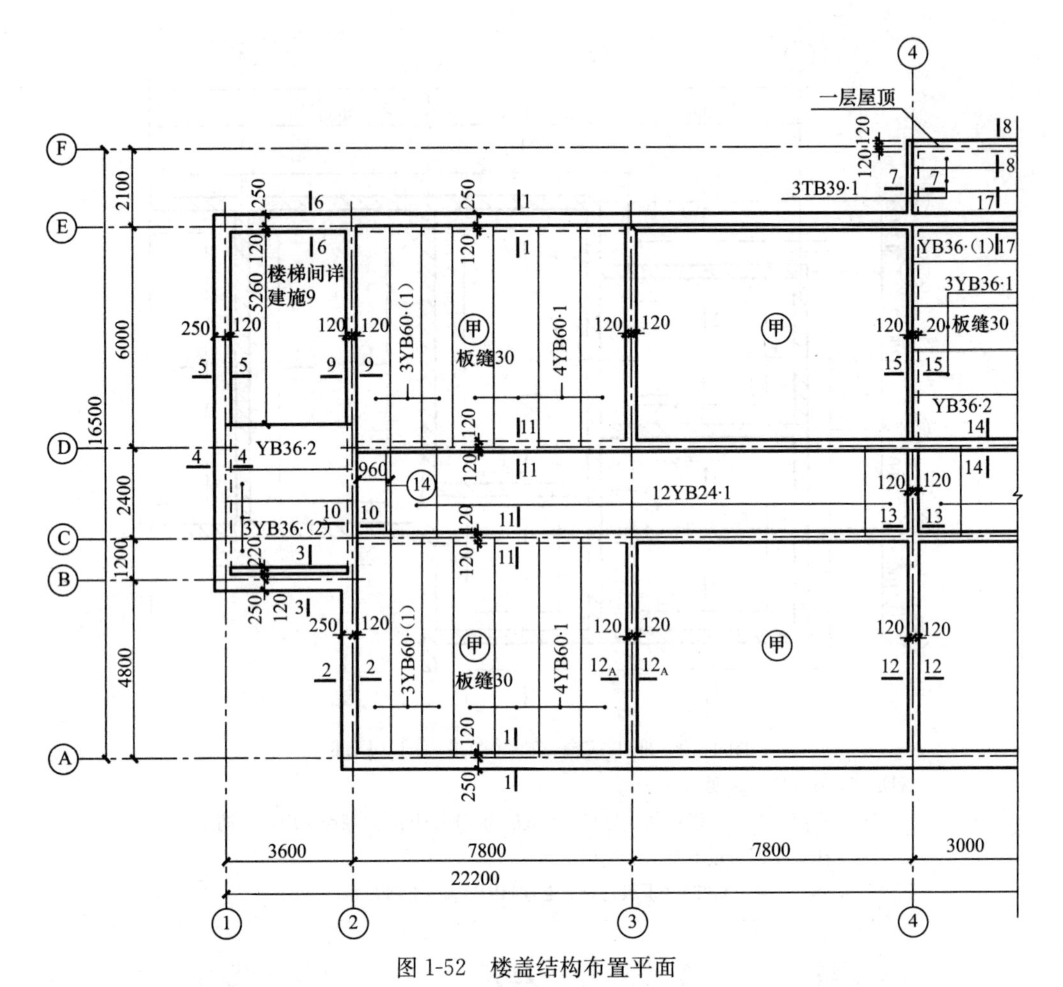

图 1-52　楼盖结构布置平面

（1）了解预制构件与建筑物的墙、柱、梁的连接关系（如搁置长度和锚固拉结的要求），了解结构层的板面和板间及局部补强要求，结构平面内梁、板高低等情况。

（2）了解建筑定位轴线的布置和轴线间尺寸。了解结构层中板的平面布置和组合情况。在结构平面图中板通常是用对角线（细实线）来表示它们的位置，板的代号、编号标注举例说明如图 1-53 所示。梁在平面图中可用粗实线、粗点划线或粗虚线表示，梁的标注如图 1-54 所示。

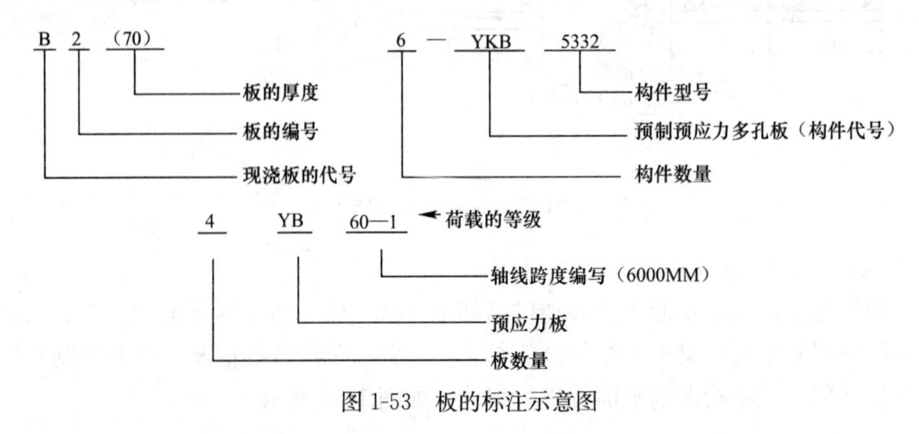

图 1-53　板的标注示意图

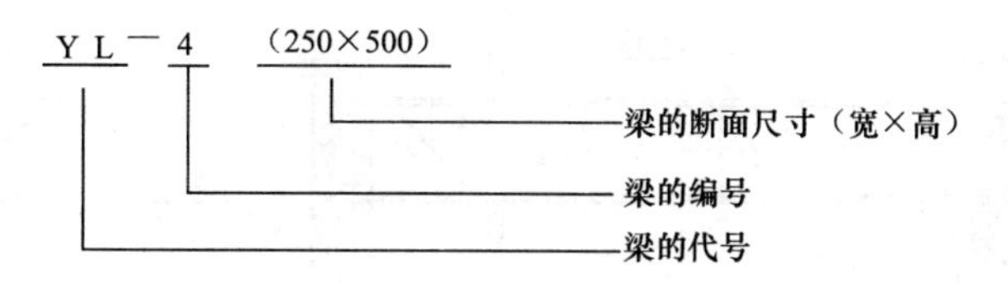

图 1-54　梁的标注示意图

4. 现浇楼盖结构平面及剖面

主要用于现场支模、绑钢筋，浇灌混凝土制作梁、板等，其基本内容包括平面图、剖面图、钢筋表（表 1-4）、说明四部分，如图 1-55 所示，这些图与相应的建筑平面及墙身剖面相关，应配合阅读。

钢　筋　表　　　　**表 1-4**

构件	编号	形状尺寸	直径	长度	根数	备注
板	①	3980 50	ϕ6	4080	26	
	②	4980 50	ϕ6	5080	26	
	③	820 70	ϕ8	950	122	
		1400 70	ϕ8	1540	20	

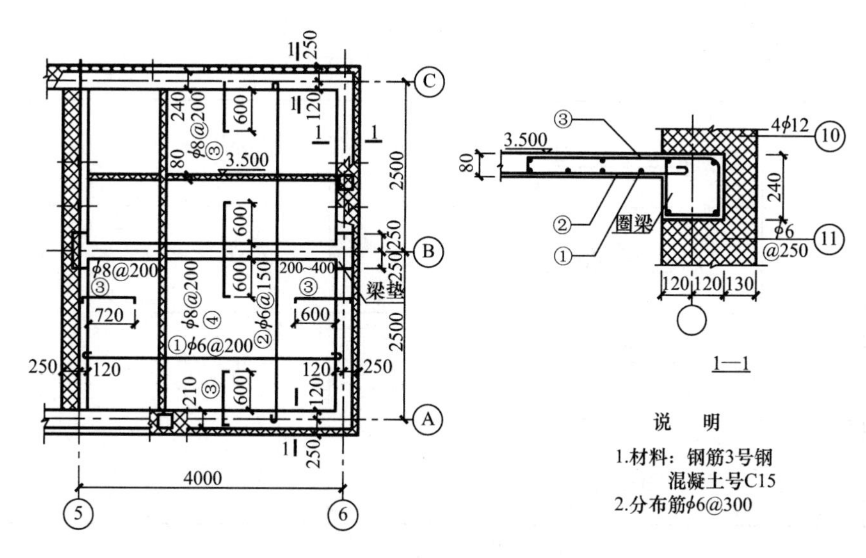

图 1-55　现浇楼盖模板及配筋

（1）剖面大样表示圈梁、砖墙、楼板的关系如图 1-56 所示。

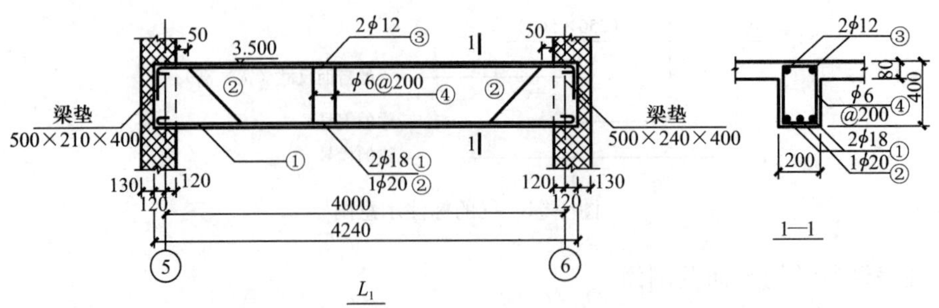

说明：1.材料：混凝土C15;钢筋ф—14PB300钢;ф—HRB335（Ⅱ）钢;2.主筋保护层为20

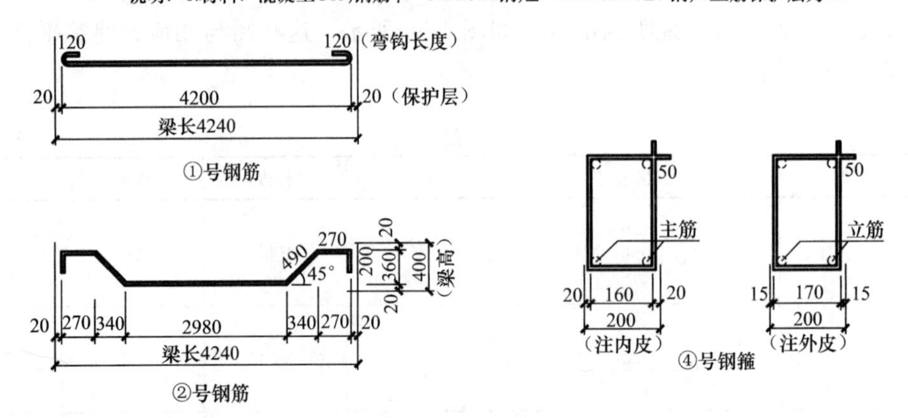

图 1-56　钢筋成型尺寸

梁、梁垫的布置和编号，如图 1-56 中的 L_1，断面尺寸为 200mm×400mm，梁垫的尺寸为 500mm×240mm×400mm。

文字说明已写明材料强度等级，分布筋要求，钢筋表（表 1-5），钢筋尺寸表明了 L_1 梁的配筋情况。

钢　筋　表　　　　**表 1-5**

构件	编号	形状尺寸	直径	长度	根数	备注
L_1（1 根）	①	120 4200 120	ϕ18	4440	2	
	②	2980 490 270 200	ϕ20	4900	1	
	③	4700 80 80	ϕ12	4360	2	
	④	360 160 50	ϕ6	1140	22	

（2）识读平面图

1）轴线网。

2）钢筋布置情况如立体图如图 1-57 所示。

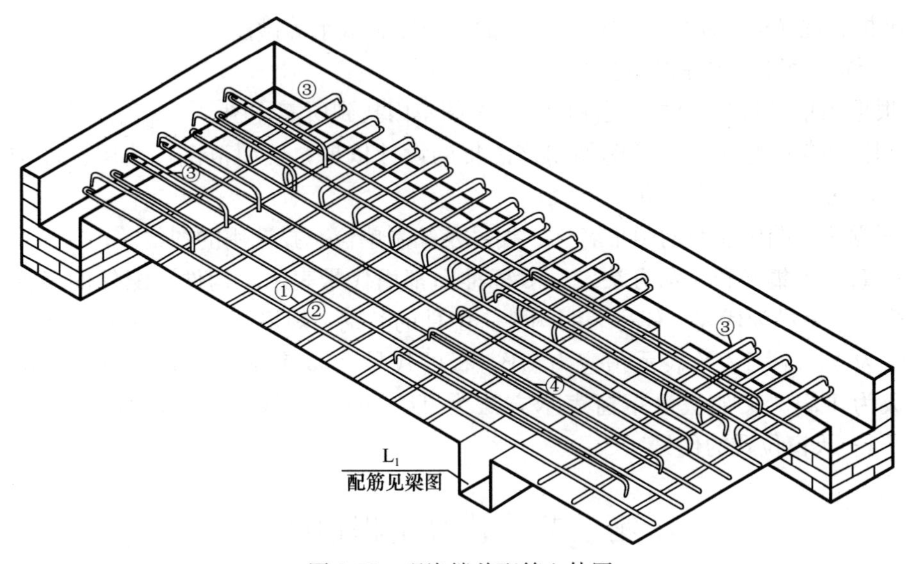

图 1-57　现浇楼盖配筋立体图

3）板的厚度、标高及支承在墙上的长度均是支模板的依据。

4）承重墙的布置和尺寸。

七、建筑构件、配件标准图

房屋建筑施工图中，看图时需要查阅有关的标准图集，因为许多配件和节点做法一般都是采用的标准图。

（一）统一绘制成构件、配件标准图集

在设计和施工中标准图被大量的使用，这都是为满足基本建设的需要。标准图分为两种，一种是整栋建筑物的标准设计（定型设计），如住宅、学校、商店等，另一种是建筑构件和建筑配件的标准图。

建筑构件、配件的标准图是把许多房屋所需要的各类构件和配件根据统一模数设计成几种不同的规格，绘成构件、配件标准图集。例如根据房屋开间、进深、荷载的大小编制出几种不同规格的梁、板等构件，根据门窗的大小、形式设计出几种不同规格的门、窗、窗台板等配件。这些统一的构件、配件图集，经有关部门审查批准后才能使用。

目前，我国编制的标准构件、配件按其使用范围可分为三类：

1. 各设计单位自编制的图集，供各单位内部使用。

2. 经各省、市、自治区地方批准的通用构件、配件标准图集，在各地区使用（即省标）。

3. 经国家建设部批准的全国通用构件、配件图集，可在全国范围内使用。

（二）常用标准构件、配件

一般，用“G”或“结”表示标准构件，用“J”或“建”表示标准配件。

1. 常用标准构件“G”有：

梁——基础梁、悬挑梁、进深梁、开间梁、门窗过梁、吊车梁等。

板——各种大型屋面板、槽形板、圆形板等。

屋架——各种不同跨度的钢筋混凝土屋架、钢筋混凝土和钢材的组合屋架等。

2. 常用标准配件“J”及标准做法有：

木门窗、钢门窗、卫生间及淋浴隔断、盥洗台、水池、小便槽等、铁爬梯、专用设备台、通风柜、洗涤槽、屋面、楼地面、墙面、顶棚、散水等做法。

（三）标准构件、配件图的查阅

1. 根据图集目录及构件，配件代号在本图集内找到所需详图。

2. 阅读图集的总说明，了解编制该图集的设计依据，使用范围，选用标准构件、配件的条件，施工要求注意事项。

3. 根据施工图中注明的图集名称、编号及编制单位查找选用的图集。

4. 了解本图集号和表示方法：一般标准图都用代号表示，构件、配件的名称以汉语拼音的第一个字母为代表。代号表明构件、配件的类别、规格及大小。如预应力圆孔板的表示方法为 YB36—1。Y 表示预应力，B—板的代号，36 表示轴线间距为 3600mm，1—荷载等级为 1 级。又如上悬钢窗表示方法为 TC—9—1。TC—天窗的代号，9—窗高为 900mm，1—天窗位置的代号。

第二节　建筑工程识图

一、建筑施工图中图线的识读

施工图中图线的表示见表 1-6。

图　　线　　　　**表 1-6**

名称		线型	线宽	用途
实线	粗		b	1. 平、剖面图中被剖切的主要建筑构造（包括构配件）的轮廓线 2. 建筑立面图或室内立面图的外轮廓线 3. 建筑构造详图中被剖切的主要部分的轮廓线 4. 建筑构配件详 图中的外轮廓线 5. 平、立、剖面的剖切符号
实线	中粗		$0.7b$	1. 平、剖面图中被剖切的次要建筑构造（包括构配件）的轮廓线 2. 建筑平、立、剖面图中建筑构配件的轮廓线 3. 建筑构造详图及建筑构配件详图中的一般轮廓线
	中		$0.5b$	小于 $0.7b$ 的图形线、尺寸线、尺寸界限、索引符号、标高符号、详图材料做法引出线、粉刷线、保温层线、地面、墙面的高差分界线等
	细		$0.25b$	图例填充线、家具线、纹样线等
虚线	中粗		$0.7b$	1. 建筑构造详图及建筑构配件不可见的轮廓线 2. 平面图中的起重机（吊车）轮廓线 3. 拟建、扩建建筑物轮廓线
	中		$0.5b$	投影线、小于 $0.5b$ 的不可见轮廓线
	细		$0.25b$	图例填充线、家具线等
单点长划线	粗		b	起重机（吊车）轨道线
	细		$0.25b$	中心线、对称线、定位轴线
折断线	细		$0.25b$	部分省略表示时的断开界线
波浪线	细		$0.25b$	部分省略表示时的断开界线，曲线形构间断开界限构造层次的断开界限

注：地平线宽可用 $1.4b$

二、总平面图的识读

总平面图例见表 1-7。

总平面图例 **表 1-7**

序号	名称	图例	备注
1	新建建筑物	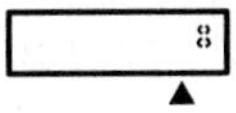	1. 需要时，可用▲表示出入口，可在图形内右上角用点数或数字表示层数 2. 建筑物外形（一般以±0.00 高度处的外墙定位轴线或外墙面线为准）用粗实线表示。需要时，地面以上建筑用中粗实线表示，地面以下建筑用细虚线表示
2	原有建筑物	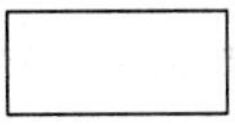	用细实线表示
3	计划扩建的预留地或建筑物		用中粗虚线表示
4	拆除的建筑物		用细实线表示
5	建筑物下面的通道	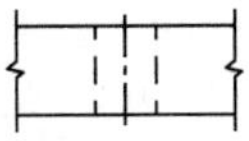	
6	散状材料露天堆场	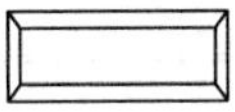	需要时可注明材料名称
7	其他材料露天堆场或露天作业场	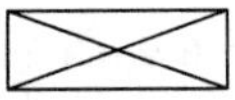	
8	铺砌场地	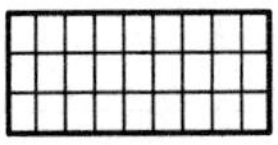	
9	敞棚或敞廊	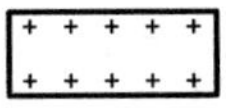	
10	高架式料仓	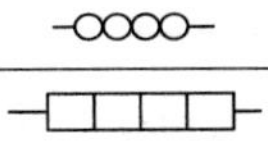	
11	漏斗式贮仓		左、右图为底卸式 中图为侧卸式
12	冷却塔（池）		应注明冷却塔或冷却池
13	水塔、贮罐		左图为水塔或立式贮罐 右图为卧式贮罐
14	水池、坑槽		也可以不涂黑
15	明溜矿槽（井）	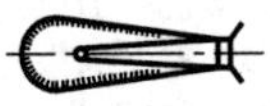	
16	斜井或平洞	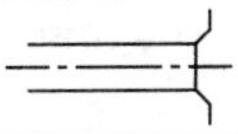	

续表

序号	名称	图例	备　注
17	烟囱		实线为烟囱下部直径，虚线为基础，必要时可注写烟囱高度和上、下口直径
18	围墙及大门		上图为实体性质的围墙，下图为通透性质的围墙，若仅表示围墙时不画大门
19	挡土墙		被挡土在“突出”的一侧
20	挡土墙上设围墙		
21	台阶		箭头指向表示向下
22	露天桥式起重机		“+”为柱子位置
23	露天电动葫芦		“+”为支架位置
24	门式起重机		上图表示有外伸臂 下图表示无外伸臂
25	架空索道		“I”为支架位置
26	斜坡卷扬机道		
27	斜坡栈桥（皮带廊等）		细实线表示支架中心线位置
28	坐标	X=105.00 Y=425.00 A=105.00 B=425.00	上图表示测量坐标 下图表示建筑坐标
29	方格网交叉点标高	-0.50 77.85 78.35	“78.35”为原地面标高 “77.85”为设计标高 “−0.50”为施工高度 “−”表示挖方（“+”表示填方）

续表

序号	名称	图例	备　注
30	填方区、挖方区、未整平区及零点线	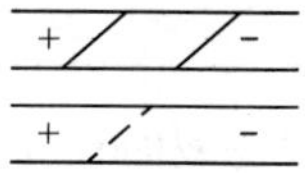 + – + –	“+”表示填方区 “–”表示挖方区 中间为未整平区 点划线为零点线
31	填挖边坡		1. 边坡较长时，可在一端或两端局部表示 2. 下边线为虚线时表示填方
32	护坡		
33	分水脊线与谷线	 	上图表示脊线 下图表示谷线
34	洪水淹没线		阴影部分表示淹没区（可在底图背面涂红）
35	地表排水方向		
36	截水沟或排水沟	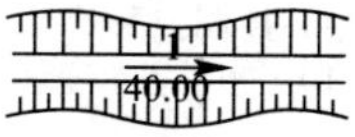 1 40.00	“1”表示1%的沟底纵向坡度，“40.00”表示变坡点间距离，箭头表示水流方向
37	排水明沟	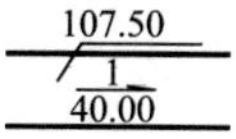 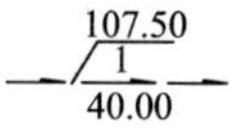 107.50 1 40.00 107.50 1 40.00	1. 上图用于比例较大的图面，下图用于比例较小的图面 2. “1”表示1%的沟底纵向坡度，“40.00”表示变坡点间距离，箭头表示水流方向 3. “107.50”表示沟底标高
38	铺砌的排水明沟	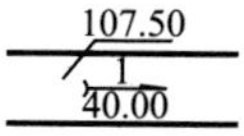 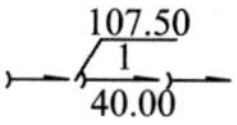 107.50 1 40.00 107.50 1 40.00	1. 上图用于比例较大的图面，下图用于比例较小的图面 2. “1”表示1%的沟底纵向坡度，“40.00”表示变坡点间距离，箭头表示水流方向 3. “107.50”表示沟底标高
39	有盖的排水沟	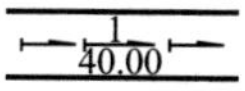 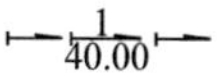 1 40.00 1 40.00	1. 上图用于比例较大的图面，下图用于比例较小的图面 2. “1”表示1%的沟底纵向坡度，“40.00”表示变坡点间距离，箭头表示水流方向
40	雨水口		
41	消火栓井		
42	急流槽		箭头表示水流方向
43	跌水		

续表

序号	名称	图例	备　注
44	拦水（闸）坝	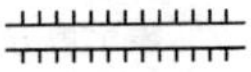	
45	透水路堤		边坡较长时，可在一端或两端局部表示
46	过水路面		
47	室内标高	151.00(±0.00)	
48	室外标高	•143.00▾143.00	室外标高也可采用等高线表示

三、道路与铁路图的识读

道路与铁路图例见表 1-8。

道路与铁路图例　　表 1-8

序号	名称	图例	备　注
1	新建的道路	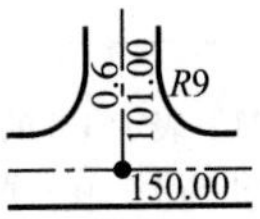 0.6 101.00 R9 150.00	“R9”表示道路转弯半径为 9m，“150.00”为路面中心控制点标高，“0.6”表示 0.6%的纵向坡度，“101.00”表示变坡点间距离
2	城市型道路断面	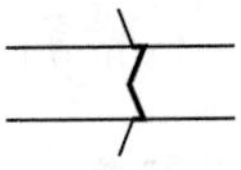 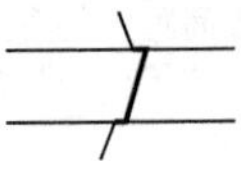	上图为双坡 下图为单坡
3	郊区型道路断面	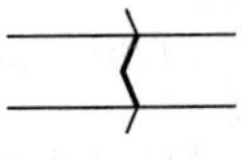 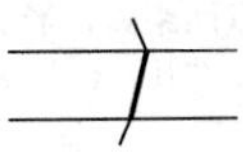	上图为双坡 下图为单坡
4	原有道路		
5	计划扩建的道路	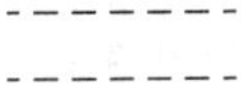	
6	拆除的道路	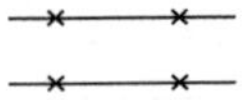	
7	人行道	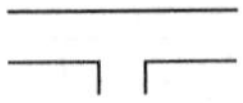	
8	三面坡式缘石坡道	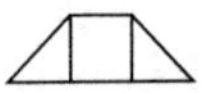	

续表

序号	名称	图例	备　注
9	单面坡式缘石坡道		
10	全宽式缘石坡道		
11	道路曲线段	JD2 *R*20	"JD2"为曲线转折点编号 "*R*20"表示道路中心曲线半径为20m
12	道路隧道		
13	汽车衡		
14	汽车洗车台		上图为贯通式 下图为尽头式
15	平交道		上图为无防护的平交道 下图为有防护的平交道
16	平窿		
17	新建的标准轨距铁路		
18	原有的标准轨距铁路		
19	计划扩建的标准轨距铁路		
20	拆除的标准轨距铁路		
21	新建的窄轨铁路	GJ762	"GJ762"为轨距（以mm计）
22	原有的窄轨铁路	GJ762	
23	计划扩建的窄轨铁路	GJ762	
24	拆除的窄轨铁路	GJ762	

续表

序号	名称	图例	备　注
25	新建的有架线的标准轨距电气铁路		
26	原有的有架线的标准轨距电气铁路		
27	计划扩建的有架线的标准轨距电气铁路		
28	拆除的有架线的标准轨距电气铁路		
29	新建的有架线的窄轨电气铁路	GJ762	
30	原有的有架线的窄轨电气铁路	GJ762	
31	计划扩建的有架线的窄轨电气铁路	GJ762	“GJ762”为轨距（以mm计）
32	拆除的有架线的窄轨电气铁路	GJ762	
33	工厂、矿山接轨站	8~10 4~5	尺寸以“mm”计
34	工厂、矿山车站或编组站	8~10	
35	厂内或矿内车站	4~5	尺寸以“mm”计
36	会让站	4~5 2~3	
37	线路所	4~5 2~3	倾斜45°角
38	单开道岔	1/*n* 3	
39	单式对称道岔	1/*n* 3	1. “1/*n*”表示道岔号数 2. “3”表示道岔编号
40	单式交分道岔	1/*n* 3	
41	复式交分道岔	1/*n* 3	

续表

序号	名称	图例	备　注
42	交叉渡线	1/*n*　1/*n* 1　7 1/*n*　1/*n* 5　3	1. “1/*n*” 表示道岔号数 2. “1、3、5、7” 表示道岔编号
43	菱形交叉		
44	驼峰		上图为一线驼峰 下图为双线驼峰
45	减速器		上图为单侧 下图为双侧
46	车挡		上图为土堆式 下图为非土堆式
47	警冲标		
48	坡度标	GD112.00 6　8 110.00　180.00 56　44	“GD 112.00” 为轨顶标高，“6”、“8” 表示纵向坡度为 6‰、8‰，倾斜方向表示坡向，“110.00”、“180.00” 为变坡点间距离，“56”、“44” 为至前后百尺标距离
49	铁路曲线段	JD2 *a-R-T-L*	“JD2” 为曲线转折点编号，“α” 为曲线转向角，“*R*” 为曲线半径，“*T*” 为切线长，“*L*” 为曲线长
50	轨道衡		粗线表示铁路
51	站台		
52	煤台		粗线表示铁路
53	灰坑或检查坑		
54	转盘		粗线表示铁路
55	水鹤		
56	臂板信号机	(1)　(2)　(3)	(1) 表示预告 (2) 表示出站 (3) 表示进站
57	高柱色灯信号机	(1)　(2)　(3)	(1) 表示出站、预告 (2) 表示进站 (3) 表示驼峰及复式信号
58	矮柱色灯信号机		

续表

序号	名称	图例	备注
59	灯塔		左图为钢筋混凝土灯塔 中图为木灯塔 右图为铁灯塔
60	灯桥		
61	铁路隧道		
62	涵洞、涵管		1. 上图为道路涵洞、涵管，下图为铁路涵洞、涵管 2. 左图用于比例较大的图面，右图用于比例较小的图面
63	桥梁		1. 上图为公路桥，下图为铁路桥 2. 用于旱桥时应注明
64	跨线桥		道路跨铁路
			铁路跨道路
			道路跨道路
			铁路跨铁路
65	码头		上图为固定码头 下图为浮动码头

四、管线与绿化图例的识读

管线与绿化图例见表1-9。

管线与绿化图例 **表1-9**

序号	名称	图例	备注
1	管线	——代号——	管线代号按国家现行有关标准的规定标注
2	地沟管线	——代号—— ├—代号—┤	1. 上图用于比例较大的图面，下图用于比例较小的图面 2. 管线代号按国家现行有关标准的规定标注

续表

序号	名称	图例	备注
3	管桥管线	—+—代号—+—	管线代号按国家现行有关标准的规定标注
4	架空电力、电讯线	—○—代号—○—	1. "○"表示电杆 2. 管线代号按国家现行有关标准的规定标注
5	常绿针叶树		
6	落叶针叶树		
7	常绿阔叶乔木		
8	落叶阔叶乔木		
9	常绿阔叶灌木		
10	落叶阔叶灌木		
11	竹类		
12	花卉		
13	草坪		
14	花坛		
15	绿篱		
16	植草砖铺地		

五、构件及配件图的识读

构造及配件图例见表1-10。

构造及配件图例　　表 1-10

序号	名称	图例	说　　明
1	楼梯	上 下 上 下	1. 上图为底层楼梯平面，中图为中间层楼梯平面，下图为顶层楼梯平面 2. 楼梯及栏杆扶手的形式和梯段踏步数应按实际情况绘制
2	栏杆		
3	隔断		1. 包括板条抹灰、木制、石膏板、金属材料等隔断 2. 适用于到顶与不到顶隔断
4	墙体		应加注文字或填充图例表示墙体材料，在项目设计图纸说明中列材料图例表给予说明
5	平面高差	××↓	适用于高差小于 100 的两个地面或楼面相接处
6	孔洞		阴影部分可以涂色代替
7	坡道	下 下 下	上图为长坡道，下图为门口坡道
8	坑槽		
9	检查孔		左图为可见检查孔 右图为不可见检查孔
10	新建的墙和窗		1. 本图以小型砌块为图例，绘图时应按所用材料的图例绘制，不易以图例绘制的，可在墙面上以文字或代号注明 2. 小比例绘图时平、剖面窗线可用单粗实线表示

续表

序号	名称	图例	说　明
11	烟道	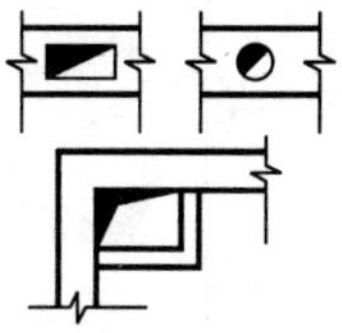	1. 阴影部分可以涂色代替 2. 烟道与墙体为同一材料，其相接处墙身线应断开
12	通风道	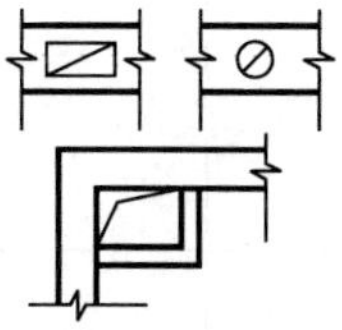	
13	改建时保留的原有墙和窗	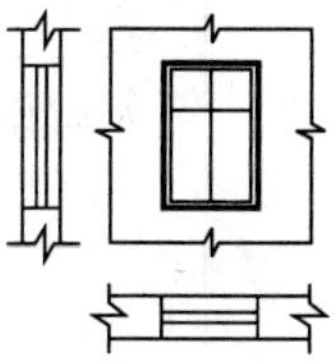	
14	墙顶留洞	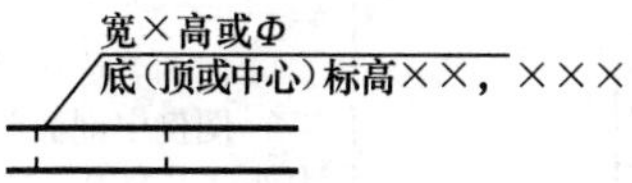 宽×高或Φ 底（顶或中心）标高××，×××	1. 以洞中心或洞边定位 2. 宜以涂色区别墙体和留洞位置
15	墙预留槽	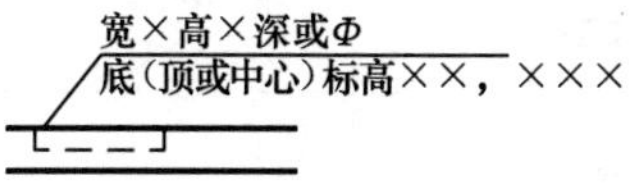 宽×高×深或Φ 底（顶或中心）标高××，×××	
16	在原有墙或楼板上局部填塞的洞	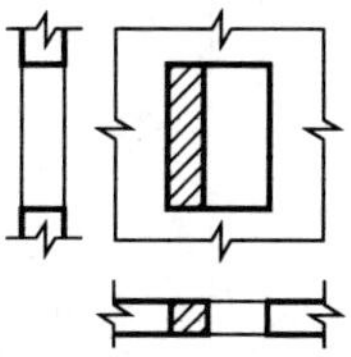	
17	在原有洞旁扩大的洞	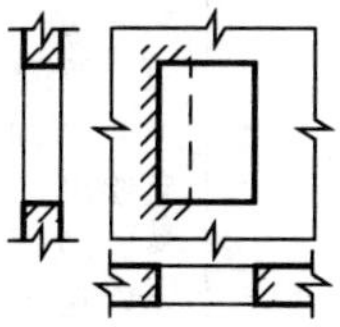	
18	在原有墙或楼板上全部填塞的洞	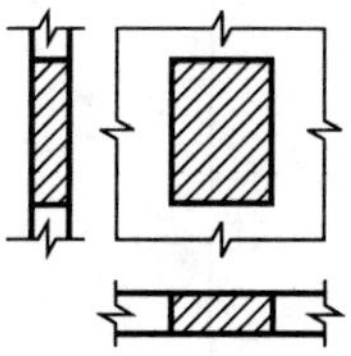	

续表

序号	名称	图例	说　明
19	应拆除的墙	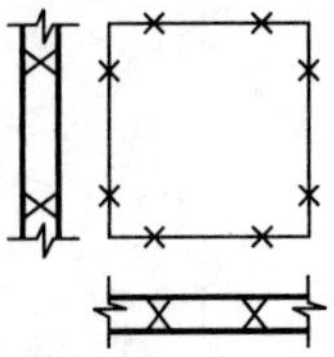	
20	在原有墙或楼板上新开的洞	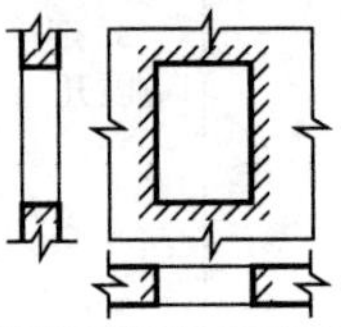	
21	空门洞	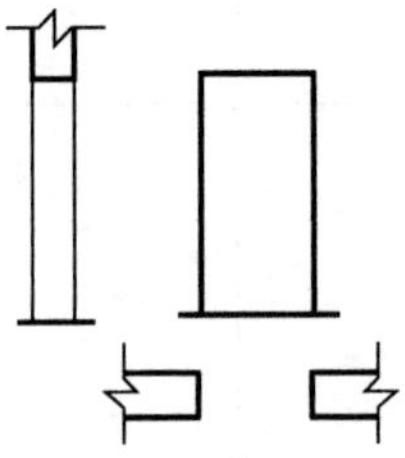 h=	h 为门洞高度
22	推拉门	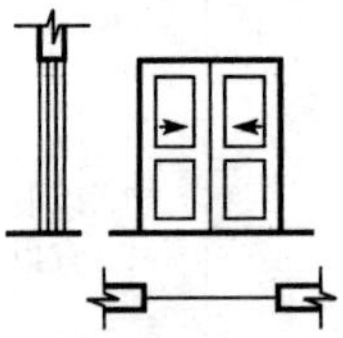	1. 门的名称代号用 m 2. 图例中剖面图左为外、右为内，平面图下为外、上为内 3. 立面形式应按实际情况绘制
23	对开折叠门	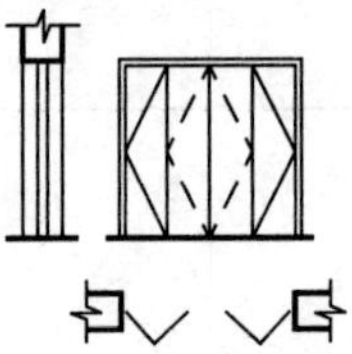	1. 门的名称代号用 m 2. 图例中剖面图左为外、右为内，平面图下为外、上为内 3. 立面图上开启方向线交角的一侧为安装合页（铰链）的一侧，实线为外开，虚线为内开 4. 平面图上门线应 90°或 45°开启，开启弧线宜绘出 5. 立面图上的开启线在一般设计图中可不表示，在详图及室内设计图上应表示 6. 立面形式应按实际情况绘制
24	双扇门（包括平开或单面弹簧）	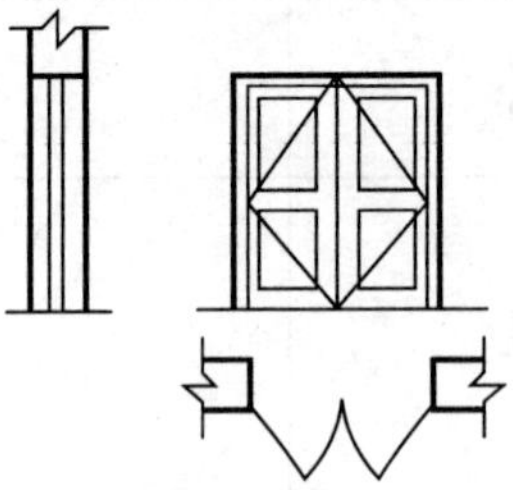	
25	单扇门（包括平开或单面弹簧）	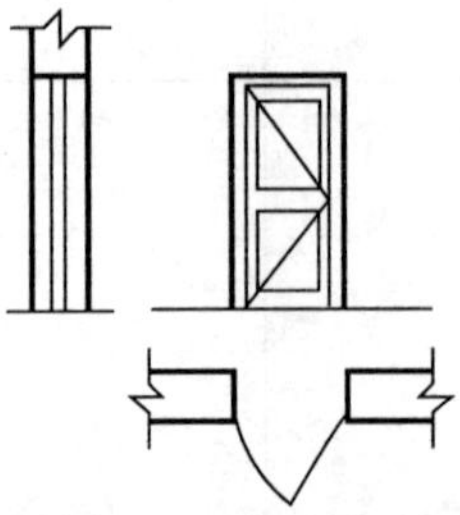	

续表

序号	名称	图例	说　明
26	墙中双扇推拉门	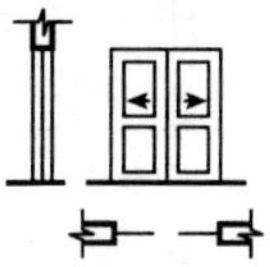	1. 门的名称代号用 m 2. 图例中剖面图左为外、右为内，平面图下为外、上为内 3. 立面形式应按实际情况绘制
27	墙中单扇推拉门	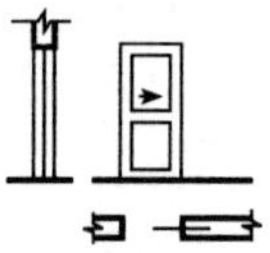	
28	墙外单扇推拉门	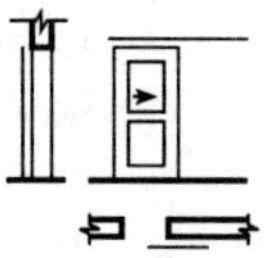	
29	墙外双扇推拉门		
30	单扇内外开双层门（包括平开或单面弹簧）	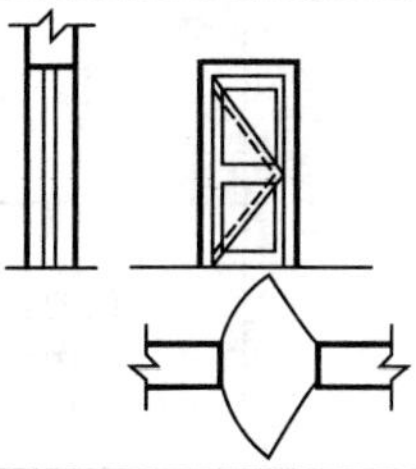	1. 门的名称代号用 m 2. 图例中剖面图左为外、右为内，平面图下为外、上为内 3. 立面图上开启方向线交角的一侧为安装合页（铰链）的一侧，实线为外开，虚线为内开 4. 平面图上门线应 90°或 45°开启，开启弧线宜绘出 5. 立面图上的开启线在一般设计图中可不表示，在详图及室内设计图上应表示 6. 立面形式应按实际情况绘制
31	单扇双面弹簧门	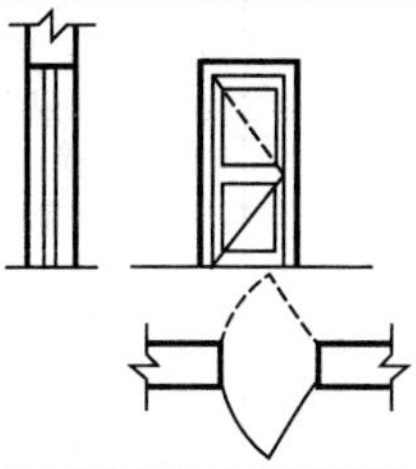	
32	双扇内外开双层门（包括平开或单面弹簧）	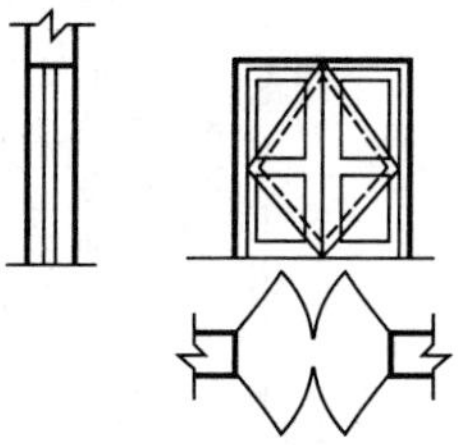	
33	双扇双面弹簧门	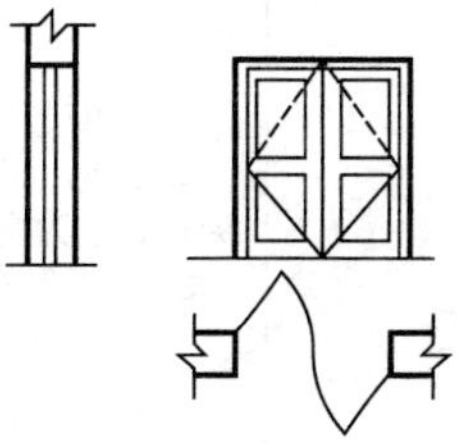	

续表

序号	名称	图例	说　　明
34	横向卷帘门	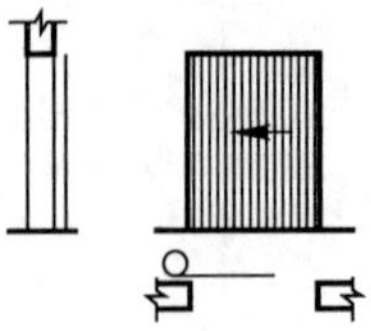	
35	提升门	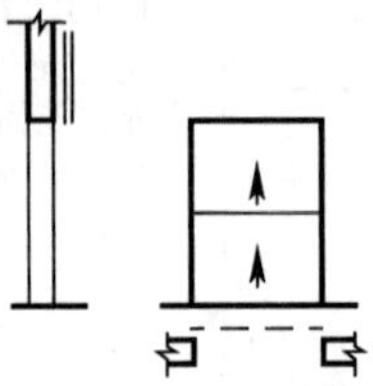	1. 门的名称代号用 m 2. 图例中剖面图左为外、右为内，平面图下为外、上为内 3. 立面形式应按实际情况绘制
36	竖向卷帘门	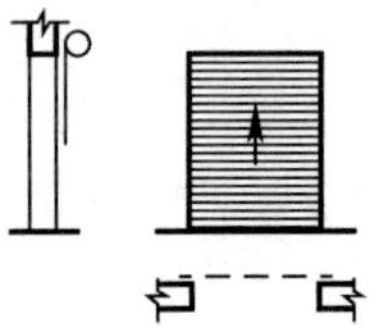	
37	转门	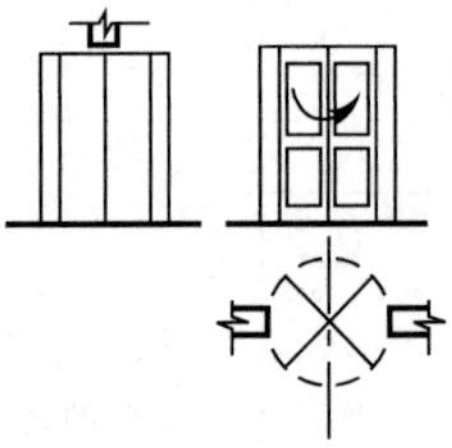	1. 门的名称代号用 m 2. 图例中剖面图左为外、右为内，平面图下为外、上为内 3. 平面图上门线应 90°或 45°开启，开启弧线宜绘出 4. 立面图上的开启线在一般设计图中可不表示，在详图及室内设计图上应表示 5. 立面形式应按实际情况绘制
38	折叠上翻门	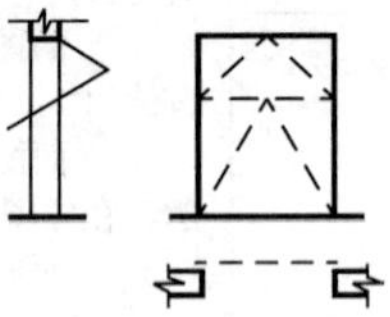	1. 门的名称代号用 m 2. 图例中剖面图左为外、右为内，平面图下为外、上为内 3. 立面图上开启方向线交角的一侧为安装合页（铰链）的一侧，实线为外开，虚线为内开 4. 立面形式应按实际情况绘制 5. 立面图上的开启线设计图中应表示
39	自动门	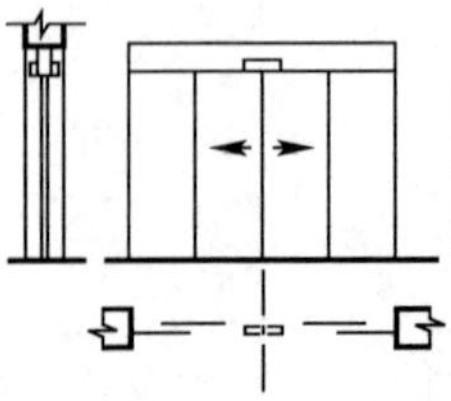	1. 门的名称代号用 m 2. 图例中剖面图左为外、右为内，平面图下为外、上为内 3. 立面形式应按实际情况绘制

续表

<table>
<tr><th>序号</th><th>名称</th><th>图例</th><th>说　明</th></tr>
<tr><td>40</td><td>立转窗</td><td> 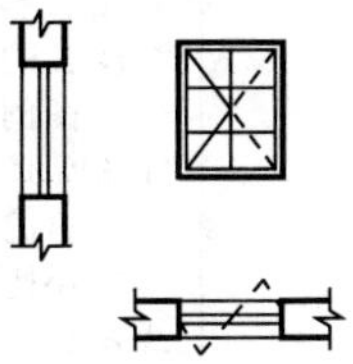</td><td rowspan="4">1. 窗的名称代号用C表示
2. 立面图中的斜线表示窗的开启方向，实线为外开，虚线为内开；开启方向线交角的一侧为安装合页的一侧，一般设计图中可不表示
3. 图例中，剖面图所示左为外，右为内，平面图所示下为外，上为内
4. 平面图和剖面图上的虚线仅说明开关方式，在设计图中不需表示
5. 窗的立面形式应按实际绘制
6. 小比例绘图时平、剖面的窗线可用单粗实线表示</td></tr>
<tr><td>41</td><td>单层内开
下悬窗</td><td></td></tr>
<tr><td>42</td><td>单层中
悬窗</td><td></td></tr>
<tr><td>43</td><td>单层外开
上悬窗</td><td></td></tr>
<tr><td>44</td><td>单层
固定窗</td><td> 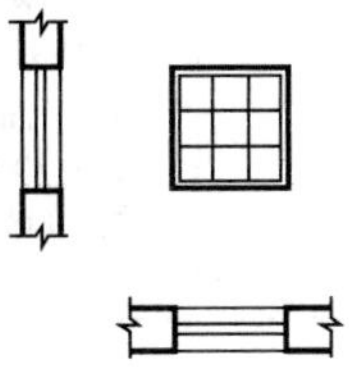</td><td>1. 窗的名称代号用C表示
2. 立面图中的斜线表示窗的开启方向，实线为外开，虚线为内开；开启方向线交角的一侧为安装合页的一侧，一般设计图中可不表示
3. 图例中，剖面图所示左为外，右为内，平面图所示下为外，上为内
4. 平面图和剖面图上的虚线仅说明开关方式，在设计图中不需表示
5. 窗的立面形式应按实际绘制
6. 小比例绘图时平、剖面的窗线可用单粗实线表示</td></tr>
<tr><td>45</td><td>上推窗</td><td> 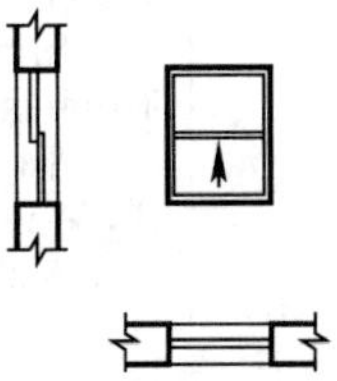</td><td>1. 窗的名称代号用C表示
2. 图例中，剖面图所示左为外，右为内，平面图所示下为外，上为内
3. 窗的立面形式应按实际绘制
4. 小比例绘图时平、剖面的窗线可用单粗实线表示</td></tr>
</table>

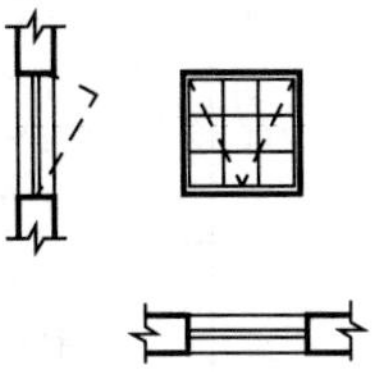

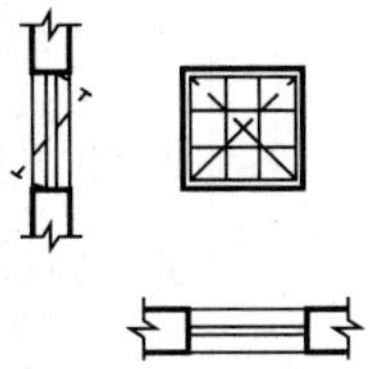

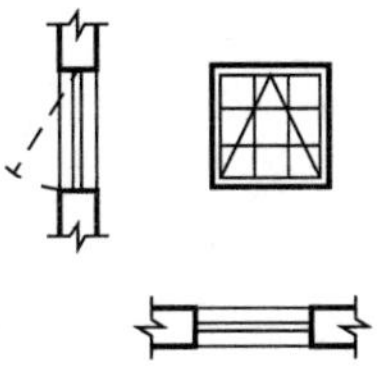

续表

序号	名称	图例	说明
46	推拉窗	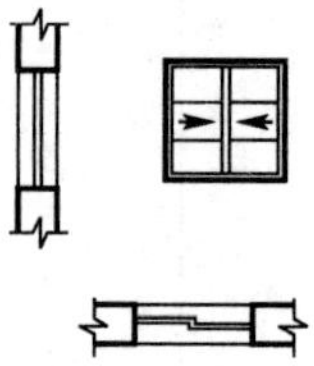	1. 窗的名称代号用C表示 2. 图例中，剖面图所示左为外，右为内，平面图所示下为外，上为内 3. 窗的立面形式应按实际绘制 4. 小比例绘图时平、剖面的窗线可用单粗实线表示
47	单层外开平开窗	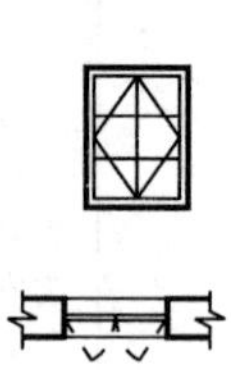	1. 窗的名称代号用C表示 2. 立面图中的斜线表示窗的开启方向，实线为外开，虚线为内开；开启方向线交角的一侧为安装合页的一侧，一般设计图中可不表示 3. 图例中，剖面图所示左为外，右为内，平面图所示下为外，上为内 4. 平面图和剖面图上的虚线仅说明开关方式，在设计图中不需表示 5. 窗的立面形式应按实际绘制 6. 小比例绘图时平、剖面的窗线可用单粗实线表示
48	双层内外开平开窗	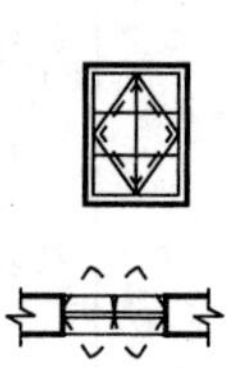	
49	单层内开平开窗	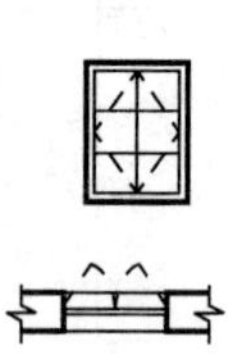	
50	百叶窗	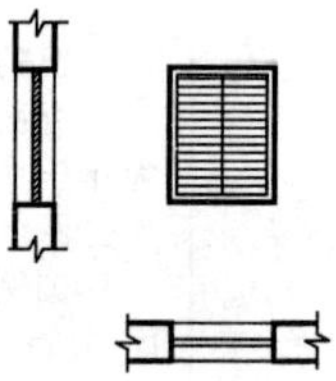	1. 窗的名称代号用C表示 2. 立面图中的斜线表示窗的开启方向，实线为外开，虚线为内开；开启方向线交角的一侧为安装合页的一侧，一般设计图中可不表示 3. 图例中，剖面图所示左为外，右为内，平面图所示下为外，上为内 4. 平面图和剖面图上的虚线仅说明开关方式，在设计图中不需表示 5. 窗的立面形式应按实际绘制
51	高窗	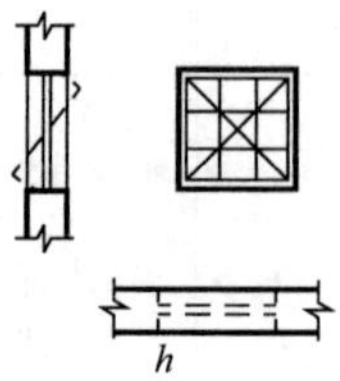	1. 窗的名称代号用C表示 2. 立面图中的斜线表示窗的开启方向，实线为外开，虚线为内开；开启方向线交角的一侧为安装合页的一侧，一般设计图中可不表示 3. 图例中，剖面图所示左为外，右为内，平面图所示下为外，上为内 4. 平面图和剖面图上的虚线仅说明开关方式，在设计图中不需表示 5. 窗的立面形式应按实际绘制 6. h 为窗底距本层楼地面的高

六、水平及垂直运输装置图的识读

水平及垂直运输装置图例见表 1-11。

水平及垂直运输装置图例　　　　表 1-11

序号	名称	图例	说　明
1	起重机轨道		
2	铁路		本图例适用于标准轨及窄轨铁路，使用本图例时应注明轨距
3	桥式起重机	G_n=（t） S=（m）	1. 上图表示立面（或剖切面），下图表示平面 2. 起重机的图例宜按比例绘制 3. 有无操纵室，应按实际情况绘制 4. 需要时，可注明起重机的名称、行驶的轴线范围及工作级别 5. 本图例的符号说明： G_n——起重机起重量，以“t”计算 S——起重机的跨度或臂长，以“m”计算
4	臂行起重机	G_n=（t） S=（m）	
5	梁式悬挂起重机	G_n=（t） S=（m）	1. 上图表示立面（或剖切面），下图表示平面 2. 起重机的图例宜按比例绘制 3. 有无操纵室，应按实际情况绘制 4. 需要时，可注明起重机的名称、行驶的轴线范围及工作级别 5. 本图例的符号说明： G_n——起重机起重量，以“t”计算 S——起重机的跨度或臂长，以“m”计算
6	电动葫芦	G_n=（t）	
7	梁式起重机	G_n=（t） S=（m）	

续表

序号	名称	图例	说明
8	电梯		1. 电梯应注明类型，并绘出门和平衡锤的实际位置 2. 观景电梯等特殊类型电梯应参照本图例按实际情况绘制
9	自动人行道及自动人行坡道	上	1. 自动扶梯自动人行道、自动人行坡道可正逆向运行，箭头方向为设计运行方向 2. 自动人行坡道应在箭头线段尾部加注上或下
10	自动扶梯	上 上 下	
11	旋臂起重机	G_n= (t) S= (m)	1. 上图表示立面（或剖切面），下图表示平面 2. 起重机的图例宜按比例绘制 3. 有无操纵室，应按实际情况绘制 4. 需要时，可注明起重机的名称、行驶的轴线范围及工作级别 5. 本图例的符号说明： G_n——起重机起重量，以“t”计算 S——起重机的跨度或臂长，以“m”计算

七、图纸中钢筋的识读

1. 钢筋的一般表示方法见表1-12～表1-15。

一般钢筋 **表1-12**

序号	名称	图例	备注
1	钢筋横断面		
2	无弯钩的钢筋端部		下图表示长、短钢筋投影重叠时，短钢筋的端部用45°斜划线表示
3	带半圆形弯钩的钢筋端部		
4	带直钩的钢筋端部		
5	带丝扣的钢筋端部		
6	无弯钩的钢筋搭接		
7	带半圆弯钩的钢筋搭接		
8	带直钩的钢筋搭接		
9	花篮螺丝钢筋接头		
10	机械连接的钢筋接头		用文字说明机械连接的方式（或冷挤压或锥螺纹等）

预应力钢筋 **表 1-13**

序号	名称	图　　例
1	预应力钢筋或钢绞线	
2	后张法预应力钢筋断面 无粘结预应力钢筋断面	
3	单根预应力钢筋断面	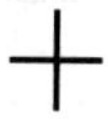
4	张拉端锚具	
5	固定端锚具	
6	锚具的端视图	
7	可动连接件	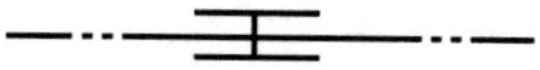
8	固定连接件	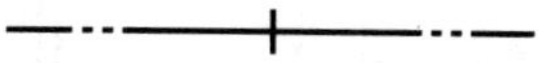

钢 筋 网 片 **表 1-14**

序号	名称	图　　例
1	一片钢筋网平面图	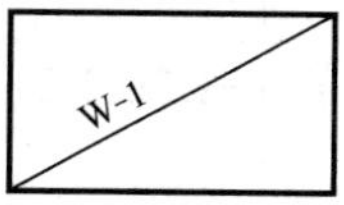 W-1
2	一行相同的钢筋网平面图	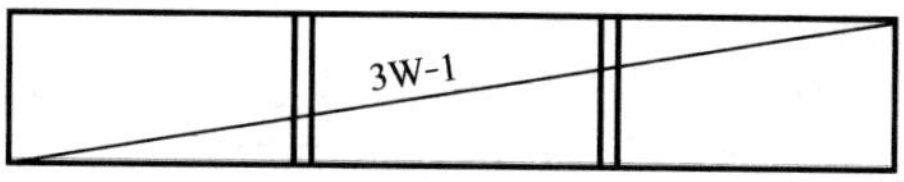 3W-1

注：用文字注明焊接网或绑扎网。

钢筋的焊接接头 **表 1-15**

序号	名称	接头型式	标注方法
1	单面焊接的钢筋接头	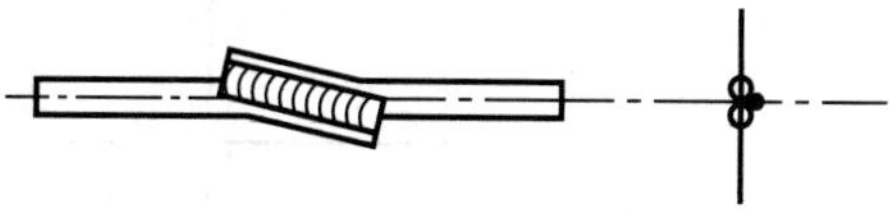	
2	双面焊接的钢筋接头	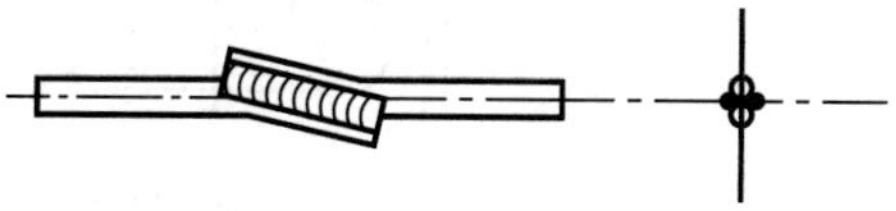	

续表

序号	名称	接头型式	标注方法
3	用帮条单面焊接的钢筋接头	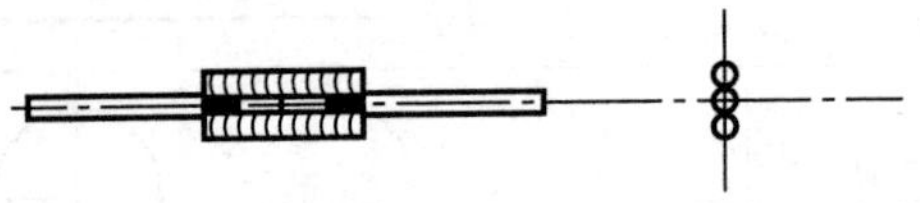	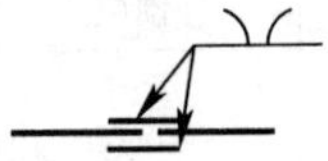
4	用帮条双面焊接的钢筋接头	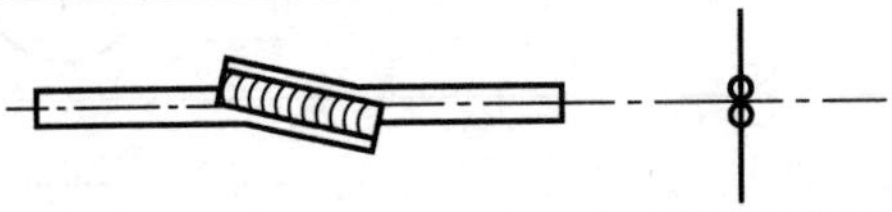	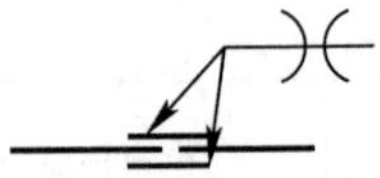
5	接触对焊的钢筋接头（闪光焊、压力焊）		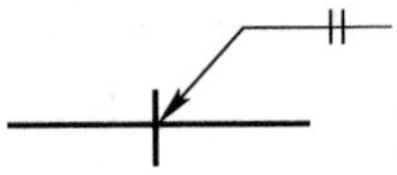
6	坡口平焊的钢筋接头	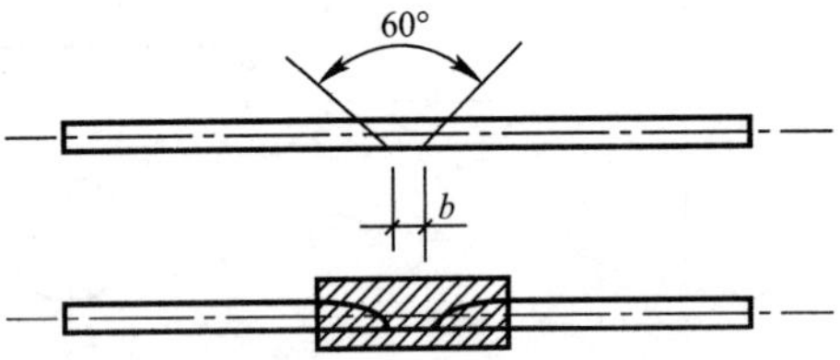 60° b	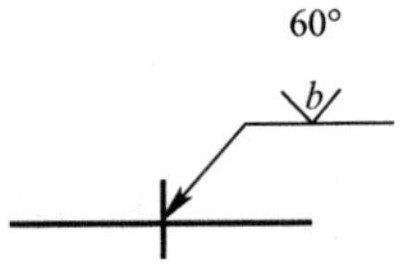 60° b
7	坡口立焊的钢筋接头	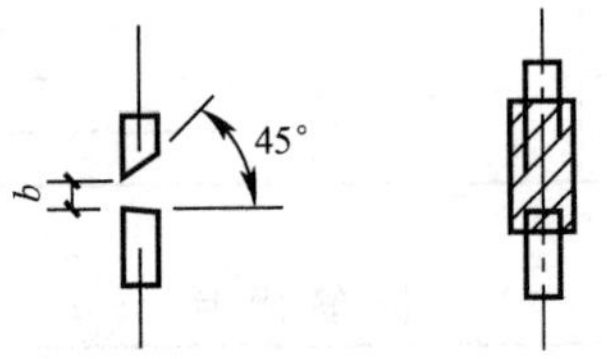 b 45°	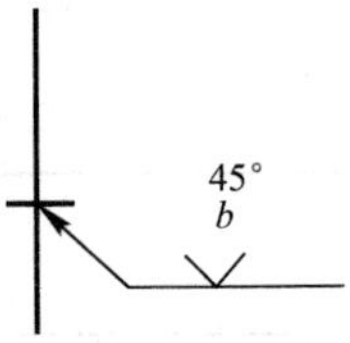 45° b
8	用角钢或扁钢做连接板焊接的钢筋接头	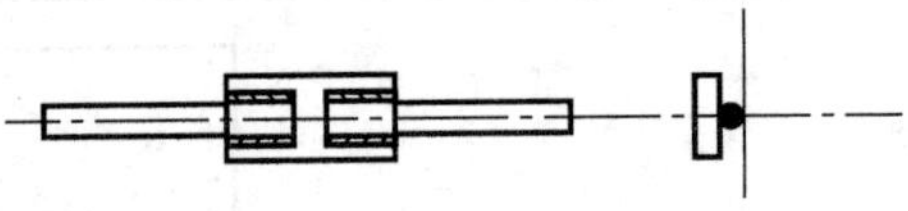	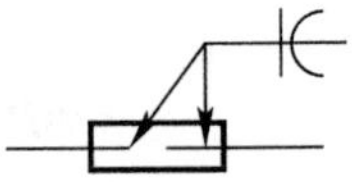
9	钢筋或螺（锚）栓与钢板穿孔塞焊的接头	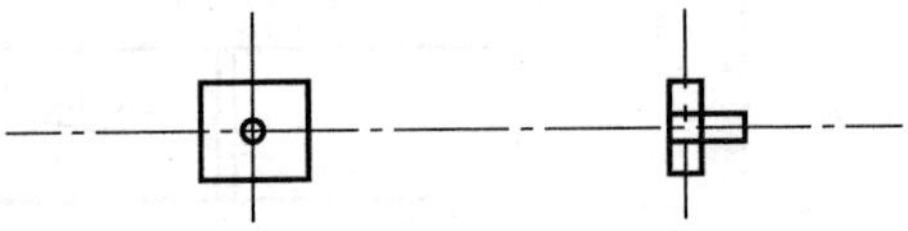	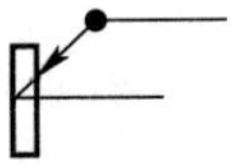

2. 钢筋的画法见表 1-16。

钢筋的画法 **表 1-16**

序号	说明	图例
1	在结构平面图中配置双层钢筋时，底层钢筋的弯钩应向上或向左，顶层钢筋的弯钩则向下或向右	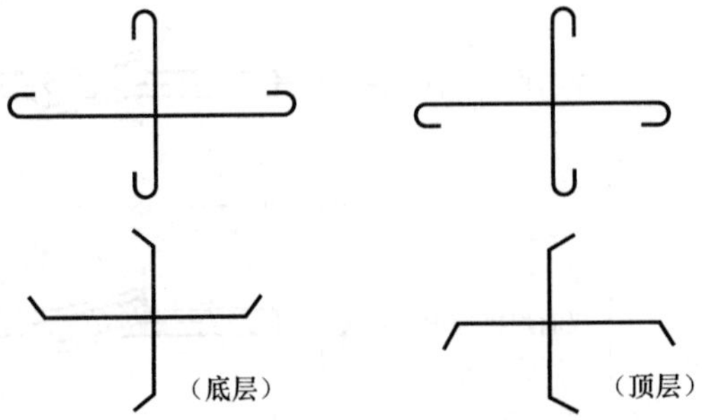 （底层）（顶层）

续表

序号	说明	图　例
2	钢筋混凝土墙体配双层钢筋时，在配筋立面图中，远面钢筋的弯钩应向上或和左，而近面钢筋的弯钩向下或向右 (Jm 近面；Ym 远面)	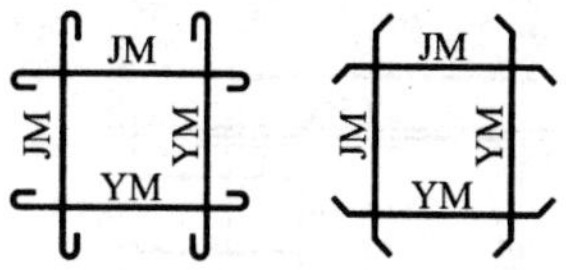 JM YM
3	若在断面图中不能表达清楚的钢筋布置，应在断面图外增加钢筋大样图（如：钢筋混凝土墙、楼梯等）	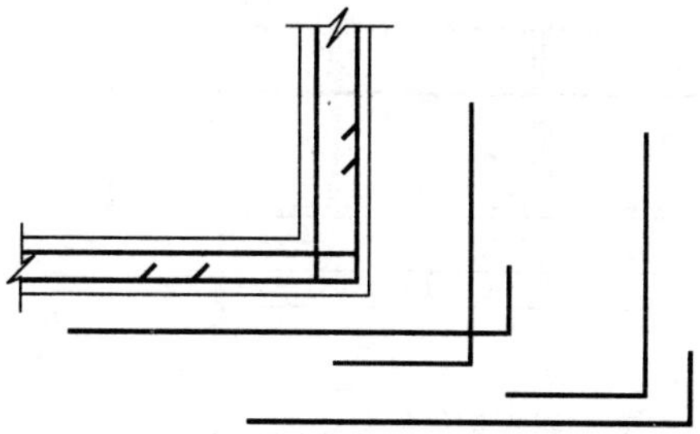
4	图中所表示的箍筋、环筋等若布置复杂时，可加画钢筋大样及说明	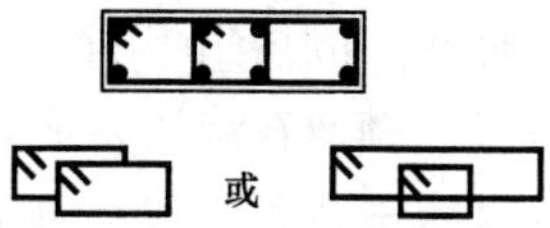 或
5	每组相同的钢筋、箍筋或环筋，可用一根粗实线表示，同时用一两端带斜短划线的横穿细线，表示其余钢筋及起止范围	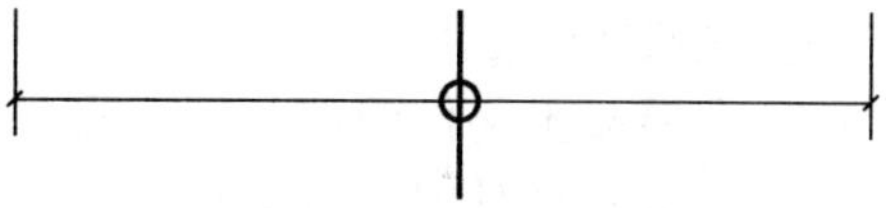

3. 钢筋在平面、立面、剖（断）面中的表示方法一般为：

（1）钢筋在平面图中的配置应按如图 1-58 所示的方法表示。当钢筋标注的位置不够时，采用引出线标注。引出线标注钢筋的斜短划线应为中实线或细实线。

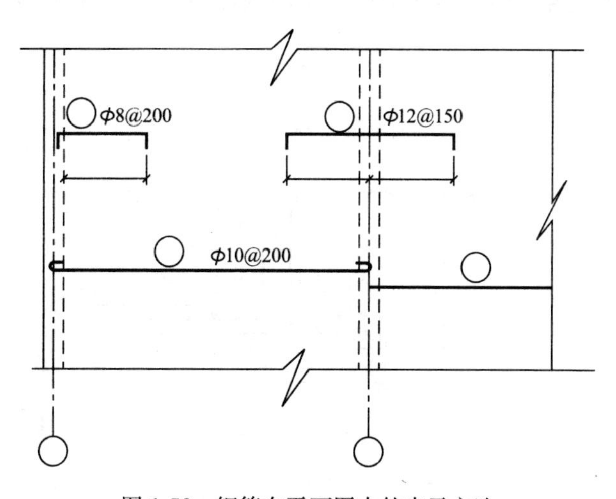

图 1-58　钢筋在平面图中的表示方法

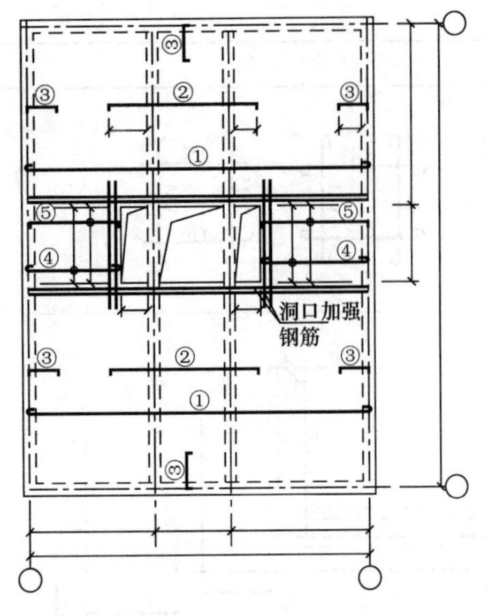

图 1-59　楼板配筋较复杂的结构平面图

（2）当构件布置较简单时，结构平面布置图可与板配筋平面图合并绘制。

（3）平面图中的钢筋配置较复杂时，按如图 1-59 所示的方式表示。

（4）钢筋在立面、断面图中的配置，按如图 1-60 所示的方法表示。

4. 钢筋的简化表示方法：

（1）当构件对称时，钢筋网片可用一半或 1/4 表示，如图 1-61 所示。

（2）钢筋混凝土构件配筋较简单时，可按下列规定绘制配筋平面图：

1）独立基础在平面模板图左下角，绘出波浪线，绘出钢筋并标注钢筋的直径、间距等（图 1-62*a*）。

2）其他构件可在某一部位绘出波浪线，绘出钢筋并标注钢筋的直径、间距等（图 1-62*b*）。

（3）对称的钢筋混凝土构件，可在同一图样中一半表示模板，另一半表示配筋（图 1-63）。

5. 预埋件、预留孔洞的表示方法

（1）在混凝土构件上设置预埋件时，可在平面图或立面图上表示。引出线指向预埋件，并标注预埋件的代号（图 1-64）。

（2）在混凝土构件的正、反面同一位置均设置相同的预埋件时，引出线为一条实线和一条虚线并指向预埋件，同时在引出横线上标注预埋件的数量及代号（图 1-65）。

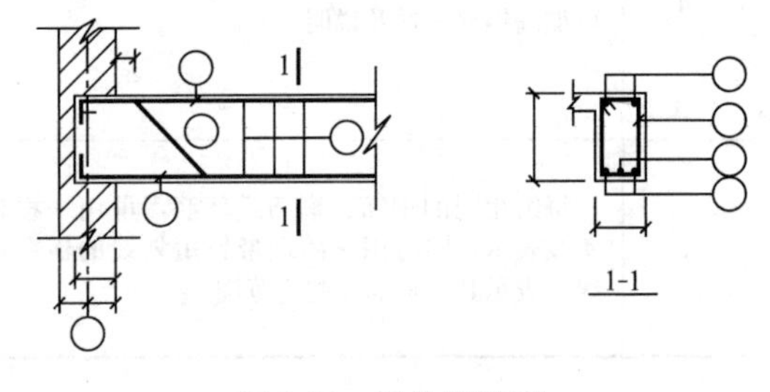

图 1-60　梁的配筋图

（3）在混凝土构件的正、反面同一位置设置编号不同的预埋件时，引出线为一条实线和一条虚线并指向预埋件。引出横线上标注正面预埋件代号，引出横线下标注反面预埋件代号（图 1-66）。

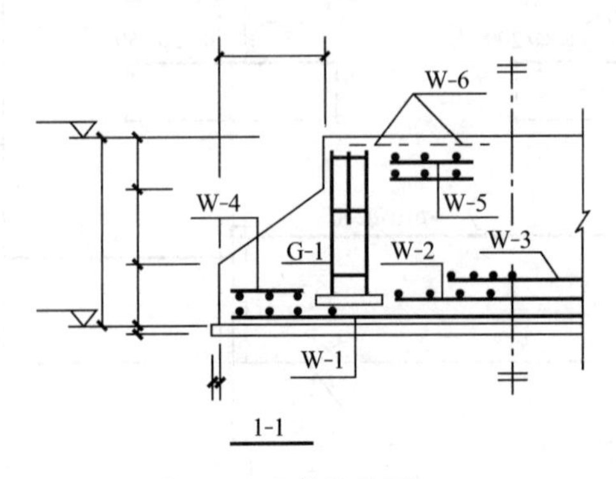

图 1-61　配筋简化图（一）

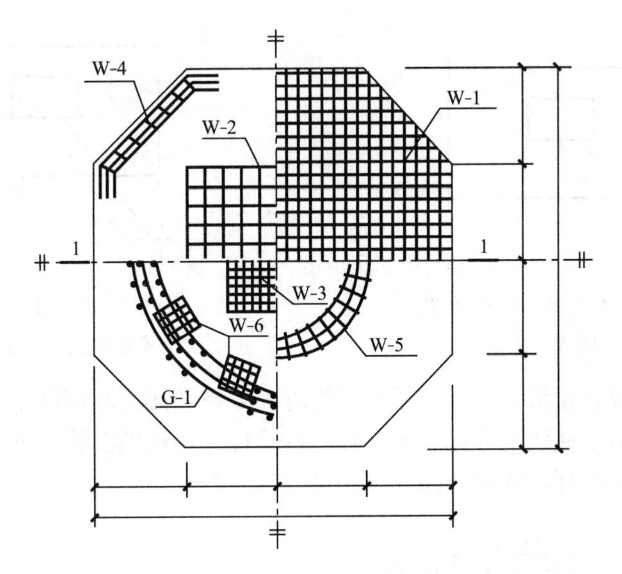

图 1-61　配筋简化图（二）

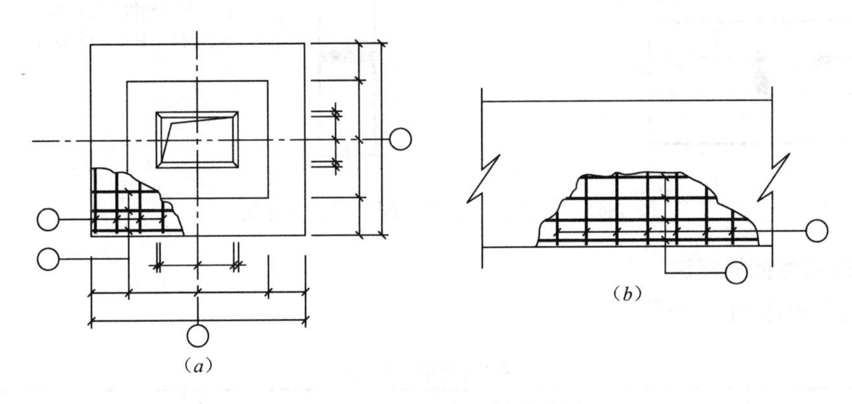

图 1-62　独立基础配筋简化图

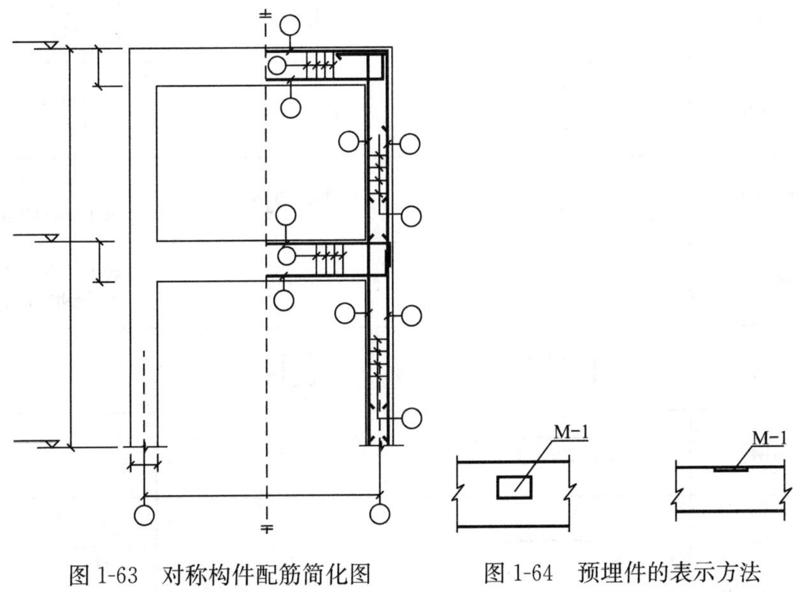

图 1-63　对称构件配筋简化图　　　图 1-64　预埋件的表示方法

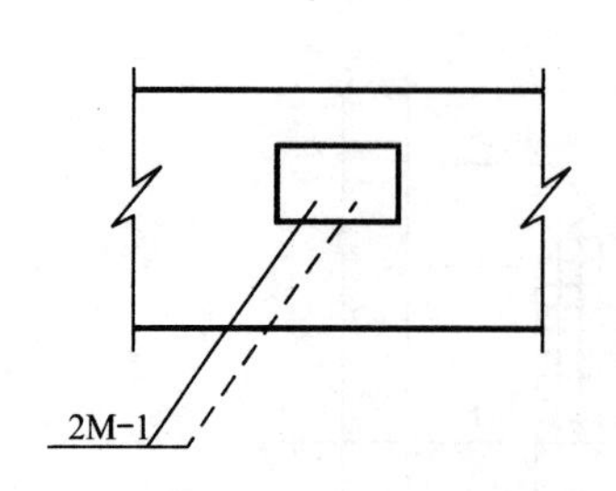

图 1-65　同一位置正、反面预埋件均相同的表示方法

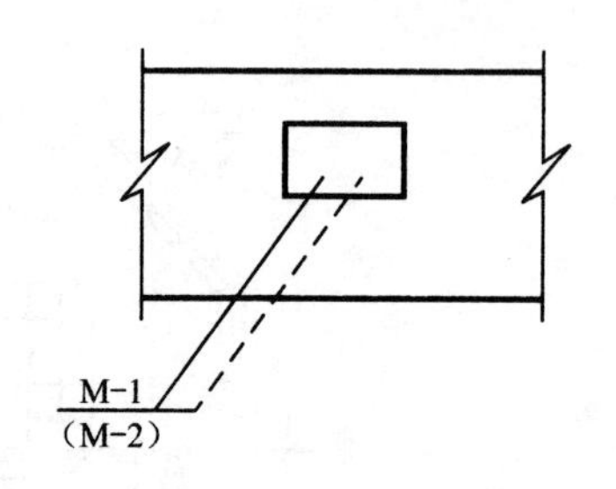

图 1-66　同一位置正、反面预埋件不相同的表示方法

(4) 在构件上设置预留孔、洞或预埋套管时，可在平面或断面图中表示。引出线指向预留（埋）位置，引出横线上方标注预留孔、洞的尺寸，预埋套管的外径。横线下方标注孔、洞（套管）的中心标高或底标高（图 1-67）。

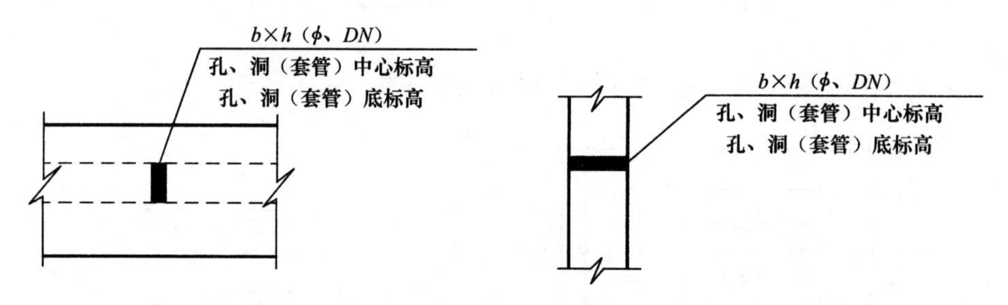

图 1-67　预留孔、洞及预埋套管的表示方法

八、常用型钢的标注

常用型钢的标注方法见表 1-17。

常用型钢的标注方法　　**表 1-17**

序号	名称	截面	标注	说明
1	等边角钢	∟	∟ $b\times t$	b 为肢宽 t 为肢厚
2	不等边角钢	B ∟	∟ $B\times b\times t$	B 为长肢宽　b 为短肢宽 t 为肢厚
3	工字钢	I	IN　QIN	轻型工字钢加注 Q 字 N 工字钢的型号
4	槽钢	[	[N　Q[N	轻型槽钢加注 Q 字 N 槽钢的型号
5	方钢	b	□b	
6	扁钢	b	—$b\times t$	
7	钢板	—	$\frac{-b\times t}{t}$	$\frac{宽\times厚}{板长}$

续表

序号	名称	截面	标注	说明
8	圆钢		ϕd	
9	钢管		$DN \times d \times t$	公称直径 外径×壁厚
10	薄壁方钢管		B $b \times t$	薄壁型钢加注 B 字 t 为壁厚
11	薄壁等肢角钢		B $b \times t$	
12	薄壁等肢卷边角钢	a	B $b \times a \times t$	
13	薄壁槽钢	h	B $h \times b \times t$	
14	薄壁卷边槽钢	a	B $h \times b \times a \times t$	
15	薄壁卷边 Z 型钢	h a	B $h \times b \times a \times t$	
16	T 型钢		TW×× Tm×× TN××	TW 为宽翼缘 T 型钢 Tm 为中翼缘 T 型钢 TN 为窄翼缘 T 型钢
17	H 型钢		HW×× Hm×× HN××	HW 为宽翼缘 H 型钢 Hm 为中翼缘 H 型钢 HN 为窄翼缘 H 型钢
18	起重机钢轨		QU××	详细说明产品规格型号
19	轻轨及钢轨		××kg/m铜轨	

九、螺栓、孔、电焊铆钉的识读

螺栓、孔、电焊铆钉的表示方法见表 1-18。

螺栓、孔、电焊铆钉的表示方法 **表 1-18**

序号	名称	图例	说　明
1	永久螺栓	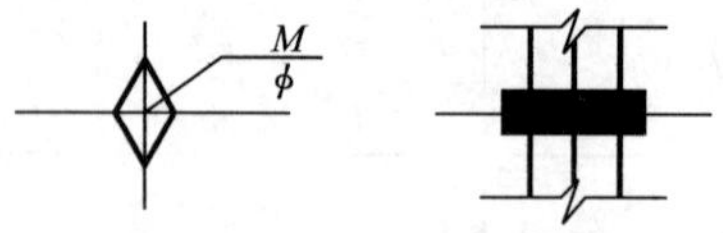 M ϕ	1. 细"+"线表示定位线 2. m 表示螺栓型号 3. ϕ 表示螺栓孔直径 4. d 表示膨胀螺栓、电焊铆钉直径 5. 采用引出线标注螺栓时，横线上标注螺栓规格，横线下标注螺栓孔直径
2	高强螺栓	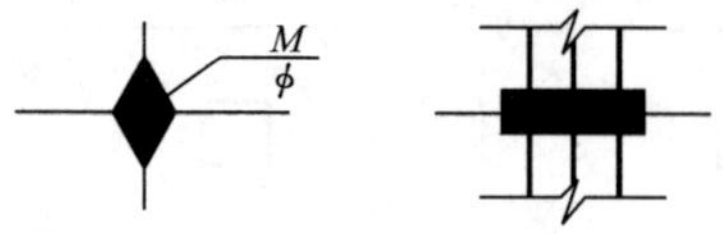 M ϕ	
3	安装螺栓	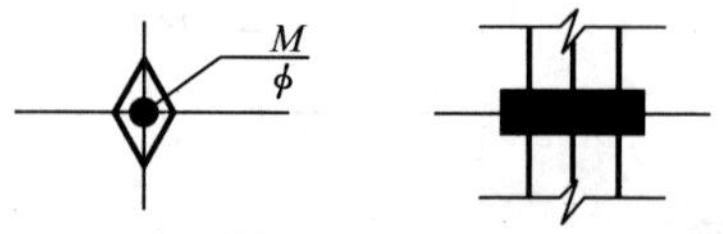 M ϕ	
4	胀锚螺栓	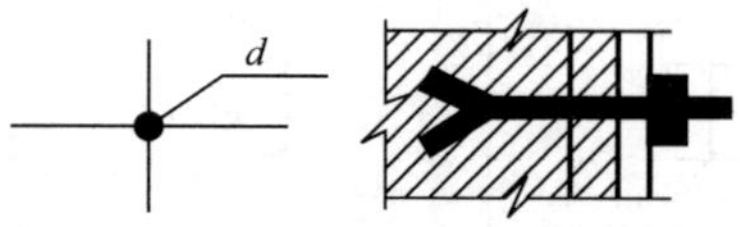 d	
5	圆形螺栓孔	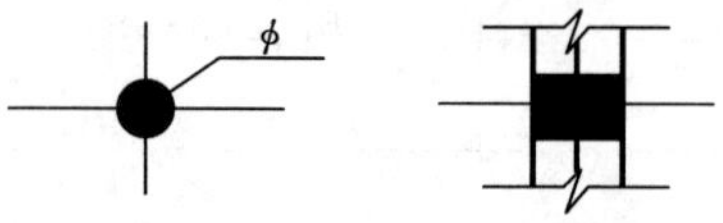 ϕ	
6	长圆形螺栓孔	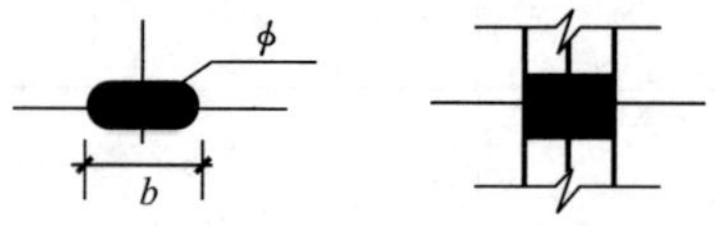 ϕ b	
7	电焊铆钉	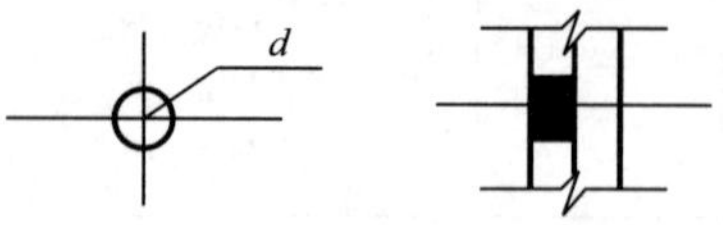 d	

十、常用焊缝的识读

1. 单面焊缝的标注方法应符合下列规定：

（1）当箭头指向焊缝所在的一面时，应将图形符号和尺寸标注在横线的上方，如图 1-68（a）所示；当箭头指向焊缝所在另一面（相对应的那面）时，应将图形符号和尺寸标注在横线的下方，如图 1-68（b）所示。

（2）表示环绕工作件周围的焊缝时，其围焊焊缝符号为圆圈，绘在引出线的转折处，并标注焊角尺寸 K，如图 1-68（c）所示。

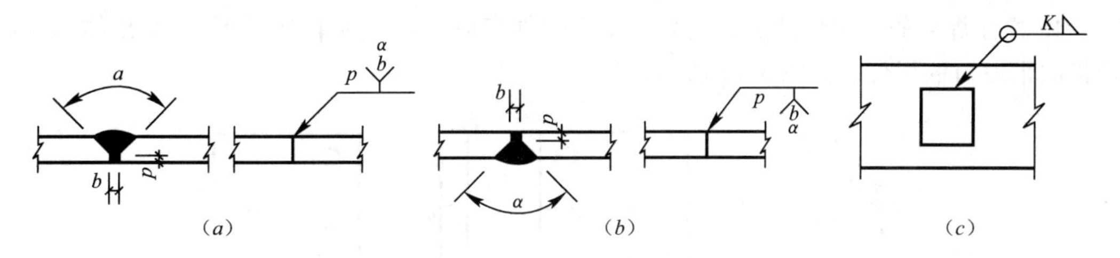

图 1-68　单面焊缝的标注方法

2. 双面焊缝的标注，应在横线的上、下都标注符号和尺寸。上方表示箭头一面的符号和尺寸，下方表示另一面的符号和尺寸，如图 1-69（*a*）所示；当两面的焊缝尺寸相同时，只需在横线上方标注焊缝的符号和尺寸，如图 1-69（*b*）、（*c*）、（*d*）所示。

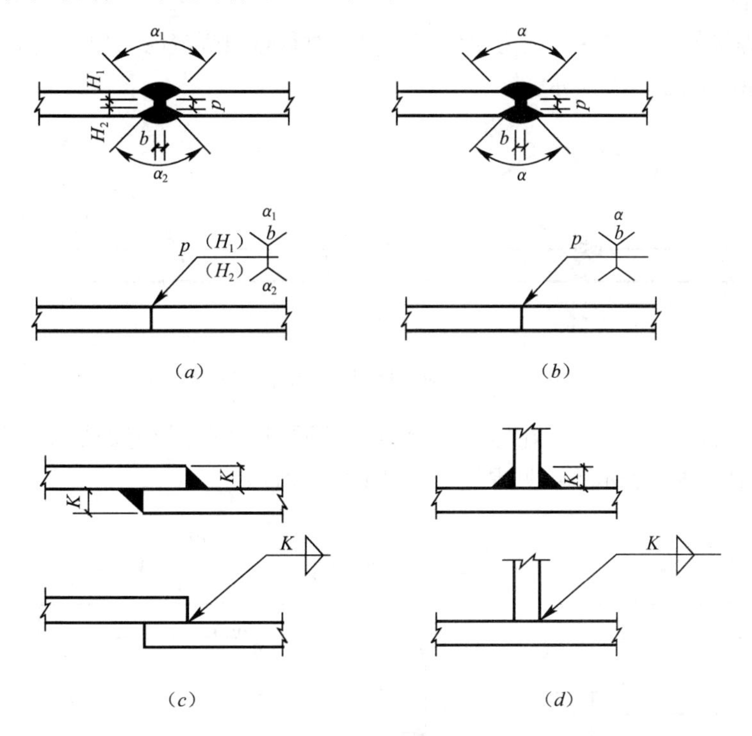

图 1-69　双面焊缝的标注方法

3. 3 个和 3 个以上的焊件相互焊接的焊缝，不得作为双面焊缝标注。其焊缝符号和尺寸应分别标注，如图 1-70 所示。

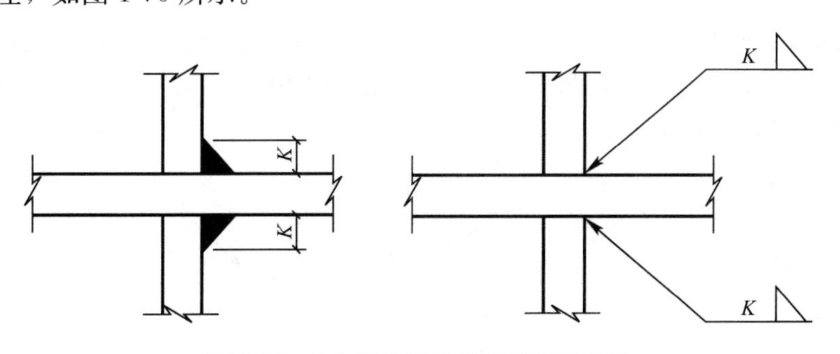

图 1-70　3 个以上焊件的焊缝标注方法

4. 相互焊接的 2 个焊件中，当只有 1 个焊件带坡口时（如单面 V 形），引出线箭头必须指向带坡口的焊件，如图 1-71 所示。

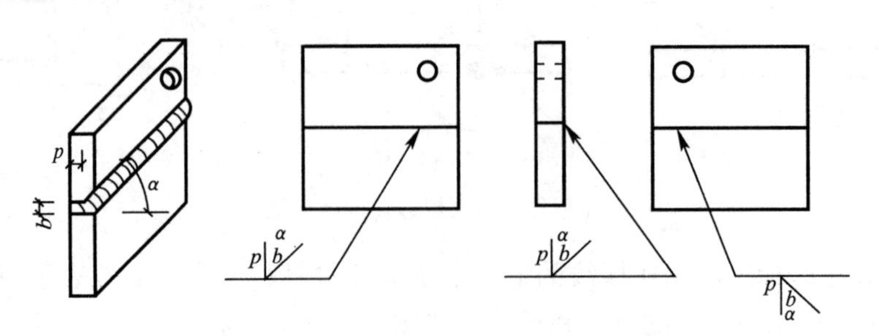

图 1-71　1 个焊件带坡口的焊缝标注方法

5. 相互焊接的 2 个焊件，当为单面带双边不对称坡口焊缝时，引出线箭头必须指向较大坡口的焊件，如图 1-72 所示。

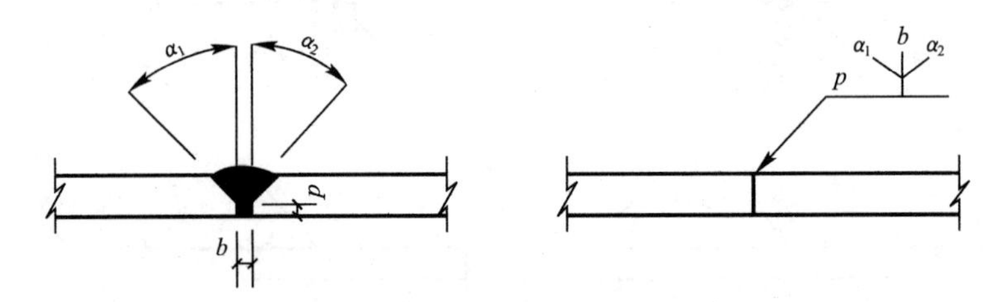

图 1-72　不对称坡口焊缝的标注方法

6. 当焊缝分布不规则时，在标注焊缝符号的同时，宜在焊缝处加中实线（表示可见焊缝），或加细栅线（表示不可见焊缝），如图 1-73 所示。

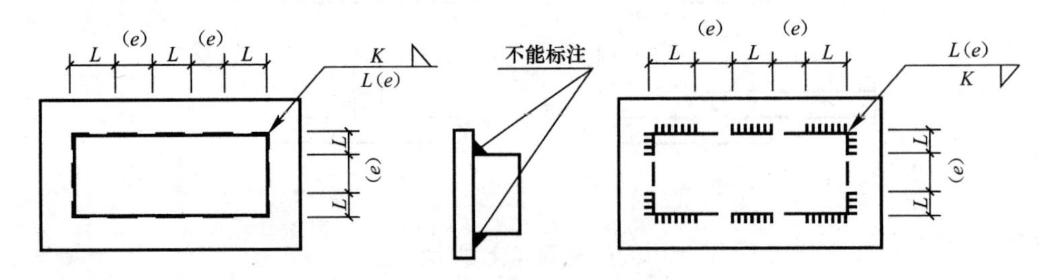

图 1-73　不规则焊缝的标注方法

7. 相同焊缝符号应按下列方法表示：

(1) 在同一图形上，当焊缝型式、断面尺寸和辅助要求均相同时，可只选择一处标注焊缝的符号和尺寸，并加注“相同焊缝符号”，相同焊缝符号为 3/4 圆弧，绘在引出线的转折处，如图 1-74 (*a*) 所示。

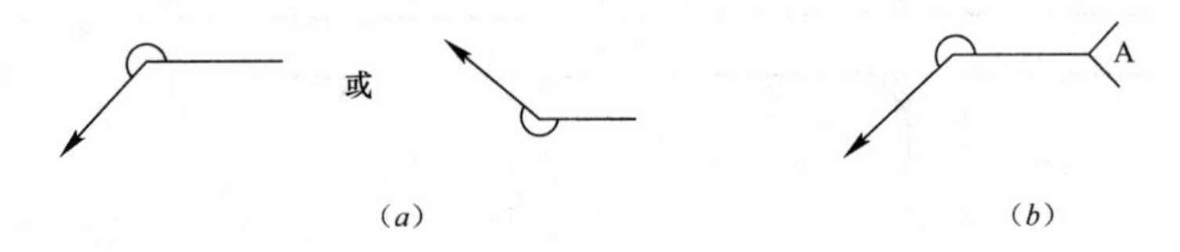

图 1-74　相同焊缝的表示方法

(2) 在同一图形上，当有数种相同的焊缝时，可将焊缝分类编号标注。在同一类焊缝中可选择一处标注焊缝符号和尺寸。分类编号采用大写的拉丁字母 A、B、C…，如图 1-74 (b) 所示。

8. 需要在施工现场进行焊接的焊件焊缝，应标注“现场焊缝”符号。现场焊缝符号为涂黑的三角形旗号，绘在引出线的转折处，如图 1-75 所示。

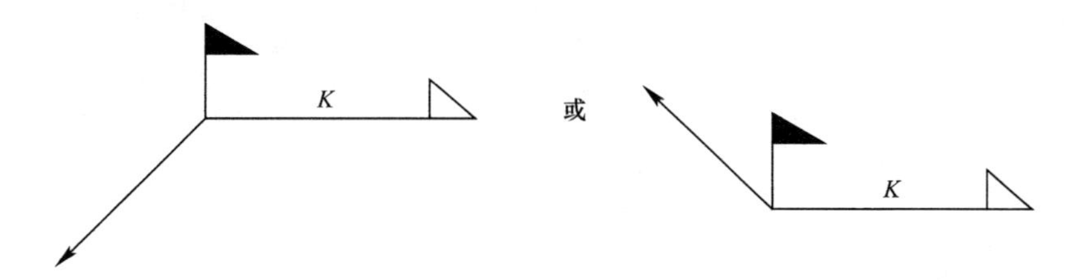

图 1-75　现场焊缝的表示方法

9. 图样中较长的角焊缝（如焊接实腹钢梁的翼缘焊缝），可不用引出线标注，而直接在角焊缝旁标注焊缝尺寸值 K，如图 1-76 所示。

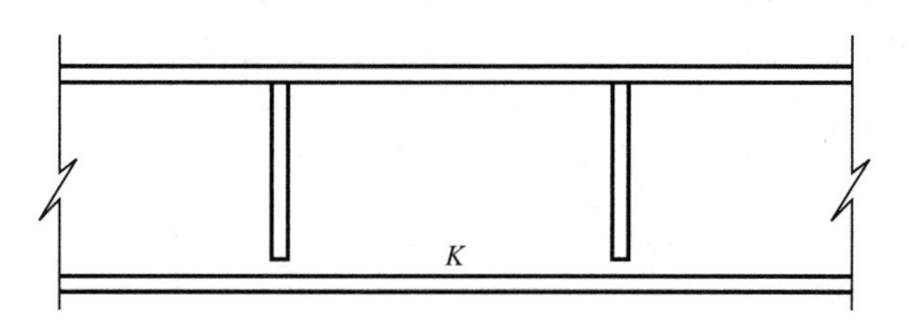

图 1-76　较长焊缝的标注方法

10. 熔透角焊缝的符号应按如图 1-77 所示的方式标注。熔透角焊缝的符号为涂黑的圆圈，绘在引出线的转折处。

11. 局部焊缝应按如图 1-78 所示的方式标注。

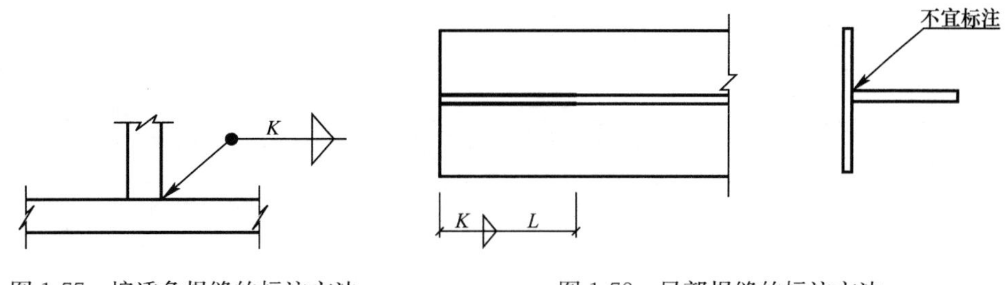

图 1-77　熔透角焊缝的标注方法　　图 1-78　局部焊缝的标注方法

十一、木结构图的识读

1. 常用木构件断面的表示方法

常用木构件断面的表示方法见表 1-19。

常用木构件断面的表示方法 **表 1-19**

序号	名称	图例	说　明
1	圆木	ϕ或d	1. 木材的断面图均应画出横纹线或顺纹线 2. 立面图一般不画木纹线，但木键的立面图均须画出木纹线
2	半圆木	$1/2\phi$或d	
3	方木	$b \times h$	
4	木板	$b \times h$或h	

2. 木构件连接的表示方法

木构件连接的表示方法见表 1-20。

木构件连接的表示方法 **表 1-20**

序号	名称	图例	说　明
1	钉连接正面画法 （看得见钉帽的）	$n\phi d \times L$	
2	钉连接背面画法 （看不见钉帽的）	$n\phi d \times L$	
3	木螺钉连接 正面画法 （看得见钉帽的）	$n\phi d \times L$	
4	木螺钉连接 背面画法 （看不见钉帽的）	$n\phi d \times L$	
5	螺栓连接	$n\phi d \times L$	1. 当采用双螺母时应加以注明 2. 当采用钢夹板时，可不画垫板线
6	杆件连接		仅用于单线图中
7	齿连接		

第二章　单位工程施工图工程量清单计价的编制

第一节　土石方工程

一、土石方工程造价概论

土石方工程包括岩石爆破、平整场地、挖运土石方、回填土和碾压等，土石方工程按照施工方法进行分类，根据施工条件和设计要求的不同，分为人工土石方工程和机械土石方工程。

各土石方工程的建设地地质情况及土石类别所占比例不同、各类土的坚硬度、密实度、透水性等情况不同，通常所消耗的人工、机械台班、措施材料等有很大不同，以致综合反映的施工费用也不同，因此，要准确套用定额，正确计算土石方工程施工费用就要正确区分土石方类别，在确定土方类别，地下水位的标高、挖填土、运土石方、排水施工方法、土方放坡及挡土板确定的起点标高等资料后，正确计算土石方工程量。

土方工程是建筑工程施工的主要工程之一，其施工特点有以下几点：

(1) 工程量大，劳动强度高：如大型项目的场地平整，土方量可达数百万立方米以上，面积达数十平方公里，工期长。因此，为了减轻繁重的劳动强度，提高劳动生产率，缩短工期，降低工程成本，在组织土方工程施工时，应尽可能采用机械化或综合机械化方法进行施工。

(2) 施工条件复杂：土方工程施工，一般为露天作业，土为天然物质种类繁多。施工时受地下水文、地质、地下障碍、气候等因素的影响较大，不可确定的因素也较多。因此，施工前必须做好各项准备工作。要进行充分的调查研究，详细研究各种技术资料，制定合理的施工方案进行施工。

(3) 受场地限制：任何建筑物都需要有一定埋置深度，因此必须进行土方开挖。土方的开挖与土方的留置存放都受到施工场地的限制，特别是城市内施工，场地狭窄，周围建筑较多，往往由于施工方案不当，影响到周围建筑物及设施的安全与稳定，因此，施工前必须详细了解周围建筑的结构形式、熟悉地质技术资料，制定切实可行的施工安全方案，充分利用施工场地。

(一) 土方工程

土方工程是建筑工程施工中主要分部工程之一，它包括土方的开挖、运输、填筑与弃土、平整与压实等主要施工过程，以及场地清理测量放线，施工排水、降水和土壁支护等准备工作与辅助工作。

1. 人工土方

建筑工程的土方施工按工序包括场地平整、挖土、回填土和运土等主要工程内容。定额中的土石方体积均按天然密实体积（自然方）计算，以立方米为计量单位，设计室外标高以上的按山坡切土定额计算，设计室外标高以下的按人工挖土定额计算。

（1）平整场地

场地平整是按厚度在±30cm以内就地挖、填、找平，消除影响施工的杂草、树根等障碍物所进行的一道工序，是将天然地面改造成所要求的设计平面时所进行的土方施工过程。它具有工程量大、劳动繁重和施工条件复杂等特点。土方工程施工又受气候、水文、地质等影响，难以确定的因素很多，有时施工条件极其复杂。因此，在组织场地平整施工前，应详细分析，核对各项技术资料，进行现场调查并根据现有施工条件，制订出以经济分析为依据的施工设计。其工程量以“平方米”计算，按建筑物外墙外边线每边各增加2m范围的面积。一般建筑物的几种平面类型计算公式如下：

对于如图2-1所示矩形建筑物，其平整场地工程量，可依下列公式确定：

$$S_P=(a+4)(b+4)=ab+4(a+b)+16$$

式中　S_P——表示平整场地工程量，m^2；

a——表示建筑底面外墙长度，m；

b——表示建筑物底面外墙宽度，m。

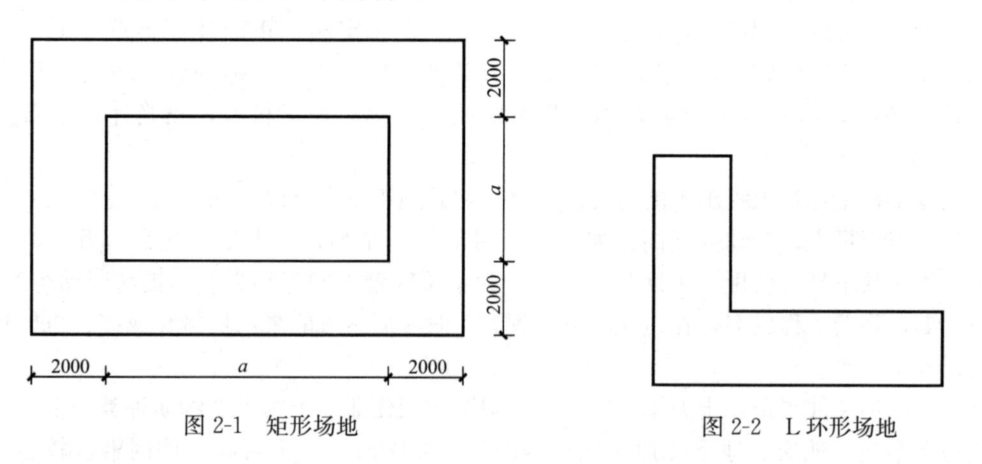

图2-1　矩形场地

图2-2　L环形场地

或：平整场地面积=(底层建筑面积+2×外墙矩形外边线长+16)m^2

此公式还可推广至L形场地

L形场地平整场地 S_P=(底层建筑面积+2×外墙矩形外边线长+16)m^2

当按竖向布置图进行挖填及平整时，平整场地的工程量不得再计算。如当土方全部都是挖、填30cm时，按平整场地定额执行，不得另行计算土方工程量。还有管道、道路、围墙、上下水道等各种构筑物都不计算平整场地。

（2）挖土：在建筑工程预算中，挖土要根据土的类别、数量大小和挖土部位等分别计算。而且为了正确编制预算，就要掌握干土与湿土的划分，挖土方、挖地槽、地坑如何区别，是否采用放坡、支挡土板等施工方法。

1）干土与湿土：土的含水量大小会影响土方的开挖及填筑压实等施工，当土的含水量为25%～30%就不能使用机械施工，含水量超过20%会造成运土车的打滑或陷车，甚至影响挖土机的使用，回填土含水量大，压实时会像橡皮土。因此，在施工前一定弄清土中含水量的多少，进行干、湿土的划分。干、湿土的划分，应根据地质勘查资料规定的地下水位划分。如无规定时，以地下常水位为准，常水位以上是干土，常水位以下为湿土。

在同一槽、坑或沟内有干、湿土时应分别计算，但使用定额时按槽、坑全深套定额子目。

定额内未包括地下水位以下施工排水费用，发生时其人工、机械等按实计算。

2）挖地槽：指开挖宽度在3m以内，长宽比大于3的基槽或者虽然不符合前面条件，但底面积在20m^{2}以内的基坑进行的土方开挖工程。这类土方开挖时，要求开挖的标高、断面、轴线准确，因此施工时，应制定合理的施工方案，尽量采用中小型施工机械，以提高生产率，加快施工进度和降低成本。

基坑（槽）的开挖施工，应根据规划部门或设计部门的要求，确定房屋的位置和标高，然后根据基坑的底面尺寸、埋置深度、土质情况、地下水位的高低及季节变化等不同情况，考虑施工需要，确定是否需要留置工作面、边坡、排水设施和设置支撑，从而制定土方开挖的施工方案。为保证施工质量与安全，土方开挖中应注意以下几方面：

（1）选择合理的施工机械、开挖顺序和开挖路线。一般情况，宜优先采用反铲挖土机，自卸汽车运土。基坑（槽）应分层开挖，连续施工，尽快完成。在开挖深度较大时，需留设坡道满足机械及运土汽车出入基坑的需求。在软土地区施工时，施工机械行驶道路应填筑适当厚度的碎石或砾石，必要时应铺设工具式路基箱（板）梢排等。在相邻基坑开挖（填）时，应遵循先深后浅或同时进行的施工顺序。

（2）土方开挖施工宜在干燥环境下作业，当地下水位高于基坑底面时，施工前必须做好地面排水和降低地下水位工作，地下水位降至基坑底下0.5～1.0m后，方可施工。降水工作应持续到回填完毕。为防止坑内排出的水和地面雨水等向坑内回渗，在施工期内要保持坑顶地面排水的畅通。在边坡保护范围内的地面不应有积水。

（3）在基坑开挖过程中，不宜在坑边堆置弃土或使用其他重型机械，以尽量减轻地面荷载。为防止坑壁的坍塌，根据土质情况及坑（槽）深度，控制堆土距坑顶边的距离，一般情况下应不小于1.2m，在垂直的坑壁边坡条件下不小于3m。堆土高度不得超过1.5m，否则，需进行边坡稳定性的验算。对软土地区开挖时，则不应将弃土堆放在坑边。

（4）在基坑开挖至接近坑底标高时，应注意避免超挖，从而造成坑底土的扰动，造成土体结构的破坏。当采用机械进行开挖时，应根据机械的种类，在基坑底标高以上留下200～500mm厚土方不挖，待基础施工前，用人工挖除铲平，如个别处超挖，应用与地基土压缩性相同的土料填平，并夯实到要求的密实度。如达不到要求的密实度，则应用碎石土填补，并仔细夯实，如在重要部位超挖时，可用低强度等级的混凝土填补。

（5）在基坑内已施工有工程桩桩体，应在工程桩完成一段时间后，再进行基坑的开挖，机械开挖的底标高，应高于桩顶200～400mm，避免挖土机作业时造成桩体的破坏，桩间土应采用人工作业。

（6）基坑开挖后应根据设计要求及时做好坡面的防护工作浇筑垫层封闭基坑。在基坑开挖过程中，随着土的挖除下层土因逐渐卸载而有可能回弹，这种回弹变形会加大建筑物的后期沉降，因此应根据设计要求控制坑底的回弹变形。一般可加速建造主体结构，或逐步利用基础的重量来代替被挖去的体积重量。

（7）基坑开挖时，应对平面控制桩、水准点、基坑平面位置、水平标高、边坡坡度等经常进行复测检查，并应对土质情况、底下水位等的变化经常做检查，如发现基底土质与设计不符时，需经有关人员研究处理，并作好隐蔽记录。

同时，基坑开挖应遵循开槽支撑先撑后挖，分层开挖，严禁超挖的原则。

沟槽的长度，外墙按图示中心线长度计算；内墙按图示基础沟槽底面之间净长线长度计算；沟槽内外突出部分（包括垛、附墙烟囱等）的体积，并入沟槽土方工程量内计算；计算放坡时，交接处的重复工程量不予扣除。挖沟槽按体积以立方米（m^3）计算工程量。

沟槽深度按图示槽底面至室外地坪的深度计算，宽度按图示尺寸计算。挖沟槽工程量应根据是否增加工作面、支挡土板、放坡和不放坡等具体情况分别计算。

① 不放坡、不支挡土板的情况，按下式计算：

$$V = H(a + 2C)L$$

式中 V——地槽土方量（m^3）；

H——挖土深度（m）；

a——基础或垫层底宽（m）；

C——增加工作面（m），无增加工作面时 $C=0$；

L——地槽长度（m），外墙为中心线长，内墙为净长。

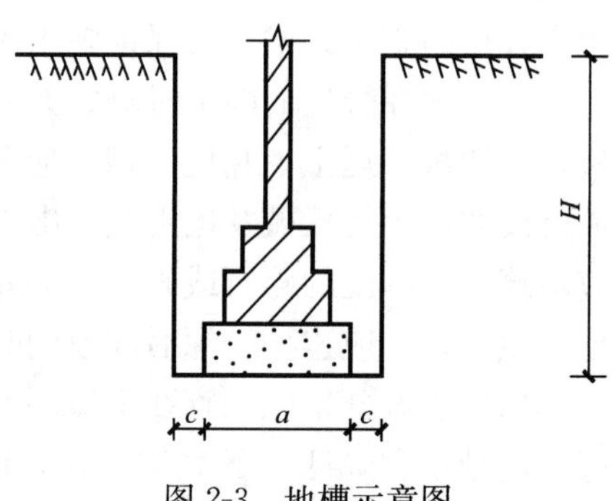

图 2-3　地槽示意图

如图 2-3 所示地槽，$H=0.8$m、$a=0.6$m、$c=0.5$m、$L=74$m，则地槽土方量 $V=0.8\times(0.6+2\times0.5)\times74m^3=94.72m^3$。

② 放坡，不支挡土板时情况计算：

放坡时地槽挖土时，放坡深度越小越好，可以减少挖方量。根据放坡位置的不同，分两种情况计算：

a. 由垫层底面放坡时

$$V = H(a + 2c + KH)L$$

式中 K——坡度系数。

b. 由垫层上表面放坡时

$$V = H_1(a + KH_1) + ah_2L$$

式中 H_1——地槽上口至垫层上表面的深度，m；

H_2——垫层的厚度，m。

如图 2-4（c）所示，地槽 $K=0.5$ 时，$L=74$m，其他条件同图 2-3。

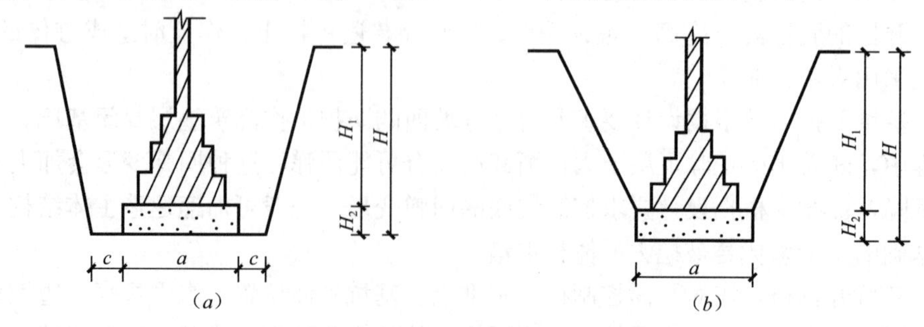

图 2-4　地槽示意图（一）

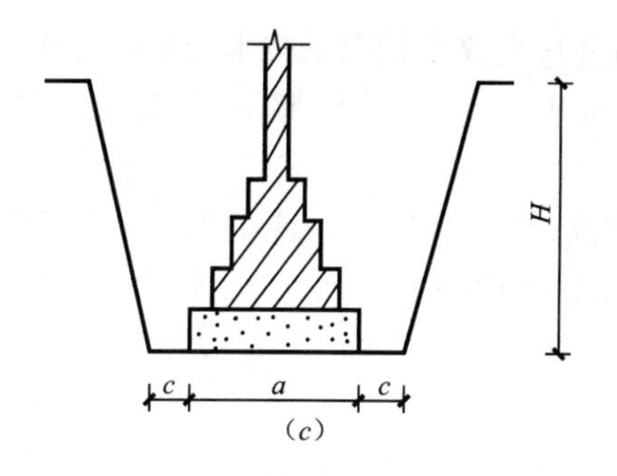

图 2-4 地槽示意图（二）

$$V = 0.8 \times (0.6 + 2 \times 0.5 + 0.5 \times 0.8) \times 74\text{m}^3 = 118.4\text{m}^3$$

③ 双面支撑挡土板的情况按下式计算：

$$V = H(a + 0.2 + 2C)L$$

式中 0.2——两块挡土板所占宽度，如图 2-5 所示。

④ 一面放坡一面支挡土板的情况：

$$V = H(a + 0.1 + 2C + 0.5KH)L$$

如图 2-6 所示。

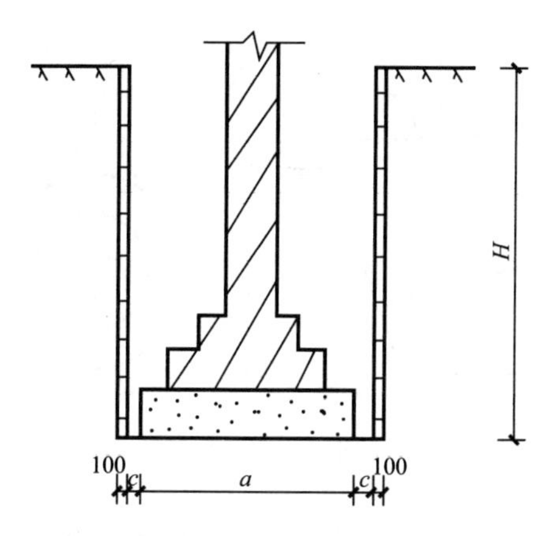

图 2-5 双面支挡土板示意图

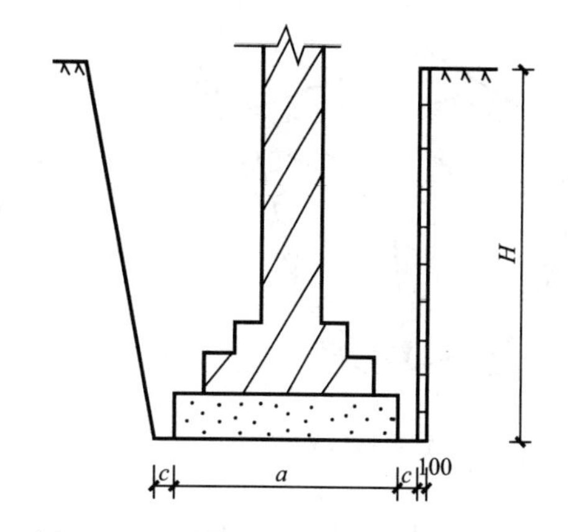

图 2-6 一面放坡一面支挡土板示意图

3）挡土板：当基础埋置较深，场地狭小不能放坡或者由于土质原因放坡后土方量过大时，应加设挡土支撑，以防止土壁坍塌发生事故。支撑的方法有很多，如横撑式支撑和板式支撑等。横撑式支撑又分为平挡土板和垂直挡土板两类，平挡土板的布置又分断续式和连续式，断续式平挡土板支撑主要适用于湿度较小的黏土及挖土深度小于 3m 的情况；连续式支撑主要适用于松散、湿度大于及深度在 5m 以内的情况。对松散和湿度很高的土可用垂直挡土板式支撑，挖土深度可超过 5m。支挡土板的工程量的计算方法。按支挡土板的槽、坑垂直支撑面积计算，双面支撑亦按单面垂直面积套用双面支挡土板定额，不论连续或断续均执行本定额。凡放坡部分不得再计算挡土板工程量，支挡土板部分不得计算放坡工程量。计算支挡土板的挖土工程量时，按图示槽、坑底宽尺寸每边各加 100mm 计算。在支有挡土板情况下挖土时，按相应定额乘以系数 1.10 计算。支挡土板定额内包括制作、安装和拆除挡土板。支挡土板时，若土的含水率超过 25%时，材料乘以系数 1.33。

支挡土板工程量按槽、坑的垂直支撑面积以平方米为单位计算。双面支撑计算双面的垂直支撑面积；单位支撑计算单面垂直支撑面积；疏撑按实际支撑的板面积计算。

4）挖土方、地坑

土方工程中的平整场地高差超过 30cm，或地槽宽度大于 3m，或者地坑底面积大于 $20m^2$ 的挖土都称为挖土，而底面积小于 $20m^2$（不计算加宽工作面），且长宽比小于 3 时，就叫做挖地坑。

① 工程量的计算：

放坡矩形地坑工程量的计算，如图 2-7 所示。

$$V=(a+2C+KH)(b+2c+KH)\cdot H+\frac{1}{3}K^2H^3$$

式中 K——为放坡系数；

$\frac{1}{3}K^2H^3$——为基坑的四个角锥体体积。

圆形地坑则分放坡和不放坡两种。

不放坡时 $V=\pi HR^2$

放坡时 $V=\frac{1}{3}\pi H(R_1^2+R_2^2+R_1R_2)$ 如图 2-8 所示。

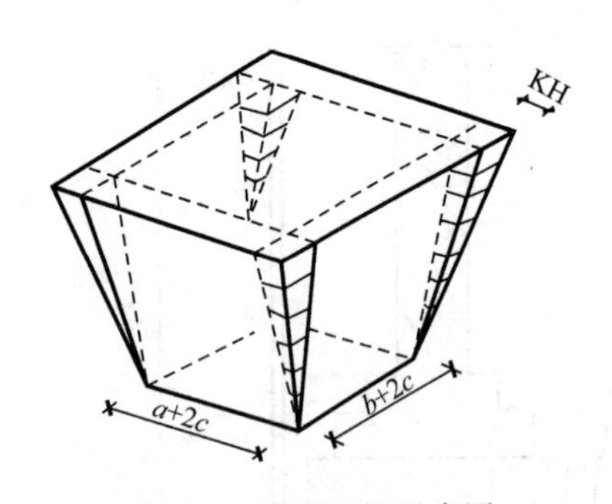

图 2-7 矩形地坑示意图

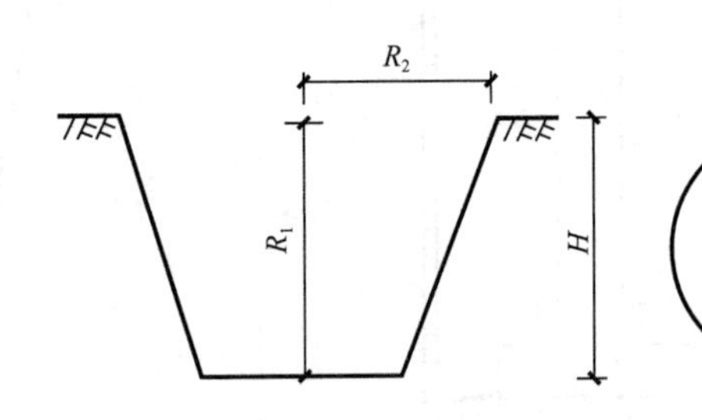

图 2-8 圆形地坑示意图

② 定额子目的确定：人工挖土方和挖地坑定额均按土的类别和挖土深度来确定。工作内容均包括：挖土、装土、修理底边。人工挖土和地坑坑底需打夯时，则应被相应定额另行计算。

③ 基础工程中需要增加的工作面与人工挖地槽相同。

5）计算挖淤泥和流砂的工程量时仍按照挖土方的方法，以立方米为计量单位，套用人工挖淤泥和流砂定额。其工作内容有：挖淤泥、装淤泥和流砂。而且还要按照施工组织设计采用的排水机械，另计算排水费用并列入工程预算内。

2. 机械土方

根据工程部位、土的分类、施工现场具体情况才能确定土方工程所采用的施工机械。在编制和审查工程预算时，由于施工条件不同，除按施工组织设计确定采用的施工机械外，还要掌握一些土方工程施工机械的技术性能和工程预算定额中选用的机械台班用量计算方法等，这样能更加合理地应用工程预算定额，正确编制土方工程预算。

(1) 挖掘机挖土

挖掘机挖土是土方开挖中常用的一种机械，如平整的场地上有土堆或土丘，或需要向上挖掘或填筑土方时可用挖掘机进行挖掘。挖掘机根据工作装置不同分为正铲、反铲、抓铲和挖铲等四种挖土机。施工中须有运土汽车进行配合作业。挖掘机按行走方式分为履带式和轮胎式两种。按传动方式分为机械传动和液压传动两种。铲斗容量有 0.2m^3、0.4m^3、1.0m^3、1.5m^3、2.5m^3 五种。在设计开挖路线时，应注意与运土车辆之间的配合，挖掘机的生产率不仅取决于本身的技术性能，而且还决定于所选用的运用工具是否与之协调。因此在编制和审查工程机械土方工程预算时，要根据工程设计中的地形图及竖向布置，结合工程要求，挖掘机特点和技术性能，合理地选用土方施工机械。

挖掘机挖土的预算定额中主要工作内容包括挖土机就位、开挖工作面、将土推置一边、工作面内排水沟的修建与维护等。挖掘机所挖土层的运输多由自卸汽车配合进行联合作业。挖掘机挖土自卸汽车运土项目工作内容包括：挖土、装车、汽车运土（运距 1km 内）卸土及空间，并用推土机推平。土方运距超过 1km 者，按每增加 1km 累计计算。

挖掘机在垫板上工作时，铺设垫板用材料、人工、辅助机械等费用，按实际算，人工、机械应乘以系数 1.25。

机械挖坑、槽、沟土方时，按挖掘机挖土定额计算，放坡系数及放坡起点深度按表 2-1 计算：

放坡系数及放坡起点深度表 **表 2-1**

土层分类	放坡起点深度（m）	在坑、槽或沟上边挖土	在坑、槽或沟底挖土
四类土	2.00	1∶0.33	1∶0.10
三类土	1.50	1∶0.67	1∶0.25
一、二类土	1.20	1∶0.75	1∶0.33

(2) 推土机推土方

推土机是土方工程施工的主要机械之一。目前我国生产的推土机有：红旗 100、T-120、移山 180、黄河 220、T-240 和 T-320 等几种，推土机有钢丝绳操纵和用油压操纵两种。推土机操纵灵活，运转方便，所需工作面较小，行驶速度快、易于转移，能爬 30°左右的缓坡，因此应用较广。在建筑工程中推土机主要用来作推土、堆积、平整、压实等工作，多用于场地清理、平整、开挖深度 1.5m 以内的基坑、填平沟坑，筑不太高的堤坝以及配合铲运机、挖土机工作等。

推土机推土预算定额，一般根据推土机运距、土层类别和推土机的功率来划分子目。其工作内容包括：推土、弃土、平整。

推土机运距：按挖方区重心至填方区重心的直线距离计算。推土机堆未经压实的堆积土时，按堆普通土乘的系数 0.87。

推土机的生产率：主要决定于推土刀推土的体积及推土、切土、回程等工作的循环时间，为了提高推土机的生产率，可采用下坡推土、并列推土、多刀送土和利用前次推土的槽推工等方法来提高推土效率，缩短推土时间和减少土的失散。

推土机生产率的计算：

(1) 推土机小时生产率 P_n，按下式计算

$$P_n = \frac{3600}{T_v Ks}(m^3/h)$$

式中　T_v——从推土机到将土送到填土地点的循环延续时间，s；

q——推土机每次的推土量，m^3；

K_s——土的可松性系数。

（2）推土机台班生产率 p_d，按下式计算

$$p_d = 80Q_nKB \quad (m^3/\text{台班})$$

式中　KB——一般在 0.72～0.75 之间。

重心是指挖（填）方区土方体积重力作用点，一般利用土方方格网图法求土方坐标值计算，计算式为：

$$\text{重心点横坐标 } x \text{ 值} = \frac{\text{各方格挖(填)土方} \times \text{各方格中心至 } y \text{ 轴距离}}{\text{各方格挖(填)土方之和}}$$

$$\text{重心点竖坐标 } y \text{ 值} = \frac{\text{各方格挖(填)土方} \times \text{各方格中心至 } x \text{ 轴距离}}{\text{各方格挖(填)土方之和}}$$

例如图 2-9 所示方格网距为 20m，其挖、填方的重心点计算如下：

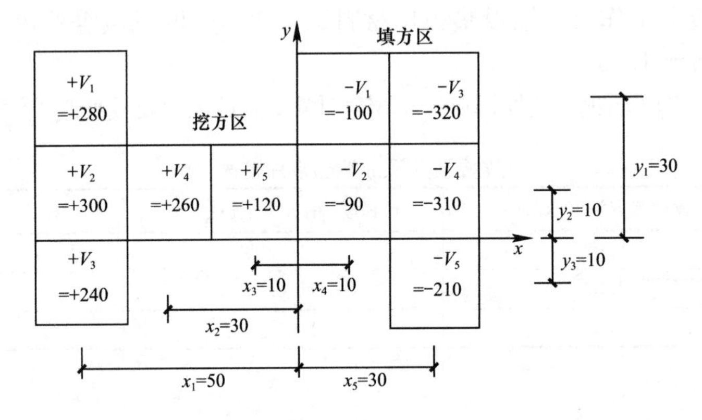

图 2-9　重心坐标

$$\text{挖方区重心 } x \text{ 值} = \frac{(V_1 + V_2 + V_3) \times x_1 + V_4 \times x_2 + V_5 \times x_3}{V_1 + V_2 + V_3 + V_4 + V_5}$$

$$= \frac{(280 + 300 + 240) \times 50 + 260 \times 30 + 120 \times 10}{280 + 300 + 240 + 260 + 120} \text{m}$$

$$= \frac{50000}{1200} \text{m} = 41.67\text{m}$$

$$\text{挖方区重心 } y \text{ 值} = \frac{V_1 \times y_1 + (V_2 + V_4 + V_5) \times y_2 + V_3 \times y_3}{V_1 + V_2 + V_3 + V_4 + V_5}$$

$$= 280 \times 30 + (300 + 260 + 120) \times 10 + 240 \times (-10)/(280 + 300 + 240 + 260 + 120) \text{m}$$

$$= \frac{12800}{1200} \text{m} = 10.67\text{m}$$

$$\text{填方区重心 } x \text{ 值} = [[(-V_1) + (-V_2)] \times x_4 + [(-V_3) + (-V_4) + (-V_5)] \times x_5] \div [(-V_1) + (-V_2) + (-V_3) + (-V_4) + (-V_5)]$$

$$= [[(-100) + (-90)] \times (-10) + [(-320) + (-310) + (-200)] \times (-30)] \div [(-100) + (-90) + (-320) + (-310) + (-200)] \text{m}$$

$$=\frac{26800}{-1020}\text{m}=-26.27\text{m}$$

填方区重心 y 值 $=[[(-V_1)+(-V_3)]\times y_1+[(-V_2)+(-V_4)]\times y_2+(-V_5)\times y_3]\div[(-V_1)+(-V_2)+(-V_3)+(-V_4)+(-V_5)]$

$$=[[(-100)+(-320)]\times 30+[(-90)+(-310)]\times 10+(-200)\times(-10)]\div[(-100)+(-90)+(-320)+(-310)+(-200)]\text{m}$$

$$=\frac{-14600}{-1020}\text{m}=14.31\text{m}$$

挖方重心点与填方重心点如图 2-10 所示，因此两重心点距离即可用勾股定律求得：

$$两重心点距离=\sqrt{(x_{挖}+x_{填})^2+(y_{填}-y_{挖})^2}$$

$$=\sqrt{(41.67+26.27)^2+(14.31-10.67)^2}\text{m}$$

$$=\sqrt{(67.94)^2+(3.64)^2}\text{m}=68.04\text{m}$$

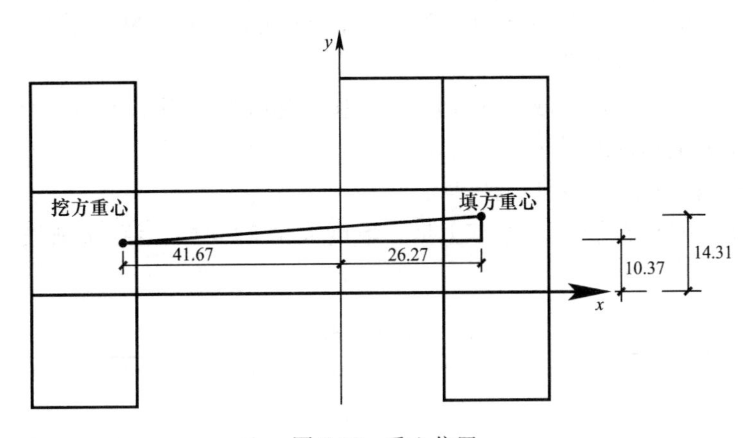

图 2-10　重心位置

(3) 铲运机铲运土方

在场地平整中，铲运机是一种能综合完成全部土方施工工序如挖土、装土、运土、卸土和平土等工作的土方机械。其适用于一至三类土，常用于坡度 20°以内的大面积场地土挖、填、平整、压实，也可用于堤坝建筑等。按行走方式分为自行式铲运机和拖式铲运机两种。按铲斗的操纵系统可分为机械操纵和液压操纵两种。

铲运机是平整场地中使用较广泛的一种土方机械，适用于开挖大型基坑（槽）、筑坝、路基等挖运工作。铲运机能自行作业，不需其他机械配合，能完成铲、运、卸、填、压实土方等多道工序。铲运机铲运土方以立方米为计量单位，分别以斗容量、运距和土类别划分定额子目。铲运机运距按铲土区重心至卸土区重心加转向距离计算。各种铲运机加转向距离均为 45m。

(4) 场地机械平整、夯实及碾压

场地机械平整及碾压的主要内容包括：平均不大于 30cm 的就地挖、填平整，推平碾压，工作面内的排水等工序。铲运机操纵简单，不受地形限制，能独立工作，行驶速度快，生产效率高。铲运机在坡地行走或工作时，上下纵坡不宜超过 25°，横坡不宜超过 6°，不能在陡坡上急转弯，工作时应避免转弯铲土，以免铲刀受力不均引起翻车事故。为了减少灰尘，延长机械使用寿命和人的健康及保证质量，夯实及碾压包括洒水。

场地的机械平整主要用平地机进行，场地机械压实的方法有碾压、夯实和振动压实等几种。

1）碾压法：碾压原理是利用沉重的滚轮碾压土表面，使土在静压力作用下夯实，适用于碾压黏性土和非黏性土。这种方法适用于大面积填土工程。碾压机械有平碾（压路机）、羊足碾和气胎碾。

2）振动压实法：振动压实的原理是利用重锤振动，使土颗粒发生相对位移从而达到密实状态，主要用于压实非黏性土。采用的机械主要有振动压路机、平板振动器等。

3）夯实法：夯实法的原理是利用夯锤下落的冲击力压实土，主要用于夯实黏性较低的土，主要用于小面积填土、夯实的优点是可以夯实较厚的土层，夯实机械有夯锤、内燃夯土机、蛙式打夯机等。

场地原土碾压按图示尺寸，碾压面积以平方米计算，填土碾压按图示尺寸计算体积，体积乘以系数1.10。填土碾压的遍数定额中已综合考虑，不得增减。原土碾压按碾遍计算的，设计要求不同时，可以换算。

上述机械土方施工时，机械上下行驶的坡道，应按施工组织设计规定修筑，其工程量是合并在单项土方工程量内同样计价结算。

大型机械进退场及组装费另行计算。

推土机推土，铲运机铲运土重车上坡，坡度大于5%时，运距按斜坡长度乘以系数（表2-2）计算。

坡度系数表 **表2-2**

坡度（%）	5～10	15以内	20以内	25以内
系数	1.75	2.00	2.25	2.50

（二）*石方工程*

建筑工程中石方工程系根据石方部位和岩石的类别采用相应的爆破方法。通过爆破，清理石渣，达到设计要求尺寸的全部施工工序。

在土方工程中，爆破技术采用很广泛，如场地平整、地下工程中工程中石方开挖，基坑（槽）或管沟工程石方开挖、施工现场中树根和障碍物的清除以及冻土开挖等，都要利用爆破技术。此外，在改建工程中，对于拆除旧的结构或构筑物，也可采用爆破。

爆破是指埋在介质内的炸药使之引爆后，原来一定体积的炸药，在极短的时间内由固体（或液体）状态转变为气体状态，体积增加数百倍甚至上千倍，从而产生了很大的压力和冲击力，同时还产生很高的温度，使周围的介质受到不同程度破坏的现象。

目前在石方开挖中，爆破是最有效的一种方法。在建筑工程中，爆破主要用来开挖一般石方、沟槽、基坑和洞库工程中的开挖平洞、斜井等。

爆破按钻眼方法分为人工打眼和机械钻眼。机械钻眼系采用凿岩机，在建筑工程预算定额中一般采用支架式凿岩机。爆破的起爆方法有火花起爆法、电力起爆法、导爆索起爆法以及导爆管起爆法。火花起爆是利用点燃的导火线的火花引爆雷管，从而使药包爆炸。电力起爆是通电使电雷管中电力引火剂发热燃烧使雷管爆炸，从而引起药包爆炸。导爆索起爆是利用导爆索的爆炸直接引起药包爆炸。导爆管起爆是利用导爆管起爆药的能量来引起爆雷管，然后使药包爆炸。爆破主要材料有炸药、雷管（分为火雷管和电雷管两种）、导火线、传爆线等。按爆破方法可分为裸露爆破法、炮孔爆破法、药壶爆破法、预烈爆破法以及定向爆破法。裸露爆破法是将药包放在被爆破岩石的凹处，并覆盖厚度大于药包厚度的砂或黏土，然后引爆。此方法多用于炸碎岩石和大型爆破中的巨石改爆。耗药量大，且其爆破效果也不易控制。炮孔爆破法指装药孔径小于 300mm 的各种炮眼爆破或深孔爆破。根据炮孔的深度和直径可分为浅孔爆破和深孔爆破法。药壶爆破法是在炮孔的底部装入少量炸药，经过几次爆破扩大或葫芦形后，最后装入主药包进行爆破。预裂爆破法是沿岩体设计开挖面与主炮孔之间布下一排预裂炮孔，使预裂炮孔在主爆孔前一段时间内起爆，从而沿设计开挖面将岩石分开。形成具有一定宽度的贯通裂缝，当爆破完成后，岩石之间的开挖面便形成开挖所需要的轮廓尺寸。定向爆破法是利用爆破的作用，按照一定的步骤将大量的岩石，按照指定的方向，推移到一定的地点，并堆积成一定的填方。

定额中岩石表面平整，系指在需进行平整的断面面积上 50cm 厚的这一部分岩石表面平整，在总的石方工程量中，这 50cm 厚岩石按表面平整计算。其余均按松动爆破岩石计算。

石方的开挖有时不宜采用爆破方式进行施工，如建筑基槽石方的开挖，采用爆破会松动地基，破坏地基承载力，所以宜于采用人工凿石。

人工开凿及清理岩石项目的工作内容包括：修边、检底、地槽（坑）包括打槽子，抛石渣于槽外，人工清理岩石包括打刹钎，锤破大石块（不包括小炮打眼及爆破）。人工清理岩石系指在人工平基或挖槽坑的展开面上清理岩石，每 $100m^2$ 按 $50m^3$ 计算。人工开凿根据设计要求，数量按实计算。

在建筑工程中，一般开挖是指在设计 0—0 线以上的部位或是底宽大于 7m 的沟槽，其工程量应按设计尺寸以“立方米”计算。

沟槽是指设计 0—0 线以下底宽小于 7m 的部位，其工程量是按设计尺寸另增允许超挖量后以立方米计算，允许超挖厚度，一般规定是五、六类岩石为 20cm，七、八类岩石为 15cm。

基坑是指在设计 0—0 线以下，其上口面积小于 $20m^2$，其工程量的计算与沟槽工程量计算方法相同。亦另增允许超挖厚度。基坑上口面积大于 $20m^2$，按沟槽底宽 7m 以内沟槽开挖定额执行，沟槽底宽大于 7m 时，按一般开挖定额执行。

（三）土石方回填土

一般建筑工程的土方回填土主要是有地基、基坑（槽）、室内地坪、室外场地、管沟、散水等部位，回填土方是一项很重要的工作，要求回填土应有一定的密度，使回填土土层不致发生较大的沉陷。

填方土料应符合设计要求，以保证填方的强度与稳定性。当填方土料为黏土时，填空前应检查其含水量是否在控制范围之内，凡含水量过大或过小的黏土均不宜作填土用。有机物含量大于 8%的土吸水后容易变形，承载力低；含水溶性硫酸盐大于 5%的土，在地下水作用下，硫酸盐会逐渐溶解流失，形成孔洞，影响土的密实性，这两种土以及杂土、垃圾土、冻土、淤泥、膨胀土等均不应作回填土。

填土应分层进行，并尽量采用同类土填筑。如果采用不同土壤填筑时，应将透水性较大的土层置于透水性较小的土层之下，以防填方内形成水囊。

回填土可分夯填和松填两种形式，可采用人工填土或机械填土两种方式。填土必须分层进行，并逐层压实。特别是机械填土，不得居高临下，不分层次，一次倾倒填筑。回填体积以“立方米”为单位计算。在5m以内取用的回填土一般称之为就地回填土。

1. 房心回填土

房心回填土系指室内地坪结构层以下不够设计标高而回填的土方，如图2-11所示，计算公式为：

$$房心回填土体积(m^3)=房心主墙间净面积\times 回填土厚度$$

式中　房心主墙间净面积——主墙指承重墙或厚度≥24cm的墙，计算中不扣除附墙垛、柱、附墙烟囱所占体积。

回填土厚度＝室外设计标高至室内地面垫层底之间的高差

＝室内外设计标高差－室内地面结构层厚度

若挖方不够回填，要根据实际情况计算取土（包括挖、运）。夯填定额是在不过筛的情况下考虑的，当设计中要求过筛时，可另行增加过筛人工。因回填土有不同的质量要求，规定要夯实为一定厚度时（如30cm夯实成20cm等）定额执行，不得另行补充计算。

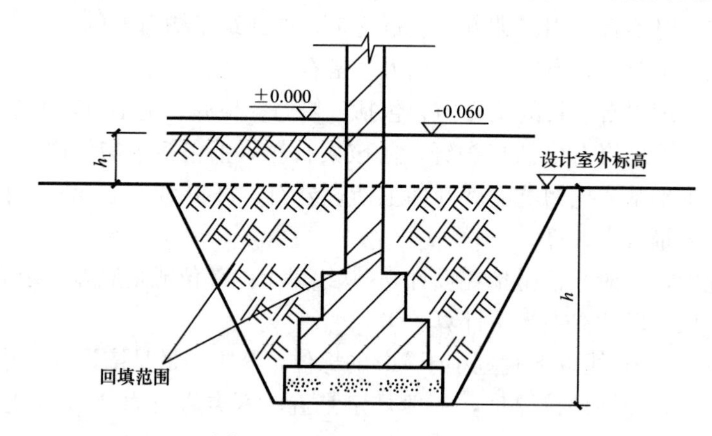

图2-11　沟槽及回填土示意图

2. 管道沟槽回填土

管道沟槽回填土工程量按下式计算：

$$管道沟槽回填土工程量=挖方量-管长\times 每米管道所占体积$$

式中每米管道所占体积可按预算定额中工程量计算规则计算，见表2-3，而当管道直径小于500mm时，不扣除管道所占体积。

管道扣除土方体积表（m^3/m）　　**表2-3**

管道名称	管道直径（mm）					
	501-600	601-800	801-1000	1001-1200	1201-1400	1401-1600
钢管	0.21	0.44	0.71			
铸铁管	0.24	0.49	0.77			
混凝土管	0.33	0.60	0.92	1.15	1.35	1.55

3. 沟槽、基坑回填土

如图2-11所示，基础回填土当基础施工结束后，要把基础周围的槽（坑）部分回填至室外地坪标高，计算公式是这样的。

沟槽（基坑）回填土体积（m^3）＝槽坑挖土体积－设计室外地坪以下埋设的砌筑体积

式中埋设的砌筑体积，包括基础垫层、柱基、墙基杯形基础、基础梁、管道基础及室内地沟的体积等。

4. 取土或余土工程量计算

取土：在回填土时，由于挖出土的土质不好或挖出的土不够回填而要由场外运入的土方量。余土：土方工程中经过挖土，砌筑基础以及各种回填土之后剩余的需要运出场外的土。

（四）大型土石方工程量的计算方法

在编制土方工程预算时，都要进行土方量的计算，在预算上划分大型土石方的意义主要是在施工取费标准与一般土石方工程不同，其他方面基本上一致。大型土石方工程比较适用于如厂区场地平整、堤坝、室外给排水管沟土方等一些独立编制单位工程预算的土石方工程。

在进行土石方工程施工前，为了制订施工方案，合理组织施工，对挖填土石方进行合理规划，前提是必须进行土方工程量的计算和土方调配，而场地设计标高的确定是场地平整和土方量计算的依据，也是总图规划和竖向设计的依据。场地设计标高的计算方法一般有两种，即“最佳设计平面法”和“挖、填土方量平衡法”。同时应对计算的设计标高进行调整，主要考虑土的可松性、泄水坡度以及其他施工中所可能遇到的情况等方面来对设计标高值进行调整。土方工程量的常用计算方法有方格网法和断面法，方格网法是利用方格网来控制整个场地，从而计算土方工程量，主要适用于地形较为平坦、面积较大的场地。利用方格网法计算土方量时可采用四角棱柱体法和三角棱柱体法。断面法多用于地形起伏较大或地形较为狭长的情况，这种方法是指沿场地的纵向成相应的方向取若干个相互平行的断面，取每场断面（包括边坡断面）划分为若干个三角形和梯形。

当根据相应的公式计算出土方工程量以后，即可进行土方调配工作。

土方调配是指对挖土的利用、堆弃和填土的取得这三者的关系进行综合协调，它是场地平整设计中的一个重要内容。目的是在使土方总运输量（$m^3 \cdot m$）最小或土方运输成本（元）最小的条件下，确定填挖方区土方的调配方向和数量，从而达到缩短工期和降低成本的目的。确定土方最优调配方案，是以线性规划为理论基础的，常用表上作业法求得，在“表上作业法”中，判别是否最优方案的方法有很多，常采用假想价格系数法来检验。

土方工程量的计算包括以下步骤：

a. 依据场地设计标高确定土方的挖、填方工程量。

b. 按不同的计算公式，分别计算出挖方或填方的工程量。

c. 调配土方以提出挖、填平衡后的土方运输量。

1. 横断面法

横断面计算方法多用于地形起伏变化比较大的地区，计算简便但精确度没有方格网高。其计算步骤如下：

① 按照地形图（或直接测量的地形图）及竖向布置图，将要计算的场地划分为若干个横断面，划分原则为垂直等高线或垂直主要建筑物边长，各横断面之间距离，按地形情况而定，变化复杂的间距要小，反之可大，但不应大于100m。

② 按照比例绘制各横断面的设计地坪与自然地坪的轮廓线，则设计地坪与自然地坪之间的断面，即为填方或挖方的断面。

③ 按照各断面图形，分别划分为若干个三角形和梯形，按常用计算公式计算出每个断面的挖方或填方断面积。

④ 按照计算的各断面积，根据相邻两断面间的距离，依次计算出土方量。计算公式为：

$$V=\frac{F_1+F_2}{2}\times L$$

式中 V——相邻两断面的土方量，m^3

F_1，F_2——相邻两断面的填或挖方断面积，m^2；

L——相邻两断面间的距离，m。

如果一个断面上既有挖方，又有填方，则需分别计算工程量，最后将各段工程量挖方分别相加汇总，即得总工程量（按挖、填分开）。

2. 方格网计算法

方格网法适用于地形比较平坦或面积比较大的项目，在进行土方工程量计算之前，将绘有等高线的现场地形图分为若干数量的方格，（或根据测绘的方格网图）方格的边长主要取决于地形变化的复杂程度及计算要求的精确度，一般为 10m、20m、30m 或 40m 等，通常采用 20m，根据每个方格角点的自然地面标高（原地形高度）和实际采用的设计标高（即施工后需达到的高度）、算出相应的角点挖、填高度（即设计标高与自然标高之差），分别标在方格的右上侧，“－”表示挖方，“＋”表示填方，然后算出每一方格的土方量，并算出场地边坡的土方量，这样即可得到整个场地的挖、填土方总量。

方格为 20m×20m，每角点有两个数据。上面为原地面标高，下面为设计标高，根据有关公式计算出每 20×20m 方格内填、挖土方量。在开始计算之前，首先计算出不填不挖的零点位置，将各方格网点的零点位置用直线连接起来，即为零线，此线则将场地土方平整划分为填、挖两个区。

土方工程量计算完成后，即可着手土方的调配，土方调配就是对挖土的利用、推弃和填土的取得三者之间的关系进行综合协调的处理。好的土方调配方案，应该是使土方运输费用达到最小，而且又能方便施工。

二、土石方工程计算实例

【例 1】 如图 2-12 所示，试求平整场地工程量（土壤类别三类土）。

【解】（1）定额工程量

按建筑物外墙外边线各加 2m，以平方米计算。

人工平整场地工程量：$[(5+0.24+4)\times(3.6+0.24+4)-1.8\times(1-0.24)\times2]m^2$

$=(9.24\times7.84-2.736)m^2=69.71m^2$

【注释】 外墙长（5＋0.24＋4），外墙宽（3.6＋0.24＋4），其中 0.24 为外墙两边两半墙的厚度，4 为建筑物外墙外边线各加 2m 的宽度，1.8×(1－0.24)×2 中间两矩形面积，其中 1.8 为中间矩形的长度，(1－0.24) 为中间矩形的宽度，2 为中间矩形的个数，其中外墙长乘以外墙宽为总面积，再减去多算的两矩形面积所得出的就是所求面积。

套全国统一基础定额 1-267。

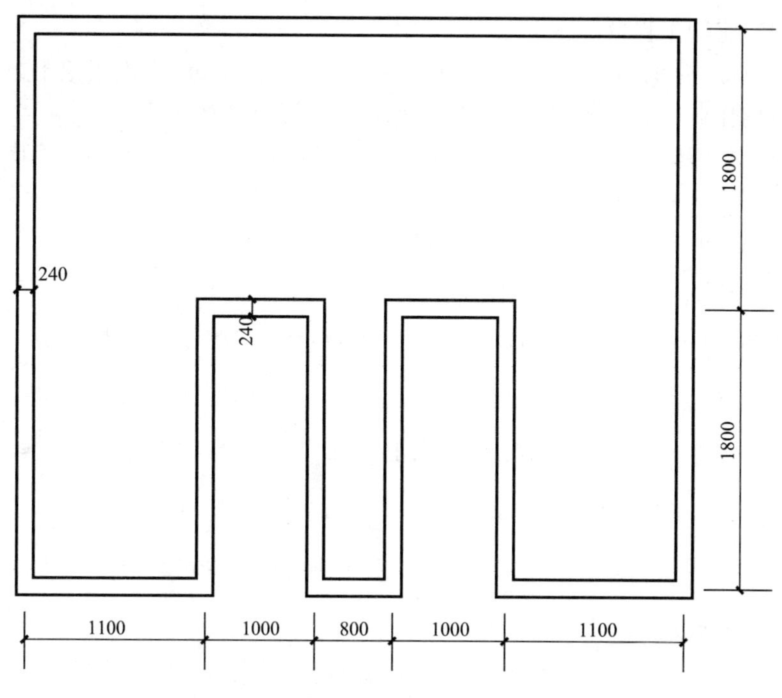

图 2-12　某工程平面图

(2) 清单工程量

按设计图示尺寸以建筑物首层面积计算：

人工平整场地工程量：[(1.1+1.0+0.8+1.0+1.1+0.24)×(1.8+1.8+0.24)−(1−0.24)×1.8×2]m² = 17.39m²

【注释】 总平整场地的面积（1.1+1.0+0.8+1.0+1.1+0.24）×（1.8+1.8+0.24），其中前面括号为水平方向建筑的长度，后边括号为建筑的竖直长度，0.24 为两边两半墙的厚度，如图所示，中间两块矩形场地面积（1−0.24）×1.8×2，其中（1−0.24）为中间矩形的宽度，1.8 为矩形的长度，2 为中间矩形的个数，前者减去后者就是所求平整场地的工程量。

清单工程量计算见表 2-4。

清单工程量计算表　　**表 2-4**

项目编码	项目名称	项目特征描述	计量单位	工程量
010101001001	平整场地	三类土	m²	17.39

【例 2】 某建筑物基础为满堂基础，基础垫层为 C20 素混凝土，垫层外围尺寸 46.8m×10.04m，垫层厚度 200mm，标高如图 2-13 所示，设计室外地坪标高 −0.65m，地下水位标高为 −3.5m，现场土壤类别为三类。计算：1）正铲挖掘机在坑下挖土方的工程量；2）假定设计室外地坪以下结构所占体积为 1850m³，试求基础回填土工程量。

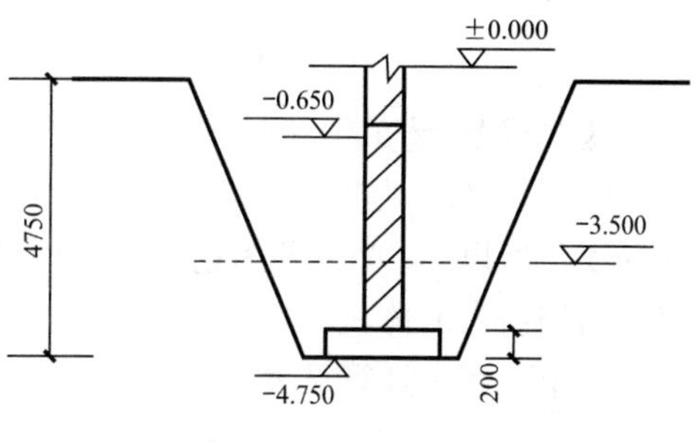

图 2-13　基础示意图

【解】 (1) 定额工程量

1) 此基础坑底面积 $S_{底}=46.8\times10.04m^2=469.9m^2>20m^2$ 为机械挖土方。因基坑较深，按机械坑内作业考虑；同时因存在地下水，干、湿土分别计算。

挖深：$H=(4.75-0.65)m=4.1m>1.5m$，考虑放坡，k 取 0.25。工作面宽度 c 取 200mm。

挖湿土深度：$h_1=(4.75-3.50)m=1.25m$

挖干土深度：$h_2=(3.50-0.65)m=2.85m$

挖土总体积：$V_{总}=[(a+2c+KH)(b+2c+kH)H+\frac{1}{3}k^2H^3]\times(1+8\%)$

$$=[(46.8+2\times0.2+0.25\times4.1)\times(10.04+2\times0.2+0.25\times4.1)\times4.1+\frac{1}{3}\times0.25^2\times4.1^3]\times[1+8\%(\text{坡道土方量})]m^3=2449.8m^3$$

$$V_{湿土}=[(46.8+2\times0.2+0.25\times1.25)\times(10.04+2\times0.2+0.25\times1.25)\times1.25+\frac{1}{3}\times0.25^2\times1.25^3]\times1.08m^3=689.73m^3$$

套全国统一基础定额 1-148。

$$V_{干土}=(2449.8-689.73)m^3=1760.07m^3$$

套全国统一基础定额 1-148。

2)回填土工程量

$$V_{回填}=V_{总}-V_{结占}=(2449.8-1850)m^3=599.8m^3$$

套全国统一基础定额 1-121。

【注释】 标高 3.50 是干湿土的划分点，挖土总体积：[（垫层长度 46.8+工作面宽 2×0.2+放坡系数乘以挖土深度 0.25×4.1)×(宽度 10.04+2×0.2+0.25×4.1)×4.1，1+8%（坡道土方量)]，挖湿土算法同上，干土的体积就是总挖土体积减去湿土体积，最后回填土体积为总挖土体积减去基础体积。

(2) 清单工程量

1) 挖土方工程量

$$V_{总}=46.8\times10.04\times4.1m^3=1926.48m^3$$

$$V_{湿土}=46.8\times10.04\times1.25m^3=587.34m^3$$

$$V_{干土}=V_{总}-V_{湿土}=1926.48-587.34m^3=1339.14m^3$$

2) 回填土工程量

$$V_{回填}=(1926.48-1850)m^3=76.48m^3$$

【注释】 清单中基础不考虑放坡，算法比较简单，总挖土体积减去基础体积所得回填土体积。46.8 为垫层的长度，10.04 为垫层的宽度，4.1 为挖土的深度，1.25 为挖湿土的深度，所以，1926.48 为挖土方的总体积，587.34 为挖湿土的体积，1850 为室外地坪以下结构所占的体积

清单工程量计算见表 2-5。

清单工程量计算表 **表 2-5**

序号	项目编码	项目名称	项目特征描述	计量单位	工程量
1	010101002001	挖一般土方	三类土	m^3	1339.14
2	010103001001	回填方	三类土	m^3	76.48

第二节　地基处理与边坡支护工程和桩基工程

一、概论

（一）地基处理与边坡支护工程

地基处理一般是指用于改善支承建筑物的地基（土或岩石）的承载能力，改善其变形性能或抗渗能力所采取的工程技术措施。

常用的地基处理方法有：换填垫层法、强夯法、砂石桩法、振冲法、水泥土搅拌法、高压喷射注浆法、预压法、夯实水泥土桩法、水泥粉煤灰碎石桩法、石灰桩法、灰土挤密桩法和土挤密桩法、柱锤冲扩桩法、单液硅化法和碱液法等。

边坡支护为保证边坡及其环境的安全，对边坡采取的支挡、加固与防护措施。

常用的支护结构型式有：重力式挡墙；扶壁式挡墙；悬臂式支护；板肋式或格构式锚杆挡墙支护；排桩式锚杆挡墙支护；锚喷支护和坡率法。

（二）桩的作用、种类及预算定额项目划分

桩的作用在于将上部建筑结构的载重传递到深处承载力较大的土层或岩层上，或者使软土层挤实，以提高土壤的承载力和密实度，保证建筑物的稳定和减少其沉降量。当上部结构重量很大，而软弱土层又较厚时，采用桩基施工，可以省去大量土方、支撑和排水降水设施，一般均能获得良好的经济效果，尤其是改革开放的今天，高层建筑逐渐增多，各种不同类型的桩在建筑工程中得到广泛的应用。

根据桩在土壤中工作的性质，桩可分为端承桩和摩擦桩两种。在竖向荷载作用下，桩顶荷载全部或主要由桩端土来承担，桩侧阻力相对于桩端阻力而言较小，或可忽略不计，这种桩称为端承型桩。相反，在竖向荷载作用下，桩顶荷载全部或主要由桩侧力承担，这种桩称为摩擦型桩。如图 2-14 所示。

按桩的制作方式分为预制桩和灌注桩两类。预制桩是指将先制成的桩以不同的沉桩方式，（设备）沉入地基内，达到所需要的深度。预制桩的优点是可大量工厂化生产、施工速度快，但同时又有明显地排土作用，应考虑对邻近结构的影响，在运输、吊装、沉桩过程中应注意避免损坏桩身。预制桩根据沉入土中的方法，可分打入法和静力压桩法等。灌注桩是现场地基钻孔，然后浇注混凝土而形成的桩。与预制桩相比，它具有的优点是：①不必考虑运输、吊桩和沉桩过程中对桩产生的内力；②桩长可根据土层的实际情况进行调整，不存在吊运、沉桩、接桩等工序，施工简单；无振动和噪声。灌注桩施工方法不同，有钻孔灌注桩法和打孔管灌注桩法等。

按桩的横断面分，有圆桩、方桩等。

按桩的材料可分为灰土桩、砂桩、木桩、钢筋混凝土桩、钢管桩、板桩等。

按桩使用的功能分类，桩可分为竖向抗压桩、竖向抗拉桩、水平受荷桩及复合受荷桩。

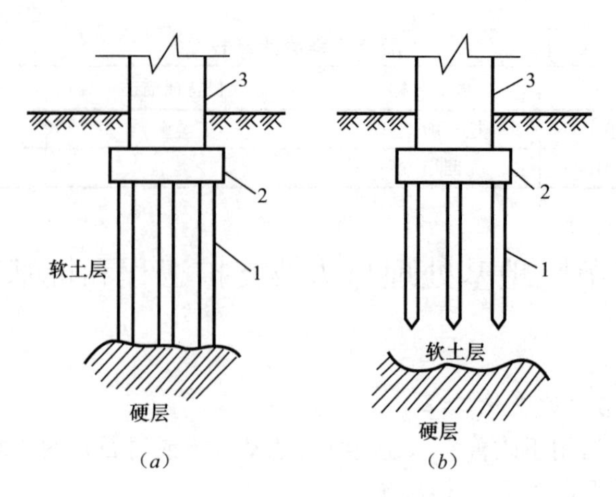

图 2-14　桩示意图

(a) 端承桩；(b) 摩擦桩

1—桩；2—承台；3—上部结构

按桩的作用可分为承受上部结构传递的荷载，起支承作用和改善桩周围上的承载力；起地基加固作用，使建筑物建在复合地基，提高地基承载力。

（三）打桩工程中需明确的几个概念

1. 打试桩

打试桩主要是了解桩的贯入深度、持力层的强度、桩的承载力，以及施工过程中遇到的各种问题和反常情况等，没有打过桩的地方先打试桩是必要的，通过实践来校核拟定的设计，确定打桩方案，保证质量措施和打桩技术要求，因此试桩必须细致地进行。根据在附近钻孔资料，选择桩位以能代表工程所处的地质条件的场地，试桩和工程桩的各方面条件均应力求一致。要做好施工详细记录，画出各土层的深度，打入各土层的锤击次数（振动时间），最后精确地测量贯入度等。打试桩的目的还为了做桩的静荷载试验。

2. 接桩

由于桩身过长对桩的起吊和运输等操作都会带来很多不便，因此一般钢筋混凝土预制桩都不超过 30m 长，当基础需要的桩长大于 30m 时，一般采用接桩措施，即先将桩分段预制，打桩时先把第一段打到地面附近，然后利用一些技术措施，把第二段与第一段连接牢固后，继续向下打入土中。混凝土桩的接桩有焊接、法兰接以及硫磺胶泥锚接三种方法。目前焊接接桩应用最多。接桩的预埋铁件表面应清洁，应先将四角点焊固定，然后对称焊接。硫磺胶泥错接仅适用于软土层，且对一级建筑桩基或承受拔力的桩应谨慎选择。此外，硫磺胶泥错接对抗震不利。接桩时要注意新接桩节与原桩节的轴线一致，两施焊面上的泥土、油污、铁锈等要预先清涮干净。钢桩焊接时气温低于 0℃或雨雪天，应采取可靠措施，否则不能进行焊接施工。焊接时应清除焊接处的浮锈、油污等脏物，桩顶经锤击变形部分应割除、焊接应对称进行，接头焊接完成后应冷却 1min 后方可继续锤击。

3. 送桩

在打桩过程中，由于施工需要或其他原因，往往要求将桩顶面打到低于桩架操作台以下，或打入自然地面以下，此时就不能用桩锤直接操作，而需要另用一根“冲桩”（亦称送桩）接到该桩顶以传递桩锤的力量，使桩锤将桩打到要求的位置，然后将“冲桩”去掉，这一过程称为送桩。

接桩和送桩均是针对预制钢筋混凝土桩而言。如用送桩法将桩送入土中时，桩与送桩的纵轴线应在同一直线上，送桩拔出后，桩孔应及时回填或加盖。

接桩和送桩施工程序如图 2-15 所示：

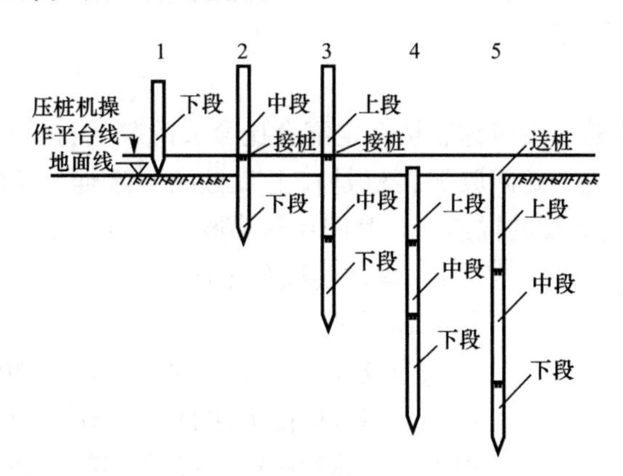

图 2-15　压入沉桩施工程序图

4. 现场灌注混凝土桩

将预制钢筋混凝土桩尖先埋在打桩位置上，然后在其上套钢管打入土中至设计深度，随即将拌好的混凝土浇灌到钢管内，灌到需要量时立即拔出钢管。也可在浇灌混凝土前，先放入事先扎好的圆形钢筋笼，而后再浇混凝土拔钢管。这种在现场打桩灌注而成的混凝土桩，叫现场灌注混凝土桩，简称为灌注桩。

按其成孔方式的不同，可分为钻孔灌注桩和沉管灌注桩，人工挖孔灌注桩、爆扩灌注桩等，灌注桩与预制桩相比具有能适应各种地层的变化，无需接桩，施工时无振动、无挤土、噪声小、挤土影响小，桩型单独承载力大，用钢量小，设计变化自如等特点。宜在建筑物密集地区使用。但与预制桩机相比，存在质量不易控制，操作要求严格，桩的养护需占工期，成孔时有大量土渣泥浆抽出等缺点。

5. 扩大灌注桩（复打法）

复打灌注混凝土桩是在第一次打完并将混凝土灌筑到桩顶设计标高，拔出桩管后，清除管外壁上的污泥和桩孔周围地面上的浮土，立即在原桩位再埋桩尖作第二沉桩管，使未凝固的混凝土向四周挤压扩大桩径，然后再浇灌第二次混凝土。拔管方法与初打法相同。施工时要注意：桩管每次打入时，其纵轴线应重合，必须在第一次浇灌的混凝土初凝时间以前完成扩大浇灌第二次混凝土的工作。复打桩每次多用一个桩尖，事前应有准备，编制预算时应予考虑。

6. 爆扩桩

用钻孔或爆扩法成孔，首先孔底放入适量炸药，再灌入适量的混凝土，然后引爆，使孔底形成扩大头。随后孔内混凝土落入孔底空腔内，再放置钢筋骨架，浇灌桩身混凝土，制成灌柱桩，以提高地基的承载能力。爆扩桩在黏性土层中使用效果较好，软土及砂土中不易成型。

7. 砂桩

先沉管打孔，在向上拔桩管的同时，向桩孔中灌砂并加水，振实，使砂子充灌桩孔，形成砂桩。砂桩适用于淤泥质地基。施工机械可采用轨道式柴油打桩机，振动打拔桩机以及冲击沉管式柴油打桩机等。

8. 板桩

板桩形如板状，拼接面留有企口槽，打桩时一块接一块地沿槽榫打下，形成地下墙板，它适用于挖土较深、土质较差或地下水位较高的地基，作为抵御深槽（坑）壁坍塌的围护结构。

9. 硫磺胶泥接桩

是用硫磺粉、石英粉、聚硫橡胶按一定配合比合成的胶泥材料涂在接头面上粘接的一种方式，亦称浆锚法接桩。硫磺胶泥接桩是在上节桩的下端伸出 $\phi22 \sim \phi25$ 钢筋，下节桩的上端预留 $\phi56 \sim \phi60$ 内螺纹的锚筋孔，其间用硫磺胶泥予以胶结。

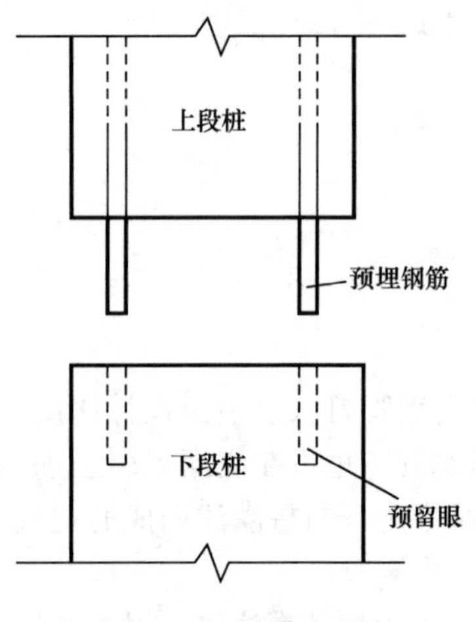

图 2-16　硫磺胶泥接桩

（四）接桩和送桩

1. 接桩

当设计基础需要的桩长大于 30m 时，桩就要分段预制，采用接桩的方法打桩，即打桩时先将第一段桩打至地面附近。然后把第二段桩与第一段桩连接起来，再继续向下打，接桩的方法一般有两种：

1）硫磺胶泥接桩法。此法适用于软土层，是将上节桩末端的预留伸出锚筋（一般 4 根），插入下段桩上端预留的 4 个锚筋孔内，其接头面灌入硫磺胶泥粘剂，黏结两端，如图 2-16 所示。

2）电焊接桩法：此法适用于各类土层，是将上一段桩末端的预埋铁件，与下一段桩顶端的帽盖用电焊法接牢。

接桩在 2013 版清单中不再另行列项，并入了预制钢筋混凝土方桩、预制钢筋混凝土管桩、钢管桩清单项目中。

2. 送桩

为将桩顶打至地面或水面以下，套接在桩顶上传递锤击力的长替打。

送桩在 2013 版清单中包含在预制钢筋混凝土方桩、预制钢筋混凝土管桩、钢管桩清单项目中。

二、桩基工程计算实例

【例 3】 如图 2-17 所示，混凝土预制桩为 36 根，土质为二级土，采用履带式柴油打桩，试求该工程图示打桩工程量。

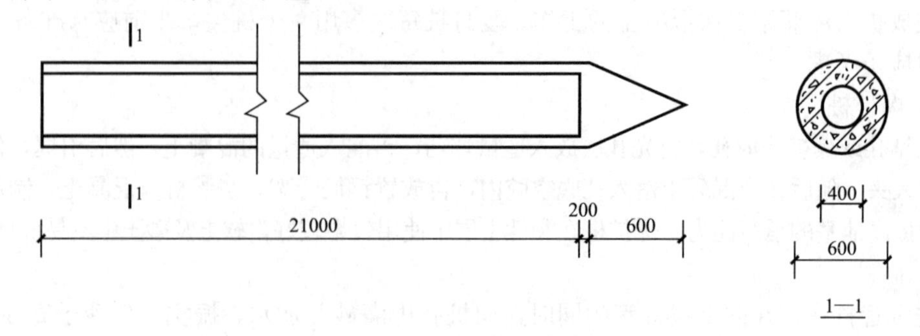

图 2-17　预制空心桩图

【解】（1）定额工程量

单根管桩体积：$V=\frac{\pi}{4}(D^2L_1-d^2L_2)$

式中　D——管桩外径；

d——管桩内径；

L_1——设计桩长，包括桩尖长度；

L_2——管桩空心部分设计长度。

工程量：$\frac{\pi}{4}\times[0.6\times0.6\times21.8-0.4\times0.4\times21]\times36m^3=126.91m^3$

履带式柴油机打预制管桩桩长为21.8m，套全国统一基础定额2-20。

【注释】0.6为管桩的外径，21.8为设计桩长，0.4为管桩的内径，21为管桩空心部分的设计长度，36为混凝土预制桩的根数。

（2）清单工程量

工程量：$(21+0.8)\times36m=784.80m$

或工程量＝36根

【注释】清单中混凝土桩工程量可以按长度计算，也可以按根数计算。不过计量单位必须与工程量保持一致。21为管桩空心部分的设计长度，0.8为桩尖的长度，36为预制桩的根数。

清单工程量计算见表2-6。

清单工程量计算表　　表2-6

项目编码	项目名称	项目特征描述	计量单位	工程量
010301002001	预制钢筋混凝土管桩	土质为二级土，混凝土预制桩为36根	m	784.80

【例4】如图2-18所示，某桩基础采用人工挖孔扩底灌注桩，共计128根，试求人工挖孔扩底混凝土桩工程量。

【解】（1）定额工程量

由图2-18知，计算可分为5个圆台，1个扩大圆台，1个圆柱，一个球缺，需分别计算其体积再叠加。

圆台体积：$V_1=\frac{\pi h}{3}(R_{上}^2+R_{下}^2+R_{上}\times R_{下})n=\frac{1.2}{3}\times3.1416\times(0.4^2+0.6^2+0.4\times0.6)\times5m^3=4.78m^3$

【注释】1.2为圆台的高度，0.4为上口的半径，0.6为下口的半径，5为圆台的个数。

扩大圆台体积：$V_2=\frac{\pi h}{3}\times(R_{上}^2+R_{下}^2+R_{上}\times R_{下})n=\frac{1}{3}\times3.1416\times1.5\times(0.6^2+0.9^2+0.6\times0.9)m^3=2.69m^3$

【注释】1.5为扩大圆台的高度，0.6为上口的半径，0.9为下口的半径。

圆柱体积：$V_3=\pi R^2h=\pi\times0.9^2\times0.4m^3=1.02m^3$

【注释】0.9为圆柱的半径，0.4为圆柱的高度。

球缺体积：$V_4=\frac{1}{6}\pi h(3a^2+h^2)=\frac{1}{6}\times3.1416\times0.3\times(3\times0.9^2+0.3^2)m^3=0.40m^3$

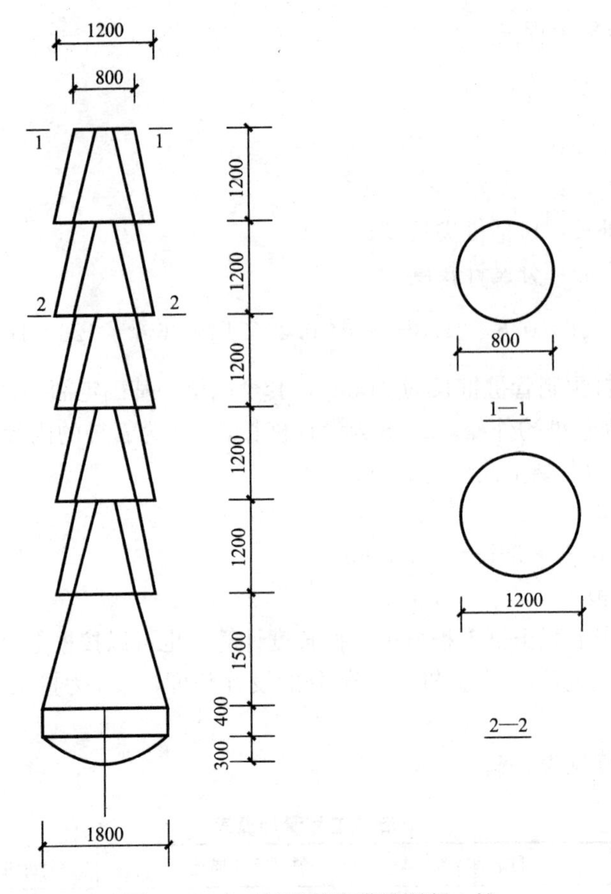

图 2-18　人工挖孔扩底灌注混凝土桩

工程量：$V=\Sigma V_i\times$根数$=(4.78+2.69+1.02+0.40)\times128\text{m}^3=1137.92\text{m}^3$

【注释】 0.3 为圆缺的高度，4.78 为圆台的体积，2.69 为扩大圆台的体积，1.02 为圆柱的体积，0.40 为圆缺的体积，128 为灌注桩的根数。

人工挖孔桩，套全国统一基础定额 1-25。

(2) 清单工程量

工程量$=(1.2\times5+1.5+0.4+0.3)\times128\text{m}=1049.60\text{m}$

或工程量=128 根

【注释】 1.2 为圆台的高度，5 为个数，1.5 为扩大圆台的高度，0.4 为圆柱的高度，0.3 为圆缺的高度，128 为灌注桩的根数。

清单工程量计算见表 2-7。

清单工程量计算表　　　　**表 2-7**

项目编码	项目名称	项目特征描述	计量单位	工程量
010302005001	人工挖孔灌注桩	人工挖孔扩底灌注桩 128 根	m	1049.60

【例 5】 某工程建在湿陷性黄土上，设计采用冲击沉管挤密灌注粉煤灰混凝土短桩加固地基，如图 2-19 所示，设计打桩 1200 根，试求其工程量。

【解】 (1) 定额工程量：

灰土挤密桩的工程量按其体积计算：

$$工程量=\frac{\pi}{4}d^2hn=\frac{1}{4}\times 3.1416\times 0.3^2\times (6.5+0.5)\times 1200m^3=593.76m^3$$

灰土挤密桩，桩长 7m，套全国统一基础定额 2-119。

【注释】 0.3 为灰土挤密桩的直径，(6.5+0.5) 为桩的长度，1200 为打桩的根数。

(2) 清单工程量：

$$工程量=(6.5+0.5)\times 1200m=8400m$$

【注释】 清单中，打灰土挤密桩工程量按总长度计算。(6.5+0.5) 为桩的长度，1200 为桩的根数。

清单工程量计算见表 2-8。

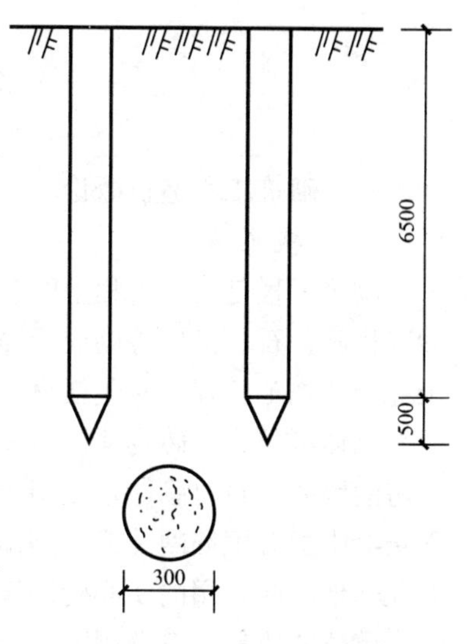

图 2-19　灰土挤密桩示意图

清单工程量计算表　　**表 2-8**

项目编码	项目名称	项目特征描述	计量单位	工程量
010302002001	沉管灌注桩	打桩 1200 根	m	8400.00

【例 6】 某建筑物地基天然承载力不足，设计采用高压旋喷桩加固地基，如图 2-20 所示，基坑底标高 −2.40m，桩顶端设有 200mm 的素混凝土垫层，试求 480 根高压旋喷桩的工程量。

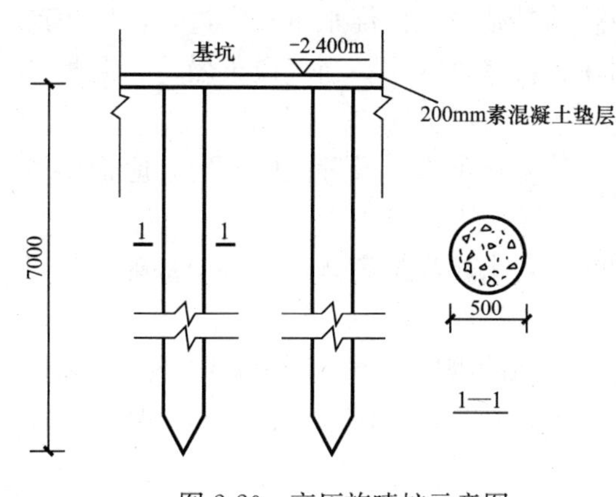

图 2-20　高压旋喷桩示意图

【解】 (1) 定额工程量

$$工程量=\frac{1}{4}\times 3.1416\times 0.5^2\times 7.0\times 480m^3=659.74m^3$$

【注释】 按公式$\frac{\pi}{4}d^2hn$计算。0.5 为桩的直径，7.0 为桩的长度，480 为桩的根数。

(2) 清单工程量：

$$工程量=7\times 480m=3360m$$

【注释】 清单中，旋喷桩工程量按总长度计算。7 为桩长，480 为桩根数。

清单工程量计算见表 2-9。

清单工程量计算表　　**表 2-9**

项目编码	项目名称	项目特征描述	计量单位	工程量
010302003001	干作业成孔灌注桩	高压旋喷桩 480 根	m	3360.00

第三节　砌 筑 工 程

一、砌筑工程造价概论

（一）概述

砌筑工程是建筑工程中的一个主要分部工程，是指砖、石和各类砌块的砌筑即用砌筑砂浆将砖、石、砌块等砌成所需物体，如基础、墙体、柱及其他零星砌体。砌筑工程是一个综合的施工工程，它包括材料运输、砂浆的组制、脚手架的搭设和砖石的砌筑等。

砌体可分为：砖砌体，主要有墙和柱，砌块砌体；多用于定型设计的民用房屋及工业厂房的墙体；石材砌体，多用于带形基础、挡土墙及某些墙体结构；配筋砌体，在砌体水平灰缝中配置钢筋网片或在砌体外部的预留槽沟内设置竖向粗钢筋的组合砌体。此外，还有在非地震区采用的实心砖砌筑的空斗墙砌体。

砌体的质量应符合国家现行的有关标准，还必须有良好的砌筑质量，以使砌体有良好的整体性，稳定性和良好的受力性能，一般要求灰缝横平竖直，砂浆饱满，厚薄均匀，砌块应上下错缝，内外搭砌，接槎牢固，墙面垂直；要预防不均匀沉降引起开裂；要注意施工中墙、柱的稳定性；冬季施工时还要采取相应的措施。

常温下砌砖在砌筑前1～2d应浇水润湿，普通黏土砖、多孔砖的含水率宜控制在10%～15%；对灰砂砖、粉煤灰砖含水率在8%～10%为宜。干燥的砖在砌筑后会过多地吸收砂浆中的水分而影响砂浆中的水泥水化，降低其与砖的黏结力。但浇水也不宜过多，以免产生砌体走样或滑动。混凝土砌块的含水率宜控制在其自然含水率。当气候干燥时，混凝土砌块及石料亦可先喷水润湿。

砌筑砂浆有水泥砂浆、石灰砂浆和混合砂浆。砂浆种类选择及等级的确定，应根据设计要求。

水泥砂浆和混合砂浆可用于砌筑潮湿环境和强度要求较高的砌体，但对于基础一般只用水泥砂浆。

石灰砂浆宜用于砌筑干燥环境中以及强度要求不高的砌体，不宜用于潮湿环境的砌体及基础，因为石灰属气硬性胶凝材料，在潮湿环境中，石灰膏不但难以结硬，而且会出现溶解流散现象。

砂浆用砂宜选用中砂，并不得含有草根等杂物，砂在使用前应过筛。砂的含泥量的水泥砂浆及强度等级大于等于M5的水泥混合砂浆，不应超过5%；对强度等级小于M5的水泥混合砂浆不应超过10%。

制备混合砂浆和石灰砂浆用的石灰膏，应经筛网过滤并在化灰池中熟化时间不少于7d，严禁使用脱水硬化的石灰膏。

砂浆的拌制一般用砂浆搅拌机，要求拌和均匀。为改善砂浆的保水性可掺入黏土、电石膏、粉煤灰等塑化剂。砂浆应随拌随用。如砂浆出现泌水现象，应再次拌和。水泥砂浆和混合砂浆必须分别在搅拌后3h和4h内使用完毕，如气温在30℃以上，则必须分别在2h和3h内用完。

砂浆的稠度的选择主要根据墙体材料、砌筑部位及气候条件而定。普通砖砌体的砂浆的稠度宜为70～90mm；普通砖平拱过梁、空斗墙、空心砌体宜为50～70mm；多孔砖、空心砖砌体宜为60～80mm；石砌体宜为30～50mm。

定额中标准砖规格尺寸为240mm×115mm×53mm，这是考虑了10mm灰缝后各成倍数的关系。例如：四个砖长各加灰缝宽度10mm正好是1m长，八个砖宽各加灰缝宽度10mm也正好1m宽。其他材料规格分别为：

加气混凝土块：600mm×240mm×150mm

空心砌块：390mm×190mm×190mm

190mm×190mm×190mm

90mm×190mm×190mm

硅酸盐砌块：880mm×430mm×240mm

580mm×430mm×240mm

430mm×430mm×240mm

280mm×430mm×240mm

方整石：砌柱时450mm×220mm×200mm

砌墙时400mm×220mm×200mm

条石：1000mm×300mm×300mm

料石：1000mm×400mm×200mm

（二）基础工程

1. 基础的类型和构造

砖基础：是由基础墙及大放脚组成，其剖面一般都做成阶梯形，这个阶梯形通常叫作大放脚。大放脚从垫层上开始砌筑，为保证其刚度，应采用等高式和间隔式两种形式。等高式大放脚是砌两皮砖两边各收进1/4砖长；间隔式大放脚是两皮砖一收与一皮砖一收相间隔，两边各收进1/4砖长。由于基础埋在土中经常受潮，考虑到房屋的耐久性，基础需采用不低于MU7.5的标准砖及不低于M5的水泥砂浆砌筑。砖基础一般用于荷载不大，基础宽度小、土质较好、地下水位较低的基础上。

毛石基础：毛石基础剖面形状有阶梯形和梯形。每阶高度一般为300～400mm，块石应竖砌、错缝、缝内砂浆应饱满。在产石地区就地取材，多用石基础，由于毛石尺寸较大，为了便于砌筑和保证结构质量，基础厚度一般不小于400mm。

2. 基础的断面形式

砖石工程的基础多为柱下的独立基础和砖石墙下带形基础，独立基础是柱基础的基本形式，带形基础通常是指其长度大于高度和宽度的基础，这两种基础的断面形式是一致的。

基础的断面是台阶形的，由于砖尺寸的限制，砖台阶每级的宽度每边砌出62.5mm，每级的高度为63mm或126mm。石砌基础的宽度，由于石料规格限制，每级每边砌出尺寸不小于100mm，每级高度不小于150mm。

3. 基础与墙、柱的划分

（1）砖基础与墙、柱的划分：

1）有防潮层者，以防潮层为界。

2）无防潮层者，以室内地坪为界。有的地区规定无论有无防潮层均以室内地坪为界，还有的地区规定以室外地坪为界。界下为基础，界上为墙、柱。

3）基础与墙（柱）身使用同一种材料时，以设计室内地面为界（有地下室者，以地下室室内设计地面为界），以下为基础，以上为墙（柱）身。

4）基础与墙身使用不同材料时，位于设计室内地面±300mm 以内时，以不同材料为分界线，超过±300mm 时，以设计室内地面为分界线。

（2）毛石基础与墙身的划分：

1）内墙以室内地坪为界。

2）外墙以室外地坪为界。界下为基础，界上为墙。

3）条石基础与勒足、墙身的划分：条石基础与勒足以设计室外地坪为界，勒脚与墙身以设计室内地坪为界，如图 2-21 所示。

4）砖基础与砖围墙的划分：以室外地坪为界。界下为基础、界上为围墙。

5）石基础与石围墙的划分：①围墙内外地坪标高相同时，以地坪标高为界，界下为石基础，界上为石围墙；②围墙内外地坪标高不同时，较低标高以下为石基础，较高标高以上为石围墙，内外标高之差部分为挡土墙，如图 2-22 所示。

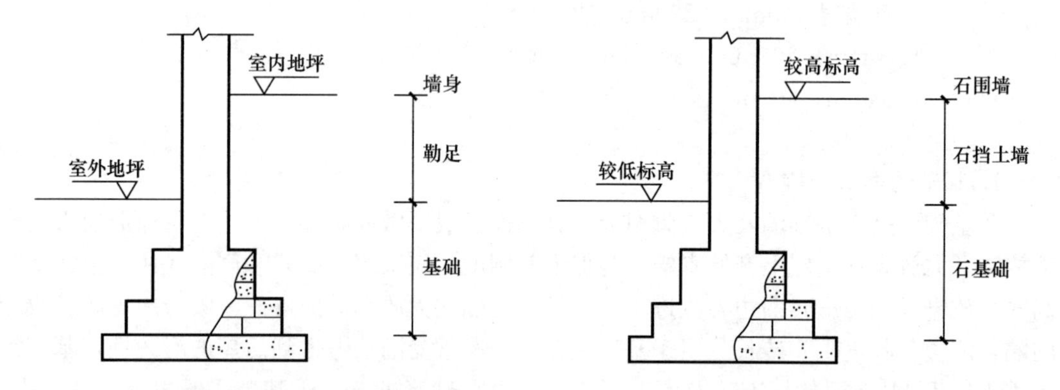

图 2-21　条石基础与勒足的墙身划分示意图　　图 2-22　石基础与挡土墙及围墙划分示意图

注：本处与以往定额比较，修改了两点，即

（1）以往定额柱身与柱基同一种材料不分开，套用一个定额。而现定额规定分开计算，以便与砖石墙体统一口径。

（2）基础与墙身使用不同材料时，其接触面离室内地面的高差不大（即±300mm 以内）者，以不同材料接触面为分界线，这样就简便了工程量的计算。当不同材料接触面离室内地面高差较大（即超过±300mm）时，以室内地面为分界线，这与以往定额精神一致。

4. 基础工程量计算

（1）带形基础工程量

砖石基础均按图示尺寸以立方米计算。

砖石基础长度：外墙墙基按外墙中心线长度计算；内墙墙基按内墙净长计算。

砖石基础中嵌入的钢筋、铁件、管子、基础防潮层、单个面积在 0.3m^2 以内的孔洞、以及砖石基础大放脚的 T 形接头重复计算部分如图 2-23 所示，均不扣除。但靠墙暖气沟的挑砖、石基础洞口上的砖平碹亦不另行计算。

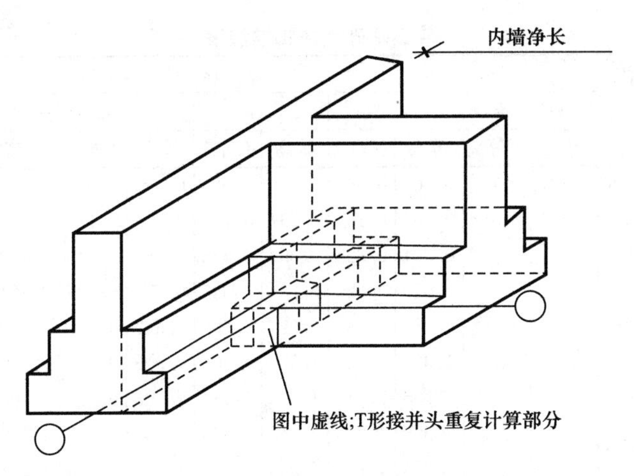

图 2-23　砖基础 T 形接头示意图

带形基础工程量计算公式：

$$V_{带} = \Sigma(LS_{断})$$

式中　$V_{带}$——带形基础工程量；

L——砖石基础的墙长；

$S_{断}$——砖石基础的断面面积。

砖基础断面积 $S_{断}$：如图 2-24、图 2-25 所示。

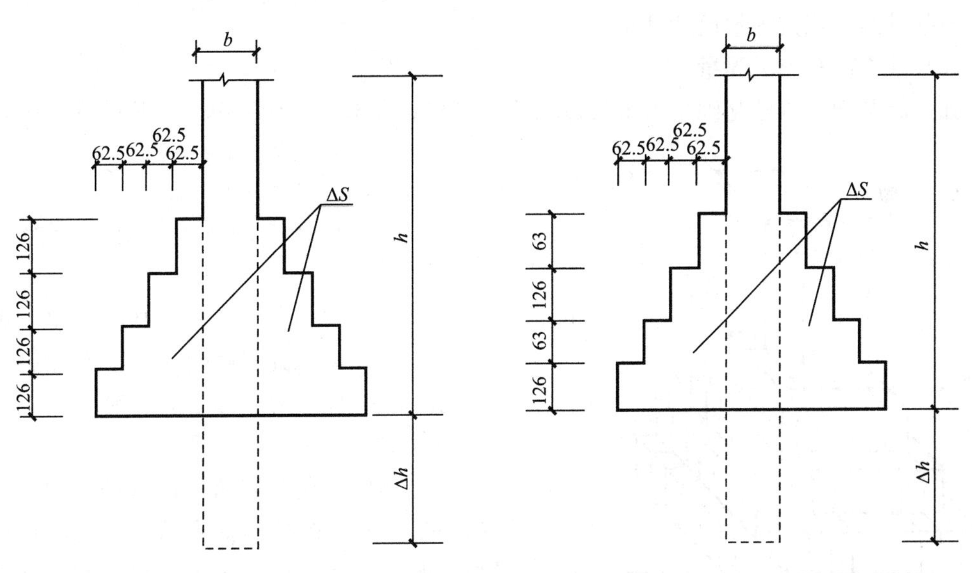

图 2-24　等高式砖基础断面图　　　图 2-25　不等高式砖基础断面图

$$S_{断} = hb + \Delta S_{断} \text{ 或 } = (h + \Delta h)b$$

式中　h——基础墙高；

b——基础墙厚；

ΔS——大放脚增加面积（可查表求得，见表 2-10）；

Δh——大放脚折加高度（可查表求得，见表 2-10）。

砖墙基础大放脚增加表 **表 2-10**

放脚层数 (n)	增加断面积 (m^2) $\Delta S_{断}$		基础墙厚											
			1/2 砖		3/4 砖		1 砖		$1^1/_2$ 砖		2 砖		$2^1/_2$ 砖	
	等高	不等高	等高	不等高	等高	不等高	等高	不等高	等高	不等高	等高	不等高	等高	不等高
一	0.01575	0.01575	0.137	0.137	0.066	0.066	0.066	0.066	0.043	0.043	0.032	0.032	0.026	0.026
二	0.04725	0.03938	0.411	0.342	0.197	0.164	0.197	0.164	0.129	0.108	0.096	0.08	0.077	0.064
三	0.0945	0.07875			0.394	0.328	0.398	0.328	0.259	0.216	0.193	0.161	0.154	0.128
四	0.1575	0.126			0.656	0.525	0.651	0.525	0.432	0.345	0.321	0.253	0.256	0.205
五	0.2363	0.189			0.984	0.788	0.984	0.788	0.647	0.518	0.482	0.380	0.384	0.307
六	0.3308	0.2599			1.378	1.083	1.378	1.083	0.906	0.712	0.672	0.58	0.538	0.419
七	0.4410	0.3465			1.838	1.444	1.838	1.444	1.208	0.949	0.900	0.707	0.717	0.563
八	0.5670	0.4410			2.363	1.838	2.363	1.838	1.553	1.208	1.157	0.90	0.922	0.717
九	0.7088	0.5513			2.953	2.297	2.953	2.297	1.942	1.510	1.447	1.125	1.153	0.896
十	0.8663	0.6694			3.610	2.789	3.61	2.789	2.372	1.834	1.768	1.366	1.409	1.088

注：1. 等高式放脚：每层放脚高度为 (53+10)×2=126mm，放脚宽度为$\frac{1}{4}(240+10)=62.5$mm，增加断面积 $\Delta S_{断}=0.007875n(n+1)$。

2. 不等高式（即间隔式）放脚：放脚高度为 (53+10)×2=126mm 和 53+10=63mm 相间隔。放脚宽度为 $\frac{1}{4}\times(240+10)=62.5$mm。增加断面积 $\Delta S_{断}=0.00196875\left(3n^2+4n+\left|\sin\frac{n\pi}{2}\right|\right)$。

3. 大放脚折加高度 $\Delta h=\frac{\Delta S_{断}}{墙厚}$，如图 2-25、图 2-26 所示。

石基础断面积按图示尺寸计算。

(2) 独立砖基础工程量

独立砖基础（砖柱基础）的工程量按体积以“立方米”为计量单位。其计算公式为：

$$V_{柱}=abh+\Delta V_{放}$$

式中 $V_{柱}$——柱基工程量；

a、b——基础柱断面长、宽，如图 2-26 所示；

h——基础柱高度，即基础垫层上表面至基础与柱的分界线的高度；

$\Delta V_{放}$——柱基大放脚增加体积。

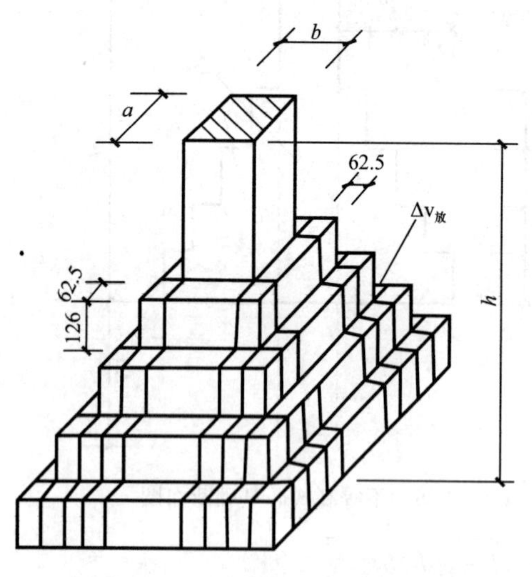

图 2-26 等高式砖柱基础示意图

（三）墙体工程

1. 墙体依其在房屋所处位置的不同，有内墙和外墙之分；按结构受力情况不同，有承重墙和非承重墙之分；按所用材料不同，可分为砖墙、石墙、土墙及混凝土墙等；按构造和施工方式的不同，有叠砌式墙、版筑墙和装配式墙之分。叠砌式墙包括实砌砖墙、空斗墙和砌块墙等。

根据墙体所处的位置和功能的不同，设计时应满足以下要求。

(1) 具有足够的强度和稳定性

墙体的强度与所用材料有关。如砖墙则与砖、砂浆强度等级有关；混凝土墙也与混凝土的强度等级有关。同时根据强度确定墙体厚度。

墙体的稳定性与墙的长度、高度、厚度以及纵、横向墙体间的距离有关。当墙身高度、长度确定后，通常可通过增加墙体厚度、提高墙体材料强度等级、增设墙垛、壁柱、圈梁等办法增加墙体稳定性。

（2）具有必要的保温、隔热等方面的性能

作为围护结构的外墙，对热工的要求十分重要。

北方寒冷地区要求围护结构具有较好的保温能力，以减少室内热损失。同时还应防止在围护结构内表面和保温材料内部出现凝聚水现象。

对南方地区为防止夏季室内温度过热，除布置上考虑朝向、通风外，作为围护结构须具有一定隔热性能。

（3）应满足防火要求

作为墙体材料及墙身厚度，都应符合防火规范中相应燃烧性能和耐火极限的规定。为截断防火区域，防止火灾蔓延，必须设置防火墙。

（4）应满足隔声要求

作为房间的围护构件的墙体，必须具有足够隔声能力，以符合有关隔声标准的要求。

此外，作为墙体还应考虑防潮、防水、经济等方面的要求。

墙体在建筑中的作用有以下四点：

1）承受房屋的屋顶、楼层、人和设备的荷载，以及墙体自重、风荷载、地震荷载等，这是承重作用。

2）抵御自然界风、雪、雨等的侵袭，防止太阳辐射的噪声的干扰等，这是围护作用。

3）墙体可以把房间分隔成若干个小空间或小房间，这是分隔作用。

4）墙体还是建筑装修的重要部分，墙面装修对整个建筑物的装修效果作用很大，这是装饰作用。

2. 墙的有关概念及形式

（1）空斗墙

要用标准砖砌筑，一般采用斗砖砌和卧砖砌的方法，在建筑工程中，通常对侧砌的砖叫做斗砖，平砌的砖叫做卧砖，空斗砖墙的砌法可分为两种：一种叫有卧空斗墙，是用顶斗砖和顺斗砖相间砌成，中间留有空洞，每隔一至三皮斗砖砌一皮卧砖。凡每隔一皮斗砖砌一皮卧砖的称为一斗一卧墙；每隔二皮斗砖砌一皮卧砖的称为二斗一卧墙；每隔三皮斗砖砌一皮卧砖的称为三斗一卧墙。另一种是无卧空斗墙，全用斗砖砌筑，以顶斗砖或顺斗砖相间砌成，凡用一块顶斗砖和顺斗砖相间砌成的空斗墙称为单顶全斗墙，用二块顶斗砖和顺斗砖相间砌成的空斗墙则称为双顶全斗墙。各种空斗墙只能砌筑成一砖厚墙。

（2）贴砌砖墙

是指在建筑物墙的外表面再贴砌一层砖墙。

（3）空花墙

指某些不粉饰的清水墙上方砌成有规则花案的墙，一般为梅花图样，空花墙多用于围墙等。空花墙每墙 2～3m 要立砖柱，以保证空花墙的稳定性。空花墙的空花部分均在墙上方 1/3～1/2 处。空花墙既可省砖（相同体积的空花墙用砖量一般少于空斗墙），又美观大方，适用于较高的围墙。

（4）清水砖墙

清水砖墙又称单面清水砖墙，凡砖墙只有一面做粉刷或饰面，而另一面只是在墙面上刷刷颜色（涂料、勾缝）的称单面清水砖墙，反之则为混水墙。

单面清水墙按其墙厚有：1/2 砖、3/4 砖、1 砖、3/2 砖、2 砖及 2 砖以上。

（5）弧形墙

弧形墙如弧拱过梁，将立砖和侧砖相间砌筑，使灰缝上宽下窄相互挤压便形成了拱的作用。弧拱高度不小于 120mm，当拱高为（1/8～1/12）L 时，跨度 L 为 2.5～3m。当拱高为（1/5～1/6）L 时，跨度 L 为 3～4m。砌成砖拱的主要在于砂浆，要求砂浆能连接牢固。规定砖拱过梁的砌筑砂浆标号不低于 M10，砖标号不低于 MU7.5。定额规定所用的砂浆为水泥混合砂浆 M5，换算时，只要将水泥混合砂浆 M5，改为 M7.5，其用量定额不变。

在砌筑弧形墙时还需要支模板，以保证其形状。

（6）多孔砖墙

多孔砖墙即多孔砖筑成的墙体。多孔砖是以黏土、页岩、煤矸石等为主要原料，经焙烧而成。这种墙体所用的多孔砖和普通砖的焙烧方法一样，这种多孔砖的竖向孔洞虽然减少了砖的承压面积，但是砖的厚度增加，砖的承重能力与普通砖相比还略有增加。由于有竖向孔隙，所以保温能力有所提高。

多孔砖为竖向孔洞，孔形为圆形或圆孔，孔洞尺寸为，圆孔直径≤22mm，非圆孔以内切圆直径≤15mm，规格有 190mm×190mm×90mm 和 240mm×115mm×90mm 两种，表观密度为 1350～1480kg/m^3。多孔砖等级划分与普通砖相同，根据多孔砖墙的强度与质量的测试，低于普通砖墙性能和普通砖墙性能的结果，对于多孔砖墙的砖强度≥MUIO、砌筑砂浆强度≥M5。多孔砖有两种规格，即 190mm×190mm×90mm 和 240mm×115mm×90mm。定额上规定用 240mm×115mm×90mm 为多孔砖的标准尺寸。当规格不同时，可以换算，采用换块数的方法。如 1m^{3}1 砖墙需多孔砖 240mm×115mm×90mm 为 320 块，则换算成 190mm×190mm×90mm 时为：

$$\frac{320\times(0.24+0.01)\times0.115\times(0.09+0.01)}{(0.19+0.01)\times0.19\times(0.09+0.01)}=242$$ 块。其中灰缝按 10mm 计算。

多孔砖墙并非都是多孔砖砌筑，其中间有普通黏土砖，多孔砖墙的砌筑砂浆采用水泥砂浆 M7.5。

（7）空心砖墙

空心砖是以黏土、页岩、煤矸石等为主要原料，经焙烧而成。空心砖的孔大而少。而多孔砖的孔小而多；另外，多孔砖以有孔面为受压面，而空心砖以无孔面作受压面。空心砖砌筑的砖墙一般为隔墙，或者是框架结构的填充墙。因空心砖强度不高，所以空心砖墙通常不开门、窗洞口。即空心砖墙定额内不包括普通黏土砖，均为一色一样规格的空心砖。

空心砖分为承重黏土空心砖和非承重黏土空心砖。承重黏土空心砖的尺寸规格一般为 240mm×115mm×115mm，可以砌筑成$\frac{1}{2}$砖墙和 1 砖墙。非承重黏土空心砖墙所用空心砖的尺寸一般为 240mm×240mm×115mm。

空心砖亦有别的尺寸规格。如：长度、宽度、高度为：①290、190（140）、90。②240、180（175）、115。规格与定额中规格不同时，换算方法如下：每立方米1砖墙需272块240mm×115mm×115mm的空心砖，换算为240mm×180mm×115mm的空心砖则为：

$$272\times\frac{(0.24+0.01)\times0.115\times(0.115+0.01)}{(0.24+0.01)\times0.18\times(0.115+0.01)}=173.8\text{块}$$

其中灰缝以10mm计算。

（8）填充墙

填充墙用于框架结构的内隔墙。填充墙的厚度均为355mm，用$1\frac{1}{2}$砖厚表示，但比$1\frac{1}{2}$砖（365mm）少10mm。填充料多用炉渣或炉渣混凝土。

（9）砌块墙

砌块是用于砌筑的人造块材，外形多为直角六面体。砌块系列中主规格的长度、宽度或高度有一项或一项以上分别大于365mm、240mm或115mm，但高度不大于长度或宽度的六倍，长度不超过高度的三倍。

砌块与普通黏土砖一起砌筑成砌块墙。它按材料分为小型空心砌块、硅酸盐砌块、加气混凝土砌块墙。

（10）围墙

围墙即围绕房屋、园林、场院等的拦挡用的墙。围墙一般用1/2砖或1砖砌筑。不需抹面砂浆，只需砌筑砂浆。围墙所用的砂浆为水泥混合砂浆M5。

3. 砖墙工程量计算

墙体按其部位的不同可分为内墙和外墙，按其使用材料的不同又分为实砌砖墙、空斗墙、填充墙、空花墙、砖块墙等。

（1）实砌砖墙

砖墙工程量计算的一般公式：

$V_{墙}$＝(墙长×墙高－门窗面积)×墙厚－圈梁、挑梁、柱体积＋垛及附墙烟囱等体积

1）墙长：外墙按中心线长（$L_{中}$）计算，内墙按内墙净长（$L_{内}$）计算。

在计算墙长时，①两墙L型相交时，两墙均算至中心线（如图2-27①节点所示）；②两墙T型相交时，外墙拉通算，内墙算净长；③两墙十字相交时，内墙均按净长计算（如图2-27③节点所示）。

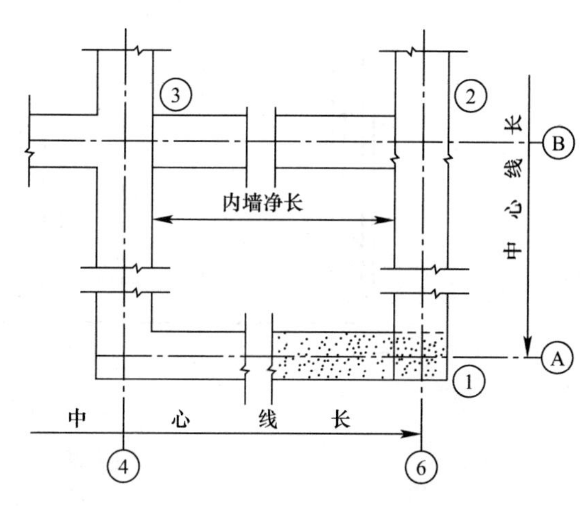

图2-27　墙长计算节点图

Ⓑ交④～⑥段　②③交Ⓑ

计算基础工程量时，基础大放脚的T形接头处的重叠部分，嵌入基础的钢筋、铁件、管子、基础防潮层等所占的体积不

予扣除，靠墙暖气沟的挑砖亦不增加。其洞口面积每个在 0.3m² 以上的洞口应予扣除，其洞口的混凝土过梁应列项目计算。

2）墙高

① 外墙高度：斜（坡）屋面无檐口天棚者算至屋面板底；有屋架且室内外均有天棚者算至屋架下弦底另加 200mm；无天棚者算至屋架下弦底另加 300mm，出檐宽度超过 600mm 时按实砌高度计算；与钢筋混凝土楼板隔层者算至板顶。平屋顶算至钢筋混凝土板底女儿墙高度，从屋面板上表面算至女儿墙顶面（如有混凝土压顶时算至压顶下表面），分别见图 2-28～图 2-30 所示。

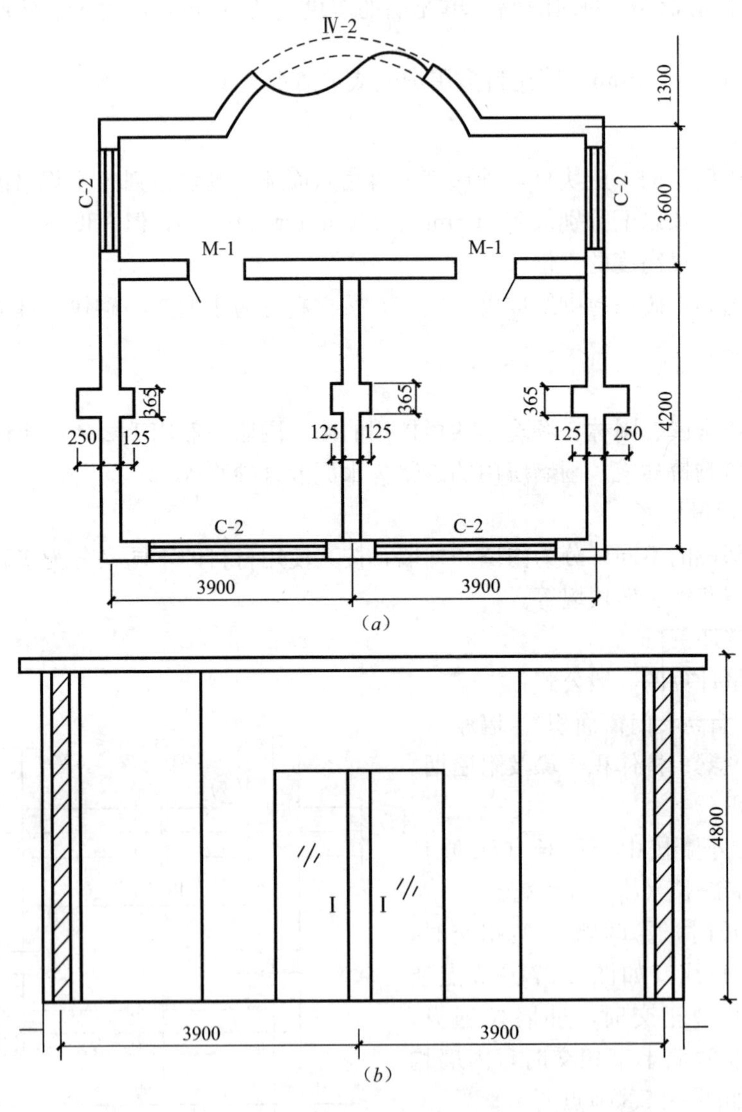

图 2-28　某建筑示意图

(a) 平面示意图；(b) 剖面示意图

注：(1) 砖墙厚 240mm，M5 混合砂浆。

(2) M—1 是 1.2m×2.4m；C—1 是 2.4m×2.1m；C—2 是 1.5m×1.8m。

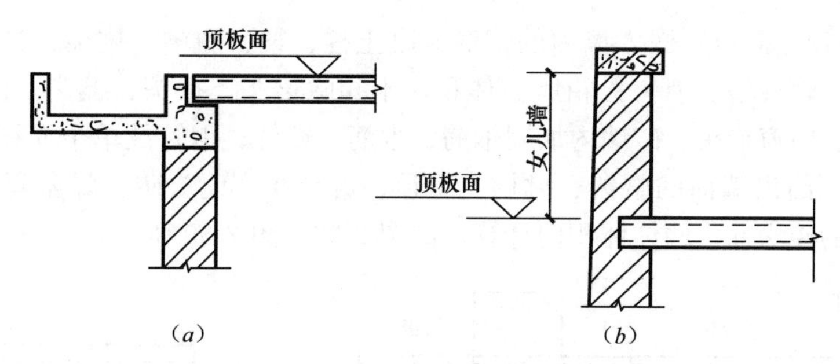

图 2-29　平屋顶外墙高度计算示意图

(a) 有天沟；(b) 有女儿墙

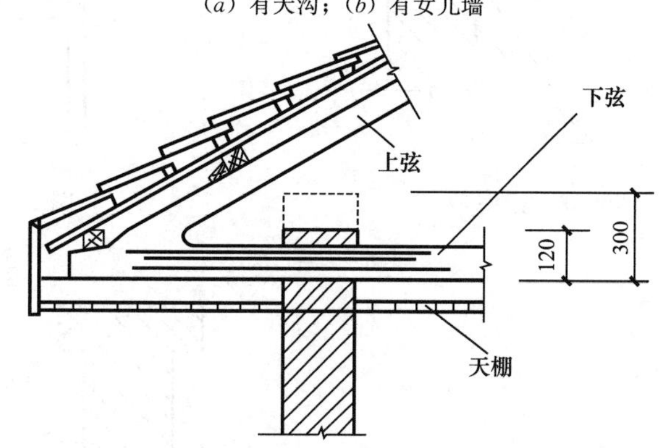

图 2-30　坡屋顶外墙高度计算示意图

② 内墙高度：位于屋架下弦者，算至屋架下弦底；无屋架者算至天棚底另加 100mm；有钢筋混凝土楼板隔层者算至楼板顶；有框架梁时算至梁底。

3）墙厚

墙体厚度按表 2-11 计算。

标准砖墙体计算厚度　　**表 2-11**

墙厚	$\frac{1}{4}$	$\frac{1}{2}$	$\frac{3}{4}$	1	$1\frac{1}{2}$	2	$2\frac{1}{2}$	3
计算厚度（mm）	53	115	180	240	365	490	615	740

注：标准砖规格 240×115×53（mm），灰缝宽度 10mm。

无论图纸上怎样标注墙体厚度，均应按本表计算，如 1/2 砖及 3/2 砖墙，图纸上一般都标注为 120 和 370，但在计算工程量时，不能按 120 和 370 计算，而应按 115 和 365 计算，如图 2-31 所示。

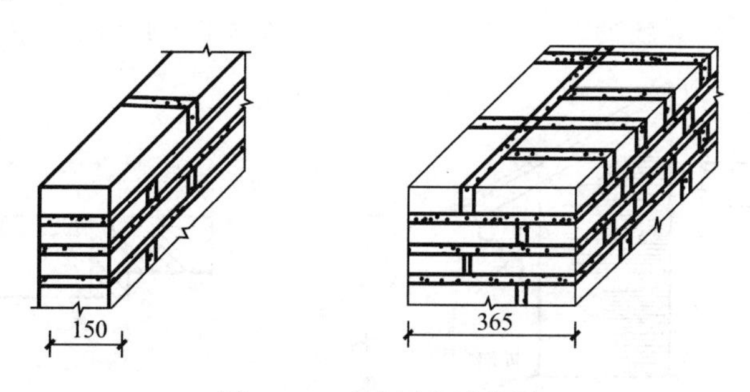

图 2-31　砖墙厚度示意图

4）扣除门窗、洞口、嵌入墙内的钢筋混凝土柱、梁、圈梁、挑梁、过梁及凹进墙内的壁龛、管槽、暖气槽、消火栓箱所占体积，不扣除梁头、板头、檩头、垫木、木楞头、沿缘木、木砖、门窗走头、砖墙内加固钢筋、木筋、铁件、钢管及单个面积≤0.3m^2 的孔洞所占的体积。凸出墙面的腰线、挑檐、压顶、窗台线、虎头砖、门窗套的体积亦不增加。凸出墙面的砖垛并入墙体体积内计算。如图 2-32～图 2-39 所示。

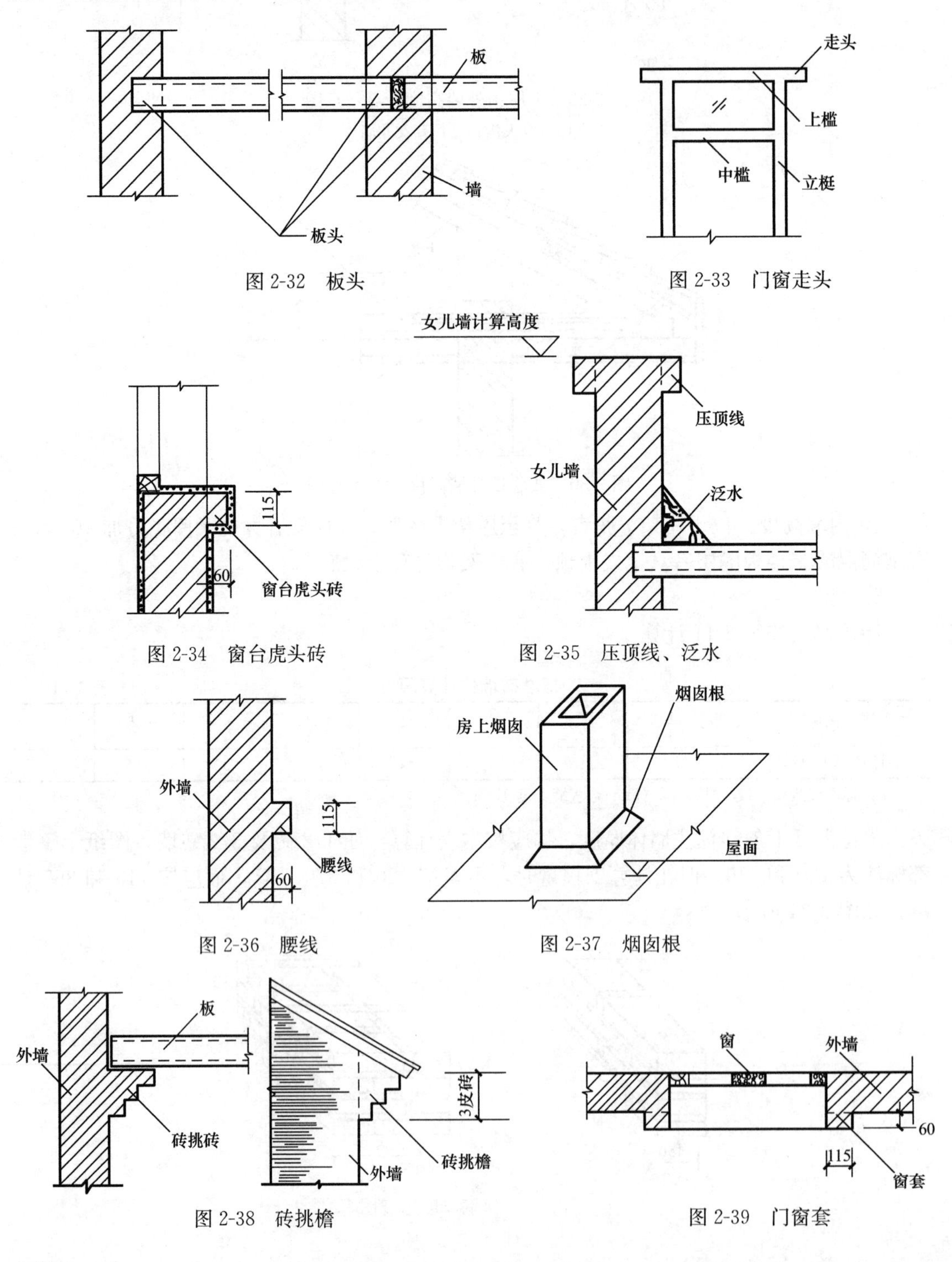

图 2-32　板头

图 2-33　门窗走头

图 2-34　窗台虎头砖

图 2-35　压顶线、泛水

图 2-36　腰线

图 2-37　烟囱根

图 2-38　砖挑檐

图 2-39　门窗套

工程量计算规则之所以规定梁头、板头等所占体积不扣除，以及突出墙面的窗台虎头砖、压顶线等亦不增加，这是因为在制定定额时，梁头、板头已综合扣除，窗台虎头砖、压顶线等已综合增加，以及在计算工程量时避免繁琐，从而达到简化工程量计算之目的。

5）砖垛、三皮砖以上的挑檐和腰线的体积，并入相应的墙身内计算。

6）框架间墙以净空面积乘以墙厚计算，执行相应的砖墙定额。框架外表需做 1/2 砖以上的贴砖时，应按砖墙定额项目计算。

7）混凝土立面贴砖，若贴砖厚度超过 1/2 砖时，执行砖墙定额项目；若贴砖厚度未超过 1/2 砖时，执行贴砖定额项目。

8）砖砌地下室，内外墙身及基础工程量合并计算，执行砖墙定额。

9）附墙烟囱、附墙通风道、附墙垃圾道，按其外形体积计算，并入所依附的墙体工程量内，不扣除横断面面积在 $0.1m^2$ 以内的孔洞体积，但孔洞内的抹灰应另列项目计算。附墙烟囱的红瓦管、除灰门以及垃圾道的垃圾道门、垃圾斗、通风百叶窗、铁箅子、钢筋混凝土顶盖等，应另列项目计算。有的地区规定垃圾道门及斗按套计算。

（2）空斗墙

按设计图示尺寸以空斗墙外形体积计算。墙角、内外墙交接处、门窗洞口立边、窗台砖、屋檐处的实砌部分体积并入空斗墙体积内，由于空斗墙每立方米外形体积的用砖量因斗眼而异，因此按斗眼的差异分别执行定额。

（3）填充墙（图 2-40）

填充墙的填充材料通常为轻质混凝土或炉渣等不同材料，计算工程量时按设计图示尺寸以填充墙外形体积计算。局部实砌部分已包括在定额内，不必另行计算，填充料与定额要求不同时允许换算。

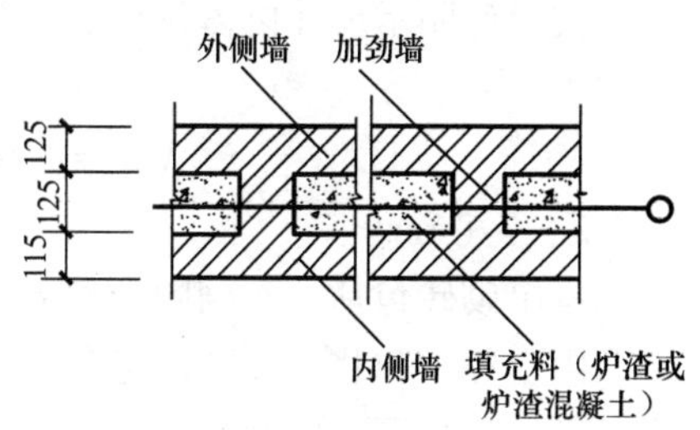

图 2-40 填充墙

（4）空花墙（图 2-41）

按设计图示尺寸以空花部分外形体积计算，不扣除空洞部分体积。

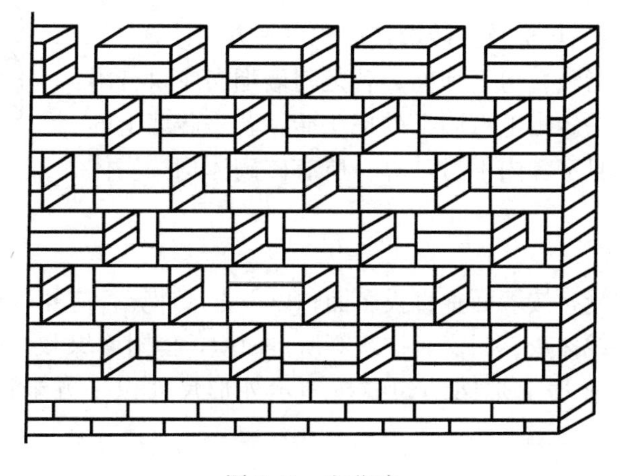

图 2-41 空花墙

（5）砌块墙

砌块墙在计算工程量时，要扣除门窗以及单个面积在 $0.3m^2$ 以上的孔洞所占体积还要扣除嵌入砌体内的柱、梁（包括过梁、圈梁、挑梁）所占体积，包括所需镶嵌的标砖已考虑在定额内，不必另行计算，然后仍以“立方米”为计量单位，按图示尺寸为准。

加气混凝土墙、硅酸盐砌块墙、小型空心砌块墙，按图示尺寸以立方米计算，按设计规定需要镶嵌砖砌体部分已包括在定额内，不另计算。

加气混凝土砌块墙的计算公式为：

$$砌块净用量=\frac{1}{(砌块长+灰缝)\times砌块宽\times(砌块厚+灰缝)}$$

$$砌块净用量=1-砌块净用量\times每块砌体体积$$

硅酸盐砌块墙的计算公式为：

$$砌块净用量=\frac{1}{(砌块长+灰缝)\times砌块宽\times(砌块厚+灰缝)\times各种规格砌块比例}$$

$$标准砖净用量=零星砖砌体用量\times(1+5\%)$$

$$砂浆净用量=1-各种规格砌块数\times各种规格砌块体积-每块标砖体积\times标准砖数$$

（6）石墙

毛石墙、毛条石墙、清条石墙、方整石墙，均按图示尺寸以立方米计算。

（四）其他工程

1. 砖柱

按设计图示尺寸以体积计算。扣除混凝土及钢筋混凝土梁垫、梁头所占体积。其计算公式为：

$$V_{柱}=(柱高-梁垫厚)\times柱断面面积$$

2. 零星砌砖

零星砌砖包括：砖砌厕所蹲台、水槽腿、垃圾箱、台阶梯带、阳台栏杆（图 2-42）、花台、花池、房上烟囱、架空隔热板砖礅、砖带等，以及石墙的门窗口立边、窗台虎头砖、钢筋砖过梁、砖平碹等砖砌体。均按体积以立方米计算，执行零星砌砖定额。有的地区规定垃圾箱按个计算（包括出灰门及箱上的混凝土盖板），架空隔热板及其砖墩按面积以平方米计算。

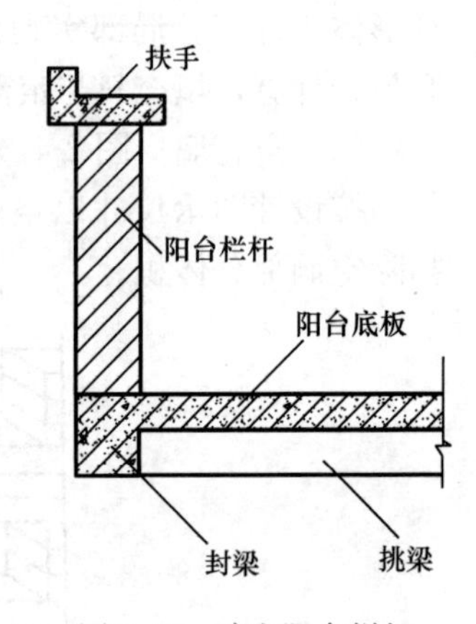

图 2-42　砖砌阳台栏杆

其中房上烟囱是指独立房上烟囱，若是附墙烟囱应执行附墙烟囱项目。窗台虎头砖指毛石墙上的虎头砖，若是砖墙上的虎头砖，已包含在墙身定额内不另计算。所有砖砌体均按实体计算。

3. 清水墙面勾缝

清水墙的墙面勾缝，按墙面垂直投影面积以平方米计算，应扣除墙裙、墙面的抹灰面积，不扣除门窗、腰线抹灰、门窗套抹灰等所占面积，但附墙垛和门窗洞口侧壁的勾缝面积亦不增加。独立柱、房上烟囱的勾缝按图示外形尺寸以平方米计算。执行墙面勾缝定额。

4. 砌体内加固钢筋

砌体内加固钢筋（包括抗震、加固、钢筋砖过梁，如图 2-43、图 2-44 所示）应根据设计规定，按重量以吨计算。

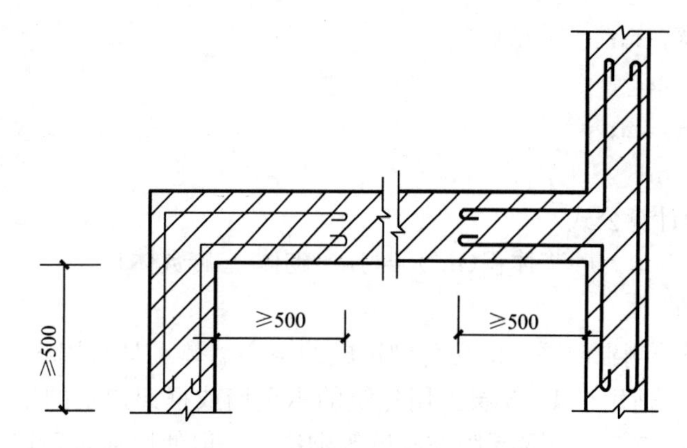

图 2-43　砖砌体内加固钢筋

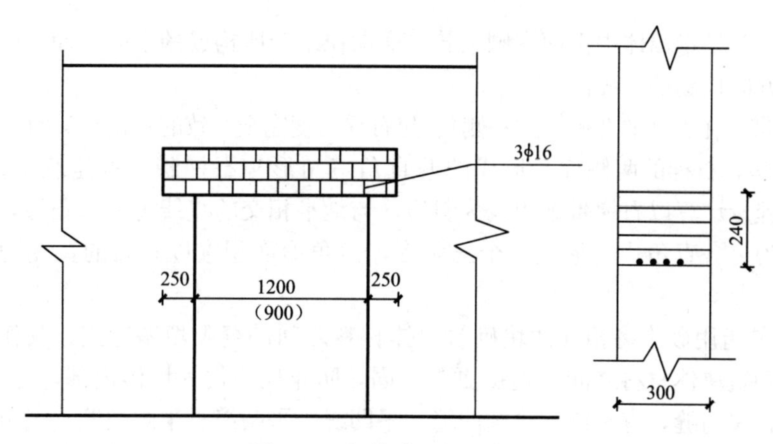

图 2-44　钢筋砖过梁示意图

（五）几种不同厚度墙体每立方米砌体的砖和砂浆用量计算公式

1. 1/2 砖墙的用砖量计算公式

$$砖数(块)=\frac{1}{(x+j_1)(z+J_2)}\times\frac{1}{y}$$

2. 3/4 砖墙的用砖量计算公式

$$砖数(块)=\frac{12}{(y+z+j_1)(y+j_2)}$$

3. 1 砖墙的用砖量计算公式

$$砖数(块)=\frac{1}{(y+j_1)(z+j_2)}\times\frac{1}{x}$$

4. $1\frac{1}{2}$砖墙的用砖量计算公式

$$砖数(块)=\left[\frac{1}{(x+j_1)(z+j_2)}+\frac{1}{(y+j_1)(z+j_2)}\right]\times\frac{1}{x+y+j_1}$$

5. 2 砖墙用砖量计算公式

$$砖数(块)=\frac{2}{(y+j_1)(z+j_2)}\times\frac{1}{x_2+j_1}$$

式中　x——砖长，m；

j_1——直缝宽，m；

z——砖厚，m；

j_2——横缝宽，m；

y——砖宽，m。

6. 砂浆用量的计算公式

$$砂浆体积(m^3) = 1m^3 砌体 - 砖数体积$$

（六）名词解释

1. 空斗墙：用砖侧砌或平、侧交替砌筑成的空心墙体。具有用料省、自重轻和隔热、隔声性能好等优点，适用于1～3层民用建筑的承重墙或框架建筑的填充墙。空斗墙有一斗一眠、二斗一眠、三斗一眠及无眠空斗砖等砌法，一般使用标砖砌筑使墙体内形成许多空腔的墙体。

所谓“斗”是指墙体中由两皮侧砌砖与横向拉结砖所构成的空间。而“眠”则是指墙体中沿水平方向顶砌的一皮砖。

2. 石梯带，在石梯的两侧（或一侧）、与石梯斜度完全一致的石梯封头的条石称石梯带。

3. 石梯膀，石梯的两侧面，形成的两直角三角形称石梯膀（古建筑中称“象眼”）。石梯膀的工程量计算以石梯带下边线为斜边，与地平相交的直线为一直角边，石梯与平台相交的垂线为另一直角边，形成一个三角形，三角形面积乘以砌石的宽度为石梯膀的工程量。

4. 勾缝是指用砂浆将相邻两块砌筑块体材料之间的缝隙填塞饱满，其作用是有效地让上下左右砌筑块体材料之间的连接更为牢固，防止风雨侵入墙体内部，并使墙面清洁、整齐美观。石墙勾缝，有平缝、平圆凹缝、平凹缝、平凸缝、半圆凸缝、三角凸缝。

二、砌筑工程计算实例

【例7】 某工程外墙基础采用等高式砖基础、内墙采用不等高式砖基础（图2-45），试求其基础工程量。

【解】 （1）定额工程量

基础长度：外墙按中心线，内墙按净长线计算。

$$l_{外} = (14000 + 5000 + 2700 + 5000) \times 2mm = 53400mm = 53.40m$$

$$l_{内} = [(14000 - 240) \times 2 + (5000 - 240) \times 5]mm = 51320mm = 51.32m$$

查折加高度（见表2-10），得外墙折加高度为0.394m，内墙折加高度为0.525m

$$V_{内} = 0.24 \times (1.8 + 0.525) \times 51.32m^3 = 28.64m^3$$

$$V_{外} = 0.24 \times (1.8 + 0.394) \times 53.4m^3 = 28.12m^3$$

$$V = V_{内} + V_{外} = (28.64 + 28.12)m^3 = 56.76m^3$$

套全国统一基础定额4-1。

【注释】 砖基础工程量按体积计算，外墙中心线长：14000为外墙水平方向的长度，5000+2700+5000为外墙竖直方向的长度，乘以2为四周外墙的长度，内墙净长线的长度：(14000－240)×2为水平内墙的净长度，其中240为两边两半墙的厚度，(5000－240)×5为竖直内墙的长度，5为内墙的个数，0.24为内墙的厚度，（1.8＋0.525）为内墙基础的高度，其中0.525为内墙的折加高度，51.32为内墙的净长度，（1.8＋0.394）为外墙基础的深度，53.4为外墙的中心线长。

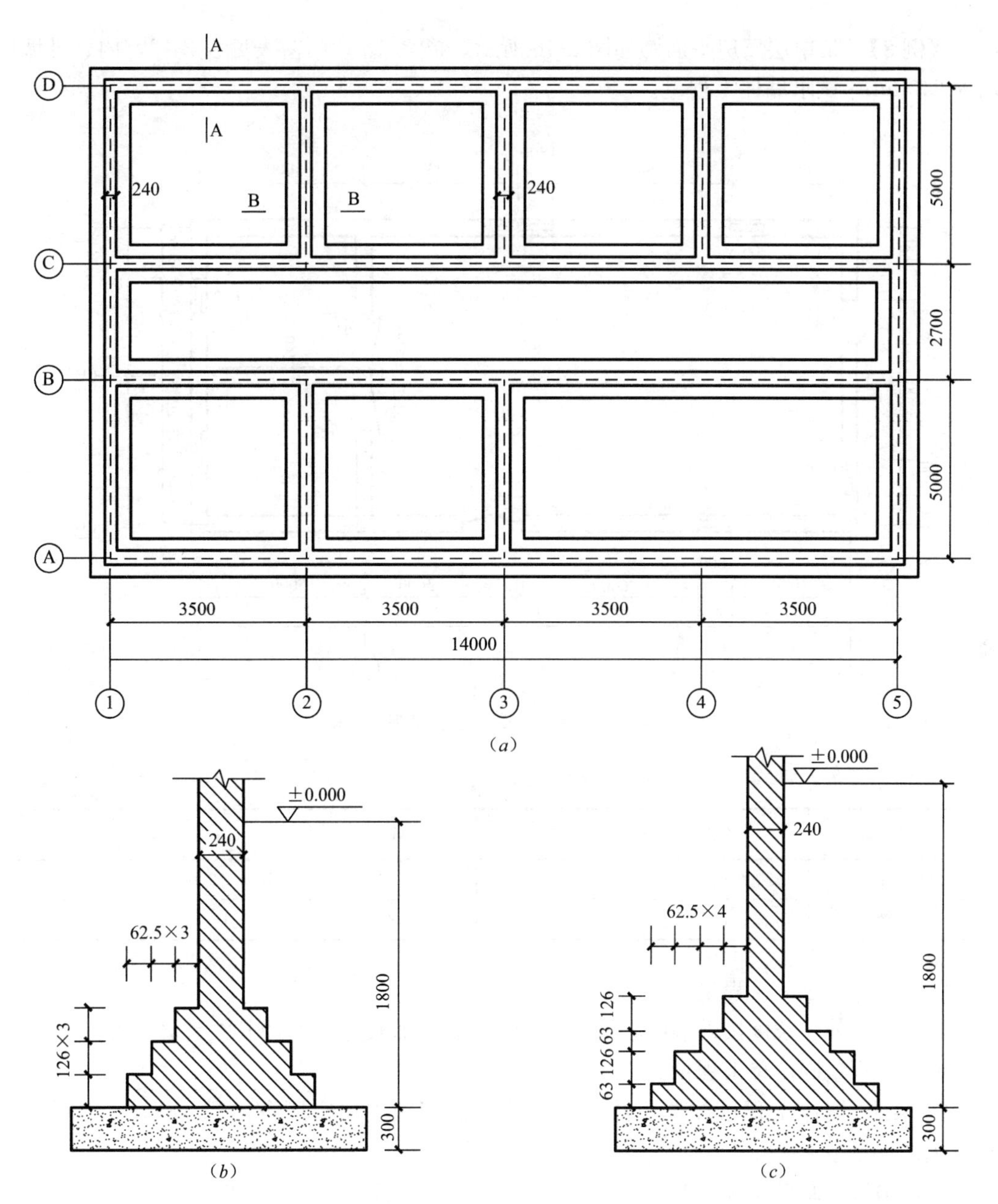

图 2-45　某工程基础图

(a) 平面图；(b) A-A 剖面图；(c) B-B 剖面图

(2) 清单工程量

清单工程量同定额工程量。

清单工程量计算见表 2-12。

清单工程量计算表　　　　**表 2-12**

项目编码	项目名称	项目特征描述	计量单位	工程量
010401001001	砖基础	外墙采用等高式砖基础 内墙采用不等高式砖基础	m^3	56.76

【例 8】 某单层厂房平面图如图 2-46 所示，檐高 4m，门窗表见表 2-13，内、外墙厚均为 240mm，试求墙体工程量。

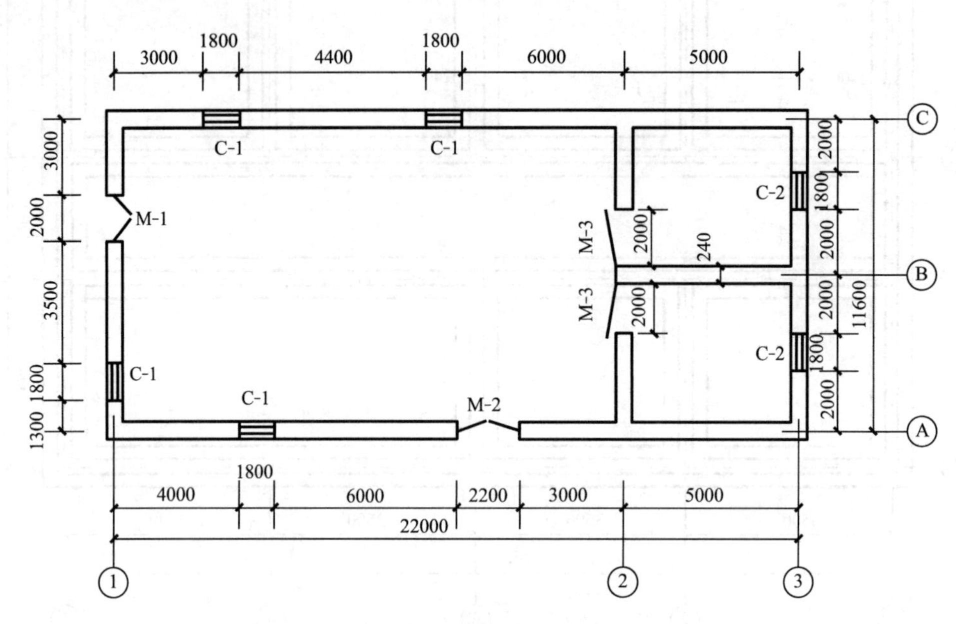

图 2-46　某厂房平面图

门窗表　　**表 2-13**

	M-1	M-2	M-3	C-1	C-2
规格/mm	2000×2700	2200×2700	2000×2400	1800×2000	1800×2400
个数	1	1	2	4	2

【解】（1）定额工程量

墙长度：外墙长度按外墙中心线长度计算；内墙长度按内墙净长线计算。

定额工程量同清单工程量。

【注释】 墙体工程量按体积计算，墙体总面积减去门窗所占体积 $[(l_{外}+l_{内})\times 4-S]\times$ 墙体厚度 0.24。

套全国统一基础定额 4-4。

（2）清单工程量

墙长度：外墙按中心线，内墙按净长线计算。

$$l_{外}=(22.0+11.6)\times 2\text{m}=67.2\text{m}$$

$$l_{内}=[(11.6-0.24)+(5.0-0.24)]\text{m}=16.12\text{m}$$

门窗面积：$S=[2.0\times 2.7+2.2\times 2.7+2.0\times 2.4\times 2+1.8\times 2.0\times 4+1.8\times 2.4\times 2]\text{m}^2$
$=43.98\text{m}^2$

$V=[(l_{外}+l_{内})\times 4-S]\times 0.24=[(67.2+16.12)\times 4-43.98]\times 0.24\text{m}^3=69.43\text{m}^3$

【注释】 墙体工程量按体积计算，墙体总面积减去门窗所占体积 $[(l_{外}+l_{内})\times 4-S]\times$ 墙体厚度 0.24。外墙的长度：22.0 为外墙的水平长度，11.6 为外墙的竖直长度，乘以 2

为四周外墙的长度，内墙的净长：(11.6－0.24)为竖直内墙的净长度，(5.0－0.24)为水平内墙的净长度，其中0.24为主墙间两半墙的厚度，门窗面积：2.0×2.7为门M-1的面积，其中2.0为其宽度，2.7为其高度，2.2×2.7为门M-2的面积，其中2.2为其宽度，2.7为其高度，2.0×2.4×2为门M-3的面积，其中2.0为其宽度，2.4为其高度，2为其个数，1.8×2.0×4为窗C-1的面积，其中1.8为其宽度，2.0为其高度，4为其数量，1.8×2.4×2为窗C-2的面积，其中1.8为其宽度，2.4为其高度，2为其数量，所以墙体工程量：67.2为外墙的长度，16.12为内墙的长度，4为墙的高度，43.98为内外墙中门窗的面积，0.24为内外墙的厚度。

清单工程量计算见表2-14。

清单工程量计算表 **表2-14**

项目编码	项目名称	项目特征描述	计量单位	工程量
010401003001	实心砖墙	内外墙厚240mm	m^3	69.43

【例9】 试求如图2-47所示的砖墙工程量（用240mm×115mm×90mm多孔砖施砌）。

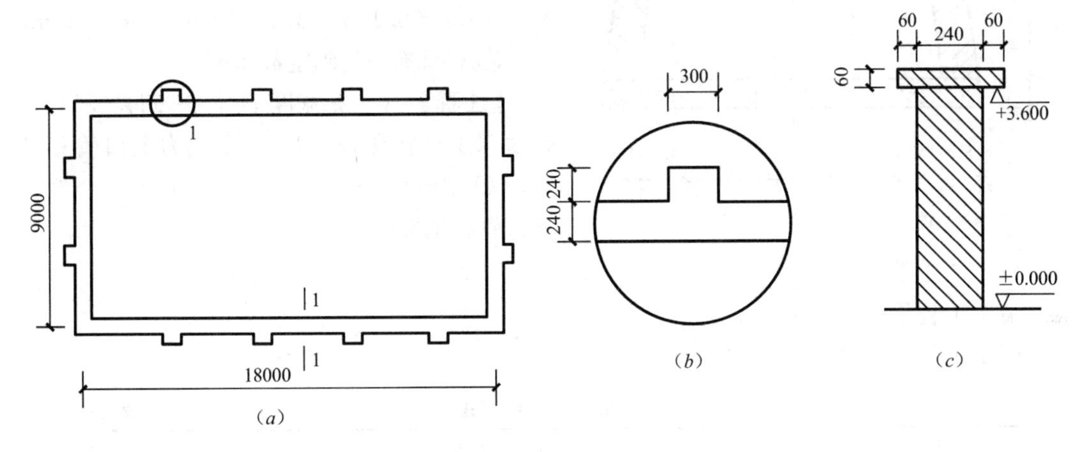

图2-47 附墙砖垛示意图

(a) 平面图；(b) 详图1；(c) 1-1剖面图

【解】 (1) 定额工程量

定额工程量同清单工程量。

套全国统一基础定额4-19

【注释】 砖墙工程量按体积计算，[墙厚0.24×砖墙高度(3.6+0.06)×砖墙长度54+凸出墙面的砖垛长度0.3×厚度0.24×高度(3.6+0.06)×砖垛个数12]。

(2) 清单工程量

计算规则：墙长度，按中心线（外墙），凸出墙面的压顶的体积亦不加；凸出墙面的砖垛并入墙体体积内计算：

$$l = (18 + 9) \times 2\text{m} = 54\text{m}$$

$$V = [0.24 \times (3.6 + 0.06) \times 54 + 0.3 \times 0.24 \times (3.6 + 0.06) \times 12]\text{m}^3 = 50.60\text{m}^3$$

【注释】 砖墙工程量按体积计算，18为砖墙的水平长度，9为砖墙的竖直长度，乘以 2 为砖墙的总长度，[墙厚 0.24×砖墙高度(3.6+0.06)×砖墙长度 54+凸出墙面的砖垛长度 0.3×厚度 0.24×高度 (3.6+0.06)×砖垛个数 12]。

清单工程量计算见表 2-15。

清单工程量计算表 表 2-15

项目编码	项目名称	项目特征描述	计量单位	工程量
010401004001	多孔砖墙	240mm×115mm×90mm 多孔砖施砌	m^3	50.60

【例 10】 如图 2-48 所示，某构筑物挖孔桩护壁共 78 个，每个高 5.4m，护壁厚 115mm，试求砖砌体护壁工程量。

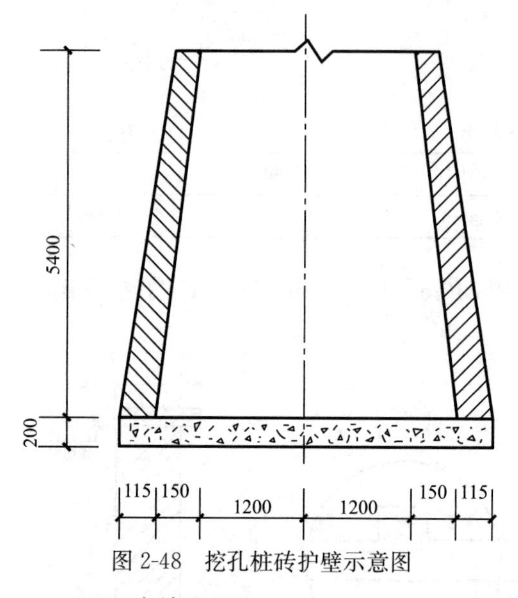

图 2-48 挖孔桩砖护壁示意图

【解】 (1) 定额工程量

$$D_0 = \left[\frac{1}{2} \times (1.2 + 1.2 + 1.2 + 1.2 + 0.15 + 0.15) + 0.115 \times 2)\right] \text{m} = 2.665\text{m}$$

$$V = \pi D_0 \times 0.115 \times 5.4 \times 78\text{m}^3 = 405.54\text{m}^3$$

套全国统一基础定额 4-65。

【注释】 $V=\pi$ 宽度 D_0×护壁厚 0.115×高度 5.4×个数 78。1.2+1.2 为上口管径的宽，(1.2+1.2+0.15+0.15+0.115)×2 为下口管径的宽。

(2) 清单工程量

清单工程量同定额工程量。

清单工程量计算见表 2-16。

清单工程量计算表 表 2-16

项目编码	项目名称	项目特征描述	计量单位	工程量
010401012001	零星砌砖	砖墙	m^3	405.54

【例 11】 试求如图 2-49 所示的墙体工程量，其中墙中心线长 150m。

【解】 (1) 定额工程量

1) 空花墙部分工程量

$$V = 0.12 \times 0.5 \times 150\text{m}^3 = 9.00\text{m}^3$$

套全国统一基础定额 4-28。

2) 实砌部分工程量

$$V = [0.24 \times 2.5 + 0.063 \times (0.03 \times 2 + 0.12) + 0.063 \times (0.03 \times 2 + 0.12)] \times 150\text{m}^3 = 93.40\text{m}^3$$

【注释】 空花墙工程量计算规则：按设计图示尺寸以空花部分外形体积计算，不扣除空洞部分的体积，空花墙：墙厚 0.12×高度 0.5×长度 150；实砌部分工程量：[墙厚 0.24×墙高 2.5+高度 0.063×宽度 (0.03×2+0.12)+0.063×(0.03×2+0.12)]×长度

150，其中0.12为空花墙的厚度，0.03×2为两边延出的宽度，凸出墙面的腰线、挑檐、压顶、窗台线、虎头砖、门窗套的体积亦不增加。

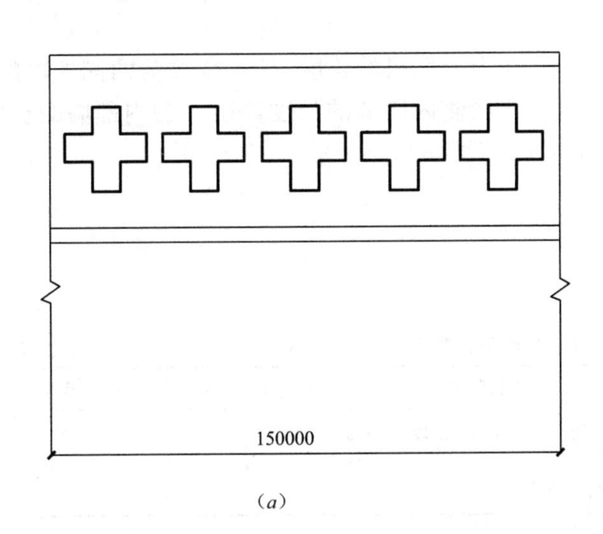

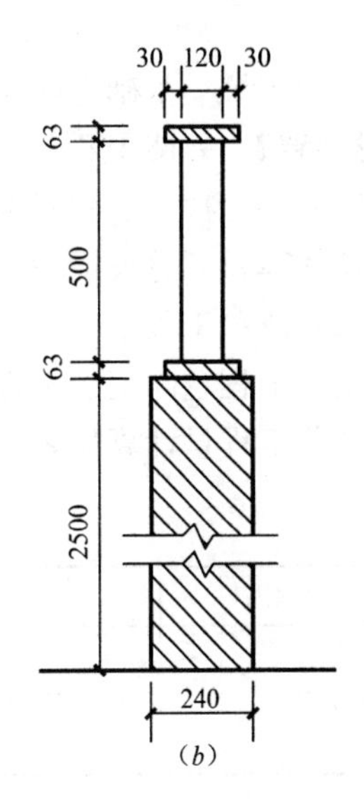

图2-49 某墙体示意图

(a) 正立面图；(b) 侧立面图

(2) 清单工程量

清单工程量同定额工程量。

清单工程量计算见表2-17。

清单工程量计算表 **表2-17**

序号	项目编码	项目名称	项目特征描述	计量单位	工程量
1	010401007001	空花墙	上部采用空花墙	m^3	9.00
2	010401003001	实心砖墙	下部采用实心砖墙	m^3	93.40

【例12】 某办公楼外墙平面示意图如图2-50所示，墙身净高3.6m，墙厚390mm，用390mm×190mm×190mm空心砌块施砌，试求其外墙工程量。

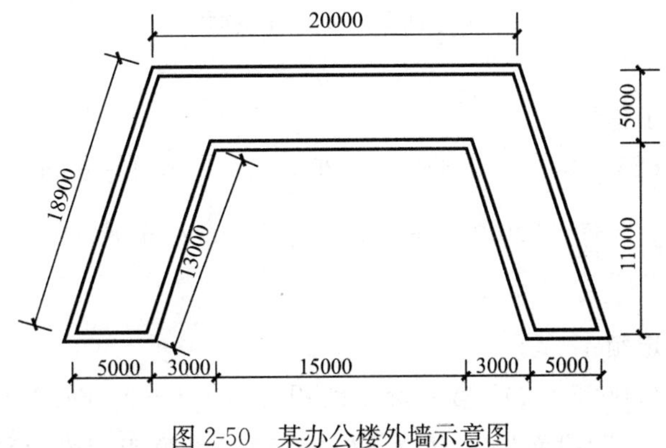

图2-50 某办公楼外墙示意图

【解】（1）定额工程量

$$l=(20.0+18.9\times2+5.0\times2+13.0\times2+15.0)\mathrm{m}=108.8\mathrm{m}$$

$$V=108.8\times3.6\times0.39\mathrm{m}^3=152.76\mathrm{m}^3$$

套全国统一基础定额 4-33。

【注释】外墙工程量按体积计算，20.0 为上部墙的长度，18.9×2 为两侧外墙的长度，5.0×2 为两侧底部墙的长度，13.0×2 两侧内侧墙的长度，15.0 为内部墙的长度，所以墙体体积：总长度 108.8×墙身净高 3.6×墙厚 0.39。

（2）清单工程量

清单工程量同定额工程量。

清单工程量计算见表 2-18。

清单工程量计算表　　表 2-18

项目编码	项目名称	项目特征描述	计量单位	工程量
010401005001	空心砖墙	墙高 3.6m，墙厚 390mm，390mm×190mm×190mm 空心砌块施砌	m^3	152.76

【例 13】某厂房用圆形砖柱基础，如图 2-51 所示，共 189 个，试求其工程量。

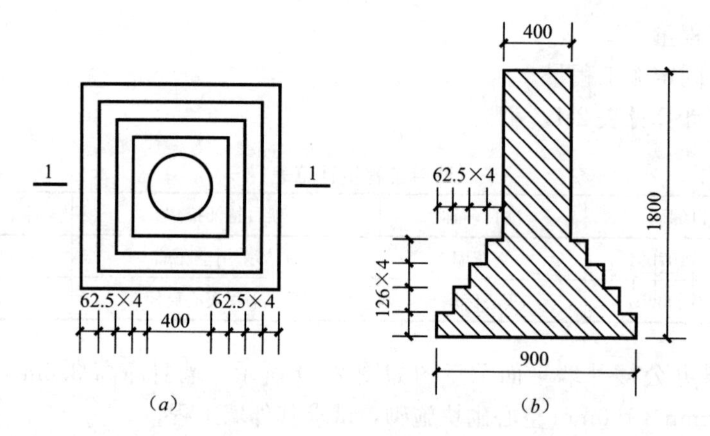

图 2-51　圆形砖柱示意图

（a）平面图；（b）1-1 剖面图

【解】（1）定额工程量

$$V=\{[(0.4+0.0625\times2)^2+(0.4+0.0625\times4)^2+(0.4+0.0625\times6)^2+(0.4+0.0625\times8)^2]\times0.126+3.14\times\left(\frac{0.4}{2}\right)^2\times(1.8-0.126\times4)\}\times189\mathrm{m}^3$$

$$=81.79\mathrm{m}^3$$

套全国统一基础定额 4-44。

【注释】$(0.4+0.0625\times2)^2$ 第一阶段面积，$(0.4+0.0625\times4)^2$ 第二阶段面积，$(0.4+0.0625\times6)^2$ 第三阶段面积，$(0.4+0.0625\times8)^2$ 第四阶段面积，0.126 为基础深

度，$3.14\times\left(\frac{0.4}{2}\right)^2$ 中间圆形柱面积，（1.8－0.126×4）圆形柱高度，189 为圆形柱基础个数。

（2）清单工程量

清单工程量同定额工程量。

清单工程量计算见表 2-19。

清单工程量计算表 **表 2-19**

项目编码	项目名称	项目特征描述	计量单位	工程量
010401009001	实心砖柱	圆形砖柱	m^3	81.79

【例 14】 试求如图 2-52 所示砖地沟工程量（地沟长 24m）。

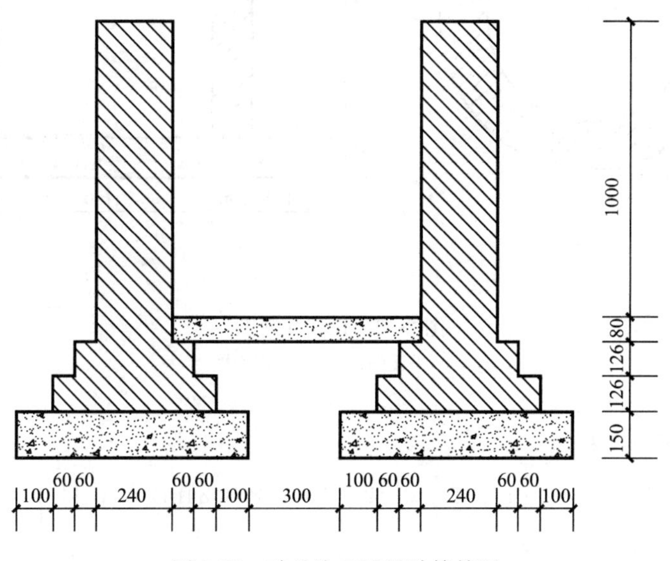

图 2-52　砖地沟工程量计算简图

【解】（1）定额工程量

$$V=[(0.24+0.06\times4)\times0.126+(0.24+0.06\times2)\times0.126+0.24\times(1.0+0.08)]\times2\times24\text{m}^3=17.52\text{m}^3$$

套全国统一基础定额 4-61。

【注释】 砖地沟工程量按体积计算，垫层上边地沟的面积（0.24＋0.06×4）×0.126，其中 0.126 为其高度，0.24 为砖墙的宽度，上边一层地沟的面积（0.24＋0.06×2）×0.126，上边地沟面积 0.24×(1.0＋0.08)，其中（1.0＋0.08）为高度，24 为地沟的长度。

（2）清单工程量

计算规则：按设计图示以中心线长度计算。

$$工程量=24\text{m}$$

【注释】 砖地沟清单工程量与定额不同，按图示中心线长度计算。

清单工程量计算见表 2-20。

清单工程量计算表 表 2-20

项目编码	项目名称	项目特征描述	计量单位	工程量
010401014001	砖地沟、明沟	砖地沟长 24m	m	24.00

【例 15】 试求如图 2-53 所示检查井工程量。

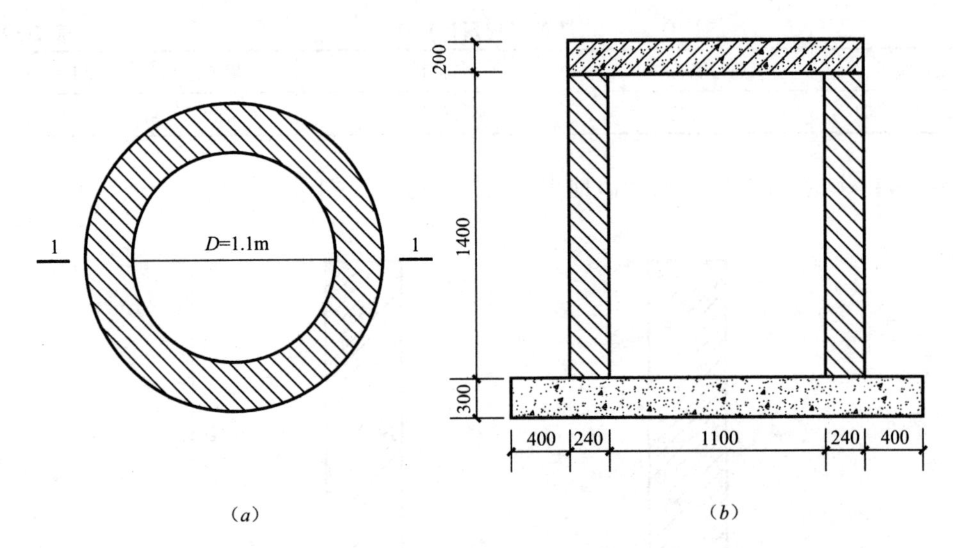

图 2-53 检查井简图

(a) 平面图；(b) 1-1 剖面图

【解】 (1) 定额工程量

$$V = 2\pi \times (1.1/2 + 0.12) \times 1.4 \times 0.24\text{m}^3 = 1.41\text{m}^3$$

套全国统一基础定额 4-58。

【注释】 检查井工程量按体积计算，检查井周长 $2\pi \times (1.1/2+0.12) \times$ 深度 $1.4 \times$ 厚度 0.24。其中 1.1 为井内筒的直径，0.12 为井壁的半个厚度。

(2) 清单工程量

计算规则：按设计图示数量计算。

$$\text{工程量} = 1\text{座}$$

清单工程量计算见表 2-21。

清单工程量计算表 表 2-21

项目编码	项目名称	项目特征描述	计量单位	工程量
010401011001	砖检查井	检查井	座	1

【例 16】 如图 2-54 所示为某建筑物外墙采用细石料勒脚，勒脚做到与室内地面平底，高度为 450mm，厚度为 150mm，试求石勒脚工程量。

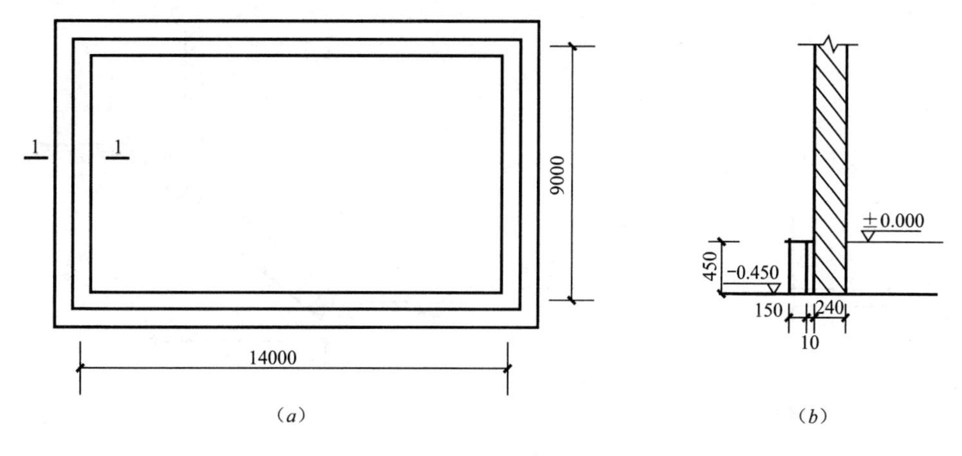

图 2-54　勒脚示意图

（a）平面图；（b）1-1 剖面图

【解】（1）定额工程量

$$l = [(14.0 + 9.0) \times 2 + 0.24 \times 4 \times 2]\text{m} = 47.92\text{m}$$

$$S_{截面} = 0.15 \times 0.45\text{m}^2 = 0.0675\text{m}^2$$

$$V = 0.0675 \times 47.92\text{m}^3 = 3.23\text{m}^3$$

套全国统一基础定额 4-69。

【注释】 勒脚线长度以中心线计算，如剖面图所示，14.0 为水平勒脚的长度，9.0 为竖直勒脚的长度，乘以 2 表示建筑四周勒脚的长度，0.15 为勒脚的厚度，0.45 为勒脚的高度。

（2）清单工程量

清单工程量同定额工程量。

清单工程量计算见表 2-22。

清单工程量计算表　　　　**表 2-22**

项目编码	项目名称	项目特征描述	计量单位	工程量
010403002001	石勒脚	细石料勒脚	m^3	3.23

【例 17】 某商场地下停车场入口采用石坡道，如图 2-55 所示，试求其工程量。

【解】（1）定额工程量

计算规则：按设计图示尺寸以水平投影面积计算。

$$工程量 = 4.0 \times 5.0\text{m}^2 = 20.00\text{m}^2$$

【注释】 4.0 为坡道宽度，5.0 为坡道高度。

（2）清单工程量

清单工程量同定额工程量。

清单工程量计算见表 2-23。

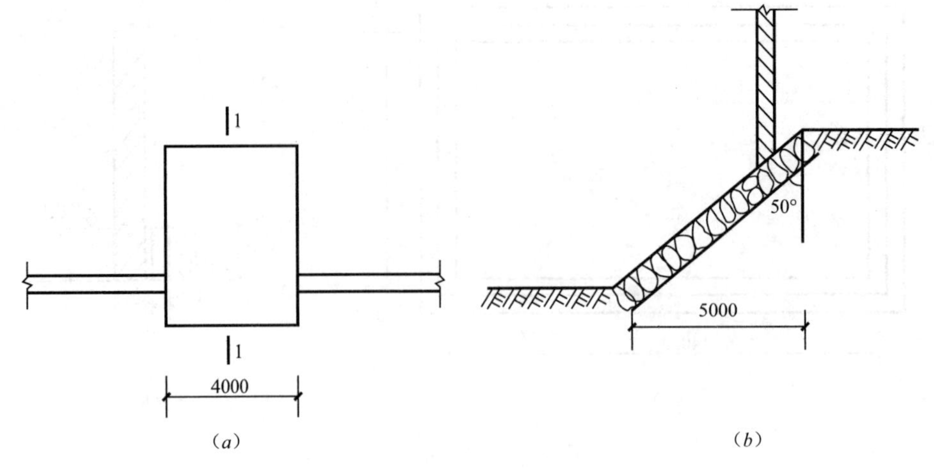

图 2-55　某商场地下停车场坡道示意图

（a）坡道平面图；（b）1-1 剖面图

清单工程量计算表　　　　**表 2-23**

项目编码	项目名称	项目特征描述	计量单位	工程量
010403009001	石坡道	碎石	m^2	20.00

第四节　混凝土及钢筋混凝土工程

一、混凝土及钢筋混凝土工程造价概论

混凝土及钢筋混凝土工程造价在建筑工程造价中占主导地位，主要是因为混凝土及钢筋混凝土强度高，基础、主体结构、结构构件等常采用混凝土及钢筋混凝土。

（一）混凝土及钢筋混凝土基础

混凝土及钢筋混凝土基础具有较好的抗剪能力和抗弯能力。当外荷载较大，且存在弯矩和水平荷载，在这些荷载作用下，特别当地基承载力又较低时，应采用钢筋混凝土基础。它同时可采用扩大基础底面积的方法来满足地基承载力的要求，同时也不必增加基础的埋深。

混凝土及钢筋混凝土基础形式通常有：条形基础、柱下单独基础、满堂基础、杯形基础、桩承台、设备基础等。

1. 条形基础（亦称带形基础）

（1）带形基础的工程量计算

带形基础工程量可按下式计算：

带形基础体积 = 计算长度 × 断面积 + T 形接头体积

【注释】 计算长度：外墙基础按外墙中心线计算；

内墙基础按内墙基础净长线计算（m）。

T 形接头部分体积：$V=LbH+Lh_1(2b+B)/6$

如图 2-56 所示。

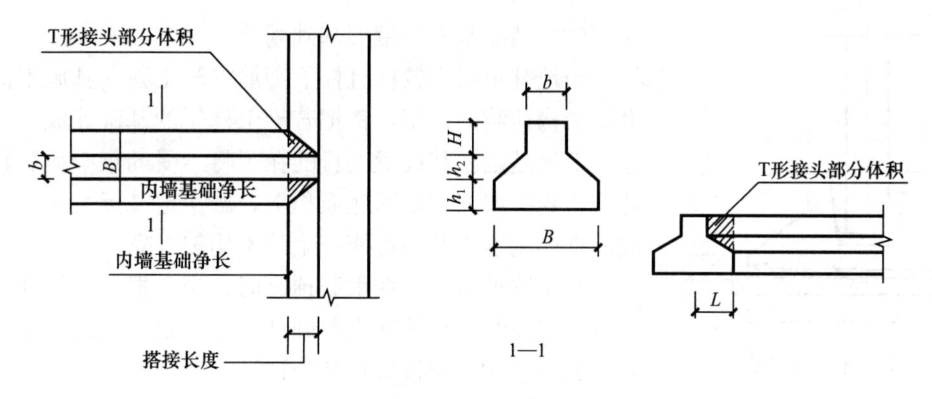

图 2-56　带形基础（T 形接头）示意图

(2) 有梁式带形基础与无梁式带形基础区分

钢筋混凝土带形基础定额分为有梁式带形基础和无梁式带形基础，两种基础定额中钢筋含量相同，仅模板工程中定额含量差别较大，因此在使用定额时不能以钢筋的布置形式不同进行划分，主要根据几何形状来区分。如图 2-57 所示（*a*）、（*b*）、（*c*）可按无梁式带形基础计算，（*d*）、（*e*）按有梁式带形基础计算。有梁式带形基础和无梁式带形基础，其钢筋含量的差别在钢筋量差调整时得以反映。

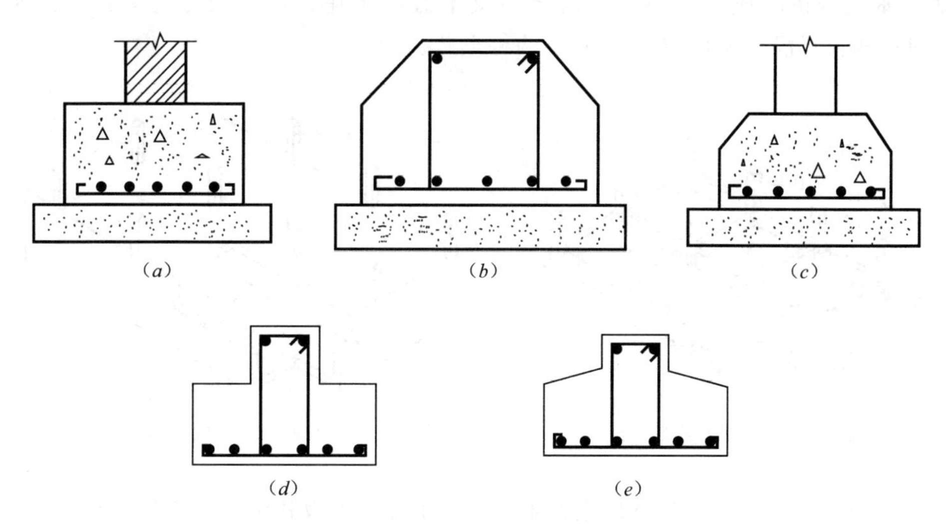

图 2-57　带形基础示意图

(3) 有梁式带形基础的梁高超过 1.2m 时，上部的配筋梁套用墙定额（若上部的梁内不配筋，则上部的梁套用“地下室墙”定额，下部套用“无梁式带形基础”定额）。

2. 柱下单独基础

钢筋混凝土柱下独立基础常用断面尺寸有四棱锥台形、杯形、踏步形等。如图 2-58 所示。

(1) 基础与柱子划分

独立基础与柱子的划分以柱基上表面为分界线，以上为柱子，以下为柱基。

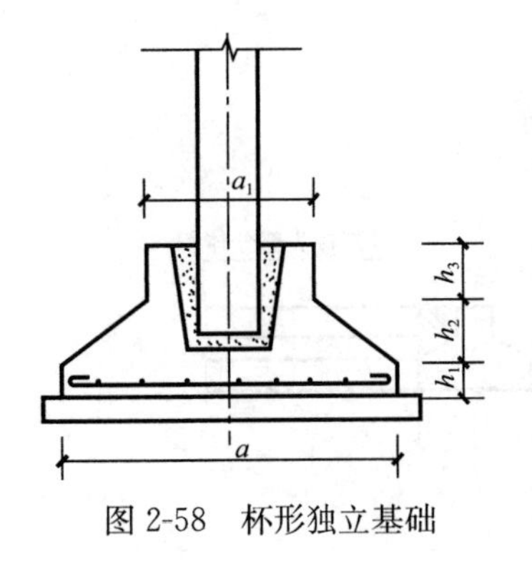

图 2-58　杯形独立基础

（2）独立基础与带形基础划分

当地基承载力较低且柱下钢筋混凝土独立基础不能承受上部结构荷载的作用，常把若干个柱子的基础连成一条构成柱下带形基础。其设置的目的在于将承受的集中荷载较均匀地分布到扩展的带基基底面积上，减小地基反力，并通过形成的整体刚度来调整可能产生的不均匀沉降。

对于这种情况，在编制预算时，当两根柱子的独立基础连成一整体时，仍按独立基础计算；三根及三根以上柱子基础连成一体时，应按带形基础计算。

（3）柱下单独基础的工程量计算

柱下单独基础工程量按图示尺寸以立方米计算。四棱锥台形基础，其体积按下式计算：

$$锥台形基础体积 = abh + \frac{h_1}{6}[ab + (a + a_1)(b + b_1) + a_1 b_1]$$

式中字母所表示尺寸如图 2-58 所示。

柱下单独基础高度按设计规定计算，如无规定时可算至基础的顶面。

3. 满堂基础

满堂基础是指由成片的钢筋混凝土板支承着整个建筑，一般分为梁板式满堂基础（图 2-59）和箱式满堂基础（图 2-60）两种形式。

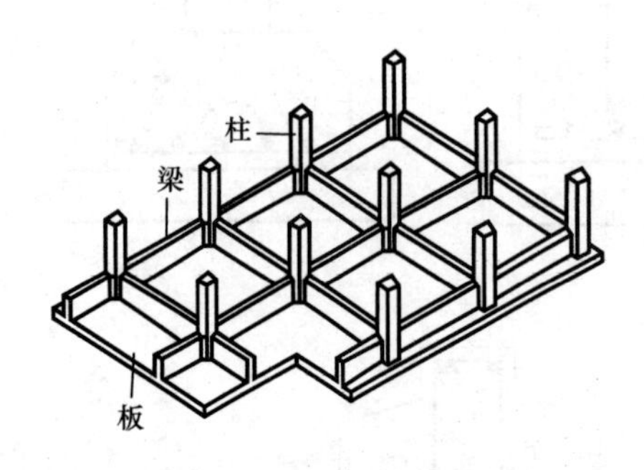

图 2-59　梁板式满堂基础

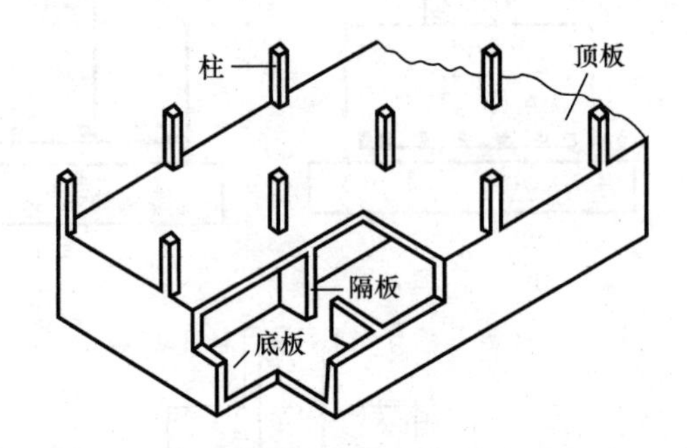

图 2-60　箱式满堂基础

梁板式满堂基础按图示尺寸以立方米计算，工程量为板和梁体积之和。即

$$工程量 = 底板体积 + 突出板面基础梁体积 + 边肋体积$$

箱式满堂基础是指由顶板、底板及纵横墙板连成整体的基础。通常定额未直接编列项目，工程量按图示几何形状，分别计算底板、连接墙板、顶板各部位的体积以立方米计算。

4. 桩承台

桩承台是桩基础的一个重要组成部分，它和桩顶端浇成一个整体，以承受整个建筑物的荷载，并通过桩传至地基。桩承台有带形桩承台（图 2-61）和独立桩承台（图 2-62）两种，独立桩承台一般代替柱下基础使用，带形桩承台代替条形基础作为墙下基础使用。

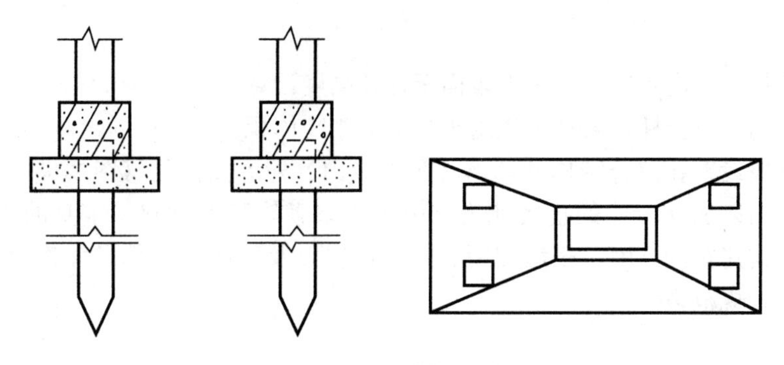

图 2-61　预制桩基础

5. 设备基础

设备基础定额中未包括地脚螺栓的价值，如需预埋时，其价值应按实际重量计算，如需预留设备螺栓孔，其费用按个计算。

6. 杯形基础

杯形基础的形式属于柱下单独基础，但预留有连接装配式柱的孔洞，计算工程量时应扣除孔洞体积。

高颈杯形基础的颈高大于 1.2m 时（基础扩大顶面至杯口底面）按柱相应定额计算，其杯口部分和基础（扩大面以下）的体积合并按杯形基础定额计算。

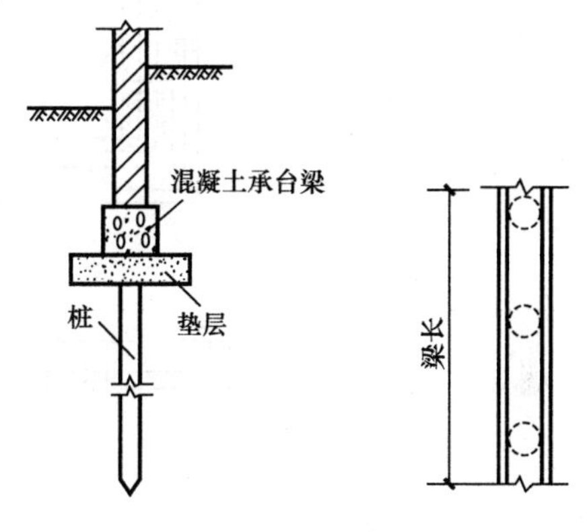

图 2-62　桩承台梁

（二）钢筋混凝土柱

钢筋混凝土柱分现浇和预制两种。柱子从位置上区分，有边列柱、中列柱、高低柱（以上均属于承重柱）和抗风柱。按截面材料可分为砖柱、钢筋混凝土、钢柱。砖柱的截面一般为矩形。钢筋混凝土柱的截面类型有矩形、工字形、空心管柱和双肢柱。

1）矩形柱：构造简单，施工方便，多用于中心受压或截面较小的情况，缺点是不能充分发挥混凝土的性能，如承压能大，且自重大，不利抗震。

2）工字形柱：这种截面形式设计比较合理，整体性能好，惯性矩大，具有较强的抗弯和抗剪性能，比矩形柱减少消耗材料，且施工较简单，在工程造价评估具有重要的作用。

3）钢筋混凝土管柱：采用高速离心法制作。其直径在 200～400mm 之间。中腿部分需浇注混凝土、中腿上下均为单管。

4）双肢柱：在外界荷载作用下，双肢柱主要承受轴向力，可以充分发挥混凝土的强度，柱子断面小，自重轻。双肢间便于通过管道，少占空间。

1. 现制钢筋混凝土柱

现制钢筋混凝土柱工程量按图示尺寸以立方米计算。其工程量可用下式表示：

$$柱体积 = 柱高 \times 柱截面积$$

式中柱高规定如下：

（1）无梁板的柱高，应自柱基上表面（或楼板上表面）至柱帽下表面之间的高度计算。

（2）有梁板的柱高，应自柱基上表面（或楼板上表面）至上一层楼板上表面之间的高度计算。

(3) 框架柱的柱高：应自柱基上表面至柱顶高度计算。

有牛腿钢筋混凝土柱，要加上依附于柱上的牛腿体积。

构造柱一般设置在混合结构的墙体转角处或内、外墙交接处（图 2-63），并和墙体构成一个整体，用以加强墙体的抗震能力。由于砖系砌体脆性材料，本身的受力性能的局限，对砖混结构建筑的高度、横墙间距、圈梁设置以及墙体的局部尺寸都有一定的限制。必须按抗震设计规范考虑。

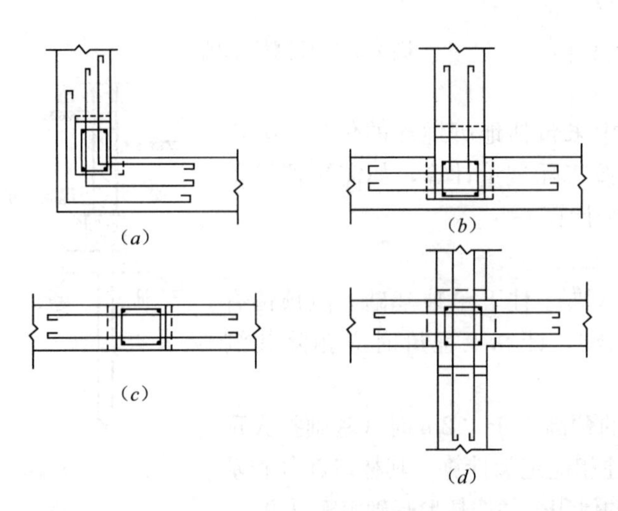

图 2-63　构造柱平面形式

(a) L形拐角处；(b) J字接头处；(c) 长墙中间处；(d) 十字接头处；

另外，为了提高砖混结构的整体刚度和稳定性，以增加建筑物的抗震能力，除了提高砌体强度和设置圈梁外，必要时还应还加设钢筋混凝土构造柱、钢筋混凝土构造柱是从构造角度考虑设置的。结合建筑物的抗震等级，一般在建筑物的四角，内外墙交接处，以及楼梯间、电梯间的四个角等位置设置构造柱。构造柱应与圈梁紧密连接，形成一个空间骨架，从而提高建筑物的整体刚度，提高墙体的应变能力，使建筑物满足建筑物的二级抗震指标，做到裂而不倒，脆性变为具有较好延性的结构。构造柱的截面应不小于 180mm×240mm，主筋不小于 4ϕ10，墙与柱之间沿墙高每 500mm 设 2ϕ6 拉结钢筋，每边伸入墙内不小于 1m。构造柱在施工时，应先砌墙，并留马牙槎，随着墙体的上升，逐段浇筑钢筋混凝土构造柱，构造柱混凝土强度等级一般为 C20。定额的构造柱只适用于先砌墙后浇筑的施工方法，如先浇筑后砌墙或突出墙面的构造柱，不论断面大小，均按周长 1.2m 以内的矩形柱定额执行，墙心柱按构造柱定额执行。

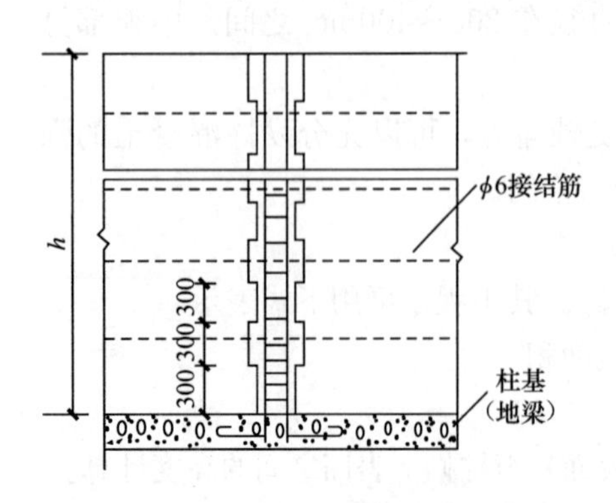

图 2-64　构造柱计算高度示意图

构造柱按图示尺寸以立方米计算。构造柱与砖墙咬接部分（马牙槎）应合并在构造柱体积内，其高度自柱基（或地梁）上表面算至柱顶面。如图 2-64 所示。

2. 预制钢筋混凝土柱

预制柱按照柱断面形状可分为矩形柱、工字形柱、双肢柱、空格柱、空心柱等（如图 2-65 所示）。

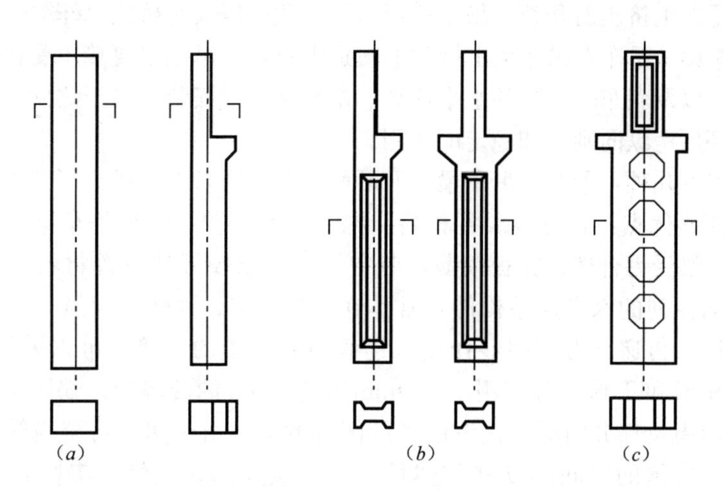

图 2-65　柱的示意图

预制柱上的钢牛腿按铁件定额计取费用。预制框架梁、柱的捣制接头按二次灌浆定额执行。

预制钢筋混凝土柱均按图示尺寸以立方米计算或者按设计图示尺寸以数量计算，按预制钢筋混凝土相应定额项目执行。

（三）钢筋混凝土梁

1. 梁的分类

梁是房屋建筑的承重构件之一，它承受建筑结构作用在梁跨上面的荷载，且经常和柱、板合在一起共同承受建筑物荷载。在结构工程中，应用范围很广泛。

钢筋混凝土梁按照断面形状可以分为矩形梁和异形梁，异形梁如“L、T、十、工”字形等，按结构部位可以划分为基础梁、圈梁、过梁（图 2-66）、单梁（图 2-67）、连续梁等。单梁一般为跨越两个支座的柱间或墙间的简支架，连续梁跨越三个或三个以上支座的柱间或墙间。

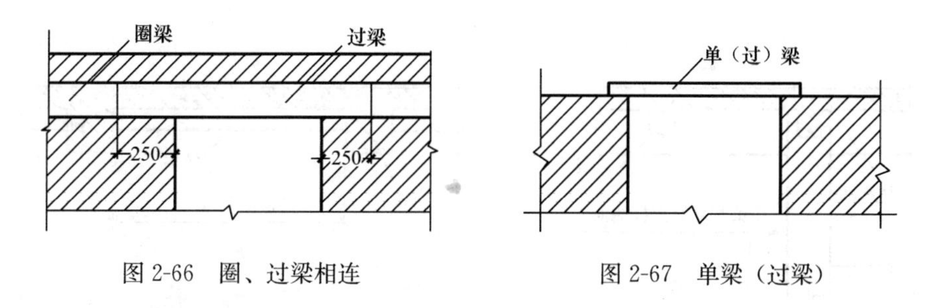

图 2-66　圈、过梁相连　　　　图 2-67　单梁（过梁）

预制梁（预应力梁）有基础梁、吊车梁、托架梁等。基础梁位于两个基础之间的承重梁，承受作用在梁上的建筑物墙体的荷载。当基础埋置较深时，可将基础梁放在基础上表面加的垫块上或柱的小牛腿上，以减少墙身的用砖量。基础梁放置时，梁的表面应低于室内地坪基 250mm，高于室外地坪 100mm，并且不单作防潮层。在寒冷地区的基础梁下部应设置防止土层冻胀的措施，一般做法是把梁下冻土挖除，换以干砂、矿渣或松散土层，以防止基础梁受冻土挤压而开裂。吊车梁当单层工业厂房设有桥式吊车时，需要在柱子的牛腿处设置吊车梁。吊车在吊车梁上铺设的轨道上行走。吊车梁直接承受吊车的自重和起吊物件的重量，以及刹车时产生的水平荷载。吊车梁由于安装在柱子之间，它亦起到传递纵向荷载，保证厂房纵向刚度和稳定的作用。

吊车梁有以下几种：①T 形吊车梁：T 形梁的上翼缘较宽，扩大了梁的受压面积，安装轨道也很方便，优点：自重轻、省材料、施工方便。②工字形吊车梁。③直腹式吊车梁：直腹式吊车梁受力合理，腹板较薄，节省材料、能较好地发挥材料的强度。④连系梁常作厂房纵向柱列的水平连系构件，常作在窗口上皮，并代替窗过梁。连续梁对增加建筑物纵向刚度，传递风力有明显作用。连续梁与柱子的连接，可以采用焊接或栓接，其截面形式有矩形和 T 形，分别用于 240mm 和 365mm 的砖墙中。⑤圈梁又称腰箍，是沿建筑物外围四周及部分内隔墙设置的连续闭合的梁，由于圈梁将楼板箍在一起，配合楼板可大大提高房屋的空间刚度和整体性，增强墙体的稳定性，提高建筑物的抗震能力。同时也可减小因地基不均匀沉降而引起的墙身开裂。圈梁有钢筋砖圈梁和钢筋混凝土圈梁两种。

钢筋砖圈梁用在非抗震区，结合钢筋砖过梁沿外墙形成。钢筋混凝土圈梁其宽度一般同墙厚，对墙厚较大的墙体可分为墙厚的 2/3，高度不小于 120mm。常见的有 180mm 和 240mm。圈梁的数量与抗震设防等级和墙的布置有关，一般情况下，檐口和基础处必须设置，其余楼层可隔层设置，防震等级高的则需层层设置。

圈梁当遇到洞口，不能封闭的，应在洞口上部或下部设置不小于圈梁截面的附加圈梁，其搭接长度不小于 1m，且不应大于两梁高差的 2 倍，但对有抗震要求的建筑物圈梁不宜被洞口截断。

2. 钢筋混凝土梁的计算：

(1) 钢筋混凝土梁体积，可用下式表示：

$$梁体积 = 梁长 \times 梁断面积$$

当结构为现制钢筋混凝土肋形楼盖时，式中梁长规定如下：主梁与柱交接时，主梁长度算至柱侧面。主次梁交接时，次梁长度算至主梁侧面。如图 2-68 所示。

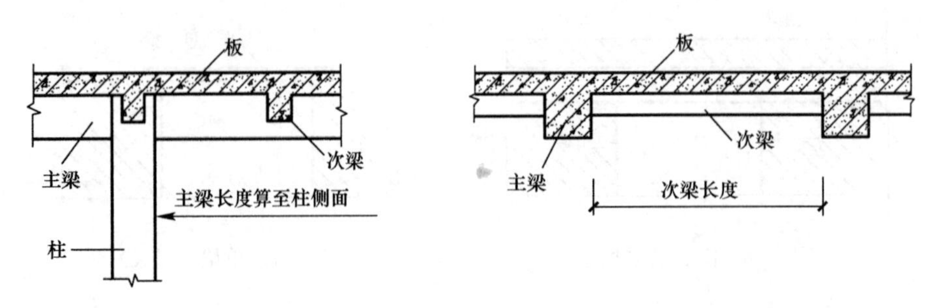

图 2-68　肋形楼盖梁计算长度示意图

（2）伸入墙内的梁头和现浇垫块，其体积并入梁的体积计算。

（3）圈梁代过梁者，分别计算其工程量。过梁长度按门窗洞口宽度两端共增加 50cm 计算。

（4）叠合梁是指预制梁上部预留一定高度，待安装后再浇灌的混凝土梁。其工程量按图示二次浇灌部分的体积以立方米计算。

（四）钢筋混凝土板

钢筋混凝土楼板，是房屋的水平承重构件，并将荷载传递到墙、柱及基础上去。

楼板作为房屋的承重结构，是组成建筑结构必不可少的构件之一。因此它必须满足一定的要求：①楼板具有足够的强度，能够承受自重以及楼面活荷载等一系列荷载。同时还必须具有足够的刚度。避免在荷载作用下产生过大的挠度。②隔声要求，楼板的隔声包括隔绝空气传声和固体传声两个方面，楼板因为建筑的使用功能决定了它必须有一定的隔声作用。③经济要求，楼板的造价占整个工程造价的很大比重，因此选用楼板时既要考虑就地取材又要考虑建筑物的特殊功能要求，综合权衡。④热工和防火要求，建筑物根据用途的不同，防火等级也不尽相同，但都必须满足防火规范中的要求。按楼板使用材料的不同，可以分为钢筋混凝土楼板、砖拱楼板、木楼板。钢筋混凝土楼板强度高、刚度好、耐久、防火性能好，在建筑工程得到广泛使用。根据施工方式的不同，可以将钢筋混凝土楼板分为现浇整体式、预制装配式和装配整体式三种类型。现浇整体式钢筋混凝土楼板是在施工现场将整个楼板浇筑成整体，因而楼板的整体性很好，有利于抗震，但施工时需要大量的模板，现场湿作业量大，劳动强度高，施工速度较慢，工期较长。主要用于平面布置不规则、尺寸不符合模数要求或管道穿越较多的楼面，还有对整体刚度要求较高的高层建筑。现浇混凝土楼板按其结构布置方式可分为板式楼板、肋形楼板、井式楼板和无梁楼板等。现浇混凝土楼板根据长宽两方向的比例关系，可以分为：单向板、双向板、四边支承的板、单面支承的悬挑板。预制装配式钢筋混凝土楼板是将楼板在预制厂生产或施工现场预制，然后在施工现场装配而成。这种楼板可大量节省楼板，改善劳动条件，提高劳动生产率，缩短工期，有很好的经济效益，但整体性较差，抗震性能较差。钢筋混凝土楼板的类型有实心平板、槽形板、空心板三种类型，实心平板上下表面平整，制作简单，但跨度受很大限制，一般用于跨度较小装配整体式钢筋混凝土楼板是将楼板中的部分构件预制、安装后，再通过现浇的部分连接成整体。这种楼板整体性较好，又可以节省大量的模板，综合了现浇钢筋混凝土楼板和预制装配式楼板二者的优点。它可以分为叠合楼板和密切填空块楼板两种形式。

板的工程量，应根据板的不同类型按体积分别以“立方米”计算。

（1）有梁板，是指梁与板整浇成一体的梁板结构。如肋形楼盖、密肋楼盖、井式楼盖等。有梁板（包括主、次梁与板）按梁、板体积之和计算。

（2）无梁板，是指没有梁直接由柱支承的板。

梁板按板和柱帽体积之和计算。柱帽执行柱帽定额，高度自柱帽下口至板底。

（3）平板，是指没有梁，直接由墙支承的板。其工程量按图示尺寸以立方米计算。如图 2-69 所示。

（4）叠合板，是指在预制钢筋混凝土板上再现浇一层钢筋混凝土，形成预制、现制二合一的板。如图 2-70 所示。

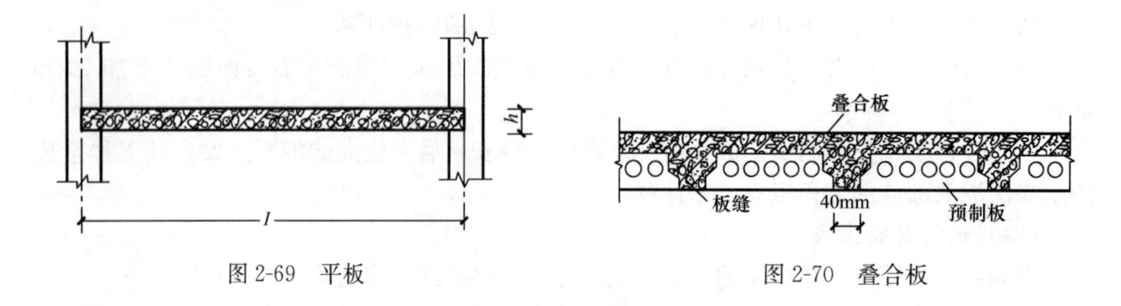

图 2-69　平板　　　　图 2-70　叠合板

叠合板的工程量按图示尺寸以板和板缝体积总和计算。

(5) 有多种板连接时，以墙的中心线为界。伸入墙内板头并入板内计算；板与圈梁连接时，板算至圈梁侧面。

(6) 各类型预制板均按图示尺寸以立方米计算。

(7) 现制板与预制板类构件，均不扣除面积在 $0.3m^2$ 以内的孔洞所占体积。

(五) 钢筋混凝土墙

钢筋混凝土墙（图 2-71）为建筑物的竖向承重构件，并将荷载传递给基础，其种类有一般钢筋混凝土墙、电梯井壁、挡土墙和地下室墙、大钢模板墙四种。

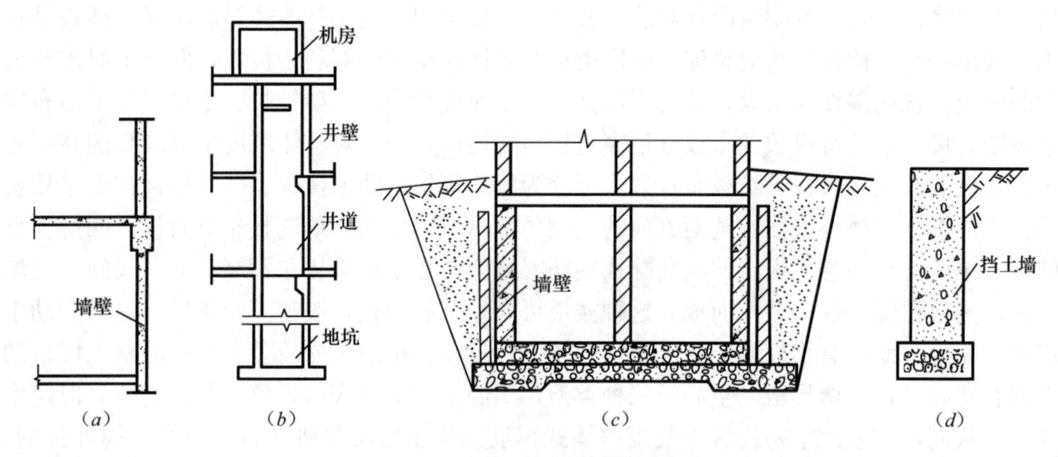

图 2-71　钢筋混凝土墙壁

(a) 钢筋混凝土墙；(b) 电梯井壁；(c) 地下室墙；(d) 挡土墙

有抗震要求时，又从一般钢筋混凝土墙中分出剪力墙，剪力墙与一般墙的主要区别是增加了抗震钢筋。大钢模板墙也是一般钢筋混凝土墙的一种特殊类型，由于它在混凝土支模中使用了整块的定型化钢模板，常以开间、进深为模数，用于住宅的承重构件。

墙、间壁墙、电梯井壁应扣除门窗（框外围面积）、洞口及单个在 $0.3m^2$ 以外的孔洞所占的面积。

大模板混凝土墙中的圈梁、过梁及伸入外墙连接部分，应并入墙体积内计算。墙高度算至墙顶面，不扣除伸入墙内的板头体积。剪力墙带暗柱（指柱与墙平）套用墙定额，剪力墙带明柱（一面或两面突出墙面）一次浇捣成型时，分别套用墙和柱子目。

挡土墙和地下室墙厚度小于 30cm 时，可按混凝土墙相应定额子目执行。

(六) 其他钢筋混凝土构件

1. 钢筋混凝土楼梯

钢筋混凝土楼梯分为整体楼梯和预制装配式楼梯两种。

(1) 钢筋混凝土整体楼梯。楼梯是楼层间的主要交通设施，也是主要建筑构件之一。高层建筑以电梯为主，楼梯为辅。楼梯的主要功能是满足人和物的正常运行和紧急疏散，因此楼梯必须具有足够的强度，足够的宽度，合适的坡度，而且楼梯作为建筑物的主要构件之一，也对建筑物的美观起了很大的作用。楼梯由楼梯段、楼梯平台、楼梯栏杆（板）及扶手部分组成。楼梯形式很多，它主要由楼梯的使用要求所确定的。有单跑楼梯、双跑楼梯、三跑式、四跑式楼梯、弧线形、圆形、螺旋形等曲线形楼梯、桥式楼梯等多种形式。

钢筋混凝土楼梯具有较好的刚度、耐久、耐火性能，所以目前的建筑工程中广泛使用，按施工方法的不同可以分为现浇钢筋混凝土楼板、预制钢筋混凝土楼板两类。现浇整体式钢筋混凝土楼梯刚度大，整体性好，有利于抗震，但模板耗费量大，施工速度慢，一般用于抗震要求高、楼梯形式和尺寸特殊或施工另装困难的建筑。现浇钢筋混凝土楼梯按楼梯结构形式的不同，可分为板式楼梯和梁式楼梯。板式楼梯是直接将梯段板与平台板相连，梯段板承受全部荷载，传给放置在平台板端部的平台梁上，再通过平台梁将荷载传给墙体。如图 2-72 (*a*) 所示。有时也有可能取消一端或两端的平台梁，使梯段板与平台板直接连成整体，形成折线形直接支承于墙上。如图 2-72 (*b*) 所示。

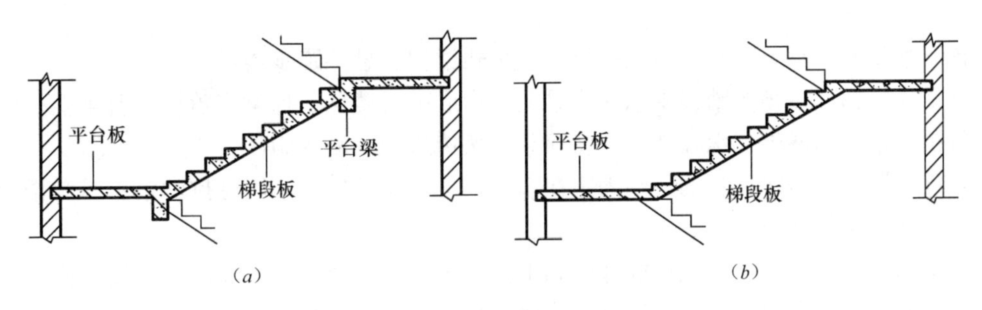

图 2-72 现浇钢筋混凝土板式楼梯

(*a*) 两端设平台梁；(*b*) 两端不设平台梁

板式楼梯由于它自身的受力特点，决定了它一般用于梯段跨度不大的情况，板式楼梯通常有梯段板、平台梁、平台板组成。

梁式楼梯一般由梯段踏步板、楼梯斜梁、平台梁和平台板组成。楼梯斜梁简称梯梁。荷载的传递路径是由踏步板传递给梯梁，再通过梯梁传递给平台梁，从而再进一步传递给墙体。梯深的设置有一根和两根形式。通常设两根，分别布置在踏步板的两侧，根据梯梁与踏步板竖向相对位置的不同可以分为明步和暗步两种，如图 2-73 所示。明步是指梯梁在踏步板之下，踏步外露。而暗步则是指梯梁在踏步之上，形成反梁，踏步板被包在里面。梁式楼梯相对于板式楼梯而言，钢材和混凝土用量少、自重轻，但支模、施工较复杂，适用于梯段板跨度较大或荷载较大时的情况。

预制装配式钢筋混凝土楼梯因现场湿作业，节省大量模板，施工速度较快，因而应用较广，预制装配式钢筋混凝土楼梯有小型、中型、大型预制构件之分。小型构件装配式楼

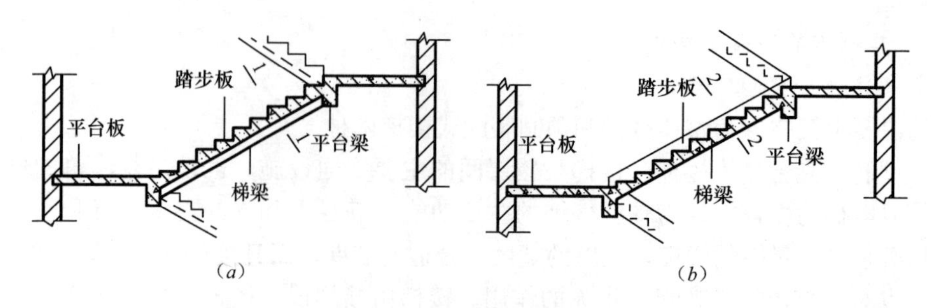

图 2-73　现浇钢筋混凝土梁式楼梯

(*a*) 明步楼梯；(*b*) 暗步楼梯

梯是将梯楼梯的梯段和平台划分成若干个部分，分别预制成小构件装配而成，它的主要预制构件是踏步和平台板、钢筋混凝土踏步的断面形式有三角形、L 形、一字形三种，如图 2-74 所示。

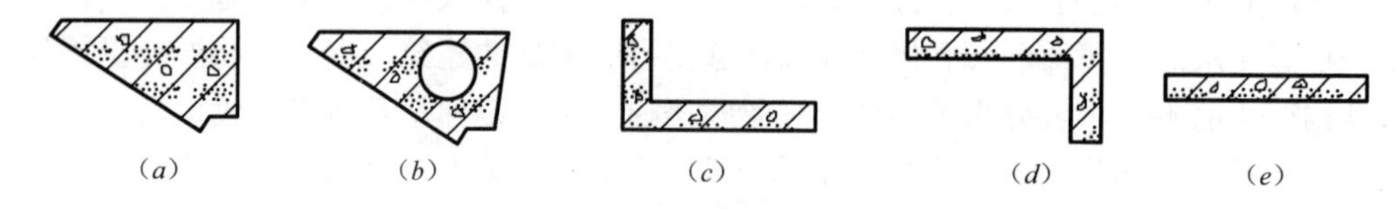

图 2-74　预制踏步的形式

(*a*) 实心三角形踏步；(*b*) 空心三角形踏步；(*c*) 正置 L 形踏步；(*d*) 倒置 L 形踏步；(*e*) 一字形踏步

预制踏步的支承方式有梁承式楼梯、墙承式楼梯、悬挑踏步楼梯。

梁承式楼梯是指预制踏步支承在梯梁上，形成梁式楼梯，梯梁支承在平台梁上；墙承式是将预制踏步的两端支承在墙上，将荷载直接传递给两侧的墙体。

悬挑式楼梯，是将踏步的一端固定在墙上，另一端悬挑，利用悬挑的踏步承受楼梯全部荷载，并直接传递给墙体。

中型构件装配式楼梯是把楼梯梯段和平台各预制成一个构件装配而成，按结构形式的不同，有板式梯段和梁式梯段两种。板式楼梯是指梯段为预制成整体的梯段板，两端搁置在平台梁挑出的翼缘上，将梯段荷载直接传给平台梁，如图 2-75 所示。

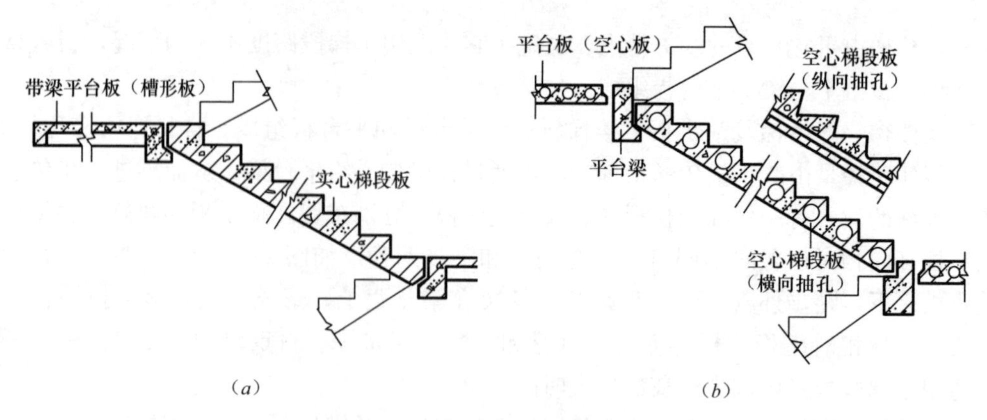

图 2-75　预制板式梯段与平台

(*a*) 实心梯段板与带梁平台板（槽形板）；(*b*) 空心梯段板与平台梁、平台板（空心板）

梁式楼梯是将踏步板和梯梁组成的梯段预制成一个构件，一般采用暗步。(图 2-76。)

大型构件装配式楼梯是把整个梯段和平台预制成一个构件，按构件形式的不同，也有板式楼梯和梁式楼梯两种。如图 2-77 所示。这种楼梯构件数量少，减少了施工现场的湿作业，装配化程度很高，施工速度快，但需要大型的起重运输设备与之相配合。

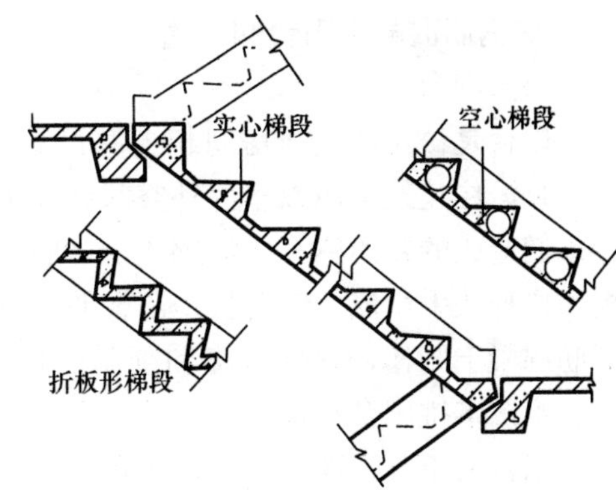

图 2-76　预制梁式梯段

整体楼梯工程量应分层按楼梯水平投影面积计算。不扣除宽度小于 50cm 的楼梯井；伸入墙内部分亦不另外增加。楼梯基础、栏杆（栏板）、扶手不包括在楼梯工程量内，应另列项目计算。

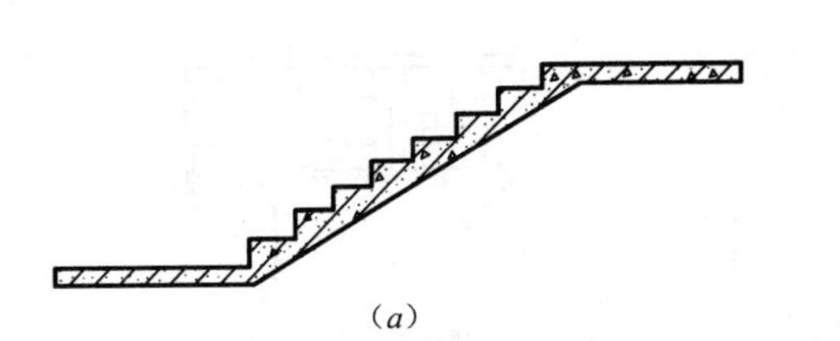
(*a*)

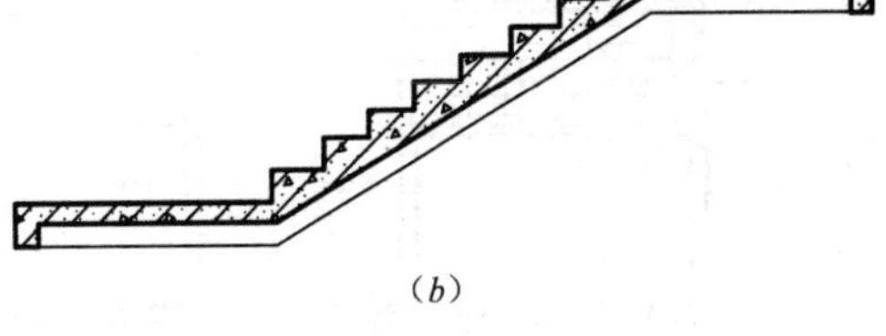
(*b*)

图 2-77　大型构件装配式楼梯形式
(*a*) 板式楼梯；(*b*) 梁式楼梯

整体楼梯工程量计算可用下式表示：

$$每层楼梯水平投影面积 = l \times b - 宽度大于 50\text{cm} 楼梯井面积$$

式中　l——休息平台内墙面至楼梯与楼板相连梁的外皮尺寸；

b——楼梯间净宽。

楼梯也可按设计图示尺寸以体积计算。

(2) 预制装配式楼梯。预制装配式楼梯一般可采用楼梯段、平台板和平台梁组装方式，也可采用斜梁、踏步、平台板和平台梁组装方式。其工程量应分别按不同构件以立方米计算，套相应预算定额。也可以以段计量，按设计图示数量计算

在施工实际中，还有一种楼梯型式是螺旋型楼梯。螺旋型楼梯包括踏步、梁、休息平台，按水平投影面积以平方米计算。套用弧形楼梯定额项目。螺旋楼梯的水平投影面即是圆环面。其计算公式为：

$$螺旋梯混凝土工程量 = \frac{\omega}{360}\pi(R^2 - r^2)$$

式中　ω——螺旋梯旋转角度；

R——梯外边缘螺旋线旋转半径；

r——梯内边缘螺旋线旋转半径。

楼梯基础、栏杆与地坪相连的混凝土（或砖）踏步和楼梯的支承柱另行计算，执行相应的定额。

2. 钢筋混凝土阳台和雨篷

(1) 阳台

阳台是楼房各层与房间相连并设有栏杆的室外小平台，它悬挑于建筑每一层的外墙上，是居住建筑中用以室内外空间和改善居住条件的重要组成部分。它改变了单元式住宅给人们造成的封闭感和压抑感，是多层以及高层建筑中不可缺少的部分。阳台主要由阳台板和栏杆扶手组成。阳台板是阳台的承重结构，栏杆扶手是阳台的围护结构。阳台通常用钢筋混凝土制作，它分现浇和预制两种。阳台按其与外墙的相对关系可分挑阳台、凹阳台、半凹半挑阳台；按其在建筑中所处的位置可分为中间阳台和转角阳台。如图 2-78 所示。阳台由于其特殊的功能，因此对阳台栏杆（栏板）的安全性要求甚为重要：①栏杆（或栏板高度）要保证满足规范要求的最低尺度；②栏板（或栏杆）要与阳台底板有可靠的连接构造，阳台栏杆（或栏板的高度不宜过低）以保证日常生活中人员不会产生恐惧感。

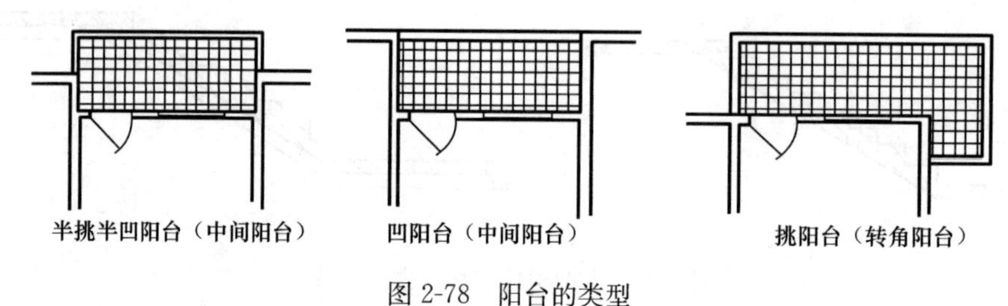

图 2-78　阳台的类型

1) 阳台的结构布置

阳台根据其承重结构及受力方式的不同可分为搁板式和悬挑式，悬挑式中又可分为挑板式和挑梁式。搁板式是将阳台板直接搁置在墙上，其中预制楼板一般做成槽形，而现浇楼板的板型一般与房间楼板一致。宽度也多与房间开间相一致，深度以 1.2～1.5m 左右较适宜。悬挑式是将阳台悬挑出外墙，挑出长度一般为 1.5m 左右，当挑出长度超出 1.5m 时，应做凹阳台或采取可靠的防倾覆措施，按悬挑方式可分为挑梁式和挑板式，挑梁式做法是从横墙上伸出挑梁，阳台板则直接搁置在梁而成。挑梁压入墙内的长度一般为悬挑长度的 1.5 倍左右，考虑挑梁端部外露影响美观，可增设边梁。挑板式是直接将阳台板悬挑，有两种做法，一种是直接将楼板向外延伸悬挑形成阳台板，这种做法虽简单，但悬挑长度会受到很大限制，而且由于阳台地面与室内地面标高相同，不利于排水。第二种做法是将阳台底板与过梁、圈梁整浇在一起，借助梁上部墙体的重量来平衡阳台板，这种做法阳台底部平整，阳台宽度不受房间开间大小的限制，而且对阳台板的抗倾覆也很为有利。

2) 阳台的构造

一般阳台的构造如图 2-79 所示。

阳台的栏杆和扶手

阳台的栏杆、扶手作为阳台的围护构件，它应具有足够的强度和适当的高度，同时还必须具有一定的美感，栏杆形式有三种，即空花栏杆、实心栏杆以及空花栏杆和实心杆栏组合而成的组合式栏杆。从材料方面分类有金属及钢筋混凝土栏杆、砖砌及钢筋混凝土栏板、其他材料的栏板，栏板按材料有混凝土栏板、砖砌栏板等，混凝土栏板有现浇和预制的两种，现浇混凝土栏板一般是将它与阳台板整浇在一起，而预制混凝土栏板则可预留钢筋与阳台板的后浇混凝土挡水边坎浇在一起，或预埋铁件焊接。扶手多为钢筋混凝土扶手，也有木扶手和钢管扶手。

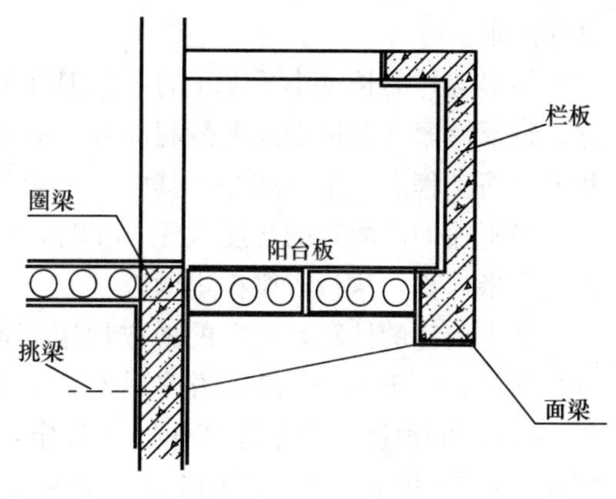

图 2-79　阳台构造示意图

阳台不论类型均以水平投影面积计算工程量。对于伸出墙外的牛腿、檐口梁（即面梁）已包括在定额项目内，不得另行计算其工程量。但嵌入墙内的梁应单独计算工程量。其工程量以立方米计算，执行过梁定额。

3）阳台的排水处理

为避免阳台的积水流入屋内，保持阳台的排水顺畅，一般阳台地面比室内地面标高低30～60mm。并向排水口找0.5%～1%的排水坡、阳台板的外缘设挡水边坎，在阳台一端或两端埋设泄水管直接将水排出，对高层建筑应将雨水导入雨水管进行排水。

（2）雨篷

雨篷是建筑入口外和顶层阳台上部用以遮风、挡雨并具一定保护外门免受雨雪侵蚀的作用，给人们提供一个从室外到室内的过渡空间，以及有装饰作用的水平构件。钢筋混凝土雨篷也可分为现浇和预制的两种。现浇雨篷可以浇注成平板式和槽形板式。而预制雨篷则多为槽形板式。雨篷按支承方式可分为悬挑式以及立柱式，悬挑式有板式和梁式两种。板式雨篷多做成度截面形式，悬挑长度不能超过1.5m，一般根部厚度小于70mm，板端不小于50mm，并做出排水坡度。有时为了美观常采用梁板式，为使雨篷底板平整，可采用翻梁形式。当需挑出更长尺寸时，则多采用立柱式，即在入口侧加设柱子，形成门廊，此时柱子不但起支承作用，同时也起强调入口和装饰的作用。由于雨篷的特殊位置以及特殊作用。雨篷的防水和排水处理尤为重要。通常采用防水砂浆抹面，并向上翻起形成泛水，其高度不能小于200mm，以防雨水沿墙边渗透。同时，还应沿排水方向做出排水坡。根据排水的需要，以便有组织排水，可沿雨篷外缘做上翻的挡水边坎。在两端设泄水管或水舌进行排水处理。

带反挑檐雨篷是指雨篷板上面的周边带有阻水坎的一种形式，坎高坎宽的面积并入雨篷内计算。

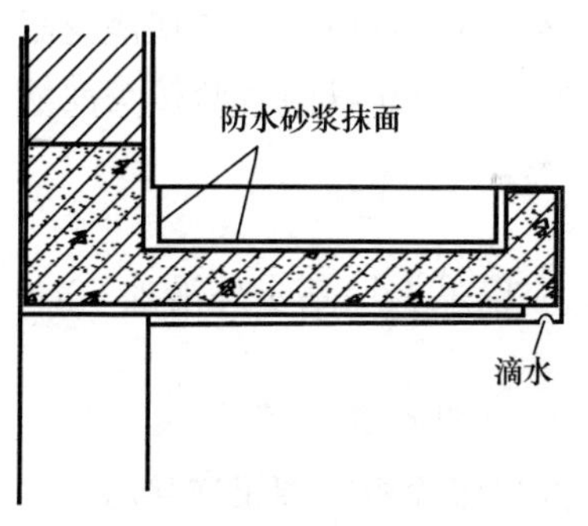

图 2-80　悬板式雨篷构造

雨篷常见构造如图 2-80 所示。

雨篷常与凸阳台一样做成悬挑的构件。悬挑长度一般为1～1.5m，为防止倾覆，一般把雨篷板入口门过梁浇筑在一起，形成由梁挑出的悬壁板。雨篷的荷载比阳台小，故雨篷板和截面高度较小，为了立面处理的需要，往往将雨篷外沿用砖砌出一定高度也可使用混凝土浇筑出一定高度。雨篷的排水可以设在前面，也可设在两侧。雨篷上表面应用防水砂浆向排水口做出1%的坡度，以便排除雨水。

伸出墙外的长度小于 2m 的雨篷其工程量按其伸出墙外的水平投影面积以平方米计算。带反挑檐（即边沿向上翻起部分）的雨篷按展开面积计算。即将反挑檐展开，其面积并入雨篷工程量。牛腿亦并入其中，不得另行计算。

当雨篷伸出墙外的长度大于 2m 时，应按整个雨篷的体积（包括嵌入墙内的梁在内）以立方米计算，执行有梁板定额。

对于雨篷的计算，也有的地方规定其伸出墙外的宽度以 1.5m 为界，小于 1.5m 以平方米计算，大于 1.5m 以立方米计算，其他规则与上同，也有的地区对伸出墙外宽度在 1.5m 以内的雨篷工程量计算作以下规定：伸出墙外宽度在 1.5m 以内的雨篷，其平均厚度在 6cm 以内且反边（反挑檐）高度在 12～30cm 时，执行现浇雨篷定额；其厚度在 9cm 以上且无反边及挑梁者，执行平板定额；厚度在 9cm 以上，且反边在 30cm 以内（或有挑梁）者，执行平板定额；反边高度大于 30cm 者，执行现浇墙的相应定额。

3. 混凝土栏杆、栏板、扶手

阳台栏杆是在阳台外围设置的垂直构件。主要是承担人们扶倚的侧向推力，以保障人身安全，还可以对整个建筑物起装饰美化作用。栏杆形式有实体、空花和混合式，按材料可分为砖砌、钢筋混凝土和金属栏杆。楼梯栏杆与阳台栏杆作用相同。但常用材料为木材或金属。

栏板是阳台和楼梯上所设的安全设施，通常是实心的，实心栏板可用石砌、预制或现浇混凝土、钢丝网水泥，也可用有机玻璃等作为栏板。本分部中栏杆、栏板均指现浇钢筋混凝土栏杆、栏板。

栏杆按净长度以“延长米”计算。伸入墙内的长度已综合在定额内。栏板以立方米计算，伸入墙内的栏板，合并计算。

4. 预制钢筋混凝土框架柱的接头（包括梁接头）

其工程量按设计断面尺寸以实体积计算，套框架柱接头定额。

5. 预制板接头灌缝

在预制楼板安装中，板的标志尺寸和构造尺寸之间有 10～20mm 的差值。这样便形成了板缝。为了加强其整体性，必须在板缝中填入水泥砂浆或细石混凝土（即灌缝）。在具体布置房间的楼板时，当缝隙小于 60mm 时，可调节板缝；当缝隙在 60～120mm 之间时，可在灌缝的混凝土中加配 2ϕ4 通长钢筋；当板缝达到 120～200mm 时，应设钢筋混凝土现浇板带，且将板带设在墙边或有穿管的部位。

计算规则规定预制板补现浇板缝的宽度（指下口宽度）在 150mm 以上，其现浇混凝土的工程量应按图示尺寸以立方米计算，套用现浇平板定额。150mm 以内者套接头灌缝相应项目。

6. 台阶

台阶按水平投影面积计算，如台阶与平台走道连接时，应以最上层踏步外沿加 30cm 计算。

7. 挑檐天沟

挑檐天沟是指挑出檐口的天沟，不包括挑檐板。挑檐天沟与屋面板或圈梁连接时，均以墙或圈梁外皮为分界线。

（七）预应力、预制构件

1. 预应力混凝土

预应力混凝土是在结构承受外荷载前，用人为的方法在结构受拉区预先施加一种压应力，这种压应力能够完全或部分抵消预应力构件在外荷载作用下所产生的拉应力，从而推迟裂缝的出现及延伸，提高结构的强度和刚度，这种利用钢筋对受拉区混凝土施加预压应力的混凝土就叫预应力混凝土。它的特点是在混凝土构件或构件中对高强度钢筋进行张拉。使混凝土获得预压应力，以改善结构性能和适应现代化建筑的需要。

预应力混凝土与普通混凝土相比，除提高构件抗裂度和刚度外，还具有构件截面小、自重轻、刚度大、抗裂度高、耐久性好、材料省等特点。但预应力混凝土施工，需要专门的机械设备，工艺比较复杂，操作要求较高。

预应力混凝土按钢筋的张拉方法可分为机械张拉和电热张拉，其中机械张拉又分为先张法和后张法，先张法是在混凝土浇筑前进行钢筋的张拉，预应力是靠钢筋与混凝土之间的粘结力传递给混凝土的，后张法则是先浇筑混凝土，等到混凝土达到一定强度后再进行钢筋的张拉，并利用锚具将预应力筋锚固在构件的端部，预应力则是靠锚具传递给混凝土。在后张法中，预应力钢筋可分为有粘结筋和无粘结筋两种。前者是通过灌浆使预应力钢筋与混凝土相互粘结，后者预应力只能永久地靠锚具传递给混凝土。先张法多用于预制构件厂生产定型的预应力中小构件，后张法宜用于现场生产大型预应力构件、特种结构和构筑物。亦可作为一种预制构件的拼装手段，目前多用于大跨度结构。

2. 预制构件

装配式钢筋混凝土结构和装配整体式钢筋混凝土结构的主要构件一般采用工厂化预制生产，预制构件的制作方法，根据成型及养护方法可分为以下三种。

（1）台座法：台座是预制构件的底模，构件在生产的过程中固定在一个地方，而操作工人和生产机具则是按顺序地从一个构件移至一个构件，来完成各项生产过程。优点是设备简单，投资少，但占地面积大，生产效率低。

（2）机组流水法：将整个车间按生产工艺的要求划分为几个段，构件随同模板沿着工艺流水线，借助于起重运输设备，依次向后分别完成各有关的施工过程。优点是：生产效率较高，机械化程度高、占地面积小，但投资大，生产过程繁多。

（3）传送带法：使模板在一条呈封闭环形的传送带上移动，生产过程中的几个施工工艺均是沿传送带循环进行的。优点是：生产效率高，机械化、自动化程序高，但设备复杂，投资大。宜用于大批量生产定型构件。

生产预制构件常用的模板有钢平模、固定式胎模、成组立模等。预制构件的成型过程主要有准备模板、安放钢筋及预埋铁件、运送混凝土、浇筑混凝土、捣实及修饰构件表面等，捣实是保证混凝土构件质量的关键工序之一。常用的捣实方法有：振动法、挤压法、离心法等。目前预制构件的养护方法有：自然养护、蒸汽养护、热拌混凝土热模养护、太阳能养护等。

预制钢筋混凝土屋架，外形尺寸大，杆件断面小，钢筋排列紧密，混凝土多为高强度等级，如为预应力时，预留孔道要准确留设，整榀屋架混凝土应一次浇成，不许留施工缝。屋架支模分平卧、平卧重叠和立式三种方式。

预制柱的特点是长度较长，分上柱和下柱两部分。上下柱交接处有挑出的牛腿。柱子往往有很多伸出的钢筋，以便与圈梁或墙体连接，其埋置标高必须准确，柱顶和牛腿面上预埋铁板，要求埋设准确，以保证屋架和吊车梁的安装。

预制混凝土和钢筋混凝土构件包括制作、运输、安装及灌浆等工程量的计算，且可一并计入定额规定的损耗量中。

3. 制作

（1）混凝土工程量均按图示尺寸实体体积以立方米计算，不扣除构件内的钢筋、铁件及小于 300mm×300mm 以内的孔洞面积。

（2）预制桩按桩全长（包括桩尖）乘以桩断面（空心桩应扣除孔洞体积）以立方米计算。

（3）混凝土与钢杆件组合的构件，混凝土部分按构件实体体积以立方米计算，钢构件部分按吨计算，再分别套相应的定额项目。

（4）空心板工程量应扣除空洞体积，按实体计算。

4. 运输及安装

（1）预制构件的运输：

预制构件运输的一般规定：①构件运输时，混凝土强度，当设计无具体规定时，不应小于混凝土强度标准值的 75%；对于桁架、薄壁构件，混凝土强度等级不应低于强度标准值的 100%；对于孔道灌浆的预应力混凝土构件。孔道水泥砂浆强度不宜低于 $15N/mm^2$。②构件支承的位置和方法，应根据其受力情况确定，亦可按正常受力结构进行计算，但在任何情况下混凝土强度等级不得低于 C30、不得引起混凝土的超应力或损伤构件，对于悬挑构件应予以认真换算。③构件装运时应绑扎牢固，防止移动和倾倒，对于构件边部或与链索接触处的混凝土，应采用衬垫加以保护。④运输细长构件时，行车应平稳，并可根据需要设置临时水平支撑。

1）柱子的运输

长度在 6m 以内的可用一般的载重汽车运输，较长的柱则必须用拖车运输，长柱子的悬出部分的最低点距离地面不宜小于 1m，柱的前端至驾驶室距离不宜小于 0.5m，支垫方法，一般用两点支承，如柱子较长时，应用平衡梁三点支承。

2）吊车梁的运输

6m 长的钢筋混凝土吊车梁可采用载重汽车或半拖挂运输、“T”形吊车梁侧向刚度大，可平放于汽车上运输。鱼腹式吊车梁一般面向上放置。

3）屋架的运输

钢筋混凝土屋架要在拖车平板上搭设钢板支架运输，根据构件的重量及尺寸按有关规定选用载重汽车型号，每次装载两榀或四榀，屋架前端下弦至拖车驾驶室的距离不小于 0.25m，屋架后端距地面不小于 1m。

4）屋面板运输

6m 长的构件可用载重汽车运输，9m 长的构件需用拖车板运输。每车装 4～5 块，屋面板之间同一位置的垫木，必须在同一条直线上，装车时应使屋面板的纵向中心线与汽车底盘纵向中心线一致。为防止屋面板左右移动，一般均设侧向固定杆。

5）屋面梁的运输

6m左右的屋面梁可用载重汽车运输。9m以上的屋面梁，一般都在拖车平板上搭设绞架运输。

（2）预制构件起吊：

柱子的起吊可分为单机吊装和双机吊装。单机吊装又可分为旋转法和滑行法两种，旋转法是起重机边回转边起钩，使柱筑柱脚旋转而直立。滑行法是起吊柱过程中，起重机只起吊钩，柱脚沿地面滑行而使柱直立，双机起吊可分为滑行法和递送法两种，屋架的起吊也有单机吊装和双机吊装两种方法。预制构件的吊装的施工工艺步骤如下：准备工作→绑扎→起吊→就位和临时固定→校正→最后固定。

（3）预制混凝土构件的运输及安装均按构件图示尺寸，以实体积计算；钢构件按构件设计图示尺寸以吨计算，所需螺栓、电焊条等重量不另计算。

（4）预制混凝土构件运输及安装损耗率，按表2-24规定计算后并入构件工程量内。其中预制混凝土屋架、桁架、托架及长度在9m以上的梁、板、柱不计算损耗率。

预制钢筋混凝土构件制作、运输、安装损耗率表　　表2-24

名　　称	制作废品率	运输堆放损耗	安装（打桩）损耗
各类预制构件	0.2	0.8	0.5
预制钢筋混凝土桩	0.1	0.4	1.5

（5）预制混凝土构件运输的最大运输距离为50km以内；钢构件和木门窗的最大运输距离20km以内；超过时另行补充。加气混凝土板（块）、硅酸盐块运输每立方米折合钢筋混凝土构件体积0.4m^3，按一类构件运输计算。

（6）构件运输定额中已考虑了运输支架的摊销费用，不另计算。

（7）预制混凝土构件的安装：

1）用焊接连接成的预制钢筋混凝土框架结构，其柱安装按框架柱计算，梁安装按框架梁计算；用节点浇筑成形的框架，按连体框架梁、柱计算。

2）预制钢筋混凝土工字型柱、矩型柱、空腹柱、双肢柱、空心柱、管道支架等安装，均按柱安装计算。

3）组合屋架的安装，以混凝土部分实体体积计算，钢杆件部分不另计算。

4）预制钢筋混凝土多层柱的安装时，首层柱按柱安装计算，二层及二层以上按柱接柱计算。

（8）钢构件的安装：

1）钢构件安装按图示构件钢材重量以“吨”计算。

2）依附于钢柱上的牛腿及悬臂梁等，可并入柱身的主材重量计算。

3）金属结构中所使用的钢板用量的计算，设计为多边形者，按矩形计算，矩形的边长以设计尺寸中互相垂直的最大尺寸为准。

（9）钢筋混凝土构件接头灌缝：

1）钢筋混凝土构件接头灌缝，主要包括构件坐浆、灌缝、堵板孔和塞板梁缝等。均按预制钢筋混凝土构件实体积以立方米计算。

2）柱与柱基的灌缝，按首层柱体积计算；首层以上柱灌缝按各层柱体积计算。

3）空心板堵孔的人工材料，已包括在定额内。如不堵孔时每 $10m^3$ 空心板体积，应扣除 $0.23m^3$ 的预制混凝土块和 2.2 的工日。

预应力构件按外形实体积计算，其穿钢筋所预留孔洞的体积不扣除。

定额中未包括预制钢筋混凝土构件的制作废品率、运输堆放损耗率及安装损耗率，应以施工图计算的构件工程量，再分别增加制作废品损耗及运输堆放、安装损耗。

（八）钢筋（预埋铁件）工程

1. 概述

钢筋分为捣制构件钢筋、预制构件钢筋、预应力钢筋。钢筋按生产工艺可分为：热轧钢筋、冷拉钢筋、冷拔钢丝、热处理钢筋、碳素钢丝、刻痕钢丝和钢绞线等。钢筋按化学成分可分为：碳条钢钢筋和普通低合金钢钢筋。碳素钢按含碳量多少，又可分为：低碳钢钢筋（含量低于 0.25%）、中碳钢钢筋（含碳量位于 0.25%和 0.7%之间）和高碳钢钢筋（含碳量位于 0.7%～1.4%之间）。普通低合金钢是在低碳钢和中碳钢中加入少量合金元素，获得强度高和综合性能好的钢种、钢筋按力学性能可分为：HPB300、HRB335、HRB400 和 RRB400。钢筋按扎制外形可分为：光圆钢筋和变形钢筋（月牙形、螺旋形、人字形钢筋）。钢筋按直径大小可分为：钢丝（直径 3～5mm）、细钢筋（直径 6～10mm）、中粗钢筋（直径 12～30mm）和粗钢筋（直径大于 20mm）。钢筋按在建筑物构件中所处部位的不同，可以分为：受拉钢筋、受压钢筋、弯起钢筋、分布钢筋、架立钢筋、箍筋等 6 种。前 3 种是按设计荷载计算而配置的，统称为受力钢筋（也叫主筋）。后 3 种主要是按结构要求设置的，统称为构造钢筋。定额中钢筋以手工绑扎为主，非预应力冷拔丝采用点焊，实际施工时与定额不符者，仍按定额执行，不得调整。

非预应力钢筋，定额中未考虑冷加工，如设计规定需要冷加工者，加工费及加工损耗另行计算。

定额捣制和预制构件的钢筋是按Ⅰ级钢筋考虑的，设计要求采用Ⅱ级至Ⅳ级钢筋时，可按Ⅱ级至Ⅳ级钢筋的材料预算价格列入直接费，其他费用不变。

钢筋的对焊和搭接焊均按 90%和 10%的比例综合在定额内，实际施工与定额不同时，仍按定额执行。钢筋搭接焊所多耗用的钢筋已综合在定额内（指符合施工验收规范要求的，不定尺规格的钢筋接长，以满足施工图中钢筋的长度要求），不得增加焊接长度。设计注明对焊接有要求者，可按设计要求增加长度并计算重量。

捣制构件钢筋如设计图纸未注明搭接长度者（如圈梁，设计图纸一般只绘制剖面图），应按施工验收规范的要求，计算搭接长度和转角处加筋的重量。

绑扎钢筋用铁丝取定为 20 号，实际施工与定额不同时，仍按定额执行。

预应力钢筋分先张法和后张法两种，先张法钢筋分为冷拔钢丝、Ⅱ级钢筋（Φ）、Ⅳ级钢筋（Φ）、碳素钢丝，以常用规格列入定额。设计要求的规格不同时，允许调整，预应力钢绞线，应另作补充定额。

在构件中预应力钢筋有两种，一种是单根使用，一种是把几根钢筋编在一起，成为钢筋束，这种钢筋束多用于后张法构件。

预应力钢筋的张拉设备定额是综合考虑的。钢筋经冷拉时效后能提高钢筋的强度，其人工时效未列入定额，如设计要求人工时效者，时效费另行计算。

后张法预应力构件的锚件按套计算，综合考虑了丝焊锚、夹片锚、镦头锚，定额为参考价格，应按设计要求的不同的规格锚件列入定额直接费。锚件张拉的人工、机械费已包括在后张法预应力钢筋项目内，不另计算。

预应力构件中的非预应力钢筋按预制构件钢筋计算，如预应力混凝土圆孔板的板面架立钢丝及板端网片钢丝等。

预应力钢筋的长度以构件的外形长度计算，伸出构件外的预留长度和拉伸的增加长度均不作增减调整。

后张法预应力钢筋项目内已包括张拉的预留孔道灌浆费用，实际灌浆用量与定额不同时，不作调整。预留孔道是按埋管抽孔成形考虑的，设计要求埋入波纹管等方法成型时(不抽出)，应另计费用。

钢筋均按施工图的要求分不同规格以吨为单位计算，不分柱、梁、板、墙等不同部位。

构筑物、楼地面、屋面分部的捣制或预制构件的钢筋均按混凝土分部定额执行。

铁件分为一般铁件和精加工铁件两种，凡设计要求刨光、车丝、钻孔者，均按精加工铁件计算。

铁件不论采用何种型钢，均按设计尺寸计算重量，焊条的重量不得计算。

精加工铁件按毛件重量计算，不扣除刨光、车丝，钻孔部分的重量，焊接重量均不计算。

各种规格的钢筋、铁件的损耗率如下：捣制、预制构件钢筋为2%，预应力钢筋先张法的冷拔钢丝和碳素钢丝为9%，其他预应力钢筋为6%，后张法预应力钢筋为13%，铁件为1%。

2. 钢筋（预埋铁件）工程量调整

(1) 一个单位工程中，施工现场的现、预制钢筋混凝土构件，按设计图纸计算的钢筋及马凳、垫铁及预埋铁件的总用量超过定额用量的±3%（有些地区规定±5%）时，可以调整定额总用量；但在±3%以内时不得调整。钢筋调整量以“t”计算。其调整量计算公式如下：

单位工程钢筋调整量 =（图纸钢筋用量 + 马凳、垫铁用量）×（1 + 损耗率）－ 定额总用量

预埋铁件调整量计算同上式。

钢筋损耗率包括施工过程中操作损耗和图纸未注明的钢筋搭接。北京市建筑安装工程预算定额规定：钢筋损耗率2.5%，铁件损耗率1%。

(2) 图纸钢筋用量计算。如果采用标准图，可按标准图所列的钢筋混凝土构件钢筋用量表，分别汇总其钢筋用量。

钢筋的用量与钢筋的配料以及钢筋的下料长度密切相关。钢筋的配料就是将设计图纸各个构件的配筋图，先绘出各种形状和规格的单根钢筋简图，然后分别计算钢筋的下料长度和数量即填写配料单。

钢筋的下料长度是计算钢筋用量的关键，由于结构受力以及构造上的要求，大多数钢筋需要在中间弯折或在两端形成弯钩，从而引起了钢筋长度变化，因此计算钢筋用量及钢筋下料长度时，则必须了解各个不同的部位混凝土保护层厚度的变化，钢筋弯曲以及所形

成的弯钩等规定。

对于设计图纸标注的钢筋混凝土构件，应按图示尺寸，区别钢筋的级别和规格分别计算，并汇总其钢筋用量。其钢筋用量的计算可用下式表示：

图纸钢筋用量 = Σ(钢筋长度 × 每米重)

式中钢筋长度可遵循以下规定：

直钢筋长度 = 构件长度 − 2 × 保护层厚度 + 弯钩增加长度

弯起钢筋长度 = 直段钢筋长度 + 斜段钢筋长度 + 弯钩增加长度

1）保护层厚度。钢筋保护层是指从混凝土外表面至钢筋外表面的距离，主要是对钢筋起保护作用，使其免受大气腐蚀的作用。不同部位的钢筋，保护层厚度也不相同。钢筋保护层厚度按设计规定计算，通常可参考表 2-25 计算。

钢筋保护层厚度（mm） **表 2-25**

环境条件	构件类别	混凝土强度等级		
		≤C20	C25、C30	≥C35
室内正常环境	板、墙、壳 梁和柱	15 25	15 25	15 25
露天或室内高湿度环境	板、墙、壳 梁和柱	35 45	25 35	15 25

2）弯钩增加长度。钢筋弯曲后的特点是：一是在弯曲处内壁收缩、外壁拉伸，而中心线长度保持不变；二是在弯曲处形成圆弧。而通常钢筋的度量方法是一般沿着直线量外包尺寸。而外包纸寸明显大于钢筋的轴线长度，如果按照这种度量的数据进行下料，配筋，必然会造成钢筋的浪费。因此，弯起钢筋的度量值与钢筋的中心线长度之间存在一个差值，称“量度差值”，它的大小和钢筋直径、弯曲角度和弯心直径等因素有关。

一般螺纹钢筋、焊接网片及焊接骨架可不必弯钩。

钢筋弯钩主要有直弯钩、斜弯钢和半圆弯钩三种形式，其中半圆弯钩是最常用的一种弯钩。直弯钩只用在柱钢筋的下部、箍筋和附加钢筋中、斜弯钩只用在直径较小的钢筋中。如图 2-81。

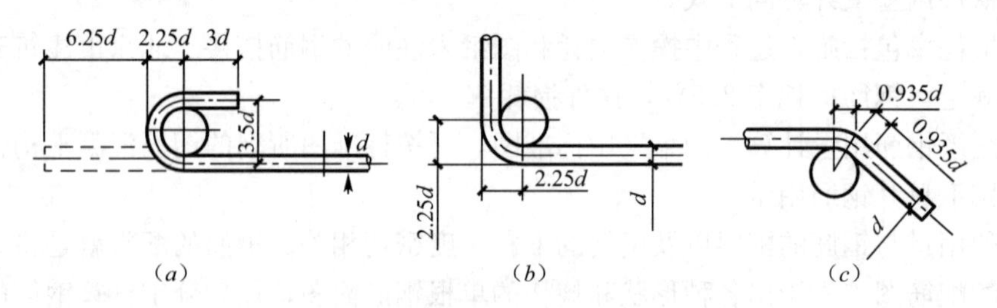

图 2-81 钢筋弯折处长度变化示意图

(a) 半圆弯钩；(b) 直弯钩；(c) 斜弯钩

弯钩长度按设计规定计算；如设计无规定时可参考表 2-26 计算。

钢筋弯钢增加长度表 **表 2-26**

钢筋直径 d（mm）	半圆弯钩（6.25d）		斜弯钩（4.9d）		直弯钩（3d）	
	一个钩长	二个钩长	一个钩长	二个钩长	一个钩长	二个钩长
6	40	80	30	60	18	36
8	50	100	40	80	24	48
10	60	120	50	100	30	60
12	75	150	60	120	36	72
14	85	170	70	140	42	84
16	100	200	78	156	48	96
18	110	220	88	176	54	108
20	125	250	98	196	60	120
22	135	270	108	216	66	132
25	155	310	122	244	75	150
28	175	350	137	274	84	168
30	188	376	147	294	90	180

3）弯起钢筋斜长由于受力需要在钢筋混凝土梁中经常采用弯起钢筋，其弯起形式有30°、45°、60°三种弯起钢筋的斜长可按表 2-27 计算。

4）箍筋长度。矩形梁、柱的箍筋长度，可按设计规定计算；如设计无规定时，可按减去保护层的箍筋周边长度，另加闭口箍筋的综合长度 140mm 计算。

3. 箍筋长度的计算

根据《混凝土结构工程施工质量验收规范》第 5.3.2 条规定：

箍筋弯后弯钩的平直部分，一般结构不宜小于箍筋直径的 5 倍；有抗震要求的结构，不应小于箍筋直径的 10 倍。

编制施工图预算时，箍筋计算长度的方法有以下几种：

弯起钢筋斜长 **表 2-27**

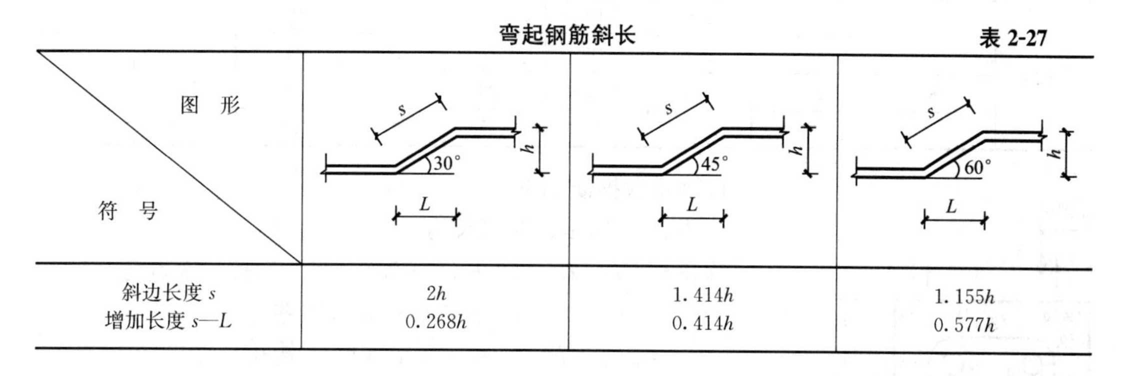

图形 / 符号	30°	45°	60°
斜边长度 s	$2h$	$1.414h$	$1.155h$
增加长度 $s—L$	$0.268h$	$0.414h$	$0.577h$

（1）箍筋长度按钢筋混凝土构件断面周长计算，不减构件保护层厚度，不加弯钩长度。

（2）箍筋长度为构件断面周长减 8 个保护层厚加弯钩长，一般直弯钩按 100mm 计算，150°圆钩单斗按 160mm 计算。

（3）箍筋长$=L+\Delta L$，L 为构件断面周长，ΔL 为箍筋增减值。见表 2-28。

箍筋增减值（ΔL）表（mm） **表 2-28**

形 式		直径						备注
		4	6	6.5	8	10	12	
抗震结构		−90	−40	−30	10	70	120	平直长度 10d 弯心圆 2.5d
非抗震结构		−150	−120	−110	−90	−60	−40	平直长度 5d
		−130	−110	−90	−60	−40	0	弯心圆 2.5d

一般箍筋多采用封闭式弯成矩形，有三个 90°弯和两个弯钩，由于各构件截面不一样，给箍筋长度计算带来不便，一般可以按以下简化算式计算。

单根箍筋长度 ＝ 构件截面周长 － 折算系数

折算系数见表 2-29。

箍筋长度折算系数表 **表 2-29**

构 件	托筋直径（mm）	e（mm）保护层－d	8e（mm）	量度差 3d	两端钩长（mm）		折算系数（mm）		
					半圆钩	斜 钩	半圆钩	斜 钩	平均
梁柱	4	21	168	12	50	39	130	141	135
	6	19	152	18	75	59	95	111	103
	8	17	136	24	100	78	60	82	71
	10	15	120	30	125	98	25	52	38
	12	13	104	36	150	117	−10	23	6
墙板	4	11	88	12	50	39	50	61	55
	6	9	72	18	75	59	15	31	23
基础梁	4	31	248	12	50	39	210	221	215
	6	29	232	18	75	59	175	191	183
	8	27	216	24	100	78	140	162	151
	10	25	200	30	125	98	105	132	118

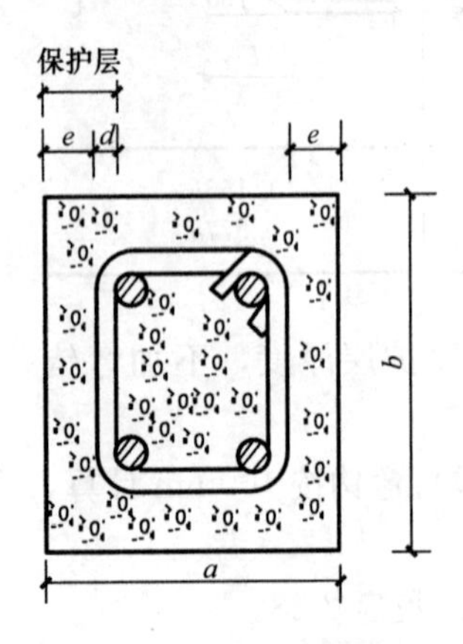

图 2-82 箍筋图

折算系数推演如下：

如图 2-82 所示，箍筋长为：

$$
\begin{aligned}
\text{箍长} &= (a-2e)\times 2+(b-2e)\times 2+\text{钩长}-3\text{ 量度差}\\
&= 2a+2b-8e+\text{钩长}-3\text{ 量度差}\\
&= 2(a+b)-(8e+3\text{ 量度差}-\text{钩长})\\
&= \text{构件周长}-\text{折算系数}
\end{aligned}
$$

其中：折算系数＝$8e$＋3 量度差－钩长

一般配筋图中，箍筋弯钩形式多不明确，折算系数可采用平均值，因按 100 个箍筋计算：ϕ8 只误差 0.4kg，ϕ6 只误差 0.1kg，对预算精确度影响不大。

箍筋个数 ＝（构件长度 － 混凝土保护层厚）÷ 箍筋间距 ＋ 1

箍筋计算补充：

特殊箍筋的计算：

（1）双箍方形，如图 2-83 所示。

$$外箍设计长度 = (B - 2b + d_0) \times 4 + 2 个弯钩增加长度$$

$$内箍设计长度 = \left[(B - 2b) \times \frac{\sqrt{2}}{2} + d_0\right] \times 4 + 2 个弯钩增加长度$$

注：① 式中 b 为保护层厚度、可查表，下同。

② d_0 为箍筋直径，下同。

③ 弯钩增加长：直弯钩一般按 100mm 计算，150°圆钩单头按 160mm 计算，下同。

（2）双箍矩形，如图 2-84 所示。

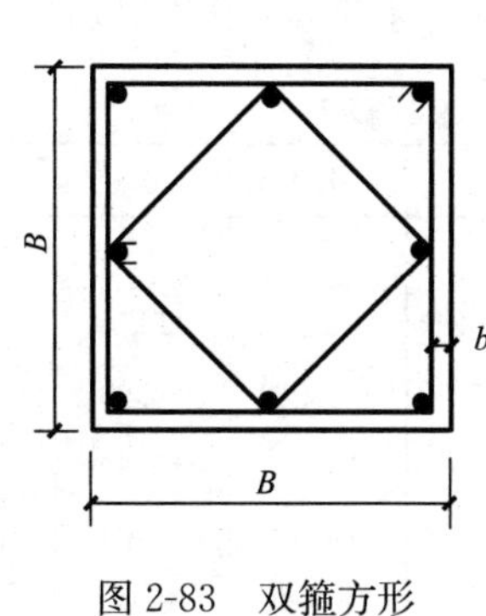

图 2-83　双箍方形

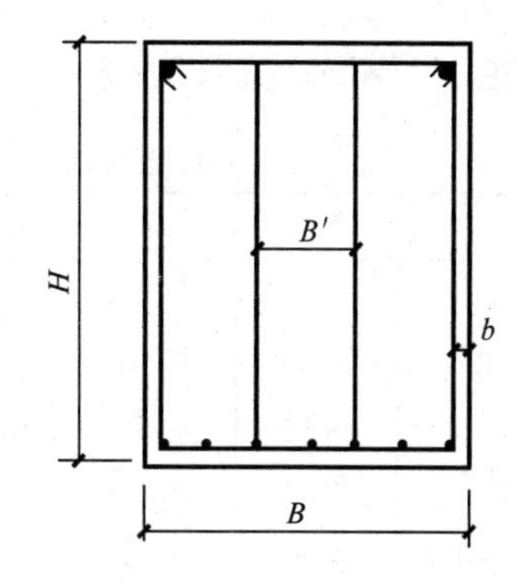

图 2-84　双箍矩形

$$每个箍的设计长度 = (H - 2b + d_0) \times 2 + (B - 2b + B' + 2d_0) + 2 个弯钩增长值$$

（3）三角箍，如图 2-85 所示。

$$设计长度 = (B - 2b - d_0) + \sqrt{4(H - 2b + d_0)^2 + (B - 2b + d_0)^2} + 2 个弯钩增加长度$$

（4）S 箍（拉条），如图 2-86 所示。

$$设计长度 = h + d_0 + 2 个弯钩增加长度$$

注：S 筋（拉条）间距为一般箍筋的两倍。

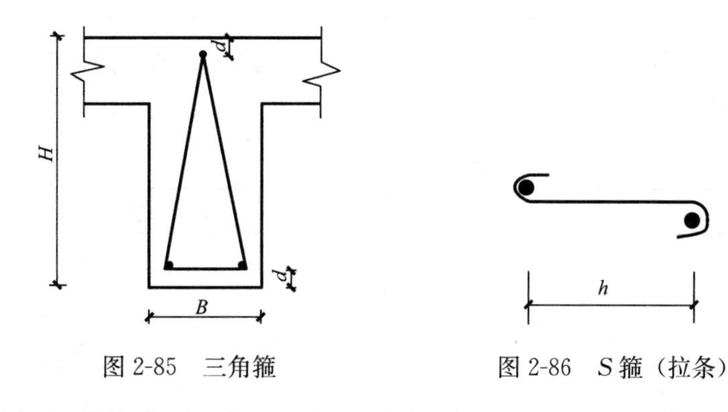

图 2-85　三角箍　　　图 2-86　S 箍（拉条）

（5）螺旋箍筋，如图 2-87 所示。

$$设计长度 = N\sqrt{P^2 + (D - 2b + d_0)^2 \pi^2} + 2 个弯钩增加长度$$

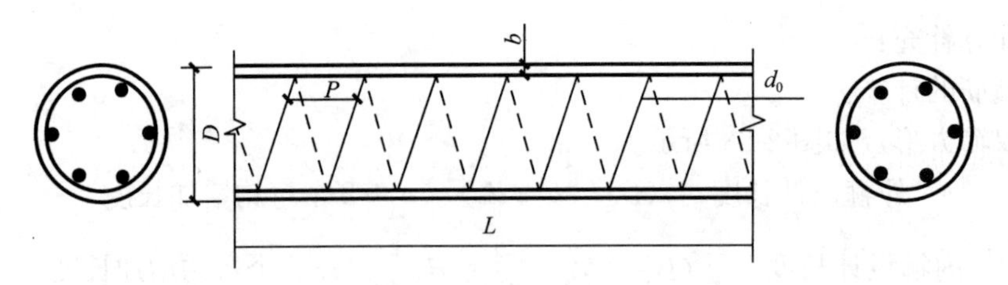

图 2-87　柱中螺旋筋示意图

式中　N——螺旋圈数 $N=\frac{L}{P}$（L 为构件长）；

P——螺距；

D——构件直径。

钢筋理论重量＝钢筋计算长度(表 2-30)×该钢筋每米重量(表 2-31)

圆柱每米高度内螺旋箍筋长度计算表　　**表 2-30**

圆柱直径（mm）		200	250	300	350	400	450	500	550
保护层厚（mm）		20	25	25	25	25	25	25	25
螺旋箍筋间距（mm）	50	10.11	12.64	15.79	18.93	22.00	25.18	28.33	31.43
	60	8.42	10.53	13.15	15.77	18.37	20.98	23.60	26.19
	80	6.32	7.95	9.12	11.89	13.84	15.80	17.76	19.70
	100	5.09	6.36	7.93	9.51	10.07	12.64	14.21	15.76
	150	3.39	4.25	5.29	6.34	7.39	8.43	9.48	10.51

钢筋每米长重量表　　**表 2-31**

直径	ϕ4	ϕ6	ϕ8	ϕ10	ϕ12	ϕ14	ϕ16	ϕ18
每米重（kg/m）	0.099	0.222	0.395	0.617	0.888	1.210	1.580	2.000
直径	ϕ20	ϕ22	ϕ25	ϕ28	ϕ30	ϕ32	ϕ36	ϕ40
每米重（kg/m）	2.470	2.980	3.850	4.830	5.550	6.310	7.990	9.865
直径	ϕ45	ϕ50	ϕ55	ϕ60	ϕ70	ϕ80		
每米重（kg/m）	12.490	15.420	18.650	22.190	30.210	39.460		

钢筋总耗用量 ＝ 钢筋理论重量 ×［1 ＋ 钢筋(铁件) 损耗率］

各类钢筋的损耗率见表 2-32。

各类钢筋损耗率表　　**表 2-32**

钢筋类型		损耗率	钢筋类型		损耗率
现浇钢筋	ϕ10 以内	2%	预应力钢筋	先张法施工	6%
	ϕ10 以外	4.5%		后张法施工	13%
预制钢筋	ϕ10 以内	1.5%		冷板钢丝 钢丝束	9%
	ϕ10 以外	3.5%	铁件		1%

注：根据《全国统一基础定额（土建 95）》中第五章说明钢筋部分第三条“设计图纸中未注明的钢筋接头和施工损耗的，已综合在定额项目内。”比如定额编号 5-345 中螺纹钢筋数为 1.035t，说明钢筋净用量 1t 时实际耗用 1.035t，即损耗率为 3.5%。所以查本分部套用定额时，应采用钢筋的理论重量（图纸计算重量）套取定额，而不应加上损耗量。

4. 钢筋长度计算中的特殊问题

（1）变截面构件箍筋

变截面箍筋如图 2-88 所示，根据比例原理，每根箍筋的长短差数 Δ，可按下式计算：

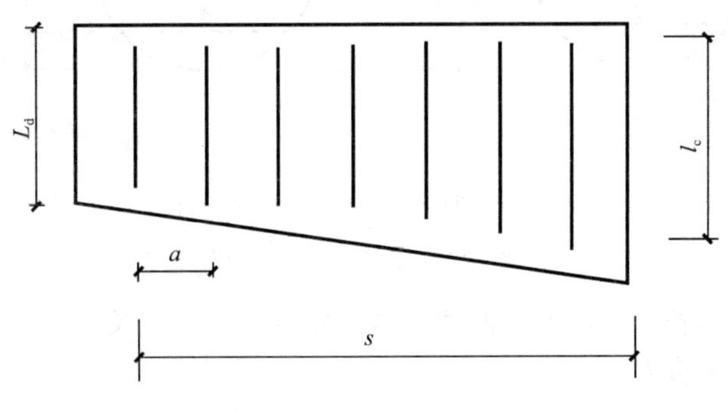

图 2-88　变截面箍筋

$$\Delta = \frac{L_c - L_d}{n - 1}$$

式中　L_c——箍筋的最大高度；

L_d——箍筋的最小高度；

n——箍筋的个数，$n=\frac{s}{a}+1$；

s——最长箍筋与最短箍筋之间的总距离；

a——箍筋间距。

上式中 Δ 为箍筋高度的长短差值。上述构件中，箍筋总长度根据等差数列公式可推算。如下（该变截面构件宽为 b）

总长度为：$2nb+(L_d+L_c)n$

式中 n 为箍筋个数　$n=\frac{s}{a}+1$（同上），L_d，L_c 同上。

上式中箍筋长度采用简便算法，即只计构件截面周长，不计算弯钩增长值和保护层厚。

（2）圆形构件钢筋计算：

在截面为圆的构件（比如圆柱、圆形盖板）中，配筋形式有二种，一种是按弦长布置；一种是按圆形布置。

1）按弦长布置时，先根据下式算出钢筋所在处的弦长，再减去两端保护层厚度，就得到钢筋的长度。

当配筋为单数间距时，圆形构件钢筋计算图（按弦长计算），如图 2-89（a）所示。

当配筋为双数间距时，如图 2-89（b）所示。

计算公式为：

当配筋为单数间距：$l_i=a\sqrt{(n+1)^2-(2i-1)^2}$

当配筋为双数间距：$l_i=a\sqrt{(n+1)^2-(2i)^2}$

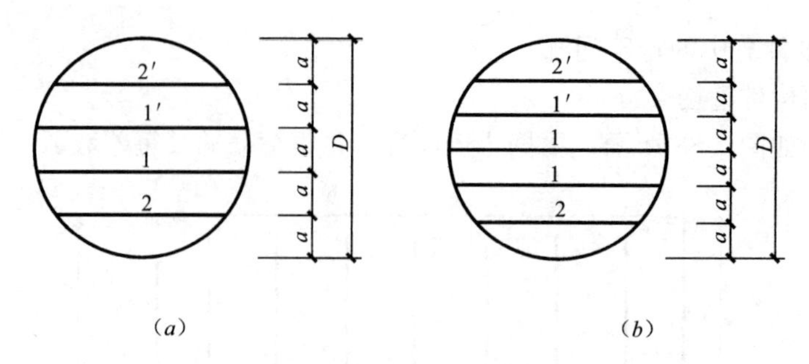

图 2-89 圆形构件钢筋（按弦长计算）
（a）单数间距；（b）双数间距

式中 l_i——第 i 根（从圆心向两边计数）钢筋所在的弦长；

a——钢筋间距；

n——钢筋根数，等于（D/a）-1（D——圆构件直径）；

l——从圆心向两边计数的序号数。如 a、b 图中 l 即计 l，l'亦为 l。

如图 2-89（b）中所示，钢筋长为 D 减两端保护层厚。

2）按圆形布置时，一般可按比例方法先求出每根钢筋的圆直径，然后乘以圆周率算出钢筋长度（图 2-90）。

如图，圆形钢筋布置时，钢筋间距也是相等的，构件外圆半径 R，最内一层钢筋半径 R'。

钢筋道数 $n=\dfrac{R-R'}{a}$（a 为钢筋间距）即 $a=\dfrac{R-R'}{n}$

从内向外第 i 根钢筋半径为 $R'+a(i-1)$（第一根即最内一根半径即 R'）。

则第 i 根钢筋长度为 $2\pi[R'+a(i-1)]+12.5d$（d 为钢筋直径）。

（3）曲线构件钢筋

1）曲线构件钢筋，根据曲线形状不同，可分别采用下列方法计算：圆曲线钢筋的长度，可用圆心角 θ 与圆半径 R 直接算出或通过弦长 i 与矢高 h 查表得出。

抛物线钢筋的长度可按下式进行计算，如图 2-91 所示。

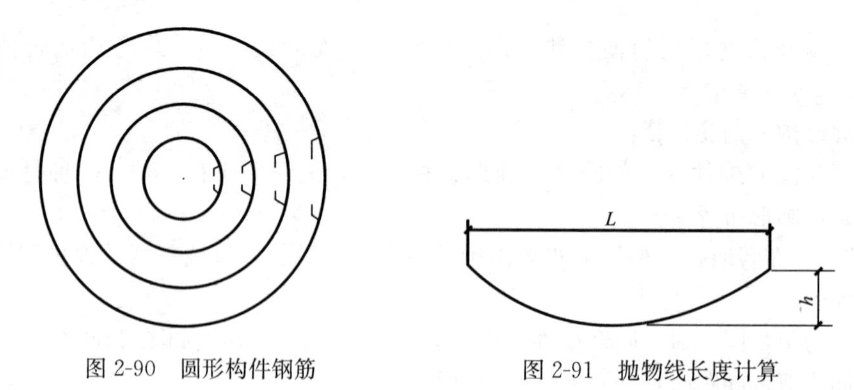

图 2-90 圆形构件钢筋　　图 2-91 抛物线长度计算

$$L=\left(1+\frac{8h^2}{3l^2}\right)l$$

式中 L——钢筋长；

l——是抛物线的水平投影长度；

h——是抛物线的矢高。

其他曲线状钢筋的长度，可用渐近法计算，即将钢筋分成多个小段，每小段长度近似地以直线计算，然后求各小直线段的长度。

如图 2-92 所示的钢筋，设曲线方程式 $y=f(x)$，沿水平方向分段，每段长度为 L(一般取 0.5m)，求已知 x 值时的相应的 y 值，然后计算每段的长度，例如，第三段长度应为 $\sqrt{(y_3-y_2)^2+L^2}$。

2）曲线构件箍筋高度，可以根据已知曲线方程式求解。方法是先根据箍筋的间距确定 x 值，然后代入曲线方程求出 y 值。计算该处的梁高 $h=H-y$，再扣除上下保护层厚，即得箍筋的高度。

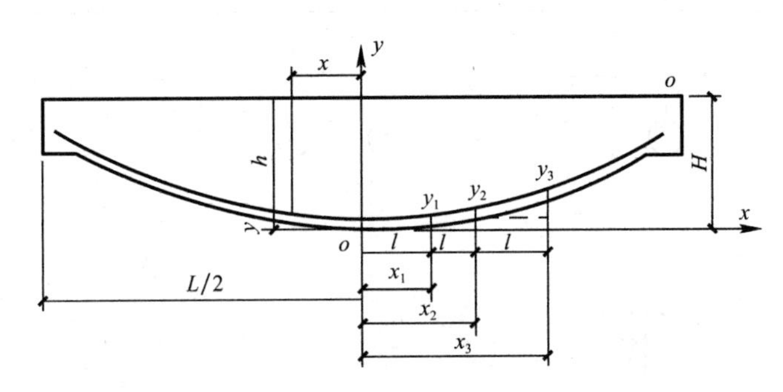

图 2-92 曲线构件钢筋计算

对于一些外形比较复杂的构件，用数字方法计算钢筋长度有困难时，也可用放足尺（1∶1）或放小样（1∶5）的办法求钢筋长度，即按施工图中钢筋的长度按比例（1∶1）或（1∶5）将其划出，然后用一细线直接按图中钢筋的形状摆出，量出细线长，乘以比例，即得钢筋长。

说明：钢筋工程施工图预算理论计算长度与钢筋工程施工下料长度的区别：

对于平直钢筋，预算理论计算长度与施工下料长度相同，但对于弯曲钢筋（如弯起筋、箍筋），施工下料长度应在预算计算长度基础上减去钢筋弯曲处的量度差，常用量度差近似值如下：

弯起 30°时取 0.3d；45°时取 0.5d；弯 60°时取 d；弯 90°时取 2d；弯 135°时取 3d。

二、混凝土及钢筋混凝土工程计算实例

【例 18】 现浇有梁式满堂基础的平面图如图 2-93 所示，断面如图 2-94 所示，求该基础的工程量（底板厚度为 300mm，梁断面为 240mm×250mm）。

【解】（1）定额工程量

混凝土工程量按底板体积＋梁体积（不计梁板的重叠部分）计算。

工程量 $= 33.5\times10\times0.3\text{m}^3+[(31.5+0.24)\times2+(8-0.24)\times10]\times0.25\times0.24\text{m}^3$
$= 108.96\text{m}^3$

套用基础定额 5-398。

【注释】 33.5 为底板的纵向长度，10 为底板的横向长度，0.3 为底板厚度，31.5 为轴 1 与轴 10 之间的长度，0.24 为墙厚，8 为纵向外墙外边线之间的长度，第二个 10 为横向梁的数量，0.25 为梁的宽度，最后一个 0.24 为梁的厚度。

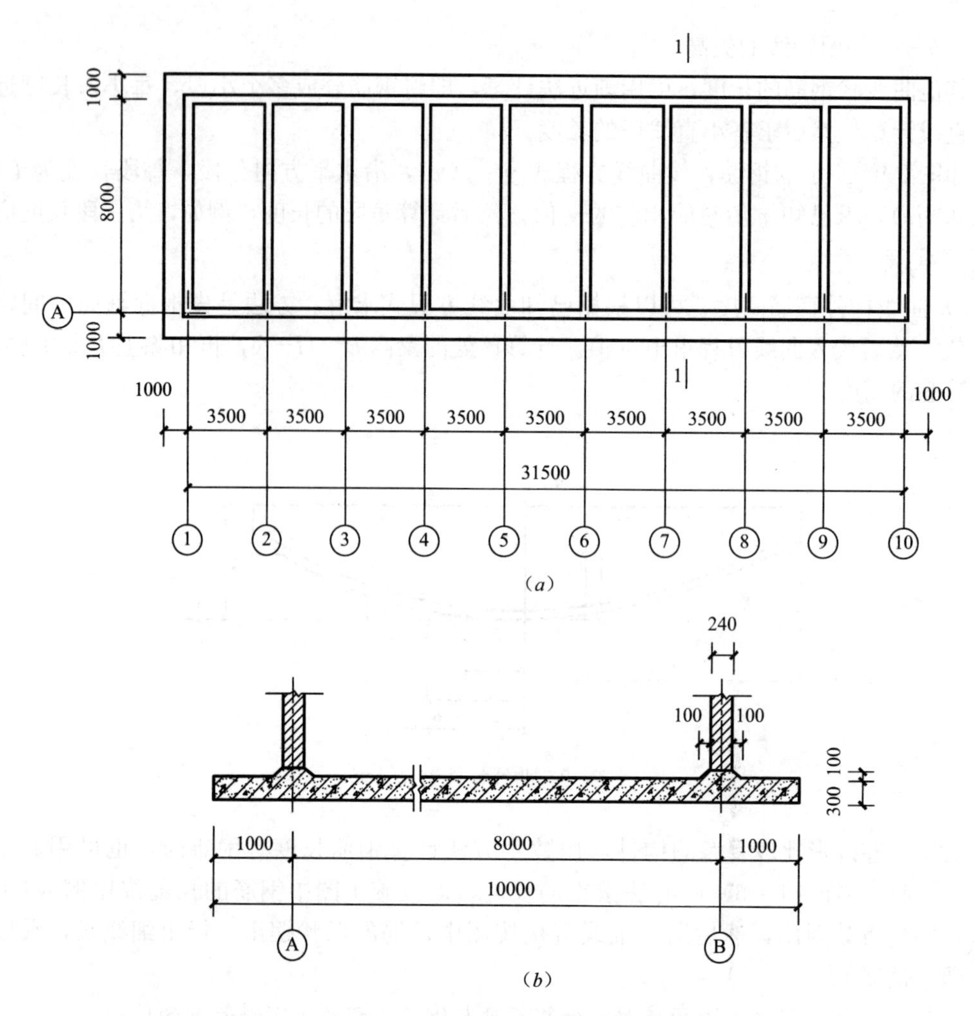

图 2-93　现浇钢筋混凝土满堂基础平面图

(a) 基础平面图；(b) 1-1 剖面图

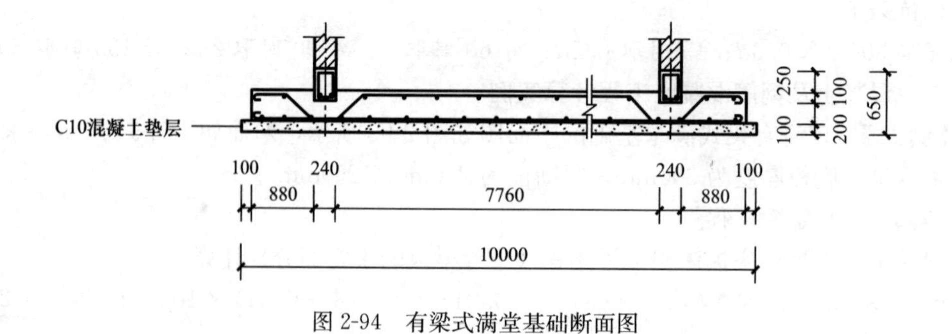

图 2-94　有梁式满堂基础断面图

(2) 清单工程量

清单工程量计算方法同定额工程量。

清单工程量计算见表 2-33。

清单工程量计算表 **表 2-33**

项目编码	项目名称	项目特征描述	计量单位	工程量
010501004001	满堂基础	满堂基础	m^3	108.96

【例 19】 求如图 2-95 所示混凝土框架梁、柱混凝土工程量

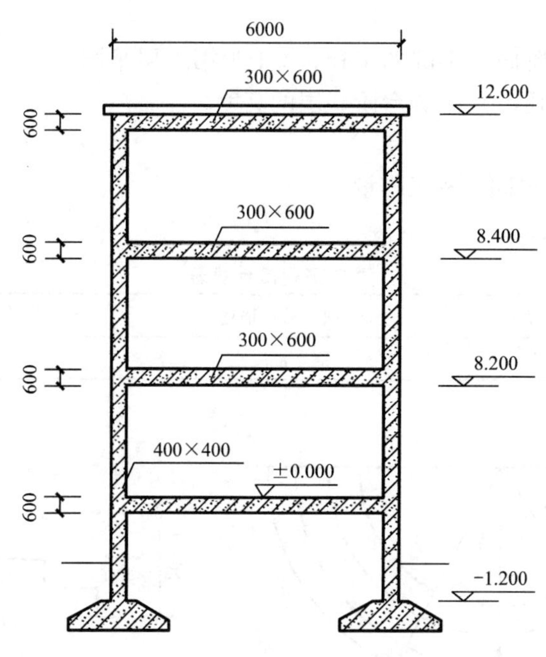

图 2-95 框架梁、柱示意图

【解】 (1) 定额工程量

柱的工程量＝0.4×0.4×(12.6＋1.2)×2m^3＝4.42m^3

套用基础定额 5-401。

梁的工程量＝0.3×0.6×(6.0－0.8)×3m^3＝2.81m^3

套用基础定额 5-405。

【注释】 0.4 为柱断面边长，12.6 为板底标高，1.2 为柱基标高，2 为柱的数量，0.3 为梁的宽度，0.6 为梁的高度，6.0 为梁两端相邻柱中心之间的长度，3 为梁的数量。

(2) 清单工程量

清单工程量计算方法同定额工程量。

清单工程量计算见表 2-34。

清单工程量计算表 **表 2-34**

序号	项目编码	项目名称	项目特征描述	计量单位	工程量
1	010503002001	矩形梁	清水混凝土	m^3	2.81
2	010502001001	矩形柱	清水混凝土	m^3	4.42

【例 20】 求如图 2-96 所示现浇混凝土台阶的混凝土工程量。

【解】 (1) 定额工程量

台阶的混凝土工程量$=\left(\frac{\pi R_1^2}{2}+\frac{\pi R_2^2}{2}+\frac{\pi R_3^2}{2}+\frac{\pi R_4^2}{2}\right)\times 0.15\text{m}^3$

$=\frac{3.14}{2}(3.4^2+3.1^2+2.8^2+2.5^2)\times 0.15\text{m}^3$

$=8.3\text{m}^3$

套用基础定额 5-431。

【注释】 3.4 为台阶底层半圆的半径，3.1 为第二层半圆半径，2.8 为第三层半圆半径，2.5 为顶层半圆半径，0.15 为台阶每层的高度。

(2) 清单工程量

清单工程量计算方法同定额工程量。

清单工程量计算见表 2-35。

清单工程量计算表 **表 2-35**

项目编码	项目名称	项目特征描述	计量单位	工程量
010507004001	台阶	清水混凝土	m^3	8.3

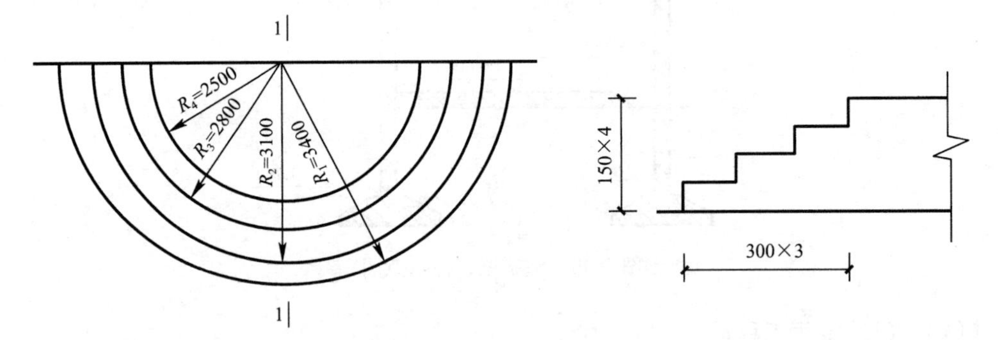

图 2-96 现浇混凝土台阶示意图

【例 21】 如图 2-97 所示，求现浇混凝土楼梯工程量。(已知该楼梯设计为五层不上人剪刀梯)

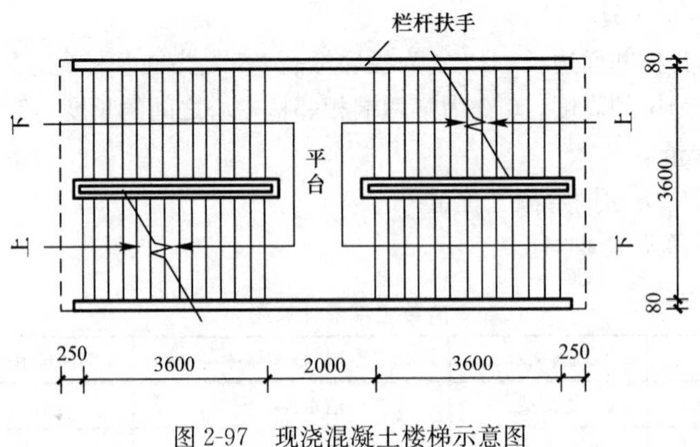

图 2-97 现浇混凝土楼梯示意图

【解】 (1) 定额工程量

工程量$=(3.6\times 2+2+0.25\times 2)\times(3.6+0.08\times 2)\times(5-1)\text{m}^2$

$=145.888\text{m}^2$

套用基础定额 5-421。

【注释】 第一个 3.6 为楼梯水平投影长度，2 为左右两端楼梯之间的长度，0.25 为楼梯的外沿长度，第二个 3.6 为栏板内边线之间的楼梯宽度，0.08 为栏板的厚度，5 为楼梯层数。

(2) 清单工程量

清单工程量计算方法同定额工程量。

清单工程量计算见表 2-36。

清单工程量计算表 **表 2-36**

项目编码	项目名称	项目特征描述	计量单位	工程量
010506001001	直形楼梯	清水混凝土	m^2	145.89

【例 22】 计算如图 2-98 所示现浇钢筋混凝土梁钢筋工程量。

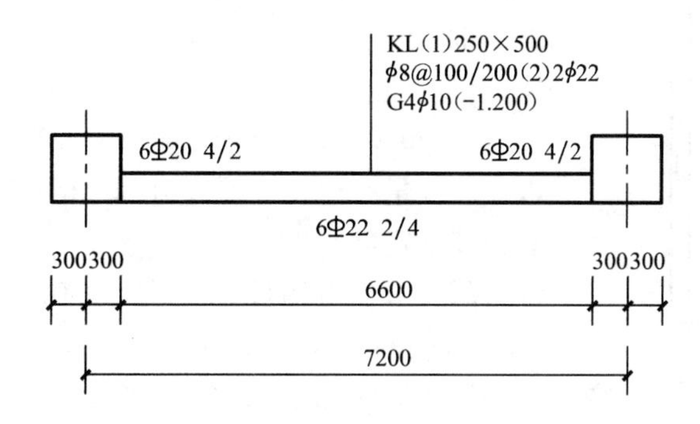

图 2-98 现浇钢筋混凝土梁钢筋示意图

【解】 (1) 定额工程量

钢筋工程量按重量计算。

ϕ8 钢筋工程量：$\left[\left(\frac{500}{100}+1\right)\times2+\left(\frac{6600-1000}{200}+1\right)\right]\times[2\times0.5+2\times0.25-8\times0.025+28.272\times0.008+0.25-0.025\times2+8.924\times0.008\times2]\times0.395\text{kg}=30.269\text{kg}$

套用基础定额 5-295。

【注释】 500 为梁的宽度，100 为相邻 ϕ8 钢筋之间的间距，6600 为梁的长度，200 为长度方向上相邻 ϕ8 钢筋之间的间距，0.5 为梁上下面的箍筋长度，0.25 为梁前后面的箍筋长度，0.025 为保护层厚度，0.008 为钢筋的直径，0.395 为每米 ϕ8 钢筋的重量。

ϕ10 钢筋工程量：$(0.27\times2+6.6)\times4\times0.617\text{kg}=17.622\text{kg}$

套用基础定额 5-296。

Φ20 钢筋工程量：$(0.596\times2+6.6)\times6\times2.466\text{kg}=115.291\text{kg}$

套用基础定额 5-301。

Φ22 钢筋工程量：$(0.656\times2+6.6)\times6\times2.984\text{kg}=141.656\text{kg}$

套用基础定额 5-302。

(2) 清单工程量：

清单工程量计算方法同定额工程量。

清单工程量计算见表 2-37。

清单工程量计算表 表 2-37

序号	项目编码	项目名称	项目特征描述	计量单位	工程量
1	010515001001	现浇构件钢筋	ϕ8	t	0.030
2	010515001002	现浇构件钢筋	ϕ10	t	0.018
3	010515001003	现浇构件钢筋	ϕ20	t	0.115
4	010515001004	现浇构件钢筋	ϕ22	t	0.142

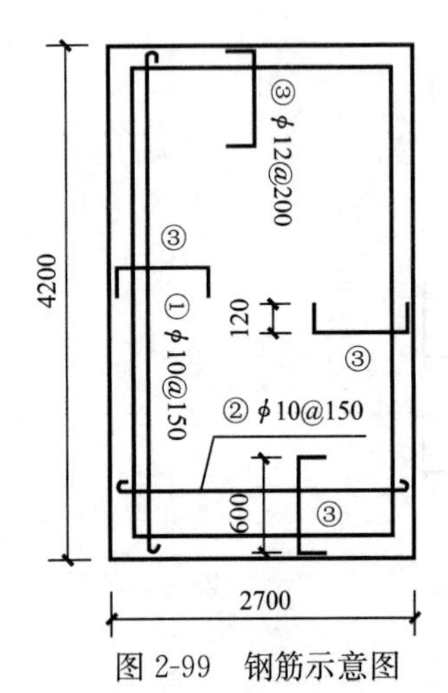

图 2-99 钢筋示意图

【例 23】 如图 2-99 所示试计算其钢筋工程量。

【解】 (1) 定额工程量

① 号筋：

∵ $L=(4.2-0.015\times2+2\times6.25\times0.01)\times[(2.7-0.015\times2)\div0.15+1]=81.605\text{m}$

∴ 工程量$=81.605\times0.617\text{kg/m}=50.35\text{kg}$

套用基础定额 5-296。

【注释】 4.2 为构件的长度，0.015 为一端保护层厚度，0.01 为①号筋的直径，6.25 为弯钩长度与钢筋直径的比例系数，2.7 为构件的宽度，0.15 为宽度方向上相邻①号筋之间的间距，0.617 为 ϕ10 钢筋每米的重量。

② 号筋：

∵ $L=(2.7-0.015\times2+2\times6.25\times0.01)\times[(4.2-0.015\times2)\div0.15+1]\text{m}$
$=81.055\text{m}$

∴ 工程量$=81.055\times0.617\text{kg/m}=50.01\text{kg}$

套用基础定额 5-296。

【注释】 2.7 为构件宽度，0.015 为长度方向上相邻②号筋之间的间距。

③号筋

∵ $L=\{(0.6+0.12\times2)\times[(2.7-0.015\times2)+(4.2-0.015\times2)]\times2\div0.2+4\}\text{m}$
$=61.32\text{m}$

∴ 工程量$=61.32\times0.888\text{kg/m}=54.45\text{kg}$

套用基础定额 5-297。

【注释】 0.6 为③号筋直线部分长度，0.12 为一侧弯起部分长度，0.2 为构件长度及宽度方向上相邻③号筋之间的间距，0.888 为 ϕ12 钢筋每米的重量。

(2) 清单工程量

清单工程量计算方法同定额工程量。

清单工程量计算见表 2-38。

清单工程量计算表　　表 2-38

序号	项目编码	项目名称	项目特征描述	计量单位	工程量
1	010515001001	现浇构件钢筋	$\phi10$	t	0.050
2	010515001002	现浇构件钢筋	$\phi10$	t	0.050
3	010515001003	现浇构件钢筋	$\phi12$	t	0.054

第五节　金属结构工程

一、金属结构工程造价概论

在建筑工程、金属结构起了举足轻重的作用，常用作跨度较大、荷载较大、有动力荷载较大、自动力荷载作用的承重结构。越来越多的建筑都采用金属结构的形式。在建筑工程，金属结构工程最大最主要的部分便是钢结构工程。金属结构工程在很大程度便可认为是钢结构工程。

钢结构是用钢板、热轧型钢或泛加工成型的薄壁型钢制造而成的。钢结构具有材料的强度高，塑性和韧性好；材质均匀和力学计算的假定比较符合，以及制造简便，施工周期短，质量轻越来越多应用到各种建筑物中。在以下几种结构中如大跨度结构、重型厂房结构、受动力荷载影响的结构以及可拆卸的结构和高耸结构、高层建筑等越来越多地偏向于采用钢结构形式。

同时从另外一个角度来讲，钢结构是由钢板、型钢通过必要的连接组成构件，各构件再通过一定的安装连接而形成整体结构。连接部位应有足够的强度、刚度及延性。被连接构件应保持正确的相互位置，以满足传力和使用要求，钢结构的连接方法主要有焊接、铆接、普通螺栓连接和高强螺栓连接。焊接常用的方法有电弧焊、电渣焊、气体保护焊以及电阻焊等。优点是构造简单，不削弱构件截面、节约钢材、加工方便、易于采用自动化操作、连接密封性好、刚度大。缺点是残余应力和残余变形对结构有不利影响，同时低温冷脆现象也很突出。铆钉连接优点是塑性、韧性好，传力可靠适用于直接承受动荷载结构的连接。缺点是构造复杂，用钢量多。普通螺栓连接优点是施工简单、拆装方便，缺点是用钢量大。高强螺栓又可以分为摩擦型连接和承压型连接。前者是以滑移作为承载力的极限状态，而后者则与普通螺栓连接相同。

简单的金属结构构件一般在制作中一次成型，而较长的或跨度较大的、杆件较多的构件如钢柱、屋架、天窗架等，一般在加工厂将杆件制作好后运到施工现场，再拼装成整体。

(一) 房屋钢结构构件的分类

房屋钢结构构件，按使用用途通常分为三部分，即承重构件（如柱、吊车梁、屋架、天窗架、托架、墙架、挡风架、檩条等），支撑构件（如支撑、拉杆等），其他构件（如铁栏杆、操作平台、各种钢门、钢窗等）。

按施工阶段，一般分为制作、运输、安装、刷油四个阶段。

(二) 金属结构的应用范围

金属结构的应用范围除须根据钢结构的特点做出合理选择外，还应结合我国国情，针对具体情况进行综合考虑。目前，我国在工业与民用建筑中金属结构的应用，大致有如下几个范围：

1. 重型厂房结构：设有起重量较大的吊车或吊车运转繁重的车间，如冶金工厂的炼钢车间、轧钢车间、重型机械厂的铸钢车间、水压机车间、造船厂的船体车间等。使用钢结构的主要原因是钢结构具有自重轻、承载能力高的缘故。

2. 受动力荷载作用的厂房结构：设有较大锻锤或其他动力设备的厂房以及对抗震性能要求较高的结构。因为钢材的塑性、韧性好，钢结构一般条件下不会因超载而突然断裂。韧性好，对动力荷载有很强的适应能力。

3. 大跨度结构：飞机制造厂的装配车间、飞机库、体育馆、大会堂、剧场、展览馆等，宜采用网架、拱架、悬索以及框架等结构体系。因为在大跨度结构中，结构的跨度越大，自重在全部荷载中所占的比重越来越大，减轻自重可以获得很明显的经济效果。因此，钢结构强度高而质量轻的优点对于大跨桥梁和大跨建筑结构特别突出。

4. 多层、高层和超高层建筑：工业建筑中的多层框架和旅馆、饭店等高层或超高层建筑，宜采用框架结构体系、框架支撑体系、框架剪力墙体系。

5. 高耸构筑物：电视塔、环境气象监测塔、无线电天线桅杆、输电线塔、钻井塔等，宜采用塔架和桅杆结构。这主要也是钢结构自重轻、塑性、韧性以及抗震性能好的缘故，因为建高耸建筑物中，自重占有很大的比重，同时抗震方面又是很重要的方面，因而钢结构的优点是用在此种结构中便显得有格外的优势。

6. 容器、贮罐、管道：大型油库、气罐、煤气柜、煤气管、输油管等，多采用板壳结构。因为用钢板焊成的容器具有密封和耐高压的特点。

7. 可拆卸、装配式房屋：商业、旅游业和建筑工地用活动房屋，多采用轻型钢结构，并用螺栓或扣件连接。这里因为钢结构不仅质量轻，而且可以用螺栓或其它便于拆装的手段来连接。因而具有拆装很方便的特点。

8. 其他构筑物：高炉、热风炉、锅炉骨架、起重架、起重桅杆、运输通廊、管道支架等。

（三）相关名词解释

1. 实腹柱：指用钢板围焊成矩形，中间呈空心状的钢构件。实腹式柱一般有型钢和组合截面两种形式，常有的形式有热轧普通工字钢、焊接的工字形截面以及十字形截面和圆管截面、方管和由钢板焊接而成的箱形截面。

其特点是柱子截面的两个主轴均通过组成柱子的板件，它是钢柱中常用的一种截面形式，（钢柱按适用范围的不同可分为单层厂房框架柱和高层建筑框架柱，而单层工业厂房框架柱按结构形式不同，通常有等截面柱、阶形柱和分离柱三大类。）而高层建筑柱的截面形式多为工字形柱、箱形柱、十字形柱。实腹柱有三种截面形式，即：

（1）热轧型钢截面，包括圆钢、圆管、方管、角钢、工字钢、T 字钢和槽钢等。

（2）冷弯薄壁型钢截面，包括带卷边和不带卷边的角钢或槽钢。

（3）用型钢和钢板连接而成的组合截面。

2. 吊车梁：梁指水平方向的长条形承重构件，吊车梁则指用于支持吊车及其轨道的承重构件。

吊车梁按截面形式可以分为等截面的 T 形、工字形吊车梁和变截面的鱼腹式吊车梁、折线形吊车梁。由于在工业厂房中生产工艺和设备维修的需要，必须设置各种类别的吊车，进行工作部件和设备的起重、运输或操作。而吊车梁是设置吊车必不可少的构件。吊车梁支承在柱子的牛腿上，沿厂房纵向布置。吊车梁除具有支承吊车的作用外，还传递着厂房的纵向荷载（如山墙的风荷载等）还加强了厂房的纵向刚度，使厂房结构具有很好的空间工作性能。

3. H 型钢：亦称宽翼缘工字钢，其翼缘较工字钢宽。如图 2-100 所示为一 H 型钢，同时翼板和腹板也已加以标注。H 型钢分为三类：宽翼缘 H 型钢（HW），中翼缘 H 型钢（Hm）和窄翼缘 H 型钢。H 型钢型号的表示方法是先用符号 HW、Hm 和 HN 表示 H 型钢的类别，应面加：高度（mm）×宽度（mm）例如 HW300×250，即为截面高度为 300mm，翼缘宽度为 250mm 的宽翼缘 H 型钢。

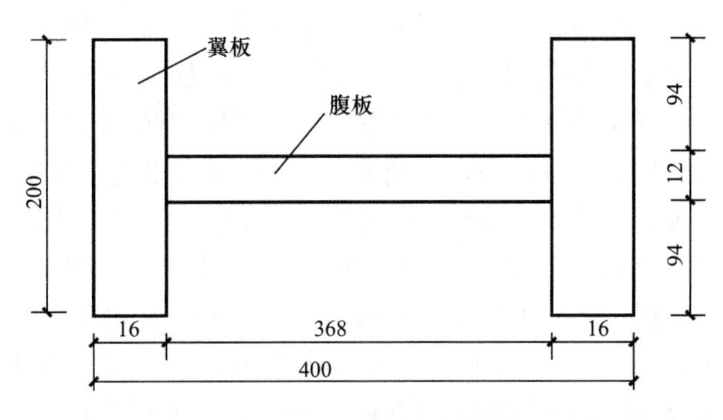

图 2-100 H 型钢示意图

4. 制动梁：为了防止吊车梁产生侧向弯曲，和吊车梁连接在一起以提高吊车梁的侧向刚度的一种构件。当吊车梁为重级工作制时或其跨度在 12m 以上时，均为其设置制动结构。

5. 制动板：制动梁根据其跨度大小有两种结构方式，当跨度较小吊车梁荷载又不很大时，将其做成板式，即为制动板。

6. 制动桁架：当制动梁跨度较大，吊车梁荷载较大时，将制动梁做成桁架形式，用若干支杆连接起来。定额中称为支架，即制动桁架。

7. 墙架：有些厂房为了能够节约钢材，使构造处理得以简化和便于施工，将厂房的墙体结构尽可能做成自承重式，而将水平方向的风荷载通过墙架构件传给车间骨架，这种组成墙体的骨架即为墙架。

8. 钢柱：建筑物中直立的起支持作用的钢构件。钢柱分为实腹式柱和空腹钢柱两种，而钢柱很多则是采用格构式，因为格构式钢柱不仅能使柱子有较大的惯性矩，从而具有很高的稳定性以及抗扭曲度，也可以此较合理地发挥各部件的材料性能。

9. 牛腿：设置在柱上起支承作用的构件。多设在工业厂房的柱子上，这是因为在工业厂房中，由于生产生艺和设备维修的需要，必须设置各种类型的吊车，进行工作部件和设备的起重、运输等操作。因而设置吊车梁便成为必不可少的。而综合考虑吊车的性质、功能以及吊车梁和工业厂房的整体性能等方面的因素。因而一般均在柱子上设置牛腿，吊车梁支承在牛腿，并在吊车梁上铺设轨道以便吊车的形成。

10. 悬臂梁：指一端固定，一端悬挑的梁。

11. 轨道垫板：铺在轨道上起隔离作用的钢板或塑料、橡皮等弹性板。主要是为了承受吊车梁的竖向压力，吊车梁底部安装前焊上一块垫板，有时也称支承钢板，与牛腿顶面预埋的钢件焊接。

12. 压板：将受力物体压住使之固定的钢板。

13. 夹板：用来夹住物体的板子，多用木头或金属制成。在吊车梁的两边比较常见，有斜接头压板和接头压板两种形式。同时一般会采用夹板螺栓来进行固定。

14. 吊车轨道：轨道是指物体运动的路线，而吊车轨道则指用钢材制作供吊车运动的路线。吊车轨道的断面和型号根据吊车的吨位来确定。分轻轨、重轨和方钢。吊车轨与吊车梁的连接一般采用橡胶板和弧形螺栓的连接方法，如果吊车梁腹板厚度小于或等于150mm，可采用螺栓来固定。

15. 钢漏斗：把液体或颗粒、粉末灌到小口的容器里用的器具，一般是由一个锥形的斗和一个管子构成。钢漏斗指以钢材为材料制作的漏斗。钢漏斗有方形和圆形之分。

16. 天窗架：矩形天窗的承重构件，而常见的天窗按构造方式的不同，可分为上凸式天窗、下沉式天窗、平开窗及锯齿形天窗四种。而使用广泛的上凸式天窗多为矩形天窗，矩形天窗有利于通风，采光比较均匀，玻璃不易积灰，排水也比较方便，因而在大多数建筑物以及民用住宅中多采用这种，而天窗架作为矩形天窗的承重构件，支承在屋架上弦的节点上（或屋面梁的上翼缘上）。钢天窗架的形式有多压杆式及桁架式。

天窗架的跨度应根据厂房对天然采光和自然通风的要求来确定。天窗架的扩大模数为300mm，即6000mm、9000mm、12000mm等。因天窗架的跨度一般为屋架跨度的1/2～1/3，故跨度为6m的天窗架适用于跨度12m、15m、18m的厂房；跨度为9m的天窗架适用于跨度为18m、24m、30m的厂房，也可用于跨度为21m及27m的厂房。跨度为12m的天窗架适用于跨度24m、36m的厂房。

钢天窗架的特点是重量轻，制作、安装方便，但易腐蚀。用于钢屋架上，也可用于钢筋混凝土屋架上。

（四）金属结构构件的工程量计算规则

1. 定额工程量计算规则

（1）金属结构制作按图示钢材尺寸以吨计算，不扣除孔眼、切边的重量、焊条、铆钉、螺栓等重，已包括在定额内不另计算（图2-101、图2-102）。在计算不规则或多边形钢板重量时均以其最大对角线乘最大宽度的矩形面积计算。

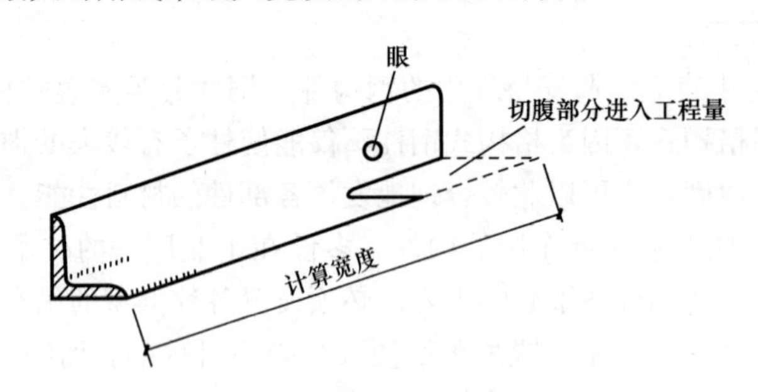

图2-101　角钢工程量计算示意图

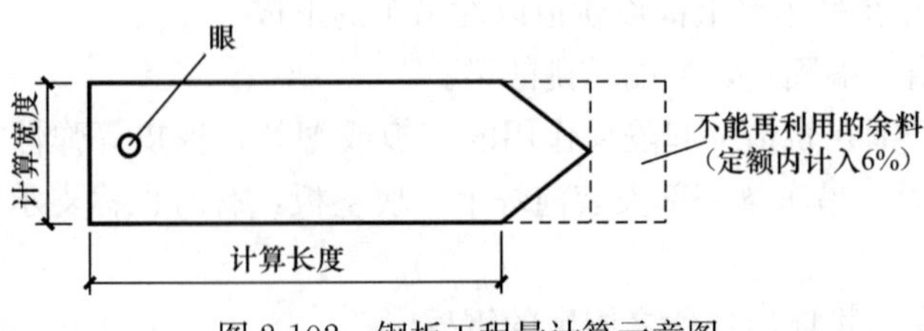

图2-102　钢板工程量计算示意图

金属构件中杆件一律以设计长度乘以相应规格型钢的单位重量计算。型钢的规格重量见表 2-39。

热轧等边角钢及钢板的规格重量　　　　**表 2-39**

热轧等边角钢			钢　板	
尺寸（mm）		重量（kg/m）	厚度（mm）	重量（kg/m^2）
b	*d*			
40	4	2.412	2.0	15.70
	5	2.976	2.2	17.27
50	5	3.770	2.5	19.63
	6	4.465	2.8	21.98
56	5	4.251	3.0	23.50
	6	6.568	3.2	25.12
63	6	5.721	4	31.40
	8	7.469	5	39.25
	10	9.151	6	47.10
110	8	13.532	8	62.80
	10	16.690	10	78.50
	12	19.782	12	94.20

金属构件中钢板面积一律以长宽方向的最大尺寸乘以板厚所得体积，再乘以单位重 $7.85t/m^3$。

金属构件一般采用各种型钢（或圆钢）和钢板连接而成。型钢按设计图纸的几何尺寸求出其长度，然后乘以该型钢的单位重量，即得型钢的重量。钢板按矩形计算求出面积，然后乘以每/m^2 的理论重量，即为钢板的总重量（型钢、钢管、钢板的单位理论重量可查阅表 2-40）。

热轧圆钢和方钢（GB/T 702—2008）理论重量　　　　**表 2-40**

直径 *d*（或边长 *a*）（mm）	理论重量（kg/m）		说　明
	圆钢	方钢	
5.5	0.186	0.237	
6.0	0.222	0.283	*d*
6.5	0.260	0.332	
7.0	0.302	0.385	
8.0	0.395	0.502	
9.0	0.499	0.636	
10.0	0.617	0.785	
11.0	0.746	0.950	
12.0	0.888	1.13	*a*
13	1.04	1.33	
14	1.21	1.54	
15	1.39	1.77	
16	1.58	2.01	

续表

直径 d（或边长 a）(mm)	理论重量（kg/m）		说明
	圆钢	方钢	
17	1.78	2.27	
18	2.00	2.54	
19	2.23	2.83	
20	2.47	3.14	
21	2.72	3.46	
22	2.98	3.80	
23	3.26	4.15	
24	3.55	4.52	
25	3.85	4.91	
26	4.17	5.31	
27	4.49	5.72	
28	4.83	6.15	
29	5.18	6.60	
30	5.55	7.06	
31	5.92	7.54	d
32	6.31	8.04	
33	6.71	8.55	
34	7.13	9.07	
35	7.55	9.62	
36	7.99	10.2	a
38	8.90	11.3	
40	9.86	12.6	
42	10.9	13.8	
45	12.5	15.90	
48	14.2	18.1	
50	15.4	19.6	
53	17.3	22.0	
55	18.6	23.7	
56	19.3	24.6	
58	20.7	26.4	
60	22.2	28.3	
63	24.5	31.2	
65	26.0	33.2	
68	28.5	36.30	
70	30.2	38.5	
75	34.7	44.2	

续表

直径 d（或边长 a）(mm)	理论重量（kg/m）		说明
	圆钢	方钢	
80	39.5	50.2	
85	44.5	56.7	
90	49.9	63.6	
95	55.6	70.8	
100	61.7	78.50	
105	68.0	86.5	
110	74.6	95.0	
115	81.5	104	
120	88.8	113	
125	96.3	123	
130	104	133	
135	112	143	d
140	121	154	
145	130	165	
150	139	177	
155	148	189	
160	158	201	
165	168	2214	
170	178	227	a
180	200	254	
190	223	283	
200	247	314	
210	272		
220	298		
230	326		
240	355		
250	385		
260	417		
270	449		
280	483		
290	518		
300	555		
310	592		

同时重量以 t 为单位。

金属结构制作定额应用：

1）杆件长度一般在设计图纸中是以水平投影或垂直投影尺寸标准。但实际杆件位置除平面（即投影面）布置外，也有空间布置（即用平、立、侧三个投影面标注尺寸），如图 2-103 所示。因此确定其长度时，即可按下列公式计算：

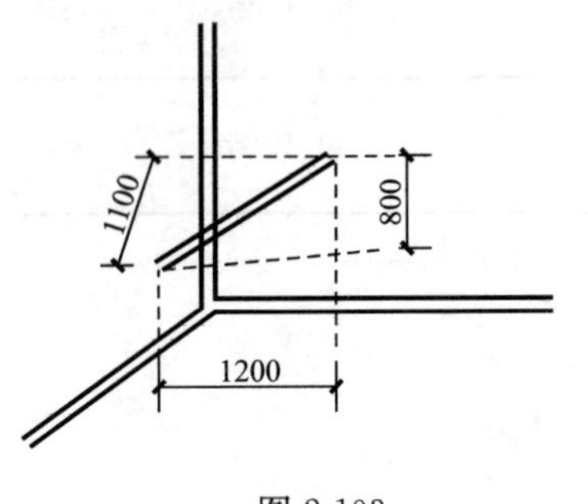

图 2-103

$$空间杆件长度 = \sqrt{L^2 + M^2 + N^2}$$

式中　L——水平投影长
　　　M——垂直投影长
　　　N——侧面投影长

2）杆件制作定额、包括分段制作和整体预装配的人工、材料和机械台班用量。其中整体预装配用的螺栓及锚固杆件使用的螺栓，均已包含在定额内，不得另行计算。

3）除定额中注明者外，均包括现场内（或工厂内）的材料运输、下料、加工、组装、成品堆放和装车出厂等全部工序。但未包括加工点主要装点的运输，发生时应按构件运输及安装工程的相应项目计算。

4）在各构件制作项目中，均已考虑了涂刷一遍防锈漆的工料。

5）钢筋混凝土屋架中的钢拉杆、按屋架支撑项目计算。

常用计算公式：

$$型钢及管杆(部)件净重 = LW$$

式中　L——杆（部）件设计长度，m；
　　　W——型钢或钢管每米长的理论重量，kg/m。

$$钢板部件净重 = FW$$

式中　F——钢板面积，m^2；
　　　W——钢板部件每 m^2 的理论重量。

当钢板为矩形时，直接按矩形面积计算，当钢板为多边形时，按多边形的外接矩形计算，即为最大对角线乘最大宽度的矩形面积，如图 2-104 所示。

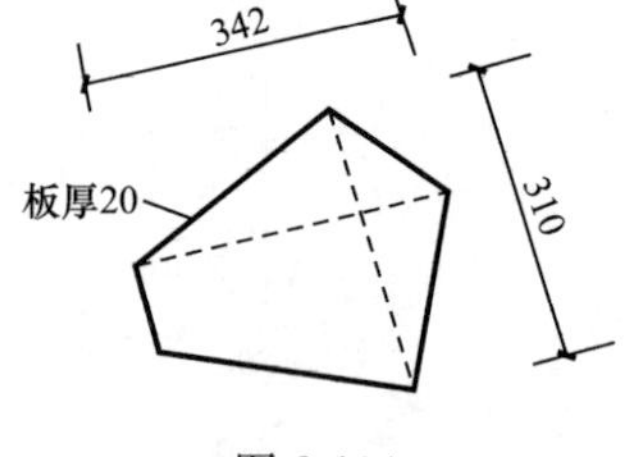

图 2-104

（2）实腹柱、吊车梁、H 型钢按图示尺寸计算，其中腹板及翼板宽度按每边增加 25mm 计算。

（3）制动梁的制作工程量包括制动梁、制动桁架、制动板重量；墙架的制作工程量包括墙架柱、墙架梁及连接柱杆重量；钢柱制作工程量包括依附于柱上的牛腿及悬臂梁重量。

（4）轨道制作工程量，只计算轨道本身重量，不包括轨道垫板、压板、夹板及连接角钢等重量。

吊车轨道与吊车梁的连接一般采用橡胶板和螺栓连接的方法，即在吊车梁上铺设厚 30～50mm 的垫层，再放钢垫板（或塑料、橡皮等弹性垫板），垫板上放钢轨，钢轨两侧放固定板，用压板压住，压板与吊车梁用螺栓连接牢固。如图 2-105 所示。

此工字钢轨道制作工程量＝各种钢材主材重量之和
　　　　　　　　　　　＝工字钢计算长度×理论重量＋钢板面积×理论重量

因轨道垫板、压板、斜垫、夹板及连接角钢等已包括在相应定额项目内，如钢板、角钢等材料，故计算轨道制作工程量时，不包括其重量，以免重复。

（5）铁栏杆制作，仅适用于工业厂房中平台、操作台的钢栏杆，民用建筑中铁栏杆等按本定额其他章节有关项目计算。

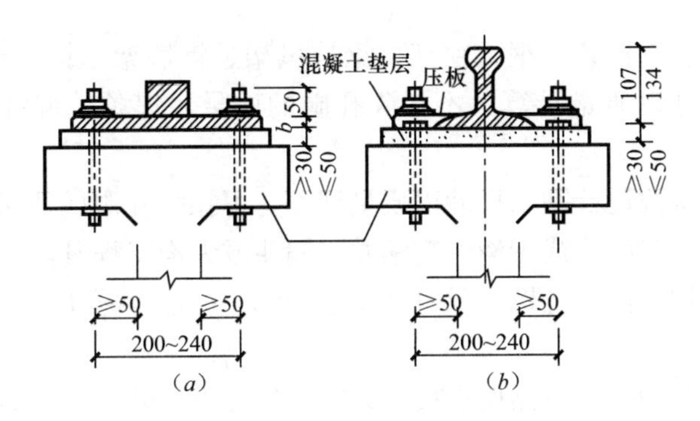

图 2-105　吊车轨道与吊车梁的连接

(a) 方钢；(b) 工字钢轨道

(6) 钢漏斗制作工程量，矩形按图示分片，圆形按图示展开尺寸，并依钢板宽度分段计算，每段均以其上口长度（圆形以分段展开上口长度）与钢板宽度，按矩形计算，依附漏斗的型钢并入漏斗重量内计算。

(7) 钢屋架、钢托架制作平台摊销的工程量与钢屋架、钢托架制作工程量相同。

钢屋架、钢托架制作平台是为制作钢屋架、钢托架而设置的临时性构筑物，不是一种工程构筑物。它是由于钢屋架跨度大、重量重，运输困难而一般在施工现场搭设的制作平台。钢平台的尺寸、长度依制作对象的尺寸而定。长度为制作物长度加 2m，宽度为制作物高的两倍再加 2m。又由于钢平台的搭设没有统一标准，因此钢屋架、钢托架制作平台摊销的工程量与钢屋架、钢托架制作的工程量相同，而套用钢屋架、钢托架制作平台摊销的定额。

(8) 踏步式铁梯工程量按设计图示几何尺寸，计算出长度后再折算成重量，以重量吨为单位计算。

2. 清单工程量计算规则

钢网架按设计图示尺寸以质量计算。不扣除孔眼的质量，焊条、铆钉、螺栓等不另增加质量。

钢屋架以榀计量，按设计图示数量计算或者以吨计量，按设计图示尺寸以质量计算。不扣除孔眼的质量，焊条、铆钉、螺栓等不另增加质量。

钢托架、钢桁架、钢架桥按设计图示尺寸以质量计算。不扣除孔眼的质量，焊条、铆钉、螺栓等不另增加质量。

实腹钢柱、空腹钢柱按设计图示尺寸以质量计算。不扣除孔眼的质量，焊条、铆钉、螺栓等不另增加质量，依附在钢柱上的牛腿及悬臂梁等并入钢柱工程量内。

钢管柱按设计图示尺寸以质量计算。不扣除孔眼的质量，焊条、铆钉、螺栓等不另增加质量，钢管柱上的节点板、加强环、内衬管、牛腿等并入钢管柱工程量内。

钢梁、钢吊车梁按设计图示尺寸以质量计算。不扣除孔眼的质量，焊条、铆钉、螺栓等不另增加质量，制动梁、制动板、制动桁架、车挡并入钢吊车梁工程量内。

钢板楼板按设计图示尺寸以铺设水平投影面积计算。不扣除单个面积≤0.3m^2 柱、垛及孔洞所占面积。

钢板墙板按设计图示尺寸以铺挂展开面积计算。不扣除单个面积≤0.3m^2 的梁、孔洞所占面积，包角、包边、窗台泛水等不另加面积。

钢支撑、钢拉条、钢檩条、钢天窗架、钢挡风架、钢墙架、钢平台、钢走道、钢梯、钢护栏按设计图示尺寸以质量计算，不扣除孔眼的质量，焊条、铆钉、螺栓等不另增加质量。

钢漏斗、钢板天沟按设计图示尺寸以质量计算，不扣除孔眼的质量，焊条、铆钉、螺栓等不另增加质量，依附漏斗或天沟的型钢并入漏斗或天沟工程量内。

钢支架、零星钢构件按设计图示尺寸以质量计算，不扣除孔眼的质量，焊条、铆钉、螺栓等不另增加质量。

成品空调金属百叶护栏，成品栅栏按设计图示尺寸以框外围展开面积计算。

成品雨篷以米计量，按设计图示接触边以米计算或者以平方米计量，按设计图示尺寸以展开面积计算。

金属网栏按设计图示尺寸以框外围展开面积计算。

砌块墙钢丝网加固，后浇带金属网按设计图示尺寸以面积计算。

（五）各种材料的计算方法

1. 主材料用量的计算

（1）按工程项目选用适合的钢构件图纸。

（2）按施工图上的“材料名称表”列出或计算出每根柱、每榀屋架、每件墙架等需用的各种钢材名称、规格、重量。

（3）钢屋架、钢托架制作平台项目材料摊销量，根据平台搭设的方式，用材料分析法计算出，如图 2-106 所示。

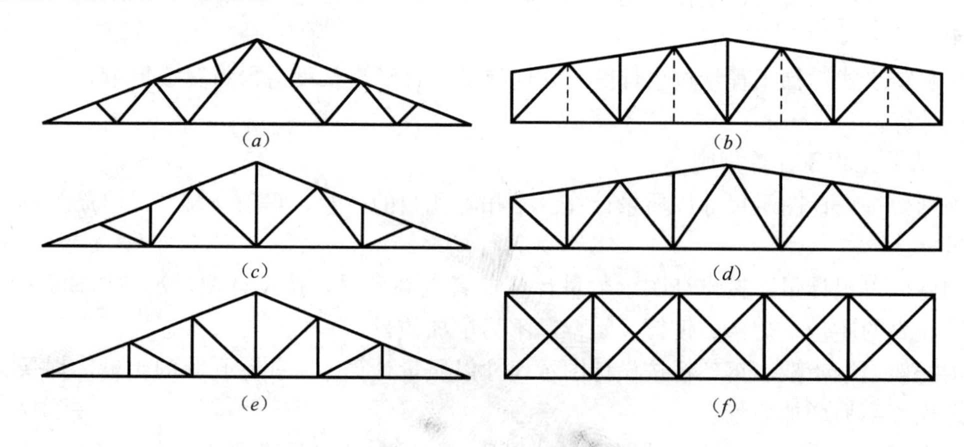

图 2-106　屋架示意图

(a)、(b)、(c) 三角形屋架；(d)、(e) 缓坡梯形屋架；(f) 平行弦屋架

（4）将各种钢材汇总得出每根构件的重量。

（5）用各种规格钢材的重量除以每根钢构件的总重量，得出各种钢材计算重量，即各种规格材料占总重量的百分比。

（6）钢材的损耗率为 6%。

（7）各种钢材的计算重量乘 1.06 为定额重量。

2. 辅助材料用量的计算

辅助材料主要指电焊条、氧气、乙炔气、螺栓、防锈漆和汽油等。

(1) 电焊条用量的计算

1) 按图示要求确定不同材料的焊缝接头形式。

2) 按图示要求确定不同材料的数量（件）。

3) 按图示要求计算每件材料的焊缝长度，见表 2-41。

钢吊车梁钢材焊缝长度计算表 **表 2-41**

零件号	焊缝接头形式及坡口	数量（件）	焊缝长度（m）	合计（m）
3	8	1	23.90	23.90
4	10	2	1.50	3.00
	8	2	0.80	1.60
5	6	14	1.54	21.56
	小计			50.06

4) 计算各种材料焊缝接头合计长度。

5) 汇总相同焊缝接头形式的长度。

6) 按"安装工程焊接材料消耗定额"规定计算出不同形式焊缝接头的电焊条用量。

7) 合计不同焊缝形式的焊缝长度。

8) 合计不同焊缝形式的电焊条用量。

9) 按焊条长度计算点焊的电焊条耗用量（kg/t 构件）：计算式为焊缝长度除以 0.1 乘以 0.02 乘以定额耗用量（kg/m）乘以 1.9 系数除以每件构件重量（t/件）。

10) 计算焊缝的电焊条用量 kg/t 构件，计算式为合计的电焊条用量乘以 1.9 系数除以每件构件重量（t/件）。

11) 将（9）至（10）项计算结果加起来即为电焊条使用量（kg/t）构件。

电焊条耗用量计算见表 2-42。

钢吊车梁电焊条耗用量计算表 **表 2-42**

焊缝接头形式	焊缝长度（m）	定额耗用量（kg/m）	合计（kg）	备　注
8	25.50	2.9932	76.33	图集号：G514 构件号：GDLS 12-18Z 重量：4.558t/根
10	3.00	5.4476	16.34	
6	21.56	0.5338	11.51	
合计	50.06		104.18	

点焊用量：50.06÷0.1×0.02×2.9932×1.9÷4.558=12.49（kg/t）构件

满焊用量：104.18×1.9÷4.558=43.43（kg/t）构件

总计：12.49+43.43=55.92（kg/t）构件（定额用量）

(2) 氧气用量计算

1) 按图示要求确定需要氧割的构件件号和数量。

2) 按图示要求计算各件号的割长。

3) 计算所有件号的氧割长度。

4) 查表或换算不同厚度钢板氧割时耗用氧气用量（m^3/m）。

5) 按不同厚度钢板的氧割长度乘以氧气耗用定额（m^3/m）计算氧气耗用量。

6) 将不同厚度钢板的氧气耗用量相加等于氧气合计用量（m^3/件构件）。

7）用合计用量（m^3/件构件）除以每件构件重量等于氧气使用量（m^3 个构件）。

氧气耗用量计算见表 2-43。

氧气耗用量计算表 **表 2-43**

件号	钢板厚度（mm）	氧割长度（m）	氧气耗用定额（m^3/m）
1	24	(0.6+11.95)×2=25.10	换算：0.328+(0.328−0.287)×[(24−16)÷2]=0.492
2	20	(0.48+11.95)×2=24.86	换算：0.328+(0.328−0.287)×[(20−16)÷2]=0.41
3	20	(0.4+1.56)×2=3.92	
4	14	(1.5+11.95)×2=26.90	0.287

d=24：0.492m^3/m×25.10m=12.35（m^3）

d=20：0.41×24.86=10.19（m^3）

d=14：0.287×26.9=7.72（m^3）

(12.35+10.19+7.72) m^3÷4.558t/件=6.64（m^3/t）构件（定额用量）。

（3）乙炔气用量计算：

一般均按氧气耗用量除以 2.3 等于乙炔气耗用量。例如钢吊车梁氧气耗用量为 6.64m^3/t 除以 2.3 等于 2.89m^3/t 构件（定额用量）。

（六）名词解释

1. 轻钢屋架，是采用圆钢筋、小角钢（小于 L45×4 等肢角钢、小于 L56×36×4 不等肢角钢）和薄钢板（其厚度一般不大于 4mm）等材料组成的轻型钢屋架。

2. 薄壁型钢屋架，是指厚度在 2～6mm 的钢板或带钢经冷弯或冷拔等方式弯曲而成的型钢组成的屋架。

3. 钢管混凝土柱，是指将普通混凝土填入薄壁圆形钢管内形成的组合结构。

4. 型钢混凝土柱、梁，是指由混凝土包裹型钢组成的柱、梁。

二、金属结构工程计算实例

【例 24】 如图 2-107 所示，试求钢柱工程量。

【解】（1）定额工程量

[32 槽钢：(0.16+3.0)×43.25×2kg=273.34kg

底座 L160×160×14：(0.32+0.02)×4×29.49kg=40.11kg

δ=15 的钢板：0.74×0.74×117.75kg=64.48kg

工程量合计=（273.34+40.11+64.48）kg=377.93kg

套用全国统一基础定额 12-4。

【注释】 [32 槽钢：槽钢的长度（0.16+3.0）×理论重量 43.25×个数 2，底座角钢工程量：长度乘以理论重量乘以个数，(0.32+0.02) 为该角钢的长度，4 为角钢的个数，29.49 为角钢的单位重量，钢板工程量：钢板面积乘以理论重量，0.74 为该钢板的边长，117.75 为钢板的单位重量，所以：273.34 为槽钢的重量，40.11 为角钢的重量，64.48 为钢板的重量。

（2）清单工程量

工程量计算与定额计算相同。

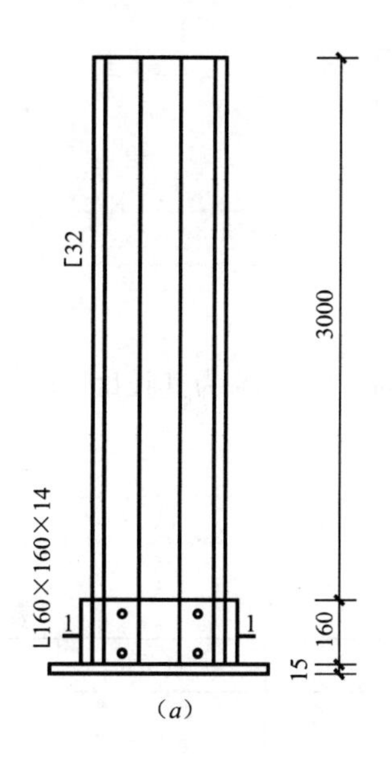

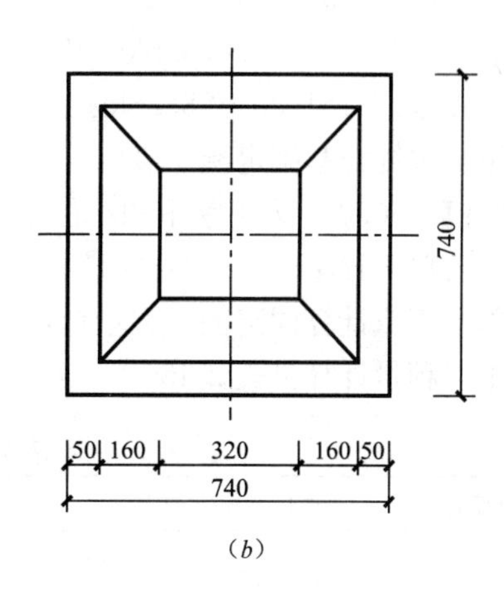

图 2-107　空腹钢柱示意图
(a) 立面图　(b) 1-1 剖面图

清单工程量计算见表 2-44。

清单工程量计算表　　　　**表 2-44**

项目编码	项目名称	项目特征描述	计量单位	工程量
010603002001	空腹钢柱	[32 槽钢，δ＝15 钢板刷防腐漆一遍，调和漆两遍	t	0.378

【例 25】 试求如图 2-108 所示的钢吊车轨道工程量。

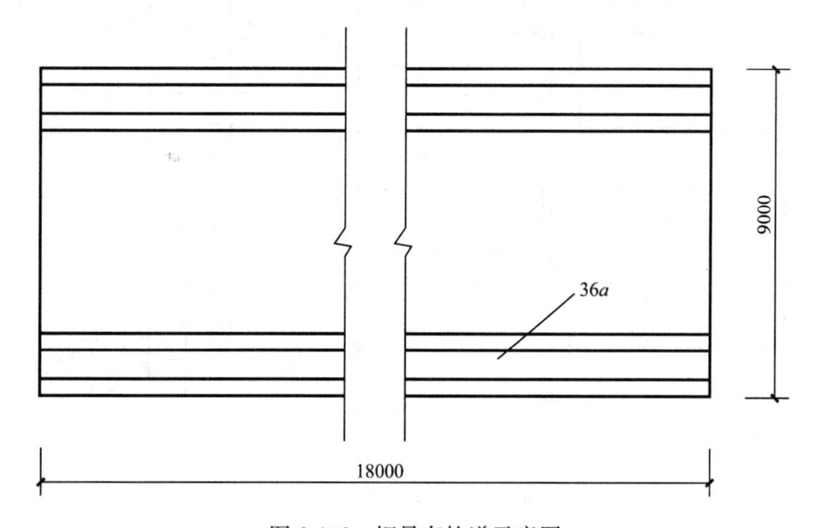

图 2-108　钢吊车轨道示意图

【分析】 轨道制作工程量，只计算轨道本身的重量，不包括轨道垫板、压板、夹板及连接角钢等重量。

工字钢轨道制作工程量＝各种钢材主材重量之和＝工字钢计算长度×理论重量＋钢板

面积×理论重量

【解】（1）定额工程量

工字钢：60.037×2×18kg=2161.33kg

钢板：0.3×0.3×4×78.5kg=28.26kg

总工程量：2161.33+28.26kg=2189.59kg

套用全国统一基础定额 12-20

【注释】 60.037 为工字钢的单位重量，2 为工字钢的个数，18 为其长度。

（2）清单工程量

清单工程量计算同定额工程量计算。

清单工程量计算见表 2-45。

清单工程量计算表 **表 2-45**

项目编码	项目名称	项目特征描述	计量单位	工程量
010604002001	钢吊车梁	36a，工字钢，长度 18m，刷防锈漆一遍，调和漆两遍	t	2.190

【例 26】 如图 2-109 所示为一楼梯，试求制作此楼梯所需工程量。

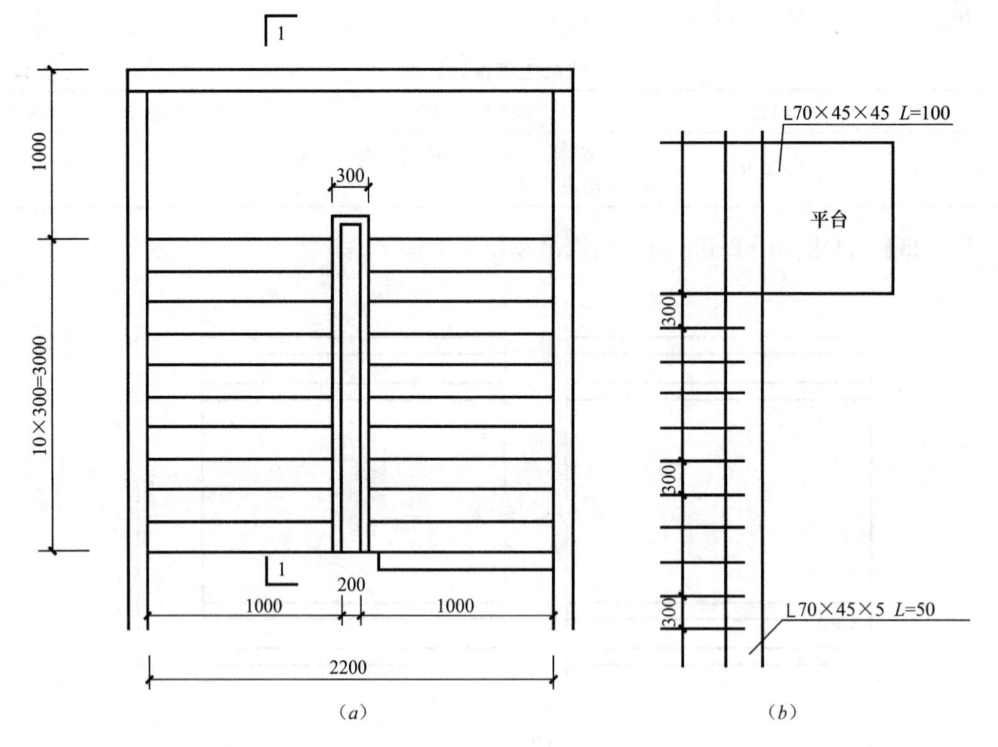

图 2-109 某钢梯示意图

(a) 平面图；(b) 1-1 剖面图

【解】（1）定额工程量

角钢（L70×45×5）：(0.05×4+1×2+3×2)×4.403kg=(0.2+2+6)×4.403kg
=36.10kg

【注释】 3×2 为踏步的长度，1×2 为踏步的宽度，4.403 为其每米重量

ϕ20：0.98×10×2.47kg=24.21kg

【注释】 0.98 为其长度，10 为个数，2.47 为其单位重量

工程量合计：(24.21+36.10)kg=60.31kg

套用基础定额 12-37、12-35

(2) 清单工程量

清单工程量同定额工程量。

清单工程量计算见表 2-46。

清单工程量计算表　　表 2-46

项目编码	项目名称	项目特征描述	计量单位	工程量
010606008001	钢梯	L70×45×5，ϕ20，刷防锈漆两遍，调和漆一遍	t	0.060

第六节　木结构工程

一、工程造价概论

(一) 概述

木结构工程主要包括门、窗装修，间壁墙，顶棚，楼梯及扶手栏杆，屋架，屋面木基层等等。

木结构的使用条件：

木结构适用于单层工业建筑，三层及三层以下民用建筑。公用建筑和一般构筑物的承重木结构的设计。

承重木结构应在正常温度和湿度环境下的房屋结构中使用，未经防火处理的木结构不宜用在极易引起火灾的建筑中，未经防潮、防腐处理的木结构不应用于经常受潮且不易通风的场所。

对于长期暴露在潮湿环境中的木构件，经过防火处理后，尚应进行防水处理。

1. 木结构的相关知识

(1) 木材

建筑用木材包括原条、原木、板材和方材，现分述如下。

1) 原条。系指只经修枝、剥皮、去根、去树梢，但尚未加工成规定尺寸的木料。包括杉原条和脚手杆等。

2) 原木：指已经去皮、根、树梢并已经按一定规格加工成一定尺度的木材，可以直接用于屋架、檩条、椽条、电杆、桩木、坑木等。加工之后可以用于作结构、门窗、家具、地板、屋面板、模板等。

3) 板材和方材。板材和方材均指经加工的成材。凡宽度为厚度的 3 倍或 3 倍以上的制成材称为板材，按厚度不同分为薄板、中板、厚板和特厚板四种。方材为宽度不足 3 倍厚度的制材，依断面大小分为小方、中方、大方和特大方。主要用于制作建筑结构门窗、家具、地板、屋面板、模板、包装箱等用材。

4）板材、方材分类标准见表 2-47。

板材、方材分类表 **表 2-47**

材种	b a	b a
区分	按比例分： $b:a\geqslant3$ 按厚度分（mm） 薄板 $a\leqslant18$ 中板 $a=19\sim35$ 厚板 $a=36\sim65$ 特厚板 $a\geqslant66$	按比例分： $b:a<3$ 按乘积分（cm^2）： 小方<54 中方=55～100 大方=101～225 特大方>226
长度（m）	针叶树：1～8	阔叶树　1～6

5）板材、方材的材质等级划分标准见表 2-48。

6）板材、方材的规格见表 2-49。

板材、方材的材质标准表 **表 2-48**

序号	板材缺陷	板材、方材缺陷允许程度			
		一级材	二级材	三级材	四级材
1	腐朽	不允许	不允许	不允许	不允许
2	蛀孔	不允许	不允许	仅表面允许	仅表面允许
3	木节：①在任一面的一米长度内，木节尺寸总和不大于该面宽的	3/4	1	$1\frac{1}{2}$	不限
	②在任一面上 20cm 长度内，木节尺寸总和不大于该面宽的	1/4	2/5	2/5	3/4
	③每个木节最大尺寸：				
	a. 当位于材边缘时，不大于该面宽的	1/4	1/3	1/3	1/2
	b. 当位于材面中间 1/2 宽内时，不大于该面宽的	1/4	2/5	1/2	1/2
	c. 在结合处木节不得位材边缘，且尺寸不大于该面宽的	1/6	1/4	1/3	1/2
4	腐朽节和松软节除应符合第 3 项要求外，还需达到				
	①每个腐朽节或松软节的最大尺寸	不允许	2cm	3cm	5cm
	②在任一面上一米长度内，此类木节数目不得多于	不允许	1 个	2 个	3 个
5	岔节	不允许	不允许	不允许	允许
6	斜纹：每米平均斜度不大于	7cm	10cm	10cm	15cm
7	裂纹：①裂纹深度（有对面纹时，采两者和）不大于木材厚度的	1/4	1/3	1/2	不限
	②裂纹长度（方材指每条缝的长度、板材指每面缝长之和）不大于材长的	1/3	1/3	1/2	不限
	③结合处受剪面附近	不允许	不允许	不允许	不允许
8	髓心：指厚度≤6cm 构件	不允许	不允许	不限	不限

板材、方材的宽厚规格（mm）　　表 2-49

材种	板材			方　材																									
厚度	10	12	15	18	21	25	30	35	40	45	50	55	60	65	70	75	80	85	90	100	120	150	160	180	200	220	240	250	270	300
宽度	50	50	50	50	50	50	50	50	50	50	50	50																		
	60	60	60	60	60	60	60	60	60	60	60	60	60	60																
	70	70	70	70	70	70	70	70	70	70	70	70	70	70	70	70														
	80	80	80	80	80	80	80	80	80	80	80	80	80	80	80	80	80	80												
	90	90	90	90	90	90	90	90	90	90	90	90	90	90	90	90	90	90	90											
	100	100	100	100	100	100	100	100	100	100	100	100	100	100	100	100	100	100	100	100										
	120	120	120	120	120	120	120	120	120	120	120	120	120	120	120	120	120	120	120	120	120									
	150	150	150																											
		180	180	150	150	150	150	150	150	150	150	150	150	150	150	150	150	150	150	150	150	150								
		210	210	180	180	180	180	180	180	180	180	180	180	180	180	180	180	180	180	180	180	180	180	180						
			240	210	210	210	210	210	210	210	210	210	210	210	210	210	210	210	210	210	210	210	210	210	210					
				240	240	240	240	240	240	240	240	240	240	240	240	240	240	240	240	240	240	240	240	240	240	240	240			
					270	270	270	270	270	270	270	270	270	270	270	270	270	270	270	270	270	270	270	270	270	270	270	270	270	
							300	300	300	300	300	300	300	300	300	300	300	300	300	300	300									300

（2）木屋架

木屋架是承受屋面，屋面木基层及屋架自身的全部荷载，并将其传递到墙或柱上的构件。常用的木屋架有钢木屋架、方木屋架和圆木屋架，屋架可根据排水坡度和空间要求，组成三角、梯形、矩形和多边形屋架。屋架中各杆件受力较合理，因而杆件截面较小，且能获得较大的跨度和空间。木屋架跨度可达 18m，如利用内纵墙承重，还可将屋架制成三支点或四支点，以减小跨度、节约用材。

1）钢木屋架

钢木屋架的上弦和压杆（斜杆）采用木料制成，下弦和拉（竖）杆均采用圆钢制作，是一种以钢代替木构件的屋架，钢木屋架与普通的人字屋架（图 2-110）的主要区别在于：钢木屋架下弦采用钢材，人字屋架下弦采用木材，钢木屋架适用于大的跨度。

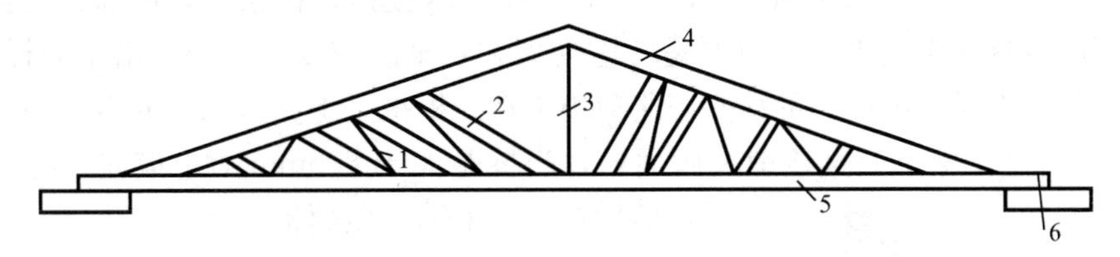

图 2-110　普通人字木屋架

1—拉杆；2—斜杆；3—中拉焊；4—上弦杆；5—下弦杆；6—挑檐木

屋架安装时应注意：

① 屋架拼装两端及中间应设垫木，中间应起拱拼。

② 拼装时先装下弦及拼接点再根据两根上弦同时装上，把竖杆串装进去，初步上紧，然后再用斜杆逐根装进去。榫与齿槽互相抵紧，最后在端点处装螺栓上紧。

③ 第一榀屋架吊上后，应立即找中、找直、找平，并用临时支撑撑柱或用拉缆风绳临时固定。第二榀屋架吊上后，应立即安装屋架间垂直撑及水平系杆，并在屋架间至少钉三根檩条。

④ 支撑与屋架应用螺栓连接，不得用钉连接，安装完毕后，屋架端头锚固螺栓上的

螺母应逐个上紧。

2）圆（方）木屋架

木屋架的典型结构形式为三角形（简称普通人字屋架），它由上弦（人字木）、下弦、斜杆和竖杆（统称腹杆）组成。杆件全部可用圆木（或方木）制作。各杆件轴线的交点称为节点，如端节点、脊节点等。脊节点至下弦中失节点的距离为屋架高度，两端节点之间的距离为屋架跨度，木屋架的跨度一般有 6m、9m、12m。

（3）屋面木基层

在一般平瓦或青瓦屋顶结构中，屋面木基层指的是屋面瓦至屋架之间的组成部分。木基层一般包括木檩条，椽子和屋面板、挂瓦条等定额项目中的屋面木基层包括屋面板、椽子、挂瓦条等项目。

1）檩木。

檩木又叫做桁条或叫做檩条。檩木铺设在屋架或搁置在山墙上，其作用是把屋面荷载传递到屋架的承重构件上。檩木分为圆檩木和方檩木，它可以按房屋长度拼接成通长的连续檩条，也可以像单梁一样，沿着房屋的长度方向一间一间地搁置，这种檩条被称为简支檩条。檩条支承于横墙或屋架上，用三角形木块（木俗称：檩托）固定就位，檩条的断面及间距需由根据屋架的间距，以及屋面板的厚度等因素综合考虑进行的结构计算来确定。一般为 700mm～900mm，檩条的位置最好放在屋架节点上，以使受力更为合理，木檩条虽有圆木和方式两种形式，但以圆木比较经济，且长度不宜超过 4m。

2）椽子。

椽子、屋面板、挂瓦条等是屋面瓦与屋架之间的中间部分，其组成由设计屋面构造和使用要求决定，通常可在檩木上钉椽子及挂瓦条挂瓦，或檩条上钉屋面板、油毡及挂瓦条挂瓦，或者在檩条上钉屋面板及挂瓦条等。

当檩条间距较大（大于 800mm），屋面板不宜直接铺设时，在垂直于檩条方向架立椽子。

椽子的间距为 500mm 左右，其截面尺寸为 50mm×50mm 的方木或 ϕ50mm 的圆木。

屋面板也叫塑板，一般采用 15mm～20mm 厚的木板钉在檩条上，屋面板的接头应在檩子上而不应该悬在半空中，这里要是考虑受力和安全的需要。另外，由于同样的原因，在进行屋面的施工时、屋面板的接头应避免集中在一根椽子上，应错开布置。当檩条间距小于 800mm 时可在檩条上直接铺设屋面板，当檩距大于 800mm 时，应先在檩条上加椽子，然后在椽子上铺钉屋面板。

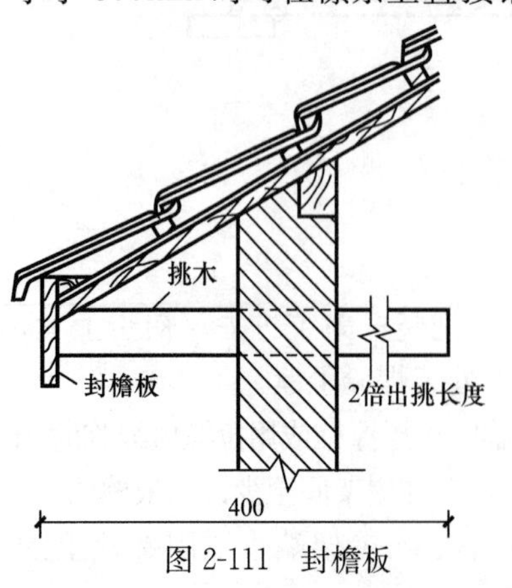

图 2-111　封檐板

（4）其他木结构项目

封檐板、搏风板

封檐板（图 2-111）是在椽于顶头装钉断面约为 20mm×200mm 的木板是屋侧墙檐口排水部位的一种构造方法，封檐板即可使用于防雨，又可使屋檐整齐、美观。

当挑檐较小的情况下，除了封檐板的做法之外，也可以采用封檐的构造做法、即将砖墙逐层挑出几皮，挑出的总宽度一般不大于墙厚的 1/2。

搏风板又称顺风板，也叫拨风板，它是山墙的封檐板，钉在挑出山墙的檩条端部起将檩条封住的作用，檩条的下面再做檐口顶棚如图 2-112 所示，图中搏风板两端的刀形头，称勾头板或者大刀头。

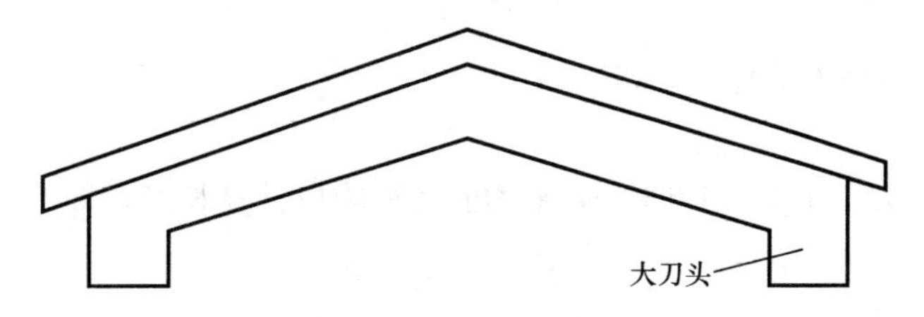

图 2-112 搏风板

在计算木结构工程量之前，首先要弄清以下几个问题。

所谓木材的毛料它又包含两种情况：一是圆木结构的毛料。这种毛料是指树木经砍伐后去其枝丫，按照设计的长度尺寸，直接用于工程的；二是板枋材的毛料。这种毛料是指树木经砍伐后按照设计的断面尺寸经加工改体后直接用于工程的。

所谓木材的净料是指上述两种情况需经过刨光后用于工程的。

（二）木结构的工程量计算方法及规则

1. 定额工程量计算规则

（1）木屋架的制作安装工程量，按以下规定计算

1）钢木屋架工程量，应区分圆木、方木，按竣工木料所用的实际用量，以立方米为计量单位。

2）圆木屋架在连接的挑檐木，支撑等如为方木时，其方木部分应乘以系数 1.7 折合成圆木并入屋架竣工木料内，单独时方木挑檐、按矩形檩条计算并执行檩木定额。

3）屋架设计规定如需刨光，方木屋架一面刨光时增加 3mm，两面刨光的增加 5mm，圆木屋架刨光按屋架刨光时木材体积每立方米增加 0.05m^3 计算。

4）木屋架制作安装均按设计断面竣工木料以“m^3”为计量单位，其后备长度及配制损耗不另外计算。

5）屋架时的马尾，折角和正交部分半屋架，并入相连接的正屋架的体积内计算工程量。

6）附属部分即附属于屋架的夹板、垫木等已并入相应的屋架制作项目中，不必另行计算。

与屋架附属的带气楼木屋架，其气楼部分并入所依附屋架的体积内计算。

与屋架相连接的挑檐木，支撑等，其工程量并入屋架竣工木料体积内计算。

7）屋架的制作安装应区别不同跨度来计算工程量，其跨度应以屋架上、下弦杆的中心线交集之间的长度为准。

（2）檩木工程量按竣工木料以 m^3 计算

1）檩条托木已计入相应的檩木制作安装项目中，不另计算。

2）连续檩条的长度按设计长度计算，其接头长度按全部连续檩木总体积的 5%计算。

3）简支檩长度按设计规定计算，如设计无规定者，按屋架或山墙中距增加 200mm 计算，如两端出山，檩条长度算至搏风板。

檩木工程量的计算公式可表示为：

① 圆木檩条

$$V_{\mathrm{L}} = \sum_{i=1}^{n} V_i$$

式中 V_i——一根圆檩木的体积，m^3。

计算方法如下：

a. 设计规定为大、小头直径时，取平均断面积乘以计算长度，即

$$V_i = \frac{\pi}{4} D^2 \times L = 7.854 \times 10^{-5} \times D^2 L$$

式中 V_i——一根厚木材积，m^3；

D——圆木平均直径，cm；

L——圆木长度，m。

b. 设计规定圆木小头直径时，可按小头直径，檩木长度，由下列公式计算：

a）杉圆木材积计算公式，按公式计算。

b）原木材积计算公式（除杉原木以外的所有树种）：

$$V_i = L \times 10^{-4}[(0.003895L + 0.8982)D^2 + (0.39L - 1.219)D - (0.5796L + 3.067)]$$

式中 V_i——一根原木（除杉原木）材积，m^3；

L——圆木长度，m；

D——圆木小头直径，cm。

② 方木檩条

$$V_{\mathrm{L}} = \sum_{i=1}^{n} a_i \times b_i \times l_i \quad (\mathrm{m}^3)$$

式中 V_{L}——方木檩条的体积，m^3；

$a_i b_i$——第 i 根檩木断面的双向尺寸，m；

l_i——等 i 根檩木计算长度，m；

n——檩木的根数。

（3）屋面木基层工程量计算

按屋面的斜面积以 m^2 计算。屋面板的工程量可按下式计算：

$$S_{\mathrm{b}} = L \times B \times I$$

式中 S_{b}——屋面板的斜面积，m^2；

I——屋面坡度系数；

L、B——分别为屋面板的水平投影长和宽度，m。

屋面天窗挑檐重叠部分按设计规定计算；烟囱及斜沟部分所占面积扣除。

（4）其他木结构工程量计算

1）木楼梯的计算

木楼梯在计算工程量时，按水平投影面积计算，楼梯井宽度小于 300mm 时，不予以扣除，其踢脚板、平台及伸入墙内的部分均不另行计算。

2）封檐板、搏风板长度计算

搏风板按斜长度计算，每个大刀头增加长度 500mm；封檐板按图示檐口外围长度

计算。

2. 清单工程量计算规则

木屋架以榀计量，按设计图示数量计算或者以立方米计量，按设计图示的规格尺寸以体积计算。

钢木屋架以榀计量，按设计图示数量计算。

木柱按设计图示尺寸以体积计算。

木梁、木檩以立方米计量，按设计图示尺寸以体积计算或者以米计量，按设计图示尺寸以长度计算。

木楼梯按设计图示尺寸以水平投影面积计算。不扣除宽度≤300mm 的楼梯井，伸入墙内部分不计算。

其他木构件以立方米计量，按设计图示尺寸以体积计算或者以米计量，按设计图示尺寸以长度计算。

屋面木基层按设计图示尺寸以斜面积计算不扣除房上烟囱、风帽底座、风道、小气窗、斜沟等所占面积。小气窗的出檐部分不增加面积。

二、木结构工程计算实例

【例 27】 某工程屋架相关资料及数据如图 2-113、图 2-114 所示，试求其工程量。

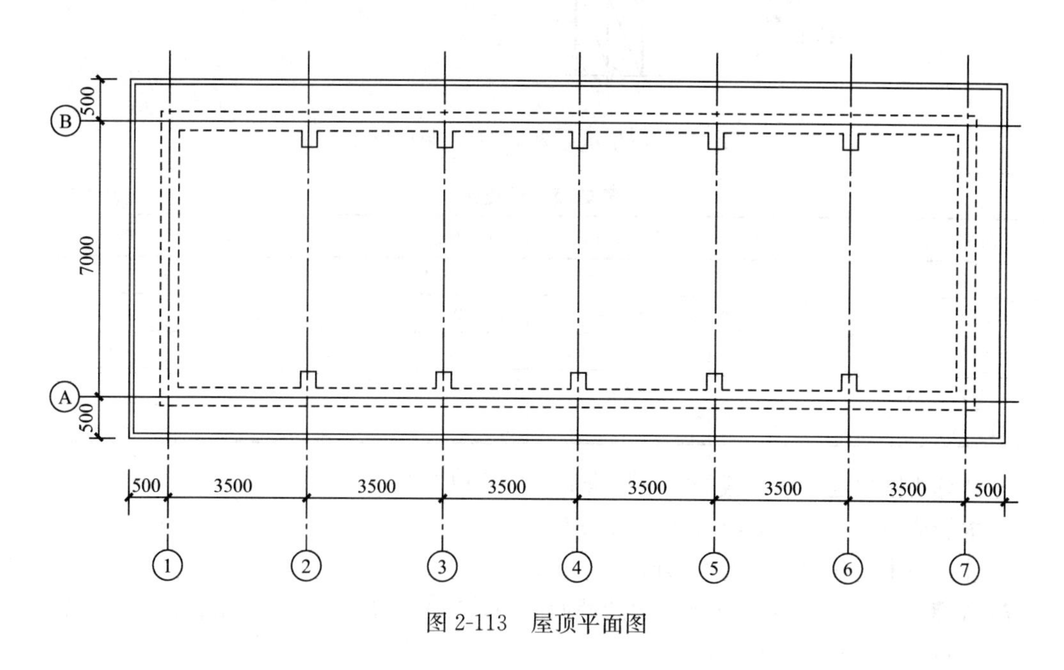

图 2-113 屋顶平面图

【解】（1）定额工程量

1）木屋架：

原木计算：按国家规定的杉原木材表及有关公式计算。各杆件长度按屋架构件长度系数计算，计算结果见表 2-50。

枋料计算：顶点夹板、顶点硬木、下弦节点等附属枋料按规则不另计算。

$$挑檐木 = 0.15 \times 0.15 \times 1.0 \times 2m^3 = 0.045m^3$$

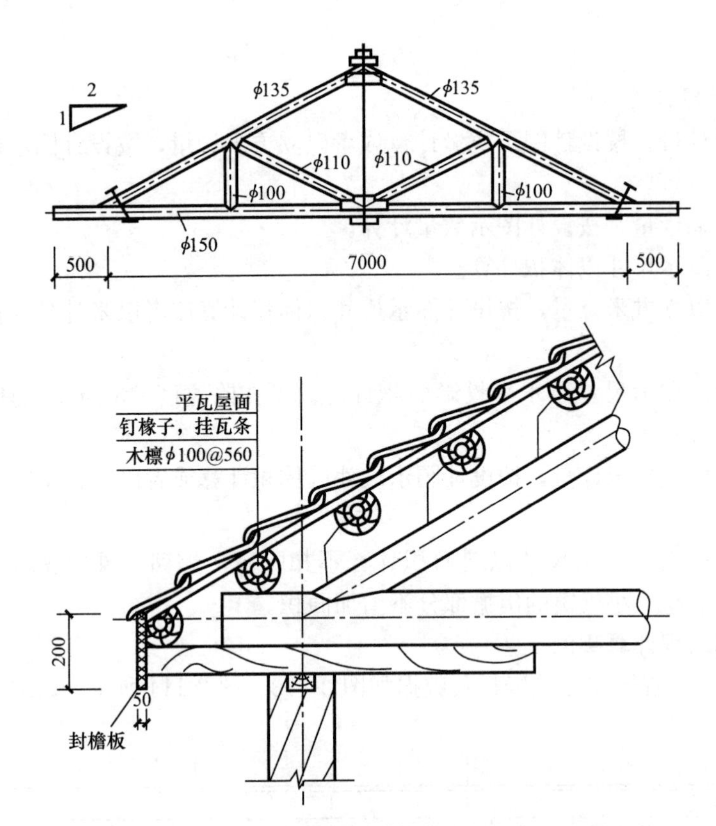

图 2-114　屋架示意图及檐口、封檐板详图

屋架原木计算表　　表 2-50

名称	尾径（cm）	长度（m）	单根体积（m^3）	根数	材积（m^3）
下弦	ϕ15	7+0.5×2=8	0.241	1	0.241
上弦	ϕ13.5	7×0.559=3.913	0.082	2	0.164
竖杆	ϕ10	7×0.125=0.875	0.008	2	0.016
斜杆	ϕ11	7×0.28=1.96	0.025	2	0.050
合　计					0.471

按计算规则规定，木夹板等方木折合原木应乘以 1.7。

枋木折成原木=0.045×1.7m^3=0.077m^3

合计：原木=(0.471+0.077)m^3=0.548m^3

【注释】 0.15×0.15 为该挑檐木的截面面积，1.0 为其长度，2 为个数，1.7 为系数

2）圆木简支檩（不刨光）：

每一开间的檩条根数 = (7 + 0.5 × 2) × 1.118(坡度系数) × 1/0.56 + 1 = 17 根

每根檩条增加的接头长度 = (3.5 × 6 + 0.5 × 2) × 5% × 1/10(接头数) = 0.11m

材积计算：

ϕ10,长 4.11m:17 × 2 × 0.0455m^3 = 1.547m^3

ϕ10,长 3.61m:17 × 5 × 0.0391m^3 = 3.324m^3

(0.0455、0.0391 均为每根杉原木的体积)

合计体积 = (1.547 + 3.324)m^3 = 4.871m^3

【注释】 (7+0.5×2) 为檩条的长度，0.56 为檩条的间距，10 为檩条的接头数，17 为檩条的根数

3) 檩条上钉椽子，挂瓦条：

$$(3.5\times6+0.5\times2)\times(7+0.5\times2)\times1.118\text{m}^2=196.8\text{m}^2$$

【注释】 3.5×6 为挂瓦条的水平长度，0.5×2 为两边伸出的长度，7+0.5×2 为挂瓦条的纵向长度，1.118 为坡度系数

4) 瓦屋面钉封檐板、博风板：

按封檐板、檐口外围长度计算，博风板按斜长计算，每个大刀头增加长度 500mm。

$$\{[3.5\times6+0.5\times2+(7+0.5\times2)\times1.118]\times2+0.5\times4\}\text{m}=63.9\text{m}$$

【注释】 3.5×6+0.5×2 为其水平长度，(7+0.5×2) 为其纵向长度，1.118 为坡度系数，0.5×4 为大刀头增加长度

其中，7m 跨度的圆木木屋架相关工程应套用全国统一基础定额 7-327；

圆木檩木条相关工程应套用全国统一基础定额 7-338；

(2) 清单工程量（按图示数量计算）

1) 木屋架：

$$工程量=7\ 榀$$

2) 圆木简支檩（不刨光）：

$$工程量=4.871\text{m}^3$$

3) 檩条上钉椽子，挂瓦条：

$$工程量=196.8/100\times0.876\text{m}^3=1.724\text{m}^3$$

4) 瓦屋面钉封檐板、博风板：

$$工程量=63.9\text{m}$$

清单工程量计算见表 2-51。

清单工程量计算表 **表 2-51**

序号	项目编码	项目名称	项目特征描述	计量单位	工程量
1	010701001001	木屋架	原木，跨度 7m	榀	7
2	010702005001	其他木构件	圆木简支檩	m^3	4.87
3	010702005002	其他木构件	檩条上钉椽子，挂瓦条	m^3	1.72
4	010702005003	其他木构件	瓦屋面上钉封檐板，博风板	m	63.90

注：1. 若上述题目中采用方木檩木条，则檩木条相关工程应套用定额 7-337；若檩木斜中距 l，$1.0\text{m}<l\leqslant1.5\text{m}$，则檩木上钉椽子，挂瓦条应套用定额 7-344；若屋面封檐板高 h，$20\text{cm}<h\leqslant30\text{cm}$，则 Q 封檐板、博风板相关工程应套用定额 7-349；

2. 若檩木斜中斜 l，$1.0\text{m}<l\leqslant1.5\text{m}$，则在清单工程量计算时，式子应为：$196.8\div100\times1.049\text{m}^3=2.064\text{m}^3$

【例 28】 求如图 2-115 所示木楼梯的工程量。

【解】 (1) 定额工程量

$$工程量=(7.2-1.86-0.12\times2)\times(6-0.12\times2)\text{m}^2=29.376\text{m}^2$$

木楼梯相关工程应套用全国统一基础定额 7-350。

【注释】 木楼梯工程量：(7.2−1.86−0.12×2) 为楼梯的水平投影长度，其中 1.86 为进口处的长度，0.12×2 为两边两半墙的厚度，(6−0.12×2) 为楼梯的水平投影宽度。

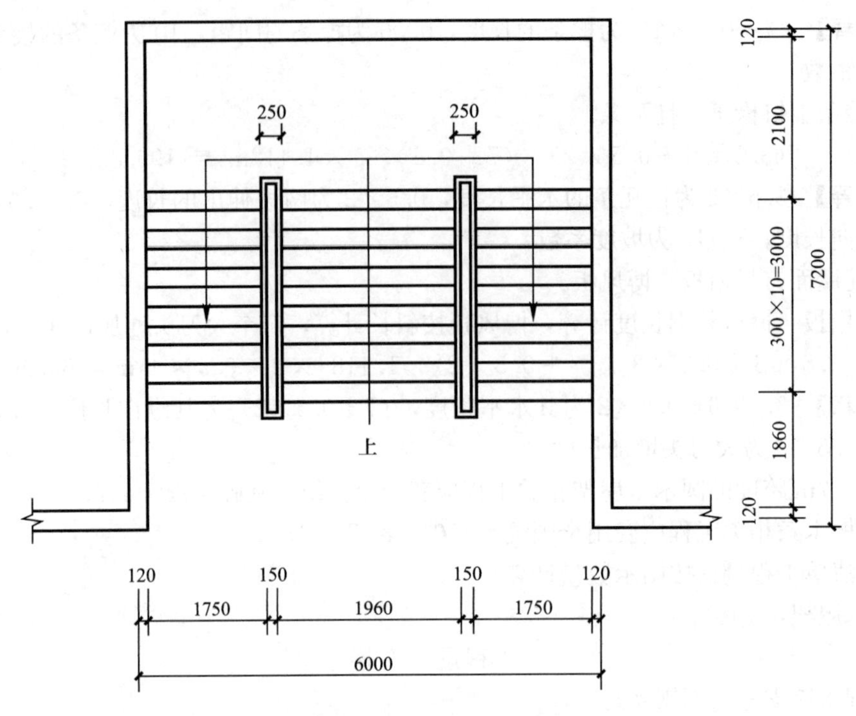

图 2-115　木楼梯示意图

（2）清单工程量

$$工程量 = 29.376m^2$$

【注释】 清单工程量与定额工程量相同。

清单工程量计算见表 2-52。

清单工程量计算表　　　　**表 2-52**

项目编码	项目名称	项目特征描述	计量单位	工程量
010702004001	木楼梯	木质楼梯	m^2	29.38

第七节　门 窗 工 程

一、门窗工程造价概论

木门：基本构造由门框（门樘）和门窗两部分组成。一般是由门框（也称门樘）、门扇、五金配件及其他附件组成。门框一般是由边框和上框组成。当门较高时，上部加门亮子，需增加一根中横框，门较宽时，还需要增加中竖框，有保温、防风、防水、防风纱和隔声要求的门还应该设下槛。门窗一般由上、中、下冒头、边框、门芯板、玻璃、百叶等组成。

镶板门：又称冒头门、框档门，是指由边梃、上冒头、中冒头、下冒头组成门扇骨架，内镶门芯板构成的门。门芯板通常用数块木板拼合而成，拼合时可用黏胶合或做成企口，或在相邻板间嵌入竹签拉接。门芯板可采用木板、硬质纤维板、胶合板、塑料板制成，这样的门称为全镶板木门；门芯板中有的部分采用玻璃，则称为半玻镶板门；全部采用玻璃，则称为全镶玻璃门。

企口木板门：指木板门的拼接面呈凸凹形的接头面。

实木装饰门：在现代装饰工程中，特别是室内装修，木质装饰门窗常常是一项不可缺少的重要内容，结合其他装饰构造和艺术造型，追求某种独特的风格，创造不同寻常的美观气氛。有的实心木质装饰门，常配以雕刻或花饰，多是由工厂加工订制；有的主要是依靠较别致的造型以及装设饰线形成一定凹凸效果的图案，这种装饰方式的门窗一般是在现场制作，与整体工程统一施工。

胶合板门：指门芯板用整块胶合板（例如三夹板）置于门梃双面裁口内，并在门窗的双面用胶粘贴平整而成。胶合板门又叫夹板门，它的门扇内部采用约 34mm×34mm 的方木做成的约 300mm 见方的框格骨架，双面粘贴薄板，如胶合板、塑料面板、硬质纤维板等，四周用小木条镶边或盖缝。胶合板门上按需要也可留出洞口安装玻璃和百叶。胶合板门不宜用于外门和公共浴室等湿度大的房间。

夹板装饰门：是中间为轻型骨架双面贴薄板的门。夹板门采用较小的方木做骨架，双面粘贴薄板，四周用小木条镶边，装门锁处另加附加木，夹板门的面板一般为胶合板、硬质纤维板或塑料板，用胶结材料双面胶结。

铝合金门窗是用铝合金的型材，经过生产加工制成门窗框料构件，再与连接件、密封件、开闭五金件一起组合装配而成的轻质金属门窗。加工厂至现场堆放地点有一定距离，发生的运费应另列项目单独计算。

金属平开门：包括平开钢门、铝合金平开门等，分为单扇平开门（带上亮或不带上亮）、双扇平开门（带上亮或不带上亮或带顶窗）几种形式。

推拉门：即可左右推拉启闭的门。

金属推拉门：包括推拉钢门和铝合金推拉门等。分为四扇无上亮、四扇带上亮、双扇无上亮、双扇带上亮四种形式。

厂库房大门，由于经常搬运原材料、成品、生产设备及进出车辆等，因此大门的尺寸主要取决于运输工具的类型、运输货物的外形尺寸及通行方便等原因确定。根据使用材料可以分为大木门、钢木大门、钢板大门等。

特种门包括冷藏库门、冷藏冻结间门、防火门、保温门、变电室门、折叠门等。

冷藏库门

系指门扇采用绝热材料与防潮材料特殊要求的门，以避免冷桥、减少冷量损耗，保证库房结构在低温潮湿环境下使用的安全性和耐久性。

防火门是具有特殊功能的一种新型门，是为了解决建筑防火要求和高层建筑的消防问题而近几年发展起来的。防火门按耐火极限分，防火门的国际 ISO 标准分为甲、乙、丙三个等级。按材质可以分为木质防火门和钢质防火门。按防火规定设置，要求具有一定耐火极限，关闭紧密，开启方便，常见的方法是在钢板或木板门扇和门框外包 5mm 厚的石棉板或 26 号镀锌铁皮，门扇铁皮及石棉板门扇的两侧设泄气孔，泄气孔用低熔点焊料焊牢，以防火灾时木材碳化释放大量的气体使门扇胀破而失去防火作用。

保温门指门扇采用双面钉木拼板，内充玻璃棉毡，在玻璃棉毡和木板之间铺一层 200 号油纸，以防潮气进入棉毡影响保温效果，在门扇下部，下冒头上底面安装橡皮条或设门槛密封，可减少室外气候的影响，以保持室内恒温。

变电室门是用在变电室外的门，具有特殊的质量要求。

二、门窗工程计算实例

【例 29】 某仓库采用实拼式双面石棉板防火门 15 樘，洞口尺寸为 1500mm×2100mm，双扇平开，不包含门锁安装，试求防火门工程量。

【解】 (1) 定额工程量

$$工程量 = 1.5 \times 2.1 \times 15\text{m}^2 = 47.25\text{m}^2$$

【注释】 防火门工程量按面积计算，门宽 1.5×门高 2.1×门的个数 15。

实拼式双面石棉板防火门门扇制作与安装套用全国统一基础定额 7-157

(2) 清单工程量 [按设计图示数量计算]

$$工程量 = 15 樘$$

【注释】 清单中，防火门工程量按数量计算。

清单工程量计算见表 2-53。

清单工程量计算表 **表 2-53**

项目编码	项目名称	项目特征描述	计量单位	工程量
010801004001	木质防火门	实拼式双面石棉板防火门，双扇平开，尺寸 1500mm×2100mm	樘	15

【例 30】 某办公建筑，大厅门形式如图 2-116 所示，共两樘，试求其工程量。

【解】 (1) 定额工程量

$$工程量 = 3 \times 3 \times 2\text{m}^2 = 18\text{m}^2$$

【注释】 门工程量按面积计算。其中 3 为门的宽度、高度，2 为门的数量。

带固定亮子全玻自由门门框制作套用全国统一基础定额 7-113；

门框安装套用全国统一基础定额 7-114；

门扇制作套用全国统一基础定额 7-115；

门扇安装套用全国统一基础定额 7-116。

(2) 清单工程量

$$工程量 = 2 樘$$

清单工程量计算见表 2-54。

清单工程量计算表 **表 2-54**

项目编码	项目名称	项目特征描述	计量单位	工程量
010805005001	全玻自由门	带固定亮子，尺寸 3000mm×3000mm	樘	2

【例 31】 某一偏远乡村，为保证夏季冷饮供应，欲建一小型冷藏库，为保证冷饮质量，保温层厚度选用 150mm，门洞尺寸拟定为 2000mm×1800mm，试求该冷藏库门的工程量（如图 2-117 所示为该冷藏库门的示意图）。

【解】 (1) 定额工程量

$$工程量 = 2 \times 1.8\text{m}^2 = 3.6\text{m}^2$$

保温层厚 150mm 的冷藏库门门樘制作安装套用全国统一基础定额 7-151；

门扇制作安装套用全国统一基础定额 7-152。

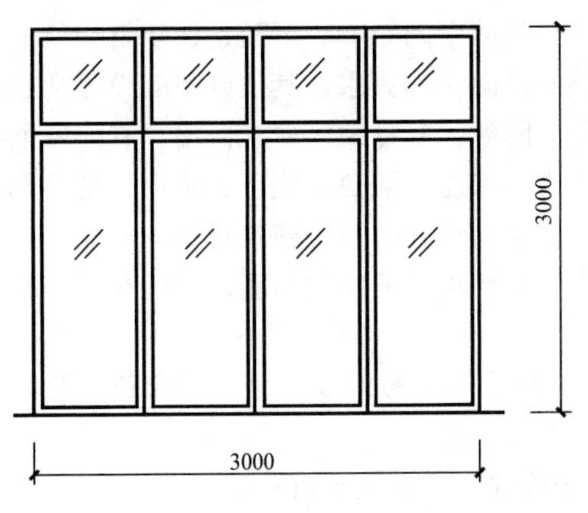

图 2-116 带固定亮子全玻自由门（无扇框）

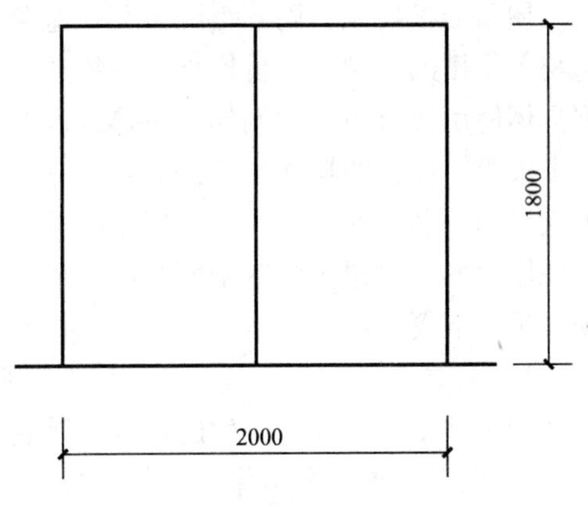

图 2-117 冷藏库门示意图

【注释】 2 为门的宽度，1.8 为门的高度。

（2）清单工程量

$$工程量 = 1 樘$$

清单工程量计算见表 2-55。

清单工程量计算表 表 2-55

项目编码	项目名称	项目特征描述	计量单位	工程量
010804007001	特种门	冷藏门，尺寸 2000mm×1800mm	樘	1

注：若该冷藏库要求一般，保温层厚度可选为 100mm，此时，试求其工程量。

【例 32】 某新建医院欲安装保温门 45 樘，洞口尺寸为 1000mm×1800mm，试求其工程量。

【解】（1）定额工程量

$$工程量 = 1 \times 1.8 \times 45m^2 = 81m^2$$

保温门门框制作安装套用全国统一基础定额 7-161；

门扇制作安装套用全国统一基础定额 7-162。

【注释】 1 为保温门的宽度，1.8 为保温门的高，45 为门的数量。

（2）清单工程量

$$工程量 = 45 樘$$

清单工程量计算见表 2-56。

清单工程量计算表 表 2-56

项目编码	项目名称	项目特征描述	计量单位	工程量
010804007001	特种门	保温门，尺寸 1000mm×1800mm	樘	45

第八节 屋面及防水工程

一、屋面及防水工程造价概论

屋面的功能主要是用于防水。

屋顶能抵抗风、雨、雪的侵袭，避免日晒等自然因素的影响，屋顶是在建筑物最上面起覆盖作用的围护和承重构件，其构造设计的核心是防水和排水，其他方面的设计则是根据具体使用要求而异。例如，炎热地区要求隔热、降温，寒冷地区要求保温，有的屋顶要求上人等。屋面的功能主要是防水，它应根据防水、保温、隔热、隔声、防火、是否作为上人屋面等功能的需要，而设置不同的构造层次，从而选择合适的建筑材料。此外，还要考虑屋顶形式对建筑物造型所起的作用。屋顶由于其要满足的特定功能，因而在设计时必须满足以下要求：

1）承重要求：屋顶作为承重构件，必须能够承重雪荷载以及雨水、风荷载以及上人屋面还必须承受上人所产生的荷载并顺利地传递给墙、柱。

2）保温要求：屋顶作为建筑物最上部的围护构件，它必须具有一定保温、隔热能力。寒冷地区防止屋内热量的流失以及炎热地区太阳的因照射而导致室内温度急剧上升。

3）防水要求：屋顶做建筑物最顶部的构件，必须具有很好的排水能力，一旦积水，积雪应尽快排除，以防渗透。在处理防水问题时，通常采用“导”和“堵”两种方法，“导”就是将屋面水顺序地排出，一般采取形成排水坡度以及一切于有组织排水相应的天沟及雨水管、水舌等设施。所谓“堵”就是采用相应的防水材料，使屋面具有很好的防水能力以及妥善的细部构造处理来防止雨水的渗漏。

4）美观要求：屋顶是建筑物的重要组成部分，由于它在建筑上所处的位置，在立面造型以及平面上都有着举足轻重的作用。因此屋顶采用什么形式，选用什么材料以及颜色均与整个建筑的和谐与美观有很大关系。在解决屋顶做法时，应兼顾技术和艺术两个方面。

（一）屋顶组成和类型

1. 屋顶的组成

屋顶主要由屋面防水层和支承结构组成。由于使用要求不同，还设有顶棚、保温、隔热、隔声、防火等各种层次。屋顶也是房屋的承重结构，承担自重及风、雪雨、雪荷载、施工荷载及上人屋面的荷载，并对房屋上部起水平支撑作用，所以应具有足够的强度和刚度，并防止因结构变形引起的屋面防水层开裂漏雨。屋顶的支承结构，应满足一定的强度以及稳定性的要求，它能承受屋面传来的各种荷载以及屋顶自重。承重结构一般有平面结构和空间结构。当建筑物内部空间较小时，多采用平面结构。而大型的公用设施由于其内部空间大，中间一般不允许设柱子支承。故常用空间结构，如薄壳、网架、悬索、折板结构等。

2. 屋顶的类型

屋顶根据防水材料的不同可以分为：柔性防水屋面、刚性防水屋面、瓦屋面、波形瓦屋面、金属薄板屋面、涂料防水屋面、粉剂防水屋面、玻璃屋面。屋顶根据坡度分类可以分为平屋顶和坡屋顶，屋顶根据外形分类可以分为平面屋顶和曲面屋顶。

（1）平屋顶：屋面坡度小于或等于10%的屋顶叫做平屋顶。最常用的坡度为2%或3%，图2-118是三种常见的平屋顶外形。

平屋顶上面可以利用，做成露台、屋顶花园、屋顶游泳池、屋面种植、养殖等。

（2）坡屋顶：屋面坡度大于10%的屋顶就是坡屋顶。传统建筑中的小青瓦屋顶和平瓦屋顶属坡屋顶，在我国有着悠久的历史，因其容易就地取材和满足传统的审美要求，至今仍被广泛应用。图2-119是各种坡屋顶外形。

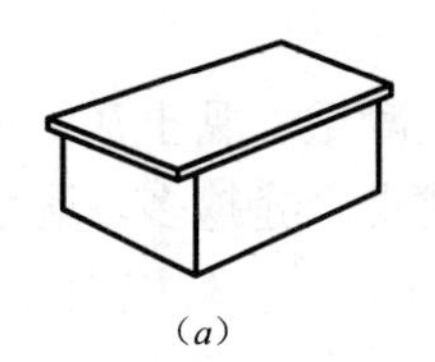
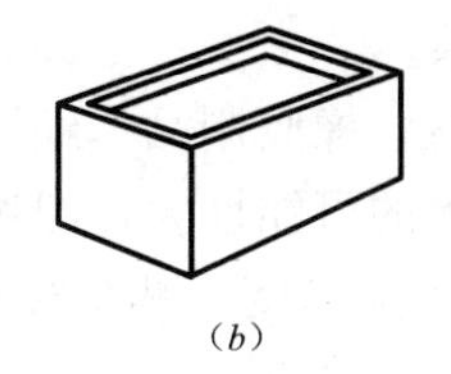
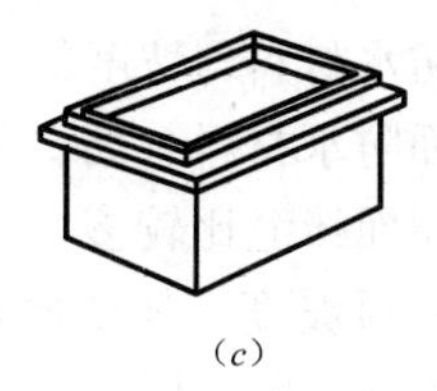

(*a*)　　(*b*)　　(*c*)

图 2-118　平屋顶外形

(*a*) 挑檐；(*b*) 女儿墙；(*c*) 女儿墙带挑檐

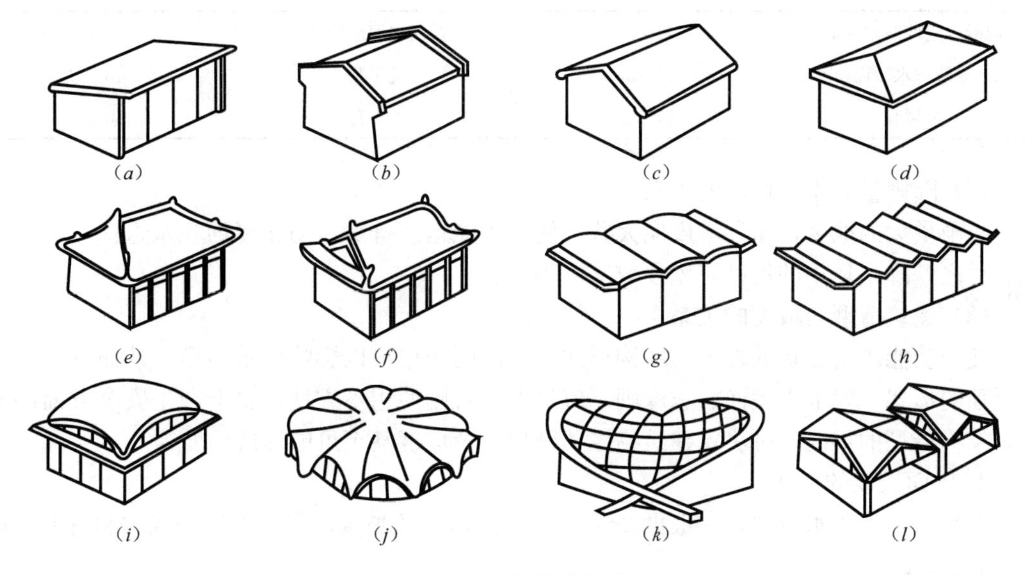

图 2-119　坡屋顶外形

(*a*) 单坡顶；(*b*) 硬山顶；(*c*) 悬山顶；(*d*) 四坡顶；(*e*) 庑殿顶；(*f*) 歇山顶；(*g*) 筒壳顶；(*h*) 折板顶；(*i*) 扁壳顶；(*j*) 抛物面壳顶；(*k*) 鞍形悬索顶；(*l*) 扭壳顶

坡屋顶根据其坡面的数目分类可分为单坡屋顶，双坡屋顶和四坡屋顶。当房屋宽度不大时，可选用单坡顶。当房屋宽度较大时，宜采用双坡顶或四坡顶。双坡屋顶有硬山和悬山之分，硬山是指房屋两端山墙高出屋面，山墙封住屋面。悬山是指屋顶的两端挑出山墙外面。古建筑中的庑殿顶和歇山顶属于四坡顶。

随着建筑事业的发展，建筑大空间大跨度的需要，出现了由各种薄壳结构、悬索结构以及网架结构等作为屋顶承重结构的结构形式，也就随着出现了各种各样的曲面屋顶，如双曲拱屋顶、扁壳屋顶、鞍形屋顶等形式，这类屋顶结构形式布置合理，能充分发挥材料的力学性能，同时屋顶则造型各异，各具特色，使建筑物的外形美观、独特。

（二）屋顶的坡度

1. 影响坡度的因素

各种屋顶的坡度是由多方面因素决定的，它与屋面选用的材料、当地降雨量大小、屋顶结构形式、建筑造型要求以及经济条件等有关。屋顶坡度大小应适当，坡度太小易渗漏，坡度太大费材料、浪费空间。所以确定屋顶坡度时，必须根据采用的屋面防水材料和当地降水量以及结构形式、建筑造型、经济条件等因素来考虑。

（1）屋面防水材料与坡度的关系。

常用的屋面防水材料有沥青卷材、橡胶制品、细石混凝土、黏土瓦、小青瓦、筒瓦、波形瓦等。瓦屋面接缝比较多，漏水的可能性大，即块越小，缝越多，漏水的机会越大。设计时应增大屋顶坡度，加快雨水排除速度，减少漏水机会。卷材屋面和混凝土防水屋面，基本上是整体的防水层，拼缝少，故坡度可以小一些。表 2-57 列举了各种屋面防水材料和坡度大小的关系。

屋面防水材料与坡度值的关系　　表 2-57

屋面防水材料	适用坡度（%）	屋面防水材料	适用坡度（%）
混凝土刚性防水屋面	2～5	石棉水泥波形瓦	25～40
油毡防水屋面	2～5	机平瓦	40
金属瓦	10～20	小青瓦	50

（2）降雨量大小与坡度的关系。

降雨量大的地区，屋顶坡度应大些，使雨水能迅速排除，防止屋面积水过深，引起渗漏。反之，降雨量小的地区，屋顶坡度可小些。

（3）建筑造型与坡度的关系

使用功能决定建筑的外形，结构形式的不同同样也可以影响建筑造型，从而进一步影响屋顶的形式。如上人屋面、坡度则不应过大，否则使用不方便，也会产生安全方面的问题，结构造型的不同，可决定建筑物屋顶外形以及坡度甚至可能形成反坡等。

2. 屋面坡度的形成

平屋顶为了排水方便，一般做2%～5%的坡度，该坡度的形成有结构找坡和材料找坡两种方法。

（1）材料找坡。

材料找坡亦称垫置坡度。是在水平的屋面板上面，利用材料厚度的不一样厚度来形成一定的坡度，找坡多选用轻质材料如炉渣等轻质材料加水泥或石灰形成，但材料找坡的坡度不宜过大，否则找坡层的平均厚度增加，使屋面自重加大，导致屋顶的造价升高。保温屋顶常不另设找坡层，而是直接用保温材料进行找坡。材料可使屋内获得水平的顶棚层，但同时也增加了屋面的自重。

（2）结构找坡

结构找坡是指利用屋顶结构层本身做出排水坡度结构层或倾斜坡面。结构找坡不需在屋面上设找坡层，减轻了屋面荷载，节约材料，但室内顶棚是倾斜的，空间不够理想。如果室内有吊顶，宜采用结构找坡。

（三）屋面工程量的计算方法及规则

屋面工程包括保温层、架空隔热层、刚性屋面、瓦屋面、卷材屋面、铁皮屋面及屋面排水等等。

1. 保温层

（1）保温层按图示尺寸面积乘平均厚度以立方米计算。保温层是为了满足对屋面保温、隔热性能的要求，而在屋面铺设的一定厚度的容积密度小、导热系数小的材料。保温层有时兼起找坡作用。其位置可位于顶棚与承重结构之间，承重结构与屋面防水屋之间或屋面防水层上等。其厚度按热工计算而定。

保温层项目的工作内容包括清扫底层、调制和铺设保温层材料以及养护等全部工序。

$$保温层的工程量 = 保温层实铺面积 \times 平均厚度 \bar{\delta}$$

$$平均厚度 \bar{\delta} = 最薄处厚度 \delta + \frac{1}{2} L \times i$$

如图 2-120。

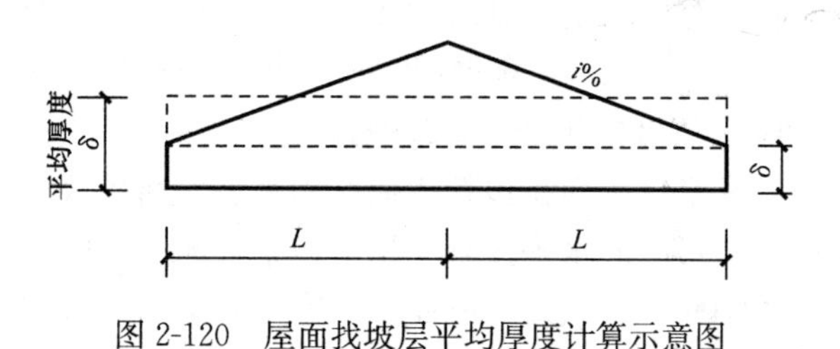

图 2-120　屋面找坡层平均厚度计算示意图

平均厚度是指在平屋面上进行建筑调坡，让屋面有一定的排水坡度，以便使屋面的雨水能迅速地排出。屋面建筑调坡后的横断面图呈现出三角形，因此，要求出其平均厚度。求平均厚度的方法为根据设计图中给出的坡度计算。

(2) 保温层的保温材料配合比，标号如与定额不同时，允许换算。如：加气混凝土块保温层在实际施工中不是整块的加气混凝土块，而是碎块时，其保温材料的用量按 10.20m^3 计算，其他工料机不变。

2. 架空隔热层、刚性屋面部分

刚性防水屋面是刚性材料作防水屋面，如防水砂浆或密实混凝土等，它们的防水性能优于普通砂浆和普通混凝土。对于普通砂浆和普通混凝土在拌合中有多余的水分，硬化时逐渐系发形成很多空隙和毛细管网，同时也会收缩产生表面开裂，从而产生渗漏。防水砂浆中掺入了防水剂，它堵塞了毛细孔道；而密实混凝土是通过一系列精加工排除多余水分，从而提高了它们的防水性能。由于防水砂浆和防水混凝土的抗拉强度低，属于脆性材料。故称为刚性防水屋面。刚性防水的主要优点是施工方便、构造简单、造价低；缺点是对温度变化和结构变形较为敏感、容易产生裂缝、施工要求较高。刚性防水屋面多用于南方地区。这种屋面不宜于用于有保温层的屋面中，因为目前保温层多为轻质多孔材料，上面不方便进行湿作业，而且铺设混凝在这种比较软的土层上很容易产生裂缝。此外，刚性防水屋面也不宜用于有高温、振动和基础有较大不均匀沉降的建筑中。

架空隔热层设于防水层之上，其作用是在屋面上形成一个空气层，以利于空气的流动，满足平屋面在炎热季节隔热降温要求，同时对防水层也起到一定保护作用。

架空隔热层的工程量是按实铺面积，以“m^2”计算。隔热板、红（青）砖、水泥砂浆等均已包含在定额之内。

(1) 架空隔热板是按 395mm×395mm×30mm 的规格制定的定额，如实际使用的隔热板的规格不同时可以换算。如果架空板是有筋混凝土板，其钢筋量按混凝土分部的有关规定另列项目计算。

(2) 刚性屋面（混凝土屋面）设计需要采用钢筋时，其钢筋量根据图示尺寸计算重量后套用分部相应定额。

3. 瓦屋面

(1) 瓦屋面，指用黏土瓦、小青瓦、筒板瓦等按上下顺序排列做防水层。这种屋面防水材料一般尺寸不大，需要有一定的搭接长度和坡度才能使雨水排除，排水坡度一般在50%左右。瓦屋面一般可以分为平瓦屋面、油毡瓦屋面。金属板瓦屋面。平瓦屋面是指用水泥平瓦、黏土平瓦、铺设在钢筋混凝土或木基层上进行防水的屋面。油毡瓦屋面则是一种新型的防水材料，是以玻璃纤维毡为胎基，经浸涂石油沥青后，一面覆盖彩色矿物颗粒，另一面撒以隔离材料，并经切割所制成的瓦片屋面防水材料。金属板屋面是以钢、铝等金属材料作为屋面防水层的屋面。一般常见的金属板屋面有波形薄钢板屋面、金属平板屋面、压型钢板屋面、压型金属复合板屋面四种。

瓦屋面按图示尺寸的水平投影面积包括挑檐在内乘坡屋面系数以"m^2"计算。瓦屋面在计算工程量时是按照图示尺寸的水平投影面积（包括挑檐）乘以屋面系数以"m^2"为计量单位，而房上烟囱、风帽底座、风道、屋面小气窗及斜沟、排水沟等结构所占面积不予以扣除，屋面小气窗出檐与屋面重叠部分的面积也不予以增加，但天窗出檐部分重叠的面积要并入相应的屋面工程量内。

屋面坡度系数是根据各种坡屋面的坡度用解三角函数的办法列出的系数，主要是使计算方便，只要知坡度和算出坡屋面的水平投影面积就可以直接乘坡度系数。

如有的屋面为四坡水，则采用四坡水的系数。

(2) 瓦屋面的脊瓦和瓦出线的工料已包括在定额中，不再另行计算。瓦出线是指瓦挂出屋面檐口挂瓦条的部分。

(3) 瓦屋面中的红平瓦、小青瓦、石棉瓦的规格如与定额不同，瓦的数量可以换算，其他工料不变。

本题中屋面上虽有构筑物烟囱，但其工程量并不予以增加，即，在计算屋面工程量时，是按照图示尺寸的水平投影面积乘以屋面坡度系数以"m^2"为计量单位，不扣除房上的烟囱风帽底座、风道、斜沟等所占面积，构筑物上的屋面重叠部分面积也不增加，天窗出檐部分重叠面积要并入相应的屋面工程量内。

4. 卷材屋面

卷材屋面是指在平屋面的结构层上用卷材（油毡、玻璃布等）和沥青、油膏等黏结材料铺贴而成的屋面。

(1) 卷材屋面按图示尺寸的水平投影面积乘屋面坡度系数以"m^2"计算。不扣除房上的烟囱、风帽底座、风道、斜沟等所占的面积。

平屋面是相对于坡屋面而言的。在平屋面内均有一定的坡度，有的是结构调坡，有的则是建筑调坡。虽坡度不大，但用水平投影面积代替屋面面积有些失妥。因此要乘坡度系数。

(2) 卷材屋面弯起部分和天窗出檐部分重叠的面积，应按图示尺寸另算。如设计图未作规定，其弯起部分在伸缩缝、女儿墙的可按25cm计算，天窗部分可按50cm计算，并将其面积并入相应的屋面工程量内计算。而各部位的附加层已包括在定额内，不得另计。

附加层是指卷材屋面与上述部位相连时多铺的一层，以防渗水。

工程量计算公式为：

1）有挑檐无女儿墙时

防水层工程量＝屋面层建筑面积＋（外墙外边线长＋檐宽×4）×檐宽＋弯起面积

2）有女儿墙、无挑檐时

防水层工程量＝屋面层建筑面积－外墙中心线长×女儿墙厚＋弯起面积

3）有女儿墙、有挑檐时

防水层工程量＝屋面层建筑面积＋（外墙外边线长＋檐宽×4）×檐宽－外墙中心线×女儿墙厚度＋弯起面积

为坡屋顶时，上式公式中建筑面积应乘以坡度延尺系数。坡度延尺系数可按表2-58确定（图2-121和图2-122）。

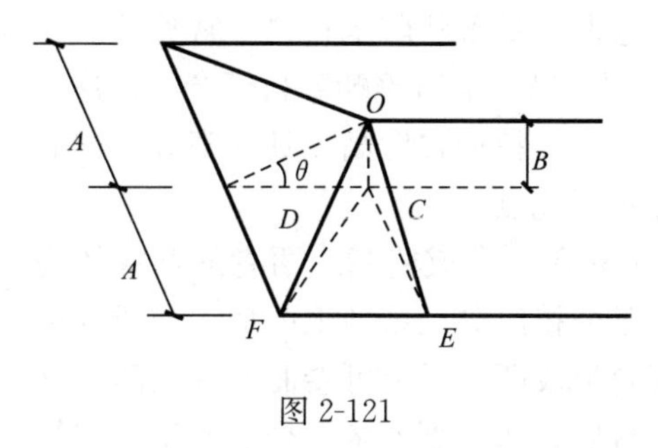

图2-121

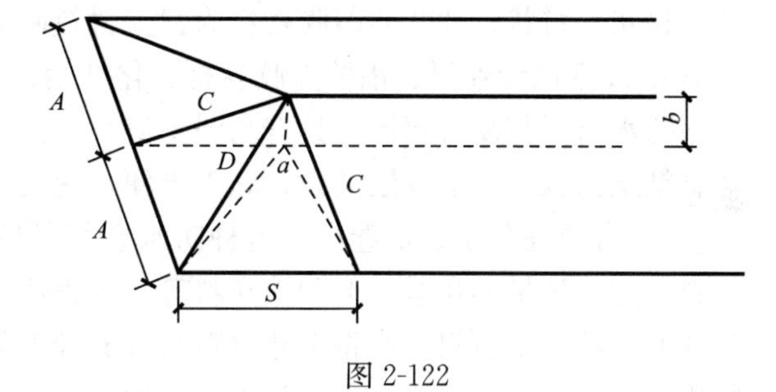

图2-122

屋面坡度系数表 **表2-58**

坡度			延尺系数 C	隅延尺系数 D
$\frac{B}{2A}$	θ	$\frac{B}{A}$	$\frac{OE}{A}$	$\frac{OF}{A}$
1/2	45°	1.000	1.4142	1.7321
1/3	33°40′	0.667	1.2019	1.5635
1/4	26°34′	0.500	1.1180	1.5000
1/5	21°48′	0.400	1.0770	1.4697
1/8	14°2′	0.250	1.0308	1.4361
1/10	11°19′	0.200	1.0198	1.4283
1/16	7°8′	0.125	1.0078	1.4197
1/20	5°42′	0.100	1.0050	1.4177
1/24	4°45′	0.083	1.0035	1.4166
1/30	3°49′	0.067	1.0022	1.4157

注：1. 两坡水屋面的实际面积为屋面水平投影面积乘延尺系数C；
2. 四坡水屋面斜脊长度等于$A\times D$（当$S=A$时）；
3. 沿山墙泛水长度＝$A\times C$。

(3) 在卷材防水屋面中，用柔性防水卷材以胶结材料粘贴在屋面上、形成一个大面积封闭的防水覆盖层，它具有一定延伸性，能较好的适应结构温度变形。因此称为柔性防水屋面也叫卷材防水屋面。所用卷材有传统的沥青防水卷材、高聚物改性沥青系列防水卷材以及合成高分子防水卷材。

1) 沥青防水卷材是指用原纸、纤维织物、纤维毡等为胎体材料浸涂石油沥青或焦油沥青、煤沥青等防水基材，表面撒布粉状、粒状或片状材料制成可卷曲的长条状防水卷材，常见的品种有石油沥青纸胎油毡，石油沥青玻纤胎油毡、石油沥青麻林胎油毡等，这类卷材一般都是叠层铺设、热熔施工、低温柔性较差，防水耐限较短。但造价低，防水性能较好。

2) 高聚物改性沥青的防水卷材。所谓："改性"，即改善性能，也就是在石油沥青中掺入适量聚合物，可以降低沥青的脆性，并提高其耐热性。延长屋面的使用寿命，高聚物改性沥青防水卷材就是以合成高分子聚合物改性沥青为涂盖层，纤维织物或纤维毡为胎体，粉状、粒状、片状或薄膜材料为覆盖材料制成可卷曲的长条状防水材料。常见的品种有 SBS 改性沥青卷材、铝箔塑胶卷材、化纤胎改性卷材、塑料沥青聚酯卷材等产品，这些新型防水材料与沥青相比，具有高温不流淌、低温不脆裂、拉伸强度高、延伸率大、抗老化、粘结力强、一般单层铺设、施工方便，使用寿命长等优点。

3) 合成高分子防水卷材。这种防水卷材是以合成橡胶、合成树脂或两者的共混体为基料，加入适量的化学助剂和填充料等，经锤炼、压延或挤出等一系列工序加工而成的可卷曲的片状防水材料。或将上述材料与合成纤维等复合形成两层以上可卷曲的片状防水材料称为合成高分子防水卷材。常见的品种有三元乙丙橡胶、氯化聚乙烯、聚氯乙烯、铝箔橡胶、氯磺化聚乙烯等防水卷材。这类卷材的优点是冷施工、弹性好，具有很好的低温柔性和适应变形的能力，有较长的防水耐用年限，一般单层铺设。其中有些卷材特别适宜于寒冷地区使用。厚度分 1mm、1.2mm、1.5mm、2.0mm 等规格。

柔性防水屋面的基本构造从下往上依次为结构层、找平层、结合层、防水层、保护层。找平层的作用是保证防水层的基层表面平整、一般用 1∶3 或 1∶2.5 的水泥砂浆找平，一般厚为 20mm 结合层是卷材面层与基层的结合层，这主要是因为砂浆找平层表面存在因水分蒸发形成的孔隙和小颗粒粉尘，很难使沥青胶与找平层粘结牢固，必须在找平层上预先刷上一层既能和防水材料粘结，又能渗入水泥砂浆表层的稀释溶液即胶结剂。防水层如果用油毡防水层则一般采用二毡三油、三毡四油等做法。对于非上人屋面，由于防水层是氯化聚乙烯，三元乙丙共混防水卷材均是非硫化型材料，强度较好，屋面可以不铺设保温层，采用油毡作防水层，因呈黑色，易吸热，夏季温度高达 60℃～70℃以上，沥青可能流淌，油毡可能老化，因此必须设保护层，保护层的做法分上人和不上人两种，不上人屋面目前两种做法，一种是在最上面的油毡上涂沥青胶后，满粘一层 3～6mm 粒径的粗砂，即绿豆砂。主要是砂子色浅，反射太阳辐射，降低表面的温度。另一种是铝银粉涂料保护层，是由铝银粉、清漆、熟桐和汽油调配而成。直接涂于油毡表面，形成银白色的光滑薄膜，不仅可将低屋顶表面以上，而且还有利于排水。上人屋面保护层有现浇细石混凝土和铺贴块料保护层两种做法，前者一般是在防水层上浇筑 30～60mm 厚的细石混凝土，每 2m 左右留一分格缝，并用配套油膏嵌缝，(设分格缝是因为混凝土变形能力小，因而为了避免回屋面变形而引起保护层开裂而设置 3 分格缝。) 后者是一般铺 20mm 厚的水泥砂浆或干砂层铺设预制混凝土板式大阶砖、水泥花砖等。

为保证防水层的质量，防水层（隔气层）下面需要有一个平整而坚硬的底层，以便于铺贴防水层，须在保温层（结构层）上做找平层。

找平层的工程量按实铺面积计算，等于屋面防水层（隔气层）面积。但屋面的找平层在沿沟处做法比较多样应按施工图要求详细计算。

5. 铁皮屋面、玻璃钢瓦屋面

瓦屋面、铁皮屋面、玻璃钢瓦屋面（包括挑檐部分）均按图示尺寸的水平投影面积乘以坡屋面延尺系数，以 m^2 计算。但不扣除房上烟囱、风帽底座、风道、屋面小气窗和斜沟等所占面积，而屋面小气窗出檐与屋面重叠部分的面积亦不增加。但天窗出檐部分重叠的面积应并入相应屋面工程量内计算。

6. 钢板排水

钢板排水的定额内容包括：钢板落水管、檐沟、天沟、泛水、水斗等钢板排水配件的制作及安装全部工序。

铁皮排水工程量计算，除水斗按个计算外，均按展开面积计算，其咬口的搭接材料，已包括在相应定额内不另计算。如图纸无大样时可按钢板排水单体零件折算表（表 2-59）计算。斜沟长度按水平长度乘以屋面延尺系数计算。落水管长度由水斗下口算至设计室外地坪。

钢板屋面、屋面排水定额在执行中应注意以下的问题：

（1）钢板屋面定额中是按一般屋面制定的不包括异型屋面。

（2）镀锌钢板以 26 号为准。如设计要求不同，钢板单价可以换算，其他不变。

（3）使用定额的过程中注意其子目的计量单位。

钢板排水单体零件工程量折算表 **表 2-59**

名称	单位	折算（m^2）	名称	单位	折算（m^2）
带铁件部分			不带铁件部分		
水落管	m	0.32	天沟	m	1.30
檐沟	m	0.30	斜沟泛水、天窗窗台	m	0.50
水斗	个	0.40	天窗侧面泛水	m	0.70
漏斗	个	0.16	烟囱泛水	m	0.80
下水口	个	0.45	通风管泛水	m	0.22
			檐口滴水	m	0.24
			滴水	m	0.11

清单工程量计算规则：

瓦屋面、型材屋面按设计图示尺寸以斜面积计算不扣除房上烟囱、风帽底座、风道、小气窗、斜沟等所占面积。小气窗的出檐部分不增加面积。

阳光板屋面、玻璃钢屋面按设计图示尺寸以斜面积计算不扣除屋面面积≤0.3m^2 孔洞所占面积。

膜结构屋面按设计图示尺寸以需要覆盖的水平投影面积计算。

（四）防水工程

防水是建筑产品的一个重要功能，防水功能的好坏，不仅关系到建筑物的使用寿命，而且直接关系到建筑的使用功能。防水工程按其构造做法可分为结构自防水和防水层防水两大类，结构防水主要是依靠建筑物结构所使用的建筑材料自身的密实性，抗渗性以及某些构造措施来实现的结构构件的防水作用。防水层防水主要是在建筑物构件的迎水面或背水面或某些容易积水的地方以及构件以及材料的交接处，容易产生雨水渗漏问题时，常采用选用特定的防水材料做一层附加的防水层从而起到防水作用。如卷材防水，刚性抹面防水、涂膜防水、金属防水等，防水工程按部位的不同又可为屋面防水、地下防水、卫生间防水等。这主要屋顶作为建筑物最上部的围护结构，要抵御自然中风、雨、雪等自然现象，因此防水便成为一个必不可少的部分。而且还有些部分必须埋置地坪以下，必须会不同程度的受到地下水或土体中水分的作用。一方面地下水对地下水建筑有着渗透作用，埋置越深，渗透水压越大。另一方面地下水中的化学成分复杂，有时会对地下建筑造成一定的腐蚀和破坏作用。因此必须考虑地下防水问题。卫生间由于其特定的功能，所处的环境，以及有较多的管通通过，也使得卫生间的防水成为一个至关重要的问题。

本节讲的防水工程，不适用于屋面工程，除此以外包括墙基、墙身、楼地面、室内浴厕、建筑±0.000以下的防水防湿工程以及构筑物，水池水塔等工程的防水均可使用。定额按防水材料分卷材防水和涂膜防水两个分项。

卷材防水在前面已介绍过，此处不再介绍了，此处只介绍涂膜防水。防水涂膜是防水涂料在常温下呈无定型流态或半流态，经涂布能在结构物表面结成坚韧防水膜的物料的总称。而涂膜防水是指在需防水结构的混凝土或砂浆基层上涂以一定厚度的合成树脂、合成橡胶液体，经过常温交联固化形成弹性的、具有防水作用的结膜。防水涂料有高聚物改性沥青防水涂料、合成高分子防水涂料。高聚物改性沥青防水涂料是以涂料为基础，用合成高分子聚合物进行改性，配制成的水乳型或溶剂型防水涂料常见的品种有氯丁橡胶改性沥青涂料、SBS改性沥青涂料及APP改性沥青涂料等；合成高分子防水涂料是以合成橡胶或合成树脂为主要成膜物质，配制成的水乳型或溶剂型防水涂料。常见的品种有聚氨酯防水材料（可分为焦油型和无焦油型）丙烯胶防水材料。涂膜防水的优点是：重量轻；耐候性、耐水性、耐蚀性优良；适用性强，对于各种形状的部位均可涂布形成无缝的连续封闭的防水膜；冷作业，施工操作既安全又方便，且容易维修。缺点是无论是人工喷涂还是人工涂刷，都很难做均匀一致；而且多数材料抵抗结构变形的能力较差；与潮湿基层的粘结力也差；同时作为单一防水层抵抗地下动水压的能力差。

定额工程量计算规则：

（1）防水楼面在计算工程量时，要将凸出地面的设备基础等所占面积予以扣除，但柱、垛、间壁墙、附墙烟囱及0.3m²以内孔洞所占面积不能扣除，然后按主墙间净空面积以“平方米”为计量单位，在处理与墙外连接处的工程量时，如果连接处高度超过500mm时，按立面防水层计算，在500mm以内时则按展开面积并入平面工程量。

（2）地下室防水层的工程量按实铺面积计算，0.3m²以内的孔洞面积不予扣除，平面与立面交接处，上卷高度超过50mm时，按立面防水层计算，上卷高度在500mm以内时仍并入平面工程量。

（3）建筑物和构筑物的墙基防水、防潮层在计算工程量时是以墙的长度乘以宽度以“平方米”为计量单位，建筑物的外墙按墙的中心线长度计算，内墙则按净长线计算长度。

清单工程量计算规则：

屋面卷材防水、屋面涂膜防水按设计图示尺寸以面积计算。斜屋顶（不包括平屋顶找坡）按斜面积计算，平屋顶按水平投影面积计算；不扣除房上烟囱、风帽底座、风道、屋面小气窗和斜沟所占面积；屋面的女儿墙、伸缩缝和天窗等处的弯起部分，并入屋面工程量内。

屋面刚性层按设计图示尺寸以面积计算。不扣除房上烟囱、风帽底座、风道等所占面积。

屋面排水管按设计图示尺寸以长度计算。如设计未标注尺寸，以檐口至设计室外散水上表面垂直距离计算。

屋面排（透）气管按设计图示尺寸以长度计算。

屋面（廊、阳台）泄（吐）水管按设计图示数量计算。

屋面天沟、檐沟按设计图示尺寸以展开面积计算。

屋面变形缝按设计图示以长度计算。

墙面卷材防水、墙面涂膜防水、墙面砂浆防水（防潮）按设计图示尺寸以面积计算。

墙面变形缝按设计图示以长度计算。

楼（地）面卷材防水，楼（地）面涂膜防水，楼（地）面砂浆防水（防潮）按设计图示尺寸以面积计算。楼（地）面防水：按主墙间净空面积计算，扣除凸出地面的构筑物、设备基础等所占面积，不扣除间壁墙及单个面积≤0.3m² 柱、垛、烟囱和孔洞所占面积。楼（地）面防水反边高度≤300mm 算作地面防水，反边高度>300mm 按墙面防水计算。

楼（地）面变形缝按设计图示以长度计算。

（五）名词解释

膜结构，也称索膜结构，是一种以膜布与支撑（柱、网架等）和拉结结构（拉杆、钢丝绳等组成的屋盖、篷顶结构）。

二、屋面及防水工程计算实例

【例 33】 如图 2-123 所示，试求二面坡水（坡度 1/4 的黏土瓦屋面）屋面工程量。

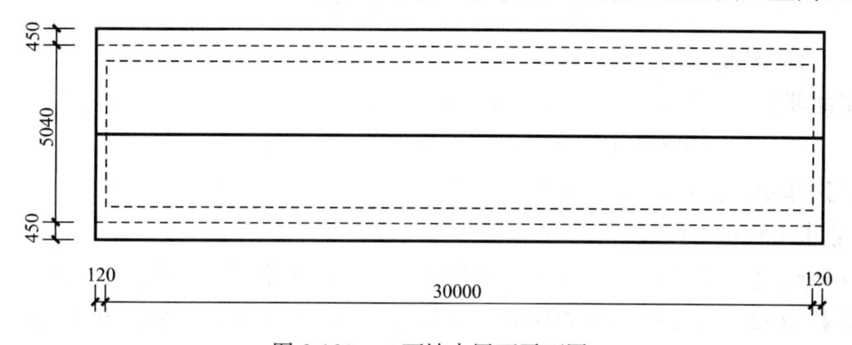

图 2-123　二面坡水屋面平面图

【解】（1）定额工程量

由坡度为 1/4 查表 2-58 得 C=1.118

二面坡水屋面工程量 =（5.04 + 0.45 × 2）×（30 + 0.12 × 2）× 1.118m² = 200.82m²

黏土瓦屋面套用全国统一基础定额 9-2

【注释】 该工程量等于建筑水平投影面积乘以屋面坡度延尺系数。1.118 为屋面坡度延尺系数。5.04+0.45×2 为二面坡水屋面的宽度，30+0.012×2 为二面坡水屋面的长度。

（2）清单工程量

清单工程量同定额工程量。

清单工程量计算见表 2-60。

清单工程量计算表 **表 2-60**

项目编码	项目名称	项目特征描述	计量单位	工程量
010901001001	瓦屋面	黏土瓦屋面	m^2	200.82

【例 34】 某工程如图 2-124 所示，屋面防水做法：1∶3 水泥砂浆找平层厚 20mm，满铺高分子卷材防水（三元乙丙橡胶卷材冷贴），错层部位上翻 250mm，20mm 厚 1∶2 水泥砂浆抹光压平，试求屋面防水工程量。

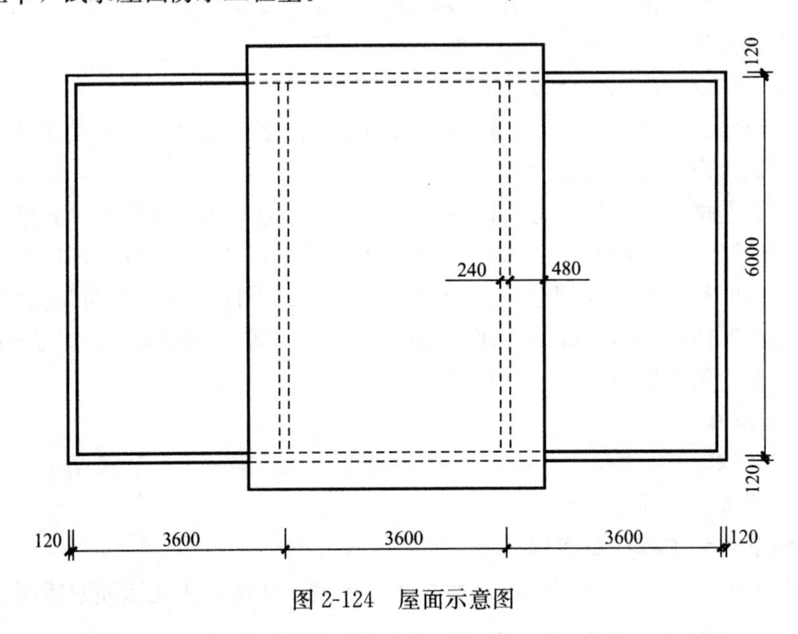

图 2-124 屋面示意图

【解】（1）定额工程量

1）屋面部分：$[(3.6-0.12\times2)\times(6.0-0.12\times2)\times2+(3.6+0.48\times2+0.12\times2)\times(6.0+0.12\times2+0.48\times2)]m^2=73.27m^2$

2）上翻部分：$[(3.6-0.24+6.0-0.24)\times2\times0.25\times2]m^2=9.12m^2$

屋面防水工程量：$(73.27+9.12)m^2=82.39m^2$

满铺高分子卷材防水屋面（三元乙丙橡胶卷材）套用全国统一基础定额 9-18

【注释】 屋面防水是按墙内侧净面积计算的，面积是由左右两部分和中间部分面积组成，$3.6-0.12\times2$ 为左右两边屋面的宽度，0.12×2 为两边两半墙的厚度，$6.0-0.12\times2$ 为左右两边屋面的长度，2 为左右两个房间屋面，$(3.6+0.48\times2+0.12\times2)$ 为中间部分屋面的宽度，$(6.0+0.12\times2+0.48\times2)$ 为中间部分屋面的长度，0.48×2 为中间屋面多出的宽度，$(3.6-0.24)$ 为上翻的水平长度，$6.0-0.24$ 为上翻的竖直长度，0.25 为上翻的高度。

（2）清单工程量

清单工程量同定额工程量。

清单工程量计算见表 2-61。

清单工程量计算表 **表 2-61**

项目编码	项目名称	项目特征描述	计量单位	工程量
010902001001	屋面卷材防水	三元乙丙橡胶卷材	m^2	82.39

【例 35】 如图 2-125 所示，试求铁皮落水管、下水口、水斗工程量（共 9 处）。

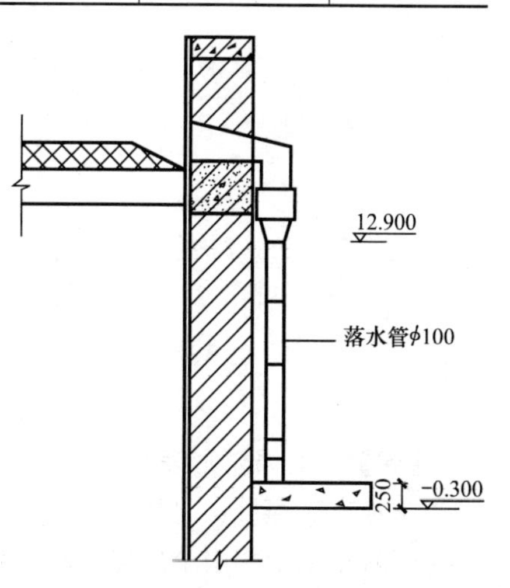

图 2-125 落水管示意图

【解】（1）定额工程量

1）查表 2-62，得落水管工程量$=0.32\times(12.9+0.3-0.25)\times 9m^2=37.30m^2$

2）查表 2-62，下水口工程量$=0.45\times 9m^2=4.05m^2$

【注释】 0.32 为水落管大的折算长，12.9＋0.3－0.25 为水落管的长度，9 为数量。

3）水斗工程量$=0.4\times 9m^2=3.6m^2$

【注释】 0.4 为水斗的个数，9 为数量。

4）工程总量$=(37.30+4.05+3.6)m^2=44.95m^2$

铁皮排水（落水管）套用全国统一基础定额 9-57。

铁皮排水单体零件折算表 **表 2-62**

名称		单位	水落管（m）	檐沟（m）	水斗（个）	漏斗（个）	下水口（个）		
铁皮排水	水落管、檐沟、水斗、漏斗、下水口		0.32	0.30	0.40	0.16	0.45	m^2	
	天沟、斜沟、天窗窗台泛水、天窗侧面泛水、烟囱泛水、通气管泛水、滴水檐头泛水、滴水		天沟（m）	斜沟天窗窗台泛水（m）	天窗侧面泛水（m）	烟囱泛水（m）	通气管泛水（m）	滴水零头泛水（m^2）	滴水（m）
			1.30	0.50	0.70	0.80	0.22	0.24	0.11

【注释】 0.32 查表得出，（12.9＋0.3－0.25）水管长度，9 是根数。0.45 查表得下水口面积。0.4 也是查表得出。

（2）清单工程量：

$$工程量=(12.90+0.3)m=13.20m$$

清单工程量计算见表 2-63。

清单工程量计算表 **表 2-63**

项目编码	项目名称	项目特征描述	计量单位	工程量
010902004001	屋面排水管	铁皮排水（落水管）	m	13.20

【例 36】 某工程通过地面的伸缩缝采用塑料止水带防水处理如图 2-126 所示，其长度为 24m，试求其止水带工程量。

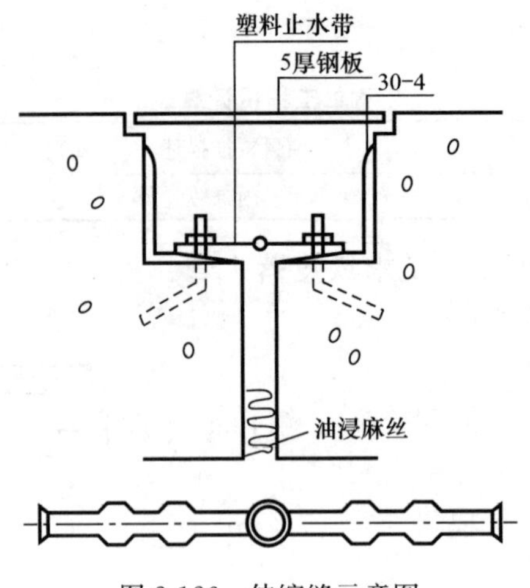

图 2-126　伸缩缝示意图

【解】（1）定额工程量

止水带工程量：24.00m

塑料止水带套用全国统一基础定额 9-150。

（2）清单工程量

清单工程量同定额工程量。

清单工程量计算见表 2-64。

清单工程量计算表　　　　　　**表 2-64**

项目编码	项目名称	项目特征描述	计量单位	工程量
010904004001	楼（地）面变形缝	地面伸缩缝，塑料止水带防水	m	24.00

第九节　保温、隔热、防腐工程

一、保温、隔热、防腐工程造价概论

耐酸防腐、隔热、保温工程是建筑工程中必不可少的一部分，起着重要的作用。作为一个优秀的专业人员必须全面掌握。

腐蚀是指在生产过程中，由于酸、碱、盐及有机溶剂等介质的作用，使各类建筑物材料产生不同程度的物理和化学破坏。腐蚀作用危害极其严重，轻则造成材料的破坏、使用寿命的降低，重则造成建筑物结构，甚至造成建筑物的倒塌，造成人员的伤亡以及财产的损失。因此，建筑物的防腐工程是建设建筑物必不可少的一部分。而对建筑物的防腐蚀的处理则主要应该从腐蚀物质的来源入手。这些介质的来源，有的是生产过程中的正常使用，运输、排放或贮存，有的则是泡、冒、滴、漏。腐蚀是一个很缓慢的过程，短时期不太明显，但一旦造成危害则相当严重。因此，对于防腐蚀工程，除设计上应周密考虑外，施工中要严格掌握配合比，特别注意质量。从而从根本上来预防腐蚀现象的发生。

在建筑工程常见的防腐工程根据防腐材料的不同，可以分为：水玻璃类防腐工程、硫磺类防腐工程、沥青类防腐工程、树脂类防腐工程、块材防腐蚀工程、聚氯乙烯防腐蚀工程、涂料防腐蚀工程。根据腐蚀性介质的状态及其对建筑结构的腐蚀特征，可以将腐蚀分为六类，对应的防腐蚀工程可根据腐蚀介质的特性选择适当的耐腐蚀材料以及采取相应的保护措施。注意防腐蚀工程有“三怕”的特点、即怕水、怕晒、怕脏。所以进行防腐蚀工程时，必须要注意挡雨、防潮、防烈日晒、防污染等情况。

在建筑中，习惯上将用于控制室内热量外流的材料叫做保温材料，把防止室外热量进入室内的材料叫隔热材料，保温、隔热材料统称为绝热材料。保温隔热材料一般是轻质、疏松的纤维状、多孔状材料或颗粒状松散填充材料。而热量的传递方式主要有三种：导热、对流和热辐射。而“导热”是指由于物体和各部分直接接触的物质质点作热运动而引起的热能传递过程。

对流：是指较热的液体或气体因遇热膨胀而密度减小从而上升，冷的液体或气体补过来，形成分子的循环流动，从而热量就从能量高的地方通过分子的相对位移转向低温的地方。热辐射是一种靠电磁波来传递能量的过程。导热系数是衡量保温隔热性能的物理指标、导热系数越小，则通过材料传递的热量也越小，即保温隔热性能越好。它取决于材料的成分、内部结构及表现密度，材料的含水量也有影响，常见的保温隔热材料根据材料成分分类可以分为有机隔热保温材料、无机隔热保温材料、金属类隔热保温材料三种，如果按材料形状分松散隔热保温材料、板状隔热保温材料、整体保温隔热材料。其中有机保温材料有稻草、软木、木帛、木屑、刨花、木纤维等，它的特点是材料容量小，来源广，多数价格低廉，但吸湿性很大，受潮后易腐烂，高温下易分解或燃烧。无机隔热保温材料有膨胀珍珠岩、炉渣、玻璃纤维、加气混凝土、泡沫混凝土等。此类材料的特点是材料一般不腐烂、耐高温性能好、部分吸湿性大，易燃烧，价格较贵。金属类隔热保温材料主要是铝及其制品，如铝板、铝箔。这类材料的特点是几乎不吸收射到它表面上的热量，而本身向外辐射热量的能力很小，但货源较少，价格较贵。对于按材料形状分类的情况分得三类，其中松散隔热保温材料常见的有炉渣、水渣、膨胀珍珠岩等。它不宜用于受振动的围护结构。而板状隔热保温材料常见的有矿物棉板、泡沫塑料板、软木板等，它具有原松散材料的一些性能，加工简单，施工方便。而整体保温隔热材料仍具有原松散材料的一些性能，整体性好，施工方便。

建筑物围护结构的耐酸防腐、隔热、保温工程，如用于冷库、恒温车间、高低温试验室等建筑物包括屋盖、墙体、楼盖和地面等；若用于一般工业和民用建筑，主要是屋盖和外墙。因为本工程是有特殊要求的工程，故对于耐酸防腐项目所需的材料，都应选用防腐材料块料应是耐酸块料，胶泥、砂浆都应具有防腐性质，所用材料都必须是合格品。

（一）耐酸、防腐、保温、隔热工程使用的特种材料。

1. 水玻璃，也叫“泡花碱”。主要成分为硅酸钠，一般由石英砂与碳酸钠经高温熔融后和水蒸煮而成。可作胶结剂及防腐，防火材料或用来调制耐酸砂浆和耐酸混凝土等，也广泛应用造纸，肥皂及纺织等工业。

2. 水玻璃耐酸混凝土是由水玻璃，硅氟酸钠，耐酸粉及耐酸粗细骨料配制而成。水玻璃耐酸混凝土能抵抗绝大部分酸类的侵蚀（除氢氟酸外），而且在高温下（1000℃以下）仍具有良好的耐酸性能并具有较高的抗压强度（10～40MPa）。因此，水玻璃耐酸混凝土是一种资源丰富、成本低廉、性能优良的耐酸材料。缺点是抗渗和耐水性差，施工较复杂。

3. 加气混凝土块是以煤渣为骨料，以粉煤灰、碎石灰、磷石膏等工业废料（或下脚料）为胶结料加水混合搅拌，振动成型、蒸气养护而成的一种墙体材料。一种绝热性能良好的材料，具有保温、绝热、吸声等性能。而且耐火性能良好。

4. 软木俗称栓皮，也叫栓木。其制品是由栓树的外皮，经切皮粉碎、筛选、压缩成型，烘焙加工而成。软木制品质轻且富有弹性，耐腐蚀性：耐水性均好，是一种优良的保温、隔热、防震、吸声材料。

5. 泡沫塑料是以多种树脂为基料，加入一定剂量的发泡剂、催化剂、稳定剂等辅助材料经加热发泡而制成的一种新型轻质保温、隔热吸声、防震材料，它的种类很多，均以所用树脂取名。可用于屋面、墙面保温、冷库绝热和制成夹心复合板。目前我国生产的种类有聚苯乙烯泡沫塑料、聚氯乙烯泡沫塑料、聚氨酯泡沫塑料及脲醛泡沫塑料等。

6. 玻璃棉属于定长玻璃纤维，系由大量相互交错的玻璃纤维构成的多孔结构物，具有重量轻，导热系数低，吸声好及能耐较高温度等优良性能。

7. 矿渣棉是利用工业废料矿渣为主要原料经熔化、高速离心法或喷吹法等工序制成的一种棉丝状的保温、隔热、吸声、防震无机纤维材料。沥青矿渣棉毡是由矿渣棉以沥青为胶粘剂经压制而成的一种毡状保温吸声材料。

8. 珍珠岩是一种酸性火山玻璃质岩石，因它具有珍珠裂隙结构而得名。它是由地下喷出的熔岩在地表水中急冷而成，具有类似玉髓的隐晶结构。珍珠岩板是以膨胀珍珠岩为骨料，配合适量的胶凝材料。如、水泥、水玻璃、磷酸盐、沥青等，经拌和、成型、养护（或干燥、或固化）后而制成的具有一定形状的膨胀珍珠岩制品。它属于无机散粒状绝热材料。用作保温、隔热、工程使用。

9. 铸石是用天然岩石或工业废碴为原料加入一定的附加剂和结晶剂经熔化、浇铸、结晶退火等工序而制成的一种非金属耐腐蚀材料。它的制品有板、砖、管及各种异型材料。

10. 防腐蚀玻璃钢又称玻璃纤维增强塑料，它是以玻璃纤维及其制品为增强材料，以树脂为胶结剂，经过一定的成型工艺制作成的复合材料。常用的树脂：环氧树脂、热固性酚醛树脂、呋喃树脂（糠醇树脂）等。常用固化剂：乙二胺。常用增韧剂：邻苯＝甲酸＝丁酯。常用稀释剂：乙醇、丙酮、甲苯。常用填料：石英粉。

11. 凡以沥青为胶结料，加入耐腐蚀粉料经加热熬制或加入耐腐蚀粉料和骨料（石棉泥、石英粉、石英砂）、经拌制而成的材料称为沥青类耐腐蚀材料。

沥青类防腐蚀工程所用的材料包括：沥青胶泥、沥青砂浆、沥青混凝土、碎石灌沥青、沥青浸渍砖等。这类材料的特点是整体无缝；有弹性；材料来源广，价格低廉；施工简便，不需养护，冷固后即可使用，能耐低浓度的无机酸、碱和盐类的腐蚀，但同时耐候性差，易老化和变形，强度较低，色泽不太美观。

12. 凡以硫磺粉为胶结料，加入填料（石英粉石英砂）、增韧剂（聚硫橡胶）经加热熬制而成的材料称为硫磺类耐腐蚀材料。

这类材料的特点是结构致密，抗渗、耐水、耐化学腐蚀、耐稀酸性强，原材料易得，价格低廉，施工方便、硬化快，不需养护等优点，但在凝固过程中收缩性较大，耐火性差，生材料较脆。与板材胶结能力差。

13. 凡以水玻璃为胶结料，加入固化剂（氟硅酸钠）和耐酸填料（石英粉、石英砂、石英石、铸石粉等）拌制而成的材料，均称为水玻璃类耐酸材料。特点是强度高、黏结力强，耐酸性能好，毒性小，材料来源广，成本低等优点。但存在材料收缩性较大，不耐酸、抗渗、耐水性能较差等特点。

（二）定额的有关规定

1. 耐酸、防腐部分

立面砌块料面层适用于墙面、墙裙的防腐蚀面层，也适用于地沟、地坑的防腐蚀面层；整体面层和平面砌块料面层，适用于楼地面及平台的防腐蚀面层和重晶石等特种面层。

各种耐酸胶泥、砂浆、砼材料的配合比及各种整体面层的厚度，如设计与定额的规定不同时可以换算，但各种块料面层的胶泥或结合层砂浆的厚度不得换算。其是按照自然养护方法养护的。

平面砌双层耐酸块料，按相应项目加倍计算。

踢脚线按净长乘高度的平方米计算，并扣除门，洞口所占的面积，侧壁的面积相应增加。

工程量计算除定额注明者外，均按图示尺寸的平方米计算，扣除 $0.3m^2$ 以上的孔洞和突出地面的设备基础所占的面积。砼工程量按图示尺寸计算，并扣除 $0.3m^2$ 以上的孔洞所占的体积。

各种面层，除聚氯乙烯塑料地面外，均不包括踢脚线工料。整体面层的踢脚线，按整体面层相应项目执行，块料面层的踢脚线，按立面砌块料面层相应项目执行。

浇灌硫磺混凝土的模板，未包括在定额内，可按实计算。

花岗岩板耐酸、防腐块料面层，板材以六面剁斧为准，如板底面为毛面时，其结合层的砂浆用量可按设计要求进行调整。定额中结合层厚度为15mm，板厚为12cm，设计厚度与定额不同时，可以换算。

水玻璃类的面层及结合层，均包括涂刷稀胶泥的工料，树酯类及沥青类面层及结合层均未包括树脂打底及冷底子油工料，发生时，可按环氧树脂打底或按地面工程的制冷底子油项目计算。

定额的耐酸胶泥、砂浆、混凝土的粉料，均按石英粉计算的，水玻璃耐酸砂浆、胶泥、混凝土的粉料按（石英粉∶铸石粉＝1∶0.9）考虑的，若实际采用的填充料不同时，可以换算。

由于耐酸、防腐工程定额允许换算的项目较多，材料换算的有关方法介绍如下。

耐酸胶泥、砂浆、混凝土、环氧树脂玻璃钢材料用量的计算方法（均按重量比计算）：

设某种耐酸砂浆由甲、乙、丙三种材料组成，其比重分别为 A、B、C，配合比分别为 a、b、c，则单位用量 $G=\frac{1}{a+b+c}$

甲种材料用量 $=G\times a$，

乙种材料用量 $=G\times b$，

丙种材料用量＝$G\times c$，

$$配合1m^3耐酸砂浆重量（kg）=\frac{1}{\frac{G\times a}{A}+\frac{G\times b}{B}+\frac{G\times c}{C}}\times 1000$$

$1m^3$ 木耐酸砂浆需用的各种材料重量分别为：

甲种材料用量＝$1m^3$ 耐酸砂浆重量$\times G\times a$（kg/m^3），

乙种材料用量＝$1m^3$ 耐酸砂浆重量$\times G\times b$（kg/m^3），

丙种材料用量＝$1m^3$ 耐酸砂浆重量$\times G\times c$（kg/m^3）。

2. 保温隔热部分

本部分仅适用于中温、低温及恒温的工业厂房、库保温、隔热工程，只包括保温、隔热材料的铺贴，不包括隔气防潮、保护层和衬墙等。隔热层铺贴，除松散谷壳、玻璃棉及矿渣棉为散装外，其他保温板材均以 10 号石油沥青作胶结材料，根据低温特性要求，一律不得采用砂浆及玛王帝酯作为保温材料的胶结料。（为增强沥青胶结材料的抗老化性能，并改善其耐热度，柔韧性和黏结力，可掺入 10％～25％的粉状填充物或 5％～10％的纤维填充物，叫作沥青玛王帝酯。填充料宜尽先选用滑石粉、板岩粉、云母粉、石棉粉）松散谷壳，定额包括铺装前的筛选，除尘工序。为防止室内贮存食品的污染和便于施工，定额考虑了玻璃棉、矿渣棉填装用聚氯乙烯塑料薄膜袋包装，袋的规格为：0.5m×0.3m×0.1m。

附墙铺贴板材时，基层应先涂刷沥青一道，其工料已包括在定额内，不另计算。

本分部定额没有包括脚手架费用，如需搭设时，另列项目计算。本分部的各种块料面层，均未包括找平层，应根据设计要求套用相应定额项目。

（1）保温隔热层应区别不同保温隔热材料，除另有规定者外，均按设计实铺厚度以立方米（m^3）计算。

保温隔热层的厚度，按隔热材料（不包括胶结材料）净厚度计算。

（2）地面隔热层，按围护结构墙体间净面积乘以设计厚度以立方米（m^3）计算，不扣除柱、垛所占的体积。算式为：

$$V_g = ABd$$

式中　V_g——地面隔热层工程量，m^3；

A，B——分别为墙体间净长和净宽，m；

d——设计隔热层厚度，m。

（3）墙体隔热层

计算隔热墙体工程量时，应扣减冷藏门洞口，管道墙洞口所占的体积。

墙体隔热层工程量 V_g 的表达式如下：

$$V_g = LHd - V_R$$

式中　L——墙长，外墙按隔热层中心线，内墙按隔热层净长，m；

H——隔热层图示尺寸高度，m；

d——隔热层图示尺寸厚度，m。

V_R——应扣除冷藏门洞口和管道穿墙洞口所占的体积。

清单工程量计算规则：

保温隔热屋面按设计图示尺寸以面积计算。扣除面积>0.3m² 孔洞及占位面积。

保温隔热天棚按设计图示尺寸以面积计算。扣除面积>0.3m² 上柱、垛、孔洞所占面积，与天棚相连的梁按展开面积，计算并入天棚工程量内。

保温隔热墙面按设计图示尺寸以面积计算。扣除门窗洞口以及面积>0.3m² 梁、孔洞所占面积；门窗洞口侧壁以及与墙相连的柱，并入保温墙体工程量内。

保温柱、梁按设计图示尺寸以面积计算。柱按设计图示柱断面保温层中心线展开长度乘保温层高度以面积计算，扣除面积>0.3m² 梁所占面积；梁按设计图示梁断面保温层中心线展开长度乘保温层长度以面积计算。

保温隔热楼地面按设计图示尺寸以面积计算。扣除面积>0.3m² 柱、垛、孔洞等所占面积。门洞、空圈、暖气包槽、壁龛的开口部分不增加面积。

其他保温隔热按设计图示尺寸以展开面积计算。扣除面积>0.3m² 孔洞及占位面积。

防腐面层除池、槽块料防腐面层按设计图示尺寸以展开面积计算。其他按设计图示尺寸以面积计算。平面防腐：扣除凸出地面的构筑物、设备基础等以及面积>0.3m² 孔洞、柱、垛等所占面积，门洞、空圈、暖气包槽、壁龛的开口部分不增加面积。立面防腐：扣除门、窗、洞口以及面积>0.3m² 孔洞、梁所占面积，门、窗、洞口侧壁、垛突出部分按展开面积并入墙面积内。

隔离层按设计图示尺寸以面积计算。

砌筑沥青浸渍砖按设计图示尺寸以体积计算。

防腐涂料按设计图示尺寸以面积计算。

二、防腐、隔热、保温工程计算实例

【例 37】 如图 2-127 所示，为某建筑物现浇水泥珍珠岩屋面保温平面图，保温层最薄处厚度为 60mm，坡度为 2%，女儿墙厚为 240mm，试求其保温层工程量。

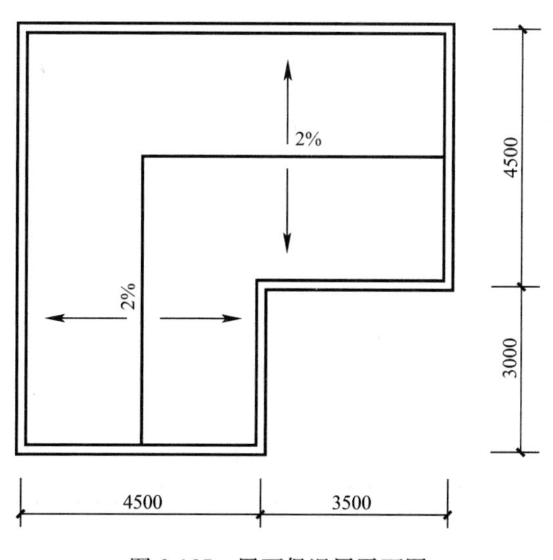

图 2-127　屋面保温层平面图

【解】（1）定额工程量

屋顶图示保温层面积：$[(4.5+3.5+0.24)\times(4.5+3+0.24)-3\times3.5]m^2=53.28m^2$

【注释】 4.5＋3.5＋0.24为屋顶的水平长度，4.5＋3＋0.24为屋顶的纵向宽度，0.24为两边两半墙的厚度，3×3.5为右下角空余矩形的面积，其中3为其宽度，3.5为其长度。

保温层平均厚度：$0.06+\frac{1}{2}\times\frac{1}{2}\times(4.5-0.24)\times2\%m=0.08m$

现浇水泥珍珠岩保温层工程量：$53.28\times0.08m^3=4.26m^3$

【注释】 0.06为保温层最薄处的厚度，2%为坡度，4.5为长度，53.28为屋顶保温的面积

套用全国统一基础定额10-201。

【注释】 保温：屋面保温用外墙外围面积。

（2）清单工程量

现浇水泥珍珠岩保温层工程量：$[(4.5+0.24)\times(4.5+3.0+0.24)+3.5\times(4.5+0.24)]m^2=53.28m^2$

【注释】 4.5＋0.24为左边屋顶的宽度，4.5＋3.0＋0.24为其长度，3.5为右边屋顶的宽度，4.5＋0.24为其长度

清单工程量计算见表2-65。

清单工程量计算表 **表2-65**

项目编码	项目名称	项目特征描述	计量单位	工程量
011001001001	保温隔热屋面	屋面，外保温，平均厚度80mm的水泥珍珠岩保温层	m^2	53.28

【例38】 某库房内墙用60mm厚耐酸沥青混凝土面层，如图2-128所示，墙计算高度3.6m，门窗洞口尺寸见表2-66，试求其工程量。

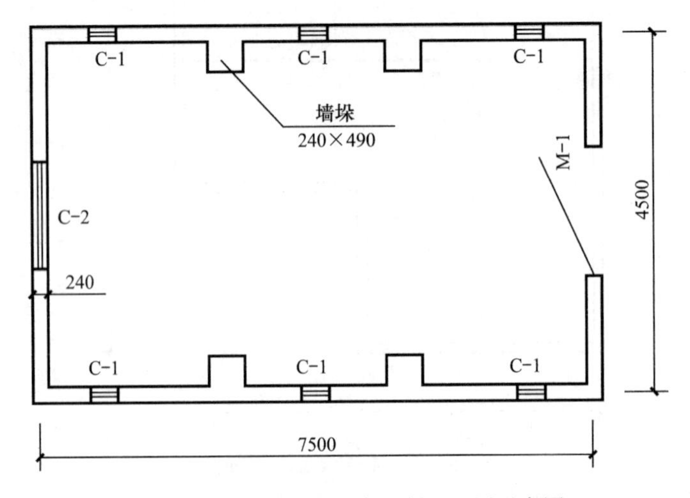

图2-128 内墙耐酸沥青混凝土面层示意图

门窗洞口表　　　　表 2-66

门窗编号	洞口尺寸（宽×高）/mm	个　数
M-1	1800×2700	1
C-1	500×500	6
C-2	1500×2100	1

【解】（1）定额工程量

工程量计算规则：防腐工程项目应区分不同防腐材料种类及其厚度，按设计实铺面积计算。砖垛等突出墙面部分按展开面积并入墙面防腐工程量之内。

耐酸沥青混凝土面层工程量：$\{[(7.5-0.24)+(4.5-0.24)]\times2\times3.6+0.24\times0.49\times4-1.8\times2.7-0.5\times0.5\times6-1.5\times2.1\}m^2=73.90m^2$

套用全国统一基础定额 10-5。

【注释】 总长度（7.5－0.24)＋(4.5－0.24)×2×高度 3.6＋凸出墙面墙垛面积 0.24×0.49×4（一窗门洞面积 1.8×2.7－0.5×0.5×6－1.5×2.1）其中 7.5－0.24 为水平内墙的长度，4.5－0.24 为纵向内墙的长度，0.24 为两边两半墙的厚度，0.24×0.49 为墙垛的面积，4 为墙垛的数量，1.8×2.7 为门 M-1 的面积，其中 1.8 为门的宽度，2.7 为门的高度，0.5×0.5×6 为窗 C-1 的面积，其中 0.5 为窗的宽度及高度，6 为该窗的个数，1.5×2.1 为窗 C-2 的面积，其中 1.5 为该窗的宽度，2.1 为该窗的高度。

（2）清单工程量

清单工程量同定额工程量。

清单工程量计算见表 2-67。

清单工程量计算表　　　　表 2-67

项目编码	项目名称	项目特征描述	计量单位	工程量
011002001001	防腐混凝土面层	内墙面，60mm 厚耐酸沥青混凝土	m^2	73.90

第十节　措施项目

措施项目是指为完成项目施工，发生于该工程施工前和施工过程中技术、生活、安全等方面的非工程实体项目。它包括环境保护，文明施工，安全施工，临时设施、夜间施工，二次搬运，大型机械设备进出场及安拆，混凝土、钢筋混凝土模板及支架，脚手架，已完工程及设备保护，施工排水、降水，垂直运输机械。

现将常见的措施项目介绍如下：

一、临时设施

临时设施是指施工企业为进行建筑、安装、市政工程施工所必需的生活和生产用的临时性建筑。临时设施分大型临时设施和小型临时设施两类。对于一般的工程大型临时设施包括①职工单身宿舍、食堂、厨房、浴室、医务室、俱乐部、图书室、理发室、托儿所等现场临时生活文化福利设施；②工区、施工队、工地及附属企业的现场临时办公室；③料具库、成品、半成品库和施工机械设备库等；④临时铁路专用线、轻便铁路、搭吊、行走轨道和路基、临时道路、场区铁刺网、围墙等；⑤现场混凝土构件预制厂、混凝土搅拌站、钢筋加工厂、木工加工厂以及配合单位的附属加工厂等临时性建筑物、构筑物；⑥施工用的临时给水、排水、供电、供热管线及所需的水泵、变压器和锅炉等临时设施。

临时设施费，是指施工企业为进行建筑安装工程施工所必需的为达到现行使用标准的生活和生产用的临时建筑物、构筑物和其他临时设施费用等。它包括临时设施的搭设、维修、拆除费或摊销费。

临时设施费一般以费率形式包干使用，公式如下：

1. 以直接费作为计算基础

$$临时设施费费率=\frac{建筑、安装生产工人每人年均临时设施费开支额}{全年有效施工天数\times平均每一工日人工费}\times\frac{人工费}{直接费}\times100\%$$

2. 以人工费作为计算基础

$$临时设施费费率=\frac{建筑、安装生产工人每人年均临时设施费开支额}{全年有效施工天数\times年均每一工日人工费}\times100\%$$

二、夜间施工

夜间施工增加费，指合理工期内因施工工序需要连续施工而进行的夜间施工发生的费用，包括照明设施的安拆、劳动工效降低、夜餐补助等费用。

夜间施工增加费的计算方法有两种：

1. 按费率形式常年计取，包干使用，其费率的计算式同冬雨期施工增加费费率。

2. 按实际参加夜间施工人员数量计算，公式如下：

$$人均夜间施工增加费=\frac{夜间施工增加开支额}{夜间施工人数}$$

三、二次搬运

二次搬运费，指确因施工场地狭小，或由于现场施工情况复杂，工程所需材料、成品、半成品堆放点距建筑物（构筑物）近边在150m以外时，按规定所计算的费用。

材料二次搬运费一般以费率形式包干使用。

四、大型机械设备进出厂及安拆

施工机械使用费，是指使用施工机械作业所发生的机械使用费以及机械安、拆和进出场费用，内容包括：折旧费、大修费、经修费、安拆费及场外运输费、燃料动力费、人工费、运输机械养路费，车船使用税及保险费。

机械费=Σ（概预算定额台班消耗量×相应机械台班使用费×分项工程量）+其他机械使用费+施工机械进出场费

五、混凝土和钢筋混凝土模板

模板工程由模板和支撑两部分组成。模板是使混凝土及钢筋混凝土具有结构构件所要求的形状和尺寸的一种模型，在混凝土的硬化过程中则是进行混凝土地防护和养护的工具，在施工过程中还要承受钢筋、混凝土等材料的重量和自重。而支撑则是混凝土及钢筋混凝土从浇灌起至养护拆模止的承力结构。模板工程虽说只要是混凝土结构施工过程中的临时性设施，只混凝土硬化达到一定程度，即满足一定的强度要求时，即予拆除。但它对整个建筑物的质量、工期以及成本都有着重要的影响。混凝土的工期的大部分时间被模板的搭设和拆除所占用，所以先进的模板系统可以对缩短工期以及提前完工都有着至关重要的作用；而且一般情况下，模板工程的费用要占混凝土结构费用的30%以上，它对整个工整造价的影响也是举足轻重，同时，模板工程的质量直接影响着混凝土养护的质量甚至整个工程的质量。

（一）模板的分类及相关知识

模板的种类很多，用途各异，构造也大不相同，就其材料的不同可分为：木模板、竹模板、钢木模板、钢模板、塑料模板、铝合金模板、玻璃模板等，按结构类型分为：基础模板、柱模板、梁模板、墙模板、楼板模板、楼梯模板等。按施工方法的不同可分为：装拆式模板（多用于现场浇筑混凝土）、固定式模板（多用于预制构件）、移动式模板（模板可沿垂直方向或水平方向移动）等。在工程施工中应根据工程结构形式、荷载大小、地基土类别、施工设备和材料供应等条件设计及选用模板。模板一定要满足工程模板的要求，要形状，尺寸准确、接缝紧密，有足够的强度和刚度，又具有很好的稳定性能，并且装拆方便、灵活、能多次周传使用，便于钢筋的绑扎、安装和混凝土浇筑、养护等一系列要求。

1. 钢模板

（1）组合钢模板

组合钢模板是由钢模板、连接件和支承件三部分组成，又称组合式定型小钢模，钢模板主要有平面模板、阳角模板、阴角模板以及连接角模，转角模板有阳角、阴角和连接角模板三种，主要用于结构的转角部位，平面模板由面板和肋条组成，模板尺寸采用模数制、宽度以 100mm 为基础，按 50mm 晋级，最宽为 300mm，长度以 450mm 为基础，按 150mm 晋级，最长为 1500mm。转角模板有阴角、阳角和连接角模板三种，主要用于结构的转角部位。钢模板通过各种连接件和支承件可以组合式多种尺寸、不同形状的模板、以适应各种类型建筑物的梁、柱、板、墙、基础等施工的需要。组合钢模尺寸适中，轻便灵活，装拆方便，通用性强、周转次数多，使用寿命长，浇筑的构件尺寸准确、棱角整齐、表面光滑等优点。

（2）定型钢模板

定型钢模板分大钢模板和小钢模板两种，它是由钢板和型钢焊接而成，定型钢模板是由边椐、面板和纵横肋组成，它的主要类型有平面模板，阴角模板、阳角模板和连接模板，同时也分作通用模板和专用模板，通用模板包括平面模板，阴角模板阳角模板、连接角模。专用模板又包括倒棱模、梁腋模板、柔性模板、搭接模板、可调模板及嵌补模板。

（3）钢木定型模板

钢木定型模板由钢边框的木面板拼制，钢边框为 240×4 的角钢，木面料有短料木板、胶合板、竹塑板、纤维板、蜂窝纸板等，表面应作防水处理，制作时板面要与边框做平尺寸一般为 1000mm×500mm。

钢木定型模板的特点有：自重轻$\left(\text{此钢模板约轻}\frac{1}{3}\right)$，用钢量少$\left(\text{比钢模板约少}\frac{1}{2}\right)$，单块模板比同重单块钢模板增大 40%的面积，故拼装工作量小、拼缝少、板面材料的热传导率仅为钢模板的 1/400 左右，故保温性好，有利于冬期施工，模板维修方便，但刚度、强度较钢模板差。

钢模板具有轻便灵活、装拆、搬运方便，耐久性好，可多次重复使用，制作精确、接缝严密、板面平滑、不易漏浆、能保证工程质量，适用范围广等特点，能较好地满足施工要求，因此钢模板已成为主导模板，当然，钢模板一次性投资较高，需多次使用，才能显出其经济效益。使用时应涂防锈漆，与混凝土直接接触的表面应涂隔离剂，轻拆轻放，注意回收连接件。

2. 木模板

木模板及其支撑系统一般在加工厂或现场制成各个单元，再在现场拼装，如图 2-129（*a*）是基本单元、称为拼板，为了便于组合使用，设计出几种标准板，拼板的长短，宽窄可根据混凝土或钢筋混凝土构件的尺寸设计，一般木定型模板的规格为 1000mm×500mm，如图 2-130 所示，因此也可次在木边框（40mm×50mm 方木）上钉木板制成木定型模板，如图 2-129（*b*）是用木拼板组装成的柱模板构造图：它是由两块相对的内拼板夹在两块外拼板之内所组成的，木模板加工容易、能适应各种复杂形状的需要，尤其在对异形构件或局部拼装中，优点突出，但一般木模板周转次数少，周转率低、消耗木材多，另外，近年来为保护木材资源，各种施工中都尽量少用或不用木模板。

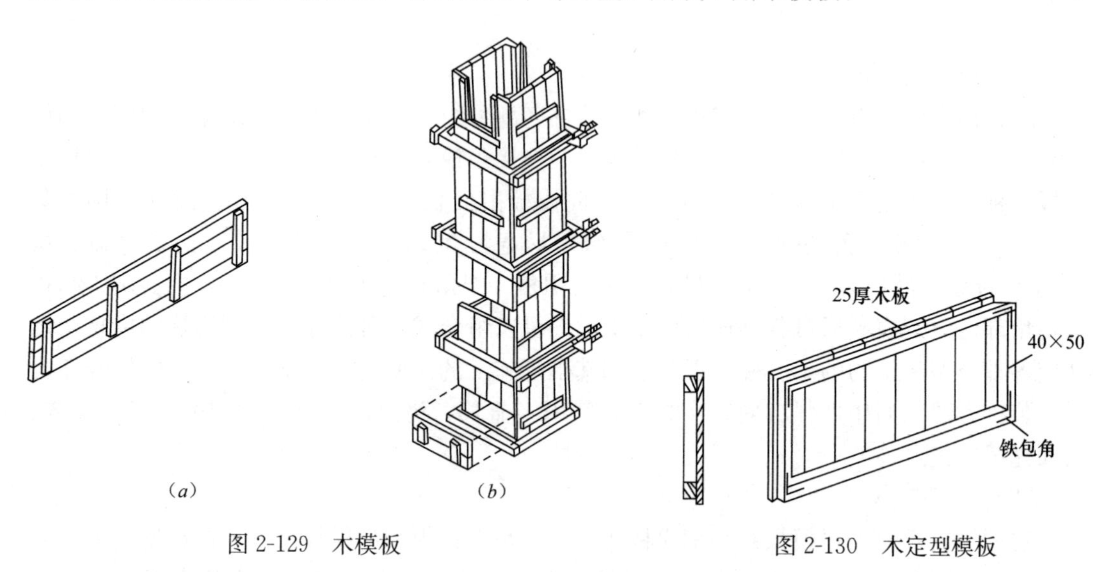

图 2-129　木模板

图 2-130　木定型模板

3. 复合木模板

复合木模板是指用钢木等制成框架，用胶合成木制，竹制或塑料纤维等制成的板面，并配置各种配件而组成的复合模板，常用的复合木模板有钢框胶合板模板和钢框竹胶板模板等。

钢框胶合板模板是由钢框和防水胶合板组成，防水胶合板平铺在钢框上，用沉头螺栓与钢框连牢，这样模板在钢边框上可钻有连接孔、用连接件纵横连接，组成各种尺寸的模板，它也具备一些定型组合钢模板的一些优点，而且重量比组合钢模板轻施工方便，有发展前途。

钢框竹胶板模板是由钢框和竹胶板组成，其构造与钢框模板相同，用于面板的竹胶板是用竹片（或竹帘）涂胶粘剂。纵横向铺放组合后热压成型，为使竹胶板板面光滑平整、便于脱模和增加周转次数一般板面采用涂料复面处理或浸胶纸复面处理，钢框竹胶板模板的宽度有 30mm、60mm 两种，长度有 900、1200、1500、1800、2000mm 等，可作为混凝土结构柱、梁、墙、楼板的模板。

4. 其他模板

(1) 钢木组合模板

钢木组合模板具有自重轻、用钢量少，单块模板比同重单块钢模板增大40%的面积，故拼装工作量小，拼缝也很小，且保温性好，有利于冬季工程的施工，模板维修方便。但刚度、强度较钢模板差。

(2) 滑升模板

滑升模板简称滑模它是由三部分组装而成的：一套高约1.2m的模板，操作平台、提升系统，然后利用提升装置将模板不断向上提升，同时在模板内浇筑混凝土并不断向上绑扎钢筋直至结构浇筑完成，这种利用滑升模板施工的方法就称为滑模施工。利用滑升模板施工的方法称为滑模施工。滑升模板是由模板系统，操作平台系统、提升机具系统三部分，这三部分通过提升架连成整体，构成整套滑升装置。滑模施工的特点之一，是将模板一次组装好，一直到施工完毕，中途不再变化，再加上滑模构造比较复杂。因此，进行模板组装工作一定要认真、细致、严格地按照设计及有关操作技术规程进行。也正因为这些原因，滑模施工可以节约大量的模板和脚手架、节省劳动力，机械化程度很高，施工速度快，工程费用低，而且结构的整体性好，但同时采用滑模施工时，模板一次投资多，耗钢量大，同时对建筑的立面和造型产生了很大的限制，结构设计上也必须根据滑模施工特点予以配合，而且模板的通用性很高，为了保证施工的顺利进行，必须有科学的管理制度和熟练的专业队伍与之相配合。且在施工期间，务必保证水电供应。

(3) 胎模、砖地模

用钢木材以外的材料筑成的模型来代替模板浇灌混凝土的模型就叫做胎模，常用的胎模有土胎模、砖胎膜、混凝土胎模等，这些胎模中的土、砖、混凝土常做构件外形的底模、边膜常用木料来做，这种胎模可用于预制柱、梁、槽型板及大型屋面板等构件，另一种是砖地模（图2-131），它是用砖砌后再用水泥砂浆抹平，按构件的平面尺寸做成的一种底模，大型屋面板混凝土胎模（图2-132）是在土坯上再浇筑一层薄混凝土面层抹光而成。

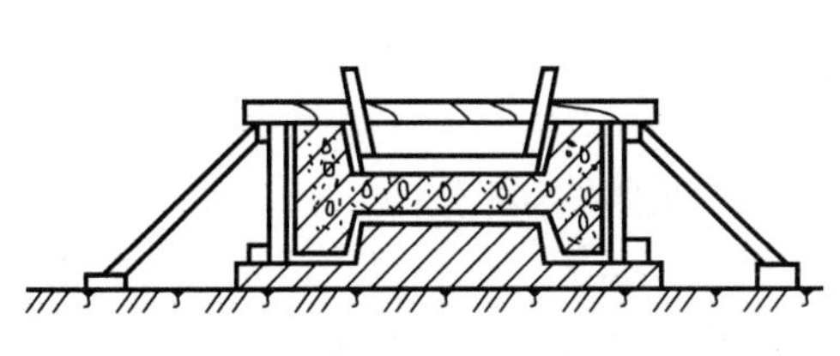

图2-131 工字形柱砖胎模

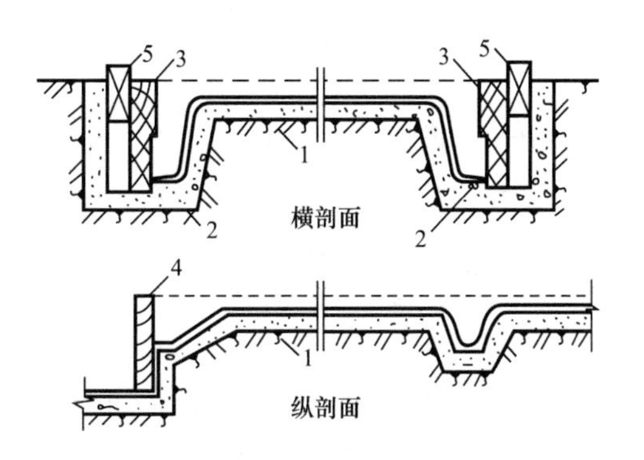

图2-132 大型屋面板混凝土胎模

1—胎模；2—⎣65×5；3—侧模；4—端模；5—木楔

模板工程量一般按模板接触面积计算。

各类型构件浇筑混凝土时，在模板上，混凝土能接触到的地方就是模板接触面，模板接触面的多少因构件类型及形状的不同而异，比如说方形柱有6个面与模板接触的却只有4个面，这是因为顶面与底面不接触模板，即使是相同类型的构件，由于形状的不同，模板的接触面也是不相同的。

钢筋混凝土与混凝土构件与模板接触面多少的确定方法主要依据各类不同构件。通过数数的方法来确定。另外，一定的施工知识也是必须具备的。

（二）模板定额工程量的计算规则及方法

1. 现浇混凝土及钢筋混凝土模板工程量计算：

现浇混凝土及钢筋混凝土模板工程量，按以下规定计算：

（1）现浇钢筋混凝土梁、板、柱、墙的支模高度就是室外地坪至板底或板至板底之间的高度，以 3.6m 以内的为准，超过 3.6m 以上的部分，按照超过部分计算增加支撑工程量来计算。

（2）现浇混凝土及钢筋混凝土模板工程量，除另有规定者外，均应区别模板的不同材质，按混凝土与模板接触面的面积，以 m^2 计算。

1）异形柱模板工程量计算的高度的确定

异形柱指层间柱立面有一至两个面的斜面的柱（包括上、下截面不同的圆形柱），又被称为变截面柱、俗称“鸡腿柱”。

异形柱模板工程量计算高度应按层间图示高度计算。异形柱模板接触面面积应按图示形状和尺寸计算。

2）矩形柱与圆形柱模板工程量计算的高度确定

① 有梁板的柱高按柱基上表面至楼板上表面的高度计算。

② 设有梁板的柱高按柱基上表面至柱帽下表面的高度计算。

③ 框架柱的柱高在计算时，有楼隔层的按自柱基上表面或楼板上表面至上一层楼板的上表面计算，无楼隔层能按自柱基最上一层上表面至柱顶面，柱基上表面至室内设计地坪以下的短柱$\left(\text{柱高大于或等于周长}\dfrac{1}{2}\text{的柱}\right)$与地坪上柱体积合并计算。

3）现浇钢筋混凝土基础梁和基础圈梁模板工程量计算

现浇基础梁模板有三个接触面，计算方法是：

$$F=L_1\times 2\times H_1+L_2B$$

式中 F——模板接触面面积总和，m^2；

L_1——基础梁侧面图示长度，m；

2——基础梁的两个侧面，个；

H_1——基础梁的侧面高度，m；

L_2——基础梁底面长度，m；=图示长度－与独立基础搭接部分；

B——基础梁底面图示宽度，m。

现浇基础圈梁有两个外露面与模板接触，所以，它的模板工程量计算方法是：

$$F=L_{周}\ H\times 2$$

式中 $L_{周}$——基础圈梁周长，m；

F、2——含义同前。

（3）杯形基础的杯口大边长度小于杯口高度时，要套高杯基础定额。

杯形、高杯形基础模板工程量按基础各阶层的侧面表面积与杯口内壁侧面积之和计算，但杯口底面不计算模板面积。其计算方法可用计算式表示如下：

$$F_{总} = (F_1 + F_2 + F_3 + F_4)N$$

式中 $F_{总}$——杯形基础模板接触面面积，m^2；

F_1——杯形基础底部模板接触面面积，m^2；$=(A+B)\times 2\times H_1$；

F_2——杯形基础上部模板接触面面积 m^2；$=(a+b)\times 2\times H_2$；

F_3——杯形基础中部棱台接触面面积，m^2；$=\frac{1}{3}\times(F_1+F_2+\sqrt{F_1F_2})$；

F_4——杯形基础杯口内壁接触面面积，m^2；$=L\times H_3$；

N——杯形基础数量，个。

（4）在计算模板面积时，伸入墙内的梁头，板头部分以及梁与柱、梁与梁、柱与墙等连接的重叠部分要予以扣除，均不需计算模板面积。

（5）构造柱与墙的接触面不计算模板面积，但构造柱外露面应按图示外露部分计算模板面积。

在砖混结构房屋墙体适当部位设置的为了防震抗震的一种矩形或矩形带有马牙槎的柱称之为构造柱，其断面尺寸比矩形承重柱小，一般为 240mm×240mm、365mm×365mm、240mm×365mm 等，在浇筑时应先砌墙后浇柱，所以构造柱与模板接触面只有 2 个，即其模板接触面计算可用计算式表面如下：

$$F=L_1H\times 2$$

式中 F——构造柱模板接触面面积，m^2；

L_1——构造柱断面一边长度，m；

H——构造柱的高度，m；

2——构造柱的两个模板接触面。

（6）现浇钢筋混凝土悬挑板、雨篷或阳台在计算工程量时。挑出墙外的牛腿梁及板边模板不必另行计算，均按图示外挑部分尺寸的水平投影计算。

（7）计算现浇钢筋砼楼梯的模板工程量时，按图示露明面尺寸的水平投影面积计算，当楼梯井宽度小于 500mm 时，不应扣除其所占面积。楼梯间叠全梁模板工程量，按现浇梁砼外露面积计算。外露面一般是指梁的两个侧面。如某楼梯间叠合梁长 1500mm，高 300mm，其横板接触面面积$=1.5\times 0.3\times 2=0.9m^2$。楼梯间的面积按净面积计算，梯段与楼板交接处，只算到楼面梁的内侧（如图 2-133 所示）。柱接柱的模板工程量按接头处所包砼外露面积计算。板带的模板工程量按板的底面面积计算。

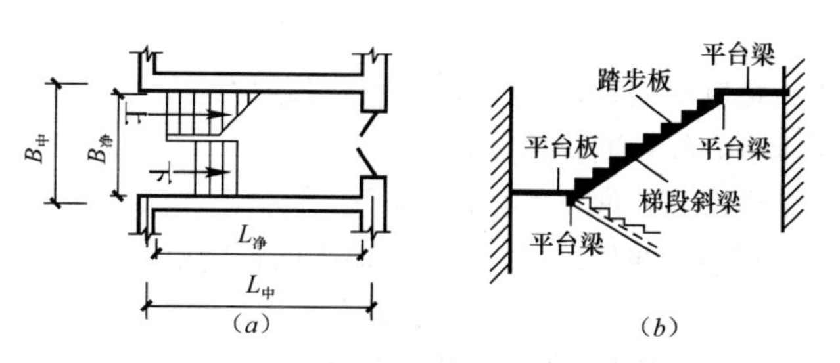

图 2-133 楼梯模板计算示意图

(a) 首层平面；(b) 剖面

（8）现浇钢筋混凝土墙、板的模板在计算工程量时，单孔面积在 0.3m^2 以内的孔洞。

计算时不予扣除面积在 0.3m² 以内时，洞侧壁模板亦不增加，单孔面积在 0.3m² 以外时，应予以扣除，此时洞侧壁模板面积要并入墙板模板工程量之内计算。

直形墙模板接触面积计算式如下：

$$F = 2LH + f$$

式中 F——墙模板工程量，以“m²”为计量单位；

L——直形墙图示长度尺寸，以“m²”为计量单位；

H——墙的高度；

f——孔洞侧壁模板面积；

2——两个侧面。

弧形墙模板接触面积计算式如下：

$$F = 2 \cdot L_{展} H + f$$

式中 $L_{展}$——弧形图示尺寸展开长度。

$L_{度}=\frac{\theta}{180°}\pi RL_{直}$（$\theta$ 为中心角，R 为圆弧墙半径）。

（9）现浇钢筋混凝土框架在计算工程量时，应分别按梁、板、柱墙有关规定计算，而且附墙柱要并入墙工程量内计算。

1）有梁板模板工程量要计算梁底面面积，梁侧面面积及板底面面积之和，而不是将板与梁模板接触面计算后再分别套用相应板与梁的模板定额项目，有梁板模板工程量的计算式如下：

$$F = F_{板} + F_{梁}$$

式中 F——有梁板的模板工程量。以“m²”为计量单位；

$F_{板}$——有梁板的板底面积，$F_{板}=L_{板} B_{板}$，以“m²”为计量单位；

$F_{梁}$——有梁板的梁模板接触面积，$F_{梁}=2L_{梁} H+L_{梁} B_{梁}$，以“m²”为计量单位。

2）无梁板模板接触面积按板底底面积，柱帽托板和孔洞面积超过 0.3m² 的孔洞要予以扣除，托板和柱帽的模板接触面面积要并入板的模板工程量内计算，支承柱另列项目按柱的相应模板定额子目计算，无梁板模板在计算时应根据不同材质套用“无梁板”定额子目来计算。

现浇钢筋混凝土平板的接触面积计算时，不必计算伸入墙内板头接触面面积，扣除单孔洞口面积大于 0.3m² 的孔洞，然后按底面图示尺寸计算，计算公式是这样的：

$$F = (L - l_1)(B - l_2)$$

式中 F——平板模板接触面面积，以“m²”为计量单位；

L——平板图示中心线长度，单位为“m”；

B——平板图示中心线宽度，单位为“m”；

$l_1 l_2$——分别为平板端头在长，宽方向伸入墙内的长度单位为“m”。

（10）混凝土台阶（除梯带）模板的工程量计算时，均按台阶的水平投影面积计算，宽度计算时，在台阶与门厅檐廊平台交接处，要算至台阶最上一台 300mm 处台阶端头两侧不另行计算模板面积如图 2-134 所示。

（11）现浇混凝土小型池槽的模板工程量，按构件外围体积计算，池槽内、外侧及底部的模板不应另行计算。

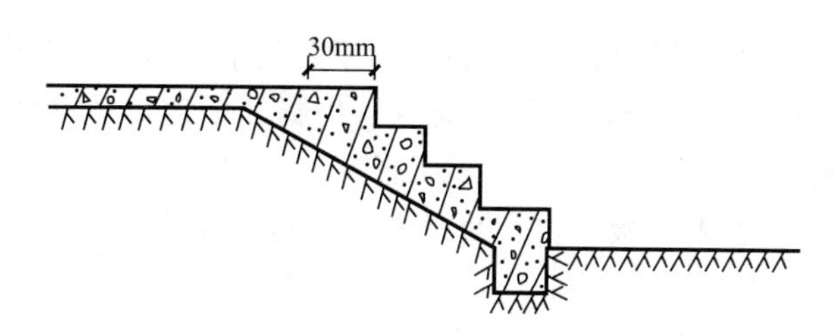

图 2-134　台阶计算宽度示意图

2. 预制钢筋混凝土构件模板工程量的计算

预制钢筋混凝土构件模板的工程量计算有如下规定：

（1）预制钢筋混凝土模板的工程量均按混凝土的体积以“立方米”为计量单位，另有规定的除外。

（2）预制桩尖的模板计算工程量时，按虚体积计算，即不扣除桩尖虚体积部分。

（3）对于小型池槽计算模板工程量时，按外形体积以“立方米”为计量单位。

3. 构筑物钢筋混凝土模板工程量计算

构筑物钢筋混凝土模板工程量，按以下规定计算：

（1）构筑物工程的模板工程量，除另有规定者外，区别现浇、预制和构件类别，分别按现浇混凝土及钢筋混凝土模板工程量和预制钢筋混凝土构件模板工程量计算的有关规定进行计算。

（2）大型池槽等的模板工程量，分别按基础、墙、板、梁、柱等有关规定计算，并套相应定额项目。

（3）液压滑升钢模板施工的烟囱、水塔塔身、贮仓等，均按混凝土体积，以立方米（m^3）计算。

预制倒圆锥形水塔罐壳组装、提升、就位，按不同容积以座计算。

（三）模板工程定额编制有关说明

1. 现浇混凝土模板根据构件的不同，分别以组合钢模板、钢支撑、木支撑、复合木模板、木模板、钢支撑、木支撑、木模板木支撑配制、模板与定额不同时，可编制补充定额。

2. 预制的钢筋混凝土模板，根据构件的不同分别以组合钢模板、木模板定型钢模、复合木模板、长线台钢拉模并配制相应的砖地膜、砖胎模、长线台混凝土地膜编制的，使用其他模板时，可以换算。

3. 定额中框架轻板项目，只能用于全装配定型框架轻板住宅工程。

4. 模板工作内容包括：清理、场内运输、安装、刷隔离剂、浇灌混凝土时模板维护、拆模、集中堆放、场外运输。木模板包括制作（预制包括刨光，现浇不刨光），组合钢模板、复合木模板包括装箱。

5. 现浇钢筋混凝土梁、板、柱、墙是按支模高度为 3.6m 作为标准（即地面至板底高为 3.6m）编制，超过 3.6m 时，计算为超过部分工程量，按超高的项目计算。

6. 用钢滑升模板施工的烟囱、水塔及贮仓是按无井架施工计算的，并综合了操作平台。不再计算脚手架及竖井架。

7. 用钢滑升模板施工的烟囱、水塔，提升模板使用的钢爬杆用量是按 100%摊销计算的，贮仓是按 50%摊销计算的，设计要求不同时，另行换算。

8. 倒锥壳水塔塔身钢滑升模板项目，也适用于一般水塔塔身滑升模板工程。

9. 烟囱钢滑升模板项目均已包括烟囱筒身、牛腿、烟道口；水塔钢滑升模板均已包括直筒、门窗洞口等模板用量。

10. 组合钢模板、复合木模板项目、回库维修费用不计算在内，应按定额项目中所列摊销量的模板零星夹具材料价格的8%，计入模板预算价格内，而模板的运输费、维修的人工、机械、材料费用等则是回库维修费的内容。

（四）模板清单工程量的计算规则及方法

基础，柱，梁，墙，板等按模板与现浇混凝土构件的接触面积计算。现浇钢筋混凝土墙、板单孔面积≤0.3m² 的孔洞不予扣除，洞侧壁模板亦不增加；单孔面积>0.3m² 时应予扣除，洞侧壁模板面积并入墙、板工程量内计算。

现浇框架分别按梁、板、柱有关规定计算；附墙柱、暗梁、暗柱并入墙内工程量内计算。

柱、梁、墙、板相互连接的重叠部分，均不计算模板面积。

构造柱按图示外露部分计算模板面积。

雨篷、悬挑板、阳台板按图示外挑部分尺寸的水平投影面积计算，挑出墙外的悬臂梁及板边不另计算。

楼梯按楼梯（包括休息平台、平台梁、斜梁和楼层板的连接梁）的水平投影面积计算，不扣除宽度≤500mm 的楼梯井所占面积，楼梯踏步、踏步板、平台梁等侧面模板不另计算，伸入墙内部分亦不增加。

电缆沟、地沟按模板与电缆沟、地沟接触的面积计算。

台阶按图示台阶水平投影面积计算，台阶端头两侧不另计算模板面积。架空式混凝土台阶，按现浇楼梯计算。

扶手、散水、后浇带、化粪池、检查井按接触面积计算。

六、脚手架工程

脚手架工程量是为了保证操作的方便和施工的安全，采用杉木杆或直径为 ϕ75～90mm 的竹杆，或钢筒（ϕ48×3.5）搭设的一种供建筑工人脚踏手攀，堆置和运输材料的架子就叫脚手架，它是由立杆、横杆（护围杆）、上料平台、斜坡道防风拉杆及安全网等组成的。

脚手架是建筑工程施工中工作工人进行操作和安全防护以及堆放材料的临时设施，它直接影响到工程质量，施工安全和劳动生产率。其主要作用有：

1）确保工程的连续性施工得以进行。

2）能满足施工过程中材料的用料以及推料要求。

3）对高处作业的人员能起到防护保围作用，从而确保施工人员的人身安全。

4）能满足多层作业，交叉作业、流水作业和多工种作业的要求。

5）能与垂直运输设备和楼层作业面高度相适应，确保材料垂直运输转入楼层水平运输的需要，使操作不致影响工效和工程的质量。

建筑施工脚手架应由架子工搭设。对脚手架的基本要求是：应满足工人操作、材料推放和运输的需要：坚固稳定，安全可靠。搭拆简单，搬移方便；尽量节约材料，能多次周转使用，脚手架宽度一般为 1.2～1.8m，每次砌筑脚手架的高度定为 1.2m 左右，称为：

一步架高度，也叫墙体的可砌高度。在地面或楼面上砌筑墙体，每当砌到1.2m高度左右要停止砌筑，搭设脚手架后继续砌筑。

（一）脚手架的分类

脚手架的种类很多，分类也有不同的方法：按搭设位置分：外脚手架、里脚手架、按所用的材料分为木脚手架、竹脚手架、金属脚手架、按构造形式分为多立杆式脚手架、框组式脚手架、桥式脚手架、悬吊式脚手架、挂式脚手架、挑式脚手架、爬升式脚手架、工具式脚手架、接使用功能又分为满堂脚手架、井字架、斜道、按搭设形式又分单排、双排。

1. 外脚手架

外脚手架是指沿建筑物外墙外围搭设的脚手架，搭设方式有单排和双排之分，如图2-135所示。外脚手架既可用于外墙砌筑。也可用于外装饰施工，其主要形式有木外脚手架、竹外脚手架、扣件式钢管外脚手架、桥式外脚手架、门型外脚手架、吊挂式外脚手架等。多立杆式脚手架等，常用的有多立杆式和门型脚手架等。多立杆式脚手架主要由立杆、纵向水平杆（大横杆）、横向水平杆（小横杆）、斜撑、脚手板组成。可用木、竹、钢管等搭设，多立杆式脚手架有单排形式和双排形式，单排式手架仅在脚手架外侧设一排立柱，其横向水平杆的一端与纵向水平杆连接，另一端支撑在墙上，单排虽节省材料，可稳定性较差，仅适用荷载较小，高度较低，墙体有一定强度的多层房屋，双排脚手架是在脚手架的里外侧均设有立柱，稳定性好，多、高层房屋均可使用。门型脚手架又称多功能门型脚手架，是由钢管制成的门架、剪刀撑、水平梁架或脚手板构成的单元，将基本单元通过连接棒、锁臂等连接起来即构成整片脚手架，门型外脚手架具有使用安全、周转次数高；组合形式变化多样（还可作里脚手架和支顶模板）；构造简单、轻便、部件种类不多，操作方便；便于运输、堆放、装卸，批量生产，市场有成品供应，造价低廉等优点。

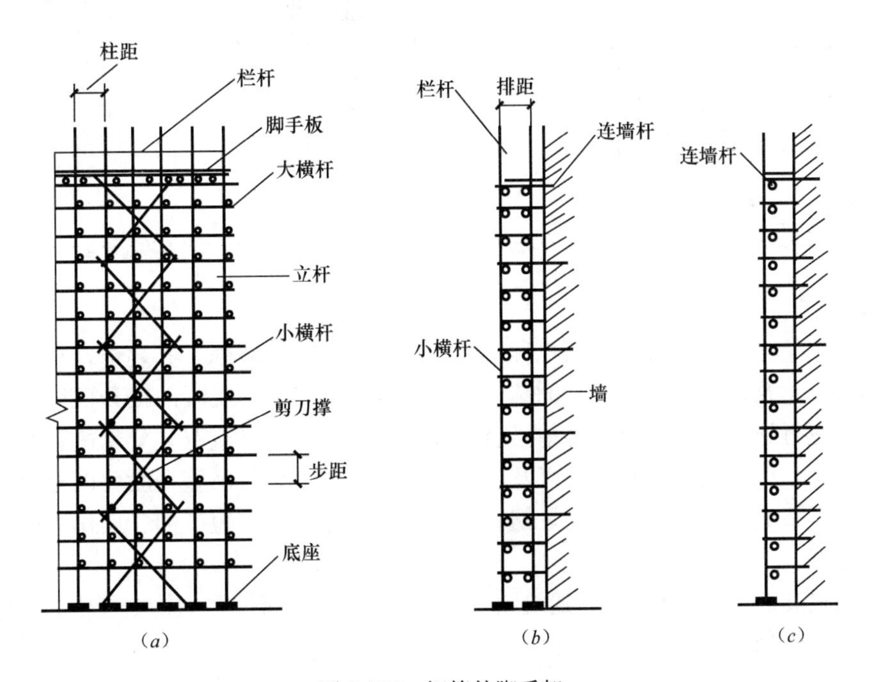

图2-135　钢管外脚手架

(a) 扣件式钢管外脚手架；(b) 双排；(c) 单排

2. 里脚手架，也叫做内脚手架，目前，砖混结构、框架结构房屋的砌墙工程中，一般均采用里脚手架、里脚手架沿室内墙面搭设，搭设在每层楼板上进行砌筑，里脚手架一般为工具式，常用的有折叠式里脚手架，支柱式里脚手架，还有马凳式里脚手架。里脚手架用料少，但装拆频繁，故要求进轻便灵活，装卸方便。折叠式脚手架适用于民用建筑的内墙砌筑和内粉刷，也可用于砖围墙、砖平房的外墙砌筑和粉刷，根据材料不同，分为角钢、钢管和钢筋折叠式里脚手架。支柱式脚手架由若干个支柱和横杆组成，适用于砌墙和内粉刷。其搭设间距不超过 2.0m，有套管式和承插式两种形式。

3. 满堂脚手架

满堂脚手架（图 2-136）是指在工作范围内满设的脚手架，形状类似盘井格，主要用于室内顶棚的安装装饰，满堂基础等的施工。

4. 综合脚手架

综合脚手架是为了简化编制预算的计算工作而特定制定的一种脚手架工程项目。它综合了建筑物中，砌筑内外墙所需用的砌墙脚手架，运料斜道，上料平台、金属卷扬机架，外墙粉刷脚手架等内容。并合理考虑了木制脚手和钢管脚手，单排脚手与双排脚手等因素。

5. 挑脚手架

挑脚手架是从建筑物内部通过窗洞口向外挑出的一种脚手架，如图 2-137 所示，图中是直接用脚手杆搭设的挑脚手架，适用于挑檐、阳台和其他突出部分的施工，也用于高层建筑的施工。

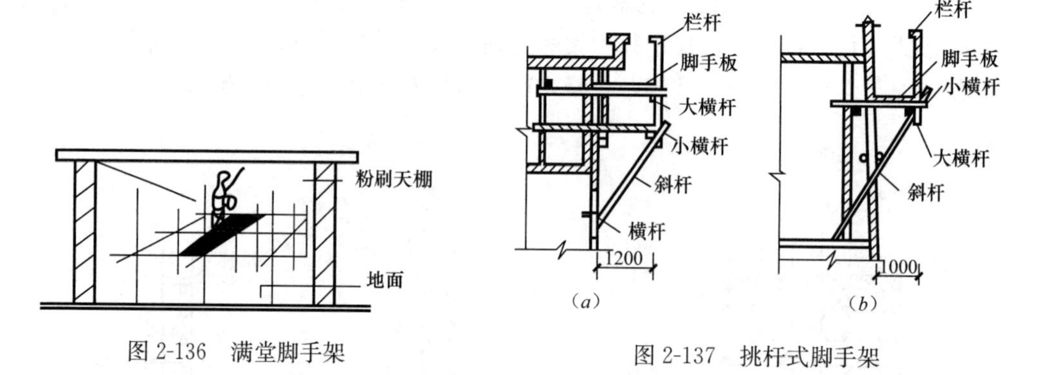

图 2-136　满堂脚手架

图 2-137　挑杆式脚手架

6. 悬空脚手架

悬空脚手架也叫悬吊式脚手架也称吊篮，主要用建筑外墙施工和装修，它是将架子的悬挂点固定在建筑物顶端悬挑出来的结构上，通过脚手架上所安装的提升机械使架子进行升降，从而进行施工。可以分为木单梁悬吊脚手架、型钢单（或双）梁悬吊脚手架、斜撑式悬吊脚手架，桁架式悬吊脚手架以及墙、柱身悬挂脚手架。吊篮一般可以分为手动和电动，悬空脚手架的优点是可节省大量钢管材料，节省劳力，缩短工期、操作方便灵活，技术经济效益好。

高度超过 3.6m，且有屋架的建筑物，其屋面板底面的油漆：抹灰屋架油漆和勾缝等项作业，可采用悬空的脚手架施工。

7. 防护架

防护架是指脚手架以外单独搭设的用于人行通道，车辆通道，临街防护和施工与其他物体隔离等的防护。防护架分水平防护架和垂直保护架。

8. 井字架

井字架常用于烟囱水塔的施工，也用作垂直运输架，井字架是在施工中心沿垂直方向搭设的竖井式脚手架，可用型钢或钢笔加工成定型产品，型钢井架的搭设高度一般在 40m 以下，有六柱和八柱两种，扣件式钢管脚手架搭设高度一般控制在 60m 以下，利用一定措施可搭设得更高，如图 2-138 为一井架示意图。

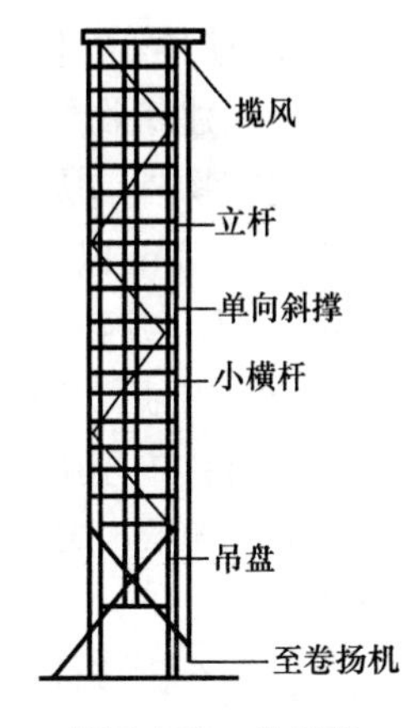

图 2-138　井字架

9. 安全网

当多层或高层建筑物砌筑高度超过 4m，或立体交叉作业时，使用的外脚手架需在脚手架外侧设置安全网。当用里脚手架施工外墙时，也要沿墙外架设安全网，安全网是用直径 9mm 的麻绳、棕绳或尼龙绳编织的，一般规格为宽 3m，长 6m，网眼 50mm 左右，安全网每平方米面积所能承受的不小于 160kg 的冲击荷载。安全网要随楼层施工进度逐步上升，高层建筑除设逐步上升的安全网外，还应在下面间隔 3～4 层的部位加设一道安全网。而在除应在外脚手架外侧四周以下到施工高度挂厚龙绳网布封闭外，在一层有人行道处尚应搭设安全棚或外伸脚手架、上挂安全网和厚尼龙网布，外伸距离不小于 5m。安全网的搭设方式如图 2-139 所示，在多层和高层建筑中，除设安全平网外，还应设置安全立网或塑料编织布(图 2-140)。

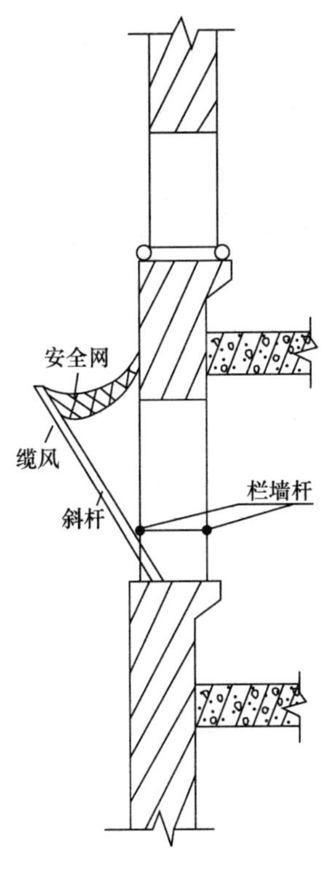

图 2-139　安全网搭设

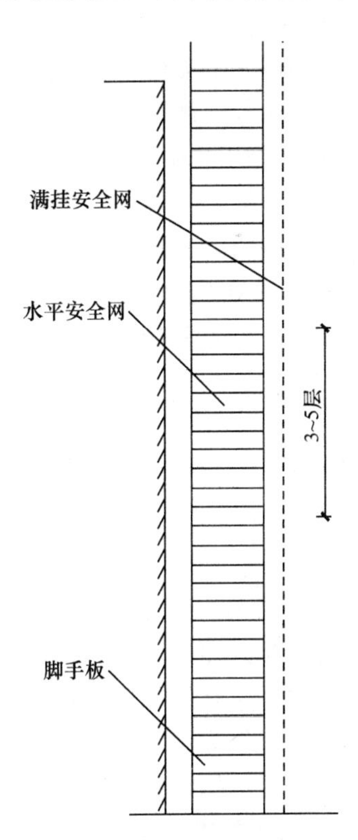

2-140　高层建筑中的安全网

(二) 脚手架的工程量计算及规则方法

定额计算规则：

1. 脚手架工程量计算的一般规则

（1）建筑物外墙脚手架

建筑物外墙脚手架在计算工程量时，凡设计室外地坪至檐口（或女儿墙上表面）的砌筑高度在 15m 以下的，均按单排脚手架计算，但如果外墙门窗及装饰面积超过外墙表面积 60%以上或砌筑高度在 15m 以上时，则按双排脚手架计算。

（2）内墙脚手架

建筑物内墙脚手架在计算工程量时，凡设计室内地坪至顶板下表面（或山墙高度 1/2 处）的砌筑高度超过 3.6m 时，按单排脚手架计算，砌筑高度在 3.6m 以下时，按里脚手架计算。

（3）石砌墙体

凡石砌墙体其砌筑高度在 1.0m 以上时，按外脚手架计算。

（4）同一建筑高度不同时，应按不同高度分别计算。

（5）现浇钢筋混凝土框架柱、梁按双排脚手架计算。

（6）计算内外脚手架时，均不扣除门、窗洞口、空圈洞口等所占面积。

（7）砌筑贮仓，按双排脚手架计算。

（8）滑升模板施工的钢筋混凝土烟囱、筒仓、不得另计算脚手架。

（9）贮水（油）池，大型设备基础，凡距地平高度超过 1.2m 以上时，均按双排脚手架计算。

（10）宽度超过 3m 以上的整体满堂钢筋混凝土基础，按其底板面积计算满堂脚手架。

（11）室内顶棚装饰面距设计室内地坪 3.6m 以上时，应计算满堂脚手架，计算满堂脚手架后，墙面装饰工程则不再计算脚手架。

（12）围墙脚手架

围墙脚手架在计算工程量时，凡室外自然地坪至围墙顶面的砌筑高度在 3.6m 以下，均按里脚手架计算，砌筑高度在 3.6m 以上时，按单排脚手架计算。

2. 砌筑脚手架工程量计算

（1）砌筑工程外脚手架

外脚手架在计算工程量时，按外墙外边线长度乘以外墙砌筑高度以“m^2”为计量单位突出外墙宽度在 24cm 以内时，墙垛附墙烟囱等不计脚手架，宽度超过 24cm 时，按图示尺寸展开计算，并入外脚手架工程量之内，外墙脚手架工程量按下式计算：

$$F = LH + S$$

式中 F——外脚手架工程量，以“m^2”为计量单位；

L——建筑物外墙外边线总长度，单位为“m”；

H——外墙砌筑高度，通常指设计室外地坪至檐口底或檐口滴水的高度有女儿墙时，其高度算至女儿墙顶面；

S——应并入的体积。

（2）砌筑里脚手架工程量

里脚手架工程量按墙面垂直投影面积计算。

（3）独立脚手架工程量

独立柱脚手架工程量计算时按图示柱结构外围周长另加 3.6m，再乘以砌筑高度以

“m^2”为计量，套用相应的外脚手架定额。按下式计算：

$$F=(L+3.6)H$$

式中 F——独立柱脚手架工程量，以“m^2”为计量单位；

L——独立柱结构外围周长，单位为“m”；

H——独立柱的砌筑高度，单位为“m”。

3. 现浇钢筋混凝土框架脚手架工程量计算

（1）现浇钢筋混凝土柱脚手架按柱图示图长尺寸另加 3.6m 乘以柱高以“m^2”为计量单位，套相应外脚手架定额。

（2）现浇钢筋混凝土梁、墙脚手架

现浇钢筋混凝土梁、墙脚手架在计算工程量时，按设计室外地坪或楼板上表面至楼板底之间的高度，乘以梁、墙的净长然后以“m^2”为计量单位，套用相应双排外脚手架定额。

4. 其他脚手架工程量计算

① 水平防护架在计算工程量时，按实际铺板的焊投影面积，以“平方米”为计量单位。

② 垂直防护架在计算工程量时，按自然地坪至最上一层横杆之间的搭设高度，乘以实际搭设长度，以“平方米”为计量单位。

③ 大型设备基础脚手架工程量在计算时，按其外形周长乘以地坪室外形顶面边线之间的高度，以“m^2”为计量单位。

④ 建筑物室内封闭工程量在计算时，按封闭面的垂直投影面积计算。

5. 安全网工程量计算

① 挑出式安全网在计算工程量时，均按挑出的水平投影面积计算。

② 立柱式安全网在计算工程量时，均按架网部分的实挂长度乘以实挂高度以“m^2”为计量单位。

清单计算规则：

综合脚手架按建筑面积计算。

外脚手架、里脚手架按所服务对象的垂直投影面积计算。

悬空脚手架按搭设的水平投影面积计算。

挑脚手架按搭设长度乘以搭设层数以延长米计算。

满堂脚手架按搭设的水平投影面积计算。

整体提升架按所服务对象的垂直投影面积计算。

外装饰吊篮按所服务对象的垂直投影面积计算。

（三）已完工程及设备保护

已完工程保护费，即成品保护费，指为保护工程成品完好的措施费。

（四）施工排水与降水

在地下水位较高的地区进行基坑开挖时，由于土的含水层被切断，地下水会不断地涌入基坑内，如不采取有效的措施，会出现施工条件恶化，边坡坍塌、地基承载力下降等一系列问题。因此，在基坑开挖的过程中一定要做好施工排水和降低地下水位的工作。降水的方法有集水坑降水法和井点降法。

（五）垂直运输机械

1. 垂直运输机械概述

垂直运输机械是指在建筑施工中担负垂直输送材料的人员上下的机械设备，砌筑工程中的垂直运输量很大，不仅需要运输大量的砖（或砌块）、砂浆，而且还要运输施工人员、脚手架、脚手板和各种预制构件。因此，如何根据施工中的实际情况合理安排，选择垂直运输机械便成为建筑工程中最需要首先的解决的问题之一。它直接影响到砌筑工程的施工速度、施工工期以及工程成本。目前砌筑工程中使用的垂直运输机械有塔式起重机、井架、龙门架、施工电梯、灰浆泵等。由于垂直运输机械是为建筑工程服务的，因此必须建筑工程本身的实际情况来选择垂直运输机械的种类、数量及布置情况。垂直机械设施的布置一般应根据现场施工条件满足以下一些基本要求。

1）建筑工程的全部的作业面应处于垂直运输设施的覆盖面和供应面的范围之内。塔吊的覆盖面是指以塔吊的起重幅度为半径的圆形吊运覆盖面积。垂直运输设施的供应面是指借助于水平运输手段（手推车等）所能达到的供应范围。

2）垂直运输设备的供应能力应能满足高峰工作量的需要，塔吊的供应能力等于吊次乘以另量其他垂直运输设施等于运次乘以运量，运次应取垂直运输设施和与其配合的水平运输机具中的低值。另外，还必须考虑由于难以避免的因素对供应能力的影响，乘以0.5～0.75的折减系数。

3）设备的提升高度能力应比实际建筑物需要的升运高度高，高出程度不小于3m。

4）必须选择考虑与垂直运输设施相配合的水平运输手段。

5）必须有与垂直运输设施相应的装设条件，如具有可靠的基础，与建筑物结构拉结和水平通道条件等。

6）安全保障问题。它是垂直运输设施中考虑的首要问题，尤其在高层建筑中，所有的垂直运输设备都要严格按有关规定操作使用。

最常用的垂直运输机械有塔式起重机和电动卷扬机。

(1) 塔式起重机

塔式起重机是工业与民用建筑、桥梁工程和其他建设工程的重要施工机械之一。用于起吊和运送各种预制构件、建筑材料和设备安装等工作。它的起升高度和有效工作范围大，操作简便，工作效率高。

塔式起重机的类型很多，其共同特点是有一个垂直的塔身，在其上部装有起重臂，工作幅度可以变化，有较大的起吊高度和工作空间。

塔身式起重机是一种具有竖直塔身的全回转臂式起重机，具有较大的工作范围和起重高度，其幅度比其他起重机高，所以塔身起重机在高层建筑及大型水利等施工中得到广泛的应用。塔身式起重机按起重能力大小可分为轻型塔式起重机，中型塔式起重机，重型塔式起重机。轻型塔身起重机，一般用于六层以下民用建筑，起重量为5～30kN，中型塔式起重机，适用于一般工业建筑和高层民用建筑施工，起重量为30～150kN，重型塔式起重机，一般用于重工业厂房的施工和高炉等设备的另装，起重量为200～400kN。按用途可分为普通行走式和自升固定式两种，按其回转形式可分为上回转和下回转两种，按安装形式可分为自升式、整体快速拆装和拼装三种。

塔式起重机的型号由类、组、型、特性、主要参数及改型代号组成如图2-141所示。

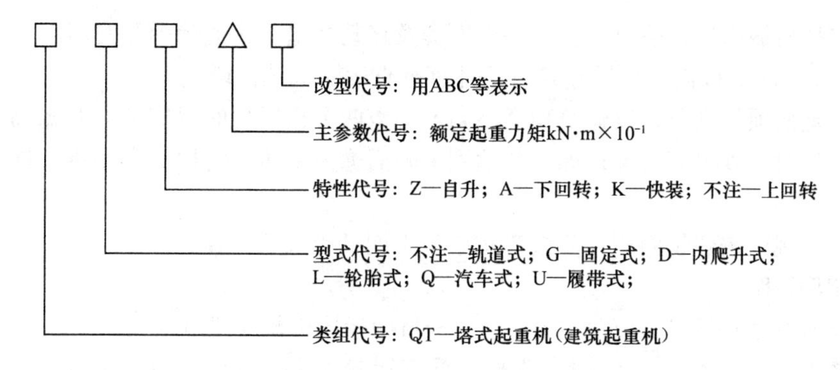

图 2-141　塔式起重机（建筑起重机）的型号示意图

比如：QTK25A——第一次改型 25kN·m 快装下回转塔式起重机。

QTZ800——起重力矩 8000kN·m 上回转自升塔式起重机。

（2）卷扬机

卷扬机是最常用、最简单的起重设备之一，广泛应用在建筑施工中。它既可单独使用，也可作为其他起重机械上的主要工作机构。

卷扬机又称绞车，是结构吊装中常用的工具。卷扬机分手动和电动，手摇卷扬机由机架、大小齿轮、卷筒、制动装置、手柄等部件组成。使用时摇动手柄，即可将物体吊起或移动，电动卷扬机由卷筒、电动机、减速机和电磁枪闸等部件组成，有单筒和双筒两种。有快速、慢速之分，快速卷扬机主要用于垂直运输和打桩等作业、慢速卷扬机主要用于结构吊装、钢筋冷拉、预应力筋张拉等作业。电动卷扬机主要用于无电源地区作桅杆的垂直运输和起吊构件的作用。电动卷扬机由于起重量大，速度快，操作方便等优点，多用于土法吊装构件和升降机等牵引装置。

卷扬机的型号由类、组、型、特性和主要参数组成，如图 2-142 所示。

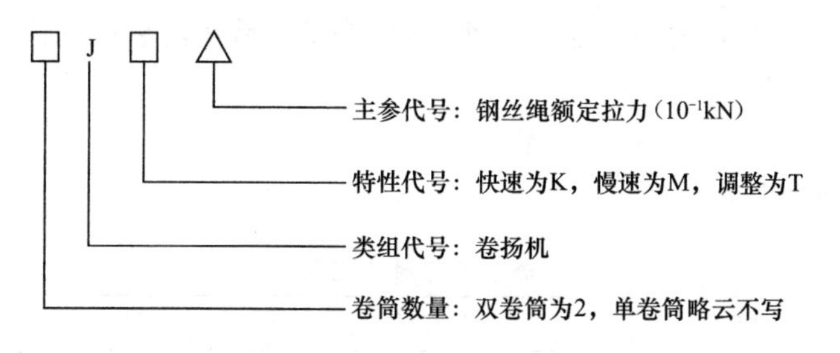

图 2-142　卷扬机型号示意图

比如：ZJK5 型卷扬机——钢丝绳额定拉力为 50kN 的双卷筒快速卷扬机。

2. 建筑物垂直运输

定额计算规则建筑物垂直运输机械台班用量，区分不同建筑物的结构类型和高度，按建筑面积（包括地下室面积）以“m^2”计算。高度超过 100m（31 层）时按每增加 10m（3 层）定额项目计算，其高度不足 10m（3 层）时，按 10m（3 层）计算。

（1）檐高是指设计室外地坪至檐口的高度，突出主体建筑屋顶的电梯间、水箱间等不超过该天面面积的 1/3 时，不计入檐口高度之内。

（2）本定额工作内容，包括单位工程在合理工期内完成全部工程所需的垂直运输机械台班，不包括机械的场外往返运输、一次安拆及路基铺垫、轨道铺拆等费用。

(3) 檐高 3.6m 以内的单层建筑，不计算垂直运输机械台班。

(4) 本定额项目划分是以建筑物的檐高及层数两个指标同时界定的，凡檐高达到上限而层数未达到时，以檐高为准；如层数达到上限而檐高未达到时以层数为准，即两个指标取上限。

清单计算规则按建筑面积计算或者按施工工期日历天数计算。

有关定额说明：

(1) 建筑物垂直运输 20m（6 层）以内子目中运输机械配置电动卷扬机施工。

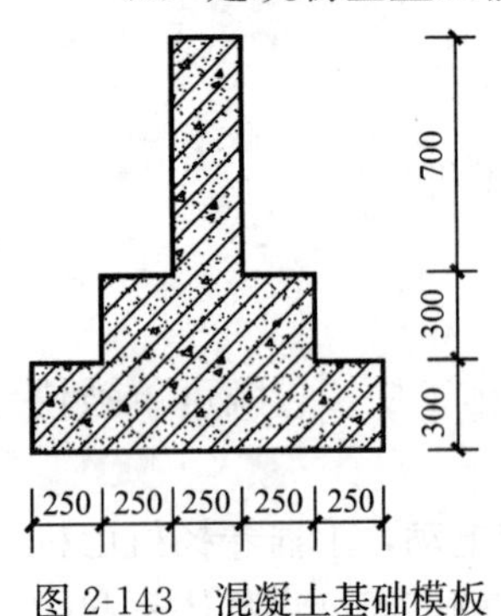

图 2-143　混凝土基础模板

(2) 建筑物垂直运输 20m（6 层）以上除了 30m（7～10 层）以内子目只是配置电动卷扬机外，其余 40m 以内至 100m 以上等子目都配置了 1t 电动卷扬机和不同规格的自升式塔式起重机及施工上人电梯。

(3) 如果实际施工中使用的垂直运输机械与定额子目中配置的机械不同时，则一律执行定额，不得换算。

七、措施项目工程计算实例

【例 39】 如图 2-143 所示，某现浇钢筋混凝土基础长 9m，求其模板工程量（木模板、木支撑）。

【解】 (1) 定额工程量

现浇混凝土基础模板工程量：$[(0.3\times4+0.7\times2)\times9+0.25\times5\times0.3\times2+0.25\times3\times0.3\times2+0.25\times0.7\times2]m^2=24.95m^2$

套用基础定额 5-12。

【注释】 0.3 为基础每层模板的高度，0.25 为基础上下层之间的宽度差，0.7 为基础墙体的模板高度，9 为基础长度，0.25×5 为基础底层的宽度即基础底层前后面的模板宽度，0.25×3 为基础顶层的宽度，最后一个 0.25 为基础墙体前后面的模板宽度。

(2) 清单工程量：

清单工程量计算方法同定额工程量。

清单工程量计算见表 2-68。

清单工程量计算表　　**表 2-68**

项目编码	项目名称	项目特征描述	计量单位	工程量
011702001001	带形基础	带形基础	m^2	24.95

【例 40】 求如图 2-144 所示现浇钢筋混凝土框架模板工程量。

【解】 (1) 定额工程量

模板工程量应分别计算框架柱和框架梁的接触面积。

柱工程量$=[(12.5+1.1)\times0.3\times4\times2-0.25\times0.5\times6]m^2=31.89m^2$

套用基础定额 5-58。

梁工程量$=(6.0-0.3\times2)\times(0.5\times2+0.25)\times3m^2=13.5m^2$

套用基础定额 5-69。

【注释】 12.5 为立柱的顶面标高，1.1 为地面下柱的高度即 (0.5+0.6)，0.3 为柱

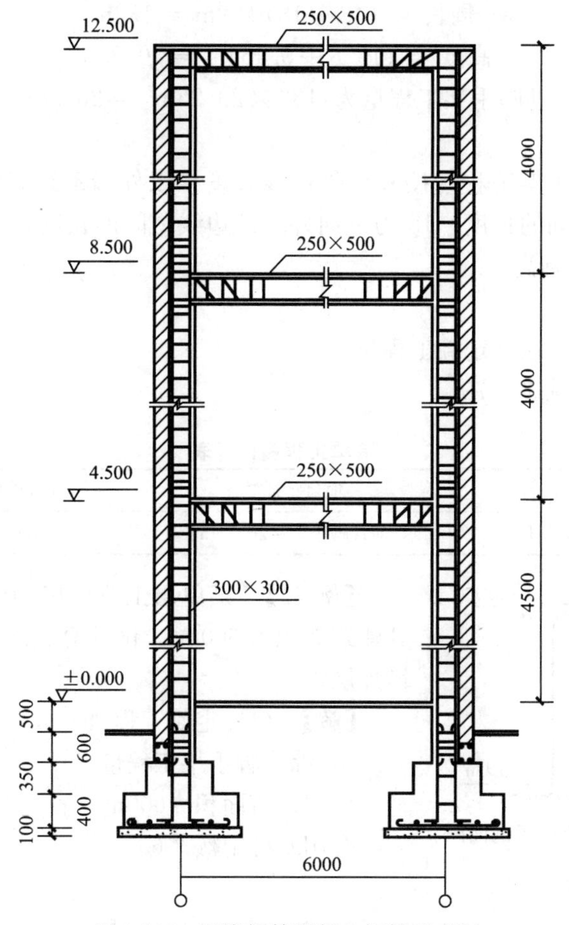

图 2-144 现浇钢筋混凝土框架示意图

断面的边长，柱的数量为 2，0.25 为横柱的断面长度，0.5 为横柱断面宽度，6 为横柱的数量，6.0 为两侧立柱中心线之间的长度，0.5 为梁的厚度，0.25 为梁的宽度，3 为梁的数量。

（2）清单工程量

清单工程量计算方法同定额工程量。

清单工程量计算见表 2-69。

清单工程量计算表 **表 2-69**

序号	项目编码	项目名称	项目特征描述	计量单位	工程量
1	011702006001	矩形梁	梁截面 250mm×500mm	m^2	13.50
2	011702002001	矩形柱	柱截面 300mm×300mm	m^2	31.89

【例 41】 某工程 240mm 厚外墙平面如图 2-145 所示，设计室外地坪标高−0.45m，女儿墙顶面标高+19.8m，砖墙面勾缝，试计算此工程外脚手架工程量。

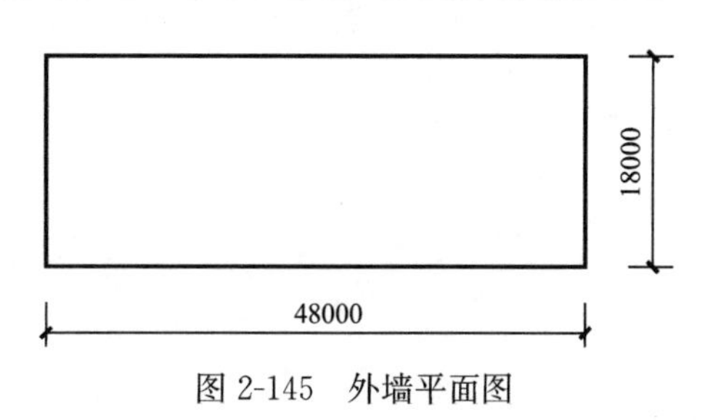

图 2-145 外墙平面图

【解】（1）定额工程量

由题得

$$周长 = (48 + 18) \times 2m = 132m$$

$$高度 = (19.8 + 0.45)m = 20.25m$$

$$外脚手架工程量为:132 \times 20.25m^2 = 2673m^2$$

套用基础定额 3-7。

【注释】 外墙脚手架工程量按外墙外边线长度乘以外墙砌筑高度以平方米计算。48 为横向外墙外边线之间的长度，18 为纵向外墙外边线之间的长度，19.8 为女儿墙顶面标高，0.45 为室外地坪标高。

（2）清单工程量

清单工程量计算方法同定额工程量。

清单工程量计算见表 2-70

清单工程量计算表　　表 2-70

项目编码	项目名称	项目特征描述	计量单位	工程量
011701002001	外脚手架	钢管脚手架，20.25m 高	m^2	2673

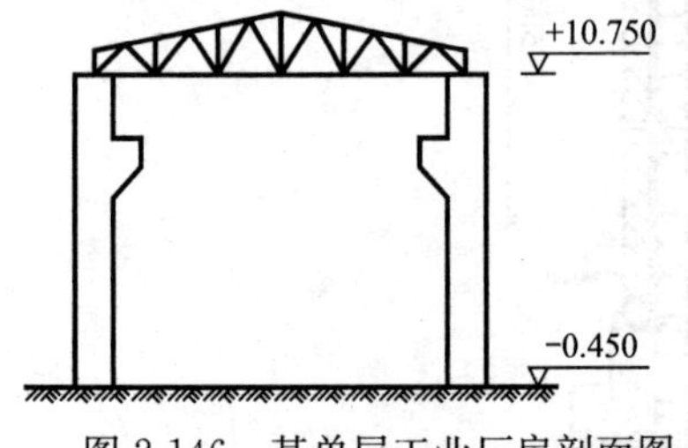

图 2-146　某单层工业厂房剖面图

【例 42】 某单层工业厂房剖面图如图 2-146 所示，其建筑面积为 $600m^2$，试计算其综合脚手架工程量及其增加层。

【解】（1）定额工程量

1）综合脚手架工程量

厂房建筑面积$=600m^2$。

套用基础定额 3-6。

2）综合脚手架增加层

$$(10.75 + 0.45 - 6)/1 层 = 5 层$$

【注释】 综合脚手架按建筑物面积以平方米计算，600 为建筑物面积。10.75 为建筑物板底标高，0.45 为室外地坪标高。

（2）清单工程量

清单工程量计算方法同定额工程量。

清单工程量计算见表 2-71。

清单工程量计算表　　表 2-71

序号	项目编码	项目名称	项目特征描述	计量单位	工程量
1	011701001001	综合脚手架	钢管脚手架，基本层	m^2	600
2	011704001001	超高施工增加	单层工业厂房	m^2	3000

第三章　工程量清单计价实例

案例一　某两层商场

该工程为某两层商场，设计耐火等级为一级，地震设防烈度为七度，结构类型为框架结构，总建筑面积为1058.4m²。室内设计绝对标高为±0.000，相当于绝对标高83.50m（黄海水平面）。建筑地上两层，设计耐久年限为50年，商场共设有一部电梯，两部消防楼梯；建筑屋面为不上人屋面。

（1）该工程中，门窗均采用塑钢门窗，带纱窗，均为双坡窗；基础为C15现浇混凝土柱下独立基础，基础地梁沿横向布置，基础连系梁沿纵向布置，为便于施工，设计要求施工时挖土宽度自基础垫层外边线向外扩挖0.3m，深度均为1.6m（自C10混凝土垫层低算起，C10混凝土垫层厚100mm），室内外高差为0.45m。

（2）本工程外墙均采用240mm厚的混凝土砌块，内抹30mm厚复合硅酸盐保温材料，内墙除卫生间隔墙及男女卫生间之间的墙外，均采用240mm厚混凝土砌块；卫生间隔墙采用200mm厚轻型厨卫隔墙；女儿墙采用200mm厚混凝土砌块，上部设80mm厚钢筋混凝土压顶。以上墙体均采用M5水泥砂浆砌筑。

（3）楼梯采用C20现浇钢筋混凝土梁式楼梯，形式为平行双跑楼梯，平台梁、平台板、楼梯板的混凝土均采用C20级。

（4）环境类别为一类，基础C15混凝土，保护层15mm，板C20混凝土、保护层15mm，基础梁C30混凝土、保护层30mm，柱C30混凝土、保护层30mm，构造柱、雨棚、楼梯、压顶、台阶、散水均采用C20混凝土。

（5）雨棚的设置：设置在高于外门300mm处，雨棚宽为每边比门延长300mm，雨棚挑出长度为1200mm，雨棚板最外边缘厚100mm，内边缘厚150mm（外墙外边缘处），雨棚梁宽同墙厚，240mm，高300mm，雨棚梁长为沿雨棚宽每边增加500mm。门窗过梁：门窗过梁高为200mm，厚度同墙厚为240mm，长度为沿门宽度每边延伸300mm计算。

一、清单工程量

1. 土石方工程

本工程的清单工程量计算严格按照《建设工程工程量清单计价规范》（GB 50500—2013）、《房屋建筑与装饰工程工程量计算规范》（GB 50854—2013）、《建筑工程建筑面积计算规范》（GB/T 50353—2013）等规范文件进行编制。

土建实体项目：

（1）场地平整

建筑尺寸如图3-1～图3-16所示。

$$工程量=(42+0.25\times2)\times(25.2+0.25\times2)m^2=1092.25m^2$$

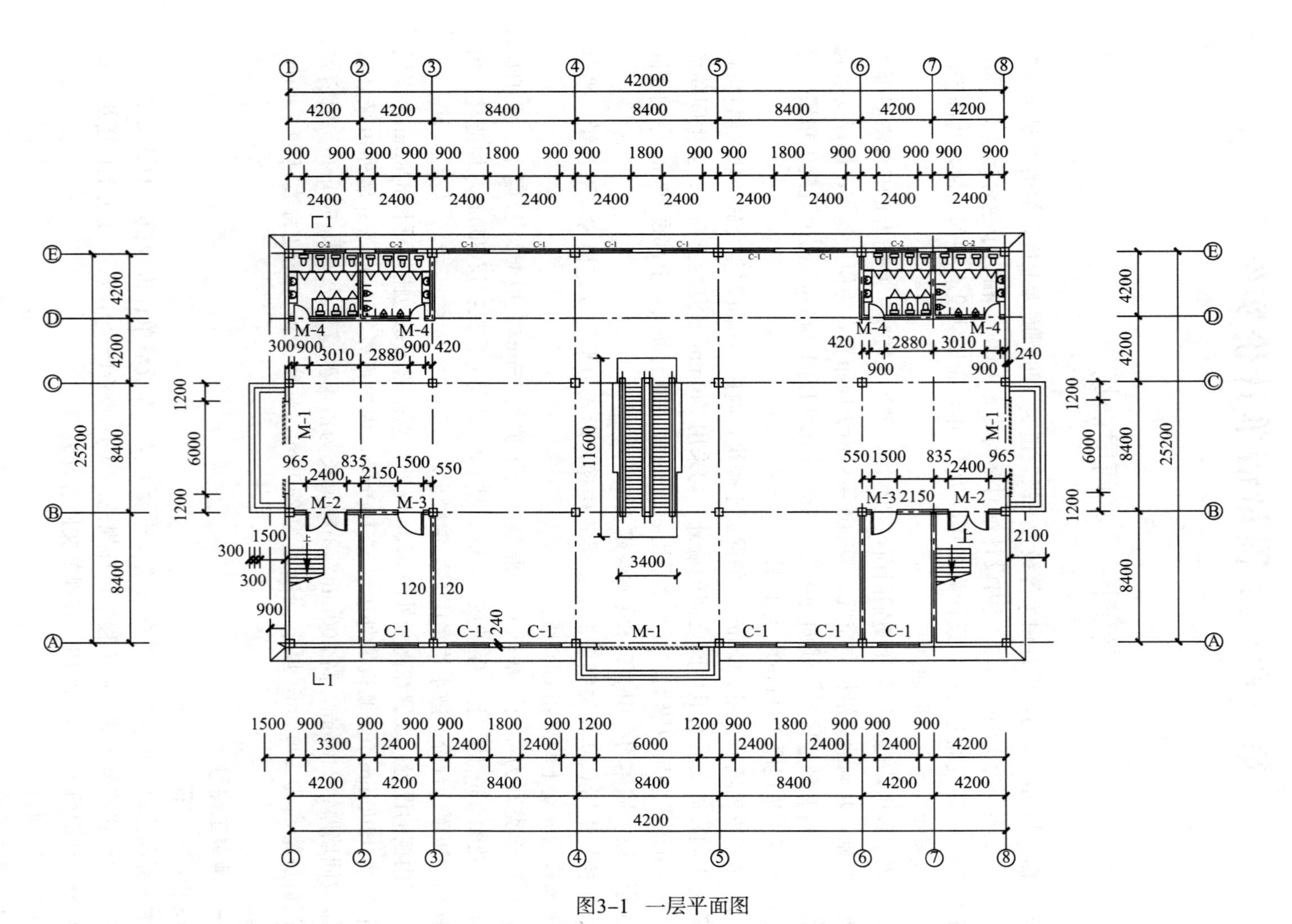

图3-1　一层平面图

注:雨棚的设置：雨棚设计在外墙，位置在高于门的300mm处，雨棚宽为门宽每边延长300mm,雨棚挑出长度为1200，雨棚对外边缘厚100，内边缘厚150。雨棚梁宽同墙厚，高300，雨棚梁长为沿雨棚宽每边增加500mm。

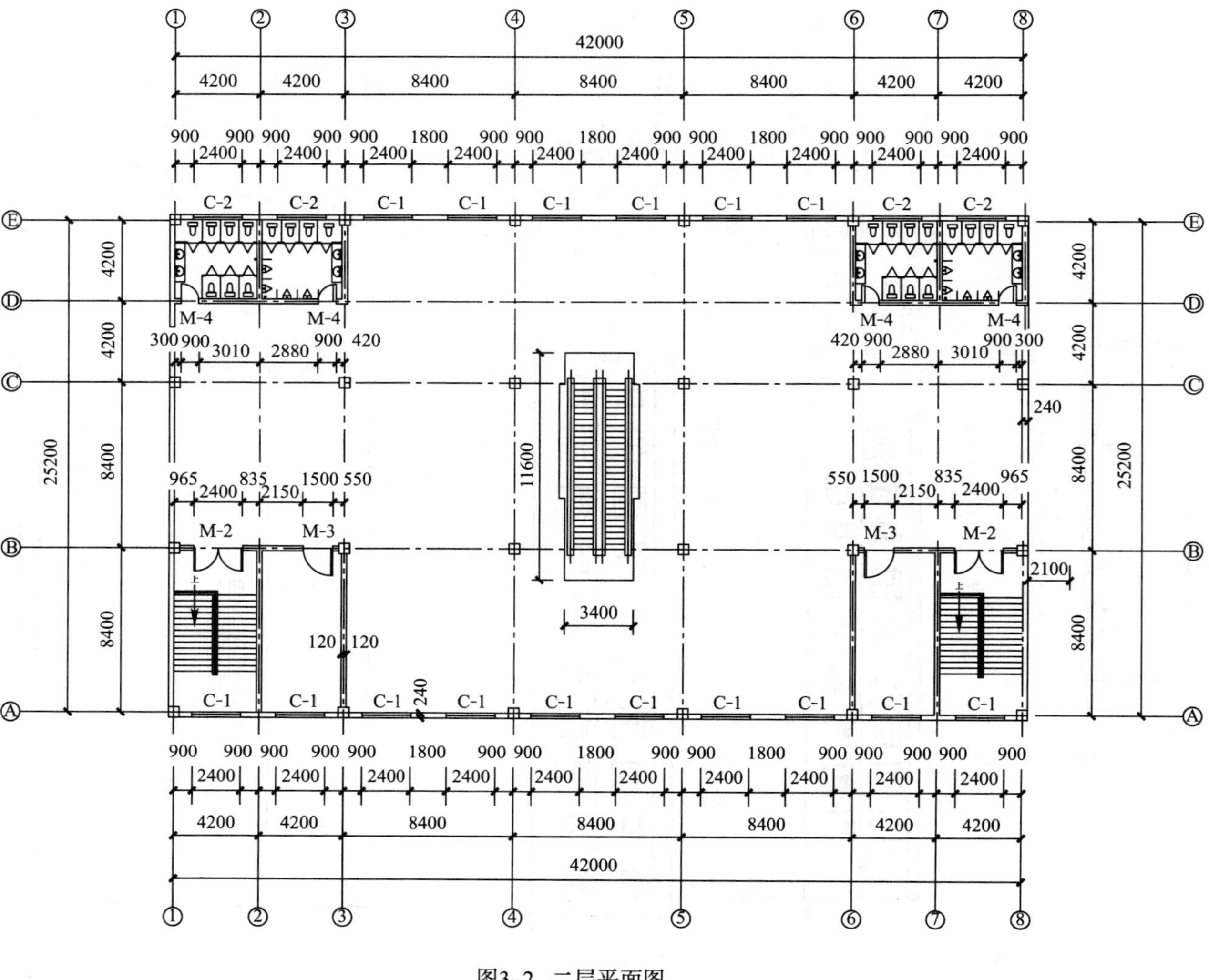

42000
4200
8400
2400
900
1800
25200
C-1
C-2
M-2
M-3
M-4
3010
2880
2150
835
965
1500
550
420
300
240
120
2100
11600
3400

图3-2　二层平面图

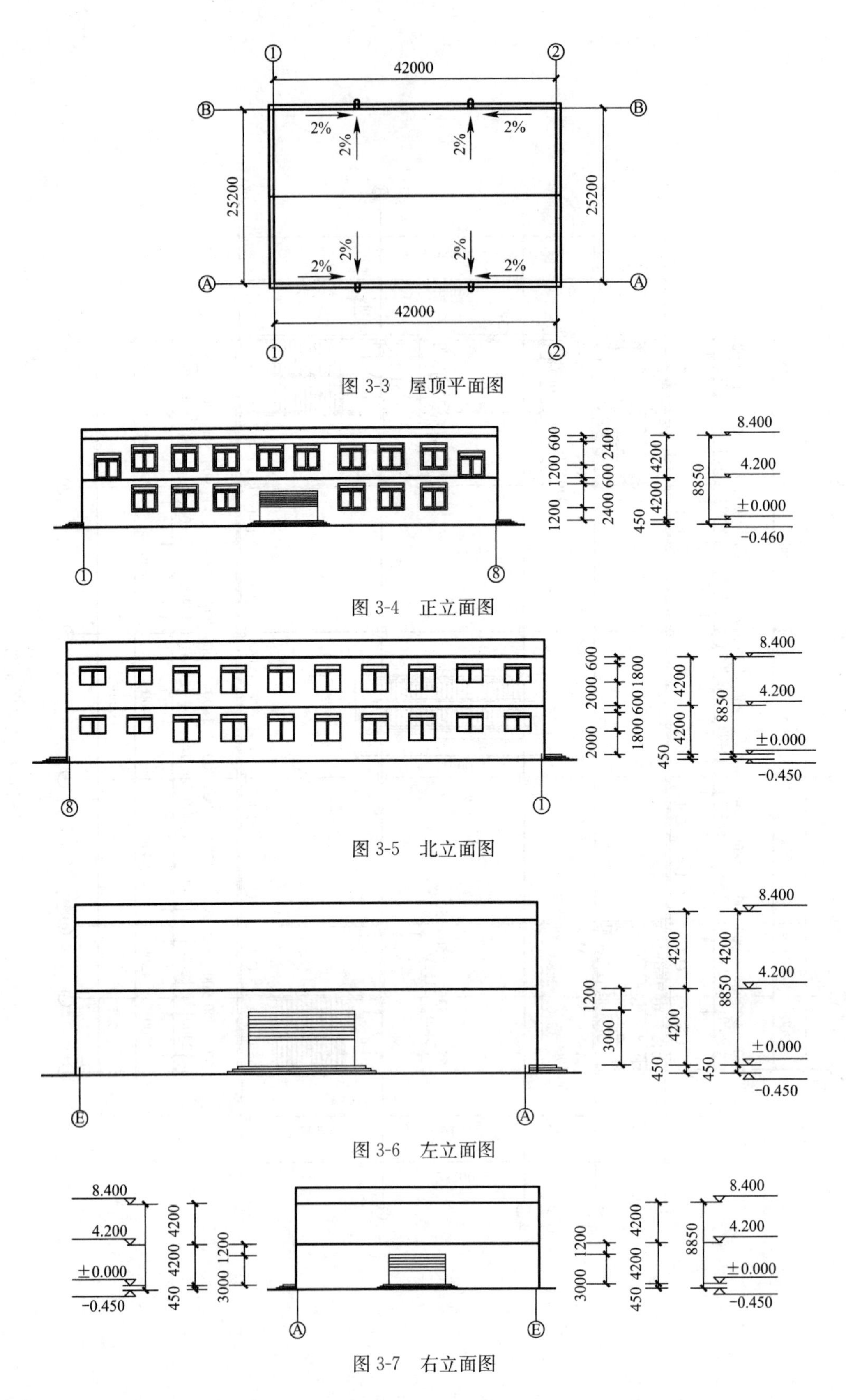

图 3-3 屋顶平面图

图 3-4 正立面图

图 3-5 北立面图

图 3-6 左立面图

图 3-7 右立面图

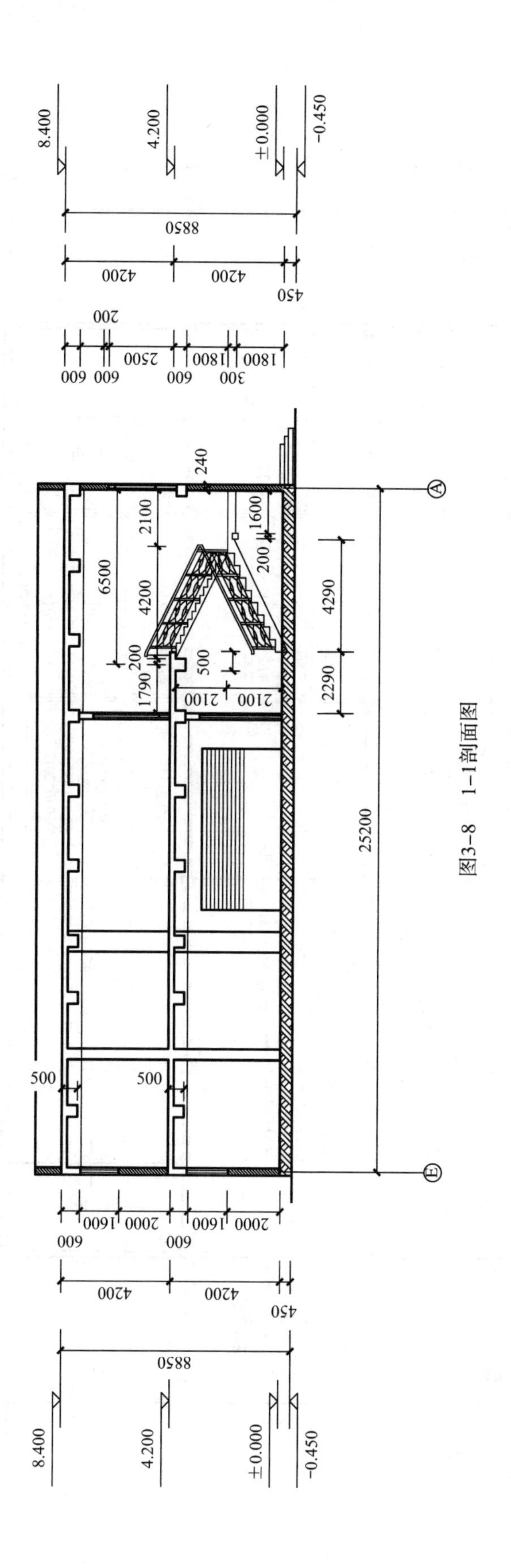
8.400
4.200
±0.000
-0.450
8850
4200
4200
450
600
600
600
2500
200
600
1800
300
1800
240
2100
6500
4200
1600
200
4290
200
1790
500
2100
2100
2290
25200
500
500
2000
1600
600
2000
1600
600

图3-8　1-1剖面图

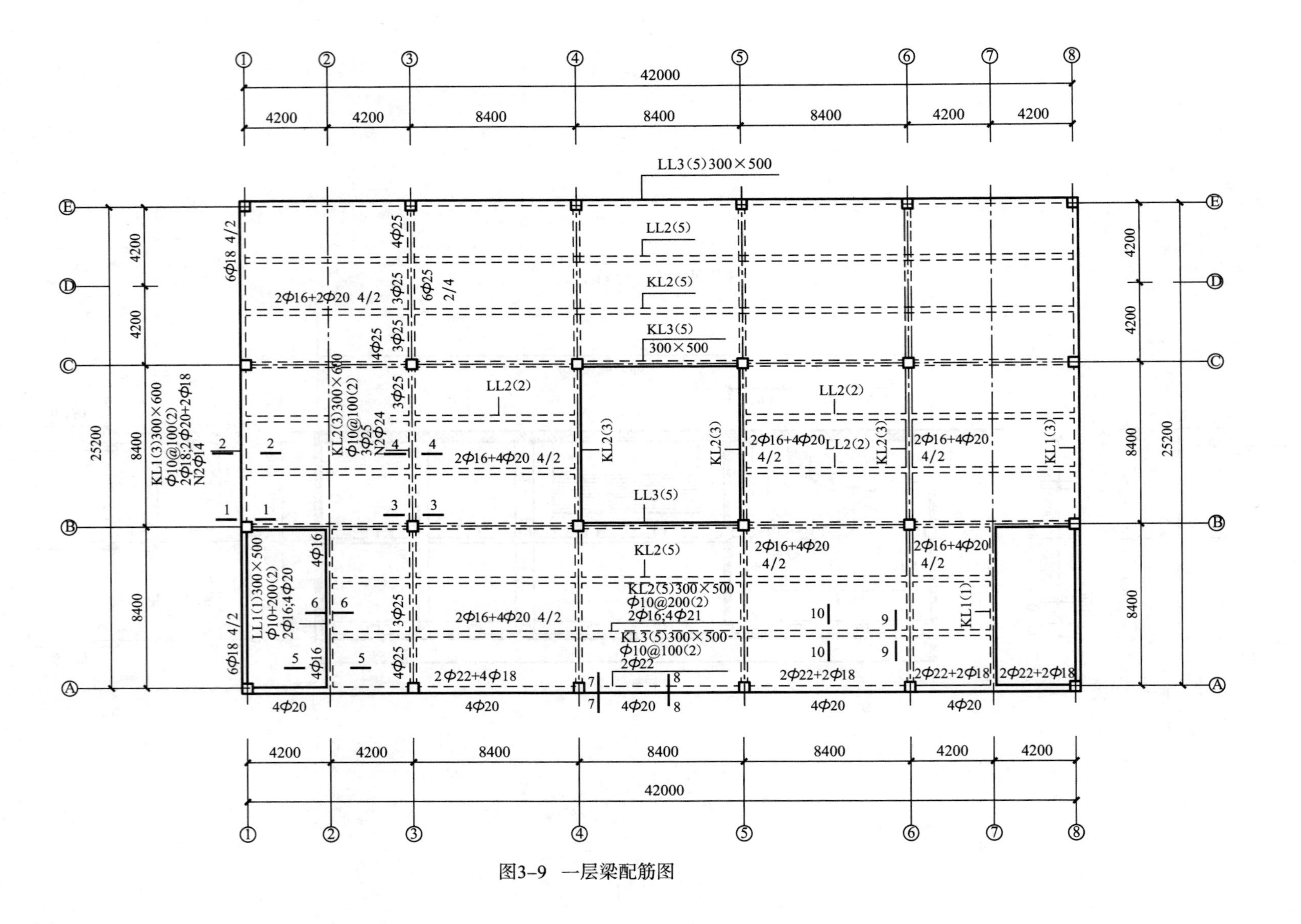

42000
4200
8400
25200
LL3(5)300×500
LL2(5)
KL2(5)
KL3(5)
300×500
LL2(2)
KL2(3)
LL3(5)
KL1(3)
KL1(1)
KL1(3)300×600
Φ10@100(2)
2Φ18;2Φ20+2Φ18
N2Φ14
KL2(3)300×600
Φ10@100(2)
3Φ25
N2Φ24
KL2(5)300×500
Φ10@200(2)
2Φ16;4Φ21
KL3(5)300×500
Φ10@100(2)
2Φ22
LL1(1)300×500
Φ10+200(2)
2Φ16;4Φ20
6Φ18 4/2
2Φ16+2Φ20 4/2
2Φ16+4Φ20 4/2
2Φ22+4Φ18
2Φ22+2Φ18
4Φ25
3Φ25
6Φ25
2/4
4Φ16
4Φ20

图3-9　一层梁配筋图

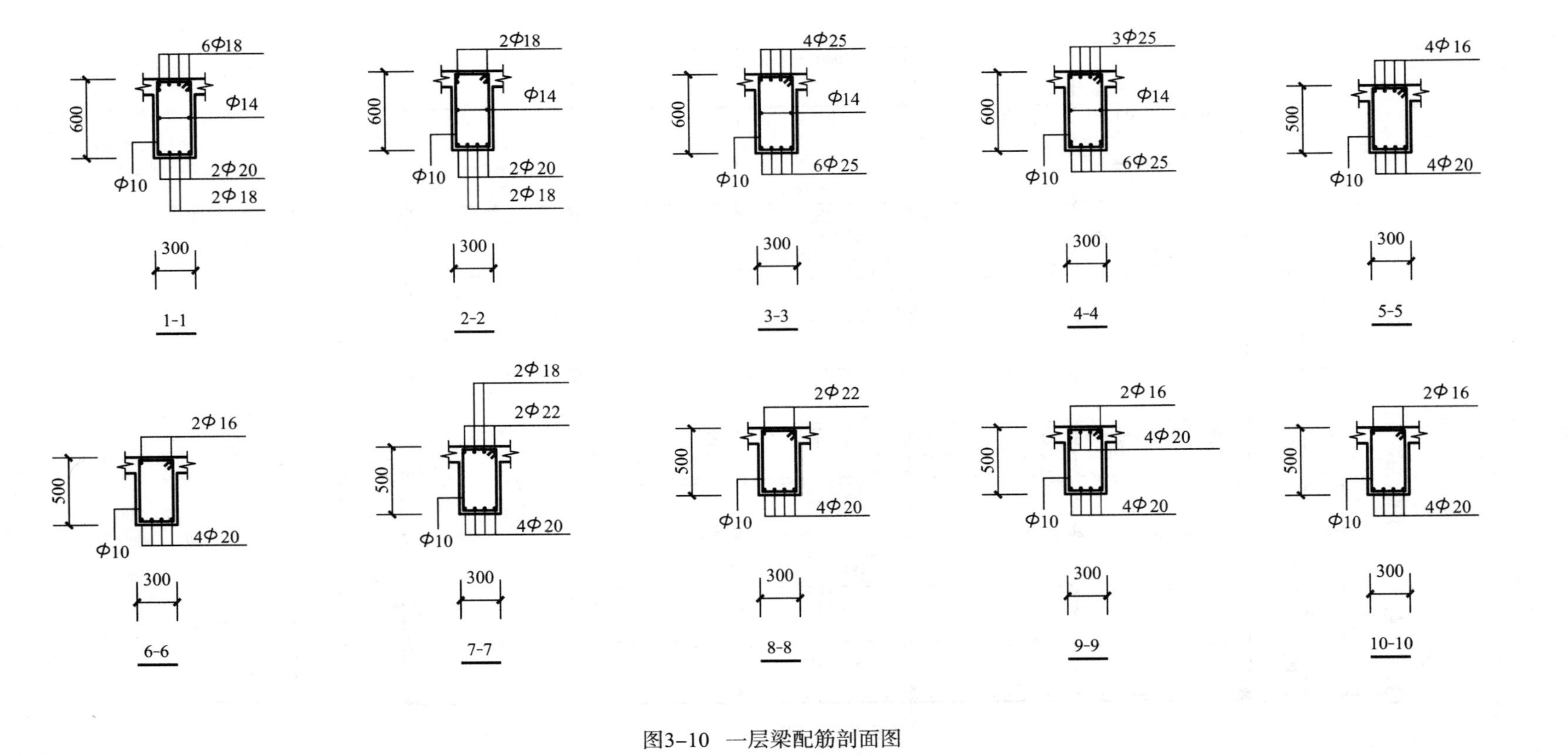

图3-10 一层梁配筋剖面图

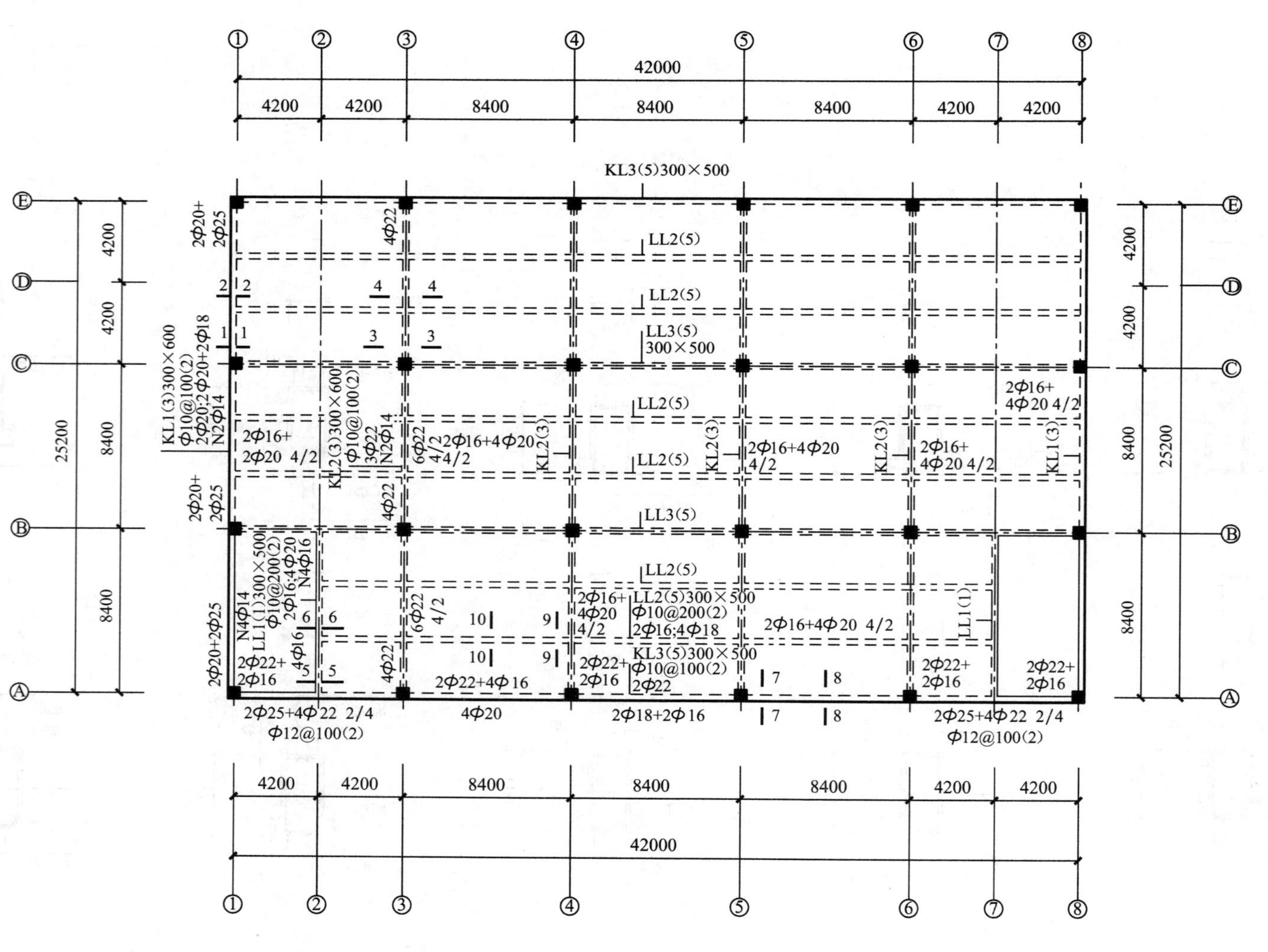

①
②
③
④
⑤
⑥
⑦
⑧
Ⓐ
Ⓑ
Ⓒ
Ⓓ
Ⓔ
42000
4200
8400
25200
KL3(5)300×500
LL2(5)
LL3(5)
300×500
KL1(3)300×600
Φ10@100(2)
2Φ20;2Φ20+2Φ18
N2Φ14
KL2(3)300×600
Φ10@100(2)
3Φ22
N2Φ14
2Φ20+
2Φ25
4Φ22
6Φ22
4/2
2Φ16+
2Φ20 4/2
2Φ16+4Φ20
KL2(3)
2Φ16+4Φ20
4/2
2Φ16+
4Φ20 4/2
KL1(3)
LL1(1)300×500
Φ10@200(2)
2Φ16;4Φ20
N4Φ16
N4Φ14
4Φ16
2Φ20+2Φ25
2Φ22+
2Φ16
2Φ16+
4Φ20
4/2
LL2(5)300×500
Φ10@200(2)
2Φ16;4Φ18
2Φ16+4Φ20 4/2
KL3(5)300×500
Φ10@100(2)
2Φ22
LL1(1)
2Φ22+4Φ16
2Φ25+4Φ22 2/4
Φ12@100(2)
4Φ20
2Φ18+2Φ16

图3-11 二层梁配筋图

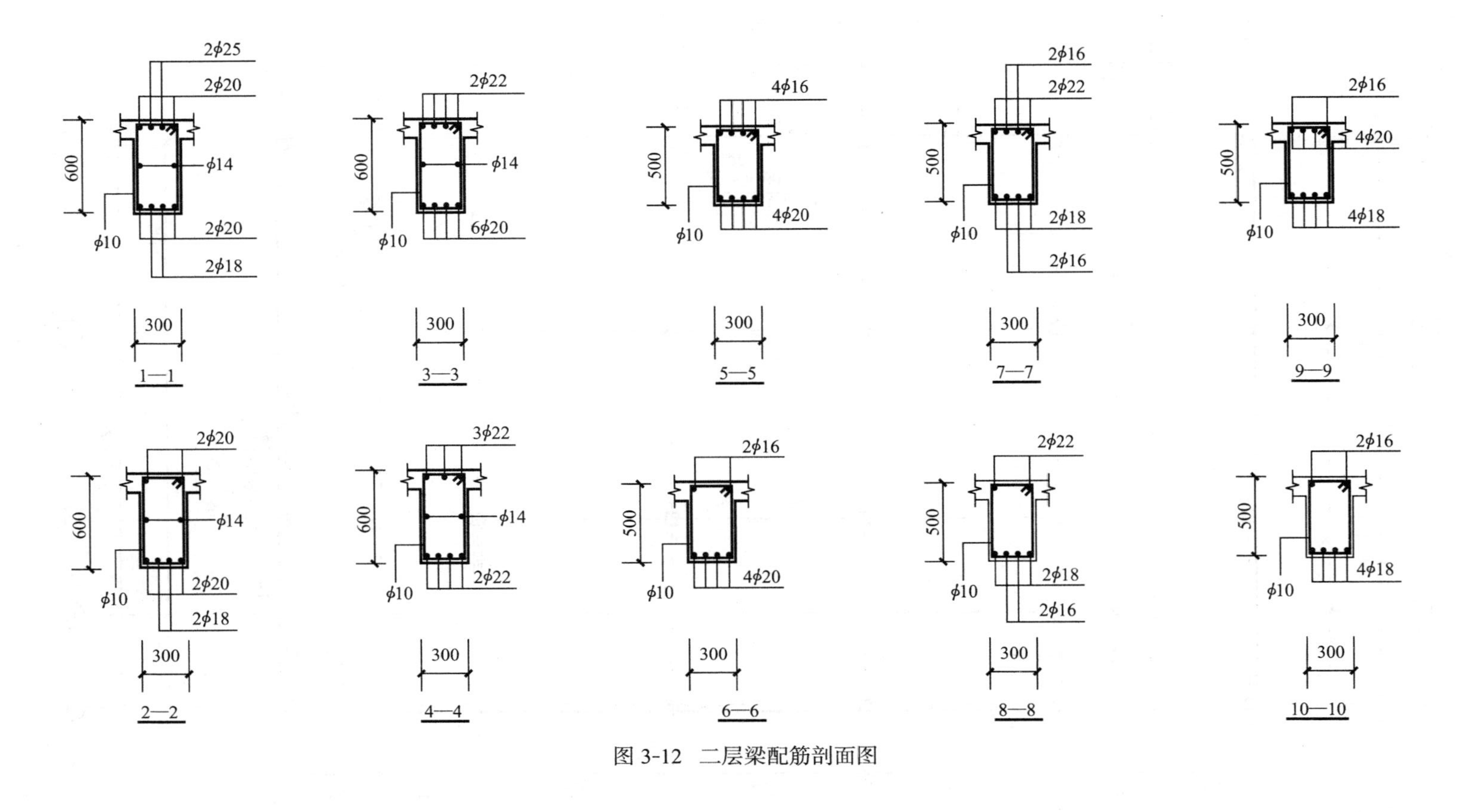

图 3-12　二层梁配筋剖面图

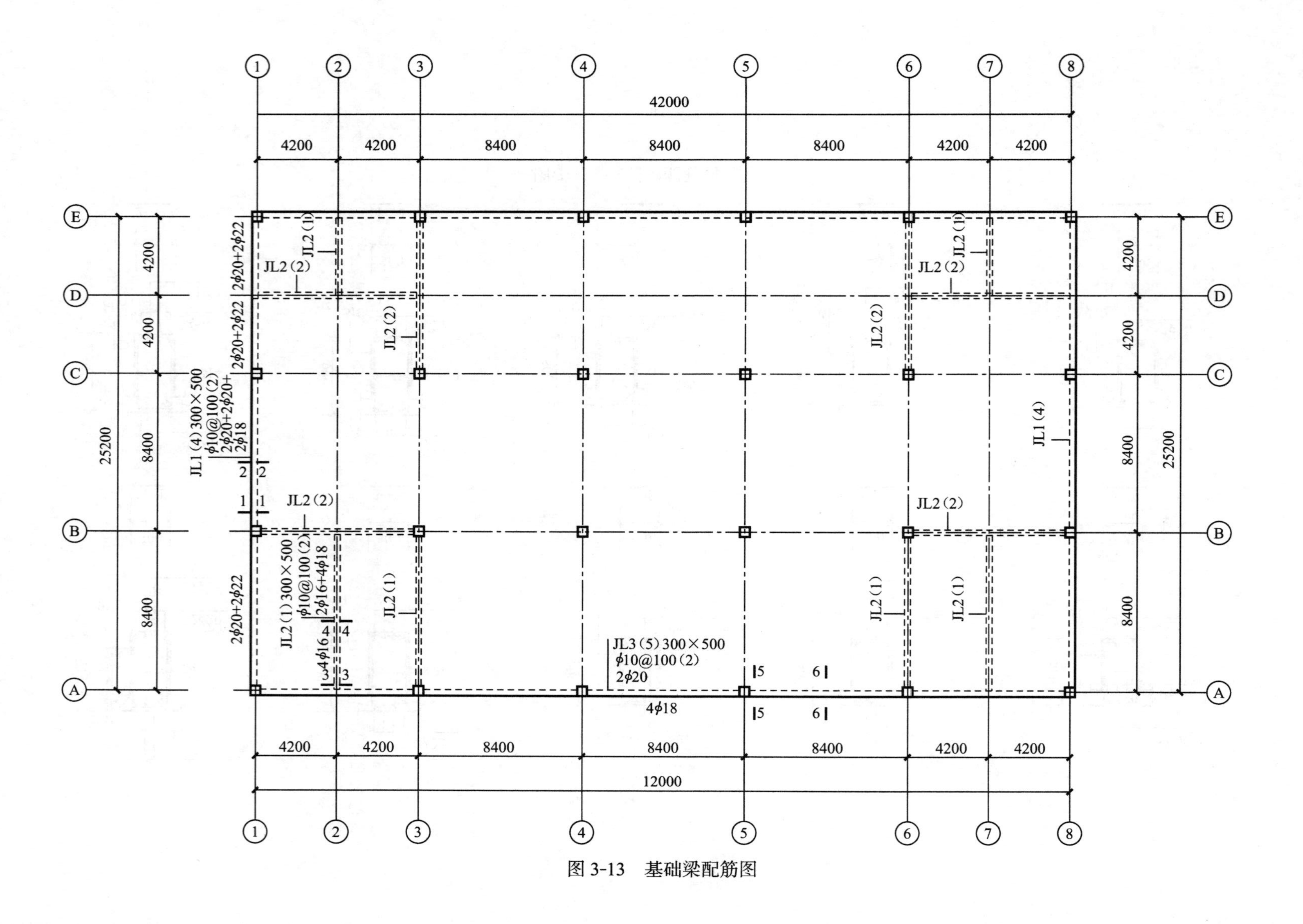
1
2
3
4
5
6
7
8
42000
4200
4200
8400
8400
8400
4200
4200
E
D
C
B
A
25200
8400
JL1 (4) 300×500
φ10@100 (2)
2φ20+2φ20+
2φ18
2φ20+2φ22
JL2 (1)
JL2 (2)
JL2 (1) 300×500
φ10@100 (2)
2φ16+4φ18
4φ16
JL3 (5) 300×500
φ10@100 (2)
2φ20
4φ18
JL1 (4)
12000

图 3-13　基础梁配筋图

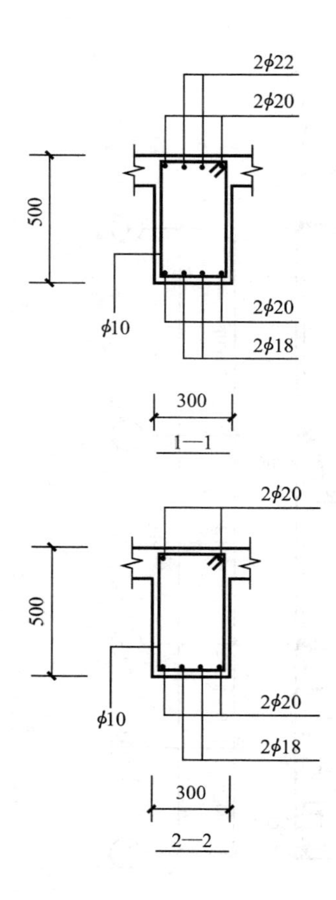

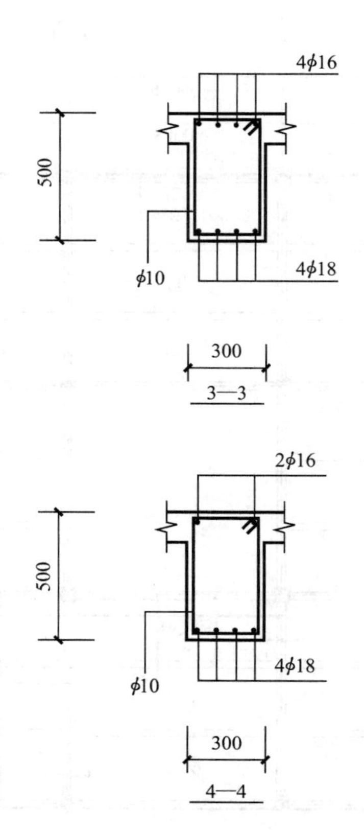

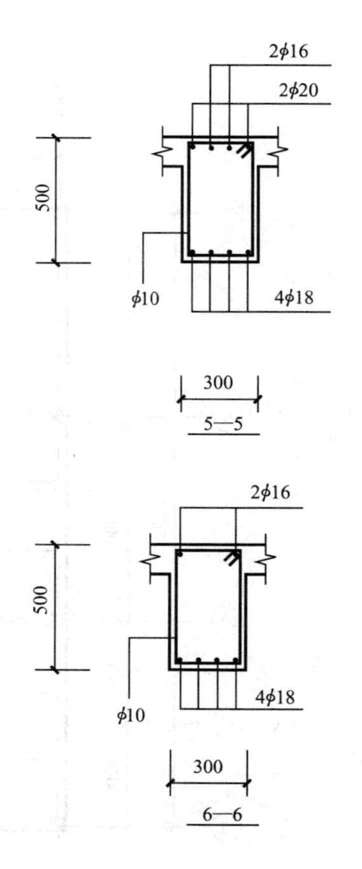

图 3-14　基础梁配筋剖面图

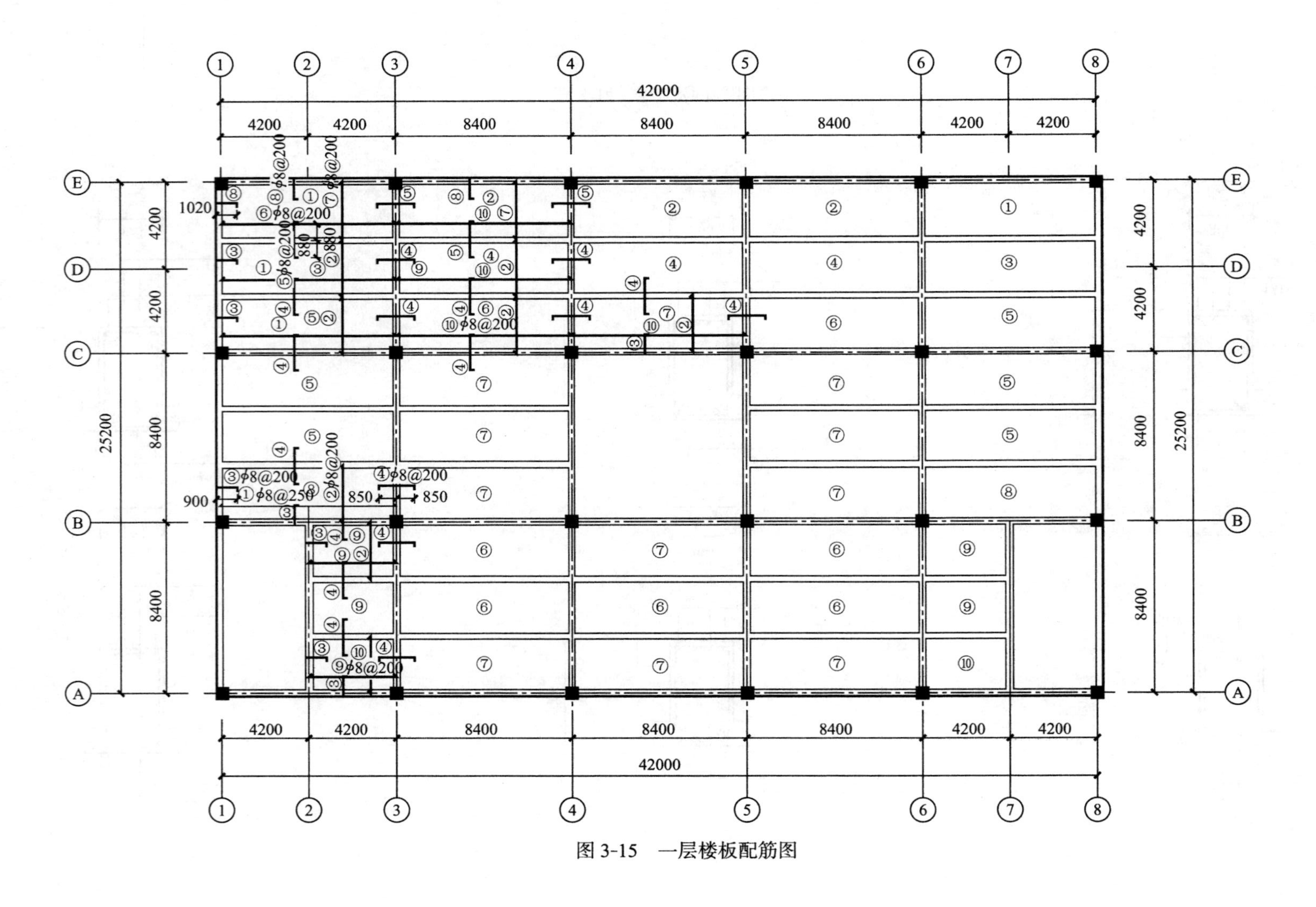

图 3-15　一层楼板配筋图

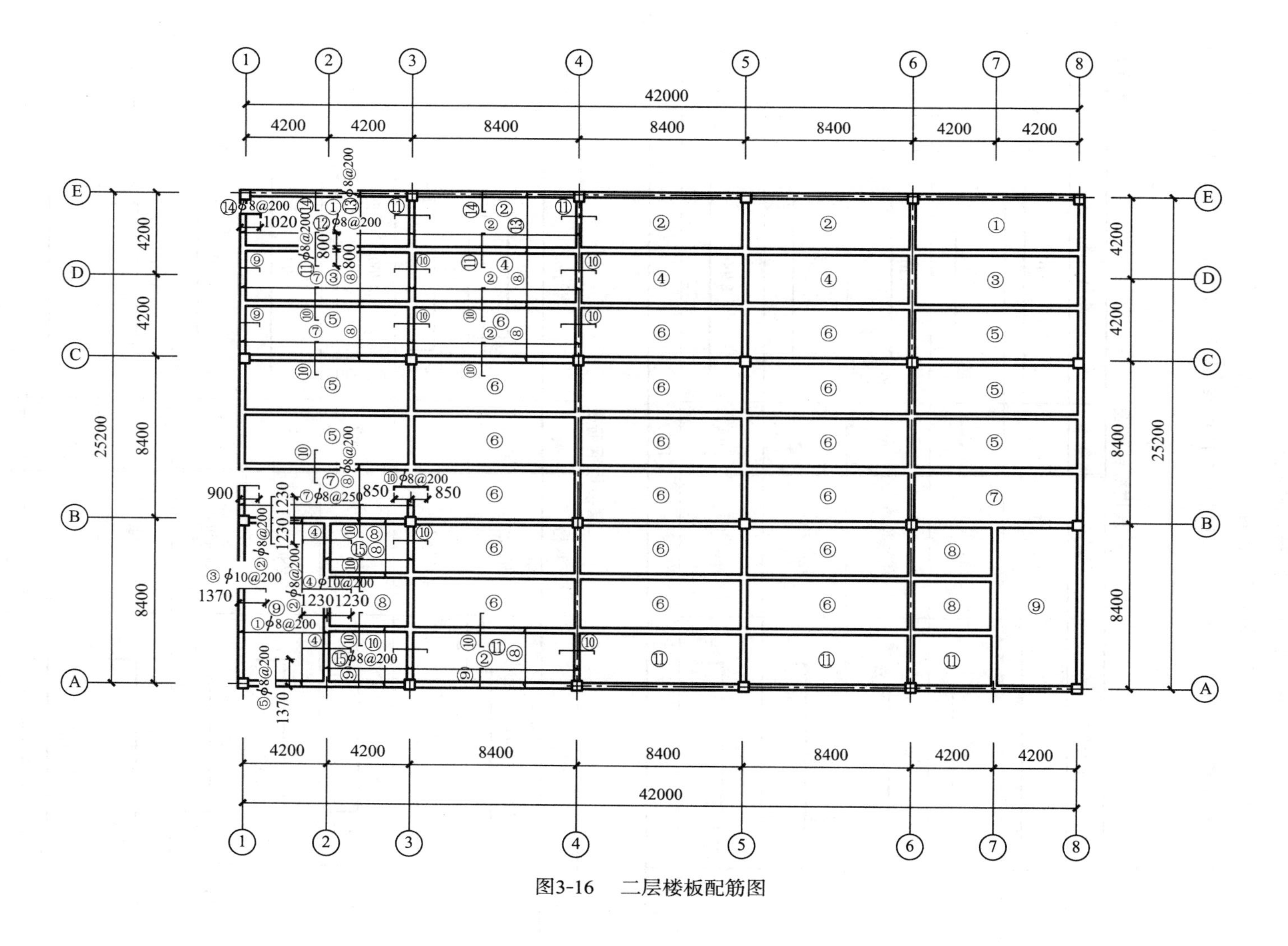

图3-16　二层楼板配筋图

【注释】 42——①、⑧轴线之间的距离；

0.25——轴线到外墙外边缘的距离；

25.2——Ⓐ、Ⓔ轴线之间的距离。

一层楼板钢筋表如表 3-1 所示，二层楼板钢筋表如表 3-2 所示。柱子配筋如图 3-17 所示。

一层楼板钢筋表 表 3-1

编号	钢筋简图	规格	编号	钢筋简图	规格
①	8500	ϕ8@250	⑥	8500	ϕ8@200
②	2800	ϕ8@200	⑦	2900	ϕ8@200
③	105 990 226	ϕ8@200	⑧	105 1020 226	ϕ8@200
④	105 1700 105	ϕ8@200	⑨	4200	ϕ8@200
⑤	105 1760 105	ϕ8@200	⑩	8400	ϕ8@200
总量	1397				

二层楼板钢筋表 表 3-2

编号	钢筋简图	规格	编号	钢筋简图	规格
①	4300	ϕ8@250	⑨	105 990 226	ϕ8@200
②	8400	ϕ8@200	⑩	105 1700 105	ϕ8@200
③	105 1370 317	ϕ8@200	⑪	105 1760 105	ϕ8@200
④	105 2460 105	ϕ8@200	⑫	8500	ϕ8@200
⑤	105 1370 226	ϕ8@200	⑬	2900	ϕ8@200
⑥	105 2460 105	ϕ8@200	⑭	105 1020 226	ϕ8@200
⑦	8500	ϕ8@200	⑮	4200	ϕ8@200
⑧	2800	ϕ8@200			
总量	1664				

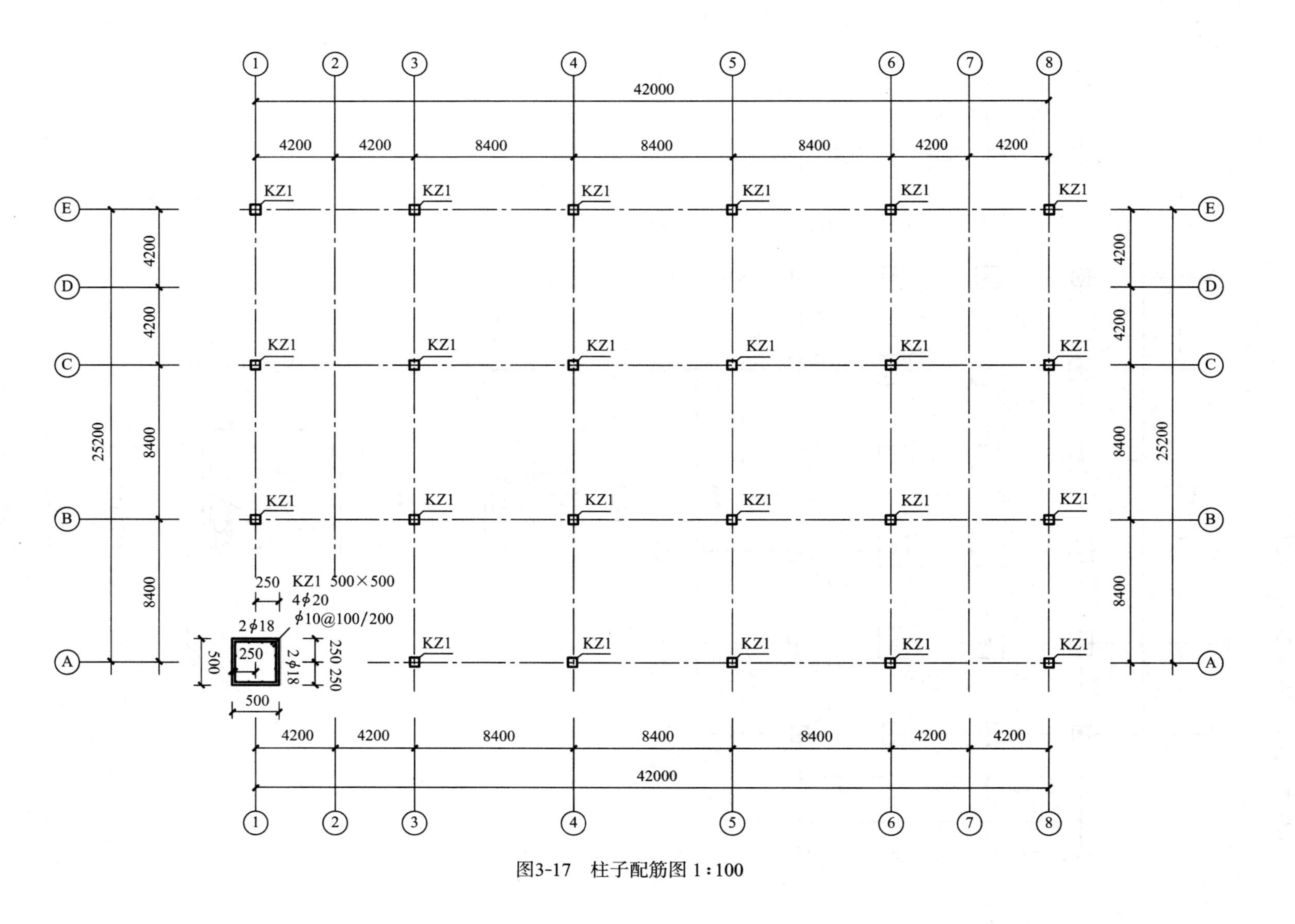

图3-17　柱子配筋图 1:100

（2）挖土方（见图 3-18～图 3-21）

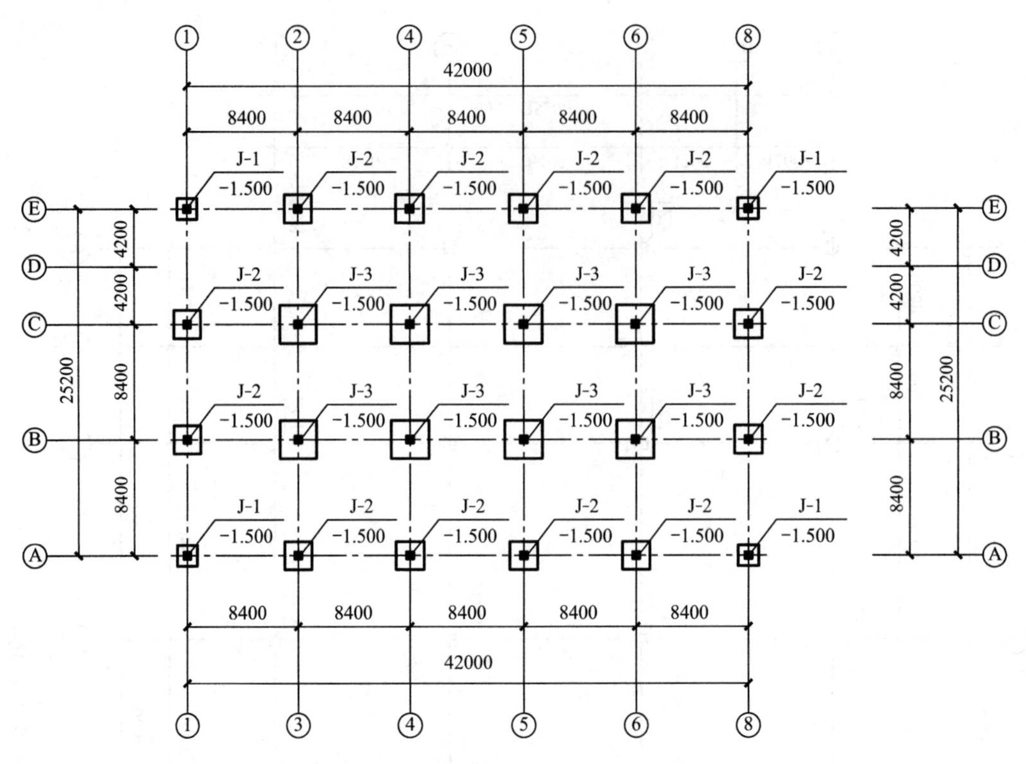

图 3-18　基础布置平面图　1∶100

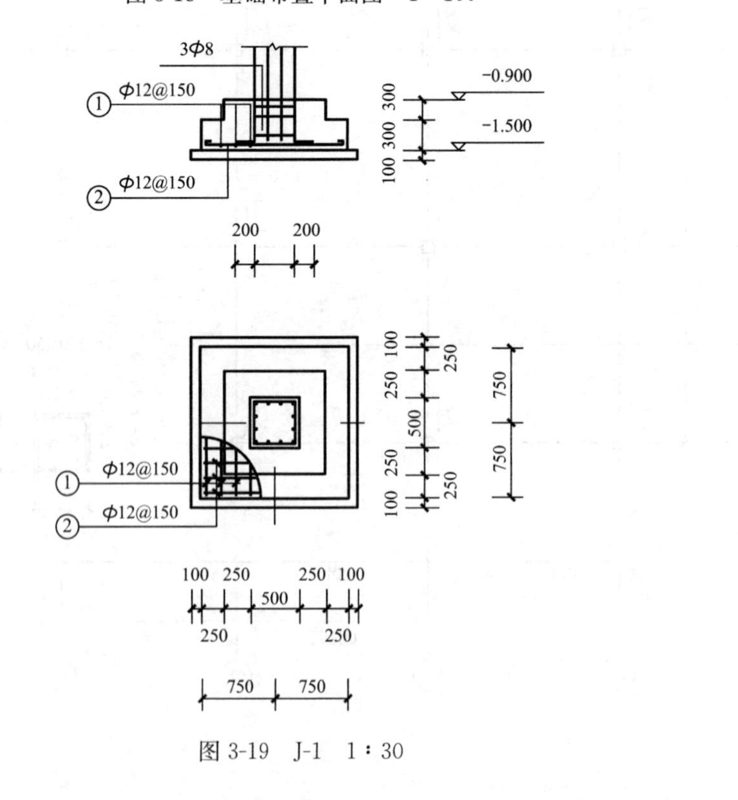

图 3-19　J-1　1∶30

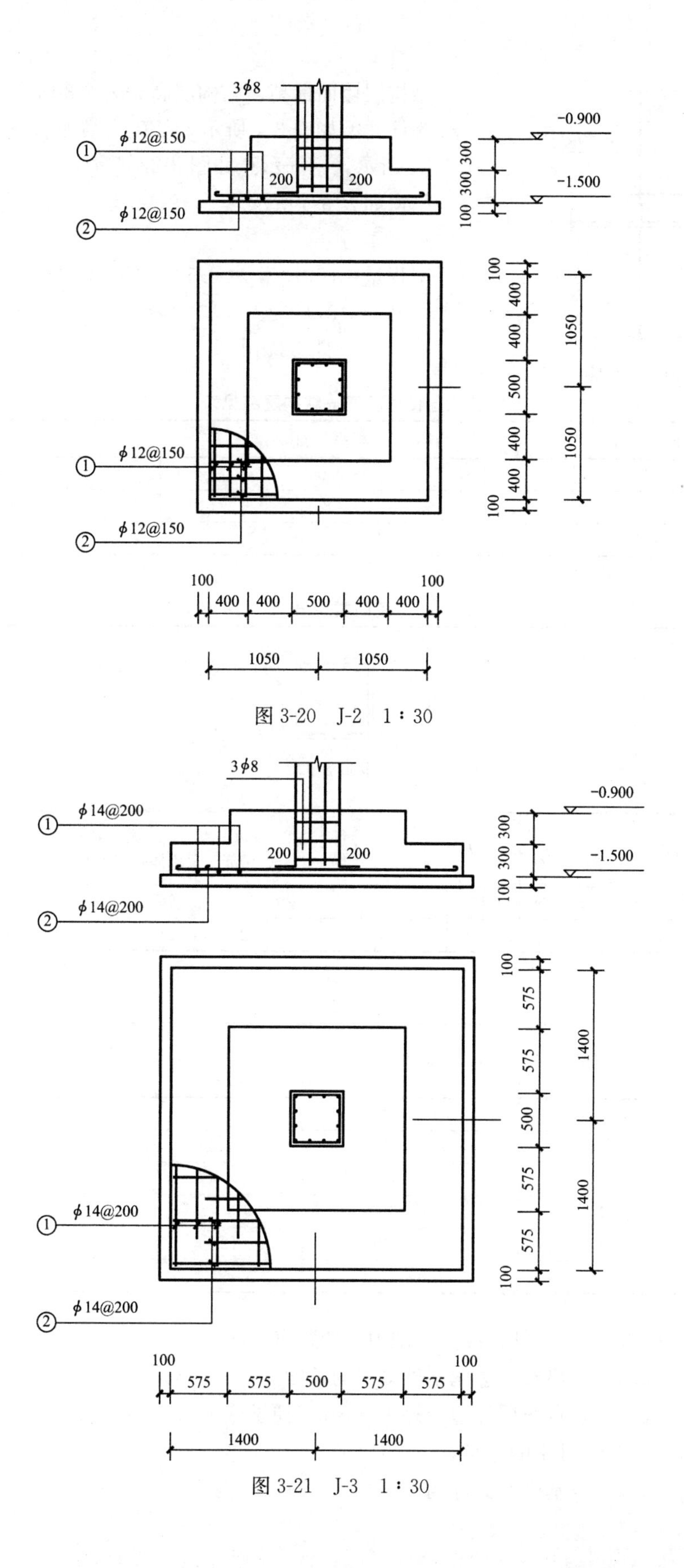

图 3-20　J-2　1∶30

图 3-21　J-3　1∶30

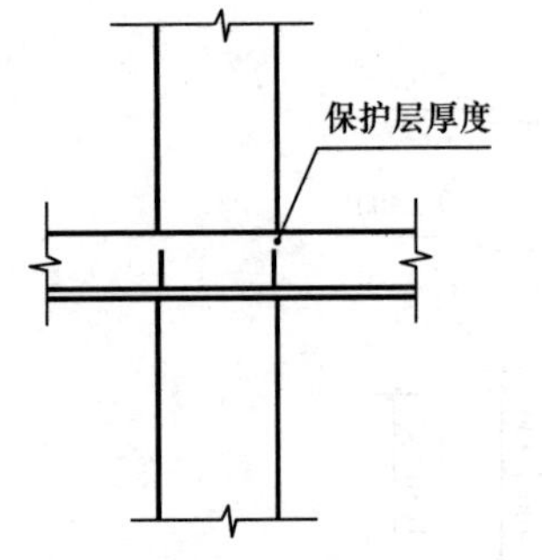

图 3-22　梁钢筋示意图　1∶100

结构层楼面标高、结构层高如表 3-3 所示。

箍筋类型如表 3-4 所示。基础布置平面图如图 3-18～图 3-21 所示，钢筋示意如图 3-22 所示。

门窗如表 3-5 所示。

1）J-1。

工程量＝(0.75×2＋0.1×2＋0.3×2)×(0.75×2＋0.1×2＋0.3×2)×4×(1.5＋0.1－0.45)m^3

＝24.334m^3

结构层楼面标高、结构层高见表　　　　**表 3-3**

层　号	标高（mm）	层高（mm）
1	0.000	4.200
2	4.200	4.200
屋面	8.400	

箍筋类型表　　　　**表 3-4**

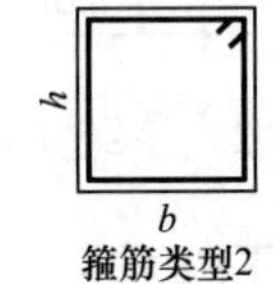

箍筋类型2

柱号	标高	$b\times h$（圆柱直径）	b_1	b_2	h_1	h_1	全部纵筋	角筋	b边一侧中部筋	h边一侧中部筋	箍筋类型号	箍筋	备注
KZT	0.000～4.200	500×500	250	250	250	250		4ϕ20	2ϕ18	2ϕ18	2	ϕ12@100/200	
	4.200～8.400	500×500	250	250	250	250		4ϕ20	2ϕ16	2ϕ16	2	ϕ12@100/200	

门　窗　表　　　　**表 3-5**

类型	设计编号	洞口尺寸（mm）	数　量		
			1层	2层	合计
AA门	M-1	6000×3000	3		3
	M-2	2400×3000	2	2	4
	M-3	1500×2100	4	4	8
	M-4	900×2100	4	4	8
窗	C-1	2400×2400	12	16	28
	C-2	2400×1600	4	4	8

【注释】 0.75——J-1 外边缘到基础中心的距离；

0.1——垫层一边比基础多出的长度；

0.3——自垫层外边缘外扩 0.3m（便于施工）；

4——J-1 的数量；

1.5——基础底面标高；

0.1——垫层厚度；

0.45——室内外高差。

2）J-2。

工程量＝(1.05×2＋0.1×2＋0.3×2)×(1.05×2＋0.1×2＋0.3×2)×12×(1.5＋0.1－0.45)m^3＝116.058m^3

【注释】 1.05——J-1外边缘到基础中心的距离；

0.1——垫层一边比基础多出的长度；

0.3——自垫层外边缘外扩0.3m（便于施工）；

12——J-1的数量；

1.5——基础地面标高；

0.1——垫层厚度；

0.45——室内外高差。

3）J-3。

工程量＝(1.4×2＋0.1×2＋0.3×2)×(1.4×2＋0.1×2＋0.3×2)×8×(1.5＋0.1－0.45)m^3＝119.232m^3

【注释】 2.8——J-1外边缘到基础中心的距离；

0.1——垫层一边比基础多出的长度；

0.3——自垫层外边缘外扩0.3m（便于施工）；

8——J-1的数量；

1.5——基础地面标高；

0.1——垫层厚度；

0.45——室内外高差。

总的挖方工程量＝(24.334＋116.058＋119.232)m^3＝259.624m^3

（3）基坑回填土

基坑回填土体积＝挖方体积－基础垫层－基础－基础柱－基础梁

1）垫层工程量。

a. J-1的混凝土垫层。

(1.5＋0.1×2)×(1.5＋0.1×2)×0.1×4m^3＝1.16m^3

【注释】 1.5——J-1的宽度；

0.1——垫层每边比基础多出的宽度；

括号外的0.1——垫层的厚度；

4——J-1的数量。

b. J-2的混凝土垫层。

(2.1＋0.1×2)×(2.1＋0.1×2)×0.1×12m^3＝6.35m^3

【注释】 2.1——J-1的宽度；

0.1——垫层每边比基础多出的宽度；

括号外的0.1——垫层的厚度；

12——J-1的数量。

c. J-3的混凝土垫层。

$$(2.8+0.1\times2)\times(2.8+0.1\times2)\times0.1\times8\text{m}^3=7.20\text{m}^3$$

【注释】 2.8——J-1 的宽度；

0.1——垫层每边比基础多出的宽度；

括号外的 0.1——垫层的厚度；

8——J-1 的数量。

总的垫层工程量=$(1.16+6.35+7.20)\text{m}^3=14.71\text{m}^3$

2）基础工程量

a. J-1。

$$[1.5\times1.5\times0.3+(1.5-0.25\times2)\times(1.5-0.25\times2)\times0.3]\times4\text{m}^3=3.9\text{m}^3$$

【注释】 1.5——方形基础的宽度；

0.3——基础第一个台阶的高度；

0.25——基础第二个台阶缩进的距离；

2——台阶两个边都缩进的个数。

b. J-2。

$$[2.1\times2.1\times0.3+(2.1-0.4\times2)\times(2.1-0.4\times2)\times0.3]\times12\text{m}^3=21.96\text{m}^3$$

【注释】 2.1——方形基础的宽度；

0.3——基础第一个台阶的高度；

0.4——基础第二个台阶缩进的距离；

2——台阶两个边都缩进的个数。

c. J-3。

$$[2.8\times2.8\times0.3+(2.8-0.575\times2)\times(2.8-0.575\times2)\times0.3]\times8\text{m}^3=25.35\text{m}^3$$

【注释】 2.8——方形基础的宽度；

0.3——基础第一个台阶的高度；

0.575——基础第二个台阶缩进的距离；

2——台阶两个边都缩进的个数。

总的基础工程量=$(3.9+21.96+25.35)\text{m}^3=51.21\text{m}^3$

3）基础柱工程量

$$0.5\times0.5\times(0.9-0.45)\times24\text{m}^3=2.70\text{m}^3$$

【注释】 0.5——方形柱子的长度和宽度；

0.9——基础顶面标高（$1.5-0.3\times2$）m=0.9m；

0.45——室内外高差；

24——柱子的数量。

4）基础梁的工程量（见图 3-13）

基础梁采用 C30 混凝土，尺寸为 300×500。

a. Ⓐ、Ⓔ轴线上基础梁工程量。

$$(42-0.25\times2-0.5\times4)\times0.3\times0.5\times2\text{m}^3=11.85\text{m}^3$$

【注释】 42——①、⑧轴线之间的距离；

0.25——轴线到柱子边缘的距离；

2——①、⑧两个轴线；

0.5——柱子的宽度；

4——①、⑧轴线之间柱子的数量；

0.3——基础梁的宽度；

0.5——基础梁的高度；

2——Ⓐ、Ⓔ两个相同工程量。

b. Ⓑ轴线上基础梁的工程量。

$$(8.4-0.25\times 2)\times 0.3\times 0.5\times 2\text{m}^3=2.37\text{m}^3$$

【注释】 8.4——①、③轴线之间的距离；

0.25——轴线到柱子边缘的距离；

0.3——基础梁的宽度；

0.5——基础梁的高度；

2——Ⓑ轴线①、③轴线与⑥、⑧轴线之间两段相同的工程量。

c. Ⓓ轴线上基础梁的工程量。

$$(8.4-0.05-0.15)\times 0.3\times 0.5\times 2\text{m}^3=2.46\text{m}^3$$

【注释】 8.4——①、③轴线之间的距离；

0.05——轴线到深边缘的距离；

0.15——轴线到深边缘的距离；

0.3——基础梁的宽度；

0.5——基础梁的高度；

2——Ⓓ轴线①、③轴线与⑥、⑧轴线之间两段相同的工程量。

d. ①、⑧轴线上基础梁的工程量。

$$(25.2-0.25\times 2-0.5\times 2)\times 0.3\times 0.5\times 2\text{m}^3=7.11\text{m}^3$$

【注释】 25.2——Ⓐ、Ⓔ轴线之间的距离；

0.25——轴线到柱子边缘的距离；

0.5——柱子的宽度；

2——Ⓐ、Ⓔ轴线之间柱子的数量；

0.3——基础梁的宽度；

0.5——基础梁的高度；

2——①、⑧两条轴线相同的工程量。

e. ②、⑦轴线上基础梁的工程量。

$$[(8.4-0.05-0.15)+(4.2-0.05-0.15)]\times 0.3\times 0.5\times 2\text{m}^3=3.66\text{m}^3$$

【注释】 8.4——Ⓐ、Ⓑ轴线之间的距离；

0.05——轴线到梁边缘的距离；

0.15——轴线到梁边缘的距离；

4.2——Ⓓ、Ⓔ轴线之间的距离；

0.3——基础梁的宽度；

0.5——基础梁的高度；

2——②、⑦两条轴线相同的工程量。

f. ③、⑥轴线上基础梁的工程量。

$[(8.4-0.25\times2)+(8.4-0.25\times2-0.3)]\times0.3\times0.5\times2m^3=4.65m^3$

【注释】 8.4——Ⓐ、Ⓑ轴线之间的距离；

0.25——轴线到梁边缘的距离；

8.4——Ⓒ、Ⓔ轴线之间的距离；

0.3——基础梁的宽度；

0.5——基础梁的高度；

2——③、⑥两条轴线相同的工程量。

基础梁的工程量＝$(11.85+2.37+2.46+7.11+3.66+4.65)m^3=32.1m^3$

总的基础回填土工程量＝$(259.624-1.16-6.35-7.2-51.21-2.7-32.1)m^3$

＝$158.904m^3$

(4) 房心回填土

1) 工程量

$(42+0.01\times2)\times(25.2+0.01\times2)\times(0.45-0.1)m^3=370.91m^3$

【注释】 42——①、⑧轴线之间的距离；

0.01——①、⑧轴线到外墙内边缘的距离；

25.2——Ⓐ、Ⓔ轴线之间的距离；

0.45——室内外高差；

0.1——室内垫层厚度。

2) 应扣除墙体部分

a. Ⓐ、Ⓑ轴线之间。

$(8.4+0.01-0.12)\times4\times0.24\times(0.45-0.1)m^3=2.785m^3$

【注释】 8.4——Ⓐ、Ⓑ轴线之间的距离；

0.01——Ⓐ轴线到外墙内边缘的距离；

0.12——Ⓑ轴线到内墙内边缘的距离；

4——Ⓐ、Ⓑ轴线之间有相同的4道内墙；

0.24——墙厚；

0.45——室内外高差；

0.1——室内垫层厚度；

b. Ⓓ、Ⓔ轴线之间。

$(4.2+0.01-0.12)\times4\times0.2\times(0.45-0.1)m^3=1.15m^3$

【注释】 4.2——Ⓓ、Ⓔ轴线之间的距离；

0.01——Ⓔ轴线到外墙内边缘的距离；

0.12——Ⓓ轴线到内墙内边缘的距离；

4——Ⓓ、Ⓔ轴线之间有相同的4道内墙；

0.2——卫生间隔墙厚；

0.45——室内外高差；

0.1——室内垫层厚度。

c. Ⓑ轴线上。

$(8.4+0.01+0.12)\times2\times0.24\times(0.45-0.1)m^3=1.43m^3$

【注释】 8.4——①、③轴线之间的距离；
0.01、0.12——①、③轴线到外墙内边缘、内墙的外边缘的距离；
括号外的 2——Ⓑ轴线上有相同的 2 道内墙；
0.24——墙厚；
0.45——室内外高差；
0.1——室内垫层厚度。

d. Ⓓ轴线上。

$$(8.4+0.01+0.12)\times 2\times 0.24\times(0.45-0.1)\text{m}^3=1.43\text{m}^3$$

【注释】 8.4——①、③轴线之间的距离；
0.01、0.12——①、③轴线到外墙内边缘、内墙的外边缘的距离；
括号外的 2——Ⓓ轴线上有相同的 2 道内墙；
0.24——墙厚；
0.45——室内外高差；
0.1——室内垫层厚度。

总的工程量 $=(370.91-2.786-1.15-1.43-1.43)\text{m}^3=364.114\text{m}^3$

2. 砌筑工程

(1) 实心 240mm 混凝土砌块外墙（见图 3-1）

1) 工程量

a. ①、⑧轴线的外墙工程量。

$$(42+0.13\times 2)\times 2\times(4.2\times 2+0.45-0.5\times 2)\times 0.24\text{m}^3=159.24\text{m}^3$$

【注释】 42——①、⑧轴线之间的距离；
0.13——①、⑧轴线到外墙中心线之间的距离：0.13＝(0.25－0.24)＋0.24/2
号外面的 2——Ⓐ、Ⓔ轴线上的两面外墙；
4.2——层高；
2——两层，共两个 4.2；
0.45——室内外高差；
0.5——①、⑧轴线外墙上的梁高；
2——一二层共两个梁高；
0.24——外墙厚。

b. Ⓐ、Ⓔ轴线的外墙工程量。

$$(25.2+0.13\times 2)\times 2\times(4.2\times 2+0.45-0.6\times 2)\times 0.24\text{m}^3=93.49\text{m}^3$$

【注释】 25.2——Ⓐ、Ⓔ轴线之间的距离；
0.13——Ⓐ、Ⓔ轴线到外墙中心线之间的距离：0.13＝(0.25－0.24)＋0.24/2 括号外面的 2——①、⑧轴线上的两面外墙；
4.2——层高；
2——两层，共两个 4.2；
0.45——室内外高差；
0.6——Ⓐ、Ⓔ轴线外墙上的梁高；
2——二层共两个梁高；

0.24——外墙厚。

2）应扣除门窗体积

a. M-1。

$$6 \times 3 \times 3 \times 0.24\text{m}^3 = 12.96\text{m}^3$$

【注释】 6——门的宽度；

3——门的高度；

后一个3——相同门的数量；

0.24——门洞的厚度。

应扣除窗的体积：

b. C-1。

$$2.4 \times 2.4 \times 28 \times 0.24\text{m}^3 = 38.71\text{m}^3$$

【注释】 2.4——窗的宽度；

2.4——窗的高度；

28——相同窗的数量；

0.24——窗洞口的厚度。

c. C-2。

$$2.4 \times 1.6 \times 8 \times 0.24\text{m}^3 = 7.37\text{m}^3$$

【注释】 2.4——窗的宽度；

1.6——窗的高度；

8——相同窗的数量；

0.24——窗洞口的厚度。

总的工程量＝(159.24＋93.49－12.96－38.71－7.37)m^3＝193.69m^3

(2) 空心240mm混凝土砌块内墙（见图3-1和表3-1）

1）Ⓑ轴线上的内墙工程量

$$(8.4 + 0.01 + 0.12) \times 2 \times 0.24 \times (4.2 - 0.5) \times 2\text{m}^3 = 30.30\text{m}^3$$

【注释】 8.4——①、③轴线之间的距离；

0.01、0.12——①、③轴线到柱子内边缘、内墙外边线的距离；

括号外面的2——①、③与⑥、⑧轴线之间两段相同的墙体；

0.24——墙厚；

4.2——层高；

0.5——墙上部梁高；

最后一个2——上下两层相同的墙体。

2）Ⓓ轴线上的内墙工程量

$$(8.4 + 0.12 + 0.01) \times 2 \times 0.24 \times 4.2 \times 2\text{m}^3 = 34.39\text{m}^3$$

【注释】 8.4——①、③轴线之间的距离；

0.12——③轴线到墙内边缘的距离；

0.01——①轴线到墙内边缘的距离；

括号外面的2——①、③与⑥、⑧轴线之间两段相同的墙体；

0.24——墙厚；

4.2——层高；

最后一个2——上下两层相同的墙体。

3）②轴线和⑦轴线Ⓐ、Ⓑ轴线之间的内墙工程量

$$(8.4+0.01-0.12)\times0.24\times(4.2-0.50)\times2\times2\text{m}^3=33.03\text{m}^3$$

【注释】 8.4——Ⓐ、Ⓑ轴线之间距离；

0.01——Ⓐ轴线到墙内边缘的距离；

0.12——Ⓑ轴线到墙内边缘的距离；

0.24——墙厚；

4.2——层高；

0.50——Ⓐ、Ⓑ轴线之间的梁的高度；

2——②和⑦两条轴线上的两段墙；

最后一个2——一二两层的墙体。

4）③轴线和⑥轴线Ⓐ、Ⓑ轴线上的内墙工程量

$$(8.4+0.01-0.12)\times0.24\times(4.2-0.6)\times2\times2\text{m}^3=28.65\text{m}^3$$

【注释】 8.4——Ⓐ、Ⓑ轴线之间距离；

0.01——Ⓐ轴线到墙内边缘的距离；

0.12——Ⓑ轴线到墙内边缘的距离；

0.24——墙厚；

4.2——层高；

0.6——梁的高度；

2——③和⑥两条轴线上的两段墙；

最后一个2——一、二两层楼③和⑥两条轴线上的墙体。

总的工程量＝$(30.30+34.39+33.03+28.65)\text{m}^3=126.37\text{m}^3$

5）应扣除门部分

a. M-2。

$$2.4\times3\times4\text{m}^2=28.8\text{m}^2$$

【注释】 2.4——门的宽度；

3——门的高度；

4——门的数量。

b. M-3。

$$1.5\times2.1\times4\text{m}^2=12.6\text{m}^2$$

【注释】 1.5——门的宽度；

2.1——门的高度；

4——门的数量。

c. M-4。

$$0.9\times2.1\times8\text{m}^2=15.12\text{m}^2$$

【注释】 0.9——门的宽度；

2.1——门的高度；

8——门的数量。

应扣除部分体积＝(28.8＋12.6＋15.12)×0.24m^3＝13.56m^3

【注释】 0.24——墙的厚度。

总的工程量＝(126.37－13.56)m^3＝112.81m^3

(3) 空心200mm混凝土砌块女儿墙工程量

(42＋0.15×2＋25.2＋0.15×2)×2×(1.0－0.08)×0.2m^3 ＝ 24.95m^3

【注释】 42——①、⑧轴线之间的距离；

0.15——①、⑧轴线到女儿墙中心线之间的距离；

25.2——Ⓐ、Ⓔ轴线之间的距离；

括号外的2——女儿墙中另外两个相同的墙体；

1.0——女儿墙的高度；

0.08——女儿墙压顶的高度；

0.2——女儿墙的厚度。

(4) 实心200mm混凝土砌块卫生间隔墙（见图3-1、图3-2）

1) ②轴线和⑦轴线与Ⓒ、Ⓓ线上的内墙工程量

(4.2＋0.01－0.12)×(4.2－0.12)×2×0.20×2m^3 ＝ 13.35m^3

【注释】 4.2——Ⓒ、Ⓓ线之间距离；

0.01——Ⓓ轴线到墙内边缘的距离；

0.12——Ⓒ轴线到墙内边缘的距离；

0.24——墙厚；

4.2——层高；

0.12——板厚；

2——①和⑦两条轴线上的两段墙；

最后一个2——一二两层的墙体。

2) ③轴线和⑥轴线与Ⓒ、Ⓓ线上的内墙工程量

(4.2＋0.01－0.12)×0.2×(4.2－0.6)×2×2m^3 ＝ 11.78m^3

【注释】 4.2——Ⓒ、Ⓓ线之间距离；

0.01——Ⓓ轴线到墙内边缘的距离；

0.12——Ⓒ轴线到墙内边缘的距离；

0.2——卫生间隔墙厚；

4.2——层高；

0.6——梁的高度；

2——②和⑦两条轴线上的两段墙；

最后一个2——一二两层的墙体。

实心200mm混凝土砌块卫生间隔墙总工程量＝(13.35＋11.78)m^3＝25.13m^3

3. 混凝土工程及钢筋混凝土工程

(1) C10独立基础垫层

1) J-1的混凝土垫层工程量

(1.5＋0.1×2)×(1.5＋0.1×2)×0.1×4m^3 ＝ 1.16m^3

【注释】 1.5——基础宽度；

0.1——垫层每边沿基础向外突出的长度；

2——有两个边都延长；

括号外的 0.1——垫层厚度；

4——基础个数。

2）J-2 的混凝土垫层工程量

$$(2.1+0.1\times 2)\times(2.1+0.1\times 2)\times 0.1\times 12\text{m}^3=6.35\text{m}^3$$

【注释】 2.1——基础宽度；

0.1——垫层每边沿基础向外突出的长度；

2——有两个边都延长；

括号外的 0.1——垫层厚度；

12——基础个数。

3）J-3 的混凝土垫层工程量

$$(2.8+0.1\times 2)\times(2.8+0.1\times 2)\times 0.1\times 8\text{m}^3=7.2\text{m}^3$$

【注释】 2.8——基础宽度；

0.1——垫层每边沿基础向外突出的长度；

2——有两个边都延长；

括号外的 0.1——垫层厚度；

8——基础个数。

总的工程量$=(1.16+6.35+7.2)\text{m}^3=14.71\text{m}^3$

（2）独立基础（见图 3-19、图 3-20、图 3-21）

1）基础工程量

a. J-1。

$$[1.5\times 1.5\times 0.3+(1.5-0.25\times 2)\times(1.5-0.25\times 2)\times 0.3]\times 4\text{m}^3=3.9\text{m}^3$$

【注释】 1.5——基础底面的长和宽；

0.3——底面第一阶的高度；

0.25——基础第二个台阶缩进的长度；

最后一个 0.3——第二阶基础的高度；

4——相同基础的数量。

b. J-2。

$$[2.1\times 2.1\times 0.3+(2.1-0.4\times 2)\times(2.1-0.4\times 2)\times 0.3]\times 12\text{m}^3=21.96\text{m}^3$$

【注释】 2.1——基础底面的长和宽；

0.3——底面第一阶的高度；

0.25——基础第二个台阶缩进的长度；

最后一个 0.3——第二阶基础的高度；

12——相同基础的数量。

c. J-3。

$$[2.8\times 2.8\times 0.3+(2.8-0.575\times 2)\times(2.8-0.575\times 2)\times 0.3]\times 8\text{m}^3=25.35\text{m}^3$$

【注释】 2.8——基础底面的长和宽；

0.3——底面第一阶的高度；

0.25——基础第二个台阶缩进的长度；

最后一个 0.3——第二阶基础的高度；

8——相同基础的数量。

总的工程量＝(3.9＋21.96＋25.35)m^3＝51.21m^3

(3) 矩形柱（见图 3-17）

采用 C30 混凝土。

工程量＝0.5×0.5×(0.9＋4.2＋4.2)×24m^3＝55.8m^3

【注释】 0.5——方形柱子的宽度；

0.9——柱子地下埋深；

4.2——一二层的层高；

24——柱子的数量。

(4) 构造柱

构造柱设置（女儿墙）在外墙柱子相应部位，厚为 200mm，宽为 360mm 高为（1.0－0.08），C20 混凝土。

工程量＝[0.2×0.36×16×(1.0－0.08)＋0.24×0.03×2×16]m^3＝1.29m^3

【注释】 0.2——构造柱的厚度；

0.36——构造柱的宽度；

16——构造柱的数量，即外墙柱子的数量；

1.0——女儿墙的高度；

0.08——女儿墙压顶的厚度；

在 0.24×0.03×2×16 中：

0.24×0.03——马牙槎的截面面积；

4——外墙的构造柱均为两边留置马牙槎；

16——为构造柱的数量。

(5) 基础梁（见图 3-13）

基础梁采用 C30 混凝土，尺寸为 300×500。

1) Ⓐ、Ⓔ轴线上基础梁工程量

$$(42-0.25\times2-0.5\times4)\times0.3\times0.5\times2\text{m}^3=11.85\text{m}^3$$

【注释】 42——①、⑧轴线之间的距离；

0.25——轴线到柱子边缘的距离；

2——①、⑧两个轴线；

0.5——柱子的宽度；

4——①、⑧轴线之间柱子的数量；

0.3——基础梁的宽度；

0.5——基础梁的高度；

2——Ⓐ、Ⓔ两个相同工程量。

2) Ⓑ轴线上基础梁的工程量

$$(8.4-0.25\times2)\times0.3\times0.5\times2\text{m}^3=2.37\text{m}^3$$

【注释】 8.4——①、③轴线之间的距离；

0.25——轴线到柱子边缘的距离；

0.3——基础梁的宽度；

0.5——基础梁的高度；

2——Ⓑ轴线①、③轴线与⑥、⑧轴线之间两段相同的工程量。

3）Ⓓ轴线上基础梁的工程量

$$(8.4-0.05-0.15)\times 0.3\times 0.5\times 2\text{m}^3=2.46\text{m}^3$$

【注释】 8.4——①、③轴线之间的距离；

0.05——轴线到梁边缘的距离；

0.15——轴线到梁边缘的距离；

0.3——基础梁的宽度；

0.5——基础梁的高度；

2——Ⓓ轴线①、③轴线与⑥、⑧轴线之间两段相同的工程量。

4）①、⑧轴线上基础梁的工程量

$$(25.2-0.25\times 2-0.5\times 2)\times 0.3\times 0.5\times 2\text{m}^3=7.11\text{m}^3$$

【注释】 25.2——Ⓐ、Ⓔ轴线之间的距离；

0.25——轴线到柱子边缘的距离；

0.5——柱子的宽度；

2——Ⓐ、Ⓔ轴线之间柱子的数量；

0.3——基础梁的宽度；

0.5——基础梁的高度；

2——①、⑧两条轴线相同的工程量。

5）②、⑦轴线上基础梁的工程量

$$[(8.4-0.05-0.15)+(4.2-0.05-0.15)]\times 0.3\times 0.5\times 2\text{m}^3=3.66\text{m}^3$$

【注释】 8.4——Ⓐ、Ⓑ轴线之间的距离；

0.05——轴线到梁边缘的距离；

0.15——轴线到梁边缘的距离；

4.2——Ⓓ、Ⓔ轴线之间的距离；

0.3——基础梁的宽度；

0.5——基础梁的高度；

2——②、⑦两条轴线相同的工程量。

6）③、⑥轴线上基础梁的工程量

$$[(8.4-0.25\times 2)+(8.4-0.25\times 2-0.3)]\times 0.3\times 0.5\times 2\text{m}^3=4.65\text{m}^3$$

【注释】 8.4——Ⓐ、Ⓑ轴线之间的距离；

0.25——轴线到梁边缘的距离；

8.4——Ⓒ、Ⓔ轴线之间的距离；

0.3——基础梁的宽度；

0.5——基础梁的高度；

2——③、⑥两条轴线相同的工程量。

基础梁的工程量$=(11.85+2.37+2.46+7.11+3.66+4.65)\text{m}^3=32.1\text{m}^3$

(6) 过梁（见表 3-5）

外墙 M-1 过梁，厚度同墙厚为 240mm，长比门宽每边延长 500mm，高 300mm。其他门窗过梁尺寸，厚 240mm，高 200mm，长比门窗款每边延长 300mm。采用 C20 混凝土。

1）M-1 过梁工程量

$$(6+0.5\times2)\times0.24\times0.3\times3\text{m}^3=1.51\text{m}^3$$

【注释】 6——门的宽度；

0.5——过梁长每边比门延长的长度；

0.24——过梁的厚度同墙厚；

0.3——过梁的高度；

3——门过梁的数量。

2）M-2 过梁工程量

$$(2.4+0.3\times2)\times0.24\times0.2\times4\text{m}^3=0.58\text{m}^3$$

【注释】 2.4——门的宽度；

0.3——过梁长每边比门延长的长度；

0.24——过梁的厚度同墙厚；

0.2——过梁的高度；

4——门过梁的数量。

3）M-3 过梁工程量

$$(1.5+0.3\times2)\times0.24\times0.2\times4\text{m}^3=0.40\text{m}^3$$

【注释】 1.5——门的宽度；

0.3——过梁长每边比门延长的长度；

0.24——过梁的厚度同墙厚；

0.2——过梁的高度；

4——门过梁的数量。

4）M-4 过梁工程量

$$(0.9+0.3\times2)\times0.24\times0.2\times8\text{m}^3=0.58\text{m}^3$$

【注释】 0.9——门的宽度；

0.3——过梁长每边比门延长的长度；

0.24——过梁的厚度同墙厚；

0.2——过梁的高度；

8——门过梁的数量。

5）C-1 过梁工程量

$$(2.4+0.3\times2)\times0.24\times0.2\times28\text{m}^3=4.03\text{m}^3$$

【注释】 2.4——窗的宽度；

0.3——过梁长每边比窗延长的长度；

0.24——过梁的厚度同墙厚；

0.2——过梁的高度；

28——窗过梁的数量。

6）C-2 过梁工程量

$$(2.4+0.3\times2)\times0.24\times0.2\times8m^3=1.15m^3$$

【注释】 2.4——窗的宽度；

0.3——过梁长每边比窗延长的长度；

0.24——过梁的厚度同墙厚；

0.2——过梁的高度；

8——窗过梁的数量。

截面尺寸 0.24×0.30 的工程量＝1.51m^3

截面尺寸 0.24×0.2 的工程量＝(0.58＋0.4＋0.58＋4.03＋1.15)m^3＝6.74m^3

（7）雨棚梁

雨棚设置在外墙门高 300mm 处，雨棚宽每边比门延长 300mm，雨棚梁长每边比雨棚宽度延长 500mm，高 300mm，厚同墙后，240mm。采用 C20 混凝土。

M-1 的雨棚梁工程量：(6＋0.3×2＋0.5×2)×0.3×0.24×3m^3＝1.64m^3

【注释】 6——门的宽度；

0.3——雨棚宽度每边比门延长的长度；

0.5——雨棚梁长每边比雨棚宽延长的长度；

括号外的 0.3——雨棚梁的高度；

0.24——雨棚梁的高度；

3——雨棚梁的数量。

（8）女儿墙压顶工程量

C20 混凝土压顶，女儿墙采用 200mm 厚混凝土砌块，上部设 80mm 厚钢筋混凝土压顶。

工程量：(42＋0.15×2＋25.2＋0.15×2)×2m＝135.6m

【注释】 42——①、⑧轴线之间的距离；

0.15——外墙轴线到外墙中心线之间的距离：0.15＝0.25－0.2＋0.2/2；

25.2——Ⓐ、Ⓔ轴线之间的距离；

括号外的 2——建筑外周另外两段相同工程量的墙。

（9）C20 现浇混凝土板（有梁板）（见图 3-9、图 3-11、图 3-15、图 3-16）

1）一层梁的工程量

a. ①、③、④、⑤、⑥、⑧轴线上主梁的工程量。

$$(25.2-0.25\times2-0.5\times2)\times0.3\times(0.6-0.12)\times6m^3=20.48m^3$$

【注释】 25.2——Ⓐ、Ⓔ轴线之间的距离；

0.25——Ⓐ、Ⓔ轴线到柱子边缘的距离；

0.5——柱子的宽度；

2——Ⓐ、Ⓔ轴线之间柱子的数量；

0.3——梁的宽度；

0.6——梁的高度；

0.12——板的厚度；

6——①、③、④、⑤、⑥、⑧轴线上相同梁的数量。

b. ②、⑦轴线上次梁的工程量。

$$(8.4-0.05-0.15)\times 0.3\times(0.6-0.12)\times 2\text{m}^3=2.36\text{m}^3$$

【注释】 8.4——Ⓐ、Ⓑ轴线之间的距离；

0.05——Ⓐ轴线到梁内边缘的距离；

0.15——Ⓑ轴线到梁内边缘的距离；

0.3——梁的宽度；

0.6——梁的高度；

0.12——板的厚度；

2——②、⑦轴线上相同梁的数量。

c. Ⓐ、Ⓑ、Ⓒ、Ⓔ轴线上连系梁的工程量。

$$(42-0.25\times 2-0.5\times 4)\times 0.3\times(0.5-0.12)\times 4\text{m}^3=18.01\text{m}^3$$

【注释】 42——①、⑧轴线之间的距离；

0.25——轴线到柱子边缘的距离；

0.5——柱子的宽度；

4——①、⑧轴线之间柱子的数量；

0.3——梁的宽度；

0.5——梁的高度；

0.12——板的厚度；

4——Ⓐ、Ⓑ、Ⓒ、Ⓔ轴线上相同梁的数量。

d. Ⓐ、Ⓑ轴线之间次梁的工程量。

$$(42-4.2-4.2-0.15\times 2-0.3\times 4)\times 0.3\times(0.5-0.12)\times 2\text{m}^3=7.43\text{m}^3$$

【注释】 42——①、⑧轴线之间的距离；

4.2——①、②，⑦、⑧轴线之间的距离；

0.15——②、⑦轴线到梁内边缘的距离；

0.3——主梁的宽度；

4——②、⑦轴线之间主梁的数量；

0.3——梁的宽度；

0.5——梁的高度；

0.12——板的厚度；

2——Ⓐ、Ⓑ之间次梁的数量。

e. Ⓑ和Ⓒ轴线之间次梁的工程量。

$$(42-0.05\times 2-8.4-0.15\times 2-0.3\times 2)\times 0.3\times(0.5-0.12)\times 2\text{m}^3=7.43\text{m}^3$$

【注释】 42——①、⑧轴线之间的距离；

0.05——①、⑧轴线到梁内边缘的距离；

8.4——④、⑤轴线之间的距离；

0.15——④、⑤轴线到梁内边缘的距离；

0.3——主梁的宽度；

2——③、⑥两根主梁；

0.5——梁的高度；

0.12——板的厚度；

2——Ⓑ、Ⓒ之间次梁的数量。

f. Ⓒ和Ⓔ轴线之间次梁的工程量。

$$(42-0.05\times2-0.3\times4)\times0.3\times(0.5-0.12)\times2\text{m}^3=9.28\text{m}^3$$

【注释】 42——①、⑧轴线之间的距离；

0.05——①、⑧轴线到梁内边缘的距离；

0.3——主梁的宽度；

4——①、⑧轴线之间主梁的数量；

0.3——主梁的宽度；

0.5——梁的高度；

0.12——板的厚度；

2——Ⓒ、Ⓔ之间次梁的数量。

一层梁的工程量＝(20.48＋2.36＋18.01＋7.43＋7.43＋9.28)m^3＝64.99m^3

2）层梁的工程量

a. ①、③、④、⑤、⑥、⑧轴线上主梁的工程量。

$$(25.2-0.25\times2-0.5\times2)\times0.3\times(0.6-0.12)\times6\text{m}^3=20.48\text{m}^3$$

【注释】 25.2——Ⓐ、Ⓔ轴线之间的距离；

0.25——Ⓐ、Ⓔ轴线到柱子边缘的距离；

0.5——柱子的宽度；

2——Ⓐ、Ⓔ轴线之间柱子的数量；

0.3——梁的宽度；

0.6——梁的高度；

0.12——板的厚度；

6——①、③、④、⑤、⑥、⑧轴线上相同梁的数量。

b. ②、⑦轴线上次梁的工程量。

$$(8.4-0.05-0.15)\times0.3\times(0.6-0.12)\times2\text{m}^3=2.36\text{m}^3$$

【注释】 8.4——Ⓐ、Ⓑ轴线之间的距离；

0.05——Ⓐ轴线到梁内边缘的距离；

0.15——Ⓑ轴线到梁内边缘的距离；

0.3——梁的宽度；

0.6——梁的高度；

0.12——板的厚度；

2——②、⑦轴线上相同梁的数量。

c. Ⓐ、Ⓑ、Ⓒ、Ⓔ轴线上连系梁的工程量。

$$(42-0.25\times2-0.5\times4)\times0.3\times(0.5-0.12)\times4\text{m}^3=18.01\text{m}^3$$

【注释】 42——①、⑧轴线之间的距离；

0.25——轴线到柱子边缘的距离；

0.5——柱子的宽度；

4——①、⑧轴线之间柱子的数量；

0.3——梁的宽度；

0.5——梁的高度；

0.12——板的厚度；

4——Ⓐ、Ⓑ、Ⓒ、Ⓔ轴线上相同梁的数量。

d. Ⓑ和Ⓒ、Ⓒ和Ⓔ轴线之间次梁的工程量。

$$(42-0.05\times2-0.3\times4)\times0.3\times(0.5-0.12)\times4\text{m}^3=18.56\text{m}^3$$

【注释】 42——①、⑧轴线之间的距离；

0.05——①、⑧轴线到梁内边缘的距离；

0.3——主梁的宽度；

4——①、⑧轴线之间主梁的数量；

0.3——主梁的宽度；

0.5——梁的高度；

0.12——板的厚度；

4——Ⓑ和Ⓒ、Ⓒ和Ⓔ轴线之间次梁的数量。

e. Ⓐ、Ⓑ轴线之间次梁的工程量。

$$(42-4.2-4.2-0.15\times2-0.3\times4)\times0.3\times(0.5-0.12)\times2\text{m}^3=7.43\text{m}^3$$

【注释】 42——①、⑧轴线之间的距离；

4.2——①、②，⑦、⑧轴线之间的距离；

0.15——②、⑦轴线到梁内边缘的距离；

0.3——主梁的宽度；

4——②、⑦轴线之间主梁的数量；

0.3——梁的宽度；

0.5——梁的高度；

0.12——板的厚度；

2——Ⓐ、Ⓑ之间次梁的数量。

二层梁的工程量＝$(20.48+2.36+18.01+18.56+7.43)\text{m}^3=66.84\text{m}^3$

梁总的工程量＝$(64.99+66.84)\text{m}^3=131.83\text{m}^3$

3）一层板的工程量（见图 3-15、图 3-16）。

$$[(42+0.25\times2)\times(25.2+0.25\times2)-(8.4-0.15\times2)\times(8.4-0.15\times2)-(4.2-0.15+0.25)\times(8.4+0.25-0.15)\times2]\times0.12\text{m}^3=114.42\text{m}^3$$

【注释】 42——①、⑧轴线之间的距离；

0.25——轴线到外墙外边缘的距离；

25.2——Ⓐ、Ⓔ轴线之间的距离；

8.4——④、⑤，Ⓑ、Ⓒ轴线之间的距离；

0.15——轴线到梁内边缘的距离；

4.2——①、②，⑦、⑧轴线之间的距离；

0.15——轴线到梁内边缘的距离；

0.25——①、⑧轴线至梁外边线的距离；

8.4——Ⓐ、Ⓑ轴线之间的距离；

0.25——①、⑧轴线至梁外边线的距离；

0.15——轴线至梁内边缘的距离；

2——左右两个楼梯间；

0.12——板厚。

4）二层板的工程量

$$(42+0.25\times2)\times(25.2+0.25\times2)\times0.12\text{m}^3=131.07\text{m}^3$$

【注释】 42——①、⑧轴线之间的距离；

0.25——轴线到外墙外边缘的距离；

25.2——Ⓐ、Ⓔ轴线之间的距离；

0.12——板厚。

一层有梁板的工程量＝114.42＋64.99＝179.41m^3

二层有梁板的工程量＝131.07＋66.84＝197.91m^3

5）楼梯间与楼梯连接梁相连的楼板

$$1.79\times(4.2-0.12+0.01)\times0.12\times2\text{m}^3=1.76\text{m}^3$$

【注释】 1.79——楼梯间二层连接梁相连的板长，见剖面图；

4.2——①、②轴线之间的距离；

0.12——②轴线到墙边缘的距离；

0.01——①轴线到墙边缘的距离；

括号外的0.12——板厚；

2——①、②轴线之间与7、⑧轴线之间相同的两个楼梯。

（10）楼梯（图3-23、图3-24）

采用C20混凝土。

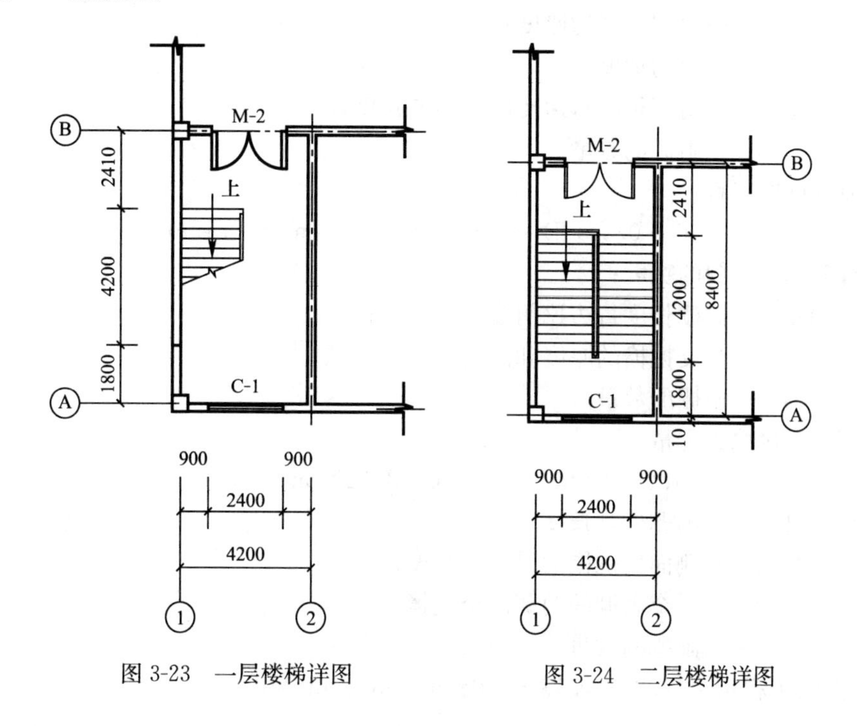

图3-23　一层楼梯详图　　　　图3-24　二层楼梯详图

工程量=[(4.2−0.12+0.01)×6.5−0.5×(4.2−0.12+0.01)/2]×2m^2=51.13m^2

【注释】 4.2——①、②轴线之间的距离；

0.12——②轴线到墙边缘的距离；

0.01——①轴线到墙边缘的距离；

6.5——包括休息平台、平台梁、斜梁和楼梯板的连接梁的长度；

0.5——一跑楼梯比二跑楼梯小的长度，见图 3-27 中 2-2 剖面图；

2——楼梯间一半的长度；

最后的 2——①、②轴线之间与 7、⑧轴线之间相同的两个楼梯。

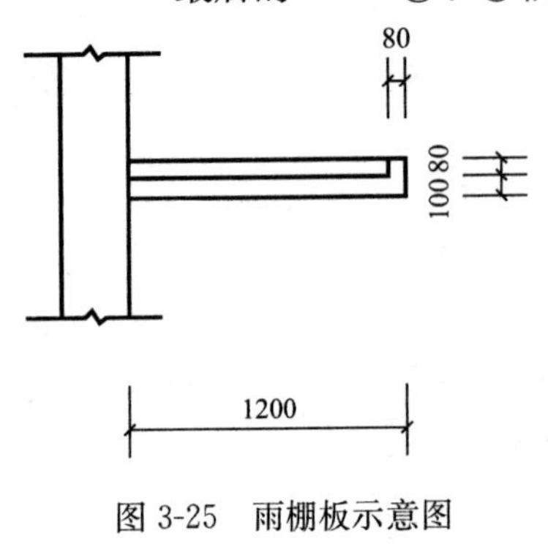

图 3-25　雨棚板示意图

计算规则：现浇钢筋混凝土整体楼梯，包括休息平台、平台梁、斜梁和楼梯板的连接梁，按照水平投影面积计算，不扣除宽度小于 500mm 的楼梯井，伸至墙内部分的混凝土体积也不增加工程量。整体楼梯按与之相连的楼梯梁作为楼梯与相连的楼板的分界线。

(11) 雨棚板（图 3-25）

雨棚设置在外墙门高 300mm 处，雨棚宽每边比门延长 300mm，雨棚最外边厚 100mm，最内边厚 150mm。采用 C20 混凝土。

1）底板工程量

$$1.2\times(0.15+0.1)/2\times(6+0.3\times2)\times3\text{m}^3=2.97\text{m}^3$$

【注释】 1.2——雨棚外挑长度；

0.15——雨棚板最内边厚；

0.1——雨棚板最外边厚，如图 3-25 所示；

2——雨棚的平均厚度；

6——门的宽度；

0.3——雨棚长度每边比门多出的长度；

3——雨棚的数量。

2）前反挑檐工程量

$$(6+0.3\times2)\times0.08\times0.08\times3\text{m}^3=0.13\text{m}^3$$

【注释】 6——门的宽度；

0.3——雨棚长度每边比门多出的长度；

0.08——前反挑檐的厚度和高度；

3——雨棚的数量。

3）侧面反挑檐工程量

$$(1.2-0.08)\times0.08\times0.08\times2\times3\text{m}^3=0.04\text{m}^3$$

【注释】 1.2——雨棚外挑长度；

0.08——侧面反挑檐的厚度和高度；

2——一个雨棚的两侧两个挑檐；

3——雨棚的数量。

雨棚总的工程量=(2.97+0.13+0.04)m^3=3.14m^3

（12）散水（图 3-1）

采用 C20 混凝土。

工程量＝{[(42+0.25×2+0.9×2)×2×0.9+(25.2+0.25×2)×2×0.9]−8.4×0.9×3}m^2＝103.32m^2

【注释】 42——①、⑧轴线之间的距离；

0.25——轴线到外墙外边缘的距离；

0.9——散水的宽度；

括号外的 2——相同的两个长边；

25.2——Ⓐ、Ⓔ轴线之间的距离；

8.4——台阶的长度；

0.9——散水的宽度；

3——台阶的数量。

（13）台阶（图 3-1）

采用 C20 混凝土。

工程量＝[8.4×2.1−(2.1−0.3×2−0.3)×(8.4−0.3×4−0.3×2)]×3m^2
＝9.72m^2

【注释】 8.4——台阶的长度；

2.1——台阶的宽度；

0.3——一个台阶的宽度；

2——台阶的数量；

第二个 0.3——最上层踏步外沿加的 30cm；

8.4——台阶地面宽度；

4——台阶长度方向上的台阶数量；

2——台阶长度方向上最上层踏步外沿加的 30cm 的数量；

3——共有三个相同的台阶。

4. 钢筋工程

箍筋加密区是对于抗震结构来说的。根据抗震等级的不同，箍筋加密区设置的规定也不同。一般来说，对于钢筋混凝土框架梁的端部和每层柱子的两端都要进行加密。梁端的加密区长度一般取 1.5 倍的梁高。这里主梁、次梁、连系梁加密区均为 900mm，柱子加密区长度一般取 1/6 每层柱子的高度。但最底层（一层）柱子的根部应取 1/3 的高度，这里取 1.4m（图 3-9～图 3-17、图 3-26～图 3-39）。

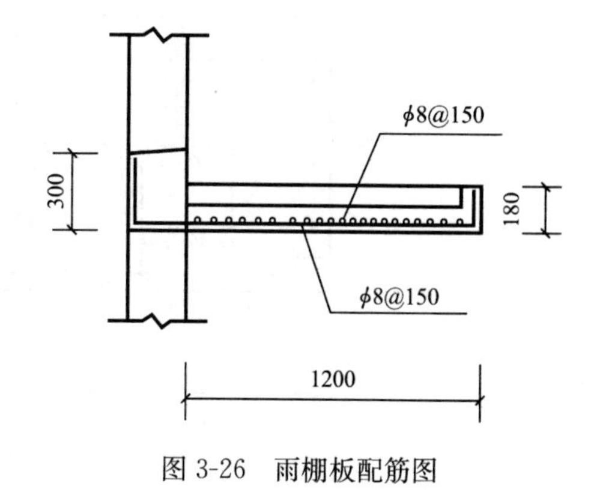

图 3-26 雨棚板配筋图

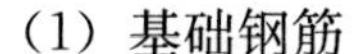

（1）基础钢筋

C15 混凝土，保护层厚 15mm。

1）J-1 钢筋工程量

a. 三级⑫号钢筋数量。

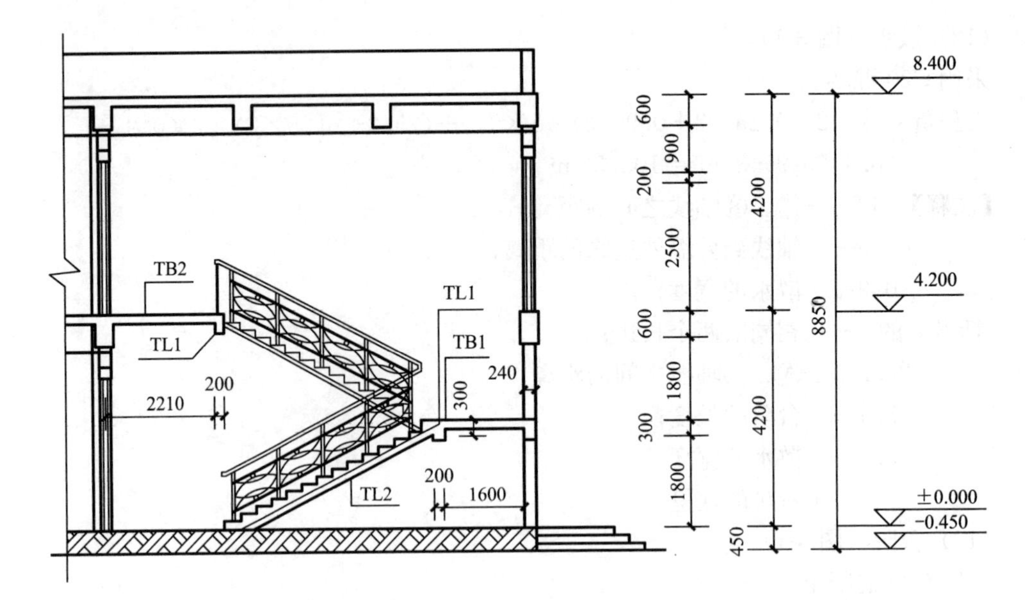

图 3-27　2-2 剖面图

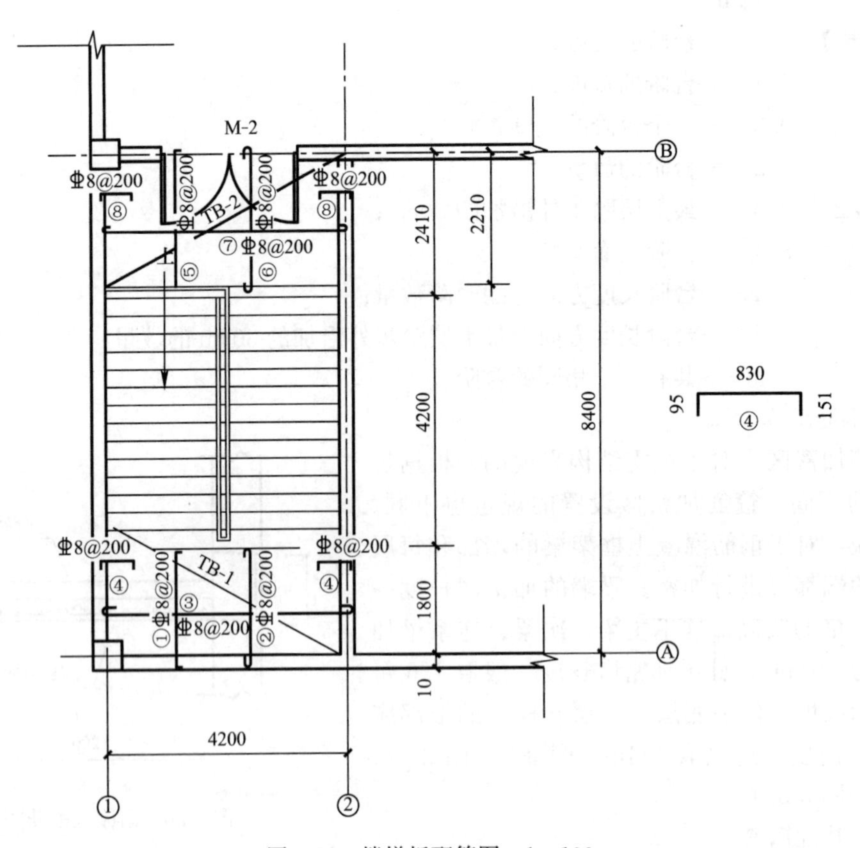

图 3-28　楼梯板配筋图　1∶100

[(1.5－0.015×2)/0.15＋1]×2×4 根 ＝ 86.4 根(取 87 根)

【注释】 1.5——基础宽度；

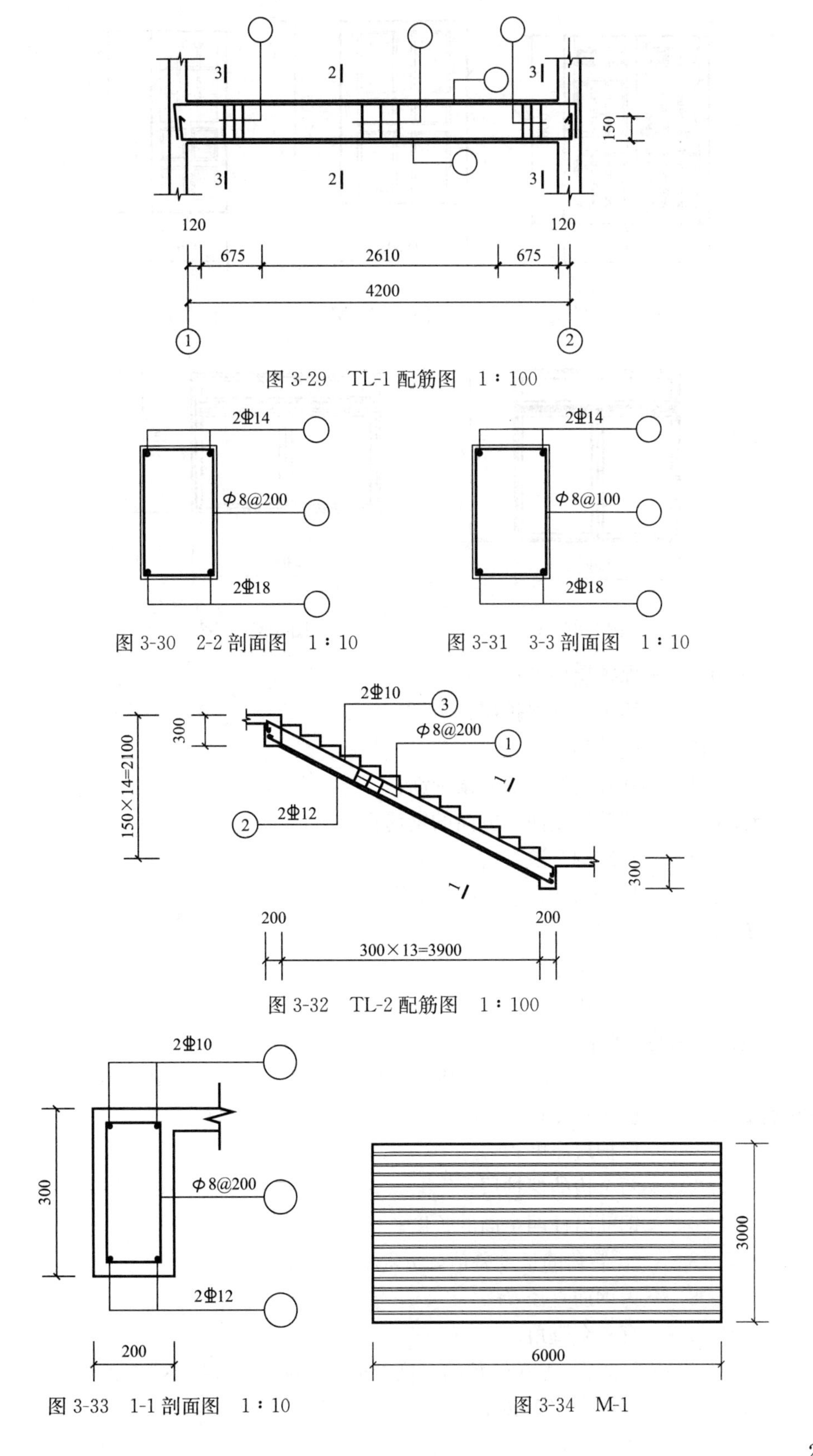

图 3-29　TL-1 配筋图　1∶100

图 3-30　2-2 剖面图　1∶10

图 3-31　3-3 剖面图　1∶10

图 3-32　TL-2 配筋图　1∶100

图 3-33　1-1 剖面图　1∶10

图 3-34　M-1

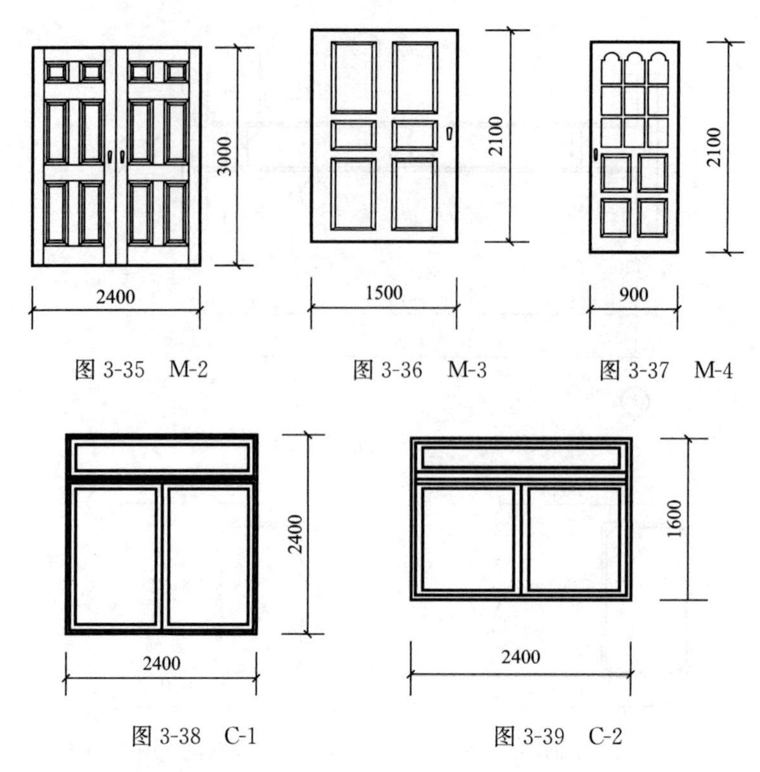

图 3-35　M-2　　图 3-36　M-3　　图 3-37　M-4

图 3-38　C-1　　图 3-39　C-2

0.015——保护层厚度；

2——两个边的保护层；

0.15——钢筋间距；

1——基础边缘多的一条钢筋；

括号外面的 2——基础纵横两个方向的钢筋；

4——基础的个数。

钢筋下料长度＝(1.5－0.015×2)m＝1.47m

【注释】 1.5——基础宽度；

0.015——保护层厚度；

2——两个边的保护层。

b. 一级⑧号钢筋下料长度。

$$[(500-15\times2)\times4+0.5\times8\times3+2.5\times8\times2]\text{mm}=1932\text{mm}$$

【注释】 500——柱子宽度；

15——保护层厚度；

2——两个边的保护层；

4——钢筋沿柱四个面的长度；

0.5×8——90°转角的量度差值，0.5d；

8——为钢筋直径 d；

3——有三个直角；

2.5×8 表示，135°转角的量度差值，2.5d；

2——有两个 135°转角。

数量：3 根。

【注释】 如图 3-19 所示。

三级钢筋⑫质量=87×1.47×0.888kg/m=0.114t

一级钢筋⑧质量=1.932×3×0.395kg/m=0.002t

2）J-2 钢筋工程量

a. 三级⑫号钢筋数量。

$$[(2.1-0.015\times 2)/0.15+1]\times 2\times 12 \text{根} = 355.2 \text{根(取 356 根)}$$

【注释】 2.1——基础宽度；

0.015——保护层厚度；

2——两个边的保护层；

0.15——钢筋间距；

1——基础边缘多的一条钢筋；

括号外面的 2——基础纵横两个方向的钢筋；

12——基础的个数。

钢筋下料长度=（2.1−0.015×2）m=2.07m

【注释】 2.1——基础宽度；

0.015——保护层厚度；

2——两个边的保护层。

b. 一级⑧号钢筋下料长度。

$$[(500-15\times 2)\times 4+0.5\times 8\times 3+2.5\times 8\times 2]\text{m} = 1932$$

【注释】 500——柱子宽度；

15——保护层厚度；

2——两个边的保护层；

4——钢筋沿柱四个面的长度；

0.5×8——90°转角的量度差值，0.5d；

8——钢筋直径 d；

3——有三个直角；

2.5×8 表示，135°转角的量度差值，2.5d；

2——有两个 135°转角。

数量：3 根。

【注释】 如图 3-20 所示。

三级钢筋⑫质量=356×2.07×0.888kg/m=0.654t

一级钢筋⑧质量=1.932×3×0.395kg/m=0.002t

3）J-3 钢筋工程量

a. 三级⑭号钢筋数量。

$$[(2.8-0.015\times 2)/0.2+1]\times 2\times 8 \text{根} = 237.6 \text{根(取 238)}$$

【注释】 2.8——基础宽度；

0.015——保护层厚度；

2——两个边的保护层；

0.2——钢筋间距；

1——基础边缘多的一条钢筋；

括号外面的2——基础纵横两个方向的钢筋；

8——基础的个数。

钢筋下料长度＝(2.8－0.015×2)m＝2.77m

【注释】 2.8——基础宽度；

0.015——保护层厚度；

2——两个边的保护层。

b. 一级⑧号钢筋下料长度。

[(500－15×2)×4＋0.5×8×3＋2.5×8×2]m＝1932m

【注释】 500——柱子宽度；

15——保护层厚度；

2——两个边的保护层；

4——钢筋沿柱四个面的长度；

0.5×8——90°转角的量度差值，0.5d；

8——钢筋直径 d；

3——有三个直角；

2.5×8——135°转角的量度差值；

2——有两个 135°转角。

数量：3 根。

【注释】 如图 3-21 所示。

三级钢筋⑭质量＝238×2.77×1.21kg/m＝0.798t

一级钢筋⑧质量＝1.932×3×0.395kg/m＝0.002t

综上所述：

三级钢筋⑭的质量＝0.798t

三级钢筋⑫的质量＝(0.654＋0.113)t＝0.767t

一级钢筋⑧的质量＝(0.002＋0.002＋0.002)t＝0.006t

(2) 基础梁钢筋

1) JL1 工程量

梁的通长钢筋＝通跨净跨长＋伸入左右支座的锚固长度

其中：净跨长——各跨之和减去 1/2 左、右支座宽度。

伸入左右支座的锚固长度——有直锚和弯锚两种方式。当端支座宽度 h_c 减去保护层大于锚固长度 l_{aE}时，采用直锚，长度取 max（l_{aE}，0.5h_c＋5d)；

当端支座宽度 h_c 减去保护层小于锚固长度 l_{aE}时，采用弯锚，长度取（h_c－保护层＋15d)。

①、⑧轴线上：

上部通长筋：2 根三级钢筋⑳。

端支座 h_c－30＝500－30＝470mm 小于锚固长度 34d＝34×20＝680mm，采用弯锚＝(h_c－保护层＋15d)

三级钢筋⑳单根长度=[(25200－250×2)+(500－30+15×20)+35×3×20]mm
=27570mm=27.57m

【注释】 (25200－250×2)——JL1 的净跨长；
(500－30+15×20)——锚固长度；
35×3×20——搭接长度。

三级钢筋⑳的总长=27.57×2×2m=110.28m

【注释】 27.57——为单根三级钢筋⑳的长度；
2——为单根 JL1 中三级钢筋⑳的数量；
2——为 JL1 的根数。

下部通长筋：2 根三级钢筋⑳，2 根三级钢筋⑱。

三级钢筋⑳单根长度=[(25200－250×2)+(500－30+15×20)+35×3×20]mm
=27570mm=27.57m

【注释】 (25200－250×2)——JL1 的净跨长；
(500－30+15×20)——锚固长度；
35×3×20——搭接长度。

三级钢筋⑳的总长=27.57×2×2=110.28m

【注释】 27.57——为单根三级钢筋⑳的长度；
2——为单根 JL1 中三级钢筋⑳的数量；
2——为 JL1 的根数。

三级钢筋⑱单根长度=[(25200－250×2)+(500－30+15×18)+35×3×18]mm
=27330mm=27.33m

【注释】 (25200－250×2)——JL1 的净跨长；
(500－30+15×18)——锚固长度；
35×3×18——搭接长度。

三级钢筋⑱的总长=27.33×2×2m=109.32m

【注释】 27.33——为单根三级钢筋⑱的长度；
2——为单根 JL1 中三级钢筋⑱的数量；
2——为 JL1 的根数。

箍筋：一级钢筋⑩，间距 100mm。

箍筋长度=(梁宽+梁高)×2－8×保护层+8d+1.9d×2+max(10d,75mm)×2

箍筋根数=2×加密区箍筋根数+非加密区箍筋根数

当结构为一级抗震时，加密区箍筋根数=[max(2×梁高,500)－50]/加密间距+1

非加密区箍筋根数=[跨净长－2×max(2×梁高,500)]/非加密间距－1

当结构为二至四级抗震时，加密区箍筋根数=[max(1.5×梁高,500)－50]/加密间距+1；非加密区箍筋根数=[跨净长－2×max(1.5×梁高,500)]/非加密间距－1

当梁全部加密设置箍筋时：

箍筋根数=(跨净长－2×50)/加密间距+1

箍筋单根长度=[(300+500)×2－8×30+8×10+1.9×10×2+10×10×2]mm
=1678mm=1.678m

箍筋根数＝{[(8400－250×2－50×2)/100＋1]×2×2＋[(4200－250－150－50×2)/100＋1]×2×2}根＝468 根

【注释】 8400，4200——为单跨的轴线长；
250——为柱边到轴线的距离；
150——为梁边到轴线的距离；
50——为布置第一根箍筋距柱边的距离；
100——为箍筋间距；
2——为跨数；
最后一个 2——为 JL1 的根数。

负筋：2 根三级钢筋㉒。

梁的支座负筋：

第一排端支座负筋＝伸入跨内长度＋伸入左右支座的锚固长度

其中，伸入跨内长度＝1/3 首（尾）跨净长；

伸入左右支座的锚固长度——有直锚和弯锚两种方式。当端支座宽度 h_c 减去保护层大于锚固长度 l_{aE}时，采用直锚，长度取 max（l_{aE}，$0.5h_c+5d$）；

当端支座宽度 h_c 减去保护层小于锚固长度 l_{aE}时，采用弯锚，长度取（h_c－保护层＋$15d$）。

第二排端支座负筋＝伸入跨内长度＋伸入左右支座的锚固长度

其中，伸入跨内长度＝1/4 首（尾）跨净长；

伸入左右支座的锚固长度——有直锚和弯锚两种方式。当端支座宽度 h_c 减去保护层大于锚固长度 l_{aE}时，采用直锚，长度取 max（l_{aE}，$0.5h_c+5d$）；

当端支座宽度 h_c 减去保护层小于锚固长度 l_{aE}时，采用弯锚，长度取（h_c－保护层＋$15d$）。

第一排中间支座负筋＝中间支座宽＋伸入中间支座左（右）跨内长度

其中，伸入中间支座左（右）跨内长度——max（首跨净跨长，中间跨净跨长）/3。

第二排中间支座负筋＝中间支座宽＋伸入中间支座左（右）跨内长度

其中，伸入中间支座左（右）跨内长度——max（首跨净跨长，中间跨净跨长）/4。

边支座三级钢筋㉒长度＝[(8400－250×2)/3＋(500－30＋15×18)]×2×2×2mm
＝26986.67mm＝26.987m

【注释】 (8400－250×2)/3——伸入跨内长度；
(500－30＋15×18)——边支座处锚固长度；
2——负筋根数；
2——单根 JL1 边支座数量；
2——JL1 的根数。

中支座三级钢筋㉒长度＝[(8400－250×2)/3×2＋500]×2×2×2mm
＝46133mm＝46.133m

【注释】 (8400－250×2)/3×2——伸入左右跨内长度；
500——中间支座宽；
2——负筋根数；

2——单根 JL1 中支座数量；

2——JL1 的根数。

三级钢筋㉒的长度=(26.987+46.133)m=73.12m

综上所述：

三级钢筋㉒的质量=73.12×2.98kg/m=217.898kg

三级钢筋⑳的质量=(110.28+110.28)×2.47kg/m=544.78kg

三级钢筋⑱的质量=109.32×2kg/m=218.64kg

一级钢筋⑩的质量=1.678×468×0.617kg/m=484.523kg

【注释】 73.12——三级钢筋㉒的长度；

2.98kg/m——三级钢筋㉒单位长度的质量；

(110.28+110.28) ——三级钢筋⑳的长度；

2.47kg/m——三级钢筋⑳单位长度的质量；

109.32——三级钢筋⑱的长度；

2kg/m——三级钢筋⑱单位长度的质量；

0.878×468——一级钢筋⑩的长度；

0.617kg/m——一级钢筋⑩单位长度的质量。

2）JL2 工程量

a. 上部通长筋：2 根三级钢筋⑯。

Ⓐ、Ⓑ轴间：

端支座 h_c−30=500−30=470mm 小于锚固长度 34d=34×16=544mm，采用弯锚=(h_c−保护层+15d)

③、⑥轴三级钢筋⑯长=[8400−250×2+(500−30+15×16)×2+35×16]×2×2mm=39520mm=39.52m

【注释】 8400−250×2——JL2 净跨长；

(500−30+15×16) ×2——锚固长度；

35×16——搭接长度；

2——单根 JL2 中三级钢筋⑯的根数；

2——JL2 的数量。

②、⑦轴三级钢筋⑯长=[8400−150×2+(300−30+15×16)×2+35×16]×2×2mm=38720mm=38.72m

【注释】 8400−150×2——JL2 净跨长；

(300−30+15×16)×2——锚固长度；

35×16——搭接长度；

2——单根 JL2 中三级钢筋⑯的根数；

2——JL2 的数量。

Ⓑ轴上三级钢筋⑯的长=[(4200−150−250)+(300−30+15×16)+(500−30+15×16)]×2×4mm=40160mm=46.16m

【注释】 (4200−150−250)——JL2 净跨长；

(300−30+15×16)——在梁中的锚固长度；

(500－30＋15×16)——在柱中锚固长度；
2——单根 JL2 中三级钢筋⑯的根数；
4——JL2 的数量。

Ⓒ、Ⓔ轴间：

③、⑥轴上三级钢筋⑯的长＝[(4200－150－250)＋(300－30＋15×16)＋(500－30＋15×16)]×2×4mm＝40160mm＝46.16m

【注释】 (4200－150－250)——JL2 净跨长；
(300－30＋15×16)——在梁中的锚固长度；
(500－30＋15×16)——在柱中锚固长度；
2——单根 JL2 中三级钢筋⑯的根数；
4——JL2 的数量。

②、⑦轴上三级钢筋⑯的长＝[(4200－300)＋(300－30＋15×16)×2]×2×2mm
＝19680mm＝19.68m

【注释】 (4200－300)——JL2 净跨长；
(300－30＋15×16)×2——在梁中的锚固长度；
2——单根 JL2 中三级钢筋⑯的根数；
2——JL2 的数量。

Ⓓ轴上三级钢筋⑯的长＝[(4200－300)＋(300－30＋15×16)×2]×2×4mm
＝39360mm＝39.36m

【注释】 (4200＋300)——JL2 净跨长；
(300－30＋15×16)×2——在梁中的锚固长度；
2——单根 JL2 中三级钢筋⑯的根数；
4——JL2 的数量。

JL2 中上部通长筋 16 的总长度＝39.52＋38.72＋46.16＋46.16＋19.68＋39.36m
＝299.6m

b. 下部通长筋：4 根三级钢筋⑱。

Ⓐ、Ⓑ轴间：

端支座 h_c－30＝500－30＝470mm 小于锚固长度 34d＝34×18＝612mm，采用弯锚＝(h_c－保护层＋15d)

③、⑥轴三级钢筋⑱长＝[8400－250×2＋(500－30＋15×18)×2＋35×18]×4×2mm＝80080mm＝80.8m

【注释】 (8400－250×2)——JL2 净跨长；
(500－30＋15×18) ×2——锚固长度；
35×18——搭接长度；
4——单根 JL2 中三级钢筋⑱的根数；
2——JL2 的数量。

②、⑦轴三级钢筋⑱长＝[8400－150×2＋(300－30＋15×18)×2＋35×18]×4×2mm＝78480mm＝78.48m

【注释】 8400－150×2——JL2 净跨长；

(300－30＋15×18)×2——锚固长度；

35×18——搭接长度；

4——单根JL2中三级钢筋⑱的根数；

2——JL2的数量。

Ⓑ轴上三级钢筋⑱的长＝[(4200－150－250)＋(300－30＋15×18)＋(500－30＋15×18)]×4×4mm＝81280mm＝81.28m

【注释】 (4200－150－250)——JL2净跨长；

(300－30＋15×18)——在梁中的锚固长度；

(500－30＋15×18)——在柱中锚固长度；

4——单根JL2中三级钢筋⑱的根数；

4——JL2的数量。

Ⓒ、Ⓔ轴间：

③、⑥轴上三级钢筋⑱的长＝[(4200－150－250)＋(300－30＋15×18)＋(500－30＋15×18)]×4×4mm＝81280mm＝81.28m

【注释】 (4200－150－250)——JL2净跨长；

(300－30＋15×18)——在梁中的锚固长度；

(500－30＋15×18)——在柱中锚固长度；

2——单根JL2中三级钢筋⑱的根数；

4——JL2的数量。

②、⑦轴上三级钢筋⑱的长＝[(4200－300)＋(300－30＋15×18)×2]×4×2mm
＝39840mm＝39.84m

【注释】 (4200－300)——JL2净跨长；

(300－30＋15×18)×2——在梁中的锚固长度；

4——单根JL2中三级钢筋⑱的根数；

2——JL2的数量。

Ⓓ轴上三级钢筋⑱的长＝[(4200－300)＋(300－30＋15×18)×2]×4×4mm
＝79680mm＝79.68m

【注释】 (4200－300)——JL2净跨长；

(300－30＋15×18)×2——在梁中的锚固长度；

4——单根JL2中三级钢筋⑱的根数；

4——JL2的数量。

JL2中下部通长筋18的总长度＝(80.8＋78.48＋81.28＋81.28＋39.84＋79.68)m
＝441.36m

箍筋：一级钢筋⑩，间距100mm。

箍筋长度＝(梁宽＋梁高)×2－8×保护层＋8d＋1.9d×2＋max(10d,75mm)×2

箍筋单根长度＝[(300＋500)×2－8×30＋8×10＋1.9×10×2＋10×10×2]mm
＝1.678mm＝1.678m

箍筋根数＝{[(8400－250×2－50×2)/100＋1]×2＋[(8400－150×2－50×2)/100＋1]×2＋[(4200－250－150－50×2)/100＋1]×8＋[(4200－250－150－

50×2)/100+1]×6}根=1704 根

【注释】 (8400－250×2－50×2)——为③、⑥轴上 JL2 单跨长；

(8400－150×2－50×2)——为②、⑦轴上 JL2 单跨长；

(4200－250－150－50×2)——为Ⓑ轴和Ⓒ、Ⓔ轴间③、⑥轴上 JL2 单跨长；

(4200－250－150－50×2)——为Ⓒ、Ⓔ轴间Ⓓ轴②、⑦轴上 JL2 单跨长；

250——为柱边到轴线的距离；

150——为梁边到轴线的距离；

50——为布置第一根箍筋距柱边的距离；

100——为箍筋间距；中括号后乘的数量为 JL2 的数量。

一级钢筋⑩的总长度=1.678×1740m=2919.72m

c. 负筋：2 根三级钢筋⑯。

伸入柱子的负筋。

③、⑥轴上三级钢筋⑯长度=[(8400－250×2)/3+(500－30+15×16)]×2×2×2mm=26746.67mm=26.747m

【注释】 (8400－250×2)/3——伸入跨内长度；

(500－30+15×16)——边支座处锚固长度；

2——负筋根数；

2——单根 JL2 边支座数量；

2——JL2 的根数。

Ⓑ轴、Ⓒ、Ⓔ轴间③、⑥轴上三级钢筋⑯长度=[(4200－250－150)/3+(500－30+15×16)]×2×8mm=31626.67mm=31.627m

【注释】 (4200－250×2)/3——伸入跨内长度；

(500－30+15×16)——边支座处锚固长度；

2——负筋根数；

8——计算负筋的 JL2 的端支座数量。

伸入梁的负筋。

②、⑦轴上边支座三级钢筋⑯长度=[(8400－150×2)/3+(300－30+15×16)]×2×4mm=25680mm=25.68m

【注释】 (8400－150×2)/3——伸入跨内长度；

(300－30+15×16)——边支座处锚固长度；

2——负筋根数；

4——计算负筋的 JL2 的端支座数量。

边支座三级钢筋⑯长度=[(4200－150×2)/3+(300－30+15×16)]×2×8mm=28960mm=28.96m

【注释】 (4200－150×2)/3——伸入跨内长度；

(300－30+15×16)——边支座处锚固长度；

2——负筋根数；

8——计算负筋的 JL2 的端支座数量。

中支座三级钢筋⑯长度＝[(4200－150×2)/3×2＋(300－30＋15×16)]×2×4mm
＝24880mm＝24.88m

【注释】 (4200－150×2)/3×2——伸入跨内长度；
(300－30＋15×16)——边支座处锚固长度；
2——负筋根数；
4——计算负筋的 JL2 的端支座数量。

三级钢筋⑯的总长度＝(26.747＋31.627＋25.68＋28.96＋24.88)m＝137.894m

综上所述：

三级钢筋⑱的质量＝441.36×2kg/m＝882.72kg

三级钢筋⑯的质量＝(299.6＋137.894)×1.58kg/m＝691.241kg

一级钢筋⑩的质量＝2919.72×0.617kg/m＝1801.47kg

【注释】 441.36——三级钢筋⑱的长度；
2kg/m——三级钢筋⑱单位长度的质量；
(299.6＋137.894)——三级钢筋⑯的长度；
1.58kg/m——三级钢筋⑯单位长度的质量；
2919.72——一级钢筋⑩的长度；
0.617kg/m——一级钢筋⑩单位长度的质量。

3）JL3 工程量

a. 上部通长筋：2 根三级钢筋⑳。

端支座 h_c－30＝(500－30)mm＝470mm 小于锚固长度 $34d$＝(34×20)mm＝680mm，采用弯锚＝(h_c－保护层＋$15d$)

三级钢筋⑳单根长度＝[(42000－250×2)＋(500－30＋15×20)＋35×5×20]mm
＝45770mm＝45.77m

【注释】 (42000－250×2)——JL3 的净跨长；
(500－30＋15×20)——锚固长度；
35×5×20——搭接长度。

三级钢筋⑳的总长＝45.77×2×2m＝183.08m

【注释】 45.77——为单根三级钢筋⑳的长度；
2——为单根 JL3 中三级钢筋⑳的数量；
2——为 JL3 的根数。

b. 下部通长筋：4 根三级钢筋⑱。

三级钢筋⑳单根长度＝[(42000－250×2)＋(500－30＋15×18)＋35×3×18]mm
＝44130mm＝44.13m

【注释】 25200－250×2——JL3 的净跨长；
(500－30＋15×18)——锚固长度；
35×3×18——搭接长度。

三级钢筋⑳的总长＝44.13×4×2m＝353.04m

【注释】 44.13——为单根三级钢筋⑱的长度；
4——为单根 JL3 中三级钢筋⑱的数量；

2——为 JL3 的根数。

c. 箍筋：一级钢筋⑩，间距 100mm。

箍筋单根长度=[(300+500×2)-8×30+8×10+1.9×10×2+10×10×2]mm

=1678mm=1.678m

箍筋根数=[(42000-250×2-50×2)/100+1]×2 根=830 根

【注释】 42000——为单跨的轴线长；

250——为柱边到轴线的距离；

50——为布置第一根箍筋距柱边的距离；

100——为箍筋间距；

2——为 JL3 的根数。

一级钢筋⑩的总长度=1.678×830m=1392.74m

d. 负筋：2 根三级钢筋⑯。

边支座三级钢筋⑯长度=[(8400-250×2)/3+(500-30+15×16)]×2×4mm

=26746.67mm=26.746m

【注释】 (8400-250×2)/3——伸入跨内长度；

(500-30+15×18)——边支座处锚固长度；

2——负筋根数；

4——JL3 边支座数量。

中支座三级钢筋⑯长度=[(8400-250×2)/3×2+500]×2×8mm

=92266.67mm=92.27m

【注释】 (8400-250×2)/3×2——伸入左右跨内长度；

500——中间支座宽；

2——负筋根数；

8——JL3 中支座数量。

三级钢筋⑯的长度=(26.746+92.27)m=119.016m

综上所述：

三级钢筋⑳的质量=183.08×2.47kg/m=452.21kg

三级钢筋⑱的质量=353.04×2kg/m=706.08kg

三级钢筋⑯的质量=119.016×1.58kg/m=188.05kg

一级钢筋⑩的质量=1392.74×0.617kg/m=859.32kg

【注释】 183.08——三级钢筋⑳的长度；

2.47kg/m——三级钢筋⑳单位长度的质量；

108.12——三级钢筋⑱的长度；

2kg/m——三级钢筋⑱单位长度的质量；

119.016——三级钢筋⑯的长度；

1.58kg/m——三级钢筋⑯单位长度的质量；

728.74——一级钢筋⑩的长度；

0.617kg/m——一级钢筋⑩单位长度的质量。

综上所述 JL 中的钢筋：

三级钢筋㉒的质量＝217.898kg＝0.218t

三级钢筋⑳的质量＝(452.21＋544.78)kg＝996.99kg＝0.997t

三级钢筋⑱的质量＝(706.08＋882.72＋218.64)kg＝1807.44kg＝1.807t

三级钢筋⑯的质量＝(188.05＋691.241)kg＝879.291kg＝0.879t

一级钢筋⑩的质量＝(859.32＋484.523＋1801.47)kg＝3145.31kg＝3.145t

（3）基础插筋

注：当基础梁顶与基础板顶一平时：基础插筋长度＝基础高度－保护层＋基础弯折 a＋基础钢筋外露长度 $H_n/3$＋与上层纵筋搭接 l_{lE}（如采用焊接时，搭接长度为 0），钢筋采用焊接，插筋与底层柱子配筋相同。基础插筋保护层厚度为 25mm。箍筋下料长度＝箍筋周长＋箍筋调整值（直径为 12 的箍筋调整值为 70mm）。

基础顶面至室外地面部分柱子的箍筋为一级⑫号钢筋，间距为 100mm。

1）三级⑱号钢筋

下料长度＝[600－25＋200×2＋900＋(4200－120)/3]mm＝3235mm

【注释】 600——基础的高度(300＋300)mm＝600mm；

200——基础插筋的弯折长度；

900——基础顶面标高至室内地平的垂直高度；

120——二层地面的板厚；

25——保护层厚度；

4200——一层层高。

数量＝8×24 根＝192 根

【注释】 8——该号钢筋在一个柱子中的数量；

24——柱子的数量。

2）三级⑳号钢筋

下料长度＝[(600－25＋200×2＋900＋(4200－120)/3]mm＝3235mm

【注释】 600——基础的高度(300＋300)＝600mm；

200——基础插筋的弯折长度；

900——基础顶面标高至室内地平的垂直高度；

120——二层地面的板厚；

25——保护层厚度；

4200——一层层高。

数量＝4×24 根＝96 根

【注释】 4——该号钢筋在一个柱子中的数量；

24——柱子的数量。

3）一级⑩号钢筋

下料长度＝[(500－30×2)×4＋(2×10×0.01＋3.5×0.01＋8×0.01)]mm
＝1760.28mm

【注释】 500——柱子的宽度；

30——柱子保护层厚度；

2×10×0.01——两个 135 度弯钩长度 10d；

3.5×0.01——弯钩增加值 3.5d。

数量＝{[600＋(900－100)/3]/100＋1}＋[900－(900－100)/3]/200＋{[(4200－120)/3]/100＋1}根＝26 根

【注释】 600——基础的高度（300＋300）mm＝600mm；

900——基础上表面至室内地坪的垂直高度；

(900－100)/3——基础上表面的 1/3 净高度；

100——一层地面板的厚度；

(4200－120)/3——一层净高的 1/3 高度；

120——二层地面板的厚度；

100——箍筋的加密间距；

200——箍筋的非加密间距；

1——端部少计算的一根箍筋。

三级钢筋⑳质量＝3.235×96×2.47kg/m＝767.08kg＝0.767t

三级钢筋⑱质量＝3.235×192×1.988kg/m＝1234.79kg＝1.235t

一级钢筋⑩质量＝1.76×26×0.617kg/m＝28.23kg＝0.028t

（4）柱子钢筋

柱子钢筋采用焊接。箍筋下料长度＝箍筋周长＋箍筋调整值（注：直径为 12 的箍筋调整值为 70mm），柱 C30 混凝土、保护层 30mm

1）一层柱子的钢筋

长度＝首层层高－首层净高 H_n/3＋max｛二层楼层净高 H_n/6，500，柱截面长边尺寸（圆柱直径）｝＋与二层纵筋搭接 l_{lE}（如采用焊接时，搭接长度为 0）

a. 三级⑱号钢筋。

下料长度＝[4200－(4200－120)/3＋(4200－120)/6]mm＝3520mm

【注释】 4200——层高；

(4200－120)/3——首层楼层净高 H_n/3；

(4200－120)/6——二层楼层净高 H_n/6；

120——板厚。

数量＝8×24 根＝192 根

【注释】 8——该号钢筋在一个柱子里面的数量；

24——柱子的数量。

b. 三级⑳号钢筋。

下料长度＝[4200－(4200－120)/3＋(4200－120)/6]mm＝3520mm

【注释】 4200——层高；

(4200－120)/3——首层楼层净高 H_n/3；

(4200－120)/6——二层楼层净高 H_n/6；

120——板厚。

数量＝4×24 根＝96 根

【注释】 4——该号钢筋在一个柱子里面的数量；

24——柱子的数量。

三级钢筋⑳质量=3.52×96×2.47kg/m=834.66kg=0.835t

三级钢筋⑱质量=3.52×192×1.988kg/m=1343.57kg=1.344t

2）二层柱子的钢筋

柱子的钢筋如表 3-6 所示。

柱子的钢筋表 **表 3-6**

钢筋部位及其名称	计算公式	说明	附图
角柱纵筋长度	外侧钢筋长度=顶层层高－max｛本层楼层净高 $H_n/6$，500，柱截面长边尺寸(圆柱直径)｝－梁高+1.5l_{aE} 内侧纵筋长度=顶层层高－max｛本层楼层净高 $H_n/6$，500，柱截面长边尺寸(圆柱直径)｝－梁高+锚固 其中锚固长度取值为： 当柱纵筋伸入梁内的直段长<l_{aE}时，则使用弯锚形式：柱纵筋伸至柱顶后弯折12d，锚固长度=梁高－保护层+12d； 当柱纵筋伸入梁内的直段长≥l_{aE}时，则使用直锚形式：柱纵筋伸至柱顶后截断，锚固长度=梁高－保护层边柱纵筋长度	以常见的 B 节点为例（03G101—1P37）： 当框架柱为矩形截面时，外侧钢筋根数为：3 根角筋，b 边钢筋总数的 1/2，h 边钢筋总数的 1/2，内侧钢筋根数为：1 根角筋，b 边钢筋总数的 1/2，h 边钢筋总数的 1/2	见图 3-17
边柱纵筋长度	边柱外侧钢筋长度与角柱相同，只是外侧钢筋根数为：2 根角筋，b 边钢筋总数的 1/2，h 边钢筋总数的 1/2　边柱内侧钢筋长度与角柱相同，只是内侧钢筋根数为：2 根角筋，b 边钢筋总数的 1/2，h 边钢筋总数的 1/2	以常见的 B 节点为例（03G101—1P37）： 当框架柱为矩形截面时，外侧钢筋根数为：3 根角筋，b 边钢筋总数的 1/2，h 边钢筋总数的1/2，内侧钢筋根数为：1 根角筋，b 边钢筋总数的 1/2，h 边钢筋总数的 1/2	见图 3-17
中柱纵筋长度	中柱纵筋长度=顶层层高－max｛本层楼层净高 $H_n/6$，500，柱截面长边尺寸(圆柱直径)｝－梁高+锚固 其中锚固长度取值为： 当柱纵筋伸入梁内的直段长<l_{aE}时，则使用弯锚形式：柱纵筋伸至柱顶后弯折12d，锚固长度=梁高－保护层+12d； 当柱纵筋伸入梁内的直段长≥l_{aE}时，则使用直锚形式：柱纵筋伸至柱顶后截断，锚固长度=梁高－保护层	03G101—1P38	见图 3-17

· 角柱：

a. 外侧钢筋。

注：锚固长度取 570mm。

下料长度=顶层层高－max｛本层楼层净高 $H_n/6$，500，柱截面长边尺寸(圆柱直径)｝－梁高+1.5l_{aE}=(4200－(4200－120)/6－600+1.5×570)mm=3775mm

【注释】 4200——层高；

(4200－120)/6——二层楼层净高 $H_n/6$

120——板厚；

600——梁高；

570——锚固长度。

三级⑳号钢筋数量=4×3 根=12 根

【注释】 4——角柱的数量；

3——该号钢筋在柱子外侧的数量。

三级⑯号钢筋数量=4×4 根=16 根

【注释】 4——角柱的数量；

4——该号钢筋在柱子中的数量。

三级钢筋⑳质量=3.775×12×2.47kg/m=111.891kg=0.112t

三级钢筋⑯质量=3.775×16×1.58kg/m=95.432kg=0.095t

b. 内侧钢筋。

柱子纵筋伸入梁内的长度为（600－25）mm=575mm 大于锚固长度取 570mm，因此，内侧钢筋采用直锚。

内侧纵筋长度=顶层层高－max{本层楼层净高 H_n/6,500,柱截面长边尺寸(圆柱直径)}－梁高＋锚固=[4200－(4200－120)/6－600＋600－25]m

=3495mm

【注释】 4200——层高；

(4200－120)/6——二层楼层净高 H_n/6；

120——板厚；

600——梁高；

25——保护层厚度。

三级⑳号钢筋数量=4×1 根=4 根

【注释】 4——角柱的数量；

1——该号钢筋在柱子中的数量。

三级⑯号钢筋数量=4×4 根=16 根

【注释】 4——角柱的数量；

4——该号钢筋在柱子中的数量。

三级钢筋⑳质量=3.495×4×2.47kg/m=34.53kg=0.035t

三级钢筋⑯质量=3.495×16×1.58kg/m=88.35kg=0.088t

·边柱：

注：边柱外侧钢筋长度与角柱相同。

a. 外侧钢筋。

下料长度=3775mm

三级⑳号钢筋数量=12×2 根=24 根

【注释】 12——边柱的数量；

2——该号钢筋在柱子中的数量。

三级⑯号钢筋数量=12×4 根=48 根

【注释】 12——边柱的数量；

4——该号钢筋在柱子中的数量。

三级钢筋⑳质量=3.775×24×2.47kg/m=223.78kg=0.224t

三级钢筋⑯质量=3.775×48×1.58kg/m=286.3kg=0.286t

b. 内侧钢筋。

下料长度=3495mm

三级⑳号钢筋数量=12×2 根=24 根

【注释】 12——边柱的数量；

2——该号钢筋在柱子中的数量。

三级⑯号钢筋数量=12×4 根=48 根

【注释】 12——边柱的数量；

4——该号钢筋在柱子中的数量。

三级钢筋⑳质量=3.495×24×2.47kg/m=207.18kg=0.207t

三级钢筋⑯质量=3.495×48×1.58kg/m=265.06kg=0.265t

· 中柱：

柱子纵筋伸入梁内的长度为（600－25）mm=575mm 大于锚固长度取 570mm，因此，内侧钢筋采用直锚。

纵筋长度=顶层层高－max{本层楼层净高 $H_n/6$，500，柱截面长边尺寸(圆柱直径)}－梁高+锚固=[4200－(4200－120)/6－600+600－25]mm=3495mm

【注释】 4200——层高；

(4200－120)/6——二层楼层净高 $H_n/6$；

120——板厚；

600——梁高；

25——保护层厚度。

三级⑳号钢筋数量=8×4 根=32 根

【注释】 8——中柱的数量；

4——该号钢筋在柱子中的数量。

三级⑯号钢筋数量=8×8 根=64 根

【注释】 8——中柱的数量；

8——该号钢筋在柱子中的数量。

· 一级⑩号箍筋：

注：箍筋加密区为 1/3 层高一个和 1/6 层高三个。(4200－120)/3mm=1360mm；(4200－120)/6mm=680mm。

下料长度=[(500－30×2)×4+(2×10×0.01+3.5×0.01+8×0.01)]mm

=1760.28mm

【注释】 500——柱子的宽度；

30——柱子的保护层厚度；

2×10×0.01——两个 135 度弯钩长度 10*d*；

3.5×0.01——弯钩增加值 3.5*d*。

数量=[(1360+680×3)/100+(4200×2－1360－680×3)/200+2]×24 根=1464 根

【注释】 1360——1/3 净高（加密区长度）；

680——1/6 净高（加密区长度）；

100——箍筋加密区间距；

4200——层高；

200——箍筋非加密区间距；

2——两层各少计算的一根端部钢筋；

24——柱子的数量。

三级钢筋⑳质量=3.495×32×2.47kg/m=276.24kg=0.276t

三级钢筋⑯质量=3.495×64×1.58kg/m=353.41kg=0.353t

一级钢筋⑩质量=1.760×1464×0.617kg/m=1.590t

综上所述：

三级钢筋⑳质量=(0.835+0.112+0.035+0.224+0.207+0.276)t=1.689t

三级钢筋⑱质量=1.344t

三级钢筋⑯质量=(0.095+0.088+0.286+0.265+0.353)t=1.087t

一级钢筋⑩质量=1.590t

（5）梁钢筋

梁的通长钢筋=通跨净跨长+伸入左右支座的锚固长度

其中：净跨长——各跨之和减去1/2左、右支座宽度。

伸入左右支座的锚固长度——有直锚和弯锚两种方式。当端支座宽度 h_c 减去保护层大于锚固长度 l_{aE} 时，采用直锚，长度取 max(l_{aE}，$0.5h_c+5d$)；

当端支座宽度 h_c 减去保护层小于锚固长度 l_{aE} 时，采用弯锚，长度取（h_c－保护层+$15d$）。

梁的支座负筋。

第一排端支座负筋=伸入跨内长度+伸入左右支座的锚固长度

其中：伸入跨内长度=1/3首（尾）跨净长；

伸入左右支座的锚固长度——有直锚和弯锚两种方式。当端支座宽度 h_c 减去保护层大于锚固长度 l_{aE} 时，采用直锚，长度取 max(l_{aE}，$0.5h_c+5d$)；

当端支座宽度 h_c 减去保护层小于锚固长度 l_{aE} 时，采用弯锚，长度取（h_c－保护层+$15d$）。

第二排端支座负筋=伸入跨内长度+伸入左右支座的锚固长度

其中，伸入跨内长度=1/4首（尾）跨净长；

伸入左右支座的锚固长度——有直锚和弯锚两种方式。当端支座宽度 h_c 减去保护层大于锚固长度 l_{aE} 时，采用直锚，长度取 max（l_{aE}，$0.5h_c+5d$）；

当端支座宽度 h_c 减去保护层小于锚固长度 l_{aE} 时，采用弯锚，长度取（h_c－保护层+$15d$）。

第一排中间支座负筋=中间支座宽+伸入中间支座左（右）跨内长度

其中，伸入中间支座左（右）跨内长度——max（首跨净跨长，中间跨净跨长）/3。

第二排中间支座负筋=中间支座宽+伸入中间支座左（右）跨内长度

其中：伸入中间支座左（右）跨内长度——max（首跨净跨长，中间跨净跨长）/4。

一层梁的钢筋：

1）通长钢筋

a. KL1。

·上部通长钢筋2根三级钢筋⑱号：

端支座 $h_c-30=(500-30)\text{mm}=470\text{mm}$ 小于锚固长度 $34d=34\times18\text{mm}=612\text{mm}$，采用弯锚=($h_c$－保护层+15$d$)。

长度=[25200－250×2+(500－30+15×18)×2+35×18×3]mm=28070mm
=28.07m

【注释】 25200——①轴线的轴线长度；
250——轴线两端的柱子截面的一半；
(500－30+15×18)——端支座的锚固长度；
2——①轴线两端的两个端支座；
35×18×3——搭接长度。

总长度=28.07×2×2m=112.28m

【注释】 28.07——单根三级钢筋⑱的钢筋长度；
2——一个KL1中有2根三级钢筋⑱；
最后一个2——一层中有两个KL1。

·下部通长钢筋2根三级钢筋⑳号：

端支座 $h_c-30=(500-30)\text{mm}=470\text{mm}$ 小于锚固长度 $34d=34\times20\text{mm}=680\text{mm}$，采用弯锚=($h_c$－保护层+15$d$)。

长度=[25200－250×2+(500－30+15×20)×2+35×20×3]mm
=28340mm=28.34m

【注释】 25200——①轴线的轴线长度；
250——轴线两端的柱子截面的一半；
(500－30+15×20)——端支座的锚固长度；
2——①轴线两端的两个端支座；
35×20×3——搭接长度。

总长度=28.34×2×2m=113.36m

【注释】 28.34——单根三级钢筋⑳的钢筋长度；
2——一个KL1中有2根三级钢筋⑳；
最后一个2——一层中有两个KL1。

·下部通长钢筋2根三级钢筋⑱号：

端支座 $h_c-30=(500-30)\text{mm}=470\text{mm}$ 小于锚固长度 $34d=34\times18\text{mm}=612\text{mm}$，采用弯锚=($h_c$－保护层+15$d$)。

长度=[25200－250×2+(500－30+15×18)×2+35×18×3]mm
=28070mm=28.07m

【注释】 25200——①轴线的轴线长度；
250——轴线两端的柱子截面的一半；
(500－30+15×18)——端支座的锚固长度；
2——①轴线两端的两个端支座；
35×18×3——搭接长度。

总长度=28.07×2×2m=112.28m

【注释】 28.07——单根三级钢筋⑱的钢筋长度；

2——一个 KL1 中有 2 根三级钢筋⑱；

最后一个 2——一层中有两个 KL1。

KL1 中　三级钢筋⑱的总长度＝112.28×2m＝224.56m

三级钢筋⑱的质量＝224.56×2kg/m＝449.12kg

三级钢筋⑳的总长度＝113.36m

三级钢筋⑳的质量＝113.36×2.47kg/m＝278.00kg

【注释】 2kg/m——为三级钢筋⑱单位长度的质量；

2.47kg/m——为三级钢筋⑳单位长度的质量。

b. KL2。

・上部通长钢筋 3 根三级钢筋㉕号：

端支座 h_c－30＝(500－30)mm＝470mm 小于锚固长度 34d＝34×25mm＝850mm，采用弯锚＝(h_c－保护层＋15d)。

长度＝[25200－250×2＋(500－30＋15×25)×2＋35×25×3]mm＝29015mm
＝29.015m

【注释】 25200——③轴线的轴线长度；

250——轴线两端的柱子截面的一半；

(500－30＋15×25)——端支座的锚固长度；

2——①轴线两端的两个端支座；

35×18×3——搭接长度。

总长度＝29.015×3×4m＝348.18m

【注释】 29.015——单根三级钢筋㉕的钢筋长度；

3——一个 KL2 中有 3 根三级钢筋㉕；

4——一层中有四个 KL2。

・下部无通长钢筋。

KL2 中　三级钢筋㉕的总长度＝348.18m

三级钢筋㉕的重＝348.18×3.85kg/m＝1340.493kg

【注释】 3.85kg/m——为三级钢筋㉕的单位长度的质量。

c. KL3。

・上部通长钢筋 2 根三级钢筋㉒号：

端支座 h_c－30＝(500－30)mm＝470mm 小于锚固长度 34d＝34×22mm＝748mm，采用弯锚＝(h_c－保护层＋15d)。

长度＝[42000－250×2＋(500－30＋15×22)×2＋35×22×5]mm
＝46950mm＝46.95m

【注释】 42000——Ⓐ轴线的轴线长度；

250——轴线两端的柱子截面的一半；

(500－30＋15×22)——端支座的锚固长度；

2——Ⓐ轴线两端的两个端支座；

35×22×5——搭接长度。

总长度＝46.95×2×4m＝375.6m

【注释】 46.95——单根三级钢筋㉒的钢筋长度；

2——一个 KL3 中有 2 根三级钢筋㉕；

4——一层中有四个 KL3。

·下部无通长钢筋。

KL3 中　三级钢筋㉒的总长度＝375.6m

三级钢筋㉒的质量＝375.6×2.98kg/m＝1119.288kg

【注释】 2.98kg/m——为三级钢筋㉒单位长度的质量。

d. LL1。

·上部通长筋 2 根三级钢筋⑯号：

端支座 $h_c-30=(300-30)$mm＝270mm 小于锚固长度 $34d=34\times16$mm＝544mm，采用弯锚＝(h_c－保护层＋15d)。

长度＝[8400－150×2＋(300－30＋15×16)×2＋35×16]mm

＝9680mm＝9.68m

【注释】 8400——Ⓐ、Ⓑ轴线之间的长度；

150——梁的中线至外边缘的距离；

(300－30＋15×16)——端支座的锚固长度；

300——梁宽；

2——Ⓐ、Ⓑ轴线两端锚固；

35×16——搭接长度。

总长度＝9.68×2×2m＝38.72m

【注释】 9.68——单根三级钢筋⑯的长度；

2——一根 LL1 中三级钢筋⑯的数量；

后一个 2——一层 LL1 的数量。

·下部通长钢筋 4 根三级钢筋⑳号：

端支座 $h_c-30=(300-30)$mm＝270mm 小于锚固长度 $34d=34\times20$mm＝680mm，采用弯锚＝(h_c－保护层＋15d)。

长度＝[8400－150×2＋(300－30＋15×20)×2＋35×20]mm

＝9940mm＝9.94m

【注释】 8400——Ⓐ、Ⓑ轴线之间的长度；

150——梁的中线至外边缘的距离；

(300－30＋15×20)——端支座的锚固长度；

300——梁宽；

2——Ⓐ、Ⓑ轴线两端锚固；

35×20——搭接长度。

总长度＝9.94×4×2m＝79.52m

【注释】 9.94——单根三级钢筋⑳的长度；

2——一根 LL1 中三级钢筋⑳的数量；

后一个 2——一层 LL1 的数量。

LL1 中　三级钢筋⑯的总长度＝38.72m

三级钢筋⑯的质量＝38.72×1.58kg/m＝61.178kg

三级钢筋⑳的总长度＝79.52m

三级钢筋⑳的质量＝79.52×2.47kg/m＝196.414kg

【注释】 1.58kg/m——为三级钢筋⑯单位长度的质量；

2.47kg/m——为三级钢筋⑳单位长度的质量。

e. LL2。

·上部通长筋 2 根三级钢筋⑯号：

端支座 h_c-30＝（500－30）mm＝470mm 小于锚固长度 $34d$＝34×16mm＝544mm，采用弯锚＝(h_c－保护层＋15d)。

Ⓒ、Ⓔ轴线之间的长度＝[42000－150×2＋（300－30＋15×16）×2＋35×16×5]×2×2mm＝182080mm＝182.08m

【注释】 42000——Ⓒ、Ⓔ轴线的轴线长度；

150——梁的中线至外边缘的距离；

(300－30＋15×16)——端支座的锚固长度；

300——梁宽；

2——Ⓒ、Ⓔ轴线两端锚固；

2——单根连梁中三级钢筋⑯的根数；

最后一个 2——Ⓒ、Ⓔ轴线之间 LL2 的数量；

35×16×5——搭接长度。

Ⓑ、Ⓒ轴线之间的长度＝{[8400×2－150×2＋(300－30＋15×16)×2＋35×16×2]×2×4}mm＝149120mm＝149.12m

【注释】 8400×2——①、④轴线之间 LL2 的长度；

150——梁的中线至外边缘的距离；

(300－30＋15×16)——端支座的锚固长度；

300——梁宽；

2——①、④轴线两端锚固；

2——单根连梁中三级钢筋⑯的根数；

4——Ⓑ、Ⓒ轴线之间有四个 LL2；

35×16×2——搭接长度。

Ⓐ、Ⓑ之间的长度＝[42000－4200×2－150×2＋(300－30＋15×16)×2＋35×16×4]×2×2mm＝146240mm＝146.24m

【注释】 42000——Ⓐ、Ⓑ轴线的轴线长度；

4200×2——①和②、⑦和⑧轴线之间的长度；

150——梁的中线至外边缘的距离；

(300－30＋15×16)——端支座的锚固长度；

300——梁宽；

2——②和⑦、①和⑧轴线两端锚固；

2——单根连梁中三级钢筋⑯的根数；

最后一个 2——Ⓐ、Ⓑ轴线之间 LL2 的数量；

35×16×4——搭接长度。

以上长度总计=(182.08+149.12+146.24)m=477.44m

·下部通长钢筋 4 根三级钢筋⑳号：

端支座 h_c−30=(500−30)mm=470mm 小于锚固长度 34d=34×20mm=680mm，采用弯锚=(h_c−保护层+15d)。

Ⓒ、Ⓔ轴线之间的长度=[42000−150×2+(300−30+15×20)×2+35×16×5]×4×2mm=365120mm=365.12m

【注释】 42000——Ⓒ、Ⓔ轴线的轴线长度；

150——梁的中线至外边缘的距离；

(300−30+15×20)——端支座的锚固长度；

300——梁宽；

2——Ⓒ、Ⓔ轴线两端锚固；

4——单根连梁中三级钢筋⑯的根数；

最后一个 2——Ⓒ、Ⓔ轴线之间 LL2 的数量；

35×16×5——搭接长度。

Ⓑ、Ⓒ轴线之间的长度=[8400×2−150×2+(300−30+15×20)×2+35×16×2]×4×4mm=300160mm=300.16m

【注释】 8400×2——①、④轴线之间 LL2 的长度；

150——梁的中线至外边缘的距离；

(300−30+15×20)——端支座的锚固长度；

300——梁宽；

2——①、④轴线两端锚固；

4——单根连梁中三级钢筋⑯的根数；

4——Ⓑ、Ⓒ轴线之间有四个 LL2；

35×16×2——搭接长度。

Ⓐ、Ⓑ之间的长度=[42000−4200×2−150×2+(300−30+15×20)×2+35×16×4]×4×2mm=293440mm=293.44m

【注释】 42000——Ⓐ、Ⓑ轴线的轴线长度；

4200×2——①和②、⑦和⑧轴线之间的长度；

150——梁的中线至外边缘的距离；

(300−30+15×20)——端支座的锚固长度；

300——梁宽；

2——②和⑦、①和⑧轴线两端锚固；

4——单根连梁中三级钢筋⑯的根数；

最后一个 2——Ⓐ、Ⓑ轴线之间 LL2 的数量；

35×16×4——搭接长 0 度。

以上长度总计=(365.12+300.16+293.44)m=958.72m

LL2 中 三级钢筋⑯的质量=477.44×1.58kg/m=754.355kg

三级钢筋⑳的质量=958.72×2.47kg/m=2368.038kg

【注释】 1.58kg/m——为三级钢筋⑱单位长度的质量；

2.47kg/m——为三级钢筋⑳单位长度的质量。

2）支座负筋。

a. KL1。

·上部支座负筋（三级钢筋 18）：

Ⓐ轴交①轴处：

长度={[(8400−250×2)/3+(500−30+15×18)]×2+[(8400−250×2)/4+(500−30+15×18)]×2}mm

=12176.66mm=12.18m

【注释】 (8400−250×2)/3——首跨净长的 1/3 长度；

其中：8400——Ⓐ、Ⓑ轴线之间的轴线长度；

250×2——Ⓐ、Ⓑ轴线之间的柱的长度；

(500−30+15×18)——Ⓐ轴端支座处的锚固长度；

2——第一排支座负筋的根数；

(8400−250×2)/4——首跨净长的 1/4 长度；

最后一个 2——第二排支座负筋的根数。

Ⓑ轴交①轴处：

长度={[(8400−250×2)/3×2+500]×2+[(8400−250×2)/4×2+500]×2}mm

=20433mm=20.43m

【注释】 (8400−250×2)/3——首跨净长的 1/3 长度；

其中：8400——支座左右跨的轴线长度；

250×2——Ⓐ、Ⓑ轴线之间的柱的长度；

500——支座的宽度；

2——钢筋伸入左右跨中的长度相同；

括号外的 2——第一排支座负筋的根数；

第三个 2——钢筋伸入左右跨中的长度相同；

最后一个 2——第二排支座负筋的根数。

Ⓒ轴交①轴处：

长度={[(8400−250×2)/3×2+500]×2+[(8400−250×2)/4×2+500]×2}mm=20433mm=20.43m

【注释】 (8400−250×2)/3——首跨净长的 1/3 长度；

其中：8400——支座左右跨的轴线长度；

250×2——轴线之间的柱的长度；

500——支座的宽度；

2——钢筋伸入左右跨中的长度相同；

括号外的 2——第一排支座负筋的根数；

第三个 2——钢筋伸入左右跨中的长度相同；

最后一个 2——第二排支座负筋的根数。

Ⓔ轴交①轴处：

长度＝{[(8400－250×2)/3＋(500－30＋15×18)]×2＋[(8400－250×2)/4＋(500－30＋15×18)]×2}mm＝12176.66mm＝12.18m

【注释】 (8400－250×2)/3——首跨净长的 1/3 长度；

其中：8400——Ⓒ、Ⓔ轴线之间的轴线长度；

250×2——Ⓒ、Ⓔ轴线之间的柱的长度；

(500－30＋15×18)——Ⓔ轴端支座处的锚固长度；

2——第一排支座负筋的根数；

(8400－250×2)/4——首跨净长的 1/4 长度；

最后一个 2——第二排支座负筋的根数。

KL1 中上部支座负筋（三级钢筋⑱）总长度＝(12.18＋20.43＋20.43＋12.18) m
＝65.22m

总长度＝(65.22×2)m＝130.44m

【注释】 65.22——单根 KL1 中上部通长筋总长度；

2——①、⑧轴线均为 KL1。

下部无端支座负筋。

b. KL2。

・上部支座负筋（三级钢筋 25）：

Ⓐ轴交③轴处：

长度＝[(8400－250×2)/3＋(500－30＋15×25)]mm＝3478.33mm＝34.78m

【注释】 (8400－250×2)/3——首跨净长的 1/3 长度；

其中：8400——Ⓐ、Ⓑ轴线之间的轴线长度；

250×2——Ⓐ、Ⓑ轴线之间的柱的长度；

(500－30＋15×25)——钢筋在端支座的锚固长度。

Ⓑ轴交③轴处：

长度＝[(8400－250×2)/3×2＋500]mm＝12350mm＝12.35m

【注释】 (8400－250×2)/3——首跨净长的 1/3 长度；

其中：8400——支座左右跨的轴线长度；

250×2——轴线之间的柱的长度；

2——钢筋伸入左右跨中的长度相同；

500——支座的宽度。

Ⓒ轴交③轴处：

长度＝[(8400－250×2)/3×2＋500]mm＝12350mm＝12.35m

【注释】 (8400－250×2)/3——首跨净长的 1/3 长度；

其中：8400——支座左右跨的轴线长度；

250×2——轴线之间的柱的长度；

2——钢筋伸入左右跨中的长度相同；

500——支座的宽度。

Ⓔ轴交③轴处：

长度＝[(8400－250×2)/3＋(500－30＋15×25)]mm＝3478.33mm＝34.78m

【注释】 (8400－250×2)/3——首跨净长的 1/3 长度；

其中：8400——Ⓒ、Ⓔ轴线之间的轴线长度；

250×2——*C*、*E* 轴线之间的柱的长度；

(500－30＋15×25)——钢筋在端支座的锚固长度。

以上长度总和＝（34.78＋12.35＋12.35＋34.78）m＝94.26m

总长度＝94.26×4m＝377.04m

【注释】 94.26——单根 KL2 中上部支座负筋的总长度；

4——③、④、⑤、⑥轴均为 KL2。

KL2 上部支座负筋（三级钢筋㉕）总长度＝377.04m

· 下部非贯通钢筋（三级钢筋 25）：

第一排非贯通钢筋（2 根三级钢筋㉕）：

长度＝[(8400－250×2)＋(500－30＋15×25)×2]×2×3×4mm

＝230160mm＝230.16m

【注释】 (8400－250×2)——KL2 中两支座之间净跨长度；

其中：8400——KL2 中两支座之间的轴线长度；

250×2——轴线之间的柱所占长度；

(500－30＋15×25)——端支座的锚固长度；

2——两端支座的锚固；

2——第一排端支座负筋在一跨中有 2 根；

3——KL2 中有 3 跨；

最后一个 4——在一层中有 4 根 KL2。

第二排非贯通钢筋（4 根三级钢筋㉕）：

长度＝[(8400－250×2)＋(500－30＋15×25)×2]×4×3×4mm

＝460320mm＝460.32m

【注释】 (8400－250×2) ——KL2 中两支座之间净跨长度；

其中：8400——KL2 中两支座之间的轴线长度；

250×2——轴线之间的柱所占长度；

(500－30＋15×25)——端支座的锚固长度；

2——两端支座的锚固；

4——第二排端支座负筋在一跨中有 4 根；

3——KL2 中有 3 跨；

最后一个 4——在一层中有 4 根 KL2。

KL2 中下部非贯通钢筋（三级钢筋㉕）总长度＝(460.32＋230.16)m＝690.48m

c. KL3。

· 上部支座负筋（2 根三级钢筋⑱）：

①轴交Ⓐ轴：

长度＝[(8400－250×2)/3＋(500－30＋15×18)]mm＝3373.33mm＝3.4m

【注释】 (8400－250×2)/3——首跨净长的 1/3 长度；

其中：8400——①、③轴线之间的轴线长度；

250×2——①、③轴线之间的柱的长度；

(500－30＋15×18)——端支座的锚固长度。

总长度＝3.4×2×2×4m＝54.4m

【注释】 3.4——①、③轴线交Ⓐ轴线处单跨梁中一根端支座负筋三级钢筋⑱的长度；

2——一跨中上部支座负筋有两根；

第二个 2——①、③轴线交Ⓐ轴线和⑥、⑧轴线交Ⓐ轴线相同；

4——一层中有 4 个 KL3。

③轴交Ⓐ轴：

长度＝[(8400－250×2)/3×2＋500]×2×4×4mm＝184533.34mm＝184.53m

【注释】 (8400－250×2)/3——首跨净长的 1/3 长度；

2——中间支座左右两端；

500——支座宽度；

4——③、④、⑤、⑥轴交Ⓐ轴处；

最后一个 4——一层中有 4 个 KL3。

KL3 中上部支座负筋（三级钢筋⑱）总长度＝(54.4＋184.53)m＝238.93m

· 下部非贯通钢筋（4 根三级钢筋⑳）：

①轴交Ⓐ轴：

长度＝[(8400－250×2)＋(500－30＋15×20)×2]×5×4mm＝188800mm＝188.8m

【注释】 (8400－250×2)——梁的净跨长度；

(500－30＋15×20)×2——梁在左右支座的锚固长度；

5——KL3 的 5 跨；

4——一层中有 4 个 KL3。

d. LL1。

· 上部支座负筋（2 根三级钢筋⑯）：

长度＝[(8400－150×2)/3＋(300－30＋15×16)]×2mm＝6420mm＝6.42m

【注释】 (8400－150×2)/3——LL1 净跨长的 1/3 长度；

其中：8400——Ⓐ、Ⓑ轴线长度；

150——轴线至梁外边线的距离；

(300－30＋15×16)——LL1 的支座锚固长度；

2——LL1 左右支座的锚固长度。

总长度＝6.42×2m＝12.84m

【注释】 6.42——一根 LL1 中支座负筋的长度；

2——一层中有 2 个 LL1。

下部无支座负筋。

e. LL2。

· 上部支座负筋（4 根三级钢筋⑳）：

②、⑦轴线交Ⓐ、Ⓑ轴线之间：

第一排支座负筋：

②、⑦轴线处：
长度＝[(4200－150×2)/3＋(500－30＋15×20)]×2mm＝4140mm＝4.14m
【注释】 (4200－150×2)/3——②、③轴线之间梁净跨长的 1/3 长度；
(500－30＋15×20)——梁的锚固长度；
2——②、⑦轴线的两处锚固。
③、⑥轴线处：
长度＝[(4200－150×2)/3＋(8400－150×2)/3＋300]×2mm＝8600mm＝8.6m
【注释】 (4200－150×2)/3——②、③轴线之间梁净跨长的 1/3 长度；
(8400－150×2)/3——③、④轴线之间梁净跨长的 1/3 长度；
(500－30＋15×20)——梁的锚固长度；
300——支座宽；
2——③、⑥轴线的两处锚固。
④、⑤轴线处：
长度＝[(8400－150×2)/3×2＋300]×2mm＝11400mm＝11.4m
【注释】 (8400－150×2)/3——④、⑤轴线支座左右跨净长的 1/3 长度；
2——支座的左右两端；
300——支座宽；
最后一个 2——④、⑤轴线的两处锚固。
以上长度之和＝(4.14＋8.6＋11.4)m＝24.14m
总长度＝24.14×2×2m＝96.56m
【注释】 24.14——一根 LL2 中一根负筋三级钢筋⑳的长度；
2——LL2 中第一排支座负筋中三级钢筋⑳的数量；
第二个 2——Ⓐ、Ⓑ轴线之间的两个 LL2。
第二排支座负筋：
②、⑦轴线处：
长度＝[(4200－150×2)/4＋(500－30＋15×20)]×2mm＝3490mm＝3.49m
【注释】 (4200－150×2)/4——②、③轴线之间梁净跨长的 1/4 长度；
(500－30＋15×20)——梁的锚固长度；
2——②、⑦轴线的两处锚固。
③、⑥轴线处：
长度＝[(4200－150×2)/4＋(8400－150×2)/4＋300]×2mm＝6600mm＝6.6m
【注释】 (4200－150×2)/4——②、③轴线之间梁净跨长的 1/4 长度；
(8400－150×2)/4——③、④轴线之间梁净跨长的 1/4 长度；
(500－30＋15×20)——梁的锚固长度；
300——支座宽；
2——③、⑥轴线的两处锚固。
④、⑤轴线处：
长度＝[(8400－150×2)/4×2＋300]×2mm＝8700mm＝8.7m
【注释】 (8400－150×2)/3——④、⑤轴线支座左右跨净长的 1/4 长度；

2——支座的左右两端；

300——支座宽；

最后一个2——④、⑤轴线的两处锚固。

以上长度之和＝(3.49＋6.6＋8.7)m＝18.79m

总长度＝18.79×2×2m＝75.16m

【注释】 24.14——一根LL2中一根负筋三级钢筋⑳的长度；

2——LL2中第二排支座负筋中三级钢筋⑳的数量；

第二个2——Ⓐ、Ⓑ轴线之间的两个LL2。

下部无支座负筋。

②、⑦轴线交Ⓐ、Ⓑ轴线之间LL2支座负筋总长度＝(96.56＋75.16)m＝171.72m

①-④轴、⑤-⑧轴交Ⓑ、Ⓒ轴线：

第一排支座负筋：

①、④、⑤、⑧轴处：

长度＝[(8400－150×2)/3＋(500－30＋15×20)]×2×2×4mm＝55520mm＝55.52m

【注释】 (8400－150×2)/3——第一排端支座负筋伸入跨内的长度；

(500－30＋15×20)——端支座的锚固长度；

2——一跨中第一排支座负筋的根数；

第二个2——①-④轴线的梁两个端支座；

4——Ⓑ、Ⓒ轴线之间有4个LL2。

③、⑥轴处：

长度＝[(8400－150×2)/3×2＋300]×2×4mm＝45600mm＝45.6m

【注释】 (8400－150×2)/3×2——第一排中间支座负筋伸入左、右跨内的长度；

300——支座的宽度。

第二排支座负筋：

①、④、⑤、⑧轴处：

长度＝[(8400－150×2)/4＋(500－30＋15×20)]×2×2×4mm
＝44720mm＝44.72m

【注释】 (8400－150×2)/4——第二排端支座负筋伸入跨内的长度；

(500－30＋15×20)——端支座的锚固长度；

2——一跨中第二排支座负筋的根数；

第二个2——①-④轴线的梁两个端支座；

4——Ⓑ、Ⓒ轴线之间有4个LL2。

③、⑥轴处：

长度＝[(8400－150×2)/4×2＋300]×2×4mm＝34800mm＝34.8m

【注释】 (8400－150×2)/4×2——第二排中间支座负筋伸入左、右跨内的长度；

300——支座的宽度。

①-④轴、⑤-⑧轴交Ⓑ、Ⓒ轴线之间：

LL2支座负筋总长度＝(55.52＋45.6＋44.72＋34.8)m＝180.64m

①-⑧轴交Ⓒ、Ⓔ轴线之间：

第一排支座负筋：

①、⑧轴线处：

长度＝[(8400－150×2)/3＋(500－30＋15×20)]×2×4mm＝27760mm＝27.76mm

【注释】 (8400－150×2)/3——第一排端支座负筋伸入跨内的长度；

(500－30＋15×20)——端支座的锚固长度；

2——一跨中第一排端支座负筋的根数；

4——Ⓒ、Ⓔ轴线之间有 4 个端支座。

③、④、⑤、⑥轴线处：

长度＝[(8400－150×2)/3×2＋300]×2×8mm＝91200mm＝91.2mm

【注释】 (8400－150×2)/3×2——第一排中间支座负筋伸入左、右跨内的长度；

300——支座的宽度；

2——中间支座负筋中负筋的数量；

8——Ⓒ、Ⓔ轴线之间有 8 个中间支座。

第二排支座负筋：

①、⑧轴线处：

长度＝[(8400－150×2)/4＋(500－30＋15×20)]×2×4mm＝22360mm＝22.36mm

【注释】 (8400－150×2)/4——第二排端支座负筋伸入跨内的长度；

(500－30＋15×20)——端支座的锚固长度；

2——一跨中第一排端支座负筋的根数；

4——Ⓒ、Ⓔ轴线之间有 4 个端支座。

③、④、⑤、⑥轴线处：

长度＝[(8400－150×2)/4×2＋300]×2×8mm＝69600mm＝69.6mm

【注释】 (8400－150×2)/4×2——第二排中间支座负筋伸入左、右跨内的长度；

300——支座的宽度；

2——中间支座负筋中负筋的数量；

8——Ⓒ、Ⓔ轴线之间有 8 个中间支座。

①-⑧轴交Ⓒ、Ⓔ轴线之间：

LL2 支座负筋总长度＝（27.76＋91.2＋22.36＋69.6）m＝210.962m

综合以上计算：

三级钢筋⑯的总长度＝12.84m

三级钢筋⑯的质量＝12.84×1.58kg/m＝20.287kg

三级钢筋⑱的总长度＝(130.44＋238.93)m＝369.37m

三级钢筋⑱的质量＝369.37×2kg/m＝738.74kg

三级钢筋⑳的总长度＝(171.72＋180.64＋210.962＋188.8)m＝752.122m

三级钢筋⑳的质量＝752.122×2.47kg/m＝1857.74kg

三级钢筋㉕的总长度＝(377.04＋690.48)m＝1067.52m

三级钢筋㉕的质量＝1067.52×3.85kg/m＝4109.952kg

【注释】 1.58kg/m——为三级钢筋⑯单位长度的质量；

2kg/m——为三级钢筋⑱单位长度的质量；

2.47kg/m——为三级钢筋⑳单位长度的质量；

3.85kg/m——为三级钢筋㉕单位长度的质量。

3）侧面纵向钢筋

侧面纵向抗扭钢筋长度=净跨长度+2×锚固长度

其中：锚固长度——有直锚和弯锚两种方式。当端支座宽度 h_c 减去保护层大于锚固长度 l_{aE}时，采用直锚，长度取 max（l_{aE}，0.5h_c+5d）；

当端支座宽度 h_c 减去保护层小于锚固长度 l_{aE}时，采用弯锚，长度取（h_c－保护层+15d）。

本实例中，侧面纵向抗扭钢筋为 N2 三级钢筋⑭，h_c－保护层=(500－30)mm=470mm 小于锚固长度 l_{aE}=34d=34×14mm=476mm，采用弯锚，长度取(h_c－保护层+15d)=(500－30+15×14)mm=680mm。

长度=[(8400－250×2)+680×2+35×14]×2×3×6mm=351000mm=351m

【注释】 (8400－250×2)——KL1、KL2 的跨净长度；

250×2——KL1、KL2 的轴线两端的柱的长度；

680×2——抗扭钢筋在支座的锚固长度；

35×14——搭接长度；

2——单根梁中有两根抗扭钢筋；

3——KL1、KL2 的单根跨数；

6——一层中 KL1、KL2 共计 6 根。

侧面纵向钢筋三级钢筋⑭的质量=351×1.21kg/m=424.71kg

【注释】 1.21kg/m——为三级钢筋⑭单位长度的质量。

4）箍筋

箍筋长度=(梁宽+梁高)×2－8×保护层+8d+1.9d×2+max(10d,75mm)×2

箍筋根数=2×加密区箍筋根数+非加密区箍筋根数

当结构为一级抗震时，加密区箍筋根数=[max(2×梁高,500)－50]/加密间距+1

非加密区箍筋根数=[跨净长－2×max(2×梁高,500)]/非加密间距－1

当结构为二至四级抗震时,加密区箍筋根数=[max(1.5×梁高,500)－50]/加密间距+1；非加密区箍筋根数=[跨净长－2×max(1.5×梁高,500)]/非加密间距－1

当梁全部加密设置箍筋时：箍筋根数=(跨净长－2×50)/加密间距+1

当梁宽=300　梁高=500 时：

箍筋长度=[(300+500)×2－8×30+8×10+1.9×10×2+100×2]mm
=1678mm=1.678m

当梁宽=300　梁高=600 时：

箍筋长度=[(300+600)×2－8×30+8×10+1.9×10×2+100×2]mm
=1878mm=1.878m

a. KL1。

箍筋长度=1.878m

箍筋根数=[(8400－250×2－50×2)/100+1]根=79 根

【注释】 (8400－250×2－50×2)——KL1 中其中一跨的布筋长度；

50×2——箍筋两端的起步距离；

100——箍筋间距。

总长度=1.878×79×3×2m=890.172m

【注释】 79——KL1中一跨的箍筋根数；

3——KL1有3跨；

2——一层中有KL1两根梁。

b. KL2。

箍筋长度=1.878m

箍筋根数=[(8400−250×2−50×2)/100+1]根=79根

【注释】 (8400−250×2−50×2)——KL2中其中一跨的布筋长度；

50×2——箍筋两端的起步距离；

100——箍筋间距。

总长度=1.878×79×3×4m=1780.344m

【注释】 79——KL2中一跨的箍筋根数；

3——KL2有3跨；

4——一层中有KL2四根梁。

c. KL3。

箍筋长度=1.678m

箍筋根数=[(8400−250×2−50×2)/100+1]根=79根

【注释】 (8400−250×2−50×2)——KL3中其中一跨的布筋长度；

50×2——箍筋两端的起步距离；

100——箍筋间距。

总长度=1.678×79×5×4m=2651.24m

【注释】 79——KL3中一跨的箍筋根数；

5——KL3有5跨；

4——一层中有KL3四根梁。

d. LL1。

箍筋长度=1.678m

箍筋根数=[(8400−150×2−50×2)/200+1]根=42根

【注释】 8400——Ⓐ、Ⓑ轴线之间的长度；

150——轴线距梁边线的距离；

50×2——箍筋两端的起步距离；

200——箍筋间距。

总长度=1.678×42×2m=140.95m

【注释】 42——LL1中箍筋根数；

2——一层中LL1的个数。

e. LL2。

箍筋长度=1.678m

②、③轴线和⑥、⑦轴线：

箍筋根数=[(4200－150×2－50×2)/200+1]×4 根=80 根

【注释】 (4200－150×2－50×2)——②、③轴线和⑥、⑦轴线的布筋长度；

其中：4200——②、③轴线和⑥、⑦轴线的轴线长度；

150——轴线距梁边线的距离；

50×2——箍筋两端的起步距离；

200——箍筋间距；

4——②、③轴线和⑥、⑦轴线的 LL2 的相同跨数。

③～⑥轴线：

箍筋根数=[(8400－150×2－50×2)/200+1]×16 根=656 根

【注释】 (8400－150×2－50×2)——③和④、④和⑤、⑤和⑥轴线的布筋长度；

其中：8400——③和④、④和⑤、⑤和⑥轴线的轴线长度；

150——轴线距梁边线的距离；

50×2——箍筋两端的起步距离；

200——箍筋间距；

16——③和④、④和⑤、⑤和⑥轴线的 LL2 的相同跨数。

①～③轴线：

箍筋根数=[(8400－150－150－50×2)/200+1]×8 根=84 根

【注释】 (8400－150×2－50×2)——①～③轴线的布筋长度；

其中：8400——①～③轴线的轴线长度；

150——轴线距梁边线的距离；

50×2——箍筋两端的起步距离；

200——箍筋间距；

8——①～③轴线的 LL2 的相同跨数。

总长度=1.678×(80+656+328)m=1785.392m

综上所述：

一级钢筋⑩的总长度=(890.172+1780.344+2651.24+140.95+1785.392)m

=7248.098m

一级钢筋⑩的质量=7248.098×0.617kg/m=4472.076kg

【注释】 0.617kg/m——为三级钢筋⑩单位长度的质量。

二层梁的钢筋：

(1) 通长钢筋。

a. KL1。

· 上部通长钢筋 (2 根三级钢筋⑳)：

端支座 h_c－30= (500－30) mm=470mm 小于锚固长度 $34d$=34×20mm=680mm，采用弯锚=(h_c－保护层+15d)。

长度=[25200－250×2+(500－30+15×20)×2+35×20×3]mm

=28340mm=28.34m

【注释】 25200——①轴线的轴线长度；

250——轴线两端的柱子截面的一半；
(500－30＋15×20)——端支座的锚固长度；
2——①轴线两端的两个端支座；
35×20×3——搭接长度。

总长度＝28.34×2×2m＝113.36m

【注释】 28.34——单根三级钢筋⑳的钢筋长度；
2——一个 KL1 中有 2 根三级钢筋⑳；
最后一个 2——二层中有两个 KL1。

· 下部通长钢筋（2 根三级钢筋⑳）：

端支座 h_c－30＝(500－30)mm＝470mm 小于锚固长度 $34d$＝34×20mm＝680mm，采用弯锚＝(h_c－保护层＋$15d$)。

长度＝[25200－250×2＋(500－30＋15×20)×2＋35×20×3]mm
＝28340mm＝28.34m

【注释】 25200——①轴线的轴线长度；
250——轴线两端的柱子截面的一半；
(500－30＋15×20)——端支座的锚固长度；
2——①轴线两端的两个端支座；
35×20×3——搭接长度。

总长度＝28.34×2×2m＝113.36m

【注释】 28.34——单根三级钢筋⑳的钢筋长度；
2——一个 KL1 中有 2 根三级钢筋⑳；
最后一个 2——二层中有两个 KL1。

· 下部通长钢筋（2 根三级钢筋⑱）：

端支座 h_c－30＝(500－30)mm＝470mm 小于锚固长度 $34d$＝34×18mm＝612mm，采用弯锚＝(h_c－保护层＋$15d$)。

长度＝[25200－250×2＋(500－30＋15×18)×2＋35×18×3]mm
＝28070mm＝28.07m

【注释】 25200——①轴线的轴线长度；
250——轴线两端的柱子截面的一半；
(500－30＋15×18)——端支座的锚固长度；
2——①轴线两端的两个端支座；
35×18×3——搭接长度。

总长度＝28.07×2×2m＝112.28m

【注释】 28.07——单根三级钢筋⑱的钢筋长度；
2——一个 KL1 中有 2 根三级钢筋⑱；
最后一个 2——二层中有两个 KL1。

KL1 中：

三级钢筋⑳的总长度＝(113.36＋113.36)m＝226.72m

三级钢筋⑳的质量＝226.72×2.47kg/m＝559.998kg

三级钢筋⑱的总长度＝112.28m

三级钢筋⑱的质量＝112.28×2kg/m＝224.56kg

【注释】 2.47kg/m——为三级钢筋⑳单位长度的质量；

2kg/m——为三级钢筋⑱单位长度的质量。

b. KL2。

· 上部通长钢筋（3根三级钢筋㉒）：

端支座 h_c－30＝(500－30)mm＝470mm 小于锚固长度 $34d$＝34×22mm＝748mm，采用弯锚＝(h_c－保护层＋15d)。

长度＝[25200－250×2＋(500－30＋15×22)×2＋35×22×3]mm

＝28610mm＝28.61m

【注释】 25200——③轴线的轴线长度；

250——轴线两端的柱子截面的一半；

(500－30＋15×22)——端支座的锚固长度；

2——①轴线两端的两个端支座；

35×22×3——搭接长度。

总长度＝28.61×3×4m＝343.32m

【注释】 28.61——单根三级钢筋㉒的钢筋长度；

3——一个KL2中有3根三级钢筋㉒；

4——二层中有四个KL2。

· 下部无通长钢筋。

KL2中　三级钢筋㉒的质量＝343.32×2.98kg/m＝1023.094kg

【注释】 2.98kg/m——为三级钢筋㉒单位长度的质量。

c. KL3。

· 上部通长钢筋（2根三级钢筋㉒）：

端支座 h_c－30＝(500－30)mm＝470mm 小于锚固长度 $34d$＝34×22mm＝748mm，采用弯锚＝(h_c－保护层＋15d)。

长度＝[42000－250×2＋(500－30＋15×22)×2＋35×22×5]mm

＝46950mm＝46.95m

【注释】 42000——Ⓐ轴线的轴线长度；

250——轴线两端的柱子截面的一半；

(500－30＋15×22)——端支座的锚固长度；

2——Ⓐ轴线两端的两个端支座；

35×22×5——搭接长度。

总长度＝46.95×2×4m＝375.6m

【注释】 46.95——单根三级钢筋㉒的钢筋长度；

2——一个KL3中有2根三级钢筋㉕；

4——二层中有四个KL3。

· 下部无通长钢筋。

KL3中　三级钢筋㉒的质量＝375.6×2.98kg/m＝1119.288kg

【注释】 2.98kg/m——为三级钢筋㉒单位长度的质量。

d. LL1。

·上部通长筋 2 根三级钢筋⑯：

端支座 h_c－30＝(300－30)mm＝270mm 小于锚固长度 34d＝34×16mm＝544mm，采用弯锚＝(h_c－保护层＋15d)。

长度＝[8400－150×2＋(300－30＋15×16)×2＋35×16]mm＝9680mm＝9.68m

【注释】 8400——Ⓐ、Ⓑ轴线之间的长度；

150——梁的中线至外边缘的距离；

(300－30＋15×16)——端支座的锚固长度；

300——梁宽；

2——Ⓐ、Ⓑ轴线两端锚固；

35×16——搭接长度。

总长度＝9.68×2×2m＝38.72m

【注释】 9.68——单根三级钢筋⑯的长度；

2——一根 LL1 中三级钢筋⑯的数量；

后一个 2——二层 LL1 的数量。

·下部通长钢筋 4 根三级钢筋⑳：

端支座 h_c－30＝(300－30)mm＝270mm 小于锚固长度 34d＝34×20mm＝680mm，采用弯锚＝(h_c－保护层＋15d)。

长度＝[8400－150×2＋(300－30＋15×20)×2＋35×20]mm＝9940mm＝9.94m

【注释】 8400——Ⓐ、Ⓑ轴线之间的长度；

150——梁的中线至外边缘的距离；

(300－30＋15×20)——端支座的锚固长度；

300——梁宽；

2——Ⓐ、Ⓑ轴线两端锚固；

35×20——搭接长度。

总长度＝9.94×4×2m＝79.52m

【注释】 9.94——单根三级钢筋⑳的长度；

4——一根 LL1 中三级钢筋⑳的数量；

后一个 2——二层 LL1 的数量。

LL1 中 三级钢筋⑯的质量＝38.72×1.58kg/m＝61.178kg

三级钢筋⑳的质量＝79.52×2.47kg/m＝196.414kg

【注释】 1.58kg/m——为三级钢筋⑯单位长度的质量；

2.47kg/m——为三级钢筋⑳单位长度的质量。

e. LL2。

·上部通长筋 2 根三级钢筋⑯：

端支座 h_c－30＝(500－30)mm＝470mm 小于锚固长度 34d＝34×16mm＝544mm，采用弯锚＝(h_c－保护层＋15d)。

Ⓒ、Ⓓ轴线和Ⓐ、Ⓒ轴线之间的长度＝[42000－150×2＋(300－30＋15×16)×2＋35

×16×5]×2×4mm=364160mm=364.16m

【注释】 42000——Ⓒ、Ⓓ轴线和Ⓐ、Ⓒ轴线的轴线长度；

150——梁的中线至外边缘的距离；

(300−30+15×16)——端支座的锚固长度；

300——梁宽；

2——Ⓒ、Ⓓ、Ⓐ、Ⓒ轴线两端锚固；

35×16×5——搭接长度；

2——LL2 中的三级钢筋⑯的个数；

最后一个 4——Ⓒ、Ⓓ轴线和Ⓐ、Ⓒ轴线之间 LL2 的数量。

Ⓓ、Ⓔ之间的长度=[42000−4200×2−150×2+(300−30+15×16)×2+35×16×5]×2×2mm=148480mm=148.48m

【注释】 42000——Ⓐ、Ⓔ轴线的轴线长度；

4200×2——①和②、⑦和⑧轴线之间的长度；

150——梁的中线至外边缘的距离；

(300−30+15×16)——端支座的锚固长度；

300——梁宽；

2——②和⑦、①和⑧轴线两端锚固；

35×16×5——搭接长度；

2——LL2 中的三级钢筋⑯的个数；

最后一个 2——Ⓓ、Ⓔ轴线之间 LL2 的数量。

以上长度总计=(364.16+148.48)m=512.64m

· 下部通长钢筋 4 根三级钢筋⑱：

端支座 h_c−30=(500−30)mm=470mm 小于锚固长度 34d=34×18mm=612mm，采用弯锚=(h_c−保护层+15d)。

Ⓒ、Ⓓ轴线和Ⓐ、Ⓒ轴线之间的长度=[42000−150×2+(300−30+15×18)×2+35×18×5]×4×4mm=734880mm=734.88m

【注释】 42000——Ⓒ、Ⓓ轴线和Ⓐ、Ⓒ轴线的轴线长度；

150——梁的中线至外边缘的距离；

(300−30+15×18)——端支座的锚固长度；

300——梁宽；

2——Ⓒ、Ⓔ轴线两端锚固；

35×18×5——搭接长度；

4——LL2 中的三级钢筋⑱的个数；

最后一个 4——Ⓒ、Ⓓ轴线和Ⓐ、Ⓒ轴线之间 LL2 的数量。

Ⓓ、Ⓔ之间的长度=[42000−4200×2−150×2+(300−30+15×18)×2+35×18×5]×4×2mm=300240mm=300.24m

【注释】 42000——Ⓓ、Ⓔ轴线的轴线长度；

4200×2——①和②、⑦和⑧轴线之间的长度；

150——梁的中线至外边缘的距离；

(300－30＋15×18)——端支座的锚固长度；
300——梁宽；
2——②和⑦、①和⑧轴线两端锚固；
35×18×5——搭接长度；
4——LL2 中的三级钢筋⑱的个数；
最后一个 2——Ⓓ、Ⓔ轴线之间 LL2 的数量。

以上长度总计＝（734.88＋300.24）m＝1035.12m

LL2 中　三级钢筋⑯的质量＝412.64×1.58kg/m＝809.971kg

三级钢筋⑱的质量＝1035.12×2kg/m＝2070.24kg

【注释】 1.58kg/m——为三级钢筋⑯单位长度的质量；
2kg/m——为三级钢筋⑱单位长度的质量。

（2）支座负筋

a. KL1。

· 上部支座负筋（2 根三级钢筋㉕）：

Ⓔ轴交①轴：

长度＝[(8400－250×2)/3＋(500－30＋15×25)]×2×2mm＝13913mm＝13.91m

【注释】 (8400－250×2)/3——KL1 一跨净长度的 1/3；
(500－30＋15×25)——端支座的锚固长度；
第一个 2——负筋根数；
第二个 2——Ⓐ、Ⓔ两处端支座的负筋锚固。

Ⓒ轴交①轴：

长度＝[(8400－250×2)/3×2＋500]×2×2mm＝23067mm＝23.07m

【注释】 (8400－250×2)/3×2——中间支座负筋伸入支座左右跨内的长度；
500——中间的支座宽度；
第一个 2——负筋根数；
第二个 2——Ⓑ、Ⓒ两处中间支座的负筋锚固。

总长度＝(13.91＋23.07)×2m＝73.96m

【注释】 13.91＋23.07——单根 KL1 中上部支座负筋的长度；
2——二层 KL1 的数量。

· 下部无支座负筋。

b. KL2。

· 上部支座负筋（三级钢筋㉒）：

Ⓐ轴交③轴处：

长度＝[(8400－250×2)/3＋(500－30＋15×22)]mm＝3433.33mm＝34.33m

【注释】 (8400－250×2)/3——首跨净长的 1/3 长度；
其中：8400——Ⓐ、Ⓑ轴线之间的轴线长度；
250×2——Ⓐ、Ⓑ轴线之间的柱的长度；
(500－30＋15×22)——钢筋在端支座的锚固长度。

Ⓑ轴交③轴处：

长度＝[(8400－250×2)/3×2＋500]mm＝12350mm＝12.35m

【注释】 (8400－250×2)/3——首跨净长的1/3长度；

其中：8400——支座左右跨的轴线长度；

250×2——轴线之间的柱的长度；

2——钢筋伸入左右跨中的长度相同；

500——支座的宽度。

Ⓒ轴交③轴处：

长度＝[(8400－250×2)/3×2＋500]mm＝12350mm＝12.35m

【注释】 (8400－250×2)/3——首跨净长的1/3长度；

其中：8400——支座左右跨的轴线长度；

250×2——轴线之间的柱的长度；

2——钢筋伸入左右跨中的长度相同；

500——支座的宽度。

Ⓔ轴交③轴处：

长度＝[(8400－250×2)/3＋(500－30＋15×22)]mm＝3433.33mm＝34.33m

【注释】 (8400－250×2)/3——首跨净长的1/3长度；

其中：8400——Ⓒ、Ⓔ轴线之间的轴线长度；

250×2——Ⓒ、Ⓔ轴线之间的柱的长度；

(500－30＋15×22)——钢筋在端支座的锚固长度。

以上长度总和＝(34.33＋12.35＋12.35＋34.33)mm＝93.36m

总长度＝93.36×4m＝373.44m

【注释】 93.36——单根KL2中上部支座负筋的总长度；

4——③、④、⑤、⑥轴均为KL2。

KL2上部支座负筋（三级钢筋㉒）总长度＝373.44m

· 下部非贯通钢筋（三级钢筋㉒）：

第一排非贯通钢筋（4根三级钢筋㉒）：

长度＝[(8400－250×2)＋(500－30＋15×22)×2]×4×3×4mm＝456000mm＝456m

【注释】 (8400－250×2)——KL2中两支座之间净跨长度；

其中：8400——KL2中两支座之间的轴线长度；

250×2——轴线之间的柱所占长度；

(500－30＋15×22)——端支座的锚固长度；

2——两端支座的锚固；

4——第一排端支座负筋在一跨中有4根；

3——KL2中有③跨；

最后一个4——在二层中有4根KL2。

第二排非贯通钢筋（2根三级钢筋㉒）：

长度＝[(8400－250×2)＋(500－30＋15×22)×2]×2×3×4mm＝228000mm＝228m

【注释】 (8400－250×2)——KL2中两支座之间净跨长度；

其中：8400——KL2中两支座之间的轴线长度；

250×2——轴线之间的柱所占长度；

(500－30＋15×22)——端支座的锚固长度；

2——两端支座的锚固；

2——第二排端支座负筋在一跨中有 2 根；

3——KL2 中有③跨；

最后一个 4——在二层中有 4 根 KL2。

KL2 中下部非贯通钢筋（三级钢筋㉒）总长度＝(456＋228)m＝684m

c. KL3。

· 上部非通长筋（2 根三级钢筋⑯）：

①轴交Ⓐ轴长度＝[(8400－250×2)/3＋(500－30＋15×16)]mm＝3343.33mm
＝3.34m

【注释】 (8400－250×2)/3——首跨净长的 1/3 长度；

其中：8400——①、③轴线之间的轴线长度；

250×2——①、③轴线之间的柱的长度；

(500－30＋15×16)——端支座的锚固长度。

总长度＝(3.34×2×2×4)m＝53.44m

【注释】 3.34——①、③轴线交Ⓐ轴线处单跨梁中一根端支座负筋三级钢筋⑯的长度；

2——一跨中上部支座负筋有两根；

第二个 2——①、③轴线交 A 轴线和⑥、⑧轴线交Ⓐ轴线相同；

4——二层中有 4 个 KL3。

③轴交Ⓐ轴：

长度＝[(8400－250×2)/3×2＋500]×2×4×4mm＝184533.34mm＝184.53m

【注释】 (8400－250×2)/3——首跨净长的 1/3 长度；

2——中间支座左右两端；

500——支座宽度；

2——跨中上部支座负筋有两根；

4——③、④、⑤、⑥轴交Ⓐ轴处；

最后一个 4——二层中有 4 个 KL3。

KL3 中上部支座负筋（三级钢筋⑯）总长度＝（53.44＋184.53）m＝237.97m

· 下部非贯通钢筋：

①～③轴、⑥～⑧轴：

第一排非贯通钢筋：

a. 三级钢筋㉕。

长度＝[(8400－250×2)＋(500－30＋15×25)×2]×2×2×4mm＝153440mm
＝153.44m

【注释】 (8400－250×2)——①-③轴、⑥-⑧轴梁的净跨长度；

(500－30＋15×25)×2——非贯通钢筋在支座的锚固长度；

2——2 根三级钢筋㉕；

第二个 2——①～③轴和⑥～⑧轴两处相同；

4——二层中有 4 个 KL3。

b. 三级钢筋㉒。

长度=[(8400−250×2)+(500−30+15×22)×2]×2×2×4mm=152000mm=152m

【注释】 (8400−250×2)——①-③轴、⑥-⑧轴梁的净跨长度；

(500−30+15×22)×2——非贯通钢筋在支座的锚固长度；

2——2 根三级钢筋㉒；

第二个 2——①～③轴和⑥～⑧轴两处相同；

4——二层中有 4 个 KL3。

第二排非贯通钢筋：

a. 三级钢筋㉒。

长度=[(8400−250×2)+(500−30+15×22)×2]×4×2×4mm=304000mm=304m

【注释】 (8400−250×2)——①～③轴、⑥～⑧轴梁的净跨长度；

(500−30+15×22)×2——非贯通钢筋在支座的锚固长度；

4——4 根三级钢筋㉒；

第二个 2——①～③轴和⑥～⑧轴两处相同；

第二个 4——二层中有 4 个 KL3。

③、④轴线：

b. 三级钢筋⑳。

长度=[(8400−250×2)+(500−30+15×20)×2]×4×4mm=151040mm=151.04m

【注释】 (8400−250×2)——③、④轴梁的净跨长度；

(500−30+15×20)×2——非贯通钢筋在支座的锚固长度；

4——一跨中有 4 三级钢筋⑳；

第二个 4——二层中有 4 个 KL3。

④～⑤轴线、⑤～⑥轴线：

c. 三级钢筋⑱。

长度=[(8400−250×2)+(500−30+15×18)×2]×2×2×4mm=150080mm
=150.08m

【注释】 (8400−250×2)——④～⑤轴、⑤～⑥轴梁的净跨长度；

(500−30+15×18) ×2——非贯通钢筋在支座的锚固长度；

2——一跨中有 2 三级钢筋⑱；

第二个 2——④～⑤轴和⑤～⑥轴两处相同；

第二个 4——二层中有 4 个 KL3。

d. 三级钢筋⑯。

长度=[(8400−250×2)+(500−30+15×16)×2]×2×2×4mm=149120mm
=149.12m

【注释】 (8400−250×2)——④～⑤轴、⑤～⑥轴梁的净跨长度；

(500−30+15×16)×2——非贯通钢筋在支座的锚固长度；

2——2 根三级钢筋⑯；

第二个 2——④～⑤轴和⑤～⑥轴两处相同；

第二个4——二层中有4个KL3。

e. LL1。

·上部支座负筋2根三级钢筋⑯：

长度=[(8400−150×2)/3+(300−30+15×16)]×2mm=6420mm=6.42m

【注释】(8400−150×2)/3——LL1净跨长的1/3长度；

其中：8400——Ⓐ、Ⓑ轴线长度；

150——轴线至梁外边线的距离；

(300−30+15×16)——LL1的支座锚固长度；

2——LL1左右支座的锚固长度。

总长度=6.42×2m=12.84m

【注释】6.42——一根LL1中支座负筋的长度；

2——一层中有2个LL1。

下部无支座负筋。

f. LL2。

·上部支座负筋（4根三级钢筋⑳）：

②、⑦轴线交Ⓐ、Ⓑ轴线之间：

第一排支座负筋：

②、⑦轴线处：

长度=[(4200−150×2)/3+(500−30+15×20)]×2mm=4140mm=4.14m

【注释】(4200−150×2)/3——②、③轴线之间梁净跨长的1/3长度；

(500−30+15×20)——梁的锚固长度；

2——②、⑦轴线的两处锚固。

③、⑥轴线处：

长度=[(4200−150×2)/3+(8400−150×2)/3+300]×2mm=8600mm=8.6m

【注释】(4200−150×2)/3——②、③轴线之间梁净跨长的1/3长度；

(8400−150×2)/3——③、④轴线之间梁净跨长的1/3长度；

300——支座宽；

2——③、⑥轴线的两处锚固。

④、⑤轴线处：

长度=[(8400−150×2)/3×2+300]×2mm=11400mm=11.4m

【注释】(8400−150×2)/3——④、⑤轴线支座左右跨净长的1/3长度；

2——支座的左右两端；

300——支座宽；

最后一个2——④、⑤轴线的两处锚固。

以上长度之和=（4.14+8.6+11.4）m=24.14m

总长度=24.14×2×2m=96.56m

【注释】24.14——一根LL2中一根负筋三级钢筋⑳的长度；

2——LL2中第一排支座负筋中三级钢筋⑳的数量；

第二个2——Ⓐ、Ⓑ轴线之间的两个LL1。

第二排支座负筋：

②、⑦轴线处：

长度=[(4200－150×2)/4＋(500－30＋15×20)]×2mm=3490mm=3.49m

【注释】 (4200－150×2)/4——②、③轴线之间梁净跨长的1/4长度；

(500－30＋15×20)——梁的锚固长度；

2——②、⑦轴线的两处锚固。

③、⑥轴线处：

长度=[(4200－150×2)/4＋(8400－150×2)/4＋300]×2mm=6600mm=6.6m

【注释】 (4200－150×2)/4——②、③轴线之间梁净跨长的1/4长度；

(8400－150×2)/4——③、④轴线之间梁净跨长的1/4长度；

300——支座宽；

2——③、⑥轴线的两处锚固。

④、⑤轴线处：

长度=[(8400－150×2)/4×2＋300]×2mm=8700mm=8.7m

【注释】 (8400－150×2)/3——④、⑤轴线支座左右跨净长的1/4长度；

2——支座的左右两端；

300——支座宽；

最后一个2——④、⑤轴线的两处锚固。

以上长度之和=(3.49＋6.6＋8.7)m=18.79m

总长度=(18.79×2×2)m=75.16m

【注释】 24.14——一根LL2中一根负筋三级钢筋⑳的长度；

2——LL2中第二排支座负筋中三级钢筋⑳的数量；

第二个2——Ⓐ、Ⓑ轴线之间的两个LL1。

下部无支座负筋。

②、⑦轴线交Ⓐ、Ⓑ轴线之间：

LL2支座负筋总长度=(96.56＋75.16)m=171.72m

①～⑧轴交Ⓑ、Ⓔ轴线之间：

第一排支座负筋：

①～⑧轴线处：

长度=[(8400－150×2)/3＋(500－30＋15×20)]×2×8mm=55520mm=55.52m

【注释】 (8400－150×2)/3——第一排端支座负筋伸入跨内的长度；

(500－30＋15×20)——端支座的锚固长度；

2——一跨中第一排端支座负筋的根数；

8——Ⓑ、Ⓔ轴线之间有8个端支座。

③、④、⑤、⑥轴线处：

长度=[(8400－150×2)/3×2＋300]×2×16mm=182400mm=182.4m

【注释】 (8400－150×2)/3×2——第一排中间支座负筋伸入左、右跨内的长度；

300——支座的宽度；

2——中间支座负筋中负筋的数量；

16——Ⓑ、Ⓔ轴线之间有16个中间支座。

第二排支座负筋：

①～⑧轴线处：

长度＝[(8400－150×2)/4＋(500－30＋15×20)]×2×8mm＝44720mm＝44.72m

【注释】 (8400－150×2)/4——第二排端支座负筋伸入跨内的长度；

(500－30＋15×20)——端支座的锚固长度；

2——一跨中第一排端支座负筋的根数；

8——Ⓑ、Ⓔ轴线之间有8个端支座。

③、④、⑤、⑥轴线处：

长度＝[(8400－150×2)/4×2＋300]×2×1mm＝139200mm＝139.2m

【注释】 (8400－150×2)/4×2——第二排中间支座负筋伸入左、右跨内的长度；

300——支座的宽度；

2——中间支座负筋中负筋的数量；

16——Ⓑ、Ⓔ轴线之间有16个中间支座。

①～⑧轴交Ⓑ、Ⓔ轴线之间：

LL2支座负筋总长度＝(55.52＋182.4＋44.72＋139.2)m＝421.94m

综上所述：

三级钢筋⑯的总长度＝(237.97＋149.12＋12.84)m＝399.93m

三级钢筋⑯的质量＝399.93×1.58kg/m＝631.889kg

三级钢筋⑱的总长度＝150.08m

三级钢筋⑱的质量＝150.08×2kg/m＝300.16kg

三级钢筋⑳的总长度＝(171.72＋421.94＋151.04)m＝744.7m

三级钢筋⑳的质量＝744.7×2.47kg/m＝1839.409kg

三级钢筋㉒的总长度＝(373.44＋684＋152＋304)m＝1513.44m

三级钢筋㉒的质量＝1513.44×2.98kg/m＝4510.051kg

三级钢筋㉕的总长度＝(73.96＋153.44)m＝227.4m

三级钢筋㉕的质量＝227.4×3.85kg/m＝875.49kg

【注释】 1.58kg/m——为三级钢筋⑯单位长度的质量；

2kg/m——为三级钢筋⑱单位长度的质量；

2.47kg/m——为三级钢筋⑳单位长度的质量；

2.98kg/m——为三级钢筋㉒单位长度的质量；

3.85kg/m——为三级钢筋㉕单位长度的质量。

(3) 侧面纵向钢筋

侧面纵向抗扭钢筋长度＝净跨长度＋2×锚固长度

其中，锚固长度——有直锚和弯锚两种方式。当端支座宽度 h_c 减去保护层大于锚固长度 l_{aE}时，采用直锚，长度取 max (l_{aE}，$0.5h_c+5d$)；

当端支座宽度 h_c 减去保护层小于锚固长度 l_{aE}时，采用弯锚，长度取 (h_c－保护层＋15d)。

本实例中，侧面纵向抗扭钢筋为N2三级钢筋⑭，h_c－保护层＝(500－30)＝470mm小于锚固长度 l_{aE}＝34d＝34×14mm＝476mm，采用弯锚，长度取 (h_c－保护层＋15d)＝

(500－30＋15×14)mm＝680mm。

① 三级钢筋⑭（Ⓐ、Ⓑ轴线）：

长度＝[(8400－250×2)＋680×2＋35×14]×4×2mm＝78000mm＝78m

【注释】 (8400－250×2)——Ⓐ、Ⓑ轴线梁的净跨长度；

680——抗扭钢筋的锚固长度；

35×14——搭接长度；

4——抗扭钢筋的数量；

2——二层梁中设 4 三级钢筋⑭抗扭钢筋的个数。

② 三级钢筋⑭：

长度＝[(8400－250×2)＋680×2＋35×14]×2×16mm＝312000mm＝312m

【注释】 (8400－250×2)——梁的净跨长度；

680——抗扭钢筋的锚固长度；

35×14——搭接长度；

4——抗扭钢筋的数量；

16——二层梁中设 2 三级钢筋⑭抗扭钢筋的个数。

综上所述：

三级钢筋⑭的总长度＝(78＋312)m＝390m

三级钢筋⑭的质量＝390×1.21kg/m＝471.9kg

【注释】 1.21kg/m——为三级钢筋⑭单位长度的质量。

(4) 箍筋

箍筋长度＝(梁宽＋梁高)×2－8×保护层＋8d＋1.9d×2＋max(10d，75mm)×2

箍筋根数＝2×加密区箍筋根数＋非加密区箍筋根数

当结构为一级抗震时，加密区箍筋根数＝[max(2×梁高,500)－50]/加密间距＋1

非加密区箍筋根数＝[跨净长－2×max(2×梁高,500)]/非加密间距－1

当结构为二至四级抗震时，加密区箍筋根数＝[max(1.5×梁高,500)－50]/加密间距＋1；非加密区箍筋根数＝[跨净长－2×max(1.5×梁高,500)]/非加密间距－1

当梁全部加密设置箍筋时：

箍筋根数＝(跨净长－2×50)/加密间距＋1

当梁宽＝300　梁高＝500 时：

箍筋长度＝[(300＋500)×2－8×30＋8×10＋1.9×10×2＋100×2]mm
　　＝1678mm＝1.678m

当梁宽＝300　梁高＝600 时：

箍筋长度＝[(300＋600)×2－8×30＋8×10＋1.9×10×2＋100×2]mm
　　＝1878mm＝1.878m

a. KL1。

箍筋长度＝1.878m

箍筋根数＝[(8400－250×2－50×2)/100＋1]根＝79 根

【注释】 (8400－250×2－50×2)——KL1 中其中一跨的布筋长度；

50×2——箍筋两端的起步距离；

100——箍筋间距。

总长度=1.878×79×3×2m=890.172m

【注释】 79——KL1 中一跨的箍筋根数；

3——KL1 有 3 跨；

2——二层中有 KL1 两根梁。

b. KL2。

箍筋长度=1.878m

箍筋根数=[(8400−250×2−50×2)/100+1]根=79 根

【注释】 (8400−250×2−50×2)——KL2 中其中一跨的布筋长度；

50×2——箍筋两端的起步距离；

100——箍筋间距。

总长度=1.878×79×3×4m=1780.344m

【注释】 79——KL2 中一跨的箍筋根数；

3——KL2 有 3 跨；

4——二层中有 KL2 四根梁。

c. KL3。

箍筋长度=1.678m

①~③轴线、⑥~⑧轴线：箍筋根数=[(8400−250×2−50×2)/200+1]×2 根=80 根

【注释】 (8400−250×2−50×2)——①~③轴线、⑥~⑧轴线中一跨的布筋长度；

50×2——箍筋两端的起步距离；

200——箍筋间距；

2——①~③轴线和⑥~⑧轴线两跨。

③~④、④~⑤、⑤~⑥轴线：

箍筋根数=[(8400−250×2−50×2)/100+1]×3 根=237 根

【注释】 (8400−250×2−50×2)——③~④、④~⑤、⑤~⑥轴线中一跨的布筋长度；

50×2——箍筋两端的起步距离；

100——箍筋间距；

3——③~④、④~⑤、⑤~⑥轴线三跨。

总长度=1.678×(80+237)×4m=2127.704m

【注释】 4——二层中 KL3 的数量。

d. LL1。

箍筋长度=1.678m

箍筋根数=[(8400−150×2−50×2)/200+1]根=42 根

【注释】 8400——Ⓐ、Ⓑ轴线之间的长度；

150——轴线距梁边线的距离；

50×2——箍筋两端的起步距离；

200——箍筋间距。

总长度=1.678×42×2m=140.95m

【注释】 42——LL1 中箍筋根数；

2——二层中 LL1 的个数。

e. LL2。

箍筋长度＝1.678m

4200 跨（②、③轴线和⑥、⑦轴线）：

箍筋根数＝[(4200－150×2－50×2)/200＋1]×4 根＝80 根

【注释】 (4200－150×2－50×2)——②、③轴线和 6、⑦轴线的布筋长度；

其中：4200——②、③轴线和⑥、⑦轴线的轴线长度；

150——轴线距梁边线的距离；

50×2——箍筋两端的起步距离；

200——箍筋间距；

4——②、③轴线和⑥、⑦轴线的 LL2 的相同跨数。

8400 跨：

箍筋根数＝[(8400－150×2－50×2)/200＋1]×26 根＝1066 根

【注释】 (8400－150×2－50×2)——轴线长度为 8400 的布筋长度；

其中：150——轴线距梁边线的距离；

50×2——箍筋两端的起步距离；

200——箍筋间距；

26——轴线长度为 8400 的相同跨的个数。

总长度＝1.678×(80＋1066)m＝1922.988m

综上所述：

一级钢筋⑩的总长＝(890.172＋1780.344＋2127.704＋140.95＋1922.988)m＝6862.158m

一级钢筋⑩的质量＝6862.158×0.617kg/m＝4233.951kg

【注释】 0.617kg/m——为三级钢筋⑩单位长度的质量。

综合以上计算可得钢筋的总工程量统计如下：

三级钢筋⑭的质量＝(424.71＋471.9)kg＝896.61kg＝0.897t

三级钢筋⑯的质量＝(61.178＋20.287＋61.178＋754.355＋809.971＋631.889)kg
＝2338.858kg＝2.34t

三级钢筋⑱的质量＝(449.12＋608.3＋224.56＋2070.24＋300.16)kg
＝3652.38kg＝3.652t

三级钢筋⑳的质量＝(278.00＋196.414＋2368.038＋1857.74＋196.414＋1839.409)kg
＝6736.015kg＝6.736t

三级钢筋㉒的质量＝(1023.094＋1119.288＋4510.051＋1119.288)kg
＝7771.721kg＝7.771t

三级钢筋㉕的质量＝(1340.493＋4109.952＋875.49)kg＝6325.935kg＝6.326t

一级钢筋⑩的质量＝(4233.951＋4472.076)kg＝8706.072kg＝8.706t

(5) 板钢筋

1) 一层板的钢筋。

2800mm 跨上 200mm 间距钢筋的数量：[(2800－150×2－50×2)/200＋1]根＝13 根

【注释】 2800——一跨的跨度（8400/3＝2800）；

150——轴线到梁边缘的距离；
50——板第一根钢筋与梁的距离；
200——钢筋间距；
1——端部少计算的一根钢筋。

4200mm 跨上 200mm 间距钢筋的数量：[(4200－150×2－50×2)/200＋1]根＝20 根

【注释】 4200——一跨的跨度；
150——轴线到梁边缘的距离；
50——板第一根钢筋与梁的距离；
200——钢筋间距；
1——端部少计算的一根钢筋。

8400mm 跨上 200mm 间距钢筋的数量：[(8400－150×2－50×2)/200＋1]根＝41 根

【注释】 8400——一跨的跨度；
150——轴线到梁边缘的距离；
50——板第一根钢筋与梁的距离；
200——钢筋间距；
1——端部少计算的一根钢筋。

a. ①号钢筋。

下料长度＝(8500＋2×6.25×0.08)mm＝8501mm

数量＝[(2800－150×2－50×2)/250＋1]×(2＋6＋2)根＝106 根

【注释】 2800——一跨的跨度；
150——轴线到梁边缘的距离；
50——板第一根钢筋与梁的距离；
250——钢筋间距；
1——端部少计算的一根钢筋；
(2＋6＋2) 中：2——③号板的数量；
6——⑤号板的数量；
2——⑧号板的数量。

b. ②号钢筋。

下料长度＝(2800＋2×6.25×0.08)mm＝2801mm

数量＝41×(2＋3＋6＋6＋11＋2＋4＋2)根＝1476 根

【注释】 41——8400mm 跨，间距 200mm 钢筋的根数；
2——③号板的数量；
3——④号板的数量；
6——⑤、⑥号板的数量；
11——⑦号板的数量；
2——⑧、⑩号板的数量；
4——⑨号板的数量。

c. ③号钢筋。

下料长度＝(105＋990＋226)mm＝1321mm

数量=[13×(2+6+2+4+2)+41×(11+2)+20×2]根=781根

【注释】 13——2800mm跨，间距200mm钢筋的根数；

(2+6+2+4+2) 中：

2——③、⑧、⑩号板的数量；

6——⑤号板的数量；

4——⑨号板的数量；

41——8400mm跨，间距200mm钢筋的根数；

(11+2) 中：

11——⑦号板的数量；

2——⑧号板的数量；

20——4200mm跨，间距200mm钢筋的根数；

2——⑩号板的数量。

d. ④号钢筋。

(除以2)(注：因为该号钢筋平均分布在两块板上，每块板上均算一半，下同)

下料长度=(105+1700+105)mm=1910mm

数量=[41×(2+3+6×2+6×2+11+2)+13×(2+3×2+6+6×2+11×2+2+4+2)+20×(2+4×2+2)]根=2690根

【注释】 41——8400mm跨，间距200mm钢筋的根数；

13——2800mm跨，间距200mm钢筋的根数；

20——4200mm跨，间距200mm钢筋的根数；

(2+3+6×2+6×2+11+2)中：

2——③号板的数量；

3——④号板的数量；

6×2——6为⑤号板的数量，2为⑤号板中跨度为8400方向上④号钢筋的数量；

第二个6×2——6为⑥号板的数量，2为⑥号板中跨度为8400方向上④号钢筋的数量；

11——⑦号板的数量；

2——⑧号板的数量；

(2+3×2+6+6×2+11×2+2+4+2)中：

2——③、⑧、⑩号板的数量；

3×2——3为④号板的数量，2为④号板中跨度为2800方向上④号钢筋的数量；

6×2——6为⑥号板的数量，2为⑥号板中跨度为8400方向上④号钢筋的数量；

11×2——11为⑦号板的数量，2为⑦号板中跨度为8400方向上④号钢筋的数量；

4——⑨号板的数量；

(2+4×2+2) 中：

2——⑧号板的数量；

4×2——4为⑨号板的数量，2为⑨号板中跨度为4200方向上④号钢筋的数量；

2——⑩号板的数量。

e. ⑤号钢筋(除以2)。

下料长度=(105+1760+105)mm=1970mm

数量=[13×(2+3×2)+41×(2+3+2+3)]根=514 根

【注释】 13——2800mm 跨，间距 200mm 钢筋的根数；

(2+3×2)中：

2——①号板的数量；

3×2——3 为②号板的数量，2 为②号板中跨度为 2800 方向上⑤号钢筋的数量；

41——8400mm 跨，间距 200mm 钢筋的根数；

(2+3+2+3) 中：

2——①、③号板的数量；

3——②、④号板的数量。

f. ⑥号钢筋。

下料长度=(8500+2×6.25×0.08)mm=8501mm

数量=13×2 根=26 根

【注释】 13——2800mm 跨，间距 200mm 钢筋的根数；

2——①号板的数量。

g. ⑦号钢筋。

下料长度=2900+2×6.25×0.08mm=2901mm

数量=41×(2+3)根=205 根

【注释】 41——8400mm 跨，间距 200mm 钢筋的根数；

2——①号板的数量；

3——②号板的数量。

h. ⑧号钢筋。

下料长度=(105+1020+226)mm=1351mm

数量=[13×2+41×(2+3)]根=231 根

【注释】 13——2800mm 跨，间距 200mm 钢筋的根数；

2——①号板的数量；

41——8400mm 跨，间距 200mm 钢筋的根数；

(2+3) 中：

2——①号板的数量；

3——②号板的数量。

i. ⑨号钢筋。

下料长度=(4200+2×6.25×0.08)mm=4201mm

数量=13×(4+2)根=78 根

【注释】 13——2800mm 跨，间距 200mm 钢筋的根数；

4——⑨号板的数量；

2——⑩号板的数量。

j. ⑩号钢筋。

下料长度=[8400+2×6.25×0.08]mm=8401mm

数量=13×(3+3+6+11)根=299 根

【注释】 13——2800mm 跨，间距 200mm 钢筋的根数；

3——②、④号板的数量；

6——⑥号板的数量；

11——⑦号板的数量。

三级钢筋⑧质量＝(8.5×106＋2.8×1476＋1.321×781＋1.91×2.69/2＋1.97×514/2＋8.5×26＋2.9×164＋1.351×231＋4.2×78＋8.4×299)×0.395kg/m＝4.117t

2）二层板的钢筋

a. ①号钢筋。

下料长度＝(4300＋2×6.25×0.08)mm＝4301mm

数量＝2 根

【注释】 2——⑨号板的数量。

b. ②号钢筋。

下料长度＝(8400＋2×6.25×0.08)mm＝8401mm

数量＝13×(3＋3＋18＋3)根＝351 根

【注释】 13——2800mm 跨，间距 200mm 钢筋的根数；

3——②、④、⑪号板的数量；

18——⑥号板的数量。

c. ③号钢筋。

下料长度＝(105＋1370＋317)mm＝1792mm

数量＝41×2 根＝82 根

【注释】 41——8400mm 跨，间距 200mm 钢筋的根数；

2——⑨号板的数量。

d. ④号钢筋（除以 2）。

下料长度＝(105＋1370＋105)mm＝2670mm

数量＝[41×2＋13×(4＋2)]根＝160 根

【注释】 41——8400mm 跨，间距 200mm 钢筋的根数；

2——⑨号板的数量；

13——2800mm 跨，间距 200mm 钢筋的根数；

(4＋2）中：

4——⑧号板的数量；

2——⑩号板的数量。

e. ⑤号钢筋。

下料长度＝(105＋1370＋226)mm＝1701mm

数量＝20×2 根＝40 根

【注释】 20——4200mm 跨，间距 200mm 钢筋的根数；

2——⑨号板的数量。

f. ⑥号钢筋（除以 2）。

下料长度＝(105＋2460＋105)mm＝2670mm

数量＝20×2 根＝40 根

【注释】 20——4200mm 跨，间距 200mm 钢筋的根数；

2——⑦号板的数量。

g. ⑦号钢筋。

下料长度=(8500+2×6.25×0.08)mm=8501mm

数量=[(2800−150×2−50×2)/250+1]×(2+6+2)根=106 根

【注释】 2800——一跨的长度；

150——轴线到梁边缘的距离；

50——板第一根钢筋与梁的距离；

250——钢筋间距；

1——端部少计算的一根钢筋；

(2+3+2)中：

2——③、⑦号板的数量；

6——⑤号板的数量。

h. ⑧号钢筋。

下料长度=(2800+2×6.25×0.08)mm=2801mm

数量=[41×(2+3+6+18+2+3)+20×(4+3)]根=1534 根

【注释】 41——8400mm 跨，间距 200mm 钢筋的根数；

(2+3+6+18+2+3)中：

2——③、⑦号板的数量；

3——④、⑪号板的数量；

6——⑤号板的数量；

18——⑥号板的数量；

20——4200mm 跨，间距 200mm 钢筋的根数；

(4+3) 中：

4——⑧号板的数量；

3——⑩号板的数量。

i. ⑨号钢筋。

下料长度=(105+990+226)mm=1321mm

数量=[41×3+13×(2+6+2)+20×2]根=293 根

j. ⑩号钢筋（除以 2）。

下料长度=(105+1700+105)mm=1910mm

数量=[41×(2+3+6×2+18×2+2+3)+13×(2+3×2+6+18×2+2+4+2+3×2)+20×(2+4×2+2)]根=3450 根

【注释】 41——8400mm 跨，间距 200mm 钢筋的根数；

(2+3+6×2+18×2+2+3)中：

2——③、⑦号板的数量；

6×2——6 为⑤号板的数量，2 为⑤号板中跨度为 8400 方向上⑩号钢筋的数量；

18×2——18 为⑥号板的数量，2 为⑥号板中跨度为 8400 方向上⑩号钢筋的数量；

3——⑪号板的数量；

13——2800mm 跨，间距 200mm 钢筋的根数；
(2+3×2+6+18×2+2+4+2+3×2)中：
2——③、⑦、⑩号板的数量；
3×2——3 为④、⑪号板的数量，2 为④、⑪号板中跨度为 8400 方向上⑩号钢筋的数量；
6——⑤号板的数量；
18×2——⑥号板的数量；
4——⑧号板的数量；
20——4200mm 跨，间距 200mm 钢筋的根数；
(2+4×2+2) 中：
2——⑦、⑩号板的数量；
4×2——4 为⑧号板的数量，2 为⑧号板中跨度为 4200 方向上⑧号钢筋的数量。

k. ⑪号钢筋（除以 2）。

下料长度=(105+1760+105)mm=1970mm

数量=[41×(2+3+2+3)+13×(2+3×2)]根=514 根

【注释】 41——8400mm 跨，间距 200mm 钢筋的根数；
(2+3+2+3)中：
2——①、③号板的数量；
3——②、④号板的数量；
13——2800mm 跨，间距 200mm 钢筋的根数；
(2+3×2) 中：
2——①号板的数量；
3×2——3 为②号板的数量，2 为②号板中跨度为 2800 方向上④号钢筋的数量。

l. ⑫号钢筋。

下料长度=(8500+2×6.25×0.08)mm=8501mm

数量=13×2 根=26 根

【注释】 13——2800mm 跨，间距 200mm 钢筋的根数；
2——①号板的数量。

m. ⑬号钢筋。

下料长度=(2900+2×6.25×0.08)mm=2901mm

数量=[41×(2+3)]根=205 根

【注释】 41——8400mm 跨，间距 200mm 钢筋的根数；
2——①号板的数量；
3——②号板的数量。

n. ⑭号钢筋。

下料长度=(105+1020+226)mm=1351mm

数量=[41×(2+3)+13×2]根=231 根

【注释】 41——8400mm 跨，间距 200mm 钢筋的根数；
2——①号板的数量；

3——②号板的数量；

13——2800mm 跨，间距 200mm 钢筋的根数；

2——①号板的数量。

o. ⑮号钢筋。

下料长度＝(4200＋2×6.25×0.08)mm＝4201mm

数量＝[13×(4＋2)]根＝78 根

【注释】 13——2800mm 跨，间距 200mm 钢筋的根数；

4——⑧号板的数量；

2——⑩号板的数量。

三级钢筋⑧质量＝(4.3×2＋8.4×351＋1.701×40＋2.67×40/2＋8.5×106＋2.8×1534＋1.321×293＋1.91×3450/2＋1.97×514/2＋8.5×26＋2.9×205＋1.351×231＋4.2×78)×0.395kg/m＝5497.58kg/m＝5.498t

三级钢筋⑩质量＝(1.792×82＋2.67×160/2)×0.617kg/m＝222.46kg＝0.222t

3）板中分布筋

一层板中分布筋：

a. ①号板。

①、③轴线：

长度＝(8400＋250－1020－25－880＋150×2)mm＝7025mm

根数＝[(1020＋25－300)/200＋(880－150)/200]根＝8 根

【注释】 8400——①、③轴线①号板的长度；

250——轴线至外边线的长度；

1020——⑧号筋的水平长度；

25——梁的保护层；

880——⑤号筋的水平长度的一半；

150——分布筋与平行于该分布筋的参差长度；

2——分布筋的两端参差个数；

300——梁宽；

200——分布筋间距。

Ⓓ、Ⓔ方向①号板：

长度＝(2800＋150－1020－25－880＋150×2)mm＝1325mm

根数＝[(880－150)/200＋(1020＋25－300)/200]根＝8 根

【注释】 2800——Ⓓ、Ⓔ方向①号板的长度；

150——Ⓔ轴线至外边线的长度；

1020——⑧号筋的水平长度；

25——梁的保护层；

880——⑤号筋的水平长度的一半；

150——分布筋与平行于该分布筋的参差长度；

2——分布筋的两端参差个数；

300——梁宽；

200——分布筋间距。

总长度=(7025×8+1325×8)×2mm=133600mm=133.6m

【注释】 7025——①、③轴线①号板的分布筋的长度；

8——①、③轴线①号板的分布筋的数量；

1325——Ⓓ、Ⓔ方向①号板的分布筋长度；

第二个8——①号板Ⓓ、Ⓔ方向分布筋的数量；

2——①号板的数量。

b. ②号板。

③、④轴线：

长度=(8400−880×2+150×2)mm=6940mm

数量=(880−150)/200×2根=8根

【注释】 8400——①、③轴线的长度；

880——⑤号筋的水平长度的一半；

150——分布筋与平行于该分布筋的参差长度；

200——分布筋间距。

Ⓓ、Ⓔ方向②号板：

长度=(2800+150−1020−25−880+150×2)mm=1325mm

数量=(1020+25−300)/200+(880−150)/200根=8根

【注释】 2800——Ⓓ、Ⓔ方向②号板的长度；

150——Ⓔ轴线至外边线的距离；

1020——⑧号筋的水平长度；

25——梁的保护层厚度；

880——⑤号筋的水平长度的一半；

第二个150——分布筋与平行于该分布筋的参差长度；

2——分布筋的两端参差个数。

300——梁宽；

200——分布筋间距。

总长度=(6940×8+1325×80)×3mm=198360mm=198.36m

【注释】 6940——③、④轴线②号板的分布筋长度；

8——③、④轴线②号板的分布筋数量；

1325——Ⓓ、Ⓔ轴线②号板的分布筋长度；

8——Ⓓ、Ⓔ轴线②号板的分布筋数量；

3——②号板的数量。

c. ③号板。

①、③轴线：

长度=(8400+250−990−25−850+150×2)mm=7085mm

数量=[(880−150)/200+(850−150)/200]根=8根

【注释】 8400——③号板①、③轴线的长度；

250——轴线至梁边线的距离；

990——③号筋的水平段长度；

25——梁的保护层；

850——④号筋的水平段长度的一半；

150——分布筋与平行于该分布筋的参差长度；

2——分布筋的两端参差个数；

后两个150——轴线至梁外边线的长度；

200——分布筋的间距。

Ⓓ、Ⓔ方向③号板：长度=[2800－880－850＋150×2]mm=1370mm

数量=[(880－150)/200＋(850－150)/200]根=8根

【注释】 2800——Ⓓ、Ⓔ轴线③号板的宽度；

880——⑤号筋的水平段长度的一半；

850——④号筋水平段长度的一半；

150——分布筋与平行于该分布筋的参差长度；

2——分布筋的两端参差个数；

后两个150——轴线至梁外边线的长度；

200——分布筋的间距。

总长度=(7085×8＋1370×8)×2mm=135280mm=135.28m

【注释】 7085——③号板①、③轴线上的分布筋长度；

8——③号板①、③轴线上的分布筋数量；

1370——③号板Ⓓ、Ⓔ轴线上的分布筋长度；

8——③号板Ⓓ、Ⓔ轴线上的分布筋数量；

2——③号板的数量。

d. ④号板。

③、④轴线：

长度=(8400－850－850＋150×2)mm=7000mm

数量=(850－150)/200×2根=8根

【注释】 8400——③、④轴线的长度；

850——④号筋的水平段长度的一半；

150——分布筋与平行于该分布筋的参差长度；

2——分布筋的两端参差个数；

第二个150——轴线至梁外边线的长度；

200——分布筋的间距；

8根——(850－150)/200根=3.5根，两边布置，所以在钢筋布置根数上为8根。

Ⓓ、Ⓔ方向④号板：

长度=(2800－880－850＋150×2)mm=1370mm

数量=[(880－150)/200＋(850－150)/200]根=8根

【注释】 2800——Ⓓ、Ⓔ方向④号板的长度；

880——⑤号筋水平段长度的一半；

850——④号筋的水平段长度的一半；

150——分布筋与平行于该分布筋的参差长度；
2——分布筋的两端参差个数；
880——⑤号筋水平段长度的一半；
后两个 150——轴线至梁外边线的长度；
200——分布筋的间距。

总长度＝(7000×8＋1370×8)×3mm＝200880mm＝200.88m

【注释】 7000——③、④轴线④号板的分布筋长度；
8——③、④轴线④号板的分布筋数量；
1370——Ⓓ、Ⓔ方向④号板的分布筋长度；
8——Ⓓ、Ⓔ方向④号板的分布筋数量；
3——④号板的数量。

e. ⑤号板。

①、③轴线：

长度＝(8400＋250－990－25－850＋150×2)mm＝7085mm

数量＝[(990－150)/200＋(850－150)/200]根＝8 根

【注释】 8400——①、③轴线的长度；
250——轴线至梁边线的距离；
990——③号筋的水平段长度；
25——梁的保护层；
850——④号筋的水平段长度；
150——分布筋与平行于该分布筋的参差长度；
2——分布筋的两端参差个数；
第二个 150——轴线至梁外边线的长度；
200——分布筋的间距；
8 根——(850－150)/200 根＝3.5 根，两边布置，所以在钢筋布置根数上为 8 根。

Ⓓ、Ⓔ方向上⑤号板：

长度＝(2800－850×2＋150×2)mm＝1400mm

数量＝(850－150)/200×2 根＝8 根

【注释】 2800——Ⓓ、Ⓔ轴线⑤号板的宽度；
850——④号筋水平段长度的一半；
2——2 个④号筋与分布筋连接；
150——分布筋与平行于该分布筋的参差长度；
2——分布筋的两端参差个数；
后两个 150——轴线至梁外边线的长度；
200——分布筋的间距；
8 根——(850－150)/200 根＝3.5 根，两边布置，所以在钢筋布置根数上为 8 根。

总长度＝(7085×8＋1400×8)×6mm＝407280mm＝407.28m

【注释】 7085——①、③轴线上⑤号筋分布筋的长度；

8——①、③轴线上⑤号筋分布筋的数量；

1400——Ⓓ、Ⓔ轴线上⑤号筋分布筋的长度；

8——Ⓓ、Ⓔ轴线上⑤号筋分布筋的数量；

6——⑤号板的数量。

f. ⑥号板。

③、④轴线：

长度=[8400－850×2+150×2]mm=7000mm

数量=(850－150)/200×2 根=8 根

【注释】 8400——①、③轴线⑥号板的轴线长度；

850——④号筋的水平段长度一半；

150——分布筋与平行于该分布筋的参差长度；

2——分布筋的两端参差个数；

850——④号筋水平段长度的一半；

第二个 150——轴线至梁外边线的长度；

200——分布筋的间距；

2——④号筋的数量；

8 根——(850－150)/200=3.5 根，两边布置，所以在钢筋布置根数上为 8 根。

Ⓓ、Ⓔ方向：

长度=(2800－850×2+150×2)mm=1400mm

数量=(850－150)/200×2 根=8 根

【注释】 2800——Ⓓ、Ⓔ轴线上⑥号板的轴线长度；

850——④号筋的水平段长度一半；

150——分布筋与平行于该分布筋的参差长度；

2——分布筋的两端参差个数；

850——④号筋水平段长度的一半；

第二个 150——轴线至梁外边线的长度；

200——分布筋的间距；

2——④号筋的数量；

8 根——(850－150)/200 根=3.5 根,两边布置,所以在钢筋布置根数上为 8 根。

总长度=(7000×8+1400×8) ×7mm=470400mm=470.4m

【注释】 7000——③、④轴线⑥号板分布筋的长度；

8——③、④轴线⑥号板分布筋的数量；

1400——Ⓓ、Ⓔ轴线⑥号板分布筋的长度；

8——Ⓓ、Ⓔ轴线⑥号板分布筋的数量；

7——⑥号板的数量。

g. ⑦号板。

④、⑤轴线：

长度=(8400－850×2+150×2)mm=7000mm

数量=(850－150)/200×2 根=8 根

【注释】 8400——④、⑤轴线线长度；

850——④号筋的水平段长度一半；

150——分布筋与平行于该分布筋的参差长度；

2——分布筋的两端参差个数；

850——④号筋水平段长度的一半；

第二个 150——轴线至梁外边线的长度；

200——分布筋的间距；

2——④号筋的数量；

8 根——(850－150)/200 根＝3.5 根，两边布置，所以在钢筋布置根数上为 8 根。

Ⓓ、Ⓔ轴线：

长度＝(2800－850－990＋150×2)mm＝1260mm

数量＝[(850－150)/200＋(990－150)/200]根＝8 根

【注释】 2800——Ⓓ、Ⓔ轴线长度；

850——④号筋的水平段长度一半；

990——③号筋的水平段长度；

150——分布筋与平行于该分布筋的参差长度；

2——分布筋的两端参差个数；

850——④号筋水平段长度的一半；

后两个 150——轴线至梁外边线的长度；

990——③号筋的水平段长度的一半；

200——分布筋的间距。

总长度＝(7000×8＋1260×8)×11mm＝726880mm＝726.88m

【注释】 7000——④、⑤轴线上⑦号板分布筋的长度；

8——④、⑤轴线上⑦号板分布筋的数量；

1260——Ⓓ、Ⓔ轴线上⑦号板分布筋的长度；

8——Ⓓ、Ⓔ轴线上⑦号板分布筋的数量；

11——⑦号板的数量。

h. ⑧号板。

①、③轴线：

长度＝(8400＋250－990－25－850＋150×2)mm＝7085mm

数量＝[(850－150)/200＋(990－150)/200]根＝8 根

【注释】 8400——①、③轴线长度；

250——轴线至梁外边线的距离；

990——③号筋的水平段长度；

25——梁的保护层；

850——④号筋水平段长度的一半；

150——分布筋与平行于该分布筋的参差长度；

2——分布筋的两端参差个数；

第二个 150——轴线至梁外边线的长度；

200——分布筋的间距。

Ⓑ、Ⓒ轴线：

长度=(2800+150−990−25−850+150×2)mm=1385mm

数量=[(850−150)/200+(990+25−300)/200]根=8 根

【注释】 2800——Ⓓ、Ⓔ轴线长度；

150——轴线至梁外边线的距离；

990——③号筋的水平段长度；

25——梁的保护层；

850——④号筋的水平段长度一半；

150——分布筋与平行于该分布筋的参差长度；

2——分布筋的两端参差个数；

第二个 150——轴线至梁外边线的长度；

200——分布筋的间距；

300——梁的宽度。

总长度=(7085×8+1385×8)×2mm=135520mm=135.52m

【注释】 7085——①、③轴线上⑧号板的分布筋长度；

8——①、③轴线上⑧号板的分布筋数量；

1385——Ⓓ、Ⓔ轴线上⑧号筋的分布筋长度；

8——Ⓓ、Ⓔ轴线上⑧号筋的分布筋数量；

2——⑧号板的数量。

i. ⑨号板。

②、③轴线：

长度=(4200+150−25−990−850+150×2)mm=2785mm

数量=[(990+25−300)/200+(850−150)/200]根=8 根

【注释】 4200——②、③轴线的长度；

150——轴线至梁外边线的距离；

25——梁的保护层；

990——③号筋的水平段长度；

850——④号筋的水平段长度一半；

150——分布筋与平行于该分布筋的参差长度；

2——分布筋的两端参差个数；

300——梁的宽度；

第二个 150——轴线至梁外边线的长度；

200——分布筋的间距。

Ⓐ、Ⓑ轴线方向：

长度=(2800−850×2+150×2)mm=1400mm

数量=(850−150)/200×2 根=8 根

【注释】 2800——Ⓐ、Ⓑ轴线方向上⑨号板的轴线长度；

850——④号筋的水平段长度一半；
150——分布筋与平行于该分布筋的参差长度；
2——分布筋的两端参差个数；
第二个 150——轴线至梁外边线的长度；
200——分布筋的间距；
2——Ⓐ、Ⓑ轴线方向④号筋的数量；
8 根——(850－150)/200 根＝3.5 根，两边布置，所以在钢筋布置根数上为 8 根。

总长度＝(2785×8＋1400×8)×4mm＝133920mm＝133.92m

【注释】 2785——②、③轴线上⑨号板的分布筋长度；
8——②、③轴线上⑨号板的分布筋数量；
1400——Ⓐ、Ⓑ轴线方向上⑨号板分布筋的长度；
8——Ⓐ、Ⓑ轴线方向上⑨号板分布筋的数量；
4——⑨号板的数量。

j. ⑩号板。

②、③轴线：

长度＝(4200＋150－990－25－850＋150×2)mm＝2785mm

数量＝[(990＋25－300)/200＋(850－150)/200]根＝8 根

【注释】 4200——②、③轴线的长度；
150——轴线至梁外边线的长度；
990——③号筋的水平段长度；
25——梁的保护层；
850——④号筋的水平段长度一半；
150——分布筋与平行于该分布筋的参差长度；
2——分布筋的两端参差个数；
300——梁的宽度；
150——轴线至梁外边线的长度；
200——分布筋的间距。

Ⓐ、Ⓑ轴线方向：

长度＝(2800＋150－990－25－850＋150×2)mm＝1385mm

数量＝[(990＋25－300)/200＋(850－150)/200]根＝8 根

【注释】 2800——Ⓐ、Ⓑ轴线方向上⑩号板的轴线长度；
第一个 150——轴线至梁外边线的长度；
990——③号筋的水平段长度；
25——梁的保护层；
850——④号筋的水平段长度一半；
第二个 150——分布筋与平行于该分布筋的参差长度；
2——分布筋的两端参差个数；
300——梁的宽度；

200——分布筋的间距；

第三个 150——轴线至梁外边线的长度。

总长度＝(2785×8＋1385×8)×2mm＝667200mm＝667.2m

【注释】 2785——②、③轴线上⑩号板分布筋的长度；

8——②、③轴线上⑩号板分布筋的数量；

1385——Ⓐ、Ⓑ轴线上⑩号板分布筋的长度；

8——Ⓐ、Ⓑ轴线上⑩号板分布筋的数量；

2——⑩号板的数量。

综上所述分布筋的长度：

一级钢筋⑥的总长度＝(667.2＋133.92＋135.52＋726.88＋470.4＋407.28＋200.88＋135.28＋198.36＋133.6)m＝3209.32m

二层板中的分布筋：

a. ①号板。

①、③轴线：

长度＝(8400＋250－1020－25－880＋150×2)mm＝7025mm

根数＝[(1020＋25－300)/200＋(880－150)/200]根＝8 根

【注释】 8400——①、③轴线①号板的长度；

250——轴线至外边线的长度；

1020——⑭号筋的水平长度；

25——梁的保护层；

880——⑪号筋的水平长度的一半；

150——分布筋与平行于该分布筋的参差长度；

2——分布筋的两端参差个数；

300——梁宽；

150——轴线至梁外边线的长度；

200——分布筋间距。

Ⓓ、Ⓔ方向①号板：

长度＝(2800＋150－1020－25－880＋150×2)mm＝1325mm

根数＝[(880－150)/200＋(1020＋25－300)/200]根＝8 根

【注释】 2800——Ⓓ、Ⓔ方向①号板的长度；

150——Ⓔ轴线至外边线的长度；

1020——⑭号筋的水平长度；

25——梁的保护层；

880——⑪号筋的水平长度的一半；

150——分布筋与平行于该分布筋的参差长度；

2——分布筋的两端参差个数；

300——梁宽；

150——轴线至梁外边线的长度；

200——分布筋间距。

总长度=(7025×8+1325×8)×2mm=133600mm=133.6m

【注释】 7025——①、③轴线①号板的分布筋的长度；

8——①、③轴线①号板的分布筋的数量；

1325——Ⓓ、Ⓔ方向①号板的分布筋长度；

第二个 8——①号板Ⓓ、Ⓔ方向分布筋的数量；

2——①号板的数量。

b. ②号板。

③、④轴线：

长度= (8400−880×2+150×2) mm=6940mm

数量=[(880−150)/200×2]根=8 根

【注释】 8400——①、③轴线的长度；

880——⑪号筋的水平长度；

150——分布筋与平行于该分布筋的参差长度；

2——分布筋的两端参差个数；

880——⑪号筋的水平长度的一半；

150——轴线至梁外边线的长度；

200——分布筋间距。

Ⓓ、Ⓔ方向②号板：

长度=(2800+150−1020−25−880+150×2)mm=1325mm

数量=[(1020+25−300)/200+(880−150/200)]根=8 根

【注释】 2800——Ⓓ、Ⓔ方向②号板的长度；

8400——①、③轴线的长度；

150——Ⓔ轴线至外边线的距离；

25——梁的保护层厚度；

第二个 150——分布筋与平行于该分布筋的参差长度；

2——分布筋的两端参差个数；

1020——⑭号筋的水平长度一半；

25——梁的保护层；

300——梁宽；

150——轴线至梁外边线的长度；

200——分布筋间距。

总长度=(6940×8+1325×80)×3mm=198360mm=198.36m

【注释】 6940——③、④轴线②号板的分布筋长度；

8——③、④轴线②号板的分布筋数量；

1325——Ⓓ、Ⓔ轴线②号板的分布筋长度；

8——Ⓓ、Ⓔ轴线②号板的分布筋数量；

3——②号板的数量。

c. ③号板。

①、③轴线：

长度=(8400+250−990−25−850+150×2)mm=7085mm

数量=[(990−150)/200+(850−150)/200]根=8 根

【注释】 8400——③号板①、③轴线的长度；

250——轴线至梁边线的距离；

990——⑨号筋的水平段长度；

25——梁的保护层；

850——⑩号筋的水平段长度的一半；

150——分布筋与平行于该分布筋的参差长度；

2——分布筋的两端参差个数；

后两个 150——轴线至梁外边线的长度；

200——分布筋的间距。

Ⓓ、Ⓔ方向③号板：

长度=(2800−880−850+150×2)mm=1370mm

数量=[(880−150)/200+(850−150)/200]根=8 根

【注释】 2800——Ⓓ、Ⓔ轴线③号板的宽度；

880——⑪号筋的水平段长度的一半；

850——⑩号筋水平段长度的一半；

150——分布筋与平行于该分布筋的参差长度；

2——分布筋的两端参差个数；

后两个 150——轴线至梁外边线的长度；

200——分布筋的间距。

总长度=(7085×8+1370×8)×2mm=135280mm=135.28m

【注释】 7085——③号板①、③轴线上的分布筋长度；

8——③号板①、③轴线上的分布筋数量；

1370——③号板Ⓓ、Ⓔ轴线上的分布筋长度；

8——③号板Ⓓ、Ⓔ轴线上的分布筋数量；

2——③号板的数量。

d. ④号板。

③、④轴线：

长度=(8400−850−850+150×2)mm=7000mm

数量=[(850−150)/200×2]根=8 根

【注释】 8400——③、④轴线的长度；

850——⑩号筋的水平段长度的一半；

150——分布筋与平行于该分布筋的参差长度；

2——分布筋的两端参差个数；

第二个 150——轴线至梁外边线的长度；

200——分布筋的间距；

8 根——(850−150)/200=3.5 根，两边布置，所以在钢筋布置根数上为 8 根。

Ⓓ、Ⓔ方向④号板：

长度=(2800−880−850+150×2)mm=1370mm

数量=[(880−150)/200+(850−150)/200]根=8 根

【注释】 2800——Ⓓ、Ⓔ方向④号板的轴线长度；

880——⑪号筋水平段长度的一半；

850——⑩号筋的水平段长度的一半；

150——分布筋与平行于该分布筋的参差长度；

2——分布筋的两端参差个数；

后两个 150——轴线至梁外边线的长度；

200——分布筋的间距。

总长度=(7000×8+1370×8)×3mm=200880mm=200.88m

【注释】 7000——③、④轴线④号板的分布筋长度；

8——③、④轴线④号板的分布筋数量；

1370——Ⓓ、Ⓔ方向④号板的分布筋长度；

8——Ⓓ、Ⓔ方向④号板的分布筋数量；

3——④号板的数量。

e. ⑤号板。

①、③轴线：

长度=(8400+250−990−25−850+150×2)mm=7085mm

数量=[(990−150)/200+(850−150)/200]根=8 根

【注释】 8400——①、③轴线的长度；

250——轴线至梁边线的距离；

990——⑨号筋的水平段长度；

25——梁的保护层；

850——⑩号筋的水平段长度的一半；

150——分布筋与平行于该分布筋的参差长度；

2——分布筋的两端参差个数；

第二个 150——轴线至梁外边线的长度；

200——分布筋的间距。

Ⓓ、Ⓔ方向上⑤号板：

长度=(2800−850×2+150×2)mm=1400mm

数量=(850−150)/200×2 根=8 根

【注释】 2800——Ⓓ、Ⓔ轴线⑤号板的宽度；

850——⑩号筋水平段长度的一半；

2——2 个⑩号筋与分布筋连接；

150——分布筋与平行于该分布筋的参差长度；

2——分布筋的两端参差个数；

后两个 150——轴线至梁外边线的长度；

200——分布筋的间距；

8 根——(850−150)/200 根=3.5 根，两边布置，所以在钢筋布置根数上为 8 根。

总长度=(7085×8+1400×8)×6mm=407280mm=407.28m

【注释】 7085——①、③轴线上⑤号筋分布筋的长度；
8——①、③轴线上⑤号筋分布筋的数量；
1400——Ⓓ、Ⓔ轴线上⑤号筋分布筋的长度；
8——Ⓓ、Ⓔ轴线上⑤号筋分布筋的数量；
6——⑤号板的数量。

f. ⑥号板。

③、④轴线：

长度=(8400-850×2+150×2)mm=7000mm

数量=(850−150)/200×2 根=8 根

【注释】 8400——①、③轴线⑥号板的轴线长度；
850——⑩号筋的水平段长度一半；
150——分布筋与平行于该分布筋的参差长度；
2——分布筋的两端参差个数；
850——⑩号筋水平段长度的一半；
第二个 150——轴线至梁外边线的长度；
200——分布筋的间距；
2——⑩号筋的数量；
8 根——(850−150)/200 根=3.5 根，两边布置，所以在钢筋布置根数上为 8 根。

Ⓓ、Ⓔ方向：

长度=(2800−850×2+150×2)mm=1400mm

数量=(850−150)/200×2 根=8 根

【注释】 2800——Ⓓ、Ⓔ轴线上⑥号板的轴线长度；
850——⑩号筋的水平段长度一半；
150——分布筋与平行于该分布筋的参差长度；
2——分布筋的两端参差个数；
850——⑩号筋水平段长度的一半；
第二个 150——轴线至梁外边线的长度；
200——分布筋的间距；
2——⑩号筋的数量；
8 根——(850−150)/200 根=3.5 根,两边布置,所以在钢筋布置根数上为 8 根。

总长度=(7000×8+1400×8)×18=1209600mm=1209.6m

【注释】 7000——③、④轴线⑥号板分布筋的长度；
8——③、④轴线⑥号板分布筋的数量；
1400——Ⓓ、Ⓔ轴线⑥号板分布筋的长度；
8——Ⓓ、Ⓔ轴线⑥号板分布筋的数量；
18——⑥号板的数量。

g. ⑦号板。

①、③轴线：

长度=(8400+250−990−25−850+150×2)mm=7085mm

数量=[(850−150)/200+(990−150)/200]根=8 根

【注释】 8400——①、③轴线线长度；

250——轴线至梁外边线的距离；

990——⑨号筋的水平段长度；

25——梁的保护层；

850——⑩号筋的水平段长度一半；

150——分布筋与平行于该分布筋的参差长度；

2——分布筋的两端参差个数；

后两个 150——轴线至梁外边线的长度；

990——⑨号筋的水平段长度；

200——分布筋的间距。

Ⓑ、Ⓒ轴线：

长度=(2800−850−1230+150×2)mm=1020mm

数量=[(850−150)/200+(1230−150)/200]根=10 根

【注释】 2800——Ⓑ、Ⓒ轴线方向⑦号板的轴线长度；

850——⑩号筋的水平段长度一半；

1230——⑥号筋的水平段长度一半；

150——分布筋与平行于该分布筋的参差长度；

2——分布筋的两端参差个数；

第二个 150——轴线至梁外边线的长度；

200——分布筋的间距。

总长度=(7085×8+1020×10)×2mm=133760mm=133.76m

【注释】 7085——①、③轴线上⑦号板分布筋的长度；

8——①、③轴线上⑦号板分布筋的数量；

1020——Ⓑ、Ⓒ轴线上⑦号板分布筋的长度；

10——Ⓑ、Ⓒ轴线上⑦号板分布筋的数量；

2——⑦号板的数量。

h. ⑧号板。

②、③轴线：

长度=(4200−1230−850+150×2)mm=2420mm

数量=[(1230−150)/200+(850−150)/200]根=10 根

【注释】 4200——②、③轴线长度；

1230——④号筋的水平段长度的一半；

850——⑩号筋水平段长度的一半；

150——分布筋与平行于该分布筋的参差长度；

2——分布筋的两端参差个数；

后二个 150——轴线至梁外边线的长度；

200——分布筋的间距。

Ⓑ、Ⓒ轴线：

长度＝(2800－850－850＋150×2)mm＝1400m

数量＝(850－150)/200×2 根＝8 根

【注释】 2800——Ⓑ、Ⓒ轴线方向⑧号筋的轴线长度；

850——⑩号筋水平段长度的一半；

150——分布筋与平行于该分布筋的参差长度；

2——分布筋的两端参差个数；

第二个 150——轴线至梁外边线的长度；

200——分布筋的间距；

2——⑩号筋的数量；

8 根——(850－150) /200＝3.5 根，两边布置，所以在钢筋布置根数上为8 根。

总长度＝(2420×10＋1400×8)×4mm＝35400mm＝35.40m

【注释】 2420——②、③轴线上⑧号板的分布筋长度；

8——②、③轴线上⑧号板的分布筋数量；

1400——Ⓑ、Ⓒ轴线上⑧号筋的分布筋长度；

8——Ⓑ、Ⓒ轴线上⑧号筋的分布筋数量；

4——⑧号板的数量。

i. ⑨号板。

①、②轴线：

长度＝(4200＋250－1370－25－1230＋150×2)mm＝2125mm

数量＝[(1230－150)/200＋(1370＋25－300)/200]根＝11 根

【注释】 4200——①、②轴线的长度；

250——轴线至梁外边线的距离；

1370——③号筋的水平段长度；

25——梁的保护层；

1230——④号筋的水平段长度一半；

150——分布筋与平行于该分布筋的参差长度；

2——分布筋的两端参差个数；

第二个 1230——⑥号筋的水平段长度一半；

第二个 1373——⑤号筋的水平段长度；

300——梁的宽度；

第二个 150——轴线至梁外边线的长度；

200——分布筋的间距。

Ⓐ、Ⓑ轴线方向：

长度＝(8400＋150－1370－25－1230＋150×2)mm＝6225mm

数量＝[(1370＋25－300)/200＋(1230－150)/200]根＝11 根

【注释】 8400——Ⓐ、Ⓑ轴线的长度；

150——轴线至梁外边线的长度；

1370——⑤号筋的水平段长度；

1230——⑥号筋的水平段长度一半；

150——分布筋与平行于该分布筋的参差长度；

2——分布筋的两端参差个数；

第二个 1370——⑤号筋的水平段长度；

第二个 1230——⑥号筋的水平段长度一半；

300——梁的宽度；

第二个 150——轴线至梁外边线的长度；

200——分布筋的间距。

总长度=(2125×11+6225×11)×2mm=91850mm=91.85m

【注释】 2125——①、②轴线上⑨号板的分布筋长度；

11——①、②轴线上⑨号板的分布筋数量；

6225——Ⓐ、Ⓑ轴线方向上⑨号板分布筋的长度；

11——Ⓐ、Ⓑ轴线方向上⑨号板分布筋的数量；

2——⑨号板的数量。

j. ⑩号板。

②、③轴线：

长度=(4200−850−1230+150×2)mm=2420mm

数量=[(850−150)/200+(1230−150)/200]根=10 根

【注释】 4200——②、③轴线的长度；

850——⑩号筋水平段长度的一半；

1230——④号筋的水平段长度一半；

150——分布筋与平行于该分布筋的参差长度；

2——分布筋的两端参差个数；

150——轴线距梁外边线的距离；

200——分布筋的间距。

Ⓐ、Ⓑ轴线方向：

长度=(2800+150−990−25−850+150×2)mm=1385mm

数量=[(990+25−300)/200+(850−150)/200]根=8 根

【注释】 2800——Ⓐ、Ⓑ轴线方向上⑩号板的轴线长度；

第一个 150——轴线至梁外边线的长度；

990——⑨号筋的水平段长度；

25——梁的保护层；

850——⑩号筋的水平段长度一半；

第二个 150——分布筋与平行于该分布筋的参差长度；

2——分布筋的两端参差个数；

300——梁的宽度；

200——分布筋的间距；

第三个 150——轴线至梁外边线的长度。

总长度=(2420×10+1385×8)×2mm=70560mm=70.56m

【注释】 2420——②、③轴线上⑩号板分布筋的长度；

10——②、③轴线上⑩号板分布筋的数量；

1385——Ⓐ、Ⓑ轴线上⑩号板分布筋的长度；

8——Ⓐ、Ⓑ轴线上⑩号板分布筋的数量；

2——⑩号板的数量。

综上所述分布筋的长度：

一级钢筋⑥的总长度=(133.6+198.36+135.28+200.88+407.28+1209.6+133.76+35.40+91.85+70.56)m=2616.57m

综上所述：

一级钢筋⑥的总长度=(3209.32+2616.57)m=5825.39m

一级钢筋⑥的质量=5825.39×0.222kg/m=1293.34kg=1.29t

综上所述板中钢筋：

三级钢筋⑧质量=(4.117+5.498)t=9.615t

三级钢筋⑩质量=0.222t

一级钢筋⑥的质量=1.29t

(6) 楼梯钢筋

梯梁保护层厚度为 25mm。直径为 8 的箍筋调整值为 60mm 箍筋加密区长度为 max(2×梁高，500)=600mm

TL1 的钢筋（2 个）3-29、3-30：

④号钢筋、三级⑭号钢筋：

下料长度=(4200+120+250−25×2+300×2−25×4)mm=5020mm

【注释】 4200——楼梯间轴线之间的间距；

120、250——轴线到墙边缘的距离；

25——钢筋保护层厚度；

300——梁高。

数量=2×2 根=4 根

【注释】 第一个 2——该梁中该号钢筋的数量；

最后一个 2——该梁的数量。

⑤号钢筋、三级⑱号钢筋：

下料长度=(4200+120+250−25×2+150×2+2.5×18×2)mm=4910mm

【注释】 4200——楼梯间轴线之间的间距；

120、250——轴线到墙边缘的距离；

25——钢筋保护层厚度；

150——钢筋弯折部分长度；

2.5×18——2.5d，135°弯钩增加长度；

2——共有两个 135°转角。

数量=2×2 根=4 根

【注释】 第一个 2——该梁中该号钢筋的数量；

最后一个2——该梁的数量。

⑥号钢筋、一级⑧号钢筋：

下料长度=[(200−25×2+300−25×2)×2+60]mm=860mm

【注释】 200——梁宽；

300——梁高；

25——钢筋保护层厚度；

60——箍筋调整值。

数量=[(600−50)/100×2+(4200−120+10−600×2)/200+1]×2根=56根

【注释】 600——加密区长度；

100——加密区间距；

50——梁中第一个钢筋距离墙边缘的距离；

4200−120+10——TL的净跨长度；

最后的2——共有两个相同的梁。

三级钢筋⑱质量=4.91×4×1.988kg/m=0.039t

三级钢筋⑭质量=5.02×4×1.21kg/m=0.024t

一级钢筋⑧质量=0.86×56×0.395kg/m=0.019t

TL2的钢筋（共四根梯梁）：

梯梁斜长=$\sqrt{(3900+200\times2)\times(3900+200\times2)+2100\times2100}$mm

=4785mm

【注释】 3900——楼梯水平段长度；

200——梁宽；

2100——楼梯竖直段高度。

②号钢筋、三级⑫号钢筋：

下料长度=(4785+2.5×12×2)mm=4845mm

【注释】 4785——楼梯梁斜长；

2.5×12——135°转角的弯曲弯钩增加长度；

2——共有两个135°弯钩。

数量=4×2根=8根

③号钢筋、三级⑩号钢筋（每端弯曲部分长100mm）：

下料长度=(4785+100×2+6.25×10×2−2.5×10×2)mm=5060mm

【注释】 4785——斜梁长度；

100——两端向下弯折长度；

6.25×10——180°弯钩调整值；

2.5×20——135°转角调整值；

10——钢筋直径。

数量=4×2根=8根

【注释】 4——梁的数量；

2——该号钢筋在一个梁中的数量。

①号钢筋、一级⑧号钢筋：

下料长度=[(300－25×2+200－25×2)+60]mm=460mm

【注释】 300——梁高；

200——梁宽；

25——钢筋保护层厚度；

60——箍筋调整值。

$\sqrt{3900\times3900+2100\times2100}$mm=4429mm

数量=[(4429－50×2)/200+1]×4 根=91 根

【注释】 4429——斜梁扣除平台梁的净长；

50——第一个箍筋距离平台梁的距离；

200——箍筋间距；

1——两端少计算的一根箍筋；

4——梁的数量。

三级钢筋⑫质量=4.845×8×0.888kg/m=0.034t

三级钢筋⑩质量=5.06×8×0.617kg/m=0.025t

一级钢筋⑧质量=0.46×91×0.395kg/m=0.017t

TB1 的钢筋（三级直径 8mm）：

①号钢筋（每端向下弯折 100mm）：

下料长度=(1800+250－15×2+100×2－15×2×2－2×8×2)mm=2128mm

【注释】 1800——休息平台宽度；

250——轴线到墙外边缘的距离；

15——钢筋保护层厚度；

100——钢筋弯折部分长度；

2×8——$2d$，90 度转角调整值。

数量=[(4200+10－120－50×2)/200+1]根=21 根

【注释】 4200——楼梯间轴线之间的距离；

10——Ⓐ轴线到墙内边缘的距离；

120——轴线到墙内边缘的距离；

50——第一根箍筋距离墙边缘的距离；

200——钢筋间距；

1——端部少计算的一根钢筋。

②号钢筋：

下料长度=(1800+250－15×2+2×6.25×8)mm=2120mm

【注释】 1800——休息平台宽度；

250——轴线到墙外边缘的距离；

15——钢筋保护层厚度；

6.25×8——$2d$，180 度转角调整值。

数量=[(4200+10－120－50×2)/200+1]根=21 根

【注释】 4200——楼梯间轴线之间的距离；

10——Ⓐ轴线到墙内边缘的距离；

120——轴线到墙内边缘的距离；
50——第一根箍筋距离墙边缘的距离；
200——钢筋间距；
1——端部少计算的一根钢筋。

③号钢筋：

下料长度=(4200+250+120−15×2+2×6.25×8)mm=4640mm

【注释】 4200——休息平台长度；
120、250——轴线到墙外边缘的距离；
15——钢筋保护层厚度；
6.25×8——2*d*，180 度转角调整值。

数量=[(1800+10−50×2)/200+1]根=10 根

【注释】 1800——休息平台宽度；
10——轴线到墙内边缘的距离；
50——第一根箍筋距离墙边缘的距离；
200——钢筋间距；
1——端部少计算的一根钢筋。

④号钢筋：

下料长度=(830+95+151)mm=1076mm

【注释】 见图 3-28 楼梯板配筋图。

数量=[(1800+10−50×2)/200+1]×2 根=20 根

【注释】 1800——平台宽度；
10——轴线到墙边缘的距离；
50——第一根箍筋距离墙边缘的距离；
200——钢筋间距；
1——端部少计算的一根钢筋；
2——左右两边对称的钢筋。

三级钢筋⑧质量=(2.128×21+2.12×21+4.64×10+1.076×20)×0.395kg/m=0.062t

TB2 的钢筋：

⑤号钢筋：

下料长度=(2210+120−15×2+100×2−15×2×2−2×8×2)mm=2408mm

【注释】 2210——休息平台宽度；
120——轴线到墙外边缘的距离；
15——钢筋保护层厚度；
100——钢筋弯折部分长度；
2×8——2*d*，90 度转角调整值。

数量=[(4200+10−120−50×2)/200+1]根=21 根

【注释】 4200——楼梯间轴线之间的距离；
10——Ⓐ轴线到墙内边缘的距离；
120——轴线到墙内边缘的距离；

50——第一根箍筋距离墙边缘的距离；

200——钢筋间距；

1——端部少计算的一根钢筋。

⑥号钢筋：

下料长度=(2210+120+2×6.25×8)mm=2430mm

【注释】 2210——休息平台宽度；

120——轴线到墙外边缘的距离；

6.25×8——2d，180°转角调整值。

数量=[(4200+10−120−50×5)/200+1]根=21 根

【注释】 4200——楼梯间轴线之间的距离；

10——Ⓐ轴线到墙内边缘的距离；

120——轴线到墙内边缘的距离；

50——第一根箍筋距离墙边缘的距离；

200——钢筋间距；

1——端部少计算的一根钢筋。

⑦号钢筋：

下料长度=(4200+250+120−15×2+2×6.25×8)mm=4640mm

【注释】 4200——休息平台长度；

120、250——轴线到墙外边缘的距离；

15——钢筋保护层厚度；

6.25×8——2d，180°转角调整值。

数量=[(2210−120−50×2)/200+1]根=11 根

【注释】 2210——休息平台宽度；

120——轴线到墙内边缘的距离；

50——第一根箍筋距离墙边缘的距离；

200——钢筋间距；

1——端部少计算的一根钢筋。

⑧号钢筋：

下料长度=(830+95+151)mm=1076mm

【注释】 如图 3-28 楼梯板配筋图。

数量=[(2210−120−50×2)/200+1]×2 根=22 根

【注释】 2210——平台宽度；

120——轴线到墙边缘的距离；

50——第一根箍筋距离墙边缘的距离；

200——钢筋间距；

1——端部少计算的一根钢筋；

2——左右两边对称的钢筋。

三级钢筋⑧质量=(2.408×21+2.43×21+4.64×11+1.076×22)×0.395kg/m=0.070t

综上所述：

三级钢筋⑱质量=0.039t

三级钢筋⑭质量=0.024t

三级钢筋⑫质量=0.034t

三级钢筋⑩质量=0.025t

三级钢筋⑧质量=(0.062+0.070)t=0.132t

一级钢筋⑧质量=(0.019+0.017)t=0.036t

(7) 雨棚钢筋（见图 3-26）

雨棚设置在外墙门高 300mm 处，雨棚宽每边比门延长 300mm，雨棚梁长每边比雨棚宽度延长 500mm，高 300mm，厚度同墙厚为 240mm。保护层厚度为 15mm。

雨棚梁的宽度=(6000+300×2+500×2)mm=7600mm

雨棚上部钢筋：

一级⑧号钢筋：

下料长度=(7600−15×2)mm=7570mm

【注释】 7600——雨棚梁的宽度；

15——钢筋的保护层厚度。

数量=[(7600−15×2)/150+1]×3 根=154.4 根（取 155 根）

【注释】 7600——雨棚板的外挑长度；

15——钢筋的保护层厚度；

150——钢筋间距；

1——计算时端部少计算的一根；

3——雨棚的数量。

雨棚上部钢筋：

一级⑧号钢筋：

下料长度=(1200+240−15×2+180−15×2+300−15×2)mm=1830mm

【注释】 1200——雨棚板的外挑长度；

240——雨棚梁的厚度；

15——钢筋的保护层厚度；

180——雨棚前沿上翻长度；

300——雨棚梁的高度。

数量=[(1200−15×2)/150+1]×3 根=26.4 根（取 27 根）

【注释】 1200——雨棚板的外挑长度；

15——钢筋的保护层厚度；

150——钢筋间距；

1——计算时端部少计算的一根；

3——雨棚的数量。

一级钢筋⑧质量=(7.57×155+1.83×27)×0.395kg/m=0.483t

钢筋工程的工程量：

三级钢筋⑧质量=(9.615+0.132)t=9.747t

三级钢筋⑩质量=(0.222+0.025)t=0.247t

三级钢筋⑫质量＝(0.034＋0.767)t＝0.801t

三级钢筋⑭质量＝(0.024＋0.897＋0.798)t＝1.719t

三级钢筋⑯的重＝(2.34＋1.087＋0.879)t＝4.306t

三级钢筋⑱质量＝(0.039＋3.652＋1.344＋1.235＋1.807)t＝8.077t

三级钢筋⑳的重＝(6.736＋1.652＋0.767＋0.997)t＝10.152t

三级钢筋㉒的重＝(7.771＋0.218)t＝7.989t

三级钢筋㉕的重＝6.326t

一级钢筋⑩的重＝(8.706＋1.590＋0.028＋1.646)t＝11.97t

一级钢筋⑧质量＝(0.036＋0.483＋0.006)t＝0.525t

一级钢筋⑥的质量＝1.29t

三级钢筋总重＝49.091t

一级钢筋总重＝13.785t

5. 屋面及防水工程

(1) 屋面防水

本工程屋面防水女儿墙处高为500mm处的弯起部分并入屋面工程量计算。

1) 屋面部分工程量

$$(42+0.05\times 2)\times(25.2+0.05\times 2)\text{m}^2 = 1065.13\text{m}^2$$

【注释】 42——①、⑧轴线之间的距离；

0.05——轴线到外墙内边缘的距离；

25.2——Ⓐ、Ⓔ轴线之间的距离。

2) 弯起部分工程量

$$(42+0.05\times 2+25.2+0.05\times 2)\times 2\times 0.5\text{m}^2 = 67.40\text{m}^2$$

【注释】 42——①、⑧轴线之间的距离；

0.05——轴线到外墙内边缘的距离；

25.2——Ⓐ、Ⓔ轴线之间的距离；

括号外的2——另外两个相同长的边；

0.5——防水卷材在女儿墙处弯起的长度。

总的工程量＝(1065.13＋67.40)m^2＝1132.53m^2

(2) 屋面排水管（见图3-4）

1) 工程量＝(4.2＋4.2＋0.45)×4m＝35.4m

【注释】 4.2——一、二层的层高；

0.45——室内外高差。

计算规则：以檐口至室外散水上表面垂直距离计算。

2) 铸铁弯头出水口＝4套

(3) 地面防水

卫生间地面卷材防水工程量＝(8.4＋0.01－0.20－0.12)×(4.2－0.12＋0.01)m^2＝33.09m^2

【注释】 8.4——①、③轴线之间的距离；

0.01——①轴线至外墙内边缘的距离；

0.20——卫生间内隔墙的厚度；

0.12——③轴线至内墙内边缘的距离；

4.2——Ⓓ、Ⓔ轴线之间的距离。

6. 门窗工程（见表 3-5）

（1）M—1：$6\times3\times3m^2=54m^2$

【注释】 6——门的宽度；

3——门的高度；

最后一个 3——门的数量。

（2）M—2：$2.4\times3\times4m^2=28.8m^2$

【注释】 2.4——门的宽度；

3——门的高度；

4——门的数量。

（3）M—3：$1.5\times2.1\times4m^2=12.6m^2$

【注释】 1.5——门的宽度；

2.1——门的高度；

4——门的数量。

（4）M—4：$0.9\times2.1\times8m^2=15.12m^2$

【注释】 0.9——门的宽度；

2.1——门的高度；

8——门的数量。

总的工程量=$(54+28.8+12.6+15.12)m^2=110.52m^2$

（5）C—1：$2.4\times2.4\times28m^2=161.28m^2$

【注释】 2.4——窗的宽度和高度；

28——窗的数量。

（6）C—2：$2.4\times1.6\times8m^2=30.72m^2$

【注释】 2.4——窗的宽度；

1.6——窗的高度；

8——窗的数量。

总的工程量=$(161.28+30.72)m^2=192m^2$

7. 外墙隔热、保温

外墙 30mm 厚复合硅酸盐保温材料工程量：

$$(42+0.25\times2+25.2+0.25\times2)\times2\times(4.2\times2+0.45)m^2=1207.14m^2$$

【注释】 42——①、⑧轴线之间的距离；

0.25——轴线到外墙外边缘的距离；

25.2——Ⓐ、Ⓔ轴线之间的距离；

2——另外两面相同长的墙；

4.2——一二层层高；

0.45——室内外高差。

应扣除门面积：

M—1：$6\times3\times3m^2=54m^2$

【注释】 6——门的宽度；

3——门的高度；

最后一个 3——门的数量。

应扣除窗的体积：

C—1：$2.4\times2.4\times28m^2=161.28m^2$

【注释】 2.4——窗的宽度和高度；

28——窗的数量。

C—2：$2.4\times1.6\times8m^2=30.72m^2$

【注释】 2.4——窗的宽度；

1.6——窗的高度；

8——窗的数量。

总的工程量$=(1207.14-54-161.28-30.72)m^2=961.14m^2$

清单工程量计算如表 3-7 所示。

清单工程量计算表 **表 3-7**

序号	项目编码	项目名称	项目特征描述	计算单位	工程量
1	010101001001	平整场地	Ⅱ类土，以挖作填	m^2	1092.25
2	010101002001	挖基础土方	Ⅱ类土，人工挖土，挖深 1.6m 垫层宽 2.2m，厚 100mm，J-1	m^3	24.334
3	010101002002	挖基础土方	Ⅱ类土，人工挖土，挖深 1.6m 垫层宽 2.6m，厚 100mm，J-2	m^3	116.058
4	010101002003	挖基础土方	Ⅱ类土，人工挖土，挖深 1.6m 垫层宽 3.2m，厚 100mm，J-3	m^3	119.232
5	010103001001	基础回填	普通土，夯填，以挖作填，夯填，基础回填土	m^3	158.904
6	010103001002	室内回填	普通土，夯填，以挖作填，夯填，房心回填土	m^3	364.114
7	010402001001	砌块墙（外墙）	外墙，240mm 厚砌块，M5 混合砂浆砌筑，混水不勾缝	m^3	193.69
8	010402001002	砌块墙（内墙）	内墙，240mm 厚砌块，M5 混合砂浆砌筑，混水不勾缝	m^3	112.81
9	010402001003	砌块墙（女儿墙）	女儿墙，200mm 厚砌块，M5 混合砂浆砌筑，混水不勾缝	m^3	24.95
10	010402001004	砌块墙（隔墙）	卫生间隔墙，200mm 厚砌块，M5 混合砂浆砌筑，混水不勾缝	m^3	25.13
11	010501003001	独立基础	C15 混凝土	m^3	51.21
12	010501001001	垫层	C10 混凝土室内垫层，厚度 100mm	m^3	14.71
13	010502001001	矩形柱	C30 混凝土矩形柱，500mm×500mm，自基础顶面到楼顶地面，混凝土现场拌制	m^3	55.8
14	010502002001	构造柱	C20 混凝土构造柱，240mm×360mm，自楼层顶面到女儿墙顶面，混凝土现场拌制	m^3	1.29
15	010503001001	基础梁	梁底标高−0.400，梁截面 300mm×400mm，C30 混凝土良好和易性和强度	m^3	32.1
16	010505001001	一层有梁板	板厚 120mm，C20 混凝土强度等级，良好和易性和强度，板底标高 4.380m	m^3	179.41

续表

序号	项目编码	项目名称	项目特征描述	计算单位	工程量
17	010505001002	二层有梁板	板厚120mm，C20混凝土强度等级，良好和易性和强度，板底标高8.580m	m^3	197.91
18	010505001003	有梁板	板厚120mm，C20混凝土强度等级	m^3	1.76
19	010510003001	过梁	门窗过梁，高300mm，宽240mm	m^3	1.51
20	010510003002	过梁	门窗过梁，高200mm，宽240mm	m^3	6.74
21	010510006001	雨棚梁	雨棚梁，高300mm，宽240mm	m^3	1.64
22	010507007001	雨棚	雨棚板C20混凝土，良好和易性和强度	m^3	3.14
23	010506001001	直行楼梯	直行楼梯C30混凝土，良好和易性和强度	m^2	51.13
24	010507005001	压顶	C20现浇混凝土女儿墙压顶，高0.24m，宽0.24m	m	135.6
25	010507004001	台阶	C20混凝土台阶，良好和易性和强度，底层夯实，三七灰土垫层	m^2	9.72
26	010507001001	散水、坡道	散水，宽900mm，三七灰土垫层，C15混凝土	m^2	103.32
27	010515001001	现浇钢筋混凝土钢筋	三级钢筋	t	48.931
28	010515001002	现浇钢筋混凝土钢筋	一级钢筋⑩以外钢筋	t	13.073
29	010803001001	金属卷帘门	6000mm×3000mm，铝合金，带纱刷调和漆两遍	m^2	54
30	010801004001	木质防火门	2400mm×3000mm，带纱刷调和漆两遍	m^2	28.8
31	010801001001	胶合板门	1500mm×2100mm，带纱刷调和漆两遍	m^2	12.6
32	010801001002	胶合板门	900mm×2100mm，带纱刷调和漆两遍	m^2	15.12
33	010807001001	金属推拉窗	2400mm×2400mm，装5mm厚双层平板玻璃	m^2	161.28
34	010807001002	金属推拉窗	2400mm×1600mm，装5mm厚双层平板玻璃	m^2	30.72
35	010902001001	屋面卷材防水	1∶3水泥砂浆找平，采用高聚物改性沥青卷材	m^2	1132.53
36	010902004001	屋面排水管	直径100铸铁水落管，铸铁管弯头出水口，塑料雨水斗	m	35.4
37	010902004002	屋面排水管	铸铁弯头出水口、塑料雨水斗	套	4
38	011001003001	保温隔热墙	外抹3mm厚复合硅酸盐保温材料	m^2	961.14

二、定额工程量

该“定额工程量”是根据“河南省建设工程工程量清单计价综合单价（2008）——A.建筑工程（上、下册）”的相关对应计算规则进行计算，以及进行相关定额子目的套用。

1. 土石方工程

土建实体项目：

（1）场地平整

工程量＝1092.25m^2

【注释】 工程量计算方法同清单工程量计算。

（2）挖土方

1）J-1

工程量＝24.334m^3

【注释】 工程量计算方法同清单工程量计算。

2）J-2

工程量＝116.058m^3

【注释】 工程量计算方法同清单工程量计算。

3）J-3

工程量＝（1.4×2＋0.1×2＋0.3×2）×（1.4×2＋0.1×2＋0.3×2）×8×（1.5＋0.1－0.45）m^2 ＝ 119.23m^3

【注释】 工程量计算方法同清单工程量计算。

（3）基坑回填土

基坑回填土体积＝挖方体积-基础垫层-基础-基础柱

1）垫层工程量

a. J-1。

混凝土垫层工程量＝1.16m^3

【注释】 工程量计算方法同清单工程量计算。

b. J-2。

混凝土垫层工程量＝6.35m^3

【注释】 工程量计算方法同清单工程量计算。

c. J-3。

混凝土垫层工程量＝7.20m^3

【注释】 工程量计算方法同清单工程量计算。

2）基础工程量

a. J-1。

工程量＝3.9m^3

【注释】 工程量计算方法同清单工程量计算。

b. J-2。

工程量＝21.96m^3

【注释】 工程量计算方法同清单工程量计算。

c. J-3。

工程量＝25.35m^3

【注释】 工程量计算方法同清单工程量计算。

基础柱工程量＝2.70m^3

基础梁的工程量＝32.1m^3

【注释】 工程量计算方法同清单工程量计算。

（4）房心回填土

总的工程量＝364.114m^3

【注释】 工程量计算方法同清单工程量计算。

2. 砌筑工程

（1）实心 240mm 混凝土砌块外墙

总的工程量＝193.69m^3

【注释】 工程量计算方法同清单工程量计算。

(2) 空心 240mm 混凝土砌块内墙

总的工程量＝112.81m^3

【注释】 工程量计算方法同清单工程量计算。

(3) 空心 200mm 混凝土砌块女儿墙

工程量＝(42＋0.15×2＋25.2＋0.15×2)×2×(1.0－0.08)×0.2m^3＝24.95m^3

(4) 实心 200mm 混凝土砌块卫生间隔墙

工程量＝25.13m^3

【注释】 工程量计算方法同清单工程量计算。

3. 混凝土工程及钢筋混凝土工程

(1) C15 独立基础垫层

1) J-1

混凝土垫层工程量＝1.16m^3

【注释】 工程量计算方法同清单工程量计算。

2) J-2

混凝土垫层工程量＝6.35m^3

【注释】 工程量计算方法同清单工程量计算。

3) J-3

混凝土垫层工程量＝7.2m^3

【注释】 工程量计算方法同清单工程量计算。

(2) 独立基础工程量

1) J-1

工程量＝3.9m^3

【注释】 工程量计算方法同清单工程量计算。

2) J-2

工程量＝21.96m^3

【注释】 工程量计算方法同清单工程量计算。

3) J-3

工程量＝25.35m^3

【注释】 工程量计算方法同清单工程量计算。

总的工程量＝51.21m^3

(3) 矩形柱

工程量＝55.8m^3

【注释】 工程量计算方法同清单工程量计算。

(4) 构造柱

构造柱设置在外墙柱子相应部位，厚为 200mm，宽为 360mm 高为 (1.0－0.08)，C20 混凝土。

工程量＝1.29m^3

【注释】 工程量计算方法同清单工程量计算。

(5) 基础梁

基础梁采用 C30 混凝土，尺寸为 300×500。

基础梁的工程量＝32.1m³

【注释】 工程量计算方法同清单工程量计算。

(6) 过梁

外墙 M-1 过梁，厚同墙厚 240mm，长比门宽，每边延长 500mm，高为 300mm。其他门窗过梁尺寸，厚 240mm，高 200mm，长比门窗宽，每边延长 300mm。采用 C20 混凝土。

截面尺寸 0.24×0.30 的工程量＝1.51m³

截面尺寸 0.24×0.2 的工程量＝(0.58＋0.4＋0.58＋4.03＋1.15) m³＝6.74m³

【注释】 工程量计算方法同清单工程量计算。

(7) 雨棚梁

雨棚设置在外墙门高 300mm 处，雨棚宽每边比门延长 300mm，雨棚梁长每边比雨棚宽度延长 500mm，高 300mm，厚同墙厚，240mm。

M-1 的雨棚梁工程量＝1.64m³

【注释】 工程量计算方法同清单工程量计算。

(8) 女儿墙压顶工程量

C20 混凝土压顶，女儿墙采用 200mm 厚混凝土砌块，上部设 80mm 厚钢筋混凝土压顶。

工程量：(42＋0.15×2＋25.2＋0.15×2)×2×0.2×0.08m³＝2.17m³

【注释】 42——①、⑧轴线之间的距离；

0.15——外墙轴线到外墙中心线之间的距离：0.15＝0.25－0.2＋0.2/2；

25.2——Ⓐ、Ⓔ轴线之间的距离；

括号外的 2——建筑外周另外两段相同工程量的墙；

0.2——女儿墙的厚度；

0.08——女儿墙压顶的高度。

(9) 现浇混凝土板（有梁板）

采用 C20 混凝土。

1) 板的工程量

一层有梁板的工程量＝(114.42＋64.99)m³＝179.41m³

二层有梁板的工程量＝(131.07＋66.84)m³＝197.91m³

【注释】 工程量计算方法同清单工程量计算。

2) 楼梯间与楼梯连接梁相连的楼板

$$1.79\times(4.2-0.12+0.01)\times0.12\times2\text{m}^3=1.76\text{m}^3$$

【注释】 工程量计算方法同清单工程量计算。

(10) 楼梯

采用 C20 混凝土。

工程量＝51.13m²

【注释】 工程量计算方法同清单工程量计算。

计算规则：现浇钢筋混凝土整体楼梯，包括休息平台，平台梁、斜梁和楼梯板的连接梁，按照水平投影面积计算，不扣除宽度小于 500mm 的楼梯井，伸至墙内部分的混凝土体积也不增加工程量。整体楼梯按与之相连的楼梯梁作为楼梯与相连的楼板的分界线。

(11) 楼梯间与楼梯连接梁相连的楼板

工程量=1.76m^3

【注释】 工程量计算方法同清单工程量计算。

(12) 雨棚板

雨棚设置在外墙门高 300mm 处，雨棚宽每边比门延长 300mm，雨棚最外边厚 100mm，最内边厚 150mm。采用 C20 混凝土。

雨棚总的工程量=3.14m^3

【注释】 工程量计算方法同清单工程量计算。

(13) 散水

采用 C20 混凝土。

工程量=$\{[(42+0.25\times2+0.9\times2)\times2\times0.9+(25.2+0.25\times2)\times2\times0.9]-8.4\times0.9\times3\}m^2=103.32m^2$

【注释】 42——①、⑧轴线之间的距离；

0.25——轴线到外墙外边缘的距离；

0.9——散水的宽度；

2——相同的两个长边；

25.2——Ⓐ、Ⓔ轴线之间的距离；

8.4——台阶的长度；

0.9——散水的宽度；

3——台阶的数量。

(14) 台阶

采用 C20 混凝土。

工程量=9.72m^2

【注释】 工程量计算方法同清单工程量计算。

4. 钢筋工程

箍筋加密区是对于抗震结构来说的。根据抗震等级的不同，箍筋加密区设置的规定也不同。一般来说，对于钢筋混凝土框架的梁的端部和每层柱子的两端都要进行加密。梁端的加密区长度一般取 1.5 倍的梁高。这里主梁、次梁、连系梁加密区均为 900mm，柱子加密区长度一般取 1/6 每层柱子的高度。但最底层（一层）柱子的根部应取 1/3 的高度，这里取 1.4m。

钢筋工程的工程量：

三级钢筋⑧质量=(9.615+0.132)t=9.747t

三级钢筋⑩质量=(0.222+0.025)t=0.247t

三级钢筋⑫质量=(0.034+0.767)t=0.801t

三级钢筋⑭质量=(0.024+0.897+0.798)t=1.719t

三级钢筋⑯的重=(2.34+1.087+0.879)t=4.366t

三级钢筋⑱质量=(0.039+3.652+1.344+1.235+1.807)t=8.077t

三级钢筋⑳的重=(6.736+1.652+0.767+0.997)t=10.152t

三级钢筋㉒的重=(7.771+0.218)t=7.989t

三级钢筋㉕的重＝6.326t

一级钢筋⑩的重＝(8.706＋1.590＋0.028＋1.646)t＝11.97t

一级钢筋⑧质量＝(0.036＋0.483＋0.006)t＝0.525t

一级钢筋⑥的质量＝1.29t

三级钢筋总重＝49.091t

一级钢筋总重＝13.785t

【注释】 工程量计算方法同清单工程量计算。

5. 屋面及防水工程

总的工程量＝1132.53m^2

【注释】 工程量计算方法同清单工程量计算。

(1) 屋面排水管

工程量＝35.4m

【注释】 工程量计算方法同清单工程量计算。

计算规则：以檐口至室外散水上表面垂直距离计算。

(2) 地面防水

卫生间地面卷材防水工程量＝33.09m^2

【注释】 工程量计算方法同清单工程量计算。

(3) 门窗工程

M-1 的工程量＝54m^2

【注释】 工程量计算方法同清单工程量计算。

M-2 的工程量＝28.8m^2

【注释】 工程量计算方法同清单工程量计算。

M-3 的工程量＝12.6m^2

【注释】 工程量计算方法同清单工程量计算。

M-4 的工程量＝15.12m^2

【注释】 工程量计算方法同清单工程量计算。

C-1 的工程量＝161.28m^2

【注释】 工程量计算方法同清单工程量计算。

C-2 的工程量＝30.72m^2

【注释】 工程量计算方法同清单工程量计算。

6. 外墙隔热、保温

外墙 30mm 厚复合硅酸盐保温材料总的工程量＝961.14m^2

【注释】 工程量计算方法同清单工程量计算。

7. 模板工程

(1) 基础垫层模板工程量

1) J-1

混凝土垫层工程量＝(1.5＋0.1×2)×(1.5＋0.1×2)×0.1×4m^3＝1.16m^3

【注释】 1.5——基础宽度；

0.1——垫层每边超出基础的宽度；

括号外的 0.1——垫层厚度；

4——相同基础的数量。

2）J-2

混凝土垫层工程量＝(2.1＋0.1×2)×(2.1＋0.1×2)×0.1×12m^3＝6.35m^3

【注释】 2.1——基础宽度；

0.1——垫层每边超出基础的宽度；

括号外的 0.1——垫层厚度；

12——相同基础的数量。

3）J-3

混凝土垫层工程量＝(2.8＋0.1×2)×(2.8＋0.1×2)×0.1×8m^3＝7.20m^3

【注释】 2.8——基础宽度；

0.1——垫层每边超出基础的宽度；

括号外 0.1——垫层厚度；

8——相同基础的数量。

垫层模板工程量＝(1.16＋6.35＋7.20)m^3＝14.71m^3

(2) 基础模板工程量

1）J-1

[1.5×1.5×0.3＋(1.5－0.25×2)×(1.5－0.25×2)×0.3]×4m^3＝3.9m^3

【注释】 1.5——方形基础的宽度；

0.3——基础第一个台阶的高度；

0.25——基础第二个台阶缩进的距离；

2——台阶两个边都缩进的个数。

2）J-2

[2.1×2.1×0.3＋(2.1－0.4×2)×(2.1－0.4×2)×0.3]×12m^3＝21.96m^3

【注释】 2.1——方形基础的宽度；

0.3——基础第一个台阶的高度；

0.4——基础第二个台阶缩进的距离；

2——台阶两个边都缩进的个数。

3）J-3

[2.8×2.8×0.3＋(2.8－0.575×2)×(2.8－0.575×2)×0.3]×8m^3＝25.35m^3

【注释】 2.8——方形基础的宽度；

0.3——基础第一个台阶的高度；

0.575——基础第二个台阶缩进的距离；

2——台阶两个边都缩进的个数。

总的基础模板工程量＝(3.9＋21.96＋25.35)m^3＝51.21m^3

(3) 柱子模板工程量

基础柱模板工程量：0.5×0.5×(0.9－0.45)×24m^3＝2.70m^3

【注释】 0.5——方形柱子的长度和宽度；

0.9——基础顶面标高(1.5－0.3×2)m＝0.9m；

0.45——室内外高差；

24——柱子的数量。

地面以上柱子模板工程量=0.5×0.5×(0.9+4.2+4.2)×24m^3=55.8m^3

【注释】 0.5——方形柱子的宽度；

0.9——柱子地下埋深；

4.2——一二层的层高；

24——柱子的数量。

（4）基础梁模板工程量

1）Ⓐ、Ⓔ轴线上基础梁工程量

(42−0.25×2−0.5×4)×0.3×0.5×2m^3=11.85m^3

【注释】 42——①、⑧轴线之间的距离；

0.25——轴线到柱子边缘的距离；

2——①、⑧两个轴线的距离；

0.5——柱子的宽度；

4——①、⑧轴线之间柱子的数量；

0.3——基础梁的宽度；

0.5——基础梁的高度；

2——梁的两个侧面；

括号外的2——Ⓐ、Ⓔ两个相同工程量。

2）Ⓑ轴线上基础梁的工程量

(8.4−0.25×2)×0.3×0.5×2m^3=2.37m^3

【注释】 8.4——①、③轴线之间的距离；

0.25——轴线到柱子边缘的距离；

0.3——基础梁的宽度；

0.5——基础梁的高度；

2——梁的两个侧面；

括号外的2——Ⓑ轴线①、③轴线与⑥、⑧轴线之间两段相同的工程量。

3）Ⓓ轴线上基础梁的工程量

(8.4−0.05−0.15)×0.3×0.5×2m^3=2.46m^3

【注释】 8.4——①、③轴线之间的距离；

0.05——轴线到梁边缘的距离；

0.15——轴线到梁边缘的距离；

0.3——基础梁的宽度；

0.5——基础梁的高度；

2——梁的两个侧面；

括号外的2——Ⓓ轴线①、③轴线与⑥、⑧轴线之间两段相同的工程量。

4）①、⑧轴线上基础梁的工程量

(25.2−0.25×2−0.5×2)×0.3×0.5×2m^3=7.11m^3

【注释】 25.2——Ⓐ、Ⓔ轴线之间的距离；

0.25——轴线到柱子边缘的距离；

0.5——柱子的宽度；

2——Ⓐ、Ⓔ轴线之间柱子的数量；

0.3——基础梁的宽度；

0.5——基础梁的高度；

2——梁的两个侧面；

括号外的2——①、⑧两条轴线相同的工程量。

5）②、⑦轴线上基础梁的工程量

$$[(8.4-0.05-0.15)+(4.2-0.05-0.15)]\times0.3\times0.5\times2m^3=3.66m^3$$

【注释】 8.4——Ⓐ、Ⓑ轴线之间的距离；

0.05——轴线到梁边缘的距离；

0.15——轴线到梁边缘的距离；

4.2——Ⓓ、Ⓔ轴线之间的距离；

0.3——基础梁的宽度；

0.5——基础梁的高度；

2——梁的两个侧面；

括号外的2——②、⑦两条轴线相同的工程量。

6）③、⑥轴线上基础梁的工程量

$$[(8.4-0.25\times2)+(8.4-0.25\times2-0.3)]\times0.3\times0.5\times2m^3=4.65m^3$$

【注释】 8.4——Ⓐ、Ⓑ轴线之间的距离；

0.25——轴线到梁边缘的距离；

8.4——Ⓒ、Ⓔ轴线之间的距离；

0.3——基础梁的宽度；

0.5——基础梁的高度；

2——梁的两个侧面；

括号外的2——③、⑥两条轴线相同的工程量。

基础梁工程量$=(11.85+2.37+2.46+7.11+3.66+4.65)m^3=32.1m^3$

（5）梁模板工程量

1）一层梁的工程量

a. ①、③、④、⑤、⑥、⑧轴线上量的工程量。

$$(25.2-0.25\times2-0.5\times2)\times0.3\times(0.6-0.12)\times6m^3=20.48m^3$$

【注释】 25.2——Ⓐ、Ⓔ轴线之间的距离；

0.25——Ⓐ、Ⓔ轴线到柱子边缘的距离；

0.5——柱子的宽度；

2——Ⓐ、Ⓔ轴线之间柱子的数量；

0.3——梁的宽度；

0.6——梁的高度；

0.12——板的厚度；

6——①、③、④、⑤、⑥、⑧轴线上相同梁的数量。

b. ②、⑦轴线上量的工程量。

$$(8.4-0.05-0.15)\times0.3\times(0.6-0.12)\times2\text{m}^3=2.36\text{m}^3$$

【注释】 8.4——①轴线之间的距离；

0.05——Ⓐ轴线到梁内边缘的距离；

0.15——Ⓑ轴线到梁内边缘的距离；

0.3——梁的宽度；

0.6——梁的高度；

0.12——板的厚度；

最后的2——②、⑦轴线上相同梁的数量。

c. Ⓐ、Ⓑ、Ⓒ、Ⓔ轴线上梁的工程量。

$$(42-0.25\times2-0.5\times4)\times0.3\times(0.5-0.12)\times4\text{m}^3=18.01\text{m}^3$$

【注释】 42——①、⑧轴线之间的距离；

0.25——轴线到柱子边缘的距离；

0.5——柱子的宽度；

4——①、⑧轴线之间柱子的数量；

0.3——梁的宽度；

0.5——梁的高度；

0.12——板的厚度；

4——Ⓐ、Ⓑ、Ⓒ、Ⓔ轴线上相同梁的数量。

d. Ⓐ、Ⓑ轴线之间梁的工程量。

$$(42-4.2-4.2-0.15\times2-0.3\times4)\times0.3\times(0.5-0.12)\times2\text{m}^3=7.43\text{m}^3$$

【注释】 42——①、⑧轴线之间的距离；

4.2——①、②，⑦、⑧轴线之间的距离；

0.15——2，⑦轴线到梁内边缘的距离；

0.3——主梁的宽度；

4——②、⑦轴线之间主梁的数量；

0.3——梁的宽度；

0.5——梁的高度；

0.12——板的厚度；

最后的2——Ⓐ、Ⓑ之间次梁的数量。

e. Ⓑ和Ⓒ轴线之间梁的工程量。

$$(42-0.05\times2-8.4-0.15\times2-0.3\times2)\times0.3\times(0.5-0.12)\times2\text{m}^3=7.43\text{m}^3$$

【注释】 42——①、⑧轴线之间的距离；

0.05——1，⑧轴线到梁内边缘的距离；

8.4——④、⑤轴线之间的距离；

0.3——主梁的宽度；

2——③、⑥两根主梁；

0.5——梁的高度；

0.12——板的厚度；

最后的 2——Ⓑ、Ⓒ之间次梁的数量。

f. Ⓒ和Ⓔ轴线之间梁的工程量。

$$(42-0.05\times2-0.3\times4)\times0.3\times(0.5-0.12)\times2m^3=9.28m^3$$

【注释】 42——①、⑧轴线之间的距离；

0.05——①、⑧轴线到梁内边缘的距离；

0.3——主梁的宽度；

4——①、⑧轴线之间主梁的数量；

0.3——主梁的宽度；

0.5——梁的高度；

0.12——板的厚度；

2——Ⓒ、Ⓔ之间次梁的数量。

一层总的工程量＝$(20.48+2.36+18.01+7.43+7.43+9.28)m^3=64.99m^3$

2）二层梁的工程量

a. ①、③、④、⑤、⑥、⑧轴线上量的工程量

$$(25.2-0.25\times2-0.5\times2)\times0.3\times(0.6-0.12)\times6m^3=20.48m^3$$

【注释】 25.2——Ⓐ、Ⓔ轴线之间的距离；

0.25——Ⓐ、Ⓔ轴线到柱子边缘的距离；

0.5——柱子的宽度；

2——Ⓐ、Ⓔ轴线之间柱子的数量；

0.3——梁的宽度；

0.6——梁的高度；

0.12——板的厚度；

6——①、③、④、⑤、⑥、⑧轴线上相同梁的数量。

b. ②、⑦轴线上量的工程量。

$$(8.4-0.05-0.15)\times0.3\times(0.6-0.12)\times2m^3=2.36m^3$$

【注释】 8.4——Ⓐ、Ⓑ轴线之间的距离；

0.05——Ⓐ轴线到梁内边缘的距离；

0.15——Ⓑ轴线到梁内边缘的距离；

0.3——梁的宽度；

0.6——梁的高度；

0.12——板的厚度；

最后的 2——②、⑦轴线上相同梁的数量。

c. Ⓐ、Ⓑ、Ⓒ、Ⓔ轴线上梁的工程量。

$$(42-0.25\times2-0.5\times4)\times0.3\times(0.5-0.12)\times4m^3=18.01m^3$$

【注释】 42——①、⑧轴线之间的距离；

0.25——轴线到柱子边缘的距离；

0.5——柱子的宽度；

4——①、⑧轴线之间柱子的数量；

0.3——梁的宽度；

0.5——梁的高度；

0.12——板的厚度；

4——Ⓐ、Ⓑ、Ⓒ、Ⓔ轴线上相同梁的数量。

d. Ⓐ、Ⓑ轴线之间梁的工程量。

$(42-4.2-4.2-0.15\times2-0.3\times4)\times0.3\times(0.5-0.12)\times2\text{m}^3=7.43\text{m}^3$

【注释】 42——①、⑧轴线之间的距离；

4.2——①、②、⑦、⑧轴线之间的距离；

0.15——②、⑦轴线到梁内边缘的距离；

0.3——主梁的宽度；

4——②、⑦轴线之间主梁的数量；

0.3——梁的宽度；

0.5——梁的高度；

0.12——板的厚度；

最后的2——Ⓐ、Ⓑ之间次梁的数量。

e. Ⓑ和Ⓒ、Ⓒ和Ⓔ轴线直接梁的工程量。

$(42-0.05\times2-0.3\times4)\times0.3\times(0.5-0.12)\times4\text{m}^3=18.56\text{m}^3$

【注释】 42——①、⑧轴线之间的距离；

0.05——①、⑧轴线到梁内边缘的距离；

0.3——主梁的宽度；

4——①、⑧轴线之间主梁的数量；

0.3——主梁的宽度；

0.5——梁的高度；

0.12——板的厚度；

4——Ⓑ和Ⓒ、Ⓒ和Ⓔ之间次梁的数量。

二层总的工程量＝$(20.48+2.36+18.01+18.56+7.43)\text{m}^3=66.84\text{m}^3$

梁的模板工程量＝$(64.99+66.84)\text{m}^3=131.83\text{m}^3$

(6) 板的模板工程量

1) 一层板的工程量

$[(42+0.25\times2)\times(25.2+0.25\times2)-(8.4-0.15\times2)\times(8.4-0.15\times2)-(4.2-0.15+0.25)\times(8.4+0.25-0.15)\times2]\times0.12\text{m}^3=114.42\text{m}^3$

【注释】 42——①、⑧轴线之间的距离；

0.25——轴线到外墙外边缘的距离；

25.2——Ⓐ、Ⓔ轴线之间的距离；

8.4——④、⑤，Ⓑ、Ⓒ轴线之间的距离；

0.15——轴线到梁内边缘的距离；

4.2——①、②，⑦、⑧轴线之间的距离；

0.15——轴线到梁内边缘的距离；

0.25——①、⑧轴线至梁外边线的距离；

8.4——Ⓐ、Ⓑ轴线之间的距离；

0.25——①、⑧轴线至梁外边线的距离；

2——左右两个楼梯间；

0.12——板厚。

2）二层板的工程量

$$(42+0.25\times2)\times(25.2+0.25\times2)\times0.12\text{m}^3=131.07\text{m}^3$$

【注释】 42——①、⑧轴线之间的距离；

0.25——轴线到外墙外边缘的距离；

25.2——Ⓐ、Ⓔ轴线之间的距离；

0.12——板厚。

板的模板工程量＝(114.42＋131.07)m^3＝245.49m^3

(7) 雨棚板的模板工程量

雨棚设置在外墙门高300mm处，雨棚宽每边比门延长300mm。

底板工程量：$1.2\times(0.15+0.1)/2\times(6+0.3\times2)\times3\text{m}^3=2.97\text{m}^3$

【注释】 现浇混凝土雨棚的模板工程量以图示露明尺寸的水平投影面积计算，挑出墙外的牛腿梁及板边模板不另计算。

1.2——雨棚外挑出长度；

0.15——雨棚板最内边厚；

0.1——雨棚板最外边厚，如图；

2——雨棚的平均厚度；

6——门的宽度；

0.3——雨棚长度方向每边比门多出的长度；

3——雨棚的数量。

(8) 构造柱模板工程

构造柱设置在外墙柱子相应部位，厚为200mm，宽为360mm高为（1.0－0.08），C30混凝土。

工程量＝$[0.2\times0.36\times16\times(1.0-0.08)+0.24\times0.03\times2\times16]\text{m}^3=1.29\text{m}^3$

【注释】 构造柱模板工程只计算外漏部分的面积，与墙接触部分面积不计算。

0.2——构造柱的厚度；

0.36——构造柱的宽度；

1.0——女儿墙的高度；

0.08——女儿墙压顶的厚度；

在0.24×0.03×2×16中：

0.24×0.03——马牙槎的截面面积；

2——外墙的构造柱均为两边留置马牙槎。

(9) 楼梯模板工程量

工程量＝$[(4.2-0.12+0.01)\times6.5-0.5\times(4.2-0.12+0.01)/2]\times2\text{m}^2=51.13\text{m}^2$

【注释】 4.2——①、②轴线之间的距离；

0.12——②轴线到墙边缘的距离；

0.01——①轴线到墙边缘的距离；

6.5——包括休息平台，平台梁，斜梁和楼梯板的连接梁的长度；

0.5——一跑楼梯比二跑楼梯小的长度，见剖面图；

2——楼梯间一半的长度；

最后的2——①、②轴线之间与7、⑧轴线之间相同的两个楼梯。

(10) 压顶模板

工程量：(42+0.15×2+25.2+0.15×2)×2×0.2×0.08m³=2.17m³

【注释】 42——①、⑧轴线之间的距离；

0.15——外墙轴线到外墙中心线之间的距离：0.15=0.25−0.2+0.2/2；

25.2——Ⓐ、Ⓔ轴线之间的距离；

括号外的2——建筑外周另外两段相同工程量的墙；

0.2——女儿墙的厚度；

0.08——女儿墙压顶的高度。

8. 预算计价

施工图预算如表3-8所示。

某二层商场工程施工图预算表　　表3-8

序号	定额编号	项目名称	分项工程量名称	计量单位	工程量	基价（元）	其中（元）				合计（元）
							人工费	材料费	机械费	管理费和利润	
1	1-1	平整场地	Ⅱ类土，以挖作填	100m²	10.9225	464.130	348.3	—	—	115.83	5069.46
2	1-27	挖基础土方	Ⅱ类土，人工挖土，挖深1.6m垫层宽2.2m，厚100mm，J-1	100m³	0.24334	1845.820	1464.41	—	—	381.41	449.16
3	1-27	挖基础土方	Ⅱ类土，人工挖土，挖深1.6m垫层宽2.6m，厚100mm，J-2	100m³	1.16058	1845.820	1464.41	—	—	381.41	2142.22
4	1-27	挖基础土方	Ⅱ类土，人工挖土，挖深1.6m垫层宽3.2m，厚100mm，J-3	100m³	1.19232	1845.820	1464.41	—	—	381.41	2200.81
5	1-127	基础回填	普通土，夯填，以挖作填，夯填，基础回填土	100m³	1.58904	3000.500	2201.47	17.48	49.43	732.12	4767.91
6	1-127	室内回填	普通土，夯填，以挖作填，夯填，房心回填土	100m³	3.64114	3000.500	2201.47	17.48	49.43	732.12	10925.24
7	3-58	砌块墙（外墙）	外墙，240mm厚砌块，M5混合砂浆砌筑，混水不勾缝	10m³	19.369	2129.530	412.8	1564.64	4.95	147.14	41246.87

续表

序号	定额编号	项目名称	分项工程量名称	计量单位	工程量	基价（元）	其中（元）				合计（元）
							人工费	材料费	机械费	管理费和利润	
8	3-58	砌块墙（内墙）	内墙，240mm厚砌块，M5混合砂浆砌筑，混水不勾缝	10m³	11.281	2129.530	412.8	1564.64	4.95	147.14	24023.23
9	3-58	砌块墙（女儿墙）	女儿墙，200mm厚砌块，M5混合砂浆砌筑，混水不勾缝	10m³	2.495	2129.530	412.8	1564.64	4.95	147.14	5313.18
10	3-58	砌块墙（隔墙）	卫生间隔墙，200mm厚砌块，M5混合砂浆砌筑，混水不勾缝	10m³	2.513	2129.530	412.8	1564.64	4.95	147.14	5351.51
11	4-5	独立基础	C15混凝土	10m³	5.121	2316.870	363.35	1691.75	8.27	253.5	11864.69
12	4-13	垫层	C10混凝土室内垫层，厚度100mm	10m³	1.471	2488.230	516.43	1603.12	8.38	360.3	3660.19
13	4-16换	矩形柱	C30混凝土矩形柱，500mm×500mm，自基础顶面到楼顶地面，混凝土现场拌制	10m³	5.58	3456.9	665.64	2102.91	13.43	674.92	19289.50
14	4-20	构造柱	C20混凝土构造柱，240mm×360mm，自楼层顶面到女儿墙顶面，混凝土现场拌制	10m³	0.129	3388.080	1139.5	1774.05	13.43	461.1	437.06
15	4-21换	基础梁	梁底标高－0.400，梁截面300mm×400mm，C30混凝土良好和易性和强度	10m³	3.21	2884.010	377.54	2110.23	13.43	382.81	9257.67
16	4-34	一层有梁板	板厚120mm，C20混凝土强度等级，良好和易性和强度，板底标高4.380m	10m³	17.941	2586.950	352.17	1863.45	13.43	357.9	46412.47
17	4-34	二层有梁板	板厚120mm，C20混凝土强度等级，良好和易性和强度，板底标高8.580m	10m³	19.791	2586.950	352.17	1863.45	13.43	357.9	51198.33

续表

序号	定额编号	项目名称	分项工程量名称	计量单位	工程量	基价（元）	其中（元）				合计（元）
							人工费	材料费	机械费	管理费和利润	
18	4-34	有梁板	板厚 120mm，C20 混凝土强度等级	$10m^3$	0.176	2586.950	352.17	1863.45	13.43	357.9	455.30
19	4-26	过梁	门窗过梁，高300mm，宽240mm	$10m^3$	0.151	3027.790	842.37	1831.13	13.43	340.86	457.20
20	4-26	过梁	门窗过梁，高200mm，宽240mm	$10m^3$	0.674	3027.790	842.37	1831.13	13.43	340.86	2040.73
21	4-26	雨棚梁	雨棚梁，高300mm，宽240mm	$10m^3$	0.164	3027.790	842.37	1831.13	13.43	340.86	496.56
22	4-42	雨棚	雨棚板 C20 混凝土，良好和易性和强度	$10m^3$	0.314	3547.800	915.04	1967.81	26.55	638.4	1114.01
23	4-47	直行楼梯	直行楼梯 C30 混凝土，良好和易性和强度	$10m^2$	5.113	785.450	201.24	438.14	5.67	140.4	4016.01
24	4-50	压顶	C20 现浇混凝土女儿墙压顶，高0.24m，宽0.24m	$10m^3$	0.2712	3354.130	821.3	1938.35	21.48	573	909.64
25	4-59	台阶	C20 混凝土台阶，良好和易性和强度，底层夯实，三七灰土垫层	$10m^2$	0.972	476.410	116.53	275.04	3.54	81.3	463.07
26	B1-155	散水、坡道	散水，宽 900mm，三七灰土垫层，C15 混凝土	$100m^2$	1.03	582.240	257.57	154.3	4.33	166.04	599.71
27	4-171	现浇钢筋混凝土钢筋	三级钢筋	t	48.931	4361.380	291.11	3741.17	50.09	279.01	213406.68
28	4-168	现浇钢筋混凝土钢筋	一级钢筋⑩以外钢筋	t	13.073	4172.870	443.76	3392.33	26.25	310.53	54551.93
29	B4-22	金属卷帘门	6000mm×3000mm，铝合金，带纱刷调和漆两遍	$100m^2$	0.54	33920.180	3722.94	27879.84	111.65	2205.75	18316.90
30	B4-10	防火门	2400mm×3000mm，带纱刷调和漆两遍	$100m^2$	0.288	35450.240	1017.81	33815.94	20	596.49	10209.67
31	B4-1	胶合板门	1500mm×2100mm，带纱刷调和漆两遍	$100m^2$	0.126	17504.810	1409.97	15171.76	96.77	826.31	2205.61

续表

序号	定额编号	项目名称	分项工程量名称	计量单位	工程量	基价（元）	其中（元）				合计（元）
							人工费	材料费	机械费	管理费和利润	
32	B4-1	胶合板门	900mm×2100mm，带纱刷调和漆两遍	100m²	0.1512	17504.810	1409.97	15171.76	96.77	826.31	2646.73
33	B4-53	金属推拉窗	2400mm×2400mm，装5mm厚双层平板玻璃	100m²	1.6128	20068.440	967.5	18470.99	62.95	567	32366.38
34	B4-53	金属推拉窗	2400mm×1600mm，装5mm厚双层平板玻璃	100m²	0.3072	20068.440	967.5	18470.99	62.95	567	6165.02
35	7-36	屋面卷材防水	1∶3水泥砂浆找平，采用高聚物改性沥青卷材	100m²	11.3253	4447.060	234.78	4061.58	—	150.7	50364.29
36	7-96	屋面排水管	直径100铸铁水落管，铸铁管弯头出水口，塑料雨水斗	10m	3.54	660.850	150.93	413.04	—	96.88	2339.41
37	7-98	屋面排水管	铸铁弯头出水口、塑料雨水斗	10个	0.4	702.080	186.19	396.38	—	119.51	280.83
38	8-195	保温隔热墙	外抹3mm厚复合硅酸盐保温材料	100m²	9.6114	9334.740	817.43	8043.96	—	473.35	89719.92
合计											736735.07

施工图预算如表3-9所示。

某二层商场工程施工图预算表 **表3-9**

序号	项目编码	项目名称	项目特征描述	计量单位	工程量	金额（元）		
						综合单价	合价	其中：暂估价
1	Y011231001	独立基础模板	C15混凝土	m³	51.21	43.058	2205.00	
2	Y011231002	基础垫层模板	C10混凝土	m³	14.71	48.882	719.05	
3	Y011232001	柱子模板	C30混凝土	m³	55.8	256.777	14328.16	
4	Y011232002	构造柱模板	厚为200mm，宽为360mm高为（1.0－0.08）m，C20混凝土	m³	1.29	256.777	331.24	
5	Y011233001	基础梁模板	C30混凝土，尺寸为300mm×500mm	m³	32.1	228.073	7321.14	
6	Y011233002	矩形梁模板	C30混凝土	m³	131.83	301.533	39751.10	
7	Y011235001	有梁板模板	C20混凝土	m³	245.49	260.158	63866.19	
8	Y011235002	雨棚板模板	平板，C20混凝土	m³	2.97	207.615	616.62	

续表

序号	项目编码	项目名称	项目特征描述	计量单位	工程量	金额（元）		
						综合单价	合价	其中：暂估价
9	Y011236001	楼梯模板	C20 混凝土梁式楼梯	m^2	51.13	79.817	4081.04	
10	Y011237001	压顶模板	80mm 厚，C20 混凝土	m^3	2.17	543.58	1179.57	
合计							134399.11	

三、将定额计价转换为清单计价形式

分部分项工程和单价措施项目清单与计价如表 3-10 所示。工程量清单综合单价分析如表 3-11～表 3-48 所示。

分部分项工程和单价措施项目清单与计价表 **表 3-10**

工程名称：某二层商场工程　　　标段：　　　第　页　共　页

序号	项目编码	项目名称	项目特征描述	计量单位	工程量	金额（元）		
						综合单价	合价	其中：暂估价
1	010101001001	平整场地	Ⅱ类土，以挖作填	m^2	1092.25	4.64	5068.04	
2	010101002001	挖基础土方	Ⅱ类土，人工挖土，挖深 1.6m 垫层宽 2.2m，厚 100mm，J-1	m^3	24.334	18.45	448.96	
3	010101002002	挖基础土方	Ⅱ类土，人工挖土，挖深 1.6m 垫层宽 2.6m，厚 100mm，J-2	m^3	116.058	18.45	2141.27	
4	010101002003	挖基础土方	Ⅱ类土，人工挖土，挖深 1.6m 垫层宽 3.2m，厚 100mm，J-3	m^3	119.232	18.45	2199.83	
5	010103001001	基础回填	普通土，夯填，以挖作填，夯填，基础回填土	m^3	158.904	30.01	4768.71	
6	010103001002	室内回填	普通土，夯填，以挖作填，夯填，房心回填土	m^3	364.114	30.01	10927.06	
7	010402001001	砌块墙（外墙）	外墙，240mm 厚砌块，M5 混合砂浆砌筑，混水不勾缝	m^3	193.69	212.95	41246.29	
8	010402001002	砌块墙（内墙）	内墙，240mm 厚砌块，M5 混合砂浆砌筑，混水不勾缝	m^3	112.81	212.95	24022.89	
9	010402001003	砌块墙（女儿墙）	女儿墙，200mm 厚砌块，M5 混合砂浆砌筑，混水不勾缝	m^3	24.95	212.95	5313.10	

续表

序号	项目编码	项目名称	项目特征描述	计量单位	工程量	金额（元）		
						综合单价	合价	其中：暂估价
10	010402001004	砌块墙（隔墙）	卫生间隔墙，200mm厚砌块，M5混合砂浆砌筑，混水不勾缝	m^3	25.13	212.95	5351.43	
11	010501003001	独立基础	C15混凝土	m^3	51.21	231.69	11864.84	
12	010501001001	垫层	C10混凝土室内垫层，厚度100mm	m^3	14.71	248.82	3660.14	
13	010502001001	矩形柱	C30混凝土矩形柱，500mm×500mm，自基础顶面到楼顶地面，混凝土现场拌制	m^3	55.8	345.681	19289	
14	010502002001	构造柱	C20混凝土构造柱，240mm×360mm，自楼层顶面到女儿墙顶面，混凝土现场拌制	m^3	1.29	338.808	437.06	
15	010503001001	基础梁	梁底标高−0.400，梁截面300mm×400mm，C30混凝土良好和易性和强度	m^3	32.1	288.393	9257.42	
16	011702014001	一层有梁板	板厚120mm，C20混凝土强度等级，良好和易性和强度，板底标高4.380m	m^3	179.41	258.7	46413.37	
17	011702014002	二层有梁板	板厚120mm，C20混凝土强度等级，良好和易性和强度，板底标高8.580m	m^3	197.91	258.7	51199.32	
18	011702014003	有梁板	板厚120mm，C20混凝土强度等级	m^3	1.76	258.7	455.31	
19	010503005001	过梁	门窗过梁，高300mm，宽240mm，	m^3	1.51	302.78	457.20	
20	010503005002	过梁	门窗过梁，高200mm，宽240mm，	m^3	6.74	302.78	2040.74	
21	01051006001	雨棚梁	雨棚梁，高300mm，宽240mm，	m^3	1.64	302.78	496.56	
22	010507007001	雨棚	雨棚板C20混凝土，良好和易性和强度	m^3	3.14	354.78	1114.01	
23	010513001001	直行楼梯	直行楼梯C30混凝土，良好和易性和强度	m^2	51.13	78.55	4016.26	

续表

序号	项目编码	项目名称	项目特征描述	计量单位	工程量	金额（元）		
						综合单价	合价	其中：暂估价
24	010507005001	压顶	C20 现浇混凝土女儿墙压顶，高 0.24m，宽 0.24m	m	135.6	6.71	909.88	
25	011702027001	台阶	C20 混凝土台阶，良好和易性和强度，底层夯实，三七灰土垫层	m^2	9.72	47.64	463.06	
26	010507001001	散水、坡道	散水，宽 900mm，三七灰土垫层，C15 混凝土	m^2	103.32	5.822	601.53	
27	010515001001	现浇钢筋混凝土钢筋	三级钢筋	t	48.931	4361.38	213406.68	
28	010515001002	现浇钢筋混凝土钢筋	一级钢筋⑩以外钢筋	t	13.073	4172.87	54551.93	
29	010803001001	金属卷帘门	6000mm × 3000mm，铝合金，带纱刷调和漆两遍	m^2	54	339.2	18316.80	
30	010801004001	木质防火门	2400mm × 3000mm，带纱刷调和漆两遍	m^2	28.8	354.5	10209.60	
31	010801001001	胶合板门	1500mm × 2100mm，带纱刷调和漆两遍	m^2	12.6	175.05	2205.63	
32	010801001002	胶合板门	900mm×2100mm，带纱刷调和漆两遍	m^2	15.12	175.05	2646.76	
33	010807001001	金属推拉窗	2400mm × 2400mm，装 5mm 厚双层平板玻璃	m^2	161.28	200.68	32365.67	
34	010807001002	金属推拉窗	2400mm × 1600mm，装 5mm 厚双层平板玻璃	m^2	30.72	200.68	6164.89	
35	010902001001	屋面卷材防水	1∶3 水泥砂浆找平，采用高聚物改性沥青卷材	m^2	1132.53	44.47	50363.61	
36	010902004001	屋面排水管	直径 100 铸铁水落管，铸铁管弯头出水口，塑料雨水斗	m	35.4	66.09	2339.59	
37	010902004002	屋面排水管	铸铁弯头出水口、塑料雨水斗	套	4	70.21	280.84	
38	011001003001	保温隔热墙	外抹 3mm 厚复合硅酸盐保温材料	m^2	961.14	93.35	89722.42	
合计							736737.7	

综合单价分析表 **表 3-11**

工程名称：某二层商场工程 标段： 第 1 页 共 38 页

项目编码	010101001001	项目名称	平整场地	计量单位	m^2	工程量	1092.25

清单综合单价组成明细											
定额编号	定额名称	定额单位	数量	单价				合价			
				人工费	材料费	机械费	管理费和利润	人工费	材料费	机械费	管理费和利润
1-1	平整场地	$100m^2$	0.01	348.3	—	—	115.83	3.48	—	—	1.16
人工单价		小计						3.48	—	—	1.16
43元/工日		未计价材料						—			
清单项目综合单价								4.64			

材料费明细	主要材料名称、规格、型号	单位	数量	单价（元）	合价（元）	暂估单价（元）	暂估合价（元）
	其他材料费			—		—	
	材料费小计			—		—	

综合单价分析表 **表 3-12**

工程名称：某二层商场工程 标段： 第 2 页 共 38 页

项目编码	010101002001	项目名称	挖基础土方	计量单位	m^3	工程量	24.334

清单综合单价组成明细											
定额编号	定额名称	定额单位	数量	单价				合价			
				人工费	材料费	机械费	管理费和利润	人工费	材料费	机械费	管理费和利润
1-27	人工挖地坑一般土 2m 以内	$100m^3$	0.01	1464.41	—	—	381.41	14.64		—	3.81
人工单价		小计						14.64	—	—	3.81
43元/工日		未计价材料						—			
清单项目综合单价								18.45			

材料费明细	主要材料名称、规格、型号	单位	数量	单价（元）	合价（元）	暂估单价（元）	暂估合价（元）
	其他材料费			—		—	
	材料费小计			—		—	

综合单价分析表 **表 3-13**

工程名称：某二层商场工程 标段： 第 3 页 共 38 页

项目编码	010101002002	项目名称	挖基础土方	计量单位	m^3	工程量	116.058

清单综合单价组成明细											
定额编号	定额名称	定额单位	数量	单价				合价			
				人工费	材料费	机械费	管理费和利润	人工费	材料费	机械费	管理费和利润
1-27	人工挖地坑一般土 2m 以内	$100m^3$	0.01	1464.41	—	—	381.41	14.64		—	3.81
人工单价		小计						14.64	—	—	3.81

续表

43元/工日	未计价材料						—			
清单项目综合单价							18.45			

材料费明细	主要材料名称、规格、型号	单位	数量	单价（元）	合价（元）	暂估单价（元）	暂估合价（元）
	其他材料费			—		—	
	材料费小计			—		—	

综合单价分析表 **表 3-14**

工程名称：某二层商场工程　　标段：　　第4页　共38页

项目编码	010101002003	项目名称	挖基础土方	计量单位	m³	工程量	119.232

清单综合单价组成明细

定额编号	定额名称	定额单位	数量	单价				合价			
				人工费	材料费	机械费	管理费和利润	人工费	材料费	机械费	管理费和利润
1-27	人工挖地坑一般土2m以内	100m³	0.01	1464.41	—	—	381.41	14.64		—	3.81
人工单价		小计						14.64	—	—	3.81
43元/工日		未计价材料						—			
清单项目综合单价								18.45			

材料费明细	主要材料名称、规格、型号	单位	数量	单价（元）	合价（元）	暂估单价（元）	暂估合价（元）
	其他材料费			—		—	
	材料费小计			—		—	

综合单价分析表 **表 3-15**

工程名称：某二层商场工程　　标段：　　第5页　共38页

项目编码	010103001001	项目名称	基础回填	计量单位	m³	工程量	158.904

清单综合单价组成明细

定额编号	定额名称	定额单位	数量	单价				合价			
				人工费	材料费	机械费	管理费和利润	人工费	材料费	机械费	管理费和利润
1-127	回填土	100m³	0.01	2201.47	17.48	49.43	732.12	22.01	0.17	0.49	7.32
人工单价		小计						22.01	0.17	0.49	7.32
43元/工日		未计价材料						—			
清单项目综合单价								30.01			

续表

材料费明细	主要材料名称、规格、型号	单位	数量	单价（元）	合价（元）	暂估单价（元）	暂估合价（元）
	其他材料费			1.00	0.17	—	
	材料费小计			—	0.17	—	

综合单价分析表 **表 3-16**

工程名称：某二层商场工程　　标段：　　第 6 页　共 38 页

项目编码	010103001002	项目名称	室内回填	计量单位	m^3	工程量	364.114

清单综合单价组成明细

定额编号	定额名称	定额单位	数量	单价				合价			
				人工费	材料费	机械费	管理费和利润	人工费	材料费	机械费	管理费和利润
1-127	回填土	$100m^3$	0.01	2201.47	17.48	49.43	732.12	22.01	0.17	0.49	7.32
人工单价		小计						22.01	0.17	0.49	7.32
43 元/工日		未计价材料						—			
清单项目综合单价								30.01			

材料费明细	主要材料名称、规格、型号	单位	数量	单价（元）	合价（元）	暂估单价（元）	暂估合价（元）
	其他材料费			1.00	0.17	—	
	材料费小计			—	0.17	—	

综合单价分析表 **表 3-17**

工程名称：某二层商场工程　　标段：　　第 7 页　共 38 页

项目编码	010402001001	项目名称	砌块墙	计量单位	m^3	工程量	193.69

清单综合单价组成明细

定额编号	定额名称	定额单位	数量	单价				合价			
				人工费	材料费	机械费	管理费和利润	人工费	材料费	机械费	管理费和利润
3-58	加砌混凝土块墙	$10m^3$	0.1	412.8	1564.64	4.95	147.14	41.28	156.46	0.50	14.71
人工单价		小计						41.28	156.46	0.50	14.71
43 元/工日		未计价材料						—			
清单项目综合单价								212.95			

续表

材料费明细	主要材料名称、规格、型号	单位	数量	单价（元）	合价（元）	暂估单价（元）	暂估合价（元）
	M5混合砂浆砌筑砂浆	m^3	0.063	153.39	9.66		
	混凝土块加气	m^3	0.963	145.00	139.64		
	水	m^3	0.1	4.05	0.41		
	蒸养灰砂砖	千块	0.026	260.00	6.76		
	其他材料费			—		—	
	材料费小计			—	156.46	—	

综合单价分析表 **表3-18**

工程名称：某二层商场工程　　标段：　　第8页　共38页

项目编码	010402001002	项目名称	砌块墙	计量单位	m^3	工程量	112.81				
清单综合单价组成明细											
定额编号	定额名称	定额单位	数量	单价				合价			
				人工费	材料费	机械费	管理费和利润	人工费	材料费	机械费	管理费和利润
3-58	加砌混凝土块墙	$10m^3$	0.1	412.8	1564.64	4.95	147.14	41.28	156.46	0.50	14.71
人工单价		小计						41.28	156.46	0.50	14.71
43元/工日		未计价材料						—			
清单项目综合单价								212.95			

材料费明细	主要材料名称、规格、型号	单位	数量	单价（元）	合价（元）	暂估单价（元）	暂估合价（元）
	M5混合砂浆砌筑砂浆	m^3	0.063	153.39	9.66		
	混凝土块加气	m^3	0.963	145.00	139.64		
	水	m^3	0.1	4.05	0.41		
	蒸养灰砂砖	千块	0.026	260.00	6.76		
	其他材料费			—		—	
	材料费小计			—	156.46	—	

综合单价分析表 **表3-19**

工程名称：某二层商场工程　　标段：　　第9页　共38页

项目编码	010402001003	项目名称	砌块墙	计量单位	m^3	工程量	24.95				
清单综合单价组成明细											
定额编号	定额名称	定额单位	数量	单价				合价			
				人工费	材料费	机械费	管理费和利润	人工费	材料费	机械费	管理费和利润
3-58	加砌混凝土块墙	$10m^3$	0.1	412.8	1564.64	4.95	147.14	41.28	156.46	0.50	14.71
人工单价		小计						41.28	156.46	0.50	14.71
43元/工日		未计价材料						—			
清单项目综合单价								212.95			

续表

材料费明细	主要材料名称、规格、型号	单位	数量	单价（元）	合价（元）	暂估单价（元）	暂估合价（元）
	M5 混合砂浆砌筑砂浆	m^3	0.063	153.39	9.66		
	混凝土块加气	m^3	0.963	145.00	139.64		
	水	m^3	0.1	4.05	0.41		
	蒸养灰砂砖	千块	0.026	260.00	6.76		
	其他材料费			—		—	
	材料费小计			—	156.46	—	

综合单价分析表 **表 3-20**

工程名称：某二层商场工程　　标段：　　第 10 页　共 38 页

项目编码	010402001004	项目名称	砌块墙	计量单位	m^3	工程量	25.13

清单综合单价组成明细

定额编号	定额名称	定额单位	数量	单价				合价			
				人工费	材料费	机械费	管理费和利润	人工费	材料费	机械费	管理费和利润
3-58	加砌混凝土块墙	$10m^3$	0.1	412.8	1564.64	4.95	147.14	41.28	156.46	0.50	14.71
人工单价		小计						41.28	156.46	0.50	14.71
43 元/工日		未计价材料						—			
清单项目综合单价								212.95			

材料费明细	主要材料名称、规格、型号	单位	数量	单价（元）	合价（元）	暂估单价（元）	暂估合价（元）
	M5 混合砂浆砌筑砂浆	m^3	0.063	153.39	9.66		
	混凝土块加气	m^3	0.963	145.00	139.64		
	水	m^3	0.1	4.05	0.41		
	蒸养灰砂砖	千块	0.026	260.00	6.76		
	其他材料费			—		—	
	材料费小计			—	156.46	—	

综合单价分析表 **表 3-21**

工程名称：某二层商场工程　　标段：　　第 11 页　共 38 页

项目编码	010501003001	项目名称	独立基础	计量单位	m^3	工程量	51.21

清单综合单价组成明细

定额编号	定额名称	定额单位	数量	单价				合价			
				人工费	材料费	机械费	管理费和利润	人工费	材料费	机械费	管理费和利润
4-5	混凝土	$10m^3$	0.1	363.35	1691.75	8.27	253.50	36.34	169.18	0.83	25.35
人工单价		小计						36.34	169.18	0.83	25.35
43 元/工日		未计价材料						—			
清单项目综合单价								231.69			

续表

	主要材料名称、规格、型号	单位	数量	单价（元）	合价（元）	暂估单价（元）	暂估合价（元）
材料费明细	C15 现浇混凝土　粒径≤40（32.5 水泥）	m^3	1.015	160.79	163.20		
	草袋	m^2	0.42	3.50	1.47		
	水	m^3	1.112	4.05	4.50		
	其他材料费			—		—	
	材料费小计			—	169.18	—	

综合单价分析表　　**表 3-22**

工程名称：某二层商场工程　　标段：　　第 12 页　共 38 页

项目编码	010501001001	项目名称	垫层	计量单位	m^3	工程量	14.71

清单综合单价组成明细											
定额编号	定额名称	定额单位	数量	单价				合价			
				人工费	材料费	机械费	管理费和利润	人工费	材料费	机械费	管理费和利润
4-13	基础垫层混凝土	$10m^3$	0.1	516.43	1603.12	8.38	360.30	51.64	160.31	0.84	36.03
人工单价		小计						51.64	160.31	0.84	36.03
43 元/工日		未计价材料						—			
清单项目综合单价								248.82			

	主要材料名称、规格、型号	单位	数量	单价（元）	合价（元）	暂估单价（元）	暂估合价（元）
材料费明细	C10 现浇碎石混凝土　粒径≤40（32.5 水泥）	m^3	1.01	156.72	158.29		
	水	m^3	0.5	4.05	2.03		
	其他材料费			—		—	
	材料费小计			—	16.29	—	

综合单价分析表　　**表 3-23**

工程名称：某二层商场工程　　标段：　　第 13 页　共 38 页

项目编码	010502001001	项目名称	矩形柱	计量单位	m^3	工程量	55.8

清单综合单价组成明细											
定额编号	定额名称	定额单位	数量	单价				合价			
				人工费	材料费	机械费	管理费和利润	人工费	材料费	机械费	管理费和利润
4-16 换	矩形柱	$10m^3$	0.1	665.64	2102.91	13.43	674.92	66.56	210.291	1.34	67.49
人工单价		小计						66.56	210.291	1.34	67.49
43 元/工日		未计价材料						—			
清单项目综合单价								345.681			

续表

材料费明细	主要材料名称、规格、型号	单位	数量	单价（元）	合价（元）	暂估单价（元）	暂估合价（元）
	C30 现浇碎石混凝土　粒径≤40（32.5 水泥）	m^3	1.015	202.94	205.98		
	水	m^3	1.041	4.05	4.22		
	草袋	m^2	0.026	3.50	0.09		
	其他材料费			—		—	
	材料费小计			—	210.29	—	

综合单价分析表　　**表 3-24**

工程名称：某二层商场工程　　标段：　　第 14 页　共 38 页

项目编码	010502002001	项目名称	构造柱		计量单位		m^3		工程量		1.29
清单综合单价组成明细											
定额编号	定额名称	定额单位	数量	单价				合价			
				人工费	材料费	机械费	管理费和利润	人工费	材料费	机械费	管理费和利润
4-20	构造柱	$10m^3$	0.1	1139.50	1774.05	13.43	461.1	113.95	177.405	1.343	46.11
人工单价		小计						113.95	177.405	1.343	46.11
43 元/工日		未计价材料						—			
清单项目综合单价								338.808			

材料费明细	主要材料名称、规格、型号	单位	数量	单价（元）	合价（元）	暂估单价（元）	暂估合价（元）
	C20 现浇碎石混凝土　粒径≤40（32.5 水泥）	m^3	1.015	170.97	173.53		
	水	m^3	0.889	4.05	3.60		
	草袋	m^2	0.077	3.50	0.27		
	其他材料费			—		—	
	材料费小计			—	177.4	—	

综合单价分析表　　**表 3-25**

工程名称：某二层商场工程　　标段：　　第 15 页　共 38 页

项目编码	010503001001	项目名称	基础梁		计量单位		m^3		工程量		32.1
清单综合单价组成明细											
定额编号	定额名称	定额单位	数量	单价				合价			
				人工费	材料费	机械费	管理费和利润	人工费	材料费	机械费	管理费和利润
4-21 换	基础梁	$10m^3$	0.1	377.54	2110.23	13.43	382.81	37.75	211.023	1.34	38.28
人工单价		小计						37.75	211.023	1.34	38.28
43 元/工日		未计价材料						—			
清单项目综合单价								288.393			

续表

	主要材料名称、规格、型号	单位	数量	单价（元）	合价（元）	暂估单价（元）	暂估合价（元）
材料费明细	C30 现浇碎石混凝土　粒径≤40（32.5 水泥）	m^3	1.015	202.94	205.98		
	水	m^3	0.8	4.05	3.24		
	草袋	m^2	0.514	3.5	1.8		
	其他材料费			—		—	
	材料费小计			—	211.023	—	

综合单价分析表 **表 3-26**

工程名称：某二层商场工程　　　　标段：　　　　第 16 页　共 38 页

项目编码	011702014001	项目名称	一层有梁板	计量单位	m^3	工程量	179.41

清单综合单价组成明细											
定额编号	定额名称	定额单位	数量	单价				合价			
				人工费	材料费	机械费	管理费和利润	人工费	材料费	机械费	管理费和利润
4-34	有梁板	$10m^3$	0.1	352.17	1863.45	13.43	357.90	35.22	186.35	1.34	35.79
人工单价		小计						35.22	186.35	1.34	35.79
43 元/工日		未计价材料						—			
清单项目综合单价								258.70			

	主要材料名称、规格、型号	单位	数量	单价（元）	合价（元）	暂估单价（元）	暂估合价（元）
材料费明细	C20 现浇碎石混凝土　粒径≤40（32.5 水泥）	m^3	1.015	170.97	173.53		
	水	m^3	1.642	4.05	6.65		
	草袋	m^2	1.76	3.5	6.16		
	其他材料费			—		—	
	材料费小计			—	186.34	—	

综合单价分析表 **表 3-27**

工程名称：某二层商场工程　　　　标段：　　　　第 17 页　共 38 页

项目编码	011702014002	项目名称	二层有梁板	计量单位	m^3	工程量	197.91

清单综合单价组成明细											
定额编号	定额名称	定额单位	数量	单价				合价			
				人工费	材料费	机械费	管理费和利润	人工费	材料费	机械费	管理费和利润
4-34	有梁板	$10m^3$	0.1	352.17	1863.45	13.43	357.90	35.22	186.35	1.34	35.79
人工单价		小计						35.22	186.35	1.34	35.79
43 元/工日		未计价材料						—			
清单项目综合单价								258.70			

续表

材料费明细	主要材料名称、规格、型号	单位	数量	单价（元）	合价（元）	暂估单价（元）	暂估合价（元）
	C20 现浇碎石混凝土　粒径≤40（32.5 水泥）	m^3	1.015	170.97	173.53		
	水	m^3	1.642	4.05	6.65		
	草袋	m^2	1.76	3.5	6.16		
	其他材料费			—		—	
	材料费小计			—	186.34	—	

综合单价分析表　　　　**表 3-28**

工程名称：某二层商场工程　　　　标段：　　　　第 18 页　共 38 页

项目编码	011702014003	项目名称	有梁板	计量单位	m^3	工程量	1.76				
清单综合单价组成明细											
定额编号	定额名称	定额单位	数量	单价				合价			
				人工费	材料费	机械费	管理费和利润	人工费	材料费	机械费	管理费和利润
4-34	有梁板	$10m^3$	0.1	352.17	1863.45	13.43	357.90	35.22	186.35	1.34	35.79
人工单价		小计						35.22	186.35	1.34	35.79
43 元/工日		未计价材料						—			
清单项目综合单价								258.70			

材料费明细	主要材料名称、规格、型号	单位	数量	单价（元）	合价（元）	暂估单价（元）	暂估合价（元）
	C20 现浇碎石混凝土　粒径≤40（32.5 水泥）	m^3	1.015	170.97	173.53		
	水	m^3	1.642	4.05	6.65		
	草袋	m^2	1.76	3.5	6.16		
	其他材料费			—		—	
	材料费小计			—	186.34	—	

综合单价分析表　　　　**表 3-29**

工程名称：某二层商场工程　　　　标段：　　　　第 19 页　共 38 页

项目编码	010503005001	项目名称	过梁	计量单位	m^3	工程量	1.51				
清单综合单价组成明细											
定额编号	定额名称	定额单位	数量	单价				合价			
				人工费	材料费	机械费	管理费和利润	人工费	材料费	机械费	管理费和利润
4-26	过梁	$10m^3$	0.1	842.37	1831.13	13.43	340.86	84.24	183.11	1.34	34.09
人工单价		小计						84.24	183.11	1.34	34.09
43 元/工日		未计价材料						—			
清单项目综合单价								302.78			

续表

	主要材料名称、规格、型号	单位	数量	单价（元）	合价（元）	暂估单价（元）	暂估合价（元）
材料费明细	C20 现浇碎石混凝土　粒径≤40（32.5 水泥）	m^3	1.015	170.97	173.53		
	水	m^3	1.284	4.05	5.20		
	草袋	m^2	1.251	3.5	4.38		
	其他材料费			—		—	
	材料费小计			—	183.11	—	

综合单价分析表

表 3-30

工程名称：某二层商场工程　　标段：　　第 20 页　共 38 页

项目编码	010503005002	项目名称	过梁	计量单位	m^3	工程量	6.74

清单综合单价组成明细

定额编号	定额名称	定额单位	数量	单价				合价			
				人工费	材料费	机械费	管理费和利润	人工费	材料费	机械费	管理费和利润
4-26	过梁	10m^3	0.1	842.37	1831.13	13.43	340.86	84.24	183.11	1.34	34.09
人工单价		小计						84.24	183.11	1.34	34.09
43 元/工日		未计价材料						—			
清单项目综合单价								302.78			

	主要材料名称、规格、型号	单位	数量	单价（元）	合价（元）	暂估单价（元）	暂估合价（元）
材料费明细	C20 现浇碎石混凝土　粒径≤40（32.5 水泥）	m^3	1.015	170.97	173.53		
	水	m^3	1.284	4.05	5.20		
	草袋	m^2	1.251	3.5	4.38		
	其他材料费			—		—	
	材料费小计			—	183.11	—	

综合单价分析表

表 3-31

工程名称：某二层商场工程　　标段：　　第 21 页　共 38 页

项目编码	010510006001	项目名称	雨棚梁	计量单位	m^3	工程量	1.64

清单综合单价组成明细

定额编号	定额名称	定额单位	数量	单价				合价			
				人工费	材料费	机械费	管理费和利润	人工费	材料费	机械费	管理费和利润
4-26	过梁	10m^3	0.1	842.37	1831.13	13.43	340.86	84.24	183.11	1.34	34.09
人工单价		小计						84.24	183.11	1.34	34.09
43 元/工日		未计价材料						—			
清单项目综合单价								302.78			

续表

	主要材料名称、规格、型号	单位	数量	单价（元）	合价（元）	暂估单价（元）	暂估合价（元）
材料费明细	C20 现浇碎石混凝土　粒径≤40（32.5 水泥）	m^3	1.015	170.97	173.53		
	水	m^3	1.284	4.05	5.20		
	草袋	m^2	1.251	3.5	4.38		
	其他材料费			—		—	
	材料费小计			—	183.11	—	

综合单价分析表　　**表 3-32**

工程名称：某二层商场工程　　标段：　　第 22 页　共 38 页

项目编码	010507007001	项目名称	雨棚	计量单位	m^3	工程量	3.14

清单综合单价组成明细											
定额编号	定额名称	定额单位	数量	单价				合价			
				人工费	材料费	机械费	管理费和利润	人工费	材料费	机械费	管理费和利润
4-42	雨棚	$10m^3$	0.1	915.04	1967.81	26.55	638.40	91.50	196.78	2.66	63.84
人工单价		小计						91.50	196.78	2.66	63.84
43 元/工日		未计价材料						—			
清单项目综合单价								354.78			

	主要材料名称、规格、型号	单位	数量	单价（元）	合价（元）	暂估单价（元）	暂估合价（元）
材料费明细	C20 现浇碎石混凝土　粒径≤20（32.5 水泥）	m^3	1.015	178.25	180.92		
	水	m^3	2.05	4.05	8.30		
	草袋	m^2	2.158	3.5	7.55		
	其他材料费			—		—	
	材料费小计			—	196.77	—	

综合单价分析表　　**表 3-33**

工程名称：某二层商场工程　　标段：　　第 23 页　共 38 页

项目编码	010513001001	项目名称	直行楼梯	计量单位	m^2	工程量	51.13

清单综合单价组成明细											
定额编号	定额名称	定额单位	数量	单价				合价			
				人工费	材料费	机械费	管理费和利润	人工费	材料费	机械费	管理费和利润
4-47	直行整体楼梯	$10m^2$	0.1	201.24	438.14	5.67	140.40	20.12	43.81	0.57	14.04
人工单价		小计						20.12	43.81	0.57	14.04
43 元/工日		未计价材料						—			
清单项目综合单价								78.55			

续表

材料费明细	主要材料名称、规格、型号	单位	数量	单价（元）	合价（元）	暂估单价（元）	暂估合价（元）
	C20现浇碎石混凝土　粒径≤40（32.5水泥）	m^3	0.243	170.970	41.55		
	水	m^3	0.351	4.050	1.42		
	草袋	m^2	0.242	3.500	0.85		
	其他材料费			—		—	
	材料费小计			—	43.82	—	

综合单价分析表

表3-34

工程名称：某二层商场工程　　标段：　　第24页　共38页

项目编码	010507005001	项目名称	其他构件	计量单位	m	工程量	135.6

清单综合单价组成明细											
定额编号	定额名称	定额单位	数量	单价				合价			
				人工费	材料费	机械费	管理费和利润	人工费	材料费	机械费	管理费和利润
4-50	压顶	$10m^3$	0.002	821.3	1938.35	21.48	573	1.64	3.88	0.04	1.15
人工单价		小计						1.64	3.88	0.04	1.15
43元/工日		未计价材料						—			
清单项目综合单价								6.71			

材料费明细	主要材料名称、规格、型号	单位	数量	单价（元）	合价（元）	暂估单价（元）	暂估合价（元）
	C20现浇碎石混凝土　粒径≤40（32.5水泥）	m^3	0.0203	170.97	3.47		
	水	m^3	0.05272	4.05	0.21		
	草袋	m^2	0.055	3.5	0.19		
	其他材料费			—		—	
	材料费小计			—	3.88	—	

综合单价分析表

表3-35

工程名称：某二层商场工程　　标段：　　第25页　共38页

项目编码	011702027001	项目名称	台阶	计量单位	m^2	工程量	9.72

清单综合单价组成明细											
定额编号	定额名称	定额单位	数量	单价				合价			
				人工费	材料费	机械费	管理费和利润	人工费	材料费	机械费	管理费和利润
4-59	台阶	$10m^2$	0.1	116.53	275.04	3.54	81.30	11.65	27.50	0.35	8.13
人工单价		小计						11.65	27.50	0.35	8.13
43元/工日		未计价材料						—			
清单项目综合单价								47.64			

续表

材料费明细	主要材料名称、规格、型号	单位	数量	单价（元）	合价（元）	暂估单价（元）	暂估合价（元）
	C20 现浇碎石混凝土　粒径≤40（32.5 水泥）	m^3	1.67	156.72	260.94		
	水	m^3	1.58	4.05	6.40		
	草袋	m^2	2.20	3.50	7.70		
	其他材料费			—		—	
	材料费小计			—	275.04	—	

综合单价分析表　　　　**表 3-36**

工程名称：某二层商场工程　　　　标段：　　　　第 26 页　共 38 页

项目编码	010507001001	项目名称	散水、坡道	计量单位	m^2	工程量	103.32

清单综合单价组成明细											
定额编号	定额名称	定额单位	数量	单价				合价			
				人工费	材料费	机械费	管理费和利润	人工费	材料费	机械费	管理费和利润
B1-155	散水	$100m^2$	0.01	257.57	154.3	4.33	166.04	2.5757	1.543	0.0433	1.6604
人工单价		小计						2.5757	1.543	0.0433	1.6604
43 元/工日		未计价材料						—			
清单项目综合单价								5.822			

材料费明细	主要材料名称、规格、型号	单位	数量	单价（元）	合价（元）	暂估单价（元）	暂估合价（元）
	水泥砂浆 1∶1	m^3	0.005	264.66	1.32		
	水	m^3	0.032	4.05	0.13		
	其他材料费			1	0.06	—	
	材料费小计			—	1.51	—	

综合单价分析表　　　　**表 3-37**

工程名称：某二层商场工程　　　　标段：　　　　第 27 页　共 38 页

项目编码	010575001001	项目名称	现浇钢筋混凝土钢筋	计量单位	t	工程量	48.931

清单综合单价组成明细											
定额编号	定额名称	定额单位	数量	单价				合价			
				人工费	材料费	机械费	管理费和利润	人工费	材料费	机械费	管理费和利润
4-171	Ⅲ级钢筋	t	1	291.11	3741.17	50.09	279.01	291.11	3741.17	50.09	279.01
人工单价		小计						291.11	3741.17	50.09	279.01
43 元/工日		未计价材料						—			
清单项目综合单价								4361.38			

续表

材料费明细	主要材料名称、规格、型号	单位	数量	单价（元）	合价（元）	暂估单价（元）	暂估合价（元）
	钢筋三级	t	1.03	3600	3708		
	镀锌铁丝 22#	kg	2.68	6	16.08		
	电焊条（综合）	kg	4	4	16		
	其他材料费			1	1.09	—	
	材料费小计			—	3741.17	—	

综合单价分析表 **表 3-38**

工程名称：某二层商场工程　　标段：　　第 28 页　共 38 页

项目编码	010515001002	项目名称	现浇钢筋混凝土钢筋	计量单位	t	工程量	13.073

定额编号	定额名称	定额单位	数量	单价				合价			
				人工费	材料费	机械费	管理费和利润	人工费	材料费	机械费	管理费和利润
4-168	Ⅰ级钢筋	t	1	443.76	3392.33	26.25	310.53	443.76	3392.33	26.25	310.53
人工单价		小计						443.76	3392.33	26.25	310.53
43 元/工日		未计价材料						—			
清单项目综合单价								4172.87			

清单综合单价组成明细

材料费明细	主要材料名称、规格、型号	单位	数量	单价（元）	合价（元）	暂估单价（元）	暂估合价（元）
	钢筋直径 10 以内Ⅰ级	t	1.03	3250	3347.5		
	镀锌铁丝 22#	kg	7.29	6	43.74		
	其他材料费			1	1.09	—	
	材料费小计			—	3392.33	—	

综合单价分析表 **表 3-39**

工程名称：某二层商场工程　　标段：　　第 29 页　共 38 页

项目编码	010803001001	项目名称	金属卷帘门	计量单位	m^2	工程量	54

清单综合单价组成明细

定额编号	定额名称	定额单位	数量	单价				合价			
				人工费	材料费	机械费	管理费和利润	人工费	材料费	机械费	管理费和利润
B4-22	成品卷帘门安装	$100m^2$	0.01	3722.94	27879.84	111.65	2205.75	37.23	278.8	1.12	22.06
人工单价		小计						37.23	278.8	1.12	22.06
43 元/工日		未计价材料						—			
清单项目综合单价								339.2			

续表

材料费明细	主要材料名称、规格、型号	单位	数量	单价（元）	合价（元）	暂估单价（元）	暂估合价（元）
	铝合金卷帘门	m^2	1.36	200	272.00		
	连接固定件	kg	0.288	4.5	1.30		
	金属胀锚螺栓	套	5.3	1	5.30		
	电焊条（综合）	kg	0.0506	4	0.20		
	其他材料费			—		—	
	材料费小计			—	278.8	—	

综合单价分析表

表 3-40

工程名称：某二层商场工程　　标段：　　第 30 页　共 38 页

项目编码	010802004001	项目名称	防火门	计量单位	m^2	工程量	28.8				
清单综合单价组成明细											
定额编号	定额名称	定额单位	数量	单价				合价			
				人工费	材料费	机械费	管理费和利润	人工费	材料费	机械费	管理费和利润
B4-10	防火门	$100m^2$	0.01	1017.81	33815.94	20	596.49	10.18	338.16	0.2	5.96
人工单价		小计						10.18	338.16	0.2	5.96
43 元/工日		未计价材料						—			
清单项目综合单价								354.5			

材料费明细	主要材料名称、规格、型号	单位	数量	单价（元）	合价（元）	暂估单价（元）	暂估合价（元）
	木质防火门带框成品	m^2	0.9721	340	330.51		
	板方木材综合规格	m^3	0.003	1550	4.65		
	麻刀石灰浆	m^3	0.0024	119.42	0.29		
	小五金费	元	2.5	1	2.50		
	其他材料费			1	0.28	—	
	材料费小计			—	338.23	—	

综合单价分析表

表 3-41

工程名称：某二层商场工程　　标段：　　第 31 页　共 38 页

项目编码	010801004001	项目名称	木质防火门	计量单位	m^2	工程量	12.6				
清单综合单价组成明细											
定额编号	定额名称	定额单位	数量	单价				合价			
				人工费	材料费	机械费	管理费和利润	人工费	材料费	机械费	管理费和利润
B4-1	普通木门	$100m^2$	0.01	1409.97	15171.76	96.77	826.31	14.1	151.72	0.97	8.26
人工单价		小计						14.1	151.72	0.97	8.26
43 元/工日		未计价材料						—			
清单项目综合单价								175.05			

续表

材料费明细	主要材料名称、规格、型号	单位	数量	单价（元）	合价（元）	暂估单价（元）	暂估合价（元）
	板方木材综合规格	m^3	0.0208	1550	32.24		
	木材干燥费	m^3	0.0208	59.38	1.235104		
	木门扇　成品	m^2	0.866	125	108.25		
	麻刀石灰浆	m^3	0.0024	119.42	0.286608		
	板方木材综合规格	m^3	0.003	1550	4.65		
	小五金费	元	3.0184	1	3.0184		
	其他材料费			1	2.08	—	
	材料费小计			—	151.76	—	

综合单价分析表　　**表 3-42**

工程名称：某二层商场工程　　标段：　　第 32 页　共 38 页

项目编码	010801001002	项目名称	胶合板门	计量单位	m^2	工程量	15.12

清单综合单价组成明细

定额编号	定额名称	定额单位	数量	单价				合价			
				人工费	材料费	机械费	管理费和利润	人工费	材料费	机械费	管理费和利润
B4-1	普通木门	$100m^2$	0.01	1409.97	15171.76	96.77	826.31	14.10	151.72	0.97	8.26
人工单价		小计						14.10	151.72	0.97	8.26
43 元/工日		未计价材料						—			
清单项目综合单价								175.05			

材料费明细	主要材料名称、规格、型号	单位	数量	单价（元）	合价（元）	暂估单价（元）	暂估合价（元）
	板方木材综合规格	m^3	0.0208	1550	32.24		
	木材干燥费	m^3	0.0208	59.38	1.235104		
	木门扇　成品	m^2	0.866	125	108.25		
	麻刀石灰浆	m^3	0.0024	119.42	0.286608		
	板方木材综合规格	m^3	0.003	1550	4.65		
	小五金费	元	3.0184	1	3.0184		
	其他材料费			1	2.09	—	
	材料费小计			—	151.77	—	

综合单价分析表　　**表 3-43**

工程名称：某二层商场工程　　标段：　　第 33 页　共 38 页

项目编码	010807001001	项目名称	金属推拉窗	计量单位	m^2	工程量	161.28

清单综合单价组成明细

定额编号	定额名称	定额单位	数量	单价				合价			
				人工费	材料费	机械费	管理费和利润	人工费	材料费	机械费	管理费和利润
B4-53	推拉窗	$100m^2$	0.01	967.5	18470.99	62.95	567.00	9.68	184.71	0.63	5.67
人工单价		小计						9.68	184.71	0.63	5.67
43 元/工日		未计价材料						—			
清单项目综合单价								200.68			

续表

	主要材料名称、规格、型号	单位	数量	单价（元）	合价（元）	暂估单价（元）	暂估合价（元）
材料费明细	铝合金推拉窗（含玻璃、配件）	m^2	0.9464	190	179.816		
	密封油膏	kg	0.3667	2	0.7334		
	软填料	kg	0.3975	9.8	3.8955		
	其他材料费			1	0.265	—	
	材料费小计			—	184.71	—	

综合单价分析表 **表 3-44**

工程名称：某二层商场工程　　标段：　　第 34 页　共 38 页

项目编码	010807001002	项目名称	金属推拉窗		计量单位	m^2		工程量	30.72
清单综合单价组成明细									
定额编号	定额名称	定额单位	数量	单价				合价			
				人工费	材料费	机械费	管理费和利润	人工费	材料费	机械费	管理费和利润
B4-53	推拉窗	$100m^2$	0.01	967.5	18470.99	62.95	567.00	9.68	184.71	0.63	5.67
人工单价		小计						9.68	184.71	0.63	5.67
43元/工日		未计价材料						—			
清单项目综合单价								200.68			

	主要材料名称、规格、型号	单位	数量	单价（元）	合价（元）	暂估单价（元）	暂估合价（元）
材料费明细	铝合金推拉窗（含玻璃、配件）	m^2	0.9464	190	179.816		
	密封油膏	kg	0.3667	2	0.7334		
	软填料	kg	0.3975	9.8	3.8955		
	其他材料费			1	0.265	—	
	材料费小计			—	184.71	—	

综合单价分析表 **表 3-45**

工程名称：某二层商场工程　　标段：　　第 35 页　共 38 页

项目编码	010902001001	项目名称	屋面卷材防水		计量单位	m^2		工程量	1132.53
清单综合单价组成明细									
定额编号	定额名称	定额单位	数量	单价				合价			
				人工费	材料费	机械费	管理费和利润	人工费	材料费	机械费	管理费和利润
7-36	屋面高聚物改性沥青	$100m^2$	0.01	234.78	4061.58	—	150.70	2.35	40.62	—	1.51
人工单价		小计						2.35	40.62	—	1.51
43元/工日		未计价材料						—			
清单项目综合单价								44.47			

续表

	主要材料名称、规格、型号	单位	数量	单价（元）	合价（元）	暂估单价（元）	暂估合价（元）
材料费明细	高聚物改性沥青卷材 3mm	m^2	1.115	26	28.99		
	高聚物改性沥青卷材 2mm	m^2	0.11	20	2.2		
	改性沥青基层处理剂	kg	0.3	5	1.5		
	改性沥青基层粘结剂	kg	0.5575	10	5.575		
	石油液化气	kg	0.24	9	2.16		
	其他材料费			1	0.191	—	
	材料费小计			—	40.62	—	

综合单价分析表 **表 3-46**

工程名称：某二层商场工程　　标段：　　第 36 页　共 38 页

项目编码	010902004001	项目名称	屋面排水管	计量单位	m	工程量	35.4

清单综合单价组成明细

定额编号	定额名称	定额单位	数量	单价				合价			
				人工费	材料费	机械费	管理费和利润	人工费	材料费	机械费	管理费和利润
7-96	铸铁水落管	10m	0.1	150.93	413.04	—	96.88	15.09	41.30	—	9.69
人工单价		小计						15.09	41.30	—	9.69
43 元/工日		未计价材料						—			
清单项目综合单价								66.09			

	主要材料名称、规格、型号	单位	数量	单价（元）	合价（元）	暂估单价（元）	暂估合价（元）
材料费明细	铸铁污水管一级 100	m	1.07	35	37.45		
	水泥 32.5	t	0.001	280	0.28		
	铁件	kg	0.567	5.2	2.9484		
	石油沥青 30#	kg	0.044	3.45	0.1518		
	麻丝	kg	0.012	6	0.072		
	其他材料费			1	0.318	—	
	材料费小计			—	41.22	—	

综合单价分析表 **表 3-47**

工程名称：某二层商场工程　　标段：　　第 37 页　共 38 页

项目编码	010902004002	项目名称	屋面排水管	计量单位	套	工程量	4

清单综合单价组成明细

定额编号	定额名称	定额单位	数量	单价				合价			
				人工费	材料费	机械费	管理费和利润	人工费	材料费	机械费	管理费和利润
7-98	铸铁	10 个	0.1	186.19	396.38	—	119.51	18.62	39.64	—	11.9

续表

人工单价	小计					18.62	39.64	—	11.95
43元/工日	未计价材料					—			
清单项目综合单价						70.21			
材料费明细	主要材料名称、规格、型号			单位	数量	单价（元）	合价（元）	暂估单价（元）	暂估合价（元）
	铸铁弯头 336mm×200mm			个	1.01	27.00	27.27		
	铸铁箅子板 460mm×280mm×10mm			个	1.01	11.00	11.11		
	铁件			kg	0.242	5.20	1.2584		
	其他材料费					—		—	
	材料费小计					—	39.64	—	

综合单价分析表 **表3-48**

工程名称：某二层商场工程　　标段：　　第38页　共38页

项目编码	011001003001	项目名称	保温隔热墙		计量单位	m²		工程量	961.14
清单综合单价组成明细									
定额编号	定额名称	定额单位	数量	单价				合价			
				人工费	材料费	机械费	管理费和利润	人工费	材料费	机械费	管理费和利润
8-195	附墙铺贴	100m²	0.01	817.43	8043.96	—	473.35	8.17	80.44	—	4.73
人工单价		小计						8.17	80.44	—	4.73
43元/工日		未计价材料						—			
清单项目综合单价								93.35			
材料费明细	主要材料名称、规格、型号					单位	数量	单价（元）	合价（元）	暂估单价（元）	暂估合价（元）
	软木板 100mm×500mm×50mm					m³	0.0525	1200	63		
	石油沥青 30#					kg	4.7218	3.45	16.29021		
	圆钉 70mm					0.1	0.001	5.3	0.0053		
	木柴					kg	2.172	0.5	1.086		
	其他材料费							1	0.058	—	
	材料费小计							—	80.44	—	

四、投标报价

（1）投标总价如下所示。

投　标　总　价

招标人：<u>　　　二层商场　　　　　　　　　　　　　　　　　　　　</u>工程

工程名称：<u>　　某二层商场工程　　　　　　　　　　　　　　　　　</u>

投标总价(小写)：<u>　　1611848.14　　　　　　　　　　　　　　</u>

（大写）：<u>　　壹佰陆拾壹万壹仟捌佰肆拾捌元壹角肆分　</u>

投标人：<u>　　　公司单位公章　　　　　　　　　　　　　　　　</u>

（单位盖章）

法定代表人或其授权人：<u>　　　法定代表人　　　　　　　　　　　</u>

（签字或盖章）

编制人：<u>　×××签字盖造价工程师或造价员专用章　　　　　</u>

（造价人员签字盖专用章）

时间：××××年××月××日

（2）总说明如下所示，有关投标报价如表3-49～表3-57所示。

总　说　明

工程名称：某二层商场工程　　　　　　　　　　　　　　　　　　　　　　　　　　第　页　共　页

1. 工程概况：

该工程为某两层商场，设计耐火等级为一级，地震设防烈度为七度，结构类型为框架结构，总建筑面积为1058.4m^2。室内设计绝对标高为±0.000，相当于绝对标高83.50m（黄海水平面）。建筑地上两层，设计耐久年限为50年，商场共设有一部电梯，两部消防楼梯；建筑屋面为不上人屋面。

（1）该工程中，门窗均采用塑钢门窗，带纱窗，均为双坡窗；基础为C15现浇混凝土柱下独立基础，基础地梁沿横向布置，基础连系梁沿纵向布置，为便于施工，设计要求施工时挖土宽度自基础垫层外边线向外扩挖0.3m，深度均为1.6m（自C10混凝土垫层低算起，C10混凝土垫层厚100mm），室内外高差为0.45m。

（2）本工程外墙均采用240mm厚的混凝土砌块，内抹30mm厚复合硅酸盐保温材料，内墙除卫生间隔墙及男女卫生间之间的墙外，均采用240mm厚混凝土砌块；卫生间隔墙采用200mm厚轻型厨卫隔墙；女儿墙采用200mm厚混凝土砌块，上部设80mm厚钢筋混凝土压顶。以上墙体均采用M5水泥砂浆砌筑。

（3）楼梯采用C20现浇钢筋混凝土梁式楼梯，形式为平行双跑楼梯，平台梁、平台板、楼梯板的混凝土均采用C20级。

（4）环境类别为一类，基础C15混凝土，保护层15mm，板C20混凝土、保护层15mm，基础梁C30混凝土、保护层30mm，柱C30混凝土、保护层30mm，构造柱、雨棚、楼梯、压顶、台阶、散水均采用C20混凝土。

（5）雨棚的设置：设置在高于外门300mm处，雨棚宽为每边比门延长300mm，雨棚挑出长度为1200mm，雨棚板最外边缘厚100mm，内边缘厚150mm（外墙外边缘处），雨棚梁宽同墙厚，240mm，高300mm，雨棚梁长为沿雨棚宽每边增加500mm。门窗过梁：门窗过梁高为200mm，厚度同墙厚为240mm，长度为沿门宽度每边延伸300mm计算。

2. 投标控制价包括范围：

为本次招标的建筑施工图范围内的建筑工程。

3. 投标控制价编制依据：

（1）招标文件及其所提供的工程量清单和有关计价的要求，招标文件的补充通知和答疑纪要。

（2）该工程施工图及投标施工组织设计。

（3）有关的技术标准，规范和安全管理规定。

（4）省建设主管部门颁发的计价定额和计价管理办法及有关计价文件。

（5）材料价格采用工程所在地工程造价管理机构年月工程造价信息发布的价格信息，对于造价信息没有发布的材料，其价格参照市场价。

建设项目投标报价汇总表　　　　　　　　　　**表3-49**

工程名称：某两层商场工程　　　　　　标段：　　　　　　　　第　页　共　页

序号	单项工程名称	金额（元）	其中（元）		
			暂估价	安全文明施工费	规　费
1	某两层商场工程	1611848.14	10000		
合计		1611848.14	10000		

注：本表适用于建设项目招标控制价或投标报价的汇总。

单项工程投标报价汇总表 表 3-50

工程名称：某两层商场工程 标段： 第 页 共 页

序号	单项工程名称	金额（元）	其中（元）		
			暂估价	安全文明施工费	规 费
1	某两层商场工程	1611848.14	10000		
合计		1611848.14	10000		

注：本表适用于单项工程招标控制价或投标报价的汇总，暂估价包括分部分项工程中的暂估价和专业工程暂估价。

单位工程投标报价汇总表 表 3-51

工程名称：某两层商场工程 标段： 第 页 共 页

序 号	汇总内容	金额（元）	其中：暂估价（元）
1	分部分项工程	736737.7	10000
1.1	某两层商场工程		10000
1.2			
1.3			
1.4			
1.5			
2	措施项目	94892.52	—
2.1	其中：安全文明施工费		—
3	其他项目	718025.71	—
3.1	其中：暂估价	10000	—
3.2	其中：暂列金额	73673.77	—
3.3	其中：专业工程暂估价	10000	—
3.4	其中：计日工	623951.94	—
3.5	其中：总承包服务费	400	—
4	规费	8995.44	—
5	税金	53196.77	—
合计＝1＋2＋3＋4＋5		1611848.14	—

注：本表适用于单位工程招标控制价或投标报价的汇总，如无单位工程划分，单项工程也使用本表汇总。

总价措施项目清单与计价表 表 3-52

工程名称：某两层商场工程 标段： 第 页 共 页

序号	项目编码	项目名称	计算基础	费率（%）	金额（元）	调整费率（%）	调整后金额（元）	备注
1		安全文明施工费	人工费＋机械费（102255.6）	8.88	90802.29728			

续表

序号	项目编码	项目名称	计算基础	费率（%）	金额（元）	调整费率（%）	调整后金额（元）	备注
2		已完工程及设备保护费	人工费＋机械费（102255.6）	4	4090.224			
合计					94892.52			

编制人（造价人员）：　　　　复核人（造价工程师）：

注：1."计算基础"中安全文明施工费可为"定额基价"、"定额人工费"或"定额人工费＋定额机械费"，其他项目可为"定额人工费"或"定额人工费＋定额机械费"。

2.按施工方案计算的措施费，若无"计算基础"和"费率"的数值，也可只填"金额"数值，但应在备注栏说明施工方案出处或计算方法。

其他项目清单与计价汇总表

表 3-53

工程名称：某两层商场工程　　　　标段：　　　　第　页　共　页

序号	项目名称	金额（元）	结算金额（元）	备　注
1	暂列金额	73673.77		一般按分部分项工程的10%
2	暂估价	10000		
2.1	材料（工程设备）暂估价/结算价			
2.2	专业工程暂估价/结算价	10000		
3	计日工	623951.94		
4	总承包服务费	400		按规定取费率为2%～4%
5	索赔与现场签证	—		
合计		718025.71		

注：材料（工程设备）暂估单价进入清单项目综合单价，此处不汇总。

暂列金额明细表

表 3-54

工程名称：某两层商场工程　　　　标段：　　　　第　页　共　页

编　号	项目名称	计量单位	暂定金额（元）	备　注
1	暂列金额		73673.77	一般按分部分项工程的10%
2				
3				
4				
5				
合计			58857.87	—

注：此表由招标人填写，如不能详列，也可只列暂定金额总额，投标人应将上述暂列金额计入投标总价中。

专业工程暂估价及结算价表

表 3-55

工程名称：某两层商场工程　　　　标段：　　　　第　页　共　页

序号	工程名称	工程内容	暂估金额（元）	结算金额（元）	差额±/元	备　注
1	某两层商场工程		10000			
合计			10000			

注：此表"暂估金额"由招标人填写，投标人应将"暂估金额"计入投标总价中。结算时按合同约定结算金额填写。

计 日 工 表

表 3-56

工程名称：某两层商场工程　　　　标段：　　　　第 页 共 页

编号	项目名称	单位	暂定数量	实际数量（元）	综合单价（元）	合价（元）	
						暂定	实际
一	人工						
1	普工	工日	200		60	12000	
2	技工（综合）	工日	50		100	5000	
3							
4							
人工小计						17000	
二	材料						
1	现浇碎石混凝土	kg	1000		180.07	180070	
2	钢筋		100		3250	320000	
3	水	m^3	10000		4.05	40500	
4							
5							
6							
材料小计						540570	
三	施工机械						
1	灰浆搅拌机	台班	2		18.38	37	
2	自升式塔式起重机	台班	5		526.20	2631	
3							
施工机械小计						2668	
四、企业管理费和利润						63713.94	
总计						623951.94	

注：此表项目名称、暂定数量由招标人填写，编制招标控制价时，单价由招标人按有关计价规定确定；投标时，单价由投标人自主报价，按暂定数量计算合价计入投标总价中。结算时，按发承包双方确认的实际数量计算合价。

规费、税金项目计价表

表 3-57

工程名称：某两层商场工程　　　　标段：　　　　第 页 共 页

序号	项目名称	计算基础	计算基数	计算费率（%）	金额（元）
1	规费	定额人工费	97989.57	9.18	8995.442526
1.1	社会保险费	定额人工费	97989.57	7.48	7329.619836
(1)	养老保险费	定额人工费			
(2)	失业保险费	定额人工费			
(3)	医疗保险费	定额人工费			
(4)	工伤保险费	定额人工费			
(5)	生育保险费	定额人工费			
1.2	住房公积金	定额人工费	97989.57	1.70	1665.82269

续表

序号	项目名称	计算基础	计算基数	计算费率/%	金额（元）
1.3	工程排污费	定额人工费			
2	税金	分部分项工程费＋措施项目费＋其他项目费＋规费-按规定不计税的工程设备金额	1558651.37	3.413	53196.77
合计					62192.21

编制人（造价人员）：　　　　　　　　　　　　　　复核人（造价工程师）：

案例二　学校收发室

本工程为砖混结构的单层收发室，其中包括收发室、门卫室、邮局营业厅、邮局业务厅四个部分，墙厚240mm。本题图纸详见图3-40～图3-52。

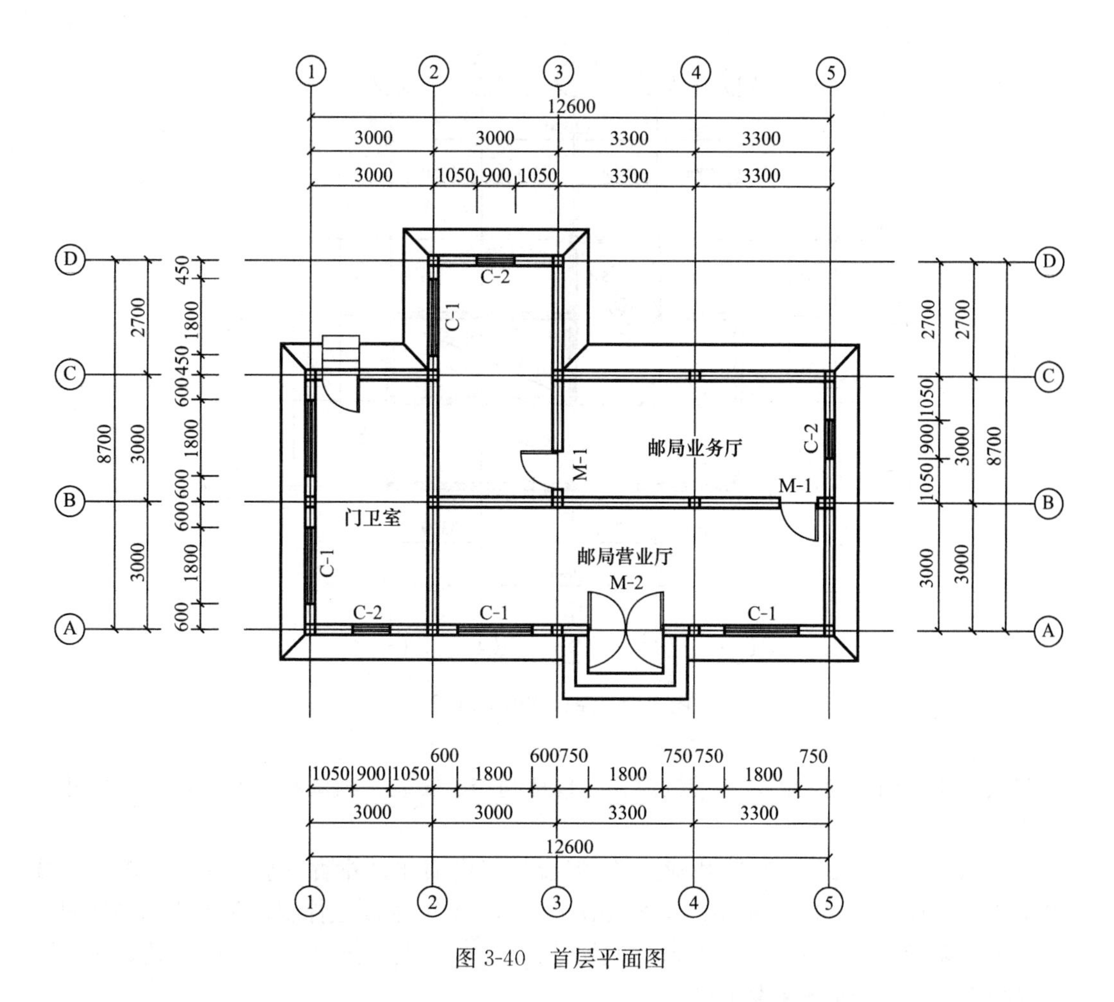

图3-40　首层平面图

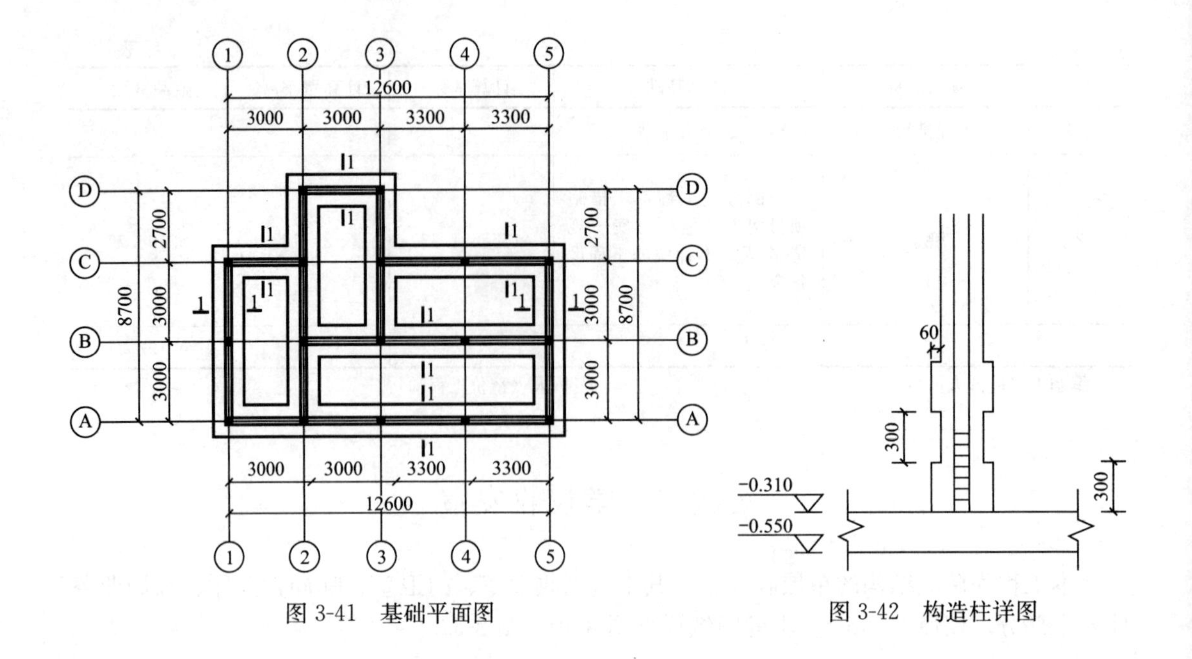

图 3-41　基础平面图　　　　图 3-42　构造柱详图

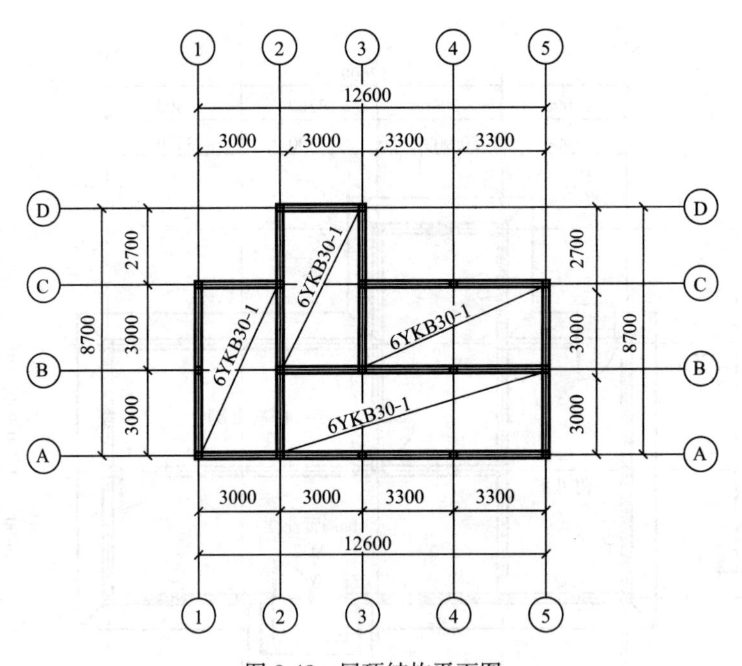

图 3-43　屋顶结构平面图

门采用全玻门、窗为铝合金推拉窗、门包括制作、安装、刷调和漆两遍，具体尺寸见门窗表 3-58。

基础做法：M5 水泥砂浆砖基础，M5 混合砂浆砌墙体。外墙清水，内墙浑水，土壤为Ⅱ类土、放坡起点深度 0.97m，放坡系数 1∶0.5，C20 混凝土拌制，砖砌体钢筋加固。

室外台阶做法：150mm×300mm，底层铺 100mm 三七灰土垫层，垫层上做 50mm 厚 C10 混凝土垫层，抹水泥砂浆面层。

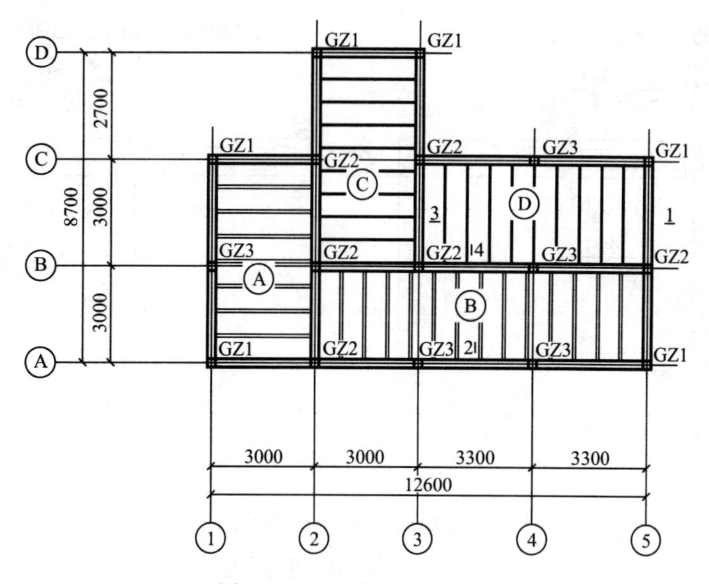

图 3-44　屋面板平面布置图

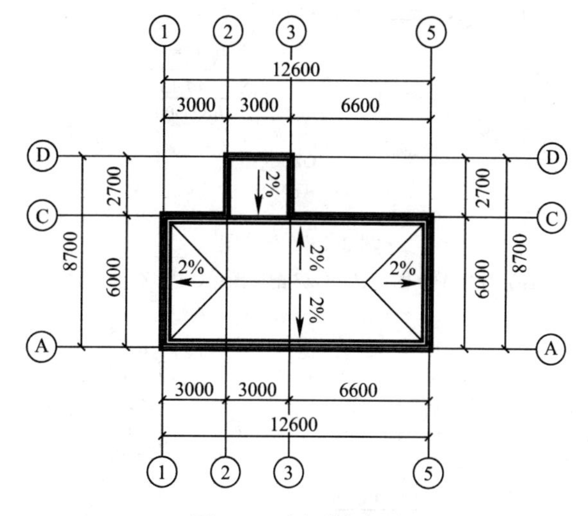

图 3-45　屋顶排水图

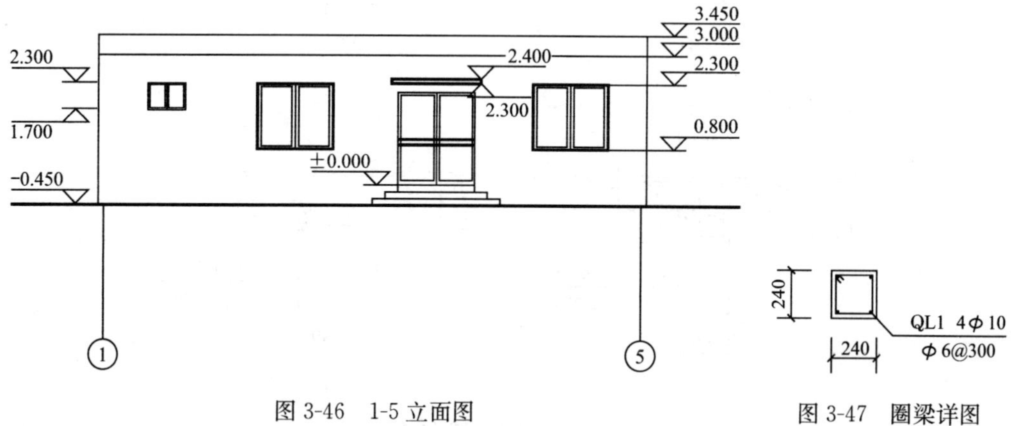

图 3-46　1-5 立面图

图 3-47　圈梁详图

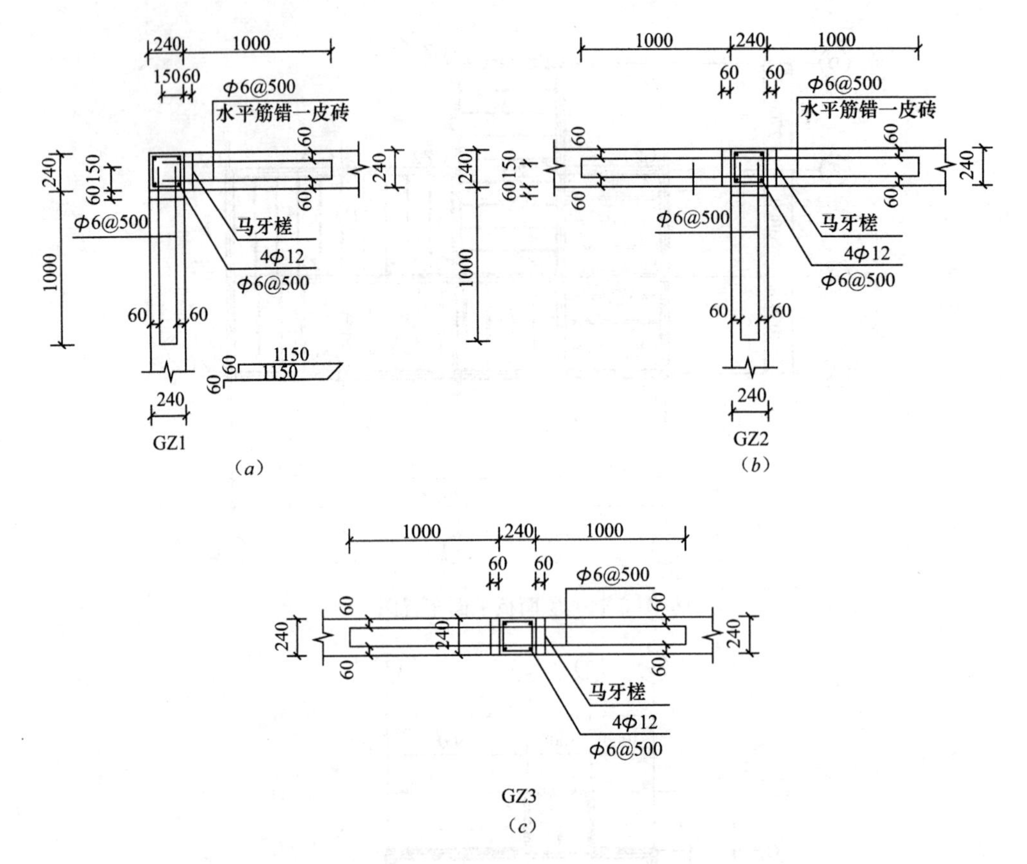

GZ3

(c)

图 3-48 配筋图

(a) GZ1 配筋图；(b) GZ2 配筋图；(c) GZ3 配筋图

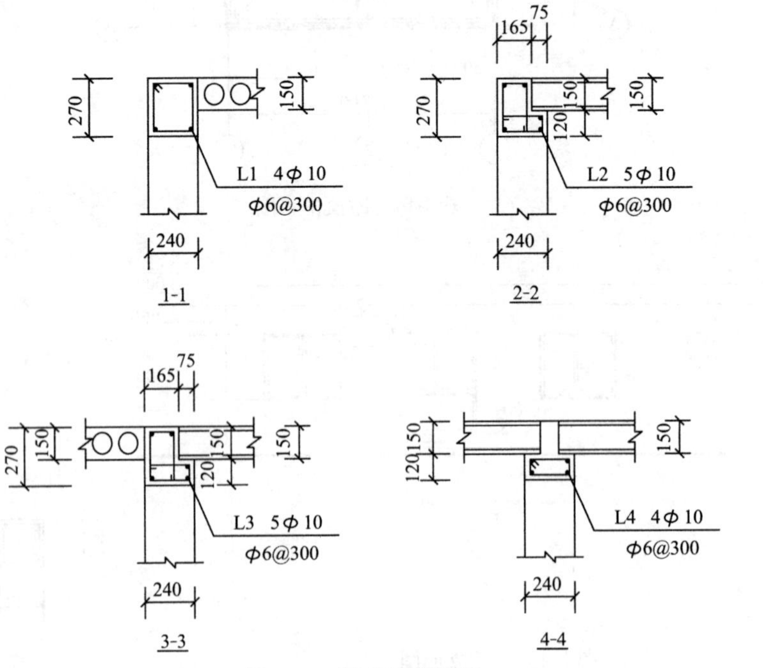

图 3-49 梁截面配筋图

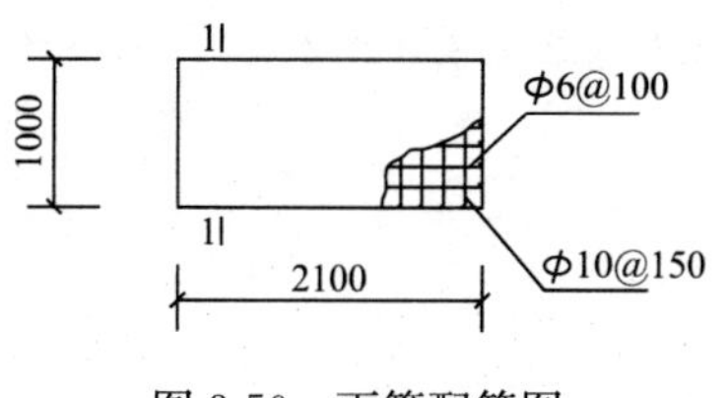

图 3-50　雨篷配筋图

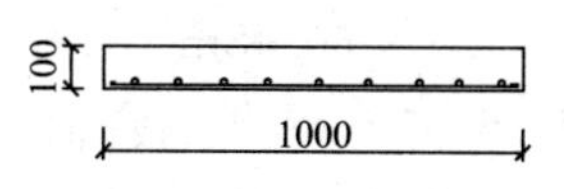

图 3-51　1-1 剖面图

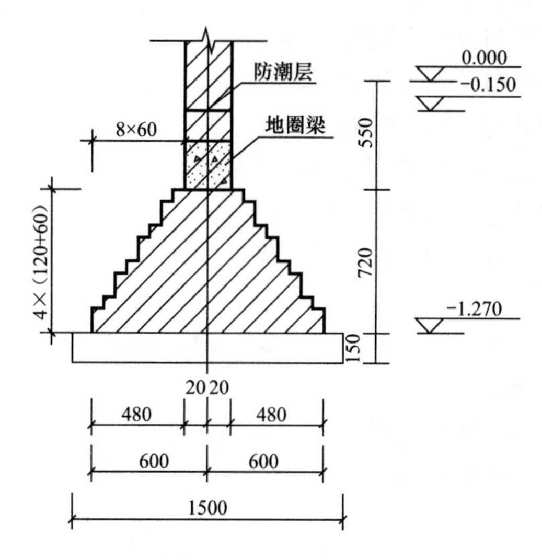

图 3-52　基础截面图

门　窗　表　　　　**表 3-58**

类型	编号	洞口尺寸（mm）	数量	图集名称	备注
门	M1	900×2100	3	中国建筑配件图集	全玻单扇门
	M2	1800×2100	1	中国建筑配件图集	全玻单扇门
窗	C1	1800×1500	5	中国建筑配件图集	铝合金推拉窗
	C2	900×600	3	中国建筑配件图集	铝合金推拉窗

注：各窗台设 300mm 宽大理石窗台板，厚为 10mm。各门刷调和漆两遍。

【解】

一、清单工程量

1. 平整场地（首层建筑面积）

$S=[(8.7+0.24)\times(12.6+0.24)-3.0\times2.7-3.3\times2\times2.7]\text{m}^2=88.87\text{m}^2$

【注释】 8.7——Ⓐ轴与Ⓓ轴之间的距离；

0.24——墙厚；

12.6——①轴与⑤轴之间的距离；

3.0——①轴与②轴之间的距离；

2.7——Ⓒ轴与Ⓓ轴之间的距离；

3.3——③轴与④轴或④轴与⑤轴之间的距离。

2. 挖一般土方

1-1 截面：$h=0.97\text{m}$ 宽度$=1.5\text{m}$

$L=(6.0\times2+8.7-0.24+5.7-0.24)+(3.0\times2+3.0\times2+3.0+6.6\times2+6.6-0.24)\text{m}=60.48\text{m}$

$V=0.97\times1.5\times60.48\text{m}^3=87.99\text{m}^3$

【注释】 6.0——Ⓐ轴与Ⓒ轴之间的距离；

2——①轴和⑤轴所对应的两面墙；

8.7——Ⓐ轴与Ⓓ轴之间的距离；

5.7——Ⓑ轴与Ⓓ轴之间的距离；

3.0——①轴与②轴之间的距离；

第二个 3.0——②轴与③轴的距离；

3——Ⓐ、Ⓑ、Ⓓ轴所对应的三面墙；

6.6——③轴与⑤轴之间的距离；

第二个 3——Ⓐ、Ⓑ、Ⓒ轴做对应的墙。

3. C10 混凝土垫层

$$V=60.48\times1.5\times0.15\text{m}^3=13.61\text{m}^3$$

【注释】 60.48——墙长度；

1.5——基坑底部宽度；

0.15——基础垫层厚度。

4. (1) 地圈梁

$L=[(3.0-0.24)\times5+(3.3-0.24)\times6+(3.0-0.24)\times7+(2.7-0.24)\times2]\text{m}=56.40\text{m}$

【注释】 3.0——①轴与②轴之间的距离；

0.24——墙厚；

5——相同纵墙的段数；

3.3——③轴与④轴之间的距离；

6——相同纵墙的段数；

第二个 3.0——Ⓐ轴与Ⓑ轴之间的距离；

7——相同纵墙的段数；

2.7——Ⓒ轴与Ⓓ轴之间的距离。

$$V=0.24\times0.24\times56.40\text{m}^3=3.25\text{m}^3$$

【注释】 0.24×0.24——地圈梁的横截面尺寸。

统计得：GZ1 为 6 根；GZ2 为 6 根；GZ3 为 5 根

(2) 构造柱 GZ1

基础内 $h=0.31\text{m}$，墙体内 $h=3.45\text{m}$

1) 基础内构造柱体积

$$\begin{aligned}V_1&=0.24\times(0.24+2\times0.03)\times0.31\times6\text{m}^3\\&=0.24\times0.30\times0.31\times6\text{m}^3\\&=0.13\text{m}^3\end{aligned}$$

【注释】 0.24——构造柱截面边长；

2——柱的两个面有马牙槎；

0.03——马牙槎宽度的一半；

6——GZ1 的根数。

2）墙体内构造柱体积

$$V_2 = 0.24 \times (0.24 + 2 \times 0.03) \times 3.45 \times 6\text{m}^3$$
$$= 0.24 \times 0.30 \times 3.45 \times 6\text{m}^3$$
$$= 1.49\text{m}^3$$

【注释】 同上。

合计：$V=(0.13+1.49)\text{m}^3=1.62\text{m}^3$

（3）构造柱 GZ2

1）基础内构造柱体积

$$V_1 = 0.24 \times (0.24 + 3 \times 0.03) \times 0.31 \times 6\text{m}^3$$
$$= 0.24 \times 0.33 \times 0.31 \times 6\text{m}^3$$
$$= 0.15\text{m}^3$$

【注释】 0.24——柱横截面的边长；

3——构造柱的三个面有马牙槎；

0.03——马牙槎宽度的一半。

6——GZ1 的根数。

2）墙体内构造柱体积

$$V_2 = 0.24 \times (0.24 + 3 \times 0.03) \times 3.45 \times 6\text{m}^3$$
$$= 0.24 \times 0.33 \times 3.45 \times 6\text{m}^3$$
$$= 1.64\text{m}^3$$

【注释】 同上。

3）合计：$V=(0.15+1.64)\text{m}^3=1.79\text{m}^3$

（4）构造柱 GZ3

1）基础内构造柱体积

$$V_1 = 0.24 \times (0.24 + 2 \times 0.03) \times 0.31 \times 5\text{m}^3$$
$$= 0.24 \times 0.30 \times 0.31 \times 5\text{m}^3$$
$$= 0.11\text{m}^3$$

【注释】 0.24——构造柱截面边长；

2——柱的两个面有马牙槎；

0.03——马牙槎宽度的一半；

5——GZ1 的根数。

2）墙体内构造柱体积

$$V_2 = 0.24 \times (0.24 + 2 \times 0.03) \times 3.45 \times 5\text{m}^3$$
$$= 0.24 \times 0.30 \times 3.45 \times 5\text{m}^3$$
$$= 1.24\text{m}^3$$

【注释】 同上。

3）合计：$V=(0.11+1.24)\text{m}^3=1.35\text{m}^3$

(5) 合计

1) 基础内总构造柱体积：

V_1 总＝(0.13＋0.15＋0.11)m^3＝0.39m^3

2) 墙体内总构造柱体积：

V_2 总＝(1.49＋1.64＋1.24)m^3＝4.37m^3

3) 总构造柱体积：

$V_{3总}＝V_{1总}＋V_{2总}$＝(0.29＋4.37)m^3＝4.76m^3

5. 砖基础（基础长度：外墙按中心线，内墙按净长线计算）

L＝(8.7×2＋12.6×2＋6－0.24＋3－0.24＋9.6－0.24)m＝60.48m

【注释】 8.7——Ⓐ轴与Ⓓ轴之间的距离；

12.6——①轴与⑤轴之间的距离；

6——Ⓐ轴与Ⓒ轴之间的距离；

0.24——墙厚；

3——Ⓑ轴与Ⓒ轴之间的距离；

9.6——②轴与⑤轴之间的距离。

室外地坪至垫层上表面的体积：V＝[0.72×4×(0.12＋0.06)＋1.27－0.45－0.18×4]×60.48m^3＝0.62×60.48m^3＝37.50m^3

室外地坪至设计室内地坪的体积：0.24×0.45×60.48m^3＝6.53m^3

【注释】 0.72——基础截面转化为矩形后的宽度；

4——基础级数的一半；

0.97——室外地坪至垫层上表面的距离

0.12、0.06——每级基础的高度；

60.48——基础长度。

合计：V＝37.50＋6.53－0.29－3.25m^3＝40.49m^3

【注释】 0.29——深入基础内构造柱的体积；

3.25——地圈梁的体积。

6. 基础防潮层

$$L=L_{地圈梁}=56.40\text{m}$$

$$S=56.40\times0.24\text{m}^2=13.54\text{m}^2$$

【注释】 56.40——地圈梁的长度即防潮层长度；

0.24——地圈梁的宽度即防潮层宽度。

7. (1) 基础回填方

$$V=(87.99-13.61-37.50)\text{m}^3=36.88\text{m}^3$$

(2) 房心回填方（主墙间净面积乘以回填厚度）

主墙间面积 S＝[(3.0－0.24)×(6－0.24)＋(3.0－0.24)×(5.7－0.24)＋(6.6－0.24)×(3.0－0.24)＋(9.6－0.24)×(3.0－0.24)]m^2＝74.35m^2

【注释】 3.0——①轴和②轴之间的距离；

0.24——墙厚；

6——Ⓐ轴与Ⓒ轴之间的距离；

第二个 3.0——②轴与③轴之间的距离；

5.7——Ⓑ轴和Ⓓ轴之间的距离；

6.6——②轴和⑤轴之间的距离；

第三个 3.0——Ⓑ轴和Ⓒ轴之间的距离；

9.6——②轴和⑤轴之间的距离；

第四个 3.0——Ⓐ轴和Ⓑ轴之间的距离。

$V=SH=74.35\times(0.45-0.15)-V_{内外}=22.31-6.53m^3=15.78m^3$

【注释】 74.35——主墙间面积；

0.45——室内外高差；

0.15——室内地面到防潮层的高差。

回填方量：$V=V_{基础}+V_{房心}=(36.88+15.78)m^3=52.66m^3$

【注释】 36.88——基础回填方体积；

15.78——房心回填方体积。

余方弃置：$V=(87.99-52.66)m^3=35.33m^3$

【注释】 87.99——挖土方量；

52.66——回填方体积

8. (1) 实心外砖墙（厚240mm）

注：内墙高不扣除楼板高度，外墙高扣除楼板高度。

墙长度：外墙按中心线，内墙按净长线计算。

$V=[(12.6\times2+8.7\times2-0.24\times14)\times(3-0.15+0.45)-(1.5\times1.8\times5+0.6\times0.9\times3+1.8\times2.1+0.9\times2.1)]\times0.24m^3=108.70\times0.24m^3=26.09m^3$

【注释】 12.6——①轴与⑤轴之间的距离；

2——对应上下两面墙；

8.7——Ⓐ轴与Ⓓ轴之间的距离；

第二个 2——对应左右两面墙；

0.24——柱子横截面边长；

14——外墙内柱子的根数；

3——层高；

0.15——板厚；

0.45——女儿墙高度；

1.5——C-1 的高度；

1.8——C-1 的宽度；

5——C-1 的个数；

0.6——C-2 的高度；

0.9——C-2 的宽度；

3——C-2 的个数；

1.8——M-2 的宽度；

2.1——M-2 的高度；

0.9——M-1 的宽度；

2.1——M-1 的高度；

0.24——外墙的厚度。

(2) 实心内砖墙（厚 240mm）

$V=[(6-0.24\times2+3-0.24+9.6-0.24\times3)\times(3-0.24)-0.9\times2.1\times2]\times0.24m^3$

$=43.58\times0.24m^3=10.46m^3$

【注释】 6——Ⓐ轴与Ⓒ轴之间的距离；

0.24——柱子的边长；

3——Ⓑ轴与Ⓒ轴之间的距离；

9.6——②轴与⑤轴之间的距离；

3——层高；

0.24——圈梁高度；

0.9——M-1 的宽度；

2.1——M-1 的高度；

0.24——内墙的厚度。

9. 钢筋工程

钢筋弯钩增加长度和单位长度质量见表 3-59 和表 3-60。

(1) 现浇构件中钢筋

1) 现浇混凝土构造柱

GZ1

a. ϕ6 钢筋：$\{[(0.24-0.05)\times4+0.05]\times0.222\times3.76/0.25+2.42\times2\times3.76/0.5\times0.222\}\times6kg=(2.70+8.08)\times6kg=64.68kg$

钢筋弯钩增加长度表 **表 3-59**

角度	钢筋弯钩增加长度	弯曲调整值
45°	4.9d	0.5d
90°	3.5d	1.75d
135°	11.9d	1.9d
180°	6.25d	3.25d

钢筋单位长度质量表 **表 3-60**

直径	钢筋单位长度质量
6	0.222
8	0.395
10	0.617
12	0.888
14	1.21
16	1.58
18	1.988
20	2.47
22	2.98

【注释】 0.24——构造柱截面边长；

0.05——保护层厚度；

4——箍筋的四条边；

第二个 0.05——箍筋调整值；

0.222——Φ6 钢筋单位长度的质量；

3.76——构造柱的高度；

0.25——箍筋间距；

2.42——U 形拉结筋的长度；

2——对应截面拉结筋的根数；

0.50——U 形拉结筋沿构造柱的间距；

6——该构造柱的根数。

b. Φ12 筋：3.76×4×0.888×6kg=13.360×6kg=80.13kg

【注释】 3.76——构造柱的高度；

4——该构造柱中纵向钢筋的根数；

0.888——Φ12 钢筋单位长度的质量；

6——该构造柱的根数。

GZ2

a. Φ6 筋：{[(0.24－0.05)×4＋0.05]×0.222×3.76/0.25＋(2.42＋2.36×2)×3.76/0.50×0.222}×6kg=(2.70＋11.92)×6kg=87.72kg

【注释】 0.24——构造柱截面边长；

0.05——保护层厚度；

4——箍筋的四条边；

第二个 0.05——箍筋调整值；

0.222——Φ6 钢筋单位长度的质量；

3.04——构造柱的高度；

0.25——箍筋间距；

2.42——U 形拉结筋的长度；

2.36——一字形拉结筋的长度；

2——对应截面一字型拉结筋的根数；

0.50——拉结筋沿构造柱的间距；

6——该构造柱的根数。

b. Φ12 筋：3.76×4×0.888×6kg=13.36×6kg=80.13kg

【注释】 3.76——构造柱的高度；

4——该构造柱中纵向钢筋的根数；

0.888——Φ12 钢筋单位长度的质量；

6——该构造柱的根数。

GZ3

a. Φ6 筋：{[(0.24－0.05)×4＋0.05]×0.222×3.76/0.25＋2.36×2×3.76/0.50×0.222}×5kg=(2.70＋7.88)×5kg=52.90kg

【注释】 0.24——构造柱截面边长；

0.05——保护层厚度；

4——箍筋的四条边；

第二个 0.05——箍筋调整值；

0.222——ϕ6 钢筋单位长度的质量；

3.76——构造柱的高度；

0.25——箍筋间距；

2.36——一字形拉结筋的长度；

2——对应截面一字型拉结筋的根数；

0.50——拉结筋沿构造柱的间距；

5——该构造柱的根数。

b. Φ12 筋：3.76×4×0.888×5kg=13.36×5kg=66.78kg

【注释】 3.76——构造柱的高度；

4——该构造柱中纵向钢筋的根数；

0.888——ϕ12 钢筋单位长度的质量；

5——该构造柱的根数。

上述构造柱中：

a. ϕ6 筋：G=(64.68+87.72+52.90)kg=205.30kg

b. Φ12 筋：G=(80.13+80.13+66.78)kg=227.04kg

2）现浇混凝土圈梁中的钢筋

ϕ10 筋：G=56.40×4×1.1×0.617×1.03kg=157.71kg

【注释】 56.40——圈梁净长度；

4——圈梁中的纵筋根数；

1.1——系数（包括钢筋的锚固、搭接、附加筋及弯勾）

0.617——ϕ10 钢筋单位长度的质量；

1.03——现浇钢筋的损耗。

ϕ6 筋：G=[(0.24−0.05)×4+0.05]×0.222×56.4/0.3×1.03kg=34.82kg

【注释】 0.24——圈梁截面边长；

0.05——保护层厚度；

4——箍筋的四条边；

第二个 0.05——箍筋调整值；

0.222——ϕ6 钢筋单位长度的质量；

56.40——圈梁净长度；

0.30——箍筋间距；

1.03——现浇钢筋的损耗。

3）现浇混凝土梁中钢筋

① L1

a. ϕ10 筋：G=13.80×4×1.1×0.617×1.03kg=38.59kg

【注释】 13.80——L1 的长度；

4——该梁中纵筋根数；

1.1——系数（包括钢筋的锚固、搭接、附加筋及弯勾）；

0.617——Φ10钢筋单位长度的质量；

1.03——现浇钢筋的损耗。

b. Φ6筋：G=[(0.24－0.05)×2＋(0.27－0.05)×2＋0.05]×0.222×13.8/0.3×1.03kg＝9.15kg

【注释】 0.24——该梁的截面宽度；

0.05——保护层厚度；

2——箍筋相对的两条边；

第三个0.05——箍筋调整值；

0.27——该梁的高度；

0.222——Φ6钢筋单位长度的质量；

13.80——L1的长度；

0.3——箍筋间距；

1.03——现浇钢筋的损耗。

② L2和L3

a. Φ10筋：G=33.72×5×1.1×0.617×1.03kg＝117.86kg

【注释】 33.72——L2和L3的总长度；

5——该梁中纵筋根数；

1.1——系数（包括钢筋的锚固、搭接、附加筋及弯勾）；

0.617——Φ10钢筋单位长度的质量；

1.03——现浇钢筋的损耗。

b. Φ6筋：G=[(0.165－0.05)×2＋(0.27－0.05)×2＋(0.24－0.05)×2＋(0.12－0.05)×2＋0.05×2]×0.222×33.72/0.3×1.03kg＝33.15kg

【注释】 0.165——竖向箍筋的宽度；

0.05——保护层厚度；

2——箍筋相对的两条边；

0.27——竖向箍筋的宽度；

0.24——梁底宽度；

0.12——横向箍筋的高度；

第五个0.05——箍筋调整值；

0.222——Φ6钢筋单位长度的质量；

33.72——L2和L3的总长度；

0.3——箍筋间距；

1.03——现浇钢筋的损耗。

③ L4

a. Φ10钢筋：G=8.88×4×1.1×0.617×1.03kg＝24.83kg

【注释】 8.88——L4的长度；

4——该梁中纵筋根数；

1.1——系数（包括钢筋的锚固、搭接、附加筋及弯勾）；

0.617——10 筋单位长度的质量；

1.03——现浇钢筋的损耗。

b. Φ6 钢筋：$G=[(0.24-0.05)\times2+(0.12-0.05)\times2+0.05]\times0.222\times8.88/0.30\times1.03\text{kg}=3.86\text{kg}$

【注释】 0.24——梁底截面宽度；

0.05——保护层厚度；

2——箍筋相对的两条边；

0.12——箍筋高度；

第三个 0.05——箍筋调整值；

0.222——Φ6 钢筋单位长度的质量；

8.88——L4 的长度；

0.30——箍筋间距；

1.03——现浇钢筋的损耗。

4）现浇混凝土雨棚板中钢筋

a. Φ6 筋：$L=(1000/100+1)\times(1.0+0.05)\text{m}=11\times1.05\text{m}=11.55\text{m}$

$G=11.55\times0.222\text{kg}=2.56\text{kg}$

b. Φ10 筋：$L=(2100/150-1)\times(2.1+0.07)\text{m}=13\times2.17\text{m}=28.21\text{m}$

$G=28.21\times0.617\text{kg}=17.41\text{kg}$

（2）预制构件中钢筋

预制板中钢筋：$G=41\times3.23\text{kg}=132.43\text{kg}$

10.（1）现浇钢筋混凝土地圈梁（梁底标高－0.550，240×240，C20 混凝土，要求良好的和易性及强度，密实性）

$$V=3.25\text{m}^3$$

（2）现浇钢筋混凝土梁，C20 混凝土：

1）L1

$$V=0.24\times0.27\times13.80\text{m}^3=0.89\text{m}^3$$

【注释】 0.24——L1 的截面宽度；

0.27——L1 的截面宽度；

13.80——L1 的总长度。

2）L2 和 L3

$V=(0.24\times0.27-0.075\times0.15)\times33.72\text{m}^3=1.81\text{m}^3$

【注释】 0.24——L2 的截面宽度；

0.27——L2 的截面宽度；

0.075——空心板的搭接长度；

0.15——空心板的厚度；

33.72——L2 的总长度。

3）L4

$$V=(0.24\times0.27-0.075\times0.15\times2)\times8.88\text{m}^3=0.38\text{m}^3$$

【注释】 0.24——L2 的截面宽度；

0.27——L2 的截面宽度；

0.075——空心板的搭接长度；

0.15——空心板的厚度；

2——梁截面两边有两块板搭接；

33.72——L2 的总长度。

11. 现浇混凝土雨篷板

$V=1.0\times2.1\times0.1\text{m}^3=0.21\text{m}^3$

【注释】 1.0——雨棚外伸长度；

2.1——雨棚宽度；

0.1——雨棚厚度。

12. 预制空心板

$V=24\times0.1705\text{m}^3=4.09\text{m}^3$

【注释】 24——预制空心板块数；

0.1705——每块空心板体积。

13. 油毡不上人屋面（三毡四油，1∶3 水泥砂浆找平，水泥聚苯板保护层）

（1）水平投影面积：

$$S_1=(12.6-0.24)\times(6-0.24)\text{m}^2+(2.7-0.12+0.12)\times(3-0.24)\text{m}^2=78.65\text{m}^2$$

【注释】 12.6——①轴与⑤轴之间的距离；

0.24——墙厚；

6——Ⓐ轴与Ⓒ轴之间的面积；

2.7——Ⓒ轴与Ⓓ轴之间的距离；

0.12——墙厚的一半；

3——②轴与③轴之间的距离。

（2）沿建筑顶层外边线周围上翻 150mm 面积：

$$S_2=[(12.6-0.24)\times2+(8.7-0.24)\times2]\times0.15\text{m}^2=6.25\text{m}^2$$

【注释】 12.6——①轴与⑤轴之间的距离；

0.24——墙厚；

2——上下两面墙；

8.7——Ⓐ轴与Ⓓ轴之间的距离；

第二个 2——左右两面墙；

0.15——油毡在外边沿处上翻的高度。

（3）合计（不扣除天窗、小气窗等小洞口面积，屋面的女儿墙、伸缩缝等处的弯起部分，并入屋面工程量内）

$$S=(78.65+6.25)\text{m}^2=84.90\text{m}^2$$

14. 屋面排水管

$$L=4\times3\text{m}=12\text{m}$$

【注释】 4——排水管的根数；

3——排水管的长度。

15. 保温隔热层

$$S=78.65m^2$$

16. 门窗工程

（1）玻璃门工程量

M-1：3 扇　M-2：1 扇

$$S=(0.9\times2.1\times3+1.8\times2.1)m^2=9.45m^2$$

【注释】 0.9——M-1 的宽度；

2.1——M-1 的高度；

3——M-1 的个数；

1.8——M-2 的宽度；

2.1——M-2 的高度。

（2）成品铝合金推拉窗工程量

C-1：5 樘　C-2：3 樘

$$S=[(1.5\times1.8)\times5+(0.6\times0.9)\times3]m^2=15.12m^2$$

【注释】 1.8——C-1 的宽度；

1.5——C-1 的高度；

5——C-1 的个数；

0.9——C-2 的宽度；

0.6——C-2 的高度；

3——C-2 的个数。

17. 硬木窗台板

$$L=1.8\times5m=9m^2$$

【注释】 1.8——对应于 C-1 的窗台长度；

5——对应于 C-1 的窗台个数。

18. 混凝土散水

$S=(12.6+0.6\times2+6+3+0.6+2.7+3+0.6+2.7-0.6+6.6-0.6+6+0.6-0.9-1.8-0.3\times4)\times0.6m^2=24.30m^2$

【注释】 $12.6+0.6\times2+6+3+0.6+2.7+3+0.6+2.7-0.6+6.6-0.6+6+0.6-0.9-1.8-0.3\times4$ 为散水总长度

0.6——散水的长度；

0.6——散水宽度；

0.9——M-1 的宽度；

1.8——M-2 的宽度；

0.3——台阶宽度；

4——M-2 两侧台阶个数。

19. 现浇混凝土台阶

$V=[(1.8+0.3\times4)\times(0.9+0.3\times2)+(1.8+0.3\times2)\times(0.9+0.3)+1.8\times0.9]\times0.15m^3+0.3\times2\times0.15\times3\times0.9m^3=1.35m^3+0.24m^3=1.59m^3$

【注释】 1.8——M-2 的宽度；

0.3——台阶宽度；

4——M-2 两侧台阶个数；

0.9——平台宽度；

0.15——台阶高度；

第四个 0.9——M-1 的宽度。

清单工程量计算见表 3-61。

清单工程量计算表 **表 3-61**

序号	项目编码	项目名称	项目特征描述	计量单位	工程量
			A 土石方工程		
			A.1 土方工程		
1	010101001001	平整场地	Ⅱ类土，以挖作填	m^3	88.87
2	010101002001	挖一般土方	Ⅱ类土，人工挖沟槽，挖深 0.97m，垫层宽度 1.5m，厚 150mm	m^3	87.99
			A.3 回填方		
3	010103001001	基础回填方	一般土，夯填，以挖作填	m^3	36.88
4	010103001002	房心回填方	一般土，夯填，以挖作填	m^3	15.78
			D 砌筑工程		
			D.1 砖砌体		
5	010401001001	砖基础	M-5 水泥砂浆砌红机砖，条形基础，深 0.97m，宽 1.5m	m^3	40.49
6	010401003001	实心砖墙	外墙，240 厚，M5 混合砂浆，3.39m 高，单面清水	m^3	26.09
7	010401003002	实心砖墙	内墙，240 厚，M5 混合砂浆，浑水不勾缝，红机砖	m^3	10.46
			E 混凝土及钢筋混凝土工程		
			E.2 现浇混凝土柱		
8	010502003001	异形柱	240mm×240mm，C20 混凝土，自地圈梁至檐口，二面马牙槎	m^3	1.62
9	010502003002	异形柱	240mm×240mm，C20 混凝土，自地圈梁至檐口，三面马牙槎	m^3	1.79
10	010502003003	异形柱	240mm×240mm，C20 混凝土，自地圈梁至檐口，二面马牙槎	m^3	1.35
			E.3 现浇混凝土梁		
11	010503004001	圈梁	地圈梁梁底标高−0.55m，梁截面 240mm×240mm，C20 混凝土	m^3	3.25
12	010503002001	矩形梁	梁底标高 2.73m，240mm×270mm，C20 混凝土	m^3	0.89
13	010503003001	异形梁	梁底标高 2.73m，240mm×270mm，C20 混凝土	m^3	1.81
14	010503003002	异形梁	梁底标高 2.73m，240mm×270mm，C20 混凝土	m^3	0.38
			E.5 现浇混凝土板		
15	010505008001	雨篷	C20 混凝土	m^3	0.21
			E.7 现浇混凝土其他构件		

续表

序号	项目编码	项目名称	项目特征描述	计量单位	工程量
16	010507001001	散水、坡道	宽 0.6m，三七灰土底层垫层，C15 混凝土	m^2	24.30
17	010507004001	台阶	C30 混凝土台阶，三七灰土垫层，原土打夯	m^3	1.59
E.12 预制混凝土板					
18	010512002001	预制空心板	板底标高 2.85m，板厚 150，C30 混凝土	m^3	4.09
E.15 钢筋工程					
19	010515001001	现浇混凝土钢筋	Ⅰ级，12 以内钢筋	t	0.65
20	010515007001	预应力钢丝	预应力钢丝板	t	0.13
J 屋面及防水工程					
J.2 屋面防水					
21	010902001001	屋面卷材防水	1∶3 水泥砂浆找平，水泥珍珠岩块隔热层，三毡四油防水层	m^2	84.90
22	010902004001	屋面排水管	100 塑料水管，铸铁管弯头出水口，塑料雨水斗	m	12
K 防腐、隔热、保温					
K.1 保温、隔热					
23	011001001001	保温隔热屋面	喷涂改性聚氨酯硬泡体	m^2	78.65
H 门窗工程					
H.5 其他门					
24	010805005001	全玻门	1800mm×2100mm，带纱刷调和漆两遍	m^2	3.78
25	010805005002	全玻门	900mm×2100mm，带纱刷调和漆两遍	m^2	5.67
H.7 金属窗					
26	010807001001	金属窗	1500mm×1800mm，铝合金成品窗	m^2	13.50
27	010807001002	金属窗	600mm×900mm，铝合金成品窗	m^2	1.62
H.9 窗台板					
28	010809001001	硬木窗台板	刷调和漆两遍，刷底油，磁漆一遍	m^2	2.7

二、定额工程量

按照《江苏省建筑与装饰工程计价表》(2004) 计算。

人工工日：其中一类工：28 元/工日；二类工：26 元/工日；三类工：24 元/工日；

1. 建筑面积

$S=88.87m^2$（定额工程量同清单工程量）

2. 外墙外边线

$L=(12.60\times2+8.70\times2+0.12\times8)m=43.56m$

【注释】 12.6——①轴与⑤轴之间的距离；

2——上下两面外纵墙；

8.7——Ⓐ轴与Ⓓ轴之间的距离；

第二个 2——左右两面外横墙；

0.12——墙厚的一半。

3. 外墙中心线长

$$L=(12.60\times2+8.70\times2)\text{m}=42.60\text{m}$$

【注释】 12.6——①轴与⑤轴之间的距离；

2——上下两面外纵墙；

8.7——Ⓐ轴与Ⓓ轴之间的距离；

第二个 2——左右两面外横墙。

4. 内墙净长线

$L=(3-0.24+6-0.24+5.7-0.24+3-0.24+6.6-0.24+3-0.24+9.6-0.24+3-0.24)\times2\text{m}=75.96\text{m}$

【注释】 3——①轴与②轴之间的距离；

0.24——墙厚；

6——Ⓐ轴与Ⓒ轴之间的距离；

5.7——Ⓑ轴与Ⓓ轴之间的距离；

第二个 3——②轴与③轴之间的距离；

6.6——③轴与⑤轴之间的距离；

第三个 3——Ⓑ轴与Ⓓ轴之间的距离；

9.6——②轴与⑤轴之间的距离；

第四个 3——Ⓐ轴与Ⓑ轴之间的距离。

5. 平整场地

平整场地工程量按建筑物外墙外边线每边各加 2m，以平方米为单位进行计算。

$$S=[(12.6+0.24+4)\times(6+0.24+4)+(3+0.24+4)\times2.7]\text{m}^2=191.99$$

【注释】 12.6——①轴与⑤轴之间的距离；

0.24——墙厚；

4——外墙每边各加 2m；

6——Ⓐ轴与Ⓒ轴之间的距离；

3——②轴与③轴之间的距离；

2.7——Ⓒ轴与Ⓓ轴之间的距离。

6. 挖沟槽沟槽宽度按设计宽度加基础施工所需工作面宽度计算

工作面宽度见下表 3-62。

基础施工所需工作面宽度表 **表 3-62**

基础材料	每边各增加工作面宽度
砖基础	以最低下一层大放脚边至地槽（坑）边 200
浆砌毛石、条石基础	以基础边至地槽（坑）边 150
混凝土基础支模版	以基础边至地槽（坑）边 300
基础垂直做防水层	以防水层面的外表面至地槽（坑）边 800

$$L=[42.60+(6-0.24+3-0.24+9.6-0.24)]\text{m}=60.48\text{m}$$

$$V=0.97\times(1.5+0.2\times2)\times60.48\text{m}^3=111.46\text{m}^3$$

7. C10 混凝土垫层

$$V=13.61\text{m}^3$$（定额工程量同清单工程量）

8. C20 钢筋混凝土地圈梁

$$V=3.25\text{m}^3$$

9. C20 混凝土构造柱（定额工程量同清单工程量）

基础内 $h=0.31\text{m}$，墙体内 $h=3.45\text{m}$

统计得：GZ16 根；GZ26 根；GZ35 根

（1）GZ1

$$V_{1基础内}=0.13\text{m}^3$$

$$V_{1墙体}=1.49\text{m}^3$$

$$V_1=V_{1基础内}+V_{1墙体}=0.13\text{m}^3+1.49\text{m}^3=1.62\text{m}^3$$

（2）GZ2

$$V_{1基础内}=0.15\text{m}^3$$

$$V_{1墙体}=1.64\text{m}^3$$

$$V_1=V_{1基础内}+V_{1墙体}=0.15\text{m}^3+1.64\text{m}^3=1.79\text{m}^3$$

（3）GZ3

$$V_{1基础内}=0.11\text{m}^3$$

$$V_{1墙体}=1.24\text{m}^3$$

$$V_1=V_{1基础内}+V_{1墙体}=0.11+1.24\text{m}^3=1.35\text{m}^3$$

（4）合计

1）基础内构造柱体积

$$V_{1总}=(0.13+0.15+0.11)\text{m}^3=0.39\text{m}^3$$

2）墙体内总构造柱体积

$$V_{2总}=(1.49+1.64+1.24)\text{m}^3=4.37\text{m}^3$$

3）总构造柱体积

$$\text{V}_{3总}=\text{V}_{1总}+\text{V}_{2总}=(0.39+4.37)\text{m}^3=4.76\text{m}^3$$

10. M5 水泥砂浆砖基础

$$V=V_1-V_{构造基础}-V_{地圈梁}=(37.50+6.53-0.29-3.25)\text{m}^3=40.49\text{m}^3$$

基础防潮层（定额工程量同清单工程量）

$$S=13.54\text{m}^2$$

11. 基础回填方

$$V\ 基础回填=V_{挖土}-V_{垫层}-V_{砖基}=(111.46-13.61-37.50)\text{m}^3=60.35\text{m}^3$$

12. 房心回填方（定额工程量同清单工程量）

主墙间面积 $S=[(3.0-0.24)\times(6-0.24)+(3.0-0.24)\times(5.7-0.24)+(6.6-0.24)\times(3.0-0.24)+(9.6-0.24)\times(3.0-0.24)]\text{m}^2=74.35\text{m}^2$

$$V=SH=74.35\times(0.45-0.15)-6.53\text{m}^3=15.78\text{m}^3$$

13. 余方弃置

$$V = (111.46 - 60.35 - 15.78)\text{m}^3 = 35.33\text{m}^3$$

14. 脚手架工程

$$S = 88.87\text{m}^2$$

15. 实心砖外墙

$$V = 21.85\text{m}^3\text{（定额工程量同清单工程量）}$$

16. 外墙勾缝

$$S = 43.56 \times 3.45\text{m}^2 = 150.28\text{m}^2$$

【注释】 43.56——外墙外边线长度；

3.45——外墙砖砌体高度。

17. 实心内砖墙（定额工程量同清单工程量）

$$V = 10.45\text{m}^3$$

18. C20 钢筋混凝土梁（定额工程量同清单工程量）

（1）L1：$V=0.24\times0.27\times13.80\text{m}^3=0.89\text{m}^3$

（2）L2 和 L3：$V=(0.24\times0.27-0.075\times0.15)\times33.72\text{m}^3=1.81\text{m}^3$

（3）L4：$V=(0.24\times0.27-0.075\times0.15\times2)\times8.88\text{m}^3=0.38\text{m}^3$

19. 钢筋混凝土雨篷（定额工程量同清单工程量）

$$V=1.0\times2.1\times0.1\text{m}^3=0.21\text{m}^3$$

20. 钢筋混凝土预制板（定额工程量同清单工程量）

6YKB30-1：24 块 $V=24\times0.1705\text{m}^3=4.09\text{m}^3$

21. 钢筋工程（定额工程量同清单工程量）

（1）构造柱中钢筋总量

1）ϕ6 筋：$G=(64.68+87.72+52.90)\text{kg}=205.30\text{kg}$

2）Φ12 筋：$G=(80.13+80.13+66.78)\text{kg}=227.04\text{kg}$

（2）现浇混凝土圈梁中钢筋总量

1）ϕ10 筋：$G=56.40\times4\times1.1\times0.617\times1.03\text{kg}=157.71\text{kg}$

2）ϕ6 筋：$G=[(0.24-0.05)\times4+0.05]\times0.222\times56.40/0.30\times1.03\text{kg}=34.82\text{kg}$

（3）现浇混凝土梁中钢筋总量

1）L1：a. ϕ10 筋：$G=13.80\times4\times1.1\times0.617\times1.03\text{kg}=38.59\text{kg}$

b. ϕ6 筋：$G=[(0.24-0.05)\times2+(0.27-0.05)\times2+0.05]\times0.222\times13.80/0.30\times1.03\text{kg}=9.15\text{kg}$

2）L2 和 L3：a. ϕ10 筋：$G=33.72\times5\times1.1\times0.617\times1.03\text{kg}=117.86\text{kg}$

b. ϕ6 筋：$G=[(0.165-0.05)\times2+(0.27-0.05)\times2+(0.24-0.05)\times2+(0.12-0.05)\times2+0.05\times2]\times0.222\times33.72/0.30\times1.03\text{kg}=33.15\text{kg}$

3）L4：a. ϕ10 筋：$G=8.88\times4\times1.1\times0.617\times1.03\text{kg}=24.83\text{kg}$

b. ϕ6 筋：$G=[(0.24-0.05)\times2+(0.12-0.05)\times2+0.05]\times0.222\times8.88/0.30\times1.03\text{kg}=3.86\text{kg}$

（4）雨篷中钢筋用量

a. ϕ6 筋：$L=(1000/100+1)\times(1.0+0.05)\text{m}=11\times1.05\text{m}=11.55\text{m}$

$$G=11.55\times0.222\text{kg}=2.56\text{kg}$$

b. Φ10 筋：$L=(2100/150\text{-}1)\times(2.1+0.07)\text{m}=13\times2.17\text{m}=28.21\text{m}$

$$G=28.21\times0.617\text{kg}=17.41\text{kg}$$

（5）空心板中钢筋用量

$$G=24\times3.23\text{kg}=77.52\text{kg}$$

（6）综上，12 以内钢筋：$G=0.65\text{t}$

预制构件钢筋：$G=0.13\text{t}$

22. 门工程量

玻璃门工程量

M-1：3 扇　m-2：1 扇

$$S=(0.9\times2.1\times3+1.8\times2.1)\text{m}^2=9.45\text{m}^2$$

23. 窗工程量

成品铝合金推拉窗工程量

C-1：5 樘　C-2：3 樘

$$S=[(1.5\times1.8)\times5+(0.6\times0.9)\times3]\text{m}^2=15.12\text{m}^2$$

24. 硬木窗台板

$$L=1.8\times5\text{m}^2=9\text{m}^2$$

$$S=9\times0.3=2.7\text{m}^2$$

25. 屋面防水

（1）三毡四油卷材工程量

1）水平投影面积

$$S_1=(12.6-0.24)\times(6-0.24)\text{m}^2+(2.7-0.12+0.12)\times(3-0.24)\text{m}^2=78.65\text{m}^2$$

2）沿建筑顶层外边线周围上翻 150mm 面积

$$S_2=[(12.6-0.24)\times2+(8.7-0.24)\times2]\times0.15\text{m}^2=6.25\text{m}^2$$

3）合计（不扣除天窗、小气窗等小洞口面积，屋面的女儿墙、伸缩缝等处的弯起部分，并入屋面工程量内）

$$S=(78.65+6.25)\text{m}^2=84.90\text{m}^2$$

（2）1∶3 水泥砂浆找平层 20mm

$$S=S_1=78.65\text{m}^2$$

（3）水泥珍珠岩板

$$V=84.90\times0.05\text{m}^3=4.25\text{m}^3$$

26. 屋面保温层

（1）30mm 厚加气混凝土块

$$S=S_1=78.65\text{m}^2$$

（2）1∶6 水泥焦砟垫层 20mm 厚

$$V=78.65\times0.02\text{m}^3=1.57\text{m}^3$$

27. （1）100 塑料水落管：$L=12\text{m}$（定额工程量同清单工程量）

（2）铸铁弯头出水口：4 套

（3）铸铁雨水斗：4 套

28. 混凝土散水（定额工程量同清单工程量）

$S=(12.6+0.6\times2+6+3+0.6+2.7+3+0.6+2.7-0.6+6.6-0.6+6+0.6-0.9-1.8-0.3\times4)\times0.6m^2=24.3m^2$

29. 现浇混凝土台阶（定额工程量同清单工程量）

$V=[(1.8+0.3\times4)\times(0.9+0.3\times2)+(1.8+0.3\times2)\times(0.9+0.3)+1.8\times0.9]\times0.15+0.3\times2\times0.15\times3\times0.9m^3=1.59m^3$

施工图预算、清单计价和综合单价分析见表 3-63～表 3-92。

某收发室工程施工图预算表 **表 3-63**

序号	定额编号	分项工程量名称	计量单位	工程量	基价（元）	金额（元）			合计（元）
						人工费	材料费	机械费	
1	1-98	平整场地	10m²	19.20	13.68	13.68	—	—	262.66
2	1-19	人工挖沟槽	m³	111.46	6.24	6.24	—	—	659.51
3	1-86	余方弃置	m³	35.33	5.28	5.28	—	—	186.54
4	1-102	房心回填方	m³	15.78	6.89	6.24	—	0.65	108.72
5	1-104	基础回填方	m³	60.35	7.81	6.72	—	1.09	471.33
6	2-120	基础垫层	m³	13.61	191.26	35.62	151.41	4.23	2603.05
7	3-1	砖基础	m³	40.49	173.92	29.64	141.81	2.47	7042.02
8	3-42	防水砂浆防潮层	10m²	1.35	73.34	17.68	53.50	2.16	99.01
9	3-29	M5 混合砂浆砌清水外墙	m³	21.85	183.52	35.88	145.22	2.42	4009.91
10	13-51	水泥砂浆勾缝	10m²	15.03	24.11	18.72	5.18	0.21	362.37
11	3-33	M5 混合砂浆砌浑水内墙	m³	10.45	179.67	32.76	144.49	2.42	1877.55
12	5-16	构造柱（GZ1）	m³	1.62	275.72	84.50	184.90	6.32	446.67
13	5-16	构造柱（GZ2）	m³	1.79	275.72	84.50	184.90	6.32	493.54
14	5-16	构造柱（GZ3）	m³	1.35	275.72	84.50	184.90	6.32	372.22
15	5-20	C20 混凝土地圈梁	m³	3.25	242.87	49.92	186.83	6.12	789.33
16	5-18	C20 混凝土单梁 L1	m³	0.89	222.90	36.40	180.38	6.12	198.38
17	5-18	C20 混凝土单梁 L2 和 L3	m³	1.81	222.90	36.40	180.38	6.12	403.45
18	5-18	C20 混凝土单梁 L4	m³	0.38	222.90	36.40	180.38	6.12	84.70
19	5-39	C20 混凝土雨篷	10m³	0.021	229.60	48.10	172.68	8.82	4.82
20	5-86	C30 混凝土预制板制作	m³	4.09	278.17	36.66	212.67	28.84	1137.72
21	7-9	C30 混凝土预制板运输（10km 以内）	m³	4.09	79.63	6.24	2.50	70.89	325.69
22	7-87	C30 混凝土预制板安装	m³	4.09	60.41	9.88	30.10	20.43	247.08
23	7-107	板接头灌缝	m³	4.09	60.44	25.74	34.26	0.44	247.20
24	15-49	铝合金单扇全玻门 M-1	10m²	0.57	1958.16	314.72	1622.73	20.71	1116.15
25	15-55	铝合金双扇全玻门 M-2	10m²	0.38	2349.33	435.68	1896.35	17.30	892.75
26	15-76	铝合金推拉窗 C-1	10m²	1.35	2091.81	318.08	1750.02	23.71	2823.94
27	15-76	铝合金推拉窗 C-2	10m²	0.16	2091.81	318.08	1750.02	23.71	334.69
28	17-62	硬木窗台板	10m²	0.27	640.68	97.72	532.71	10.25	172.98
29	(9-124)+(9-126)	三毡四油卷材（平面）	10m²	7.86	232.61	22.88	209.73	—	1828.31
30	(9-125)+(9-127)	三毡四油卷材（立面）	10m²	0.63	253.12	37.18	215.94	—	159.47

续表

序号	定额编号	分项工程量名称	计量单位	工程量	基价（元）	金额（元）			合计（元）
						人工费	材料费	机械费	
31	9-219	屋面防水保温喷涂改性聚氨酯硬泡体	10m²	7.86	507.20	18.20	409.50	79.50	3986.59
32	9-188	100PVC 水落管	10m	1.20	285.51	11.96	273.55	—	342.61
33	12-172	混凝土散水	10m²	2.43	250.84	63.70	181.48	5.66	609.54
34	5-51	现浇混凝土台阶	10m³	0.16	381.14	64.48	300.67	15.99	60.98
35	4-1	Φ12 以内钢筋	t	0.65	3277.82	330.46	2889.53	57.83	2130.58
36	4-16	预应力钢筋	t	0.13	3676.48	214.24	3311.11	151.13	477.94
合计									37309.02

分部分项工程和单价措施项目清单与计价表 **表 3-64**

工程名称：某收发室工程　　标段：　　第　页　共　页

序号	项目编码	项目名称	项目特征描述	计量单位	工程量	金额（元）		
						综合单价	合价	其中：暂估价
			A 土石方工程					
			A.1 土方工程					
1	010101001001	平整场地	Ⅱ类土，以挖作填	m³	88.87	4.12	366.14	
2	010101002001	挖一般土方	Ⅱ类土，人工挖沟槽，挖深 0.97m，垫层宽度 1.5m，厚 150mm	m³	87.99	10.83	952.93	
			A.3 回填方					
3	010103001001	基础回填方	一般土，夯填，以挖作填	m³	36.88	17.55	647.24	
4	010103001002	房心回填方	一般土，夯填，以挖作填	m³	15.78	10.17	160.48	
			D 砌筑工程					
			D.1 砖砌体					
5	010401001001	砖基础	M5 水泥砂浆砌红机砖，条形基础，深 0.97m，宽 1.5m	m³	40.49	399.87	16190.74	
6	010401003001	实心砖墙	外墙，240 厚，M5 混合砂浆，3.39m 高，单面清水	m³	26.09	200.81	5239.13	
7	010401003002	实心砖墙	内墙，240 厚，M5 混合砂浆，浑水不勾缝，红机砖	m³	10.46	192.69	2015.54	
			E 混凝土及钢筋混凝土工程					
			E.2 现浇混凝土柱					
8	010502003001	异形柱	240mm×240mm，C20 混凝土，自地圈梁至檐口，二面马牙槎	m³	1.62	309.33	501.11	
9	010502003002	异形柱	240mm×240mm，C20 混凝土，自地圈梁至檐口，三面马牙槎	m³	1.79	309.33	553.70	

续表

序号	项目编码	项目名称	项目特征描述	计量单位	工程量	金额（元）		
						综合单价	合价	其中：暂估价
10	010502003003	异形柱	240mm×240mm，C20混凝土，自地圈梁至檐口，二面马牙槎	m^3	1.35	309.33	417.60	
E.3 现浇混凝土梁								
11	010503004001	圈梁	地圈梁梁底标高−0.55m，梁截面240mm×240mm，C20混凝土	m^3	3.25	263.6	856.70	
12	010503002001	矩形梁	梁底标高2.73m，240mm×270mm，C20混凝土	m^3	0.89	238.63	212.38	
13	010503003001	异形梁	梁底标高2.73m，240mm×270mm，C20混凝土	m^3	1.81	238.63	431.92	
14	010503003002	异形梁	梁底标高2.73m，240mm×270mm，C20混凝土	m^3	0.38	238.63	90.68	
E.5 现浇混凝土板								
15	010505008001	雨篷	C20混凝土	m^3	0.21	20.74	4.36	
E.7 现浇混凝土其他构件								
16	010507001001	散水、坡道	宽0.6m，三七灰土底层垫层，C15混凝土	m^2	24.30	27.65	716.14	
17	010507004001	台阶	C30混凝土台阶，三七灰土垫层，原土打夯	m^2	4.59	41.10	65.35	
E.12 预制混凝土板								
18	010512002001	预制空心板	板底标高2.85m，板厚150，C30混凝土	m^3	4.09	552.86	2261.20	
E.15 钢筋工程								
19	010515001001	现浇混凝土钢筋	Ⅰ级，12以内钢筋	t	0.65	3421.48	2223.96	
20	010515007001	预应力钢丝	预应力钢丝板	t	0.13	3811.66	495.52	
J屋面及防水工程								
J.2屋面防水								
21	010902001001	屋面卷材防水	1∶3水泥砂浆找平，水泥珍珠岩块隔热层，三毡四油防水层	m^2	84.90	33.06	2846.70	
22	010902004001	屋面排水管	100塑料水管，铸铁管弯头出水口，塑料雨水斗	m	12	28.99	347.88	

续表

序号	项目编码	项目名称	项目特征描述	计量单位	工程量	金额（元）		
						综合单价	合价	其中：暂估价
K防腐、隔热、保温								
K.1保温、隔热								
23	011001001001	保温隔热屋面	喷涂改性聚氨酯硬泡体	m^2	78.65	54.34	4273.84	
H门窗工程								
H.5其他门								
24	010805005001	全玻门	1800mm×2100mm，带纱刷调和漆两遍	m^2	3.78	251.70	951.43	
25	010805005002	全玻门	900mm×2100mm，带纱刷调和漆两遍	m^2	5.67	208.22	1180.61	
H.7金属窗								
26	010807001001	金属窗	1500mm×1800mm，铝合金成品窗	m^2	13.50	221.83	2994.71	
27	010807001002	金属窗	600mm×900mm，铝合金成品窗	m^2	1.62	221.83	359.36	
H.9窗台板								
28	010809001001	硬木窗台板	刷调和漆两遍，刷底油，磁漆一遍	m^2	2.7	77.81	210.09	
合计							47527.52	

综合单价分析表 **表3-65**

工程名称：某收发室工程　　标段：　　第　页　共　页

项目编码	010101001001	项目名称	平整场地	计量单位	m^2	工程量	88.87

清单综合单价组成明细

定额编号	定额名称	定额单位	数量	单价				合价			
				人工费	材料费	机械费	管理费和利润	人工费	材料费	机械费	管理费和利润
1-98	平整场地	$10m^2$	0.22	13.68	—	—	5.06	3.01	—	—	1.11
人工单价		小计						3.01	—	—	1.11
24元/工日		未计价材料						—			
清单项目综合单价								4.1			

材料费明细	主要材料名称、规格、型号	单位	数量	单价（元）	合价（元）	暂估单价（元）	暂估合价（元）
	其他材料费			—		—	
	材料费小计			—		—	

综合单价分析表

表 3-66

工程名称：某收发室工程　　　　标段：　　　　第　页　共　页

项目编码	010101002001	项目名称	挖一般土方	计量单位	m^3	工程量	87.99

清单综合单价组成明细

定额编号	定额名称	定额单位	数量	单价				合价			
				人工费	材料费	机械费	管理费和利润	人工费	材料费	机械费	管理费和利润
1-19	人工挖沟槽	m^3	1.27	6.24	—	—	2.31	7.90	—	—	2.93
人工单价		小计						7.90	—	—	2.93
24 元/工日		未计价材料						—			
清单项目综合单价								10.83			

材料费明细	主要材料名称、规格、型号	单位	数量	单价（元）	合价（元）	暂估单价（元）	暂估合价（元）
	其他材料费			—		—	
	材料费小计			—		—	

综合单价分析表

表 3-67

工程名称：某收发室工程　　　　标段：　　　　第　页　共　页

项目编码	010103001001	项目名称	基础回填方	计量单位	m^3	工程量	36.88

清单综合单价组成明细

定额编号	定额名称	定额单位	数量	单价				合价			
				人工费	材料费	机械费	管理费和利润	人工费	材料费	机械费	管理费和利润
1-104	基槽夯填	m^3	1.64	6.72	—	1.09	2.89	11.02	—	1.79	4.74
人工单价		小计						11.02	—	1.79	4.74
24 元/工日		未计价材料						—			
清单项目综合单价								17.55			

材料费明细	主要材料名称、规格、型号	单位	数量	单价（元）	合价（元）	暂估单价（元）	暂估合价（元）
	其他材料费			—		—	
	材料费小计			—		—	

综合单价分析表 表 3-68

工程名称：某收发室工程 标段： 第 页 共 页

项目编码	010103001002	项目名称	房心回填方	计量单位	m^3	工程量	15.78

清单综合单价组成明细

定额编号	定额名称	定额单位	数量	单价				合价			
				人工费	材料费	机械费	管理费和利润	人工费	材料费	机械费	管理费和利润
1-102	地面夯填	m^3	1.00	6.24	—	0.65	2.55	6.24	—	0.65	2.55
1-86	余方弃置	m^3	1.00	5.28	—	—	1.95	0.53	—	—	0.20
人工单价		小计						6.77	—	0.65	2.75
24元/工日		未计价材料						—			
清单项目综合单价								10.17			

材料费明细	主要材料名称、规格、型号	单位	数量	单价（元）	合价（元）	暂估单价（元）	暂估合价（元）
	其他材料费			—		—	
	材料费小计			—		—	

综合单价分析表 表 3-69

工程名称：某收发室工程 标段： 第 页 共 页

项目编码	010401001001	项目名称	砖基础	计量单位	m^3	工程量	40.49

清单综合单价组成明细

定额编号	定额名称	定额单位	数量	单价				合价			
				人工费	材料费	机械费	管理费和利润	人工费	材料费	机械费	管理费和利润
3-1	砖基础	m^3	1.00	29.64	141.81	2.47	11.88	29.64	141.81	2.47	11.88
2-120	基础垫层	m^3	1.00	35.62	151.41	4.23	14.74	35.62	151.41	4.23	14.74
3-42	防水砂浆防潮层	$10m^2$	0.10	17.68	53.50	2.16	7.34	1.77	5.35	0.22	0.73
人工单价		小计						67.03	298.57	6.92	27.35
26元/工日		未计价材料						—			
清单项目综合单价								399.87			

材料费明细	主要材料名称、规格、型号	单位	数量	单价（元）	合价（元）	暂估单价（元）	暂估合价（元）
	标准砖 240×115×53mm	百块	5.22	21.42	111.81		
	水	m^3	0.604	2.80	1.69		
	水泥砂浆 M5	m^3	0.242	122.78	29.71		
	现浇混凝土 C10	m^3	1.01	148.52	150.01		
	防水砂浆 1∶2	m^3	0.021	254.76	5.35		
	其他材料费			—		—	
	材料费小计			—	298.57	—	

综合单价分析表 **表 3-70**

工程名称：某收发室工程　　标段：　　第　页　共　页

项目编码	010401003001	项目名称	实心砖墙	计量单位	m^3	工程量	26.09

清单综合单价组成明细											
定额编号	定额名称	定额单位	数量	单价				合价			
				人工费	材料费	机械费	管理费和利润	人工费	材料费	机械费	管理费和利润
3-29	M5 混合砂浆砌清水外墙	m^3	1.00	35.88	145.22	2.42	14.18	35.88	145.22	2.42	14.18
13-51	水泥砂浆勾缝	$10m^2$	0.1	18.72	5.18	0.21	7.00	1.87	0.52	0.02	0.70
人工单价		小计						37.75	145.74	2.44	14.88
26 元/工日		未计价材料						—			
清单项目综合单价								200.81			

	主要材料名称、规格、型号	单位	数量	单价（元）	合价（元）	暂估单价（元）	暂估合价（元）
材料费明细	标准砖 240×115×53mm	百块	5.36	21.42	114.81		
	水泥 32.5 级	kg	0.30	0.28	0.08		
	周转木材	m^3	0.0002	1249.00	0.25		
	铁钉	kg	0.002	3.60	0.01		
	水	m^3	0.111	2.80	0.31		
	混合砂浆 M5	m^3	0.234	127.22	29.77		
	水泥砂浆 1∶1	m^3	0.002	25.33	0.51		
	其他材料费			—		—	
	材料费小计			—	145.74	—	

综合单价分析表 **表 3-71**

工程名称：某收发室工程　　标段：　　第　页　共　页

项目编码	010401003002	项目名称	实心砖墙	计量单位	m^3	工程量	10.46

清单综合单价组成明细											
定额编号	定额名称	定额单位	数量	单价				合价			
				人工费	材料费	机械费	管理费和利润	人工费	材料费	机械费	管理费和利润
3-33	M5 混合砂浆浑水内墙	m^3	1.00	32.76	144.49	2.42	13.02	32.76	144.49	2.42	13.02
人工单价		小计						32.76	144.49	2.42	13.02
26 元/工日		未计价材料						—			
清单项目综合单价								192.69			

	主要材料名称、规格、型号	单位	数量	单价（元）	合价（元）	暂估单价（元）	暂估合价（元）
材料费明细	标准砖 240×115×53mm	百块	5.32	21.42	113.95		
	水泥 32.5 级	kg	0.30	0.28	0.08		
	周转木材	m^3	0.0002	1249.00	0.25		
	铁钉	kg	0.002	3.60	0.01		
	水	m^3	0.106	2.80	0.30		
	混合砂浆 M5	m^3	0.235	127.22	29.90		
	其他材料费			—		—	
	材料费小计			—	144.49	—	

综合单价分析表 **表 3-72**

工程名称：某收发室工程　　　　标段：　　　　第　页　共　页

项目编码	010502003001	项目名称	异形柱	计量单位	m^3	工程量	1.62

清单综合单价组成明细

定额编号	定额名称	定额单位	数量	单价				合价			
				人工费	材料费	机械费	管理费和利润	人工费	材料费	机械费	管理费和利润
5-16	构造柱（GZ1）	m^3	1.00	84.50	184.90	6.32	33.61	84.50	184.90	6.32	33.61
人工单价		小计						84.50	184.90	6.32	33.61
26 元/工日		未计价材料						—			
清单项目综合单价								309.33			

	主要材料名称、规格、型号	单位	数量	单价（元）	合价（元）	暂估单价（元）	暂估合价（元）
材料费明细	水泥砂浆 1∶2	m^3	0.031	212.43	6.59		
	塑料薄膜	m^2	0.23	0.86	0.20		
	水	m^3	1.20	2.80	3.36		
	现浇 C20 混凝土	m^3	0.985	177.41	174.75		
	其他材料费			—		—	
	材料费小计			—	184.90	—	

综合单价分析表 **表 3-73**

工程名称：某收发室工程　　　　标段：　　　　第　页　共　页

项目编码	010502003002	项目名称	异形柱	计量单位	m^3	工程量	1.79

清单综合单价组成明细

定额编号	定额名称	定额单位	数量	单价				合价			
				人工费	材料费	机械费	管理费和利润	人工费	材料费	机械费	管理费和利润
5-16	构造柱（GZ2）	m^3	1.00	84.50	184.90	6.32	33.61	84.50	184.90	6.32	33.61
人工单价		小计						84.50	184.90	6.32	33.61
26 元/工日		未计价材料						—			
清单项目综合单价								309.33			

	主要材料名称、规格、型号	单位	数量	单价（元）	合价（元）	暂估单价（元）	暂估合价（元）
材料费明细	水泥砂浆 1∶2	m^3	0.031	212.43	6.59		
	塑料薄膜	m^2	0.23	0.86	0.20		
	水	m^3	1.20	2.80	3.36		
	现浇 C20 混凝土	m^3	0.985	177.41	174.75		
	其他材料费			—		—	
	材料费小计			—	184.90	—	

综合单价分析表 **表 3-74**

工程名称：某收发室工程 标段： 第 页 共 页

项目编码	010502003003	项目名称	异形柱			计量单位	m³		工程量	1.35	
清单综合单价组成明细											
定额编号	定额名称	定额单位	数量	单价				合价			
				人工费	材料费	机械费	管理费和利润	人工费	材料费	机械费	管理费和利润
5-16	构造柱（GZ3）	m³	1.00	84.50	184.90	6.32	33.61	84.50	184.90	6.32	33.61
人工单价		小计						84.50	184.90	6.32	33.61
26元/工日		未计价材料						—			
清单项目综合单价								309.33			
材料费明细	主要材料名称、规格、型号					单位	数量	单价（元）	合价（元）	暂估单价（元）	暂估合价（元）
	水泥砂浆 1∶2					m³	0.031	212.43	6.59		
	塑料薄膜					m²	0.23	0.86	0.20		
	水					m³	1.20	2.80	3.36		
	现浇 C20 混凝土					m³	0.985	177.41	174.75		
	其他材料费							—		—	
	材料费小计							—	184.90	—	

综合单价分析表 **表 3-75**

工程名称：某收发室工程 标段： 第 页 共 页

项目编码	010503004001	项目名称	圈梁			计量单位	m³		工程量	3.25	
清单综合单价组成明细											
定额编号	定额名称	定额单位	数量	单价				合价			
				人工费	材料费	机械费	管理费和利润	人工费	材料费	机械费	管理费和利润
5-20	C20 混凝土地圈梁	m³	1.00	49.92	186.83	6.12	20.73	49.92	186.83	6.12	20.73
人工单价		小计						49.92	186.83	6.12	20.73
26元/工日		未计价材料						—			
清单项目综合单价								263.60			
材料费明细	主要材料名称、规格、型号					单位	数量	单价（元）	合价（元）	暂估单价（元）	暂估合价（元）
	塑料薄膜					m²	2.20	0.86	1.89		
	水					m³	1.74	2.80	4.87		
	现浇 C20 混凝土					m³	1.015	177.41	180.07		
	其他材料费							—		—	
	材料费小计							—	186.83	—	

综合单价分析表 表 3-76

工程名称：某收发室工程 标段： 第 页 共 页

项目编码	010503002001	项目名称	矩形梁		计量单位		m³		工程量		0.89
清单综合单价组成明细											
定额编号	定额名称	定额单位	数量	单价				合价			
				人工费	材料费	机械费	管理费和利润	人工费	材料费	机械费	管理费和利润
5-18	C20 混凝土单梁 L1	m³	1.00	36.40	180.38	6.12	15.73	36.40	180.38	6.12	15.73
人工单价		小计						36.40	180.38	6.12	15.73
26 元/工日		未计价材料						—			
清单项目综合单价								238.63			
材料费明细	主要材料名称、规格、型号					单位	数量	单价（元）	合价（元）	暂估单价（元）	暂估合价（元）
	塑料薄膜					m²	1.27	0.86	1.09		
	水					m³	1.53	2.80	4.28		
	现浇 C20 混凝土					m³	1.015	172.42	175.01		
	其他材料费							—		—	
	材料费小计							—	180.38	—	

综合单价分析表 表 3-77

工程名称：某收发室工程 标段： 第 页 共 页

项目编码	010503003001	项目名称	异形梁		计量单位		m³		工程量		1.81
清单综合单价组成明细											
定额编号	定额名称	定额单位	数量	单价				合价			
				人工费	材料费	机械费	管理费和利润	人工费	材料费	机械费	管理费和利润
5-18	C20 混凝土单梁 L2 和 L3	m³	1.00	36.40	180.38	6.12	15.73	36.40	180.38	6.12	15.73
人工单价		小计						36.40	180.38	6.12	15.73
26 元/工日		未计价材料						—			
清单项目综合单价								238.63			
材料费明细	主要材料名称、规格、型号					单位	数量	单价（元）	合价（元）	暂估单价（元）	暂估合价（元）
	塑料薄膜					m²	1.27	0.86	1.09		
	水					m³	1.53	2.80	4.28		
	现浇 C20 混凝土					m³	1.015	172.42	175.01		
	其他材料费							—		—	
	材料费小计							—	180.38	—	

综合单价分析表

表 3-78

工程名称：某收发室工程　　标段：　　第　页　共　页

项目编码	010503003002	项目名称	异形梁	计量单位	m^3	工程量	0.38

清单综合单价组成明细											
定额编号	定额名称	定额单位	数量	单价				合价			
				人工费	材料费	机械费	管理费和利润	人工费	材料费	机械费	管理费和利润
5-18	C20 混凝土单梁 L4	m^3	1.00	36.40	180.38	6.12	15.73	36.40	180.38	6.12	15.73
人工单价		小计						36.40	180.38	6.12	15.73
26 元/工日		未计价材料						—			
清单项目综合单价								238.63			

材料费明细	主要材料名称、规格、型号	单位	数量	单价（元）	合价（元）	暂估单价（元）	暂估合价（元）
	塑料薄膜	m^2	1.27	0.86	1.09		
	水	m^3	1.53	2.80	4.28		
	现浇 C20 混凝土	m^3	1.015	172.42	175.01		
	其他材料费			—		—	
	材料费小计			—	180.38	—	

综合单价分析表

表 3-79

工程名称：某收发室工程　　标段：　　第　页　共　页

项目编码	010505008001	项目名称	雨篷	计量单位	m^3	工程量	0.21

清单综合单价组成明细											
定额编号	定额名称	定额单位	数量	单价				合价			
				人工费	材料费	机械费	管理费和利润	人工费	材料费	机械费	管理费和利润
5-39	C20 混凝土雨篷	$10m^3$	0.10	48.10	172.68	8.82	21.06	0.48	17.27	0.88	2.11
人工单价		小计						0.48	17.27	0.88	2.11
26 元/工日		未计价材料						—			
清单项目综合单价								20.74			

材料费明细	主要材料名称、规格、型号	单位	数量	单价（元）	合价（元）	暂估单价（元）	暂估合价（元）
	塑料薄膜	m^2	0.55	0.86	0.47		
	水	m^3	0.21	2.80	0.59		
	现浇 C20 混凝土	m^3	0.0914	177.41	16.21		
	其他材料费			—		—	
	材料费小计			—	17.27	—	

综合单价分析表 **表 3-80**

工程名称：某收发室工程 标段： 第 页 共 页

项目编码	010507001001	项目名称	散水、坡道	计量单位	m^2	工程量	24.30

清单综合单价组成明细											
定额编号	定额名称	定额单位	数量	单价				合价			
				人工费	材料费	机械费	管理费和利润	人工费	材料费	机械费	管理费和利润
12-172	混凝土散水	$10m^2$	0.10	63.70	181.48	5.66	25.66	6.37	18.15	0.57	2.56
人工单价		小计						6.37	18.15	0.57	2.56
26元/工日		未计价材料						—			
清单项目综合单价								27.65			

材料费明细	主要材料名称、规格、型号	单位	数量	单价（元）	合价（元）	暂估单价（元）	暂估合价（元）
	现浇 C15 混凝土	m^3	0.066	157.94	10.42		
	水泥砂浆 1∶2	m^3	0.0202	212.43	4.30		
	道碴 40-80mm	t	0.113	28.40	3.21		
	水	m^3	0.08	2.80	0.22		
	其他材料费			—		—	
	材料费小计			—	18.15	—	

综合单价分析表 **表 3-81**

工程名称：某收发室工程 标段： 第 页 共 页

项目编码	010507004001	项目名称	台阶	计量单位	m^3	工程量	1.59

清单综合单价组成明细											
定额编号	定额名称	定额单位	数量	单价				合价			
				人工费	材料费	机械费	管理费和利润	人工费	材料费	机械费	管理费和利润
5-51	现浇混凝土台阶	$10m^2$	0.10	64.48	300.67	15.99	29.78	6.45	30.07	1.60	2.98
人工单价		小计						6.45	30.07	1.60	2.98
26元/工日		未计价材料						—			
清单项目综合单价								41.10			

材料费明细	主要材料名称、规格、型号	单位	数量	单价（元）	合价（元）	暂估单价（元）	暂估合价（元）
	塑料薄膜	m^2	0.62	0.86	0.53		
	水	m^3	0.22	2.80	0.62		
	现浇 C20 混凝土	m^3	0.16	177.41	28.92		
	其他材料费			—		—	
	材料费小计			—	30.07	—	

综合单价分析表 **表 3-82**

工程名称：某收发室工程　　标段：　　第 页 共 页

项目编码	010512002001	项目名称	预制空心板		计量单位	m³		工程量	4.09
清单综合单价组成明细									
定额编号	定额名称	定额单位	数量	单价				合价	
				人工费	材料费	机械费	管理费和利润	人工费	材料费	机械费	管理费和利润
7-9	C30 混凝土预制板运输（10m 以内）	m³	1.00	6.76	2.50	70.89	28.54	6.76	2.50	70.89	28.54
5-86	C30 混凝土预制板制作	m³	1.00	36.66	212.67	28.84	24.24	36.66	212.67	28.84	24.24
7-87	C30 混凝土预制板安装	m³	1.00	9.88	30.10	20.43	11.22	9.88	30.10	20.43	11.22
7-107	板接头灌缝	m³	1.00	25.74	34.26	0.44	9.69	25.74	34.26	0.44	9.69
人工单价		小计						79.04	279.53	120.6	73.69
26 元/工日		未计价材料						—			
清单项目综合单价								552.86			

	主要材料名称、规格、型号	单位	数量	单价（元）	合价（元）	暂估单价（元）	暂估合价（元）
材料费明细	麻绳	kg	0.01	6.18	0.06		
	麻袋	条	0.002	5.00	0.001		
	预制混凝土块	m³	0.02	374.30	7.49		
	水泥砂浆 M10	m³	0.019	132.86	2.52		
	现浇混凝土 C30	m³	0.108	197.68	21.35		
	周转木材	m³	0.004	1249.00	5.00		
	钢丝绳	kg	0.03	5.32	0.16		
	加工厂预制 C30 混凝土	m³	1.03	190.21	195.92		
	镀锌铁丝 8#	kg	0.37	3.55	1.31		
	塑料薄膜	m²	4.93	0.86	4.24		
	水	m³	2.66	2.80	7.45		
	其他材料费			—		—	
	材料费小计			—	279.53	—	

综合单价分析表 **表 3-83**

工程名称：某收发室工程　　标段：　　第 页 共 页

项目编码	010515001001	项目名称	现浇混凝土钢筋		计量单位	t		工程量	0.65
清单综合单价组成明细									
定额编号	定额名称	定额单位	数量	单价				合价	
				人工费	材料费	机械费	管理费和利润	人工费	材料费	机械费	管理费和利润
4-1	12 以内钢筋	t	1.00	330.46	2889.53	57.83	143.66	330.46	2889.53	57.83	143.66
人工单价		小计						330.46	2889.53	57.83	143.66
26 元/工日		未计价材料						—			
清单项目综合单价								3421.48			

续表

材料费明细	主要材料名称、规格、型号	单位	数量	单价（元）	合价（元）	暂估单价（元）	暂估合价（元）
	钢筋（综合）	t	1.02	2800.00	2856.00		
	镀锌铁丝 22#	kg	6.85	3.90	26.72		
	电焊条	kg	1.86	3.60	6.70		
	水	m^3	0.04	2.80	0.11		
	其他材料费			—		—	
	材料费小计			—	2889.53	—	

综合单价分析表

表 3-84

工程名称：某收发室工程　　标段：　　第　页　共　页

项目编码	010515007001	项目名称	预应力钢丝	计量单位	t	工程量	0.13

清单综合单价组成明细											
定额编号	定额名称	定额单位	数量	单价				合价			
				人工费	材料费	机械费	管理费和利润	人工费	材料费	机械费	管理费和利润
4-16	预应力钢筋	t	1.00	214.24	3311.11	151.13	135.18	214.24	3311.11	151.13	135.18
人工单价		小计						214.24	3311.11	151.13	135.18
26 元/工日		未计价材料						—			
清单项目综合单价								3811.66			

材料费明细	主要材料名称、规格、型号	单位	数量	单价（元）	合价（元）	暂估单价（元）	暂估合价（元）
	钢筋（综合）	t	1.05	2800	2940.00		
	水	m^3	0.70	2.80	1.96		
	冷拉工具	t	36.27	5.00	181.35		
	张拉工具	kg	37.56	5.00	187.80		
	其他材料费			—		—	
	材料费小计			—	3311.11	—	

综合单价分析表

表 3-85

工程名称：某收发室工程　　标段：　　第　页　共　页

项目编码	010902001001	项目名称	屋面卷材防水	计量单位	m^2	工程量	84.90

清单综合单价组成明细											
定额编号	定额名称	定额单位	数量	单价				合价			
				人工费	材料费	机械费	管理费和利润	人工费	材料费	机械费	管理费和利润
12-15	20mm 厚 1∶3 水泥砂浆找平	$10m^2$	0.10	18.20	35.78	2.06	7.50	1.82	3.58	0.21	0.75
(9-125)+(9-127)	三毡四油卷材（立面）	$10m^2$	0.10	37.18	215.94	—	13.77	3.72	21.60	—	1.38
人工单价		小计						5.54	25.18	0.21	2.13
26 元/工日		未计价材料						—			
清单项目综合单价								33.06			

续表

	主要材料名称、规格、型号	单位	数量	单价（元）	合价（元）	暂估单价（元）	暂估合价（元）
材料费明细	水泥砂浆 1∶3	m^3	0.02	176.30	3.54		
	水	m^3	0.006	2.80	0.03		
	石油沥青油毡 350＃	m^2	3.56	2.96	10.55		
	高强 APP 基底处理剂	kg	0.27	5.04	1.37		
	高强 APP 粘结剂 B 型	kg	1.92	5.04	9.69		
	其他材料费			—		—	
	材料费小计			—	25.18	—	

综合单价分析表 **表 3-86**

工程名称：某收发室工程　　标段：　　第　页　共　页

项目编码	010902004001	项目名称	屋面排水管	计量单位	m	工程量	12

清单综合单价组成明细											
定额编号	定额名称	定额单位	数量	单价				合价			
				人工费	材料费	机械费	管理费和利润	人工费	材料费	机械费	管理费和利润
9-188	100PVC 水落管	10m	0.10	11.96	273.55	—	4.43	1.20	27.35	—	0.44
人工单价		小计						1.20	27.35	—	0.44
26 元/工日		未计价材料						—			
清单项目综合单价								28.99			

	主要材料名称、规格、型号	单位	数量	单价（元）	合价（元）	暂估单价（元）	暂估合价（元）
材料费明细	增强塑料水管（PVC 水管）Φ100mm	m	1.02	21.44	21.87		
	塑料抱箍（PVC）Φ100mm	副	1.06	3.52	3.73		
	PVC 束接 Φ100mm	只	0.27	4.18	1.15		
	塑料弯头（PVC）Φ100135 度	只	0.057	8.17	0.46		
	胶水	kg	0.018	7.98	0.14		
	其他材料费			—		—	
	材料费小计			—	27.35	—	

综合单价分析表 **表 3-87**

工程名称：某收发室工程　　标段：　　第　页　共　页

项目编码	011001001001	项目名称	保温隔热屋面	计量单位	m^2	工程量	78.65

清单综合单价组成明细											
定额编号	定额名称	定额单位	数量	单价				合价			
				人工费	材料费	机械费	管理费和利润	人工费	材料费	机械费	管理费和利润
9-219	屋面防水保温喷涂改性聚氨酯硬泡体	$10m^2$	0.10	18.20	409.50	79.50	36.15	1.82	40.95	7.95	3.62
人工单价		小计						1.82	40.95	7.95	3.62
26 元/工日		未计价材料						—			
清单项目综合单价								54.34			

续表

	主要材料名称、规格、型号	单位	数量	单价（元）	合价（元）	暂估单价（元）	暂估合价（元）
材料费明细	聚醚多醇组合料	kg	0.76	18.00	13.68		
	多异氰酸脂	kg	0.81	16.00	12.96		
	改性剂	kg	0.16	27.00	4.32		
	阻燃剂	kg	0.19	25.00	4.75		
	其他材料费			—	5.24	—	
	材料费小计			—	40.95	—	

综合单价分析表 **表 3-88**

工程名称：某收发室工程　　标段：　　第　页　共　页

项目编码	010801001001	项目名称	全玻门	计量单位	m^2	工程量	3.78

清单综合单价组成明细

定额编号	定额名称	定额单位	数量	单价				合价			
				人工费	材料费	机械费	管理费和利润	人工费	材料费	机械费	管理费和利润
15-55	铝合金双扇全玻门 M2	$10m^2$	0.10	435.68	1896.35	17.30	167.61	43.57	189.64	1.73	16.76
人工单价		小计						43.57	189.64	1.73	16.76
28 元/工日		未计价材料						—			
清单项目综合单价								251.70			

	主要材料名称、规格、型号	单位	数量	单价（元）	合价（元）	暂估单价（元）	暂估合价（元）
材料费明细	铝合金型材银白色	kg	3.66	20.60	75.44		
	浮法白片玻璃 δ=8	m^2	0.52	41.80	21.57		
	浮法白片玻璃 δ=12	m^2	0.57	74.10	42.53		
	门夹（下夹，顶夹）	支	0.48	56.00	26.94		
	玻璃胶 300ml	支	0.35	13.87	4.84		
	软填料（沥青玻璃棉毡）	kg	0.26	3.80	0.97		
	密封油膏	kg	0.20	1.43	0.29		
	膨胀螺栓 M10×100	套	5.40	1.00	5.40		
	自攻螺丝（钉）	百只	1.43	3.80	5.43		
	铝拉铆钉 LD-1	百只	0.02	3.33	0.08		
	镀锌铁脚	个	2.70	1.52	4.10		
	其他材料费			—	0.20	—	
	材料费小计			—	189.64	—	

综合单价分析表 **表 3-89**

工程名称：某收发室工程　　标段：　　第　页　共　页

项目编码	010801001002	项目名称	全玻门	计量单位	m^2	工程量	5.67

清单综合单价组成明细

定额编号	定额名称	定额单位	数量	单价				合价			
				人工费	材料费	机械费	管理费和利润	人工费	材料费	机械费	管理费和利润
15-49	铝合金单扇全玻门 M1	$10m^2$	0.10	314.72	1622.73	20.71	124.11	31.47	162.27	2.07	12.41

续表

人工单价	小计			31.47	162.27	2.07	12.41
28元/工日	未计价材料			—			
清单项目综合单价				208.22			
材料费明细	主要材料名称、规格、型号	单位	数量	单价（元）	合价（元）	暂估单价（元）	暂估合价（元）
	铝合金型材银白色	kg	4.82	20.60	99.33		
	浮法白片玻璃 δ=5	m^2	1.07	27.18	28.95		
	密封胶条	m	5.42	0.57	3.09		
	玻璃胶 300ml	支	0.76	13.87	10.58		
	软填料（沥青玻璃棉毡）	kg	0.25	3.80	0.93		
	密封油膏	kg	0.53	1.43	0.75		
	膨胀螺栓 M10×100	套	8.8.	1.00	8.80		
	自攻螺丝（钉）	百只	0.18	3.80	0.68		
	镀锌铁脚	个	4.40	1.52	6.69		
	其他材料费			—	2.46	—	
	材料费小计			—	162.27	—	

综合单价分析表 表 3-90

工程名称：某收发室工程　　标段：　　第　页　共　页

项目编码	010807001001	项目名称	金属窗	计量单位	m^2	工程量	13.50

清单综合单价组成明细											
定额编号	定额名称	定额单位	数量	单价				合价			
				人工费	材料费	机械费	管理费和利润	人工费	材料费	机械费	管理费和利润
15-76	铝合金推拉窗 C1	$10m^2$	0.10	318.08	1750.02	23.71	126.45	31.81	175.00	2.37	12.65
人工单价		小计						31.81	175.00	2.37	12.65
28元/工日		未计价材料						—			
清单项目综合单价								221.83			

材料费明细	主要材料名称、规格、型号	单位	数量	单价（元）	合价（元）	暂估单价（元）	暂估合价（元）
	铝合金型材银白色	kg	5.42	20.60	111.71		
	浮法白片玻璃 δ=5mm	m^2	0.99	27.18	26.83		
	密封胶条	m	5.05	0.57	2.88		
	玻璃胶 300ml	支	0.51	13.87	7.03		
	软填料（沥青玻璃棉毡）	kg	0.54	3.80	2.05		
	密封油膏	kg	0.49	1.43	0.70		
	膨胀螺栓 M8×80	套	11.80	0.95	11.21		
	自攻螺丝（钉）	百只	0.14	3.80	0.55		
	镀锌铁脚	个	5.90	1.52	8.97		
	其他材料费			—	3.07	—	
	材料费小计			—	175.00	—	

综合单价分析表

表 3-91

工程名称：某收发室工程　　　　标段：　　　　第　页　共　页

项目编码	010807001002	项目名称	金属窗	计量单位	m^2	工程量	1.62

清单综合单价组成明细

定额编号	定额名称	定额单位	数量	单价				合价			
				人工费	材料费	机械费	管理费和利润	人工费	材料费	机械费	管理费和利润
15-76	铝合金推拉窗 C2	$10m^2$	0.10	318.08	1750.02	23.71	126.45	31.81	175.00	2.37	12.65
人工单价		小计						31.81	175.00	2.37	12.65
28 元/工日		未计价材料						—			
清单项目综合单价								221.83			

材料费明细	主要材料名称、规格、型号	单位	数量	单价（元）	合价（元）	暂估单价（元）	暂估合价（元）
	铝合金型材银白色	kg	5.42	20.60	111.71		
	浮法白片玻璃 δ=5mm	m^2	0.99	27.18	26.83		
	密封胶条	m	5.05	0.57	2.88		
	玻璃胶 300ml	支	0.51	13.87	7.03		
	软填料（沥青玻璃棉毡）	kg	0.54	3.80	2.05		
	密封油膏	kg	0.49	1.43	0.70		
	膨胀螺栓 M8×80	套	11.80	0.95	11.21		
	自攻螺丝（钉）	百只	0.14	3.80	0.55		
	镀锌铁脚	个	5.90	1.52	8.97		
	其他材料费			—	3.07	—	
	材料费小计			—	175.00	—	

综合单价分析表

表 3-92

工程名称：某收发室工程　　　　标段：　　　　第　页　共　页

项目编码	010809001001	项目名称	硬木窗台板	计量单位	m	工程量	2.7

清单综合单价组成明细

定额编号	定额名称	定额单位	数量	单价				合价			
				人工费	材料费	机械费	管理费和利润	人工费	材料费	机械费	管理费和利润
17-62	硬木窗台板	$10m^2$	0.10	97.72	532.71	10.25	39.95	9.77	53.27	1.02	4.00
16-17	窗台板调和漆	$10m^2$	0.10	45.08	35.72	—	16.68	4.51	3.57	—	1.67
人工单价		小计						14.28	56.84	1.02	5.67
28 元/工日		未计价材料						—			
清单项目综合单价								77.81			

材料费明细	主要材料名称、规格、型号	单位	数量	单价（元）	合价（元）	暂估单价（元）	暂估合价（元）
	普通成材	m^3	0.033	1599.00	52.77		
	防腐油	kg	0.295	1.71	0.50		
	酚醛无光调和漆	kg	0.23	6.65	1.52		
	醇酸磁漆	kg	0.10	16.22	1.57		

续表

	主要材料名称、规格、型号	单位	数量	单价（元）	合价（元）	暂估单价（元）	暂估合价（元）
材料费明细	油漆溶剂油	kg	0.05	3.33	0.17		
	清油	kg	0.008	10.64	0.09		
	醇酸漆稀释剂 X6	kg	0.006	6.94	0.04		
	石膏粉 325 目	kg	0.024	0.45	0.01		
	其他材料费			—	0.17	—	
	材料费小计			—	56.84	—	